普通高等院校电子信息与电气工程类专业教材

电 机 学

（第四版）

辜承林　　陈乔夫　　熊永前　**编著**

华中科技大学出版社

中国·武汉

内 容 提 要

　　本书在继承传统电机学教材特色的基础上,努力适应新的专业设置和课时设置需要;在突出基本原理、基本分析方法和基本运行控制规律的同时,适当注重电机作为系统中控制执行元件时的功能;在总体编排上亦尽可能淡化结构,但特别增加了电机动态行为计算机辅助分析和反映电机发展新成就的内容。此外,在章节安排、习题选配和插图设置等方面也都作了较大改进,力图方便教学,有利于学生的能力培养。

　　全书分七章,内容包括直流电机、变压器、交流电机绕组的基本理论、异步电机、同步电机和电机瞬态分析等。各章均配有适量例题和大量思考题及习题,书后还附有部分习题答案,便于自学。

　　本书可作为普通高等学校电气工程与自动化专业及其他机电类、自动化类专业的教学用书,也可供有关工程技术人员参考。

图书在版编目(CIP)数据

电机学/辜承林,陈乔夫,熊永前编著.—4 版.—武汉:华中科技大学出版社,2018.4(2024.1 重印)
ISBN 978-7-5680-3924-6

Ⅰ.①电…　Ⅱ.①辜…　②陈…　③熊…　Ⅲ.①电机学-高等学校-教材　Ⅳ.①TM3

中国版本图书馆 CIP 数据核字(2018)第 063582 号

电机学(第四版)　　　　　　　　　　　　　　　辜承林　　陈乔夫　　熊永前　编著
Dianjixue

策划编辑:谢燕群
责任编辑:谢燕群
封面设计:原色设计
责任校对:刘　竣
责任监印:周治超
出版发行:华中科技大学出版社(中国·武汉)　　　电话:(027)81321913
　　　　　武汉市东湖新技术开发区华工科技园　　　邮编:430223
录　　排:武汉市洪山区佳年华文印部
印　　刷:武汉科源印刷设计有限公司
开　　本:787mm×1092mm　1/16
印　　张:25.75
字　　数:627 千字
版　　次:2024 年 1 月第 4 版第 10 次印刷
定　　价:64.80 元

第四版前言

    不忘初心,砥砺前行。又一个轮回,8 年过去了,我们一如既往地留意着各方的关注和期许,终能在各种激励和支持下,将第四版奉献予大家。

    依托前三个版本的积淀,本教材的形式和内容基本定格,风格和特色也基本形成,故而回馈的大量修改建议、细节雕琢方面的期许相对集中。事实上,这也是本教材一直没有做好的地方,积久成疾,深感愧疚。于是,字斟句酌,对文图进行全面梳理,就成了本次修订的中心任务。诚然,循多方指点,研修书稿,矫枉纠偏,推敲取舍,我们做了本应早该做好的工作;但付梓之际,依旧惶然,深知百密一疏,遗误难免,还是要拜托大家,不吝赐教,呵护本教材继续成长。

    时光荏苒,白驹过隙。1978 年进入华中工学院电机专业,之前做了 5 年铣工,加工电机零件,这样算来,入行逾 40 年了。筚路蓝缕,格物致知,师友相扶,善莫大焉。尤为幸之,参与了本教材的编写,并走进了第二十个年头。收获季节品茗,源活渠清,上善若水,甘醇似泉,绵长如涓。感慨系之,唯有谢忱。

    谢谢大家,谢谢了。

辜承林

2017 年 10 月

于金秋之喻家山麓,华中科技大学

第三版前言

十年树木。本教材自付印以来，受宠于太多的呵护，得益于太多的支持和关爱，欣然走过了十个年头，更迎来了第三次出版的机会。此时此刻，由衷感谢众多兄弟院校的师生和朋友，由衷感谢社会各界的广大读者和同仁，更感激出版社领导和责任编辑的特别提携，真诚地谢谢您们。

本次改版的前提依然是广泛收集并采纳各兄弟院校和广大读者的修改建议。累积再版四年多来不间断的征集和梳理，特别是编者近年来教学实践中的探索与思考，本次修改在内容的优化组合和形式的浑然一体两方面都作了更多的考量，修改幅度比较大，但终极目标不外乎是更加有利于教学。真心希望改版中的这些努力会使本教材的传统特色更为突出，并有更多的读者受益。

交稿付印又是一个新的轮回。从新的起点出发，我们期待承载更多来自读者的点拨，负重前行，收获在新的季节。

编　者
2009 年 6 月
于华中科技大学

再 版 前 言

　　本教材第一版自付印五年多来,多谢兄弟院校的支持和广大读者的关爱,我们陆续收集了一些中肯的建议和很好的修改意见。但抱歉的是,因为忙碌,除了第三次印刷时曾对书中一些文字和印刷错误进行过更正外,一直未能顾得上出版社多次催促的再版要求。

　　然而,随着新一轮按学科大类实施学分制教学改革工作的展开,教材内容的整合势在必行,电机学教材的再版工作也被纳入了正式编写计划。为此,我们认真梳理了方方面面的建议,在保留第一版原有特色的基础上,增删或改写了部分章节内容,更新了部分数据和图表,添加了部分例题和习题。其目的依然是突出基本概念,便于教学,有利于能力培养。

　　我们深知,在教学改革不断深化、科技进步日新月异的今天,编写教材是一项极富挑战性的工作。吾辈深感力不从心,实乃学识使然。若还要兼顾各兄弟院校在教学内容和课时设置上的差异,专业教材所肩负的教学参考书和工程技术参考书的双重职能,以及核心技术基础课的传统内容应保持的体系完整性等等,约束条件之多,更难得到完善之解。有鉴于此,我们认为,再版教材要在总体框架上做大的修改是比较困难的,也是不必要的,因此,我们建议读者一定要强化教材只是一本主要"教学参考书"的观念,教学内容的组织和学习章节的取舍一定不要受到具体教材的束缚。若能如此,无论是对编写出更多各具特色的教材(实为"教学参考书"),还是对有利于培养出更多出色的高级专门人才,都是有益的。在本教材再版之际,我们希望有更多的同仁保有这种共识,更期待着所有使用本教材的同仁们不吝赐教,一如既往。

　　谢谢大家。

编　者

2005 年 5 月

于华中科技大学

前　　言

　　原由我校许实章教授主编的《电机学》曾经是全国工科院校电类专业的首选教材之一。该教材自 20 世纪 50 年代中期开始使用，历经 40 余载，四易其版，印数逾 40 万册，1988 年获原机械部优秀教材二等奖，在国内具有较大的影响、较高的地位和一定的权威性。

　　电机学历来是电类专业的必修课，实施新的专业目录后，依然是电气工程与自动化专业的技术基础课程，但要求涵盖面更宽。然而，由于原教材主要是为电机和强电类专业编写的，内容侧重于电机本体，较少涉及电机作为系统中执行元件的作用和行为特点，不能适应宽口径打通培养模式对教材的需要，因此，迫切要求编写与新的专业设置接轨的教材。

　　本教材以保持原教材在国内的影响、地位和权威性为基本出发点，努力继承原教材特色，但注意强调电机作为系统执行元件时的功能，总体编排上亦尽可能淡化结构，突出基本原理、基本方法和基本运行控制规律的介绍，并特别增加反映电机发展新成就和电机行为计算机辅助分析的内容。此外，在章节安排、习题选配和插图设置等方面也都作了较大改进，力图方便教学，有利于学生能力的培养。

　　本教材的编写和出版得到了华中科技大学教材建设"555 工程"和华中理工大学出版社的资助和支持，在此深表感谢。教材编写分工为：辜承林同志编写第一、二、六、七章，陈乔夫同志编写第三、四、五章，熊永前同志编写全部习题，并用计算机绘制绝大部分插图。虽然在过去的一年多时间内，我们都尽了自己的最大努力，但我们知道，限于学识，不足之处总是不可避免的，因此，我们诚恳地期望所有使用本教材的读者都能慷慨赐教，提出您的意见和建议。

编　者

2000 年 9 月

于华中科技大学

目　　录

第1章 导　论

1.1 概　述

1.1.1 电机的定义

广义言之,电机可泛指所有实施电能生产、传输、使用和电能特性变换的机械装置。然而,由于生产、传输、使用电能和实施电能特性变换的方式很多,原理各异,如机械摩擦、电磁感应、光电效应、磁光效应、热电效应、压电效应、记忆效应、化学效应和电磁波等等,内容广泛,不可能由一门课程包括,因此,作为涉电类学科,特别是电气工程学科的主要技术基础课,电机学的主要研究范畴仅限于那些依据电磁感应定律和电磁力定律实现机电能量或信号转换的电磁装置。依此界定,严格地讲,这类装置的全称应该是电磁式电机,但习惯上已将之简称为电机。虽然这在含义上是狭义的,但就目前应用状况而言,能够大量生产电能、实施机电能量转换的机械装置主要还是电磁式电机,因此,在理解上不会有歧义。

1.1.2 电机的主要类型

电机的种类很多,分类方法也很多。如按运动方式分,静止的有变压器,运动的有直线电机和旋转电机;直线和旋转电机按电源性质分,又有直流电机和交流电机两种;而交流电机按运行速度与电源频率的关系又可分为异步电机和同步电机两大类。还可以进一步细分下去,这里就不一一列举了。鉴于直线电机较少应用,而电机学主要侧重于旋转电机的研究,故上述分类结果可归纳为

$$
电机
\begin{cases}
变压器 \\
旋转电机
\begin{cases}
直流电机 \\
交流电机
\begin{cases}
异步电机 \\
同步电机
\end{cases}
\end{cases}
\end{cases}
$$

以上分类方法从理论体系上讲是合理的,也是大部分电机学教材编写的基本构架。但从习惯角度,人们还普遍接受另一种按功能分类的方法,具体如下。

$$
电机
\begin{cases}
发电机:由原动机拖动,将机械能转换为电能 \\
电动机:将电能转换为机械能,驱动电力机械 \\
变压器、变流机、变频机、移相器:分别用于改变电压、电流、频率和相位 \\
控制电机:进行信号的传递和转换,控制系统中的执行、检测或解算元件
\end{cases}
$$

需要指出的是,发电机和电动机只是电机的两种运行形式,其本身是可逆的。也就是说,同一台电机,既可作发电机运行,也可作电动机运行,只是从设计要求和综合性能考虑,其技术性和经济性未必兼得罢了。

　　然而，无论是作为发电机运行，还是作为电动机运行，电机的基本任务都是实现机电能量转换，其前提也就是必须能够产生机械上的相对运动。对于旋转电机，它在结构上就必然要求有一个静止部分和一个旋转部分，且两者之间还要有一个适当的间隙。在电机学中，静止部分被称为定子，旋转部分被称为转子，间隙被称为气隙。由于气隙中的磁场分布及其变化规律在能量转换过程中起决定性作用，因而成为电机学研究的重点问题之一，这将在后续相关章节中进行具体介绍，并进行深入讨论。

1.1.3　电机中使用的材料

　　由于电机是依据电磁感应定律和电磁力定律来实现能量转换的，因此，电机中必须要有电流通道和磁通通道，亦即通常所说的电路和磁路，并要求由性能优良的导电材料和导磁材料构成。具体来说，导电材料是绕制线圈（在电机学中将一组线圈称为绕组）用的，要求导电性能好，电阻损耗小，故一般选用紫铜线（棒）。导磁材料又称为铁磁材料，主要采用硅钢片，亦称为电工钢片。硅钢片是电机工业专用的特殊材料，其磁导率极高（可达真空磁导率的数百乃至数千倍），能减小电机体积，降低励磁损耗，但磁化过程中存在不可逆性磁滞现象，在交变磁场作用下还会产生磁滞损耗和涡流损耗。这些将在 1.4 节中专门讲述。

　　除导电和导磁材料外，电机中还需要有能将电、磁两部分融合为一个有机整体的结构材料。这些材料首先包括机械强度高、加工方便的铸铁、铸钢和钢板，此外，还包括大量介电强度高、耐热性能好的绝缘材料（如聚酯漆、环氧树脂、玻璃丝带、电工纸、云母片和玻璃纤维板等），专用于导体之间和各类构件之间的绝缘处理。电机常用绝缘材料按性能划分为 A、E、B、F、H、C 等 6 个等级，不同绝缘等级对应不同的极限工作温度。如 B 级绝缘材料可在 130℃下长期使用，超过 130℃则很快老化，但 H 级绝缘材料允许在 180℃下长期使用。

1.1.4　电机的作用和地位

　　在自然界各种能源中，电能具有大规模集中生产、远距离经济传输和智能化自动控制的突出特点，它不但成为人类生产和生活的主要能源，而且对近代人类文明的产生和发展起到了重要的推动作用。与此相呼应，作为电能生产、传输、使用和电能特性变换的核心装备，电机在现代社会所有行业和部门中也占据着越来越重要的地位。

　　对电力工业本身来说，电机是发电厂和变电站的主要设备。首先，火电厂利用汽轮发电机（水电厂利用水轮发电机）将机械能转换为电能，然后电能经各级变电站利用变压器改变电压等级，再进行传输和分配。此外，发电厂的多种辅助设备，如给水泵、鼓风机、调速器和传送带等，也都需要电动机驱动。

　　在机器制造业和其他所有轻、重型制造工业中，电动机的应用也非常广泛。各类工作母机，尤其是数控机床，都必须由一台或多台不同容量类型的电动机来拖动和控制。各种专用机械，如纺织机、造纸机和印刷机等也都需要电动机来驱动。一个现代化的大中型企业，通常要装备几千乃至几万台不同类型的电动机。

　　在冶金工业中，高炉、转炉和平炉都必须由若干台电动机来控制，大型轧钢机常由数千乃至数万千瓦的电动机拖动。近代冶金工业，尤其是大型钢铁联合企业，电气化和自动化程度非常高，所用电动机的数量和类型就更多了。

在石油和天然气的钻探及加压泵送过程中,在煤炭的开采和输送过程中,在化学提炼和加工设备中,在电气化铁路和城市交通及作为现代化高速交通工具之一的磁悬浮列车中,在建筑、医药、粮食加工工业中,在供水和排灌系统中,在航空、航天领域,在制导、跟踪、定位等自动控制系统及脉冲大功率电磁发射技术等国防高科技领域,在加速器等高能物理研究领域,在伺服传动、机器人传动和自动化控制领域,在电动工具、电动玩具、家用电器、办公自动化设备和计算机外部设备中……总之,在工农业生产、国防、科技、文教领域以及人们的日常生活中,电机的应用越来越广泛。一个工业化国家的普通家庭,家用电器中的电机总数在 50 台以上;一部现代化的小轿车,其内装备的各类微特电机已超过 60 台。事实上,电机发展到今天,早已成为提高生产效率和科技水平以及提高生活质量的主要载体之一。

纵观电机的发展,其应用范围不断扩大,使用要求不断提高,结构类型不断增多,理论研究也不断深入。特别是近 30 年来,伴随着电力电子技术和计算机技术的进步,尤其是高温超导、碳纤维、石墨烯等新材料的重大突破和新原理、新结构、新材料、新方法的不断推动,电机发展更是呈现出勃勃生机,前景不可限量。

1.2　电机发展简史

电机发明至今已有近 200 年的历史。电机学科已发展成为一个比较成熟的学科,电机工业也已成为近代社会的支柱产业之一,其发展历程可简述如下。

1.2.1　直流电机的产生和形成

工业革命以后,蒸汽动力得以普遍应用。但随着生产力的发展,蒸汽动力输送和管理不便的缺点日益突出,迫使人们努力寻找新的动力源。19 世纪初期,人们已积累了有关电磁现象的丰富知识。在此基础上,法拉第(Faraday)于 1821 年发现了载流导体在磁场中受力的现象(即电动机的作用原理),并首次使用模型(水银杯实验装置)表演了这种把电能转换为机械能的过程。很快,制造出来了原始结构形式的电动机。但由于其驱动源是蓄电池,当时极为昂贵,其经济性远不能与蒸汽机的相抗衡,因而也就不能被推广。

为此,人们积极寻求能将机械能转换为电能的装置。法拉第本人亦坚持研究。在进行了大量的实验研究以后,1831 年,他又发现了电磁感应定律。在这一基本定律的指导下,第二年,皮克西(Pixii)利用磁铁和线圈的相对运动,再加上一个换向装置,制成了一台原始型旋转磁极式直流发电机。这就是现代直流发电机的雏形。虽然早在 1833 年,楞次(Lenz)已经证明了电机的可逆原理,但在 1870 年以前,直流发电机和电动机一直被看作两种不同的电机而独立发展着。

发现了电磁感应定律,直流发电机也发明了,但经济性、可靠性和容量却未达到实用化要求,即廉价直流电源的问题并没有很快得到解决,因而电动机的应用和发展依然缓慢。而且在 1860 年以前,人们还不善于从 $F=Bli$ 的角度考察问题,几乎都将电磁铁之间的相互吸引和排斥作为电动机结构设计的基本指导思想,这本身就带有很大的局限性,更何况以蓄电池为主的昂贵的供电方式也确实起到了制约作用。

需求产生动力。为解决廉价直流电源这一电动机应用中的瓶颈问题,直流发电机获得了快速发展。在 1834—1870 年这段时间,发电机研究领域产生了三项重大的发明和改进。在励磁方面,首先从永磁体转变到采用电流线圈,其后,1866 年,西门子兄弟(W. Siemens & C. W. Siemens)又从蓄电池他励发展到发电机自励。在电枢方面,格拉姆(Gramme)于 1870 年提出采用环形绕组。虽然这种绕组早在电动机模型中就已经提出过,但没有受到重视,直至在发电机中被采用,人们才将发电机和电动机中的这两种结构进行了对比,并最终使电机的可逆原理被大家接受,从此,发电机和电动机的发展合二为一。

1870—1890 年是直流电机发展的另一个重要阶段。1873 年,海夫纳·阿尔泰涅克(Hefner Alteneck)发明了鼓形绕组,提高了导线的利用率。为加强绕组的机械强度,减少铜线内部的涡流损耗,绕组的有效部分被放入铁芯槽中。1880 年,爱迪生(Edison)提出采用叠片铁芯,进一步减少了铁芯损耗,降低了绕组温升。鼓形电枢绕组和有槽叠片铁芯结构一直沿用至今。

上述若干重大技术进步使直流电机的电磁负荷、单机容量和输出效率大为提高,但换向器上的火花问题随之上升为突出问题。于是,1884 年出现了换向极和补偿绕组,1885 年开始用炭粉制作电刷。这些措施使火花问题暂告缓和,反过来又促进了电磁负荷和单机容量的进一步提高。

在电机理论方面,1886 年霍普金森兄弟(J. Hopkinson & E. Hopkinson)确立了磁路欧姆定律,1891 年阿诺尔特(Anoret)建立了直流电枢绕组理论,这就使直流电机的分析和设计建立在更为科学的基础上。因此,到 19 世纪 90 年代,直流电机已经具备了现代直流电机的主要结构特点。

1882 年是电机发展史上的一个转折点。这一年,台勃莱兹(Depratz)把米斯巴哈水电站发出的 2 kW 直流电通过一条长 57 km 的输电线送到了慕尼黑,从而为电能和电机的应用开辟了广阔的前景。

然而,随着直流电的广泛应用,直流电机的固有缺点也很快暴露出来。首先,远距离输电时,要减少线路损耗,就必须升高电压,而制造高压直流发电机却有很多不可克服的困难。此外,单机容量不断增大,电机的换向也就变得越来越困难。因此,19 世纪 80 年代以后,人们的注意力逐渐向交流电机方面转移。

1.2.2 交流电机的形成和发展

1832 年,人们就知道了单相交流发电机,而直流电机中的换向器也就是为了实现绕组中交变电流与端口直流电流之间的相互转换而设计的特定装置。不过,1870 年以前,由于生产上没有需要,加上受当时科学水平的限制,人们对交流电的特点还不大了解。1876 年,亚勃罗契柯夫(Yaporochikov)首次采用交流电机和开磁路式串联变压器给"电烛"供电。1884 年,霍普金森兄弟发明了具有闭合磁路的变压器,同年,齐波诺斯基(Zipernowski)、德拉(Deri)和勃拉弟(Blathy)三人又提出了芯式和壳式结构。之后,单相变压器就逐渐在照明系统中得以应用,使远距离输电问题得到缓解,但又产生了新的矛盾。具体来说,就是当时的单相交流电还不能用做电动机电源。换句话说,直接用交流电驱动各类生产机械的问题仍未获得解决。

交流感应电动机的发明,与产生旋转磁场这一研究工作紧密相连。1825 年,阿拉戈

（Arago）利用金属圆环的旋转，使悬挂其中的磁针得到了偏转。实际上，这一现象展示的就是多相感应电动机的工作原理。1879 年，贝利（Beiley）采用依次变动四个磁极上的励磁电流的方法，首次用电的方式获得了旋转磁场。1883 年，台勃莱兹进一步在理论上阐明，两个在时间和空间上各自相差 1/4 周期的交变磁场，合成后可以得到一个旋转磁场。然而，真正用交流电产生旋转磁场，并制造出实际可用的交流电动机，还是从费拉里斯（Ferraris）和特斯拉（Tesla）两人的工作开始的。1885 年，费拉里斯把用交流电产生旋转磁场和用铜盘产生感应电流这两种思想结合在一起，制成了第一台两相感应电动机。稍后，他又于 1888 年发表了"利用交流电产生电动旋转"的经典论文。同一时期，特斯拉亦独立地从事旋转磁场的研究，而且几乎与费拉里斯同时发明了感应电动机。

在此基础上，1889 年，多利夫·多布罗夫斯基（Doliv Dobrovsky）又进一步提出了采用三相制的建议，并设计和制造了三相感应电动机。与单相和两相系统相比，三相系统效率高，耗铜少，电机的性能价格比、容量体积比和材料利用率有明显改进，其优越性在 1891 年建成的从劳芬到法兰克福的三相电力系统中得到了充分显示。该系统的顺利运行表明，三相交流电不但便于输送和分配，而且更有利于电力驱动。三相电动机结构简单、工作可靠，很快得到了大量应用，因此，到 20 世纪初，交流三相制在电力工业中已占据了绝对统治地位。

随着交流电能需求的不断增加，交流发电站的建设迅速发展。至 19 世纪 80 年代末期，提出了研制能直接与发电机连接的高速原动机以替代蒸汽机的要求。经过众多工程技术人员的苦心研究，不久就研制出了能高速运转的汽轮机。到 19 世纪 90 年代初期，许多电站已经装有单机容量为 1 000 kW 的汽轮发电机组。此后，三相同步电机的结构逐渐划分为高速和低速两类，高速的以汽轮发电机为代表，低速的以水轮发电机为代表。同时，由于大容量和可靠性等明显原因，几乎所有的制造厂都采用了励磁绕组旋转（磁极安装在转子上）、电枢绕组静止（线圈嵌放在定子槽中）的结构形式。随着电力系统规模的逐步扩大，频率亦趋于标准化，但不同的地区和国家的标准不一，如欧洲的标准为 50 Hz，美国为 60 Hz，我国统一为 50 Hz，等等。

此外，由于工业应用和交通运输方面的需要，19 世纪 90 年代前后还发现了将交流变换为直流的旋转变流机，以及具有调速和调频等调节功能的交流换向器电机。至此，交流电机的主要结构形式基本确定。

在交流电机理论方面，1893 年左右，肯涅利（Kennelly）和斯泰因梅茨（Steinmetz）[1]开始用复数和相量来分析交流电路。1894 年，海兰（Heyland）提出的"多相感应电动机和变压器性能的图解确定法"，是感应电机理论研究的第一篇经典性论文。同年，费拉里斯已经采用将一个脉振磁场分解为两个大小相等、方向相反的旋转磁场的方法来分析单相感应电动机。这种方法后来被称为双旋转磁场理论。1894 年前后，保梯（Potier）和乔治（Goege）又建立了交轴磁场理论。1899 年，布隆代尔（Blondel）[2]在研究同步电动机电枢反应过程中提出了双反应理论，这在后来被发展成为研究所有凸极电机的基础。

---

① 原译为"司坦麦茨"。
② 原译为"勃朗德尔"。

总的说来，到 19 世纪末，各种交、直流电机的基本类型及其基本理论和设计方法，大体上已建立起来了。

1.2.3　电机理论和设计、制造技术的逐步完善

20 世纪是电机发展史上的一个新时期。这个时期的特点是：工业的高速发展不断对电机提出各种新的、更高的要求，而自动化方面的特殊需要则使控制电机和新型、特种电机的发展更为迅速。在这个时期，对电机内部的电磁过程、发热过程及其他物理过程开展了越来越深入的研究，材料和冷却技术不断改进，交、直流电机的单机容量、功率密度和材料利用率都有显著提高，性能也有显著改进，并日趋完善。

以汽轮发电机为例，1900 年，单机容量不超过 5 MW，到 1920 年，转速为 3 000 r/min 的汽轮发电机的容量已达 25 MW，而转速为 1 000 r/min 的汽轮发电机的容量达到 60 MW；至 1937 年，用空气冷却的汽轮发电机的容量已达到 100 MW。1928 年氢气冷却方式首次应用于同步补偿机，1937 年推广应用于汽轮发电机后，就使转速为 3 000 r/min 的汽轮发电机的容量上升到 150 MW。20 世纪下半叶，电机冷却技术有了更大的发展，主要表现形式就是能直接将气体或液体通入导体内部进行冷却。于是，电机的温升不再成为限制电机容量的主要因素，单机容量也就有可能更大幅度地提高。1956 年，定子导体水内冷、转子导体氢内冷的汽轮发电机的容量达到了 208 MW，1960 年上升为 320 MW。目前，汽轮发电机的冷却方式还有全水冷（定、转子都采用水内冷，简称双水内冷）、全氢冷以及在定、转子表面辅以氢外冷等多种，单机容量已接近 2 000 MW。

水轮发电机和电力变压器的发展情况与此相类似。水轮发电机的单机容量从 20 世纪初的不超过 1 000 kW 增至目前的 1 200 MW，电力变压器的单台容量也完全能够与最大单机容量的汽轮发电机或水轮发电机匹配，电压等级最高已经达到 1 200 kV。

电机功率密度和材料利用率的提高可以从下面一组关于电机重量减轻和尺寸减小的实例数据窥见一斑：小型异步电动机的比重量在 19 世纪末时大于 60 kg/kW，第一次世界大战后已降至 20 kg/kW 左右，到 20 世纪 70 年代则降到 10 kg/kW；与此同时，电机体积也减小了 50% 以上，技术进步的作用是非常明显的。

促使电机重量减轻和尺寸减小的主要因素来自三个方面。首先是设计技术的进步和完善。这其中有电机理论研究成果的直接应用，也有设计手段和工具革新的积极影响，尤其是计算机辅助设计（CAD）技术的应用，真正使多目标变参数全局最优化设计成为可能。其次是结构和工艺的不断改进。新工艺措施包括线圈的绝缘和成形处理、硅钢片涂漆自动化、异步电机转子铸铝等等，辅以专用设备、模夹具及生产线和装配线，也就从根本上保证了设计目标的完整实现。第三是新型材料的发展和应用，如铁磁材料采用冷轧硅钢片，永磁材料采用稀土磁体、钕铁硼磁体，绝缘材料采用聚酯薄膜、硅有机漆、粉云母，等等。

自动化技术的特殊需要推动了控制电机的发展。20 世纪 30 年代末期出现的各种类型的电磁式放大机，如交磁放大机和自激放大机等，就是生产过程自动化和遥控技术发展需要的产物。现今多种类型的伺服电动机、步进电动机、测速发电机、自整角机和旋转变压器等，更是各类自动控制系统和武器装备及航天器中不可缺少的执行元件、检测元件或解算元件。它们大多在第二次世界大战期间陆续出现，20 世纪 60 年代以后基本完善，但在功能、精度、

可靠性和快速响应能力方面不断有所改进,年产量的平均增长速度明显高于普通电机。

新型、特种电机是所有原理、结构、材料和运行方式有别于普通电机或控制电机,但基本功能又与普通电机或控制电机无本质差异的各类电机的总称。由于这类电机大都是为了满足某种特定需求而专门研制的,具有普通电机或控制电机难以企及的某种特定性能,因而品种繁多,发展速度惊人,应用无所不及。有的以直线运动方式驱动磁悬浮高速列车;有的以500 000 r/min超高速旋转;有的以蠕动方式爬行;有的还可以直接作二维或三维运动;有的用做大功率脉冲电源,主要以突然短路方式运行,典型应用如环形加速器和电磁发射与推进;有的功率不到 1 W,采用印刷绕组,尺寸不足 2 mm,用于人体医学工程;有的甚至直接由压电陶瓷和形状记忆合金等功能材料制成,可实现纳米级精密定位(压电超声波电机)和柔性伺服传动(形状记忆合金电机),性能卓越,但不再适用电磁理论,其原理和运行控制方式也与电磁式电机的截然不同。事实上,特种电机,尤其是微特电机,一直是电机发展中最有活力、最富色彩,也最具挑战性的分支之一。

综观 20 世纪电机制造技术的发展,由于设计、工艺和材料等方面的长足进步,各类电机的性能几近完善。不过,世界各国发展水平不一,其实际状况是一个国家电工技术水平的客观反映,据此评价一个国家的综合技术实力亦不为过。

在电机理论方面,1918 年,福蒂斯丘(Fortescue)[1]提出了求解三相不对称问题的一般化方法——对称分量法。对于不对称的三相系统,无论是变压器、异步电机还是同步电机,总可以把三相电压和电流分解成正序、负序和零序三组对称分量。其中,正序电流在电机内部产生一个正向旋转磁场,负序电流产生反向旋转磁场,零序电流产生脉振磁场。这样,就使电机不对称运行时内部物理过程的描述得到简化,进而在线性假设条件下,应用叠加原理,即认为电机的总体行为是三组分量单独作用的行为叠加,就可以对电机不对称运行时的行为进行分析计算。在此基础上,各类交流电机(器)的分析方法也就得到了进一步统一。接下来,1926—1930 年间,道黑提(Dohadi)和尼古尔(Nigull)两人先后提出了五篇经典性论文,发展了布隆代尔的双反应理论,求出了同步电机的瞬态功角特性以及三相和单相突然短路时的短路电流。1929 年,帕克(Park)[2]又利用坐标变换和算子法,导出了同步电机瞬态运行时的电压方程和算子电抗。同时,许多学者又研究了同步电机内的磁场分布,得出了各种电抗的计算公式和测定方法。这些工作使得同步电机的理论达到了比较完善的地步。在异步电机方面,1920—1940 年间,德雷福斯(Dreyfus)[3]、庞加(Punga)、弗里茨(Fritz)、马勒(Müller)[4]、海勒尔(Heiller)[5]等人还对双笼和深槽电机的理论和计算方法、谐波磁场产生的寄生转矩、异步电机噪声等问题进行了系统的研究,奠定了分析设计基础。

为了寻求分析各种电机的统一方法,1935—1938 年间,克朗(Kron)首次引入张量概念来研究旋转电机。这种方法的特点是,一旦列出原型电机的运动方程,通过特定的张量转换

---

① 原译为"福提斯古"。
② 原译为"派克"。
③ 原译为"卓福斯"。
④ 原译为"穆勒"。
⑤ 原译为"赫勒"。

就可以求出其他各种电机的运动方程。线圈的连接、电刷或集电环的引入、对称分量和其他各种分量的应用等，都相当于一定的坐标变换。张量方法的应用不但揭示了电机及其各种分析方法之间的相互联系，使电机理论趋于统一，而且为许多复杂问题的求解提供了新的、也更有效的途径。

20 世纪 40 年代前后，受第二次世界大战的影响，自动控制技术得到了很大的发展，相应地，各类控制电机和小型分马力电机的理论也有了较大的发展。至 50 年代，很多学者进一步利用物理模拟和模拟计算机，研究同步电机和异步电机的机电瞬态过程，亦使一些比较复杂的交流电机动态运行问题得到了解决。

在旋转电机理论体系方面，从 1959 年起，由怀特（White）和伍德森（Woodson）倡导，已逐步建立起了以统一的机电能量转换理论为基础的新体系。这种体系的特点是：把旋转电机作为广义机电系统中的一种，从电磁场理论出发导出电机的参数，从汉密尔顿（Hamilton）原理和拉格朗日-麦克斯韦（Lagrange-Maxwell）方程出发建立电机的运动方程，用统一的方法来研究各种电机的电动势、电磁转矩以及实现能量转换的条件和机理，还统一利用坐标变换、方块图和传递函数、状态方程等方法分析各种电机的稳态和动态性能及电机与系统的联系，从而使电机理论建立在更为严密的基础之上。不过，从教学角度看，这种新体系的理论起点较高，对基础知识的要求与我们目前的课程设置不衔接，因此，我国高校在电机学的教学中仍然采用传统的理论体系。

进入 20 世纪 60 年代以后，电力电子技术和计算机技术的应用使电机的发展经历了并继续经历着一场持久的革命性的变化。大功率可控硅开关元件问世后，出现了便于控制、体积小、噪音小，并且完全可以取代直流发电机的大容量直流电源，使直流电动机的良好调速性能得以更充分发挥。与此同时，还出现了高性能价格比的变频电源，使交流电机的经济、平滑、宽调速成为可能，既拓宽了交流电机的应用领域，也变更了交流电机的传统观念。在此基础上，1970 年，勃拉希克（Blaschke）[①]提出了异步电机磁场定向控制方法（通称矢量变换控制，简称矢量控制）。该方法采用坐标变换和解耦处理后，能分别控制电流的励磁分量和转矩分量，使交流电机可获得与直流电机相媲美的调速性能，由此带动了交流变速传动的高速发展。近 30 年来，交流电机矢量控制在理论和实践上不断得以改进和完善，直接转矩控制和无位置传感器控制思想使系统结构更为简化，数字信号处理器（DSP，digital signal processor）和各类先进、智能控制技术的应用使系统性能不断提高，不仅在绝大部分场合替代了直流传动系统，而且已发展到全面追求系统高品质的程度，如数控设备中就采用了高品质交流伺服系统。这说明，高品质交流变速传动系统已经工业化、实用化。

对电机的近代发展来说，与电力电子技术应用同样重要的是计算机的广泛应用。这主要表现在三个方面。首先，计算机使电机的运行控制变得更为简便，也更为可靠，并使电机能以在线监测方式实现故障诊断和运行维护的智能化，而现代高品质电力传动赖以产生和发展的基础也正是计算机监控技术和电力电子技术的有机结合。其次，非线性特性和动态行为分析这些传统电机学中的研究难点，可运用计算机辅助分析（CAA）及数值仿真技术得以圆满解决，并且还能够虚拟实际系统，包括实际系统难以实现的一些理想或极限运行工况

---

① 原译为"布拉什克"。

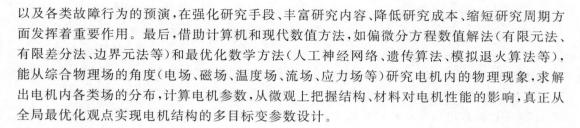

以及各类故障行为的预演,在强化研究手段、丰富研究内容、降低研究成本、缩短研究周期方面发挥着重要作用。最后,借助计算机和现代数值方法,如偏微分方程数值解法(有限元法、有限差分法、边界元法等)和最优化数学方法(人工神经网络、遗传算法、模拟退火算法等),能从综合物理场的角度(电场、磁场、温度场、流场、应力场等)研究电机内的物理现象,求解出电机内各类场的分布,计算电机参数,从微观上把握结构、材料对电机性能的影响,真正从全局最优化观点实现电机结构的多目标变参数设计。

1.2.4 电机的发展趋势

人们预测,超导技术的广泛应用将使社会生产发生新的飞跃,同时也使电力工业在 21 世纪的发展面临难得的机遇和巨大的挑战。客观地说,电机发展到现在,已经取得了非常了不起的成就,其单机容量的进一步增大,效率和功率密度(容量体积比)的进一步提高,似乎只有也只能寄希望于超导技术(亦包括碳纤维、石墨烯等新型材料)的实用化进展,并期望由此带动电机结构和运行控制理论与实践的重大突破。根据超导材料的温度特性,我们把诞生于 20 世纪初期的传统超导技术称为低温超导,其在电机研究领域的应用开始于 50 年代,主要用于研制超导发电机。经过大约 30 年的开发研究,虽然也取得了单机容量达 70 MW 的成果,但制造、运行成本之高,结构、工艺之复杂,仍然是普通工业应用所无法接受的。80 年代中期超导材料的研究获得突破,相应的高温超导技术给超导电机的实用化进程带来了新的曙光。目前,容量为 1 000 kV·A 的高温超导变压器已经试制成功,高温超导发电机和电动机也都在研制之中。可以说,高温超导电机的工业化、实用化进程将是 21 世纪科学技术进步的重要内容之一。

新型、特种电机仍将是与新原理、新结构、新材料、新工艺、新方法联系最密切、发展最活跃、最富想像力的学科分支,并将进一步深入渗透到人类生产和生活的所有领域之中。随着人类生活品质的不断提升,绿色电机的概念已经提出并被人们所接受。虽然这个概念目前还是抽象的,但从环保角度看,低振动、低噪声、无电磁干扰、有再生利用能力及高效率、高可靠性是一些最起码的要求,这对电机的设计制造和运行控制,尤其是原理、结构、材料、工艺等,无疑是一种新的挑战。此外,随着工业自动化的不断发展,智能化电机或智能化电力传动的概念也被越来越多的人们所认可。这种智能化包含两方面的内容:一方面是系统所具有的控制能力和学习能力,另一方面就是电机的容错运行能力,即要求研制所谓容错型电机。容错型电机的定义还不太确切,其基本要求就是以安全为前提,允许电机在故障或误操作情况下容错运行。还有各类功能材料电机,更有纳米电机等,均新颖别致,特禀于传统电机,不一一列举。

计算机技术和电力电子技术的更广泛应用将把已在电机领域内引发的革命性变化不断推向深入,并最终使电机从分析、设计、制造、运行到控制、维护、管理全过程全方位实现最优化和集成化、智能化。由计算机辅助分析(CAA)、计算机辅助设计(CAD)和计算机辅助制造(CAM)技术构架而成的电机的计算机集成制造系统(Computer Integration Manufacturing System on Electrical Machines,或简称为 CIMS-EM),将有可能以全局最优化为目标实施电机的智能化设计和柔性自动化制造,而电力电子技术和计算机在线监测与控制技术的不断进步,将使各类电机的运行、控制和故障诊断以及维护、管理能够最大限度地满足系统最优化、集成化、智能化发展的综合需要。

需要特别强调的是，近代科学技术，特别是计算机技术对电机学科的影响是巨大的，意义是深远的。电机的传统内涵已经发生了并继续发生着极大的变化，研究内容拓宽了，研究方法改进了，研究手段也丰富了。新的观念在形成，新的交叉学科在产生，老学科重新焕发出了生机和魅力。近年来，围绕电机及其系统的各类控制设备和计算机应用软件的研制方兴未艾，并已构成电机学科新的发展方向。电机与电力电子技术的结合使得现代电力传动系统的分析必须将电机与系统及电力电子装置视为一个整体，由此就形成了所谓"电子电机学"。传统电机学以路（电路、磁路、热路、风路）、集中参数、均质等温体、刚体等概念分析处理电机，视电机为系统中的一个元件，若将之称为"宏观电机学"，那么，从综合物理场的角度，用计算机手段分析处理电机的理论和方法体系就可称为"微观电机学"。实际上，在我国，"电力电子与电力传动"已经发展成为一个新的学科。

总之，融合科技进步的最新成就，不断追求新的突破，这是电机并且也是所有科学技术发展的永恒主题。它激励着我们努力学习，勇于探索，有所发明，有所发现，有所创造，有所前进。

1.3　电机中的基本电磁定律

各种电机的运行原理都以基本电磁定律为出发点，现分别阐述如下。

1.3.1　全电流定律

早在公元前，人们就知道了磁性的存在。但在很长时间里，人们都把磁场和电流当成两种独立无关的自然现象，直到1829年才发现了它们之间的内在联系，即磁场是由电流的激励而产生的。换句话说，磁场与产生该磁场的电流同时存在。全电流定律就是描述这种电磁联系的基本电磁定律。

在电机中，不存在运流电流，位移电流亦可忽略不计，全电流定律的表述可以简化。设空间有 n 根载流导体，导体中的电流分别为 $I_1,I_2,\cdots,I_n$，则沿任意可包含所有这些导体的闭合路径 l，磁场强度 $\boldsymbol{H}$ 的线积分就等于这些导体电流的代数和，即

$$\oint_l \boldsymbol{H}\cdot\mathrm{d}l = \sum_{i=1}^n I_i \tag{1.1}$$

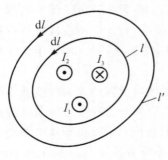

图 1.1　全电流定律说明

这就是电机分析中使用的全电流定律（积分形式），亦称为安培环路定律。式中，电流的符号由右手螺旋法则确定，即当导体电流的方向与积分路径的方向呈右手螺旋关系时，该电流为正，反之为负。以图 1.1 所示为例，虽有积分路径 l 和 l'，但其中包含的载流导体相同，积分结果必然相等，并且就是电流 I_1、I_2 和 I_3 的代数和。依右手螺旋法则，I_1 和 I_2 应取正号，而 I_3 应取负号，写成数学表达形式就是

$$\oint_l \boldsymbol{H}\cdot\mathrm{d}l = \oint_{l'} \boldsymbol{H}\cdot\mathrm{d}l = I_1 + I_2 - I_3 \tag{1.2}$$

即积分与路径无关,只与路径内包含的导体电流的大小和方向有关。

全电流定律在电机中应用很广,它是电机和变压器磁路分析与计算的基础。

1.3.2 电磁感应定律

电磁感应定律是法拉第 1831 年发现的。将一个匝数为 N 的线圈置于磁场中,与线圈交链的磁链为 Ψ,则不论什么原因(如线圈与磁场发生相对运动或磁场本身发生变化等等),只要 Ψ 发生了变化,线圈内就会感应出电动势。该电动势倾向于在线圈内产生电流,以阻止 Ψ 的变化。设电流的正方向与电动势的正方向一致,即正电动势产生正电流,而正电流又产生正磁通,即电流方向与磁通方向符合右手螺旋法则(见图1.2),则电磁感应定律的数学描述为

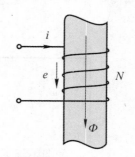

$$e = -\frac{\mathrm{d}\Psi}{\mathrm{d}t} \tag{1.3}$$

这是一个实验定律,式中,负号表明感应电动势将产生的电流所激励的磁场总是倾向于阻止线圈中磁链的变化,常称为楞次定律。

图 1.2 电磁感应定律说明

特别地,若 N 匝线圈中通过的磁通均为 Φ,即磁链

$$\Psi = N\Phi \tag{1.4}$$

则式(1.3)可改写为

$$e = -N\frac{\mathrm{d}\Phi}{\mathrm{d}t} \tag{1.5}$$

导致磁通变化的原因可归纳为两大类:一类是磁通由时变电流产生,即磁通是时间 t 的函数;另一类是线圈与磁场间有相对运动,即磁通是位移变量 x 的函数。综合起来,磁通的全增量就是

$$\mathrm{d}\Phi = \frac{\partial \Phi}{\partial t}\mathrm{d}t + \frac{\partial \Phi}{\partial x}\mathrm{d}x \tag{1.6}$$

从而有

$$e = -N\frac{\partial \Phi}{\partial t} - Nv\frac{\partial \Phi}{\partial x} = e_T + e_v \tag{1.7}$$

式中,$v = \mathrm{d}x/\mathrm{d}t$ 为线圈与磁场间相对运动的速度;$e_T = -N\partial\Phi/\partial t$ 为变压器电动势,它是线圈与磁场相对静止时,单由磁通随时间变化而在线圈中产生的感应电动势,与变压器工作时的情况一样,并由此而得名;$e_v = -Nv\partial\Phi/\partial x$ 为运动电动势,在电机学中也叫速度电动势或旋转电动势,或俗称为切割电动势。它是磁场恒定时,单由线圈(或导体)与磁场之间的相对运动产生的。

虽然普遍说来,任一线圈中都可能同时存在上述两种电动势,但为了简化分析,同时也利于突出特点,下面将两种电动势分别予以讨论,并尽可能与电机中的实际情况相符。

1. 变压器电动势

设线圈与磁场相对静止,与线圈交链的磁通随时间变化而变化,特别地,按正弦规律变化,即

$$\Phi = \Phi_m \sin\omega t \tag{1.8}$$

式中，Φ_m 为磁通幅值；$\omega = 2\pi f$ 为磁通交变角频率，单位是 rad/s。

于是可得

$$e = e_T = -N\omega\Phi_m\cos\omega t = E_m\sin(\omega t - 90°) \tag{1.9}$$

式中，$E_m = N\omega\Phi_m$ 为感应电动势幅值。

式(1.9)表明，电动势的变化规律与磁通变化规律相同，但相位上滞后 90°，如图1.3 所示。

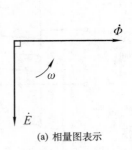

(a) 相量图表示

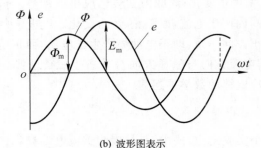

(b) 波形图表示

图 1.3　电动势与磁通的相位关系

在交流正弦分析中，相量的大小用有效值表示。感应电动势的有效值为

$$E = \frac{E_m}{\sqrt{2}} = \frac{N\omega\Phi_m}{\sqrt{2}} = \sqrt{2}\pi fN\Phi_m = 4.44fN\Phi_m \tag{1.10}$$

这就是电机学中计算变压器电动势的一般化公式。

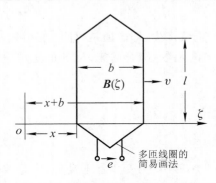

图 1.4　线圈切割磁场感应电动势

2. 运动电动势

如图 1.4 所示，设匝数为 N 的线圈在恒定磁场（即 B 不随时间变化而变化，仅在长度 l 范围内沿 ζ 方向按一定规律分布，即为 ζ 的函数 $\boldsymbol{B}(\zeta)$，正方向 n 为垂直进入纸面）中以速度 v 沿 ζ 方向运动，线圈两边平行，但与 ζ 垂直，宽度为 b，有效长度亦为 l，距原点距离为 x，则任意时刻穿过线圈的磁通为

$$\Phi = l\int_x^{x+b} B_n(\zeta)\mathrm{d}\zeta \tag{1.11}$$

线圈内产生的感应电动势即运动电动势为

$$e = e_v = -Nvl[B_n(x) - B_n(x+b)] = N\Delta B_n lv \tag{1.12}$$

式中，磁场 B_n、线圈运动速度 v 和感应电动势 e 之间的关系由右手定则（又称发电机定则）确定。

显然，若希望磁场得到最充分利用，则磁场应只有垂直于线圈平面的分量，即 $\boldsymbol{B}(\zeta) \equiv \boldsymbol{B}_n(\zeta)$；若进一步希望在线圈中得到最大感应电动势，还应要求 $\boldsymbol{B}(x) \equiv -\boldsymbol{B}(x+b)$，即线圈一侧边与另一侧边处的磁场大小恒相等，但方向（极性）恒相反。事实上，这也是电机设计的基本准则。

对于单根导体，在 B、v 及 l 相互垂直的假设条件下，由式(1.12)可得 $|e| = Blv$，这与物

理学中的结果是一致的。

1.3.3 电磁力定律

1. 电磁力定律

磁场对电流的作用是磁场的基本特征之一。实验表明,将长度为 l 的导体置于磁场 $\boldsymbol{B}$ 中,通入电流 i 后,导体会受到力的作用,称为电磁力,其计算公式为

$$\boldsymbol{F} = \sum \mathrm{d}\boldsymbol{F} = i \sum \mathrm{d}\boldsymbol{l} \times \boldsymbol{B} \tag{1.13}$$

特别地,对于长直载流导体,若磁场与之垂直,则计算电磁力大小的公式可简化为

$$F = Bli \tag{1.14}$$

这就是通常所说的电磁力定律,也称毕奥 – 萨伐电磁力定律。式中,电磁力 F、磁场 B 和载流导体 l 的关系由左手定则(又称电动机定则)确定。

显然,当磁场与载流导体相互垂直时,由式(1.14)计算的电磁力有最大值。普通电机中,l 通常沿轴线方向,而 B 在径向方向,正是出于这种考虑。这种考虑与产生最大感应电动势的基本设计准则完全一致,实际上隐含了电机的可逆性原理。

由左手定则可知,电磁力作用在转子的切向方向,因而就会在转子上产生转矩。

2. 电磁转矩

由电磁力产生的转矩称为电磁转矩。设转子半径为 r,单根导体产生的电磁转矩为

$$T_s = Fr = Blir \tag{1.15}$$

对匝数为 N 的线圈,仿运动电动势分析过程,设线圈两侧边所在处的磁场分别为 B_1 和 B_2,则有

$$T_c = Nlir(B_1 - B_2) \tag{1.16}$$

同理,若希望获得最大电磁转矩,$B_2 \equiv -B_1$ 是期望的。也就是说,线圈两侧边处的磁场大小恒相等、极性恒相反,这也是产生最大电磁转矩的要求。对于一台沿圆周均匀布置线圈的电机来说,这种要求进而就上升为要求气隙磁场尽可能均匀,即 B 的大小处处都比较接近。这样,电机的最大可能电磁转矩为

$$T_{em} = \sum_{j=1}^{M} T_{cj} = MNBliD \tag{1.17}$$

式中,M 为总线圈个数;D 为转子直径。

在电动机里,电磁转矩是驱使电机旋转的原动力,即电磁转矩是驱动性质的转矩,在电磁转矩作用下,电能转换为机械能。在发电机里,可以证明,电磁转矩是制动性质的转矩,即电磁转矩的方向与拖动发电机的原动机的驱动转矩的方向相反,原动机的驱动转矩克服发电机内制动性质的电磁转矩而作功,机械能转换为电能。

电磁转矩还可以用功率的关系求得。设 P 为电机的电磁功率,Ω 为电机气隙磁场旋转的机械角速度,则有

$$T_{em} = \frac{P}{\Omega} \tag{1.18}$$

式中,P 可为输入电磁功率,也可为输出电磁功率;相应地,电磁转矩 T_{em} 也就分别有输入、输出之分。

1.4 铁磁材料特性

1.4.1 铁磁材料的磁导率

电磁学中定义磁介质的磁导率为

$$\mu = \frac{B}{H} \tag{1.19}$$

式中，B 为磁感应强度（习惯称磁通密度）矢量；H 为磁场强度矢量；μ 为磁导率张量。对于均匀各向同性磁介质，μ 为实数；显然，B 和 H 是同方向的。

铁磁材料包括铁、钴、镍及它们的合金。实验表明，所有非导磁材料的磁导率都是常数，并且都接近于真空磁导率 μ_0，$\mu_0 = 4\pi \times 10^{-7}$ H/m。但铁磁材料却是非线性的，即其中 B 与 H 的比值不是常数，磁导率 μ_{Fe} 在较大的范围内变化，而且数值远大于 μ_0，一般为 μ_0 的数百乃至数千倍。对电机中常用的铁磁材料来说，μ_{Fe} 在 2 000 μ_0～6 000 μ_0 之间，因此，当线圈匝数和励磁电流相同时，铁芯线圈激发的磁通量比空心线圈的大得多，从而电机的体积也就可以减小。

铁磁材料之所以有高导磁性能，依磁畴假说，从微观角度看，就在于铁磁材料内部存在着很多很小的具有确定磁极性的自发磁化区域，并且有很强的磁化强度，就相当于一个个超微型小磁铁，称之为磁畴，见图 1.5(a)。磁化前，这些磁畴随机排列，磁效应相互抵消，宏观上对外不显磁性。但在外界磁场作用下，这些磁畴将沿外磁场方向重新作有规则排列，与外磁场同方向的磁畴不断增加，其他方向上的磁畴不断减少，甚至在外磁场足够强时全部消失，被完全磁化，见图 1.5(b)。结果内部磁效应不能相互抵消，宏观上对外显示磁性，也就相当于形成了一个附加磁场叠加在外磁场上，从而使实际产生的磁场要比非铁磁材料中的磁场大很多，用特性参数磁导率来表示，就是 $\mu_{Fe} \gg \mu_0$。

下面结合铁磁材料的磁化特性具体介绍其磁化过程。

在外磁场 H 作用下，磁感应强度 B 将发生变化，两者之间的关系曲线称为磁化曲线，记为 $B = f(H)$。相应地，还可以描绘磁导率与磁场强度的关系曲线，记为 $\mu = f(H)$，叫做磁导率曲线。铁磁材料的基本磁化曲线如图 1.6 所示，该曲线一般由材料生产厂家的型式试验结果提供。

将图 1.6 所示的磁化曲线分为四段。在 oa 段，外磁场 H 较弱，与外磁场方向接近的磁畴发生偏转，顺外磁场方向的磁畴缓缓增加，B 增长缓慢。在 ab 段，H 较强，且不断增加，绝大部分非顺磁方向的磁畴开始转动，甚至少量逆外磁场方向的磁畴也发生倒转，B 迅速增加。在 bc 段，外磁场进一步加强，非顺磁或逆磁方向磁畴的转动不断减少，B 的增加逐渐缓慢下来，开始出现了所谓磁饱和现象。至 c 点以后，所有磁畴都转到与外磁场一致的方向，H 再增加，B 的增加也很有限，出现了深度饱和现象，B 和 H 的关系最终类似于真空中的情况。

图 1.6 所示中还包括了磁导率曲线。由于在 bc 段开始出现饱和现象，其标志就是磁导率随 H 的增加反而变小，故存在最大值 μ_{max}。

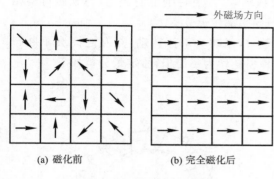

(a) 磁化前　　　　(b) 完全磁化后

图 1.5　铁磁材料中的磁畴

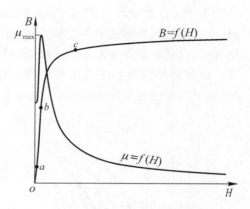

图 1.6　铁磁材料的基本磁化曲线

1.4.2　磁滞与磁滞损耗

以上仅讨论了铁磁材料的单向磁化过程。事实上,被极化了的铁磁材料在外磁场撤除后,磁畴的排列将不可能完全恢复到原始状态,即初始随机排列不复存在,对外也就会显示出磁性。铁磁材料中这种 B 的变化滞后于 H 的变化的现象称为磁滞。

铁磁材料磁滞现象的完整描述需要考察铁磁材料的交变(循环)磁化过程。图 1.7 所示就是铁磁材料交变(循环)磁化过程的磁滞回线,由实验测定。测取过程为:H 由 0 上升至最大值 H_m,B 沿 oa 段上升至 B_m;接下来 H 由 H_m 下降至 0,但 B 不是沿 ao 段下降到 0,而是沿 ab 段下降到 B_r,B_r 称为剩余磁感应强度,简称剩磁密度;要使 B 进一步从 B_r 下降至 0,就要求 H 继续往反方向变化,直至 $-H_c$(曲线中的 c 点),H_c 称为矫顽力,而所谓磁滞也就是形象表述这种 B 滞后于 H 过 0 的磁化过程;H 继续反向增加至 $-H_m$,B 沿 cd 段至 $-B_m$;尔后,H 再从 $-H_m$ 上升至 0,B 沿 de 段变化至 $-B_r$,进而 H 从 0 经 H_c 到 H_m,B 沿 efa 段从 $-B_r$ 经 0 升到 B_m。

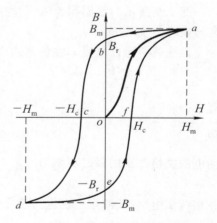

图 1.7　铁磁材料的磁滞回线

这样经历了一个循环,就得到了闭合回线 $abcdefa$,称之为磁滞回线。

磁滞回线表明,上升磁化曲线与下降磁化曲线不重合,或者说,铁磁材料的磁化过程是不可逆的。不同铁磁材料有不同的磁滞回线。同一铁磁材料,其 B_m 愈大,磁滞回线所包围的面积也愈大,因此,用不同的 B_m 值可测出不同的磁滞回线。将所有磁滞回线在第 Ⅰ 象限内的顶点连接起来得到的磁化曲线就叫做基本磁化曲线或平均磁化曲线,如图 1.8 所示。基本磁化曲线解决了磁滞回线上 B 与 H 的多值函数问题,在工程中得以广泛应用。一般情况下,若无特别说明,生产厂家提供的铁磁材料磁化曲线或相应数据都是指基本磁化曲线。严格说来,用基本磁化曲线代替磁滞回线是有误差的,但这种误差一般为工程所允许,因为大多数铁磁材料的磁滞回线都很窄,即 B_r 和 H_c 都很小。磁滞回线很窄的铁磁材料也称软磁材料。在电机中常用的软磁材料有硅钢片、铸铁、铸钢等。

B_r 和 H_c 都比较大，即磁滞回线很宽的铁磁材料，通常也形象地称为硬磁材料或永磁材料。电机中常用的永磁材料有铁氧体、稀土钴、钕铁硼等。需要特别说明的是，与软磁材料相比，硬磁材料的磁导率很小，如常用永磁材料的磁导率都接近 μ_0。

铁磁材料在交变磁场作用下的反复磁化过程中，磁畴会不停转动，相互之间会不断摩擦，因而就要消耗一定的能量，产生功率损耗。这种损耗称为磁滞损耗，定量分析如下。

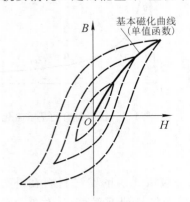

图 1.8　磁滞回线与基本磁化曲线

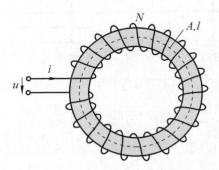

图 1.9　带铁芯的螺旋线圈圆环

图 1.9 所示为截面积为 A、平均周长为 l 的铁磁材料圆环（简称为铁芯），其上均匀而紧密地绕有 N 匝线圈。

设线圈中通以电流 i，在铁芯内产生的磁场强度均为 $\boldsymbol{H}$，由全电流定律

$$\oint_l \boldsymbol{H} \cdot \mathrm{d}\boldsymbol{l} = \sum i$$

有

$$Hl = Ni \tag{1.20}$$

即

$$i = \frac{Hl}{N} \tag{1.21}$$

而电源供给线圈的瞬时功率为

$$p = ui \tag{1.22}$$

忽略线圈电阻，线圈端电压应与感应电动势平衡，由电磁感应定律就是

$$u = -e = N\frac{\mathrm{d}\Phi}{\mathrm{d}t} \tag{1.23}$$

式中，Φ 为铁芯内的磁通量。设铁芯内的磁感应强度为 B，则

$$\Phi = BA \tag{1.24}$$

从而有

$$p = ui = N\frac{\mathrm{d}\Phi}{\mathrm{d}t}i = NA\frac{\mathrm{d}B}{\mathrm{d}t}\frac{Hl}{N} = VH\frac{\mathrm{d}B}{\mathrm{d}t} \tag{1.25}$$

式中，$V = Al$ 为铁芯的体积。

实际上，p 也就是在铁芯中建立交变磁通、克服磁畴回转所需的瞬时功率，其在一个周期 T 内的平均值即铁芯磁滞损耗为

$$p_h = \frac{1}{T}\int_0^T p\,\mathrm{d}t = fV\oint H\mathrm{d}B \tag{1.26}$$

式中，T 为电流 i 的变化周期；f 为其频率。两者关系为 $f = 1/T$。

式(1.26)表明，磁滞损耗与磁滞回线的面积 $\oint HdB$、电流频率 f 和铁芯体积 V 成正比。

如前所述，磁滞回线的面积首先取决于不同的铁磁材料，而对于同一铁磁材料，则取决于磁感应强度的最大值 B_m。综合两者考虑，为避免提供完整磁滞回线的困难，根据工程经验，式(1.26)可改写为

$$p_h = K_h f B_m^\alpha V \tag{1.27}$$

式中，K_h 为不同材料的计算系数；α 为由试验确定的指数。

由于硅钢片的磁滞回线面积很小，而且导磁性能好，可有效减小铁芯体积，因此，大多数电机、变压器或普通电器的铁芯都采用硅钢片制成。目的之一也就是要尽量减少磁滞损耗。

1.4.3 涡流与涡流损耗

上面介绍了铁磁材料的磁滞现象，并定量计算了磁滞损耗。铁磁材料在交变磁场作用下的磁滞现象和磁滞损耗是铁磁材料的固有特性之一。与此同时，对于硅钢片一类具有导电能力的铁磁材料，在交变磁场作用下，还有另外一个重要的特性，那就是产生涡流及涡流损耗。

图 1.10 所示是铁芯中的一片硅钢片，厚度为 d，高度为 $b(b \gg d)$，长度为 l，体积 $V = lbd$。在垂直进入的交变磁场 B 的作用下，根据电磁感应定律，硅钢片中将有围绕磁通呈涡旋状的感应电动势和电流产生，简称涡流。涡流在其流通路径上的等效电阻 R 中产生的功率(焦尔)损耗 I^2R 称为涡流损耗。具体分析如下。

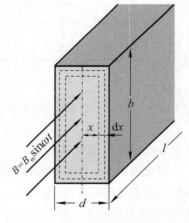

图 1.10 硅钢片中的涡流

根据电磁感应定律，参照图 1.10，涡流回路的感应电动势

$$E_w = Kfb2xB_m \tag{1.28}$$

式中，K 为电动势比例常数；f 为磁场交变频率；x 为涡流回路与硅钢片对称轴线间的距离。

忽略上、下两短边影响，涡流回路的等效电阻为

$$dR = \rho \frac{2b}{l\,dx} \tag{1.29}$$

式中，ρ 为硅钢片的电阻率。

从而给定涡流回路中的功率损耗为

$$dp_w = \frac{E_w^2}{dR} = \frac{2K^2 f^2 lb B_m^2}{\rho}x^2\,dx \tag{1.30}$$

由此可得硅钢片中的涡流损耗

$$p_w = \int_0^{d/2} dp_w = \int_0^{d/2} \frac{2K^2 f^2 lb B_m^2 x^2}{\rho}\,dx = \frac{K^2 f^2 d^2 B_m^2 V}{12\rho} \tag{1.31}$$

式(1.31)表明，涡流损耗与磁场交变频率 f、硅钢片厚度 d 和最大磁感应强度 B_m 的平方成正比，与硅钢片电阻率 ρ 成反比。由此可见，要减少涡流损耗，首先应减小硅钢片厚度(目前一般厚度已做成 0.5mm 和 0.3mm 或更薄；据报道，美国在部分电力变压器中已采用厚度

为 0.2mm 以下的冷轧硅钢片,俄罗斯在中、高频电机中甚至采用厚度为 0.1mm 的硅钢片),其次是增加涡流回路中的电阻。电工钢片中加入适量的硅,制成硅钢片,就是为了使材料改性,成为半导体类合金,显著提高电阻率。

1.4.4 交流铁芯损耗

以上分别讨论了在交变磁场作用下,发生在铁磁材料中的磁滞现象和涡流现象,以及与之相关的磁滞损耗和涡流损耗的定量计算问题。这些都是铁磁材料在交变磁场作用时的固有特性,并且是同时发生的,因此,在电机和变压器的计算中,当铁芯内的磁场为交变磁场时,常将磁滞损耗和涡流损耗合在一起来计算,并统称为铁芯损耗,简称铁耗。单位重量中铁耗的计算公式为

$$p_{Fe} = p_{1/50} \left(\frac{f}{50} \right)^{\beta} B_m^2 \qquad (1.32)$$

式中,p_{Fe} 为铁耗,单位为 W/kg;$p_{1/50}$ 为铁耗系数,是指当 $B_m = 1$ T、$f = 50$ Hz 时,每千克硅钢片的铁耗,其值在 $1.05 \sim 2.50$ 范围内;β 为频率指数,其值在 $1.2 \sim 1.6$ 范围内,随硅钢片的含钢量不同而异。

不同的铁磁材料,其单位重量铁耗通常以曲线或数表形式给出。特别地,各向异性的铁磁材料,如变压器中的冷轧有取向硅钢片,其磁化特性和铁耗特性还会随交变磁场作用的方向(磁化角)不同而不同。图 1.11 所示为某种各向异性冷轧硅钢片的铁耗曲线,在频率固定条件下,使用时需采

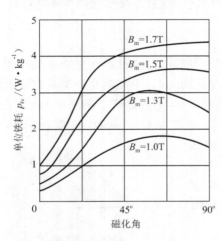

图 1.11 各向异性铁磁材料的单位损耗曲线
(频率为 50 Hz)

用二维插值方法确定铁耗值。

需要强调的是,无论是磁滞损耗还是涡流损耗,或者统称为铁芯损耗,都是相对交变磁场作用于铁磁材料而言的。也就是说,对于恒定磁场,或铁磁材料相对于磁场静止,即在铁磁材料中,磁场的交变频率 $f \equiv 0$,讨论这些问题的前提条件就不成立,也就不存在这些损耗了。这一点也是磁路与电路的显著区别之一,必须牢固掌握。

1.5 磁路基本定律及计算方法

从本质上讲,各类电磁装置中物理现象的研究都应归结为物理场问题的求解,如温度场、流场、力场、电场和磁场等。但这样太复杂,也难以得出一般性的分析设计规律,因此,工程上总是力图简化。以电场为例,大家很熟悉,就是通过引入几类简单的集总参数分立元件(电压源、电流源、电阻、电容、电感等),将场问题化简为路问题求解,并由此形成了一门关于电路分析设计的完整理论。

工程中对磁场的处理与对电场的处理完全类似,也引进磁路概念,并大量沿用电路分析的基本原理和方法。其物理背景是电磁两种现象本来就统一由麦克斯韦方程组描述,皆为势

（位）场；而数学背景则归结为同类型偏微分方程的定解问题，如椭圆型、抛物线型、双曲线型，等等。

与电路相仿，将磁通比拟为电流，则磁路是电机、电器中磁通行经的路径。磁路一般由铁磁材料制成，磁通也有主磁通（又称工作磁通）和漏磁通之分。习惯上，主磁通行经的路径称为主磁路，漏磁通行经的路径叫漏磁路。在电机中，主磁通即实现机电能量转换所需要的磁通，而主磁路亦多由软磁材料（永磁电机例外）构成，因此，磁路所研究的对象主要是主磁通行经的以铁磁材料为主的路径。

磁路计算的任务是确定磁动势 F、磁通 Φ 和磁路结构（如材料、形状、几何尺寸等）的关系。类比于电路基本定律，表达这些关系的磁路基本定律有磁路欧姆定律、磁路基尔霍夫第一定律和磁路基尔霍夫第二定律等。由于磁路只是磁场的简化描述方式，因此，有关磁路定律均可由磁场基本定律导出，下面分别予以讨论。

1.5.1 磁路基本定律

1. 磁路欧姆定律

图 1.12 是一个单框铁芯磁路示意图。铁芯上绕有 N 匝线圈，通以电流 i，产生的沿铁芯闭合的主磁通为 Φ，沿空气闭合的漏磁通用 Φ_σ 表示。设铁芯截面积为 A，平均磁路长度为 l，铁磁材料的磁导率为 μ（μ 不是常数，随磁感应强度 B 变化）。

假设漏磁可以不考虑（即令 $\Phi_\sigma = 0$，视单框铁芯为无分支磁路），并且认为磁路 l 上的磁场强度 H 处处相等，于是，根据全电流定律有

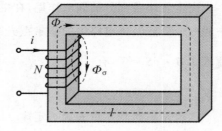

图 1.12 单框铁芯磁路示意图

$$\oint \boldsymbol{H} \cdot \mathrm{d}\boldsymbol{l} = Hl = Ni \qquad (1.33)$$

因 $H = B/\mu$，而 $B = \Phi/A$，故可由式（1.33）推得

$$\Phi = \frac{Ni}{l/(\mu A)} = \frac{F}{R_\mathrm{m}} = \Lambda_\mathrm{m} F \qquad (1.34)$$

式中，$F = Ni$ 为磁动势；$R_\mathrm{m} = \dfrac{l}{\mu A}$ 为磁阻；$\Lambda_\mathrm{m} = 1/R_\mathrm{m} = \mu A/l$ 为磁导。

式（1.34）即所谓磁路欧姆定律。它表明，磁动势 F 愈大，所激发的磁通量 Φ 会愈大；而磁阻 R_m 愈大，则可产生的磁通量 Φ 会愈小（磁阻 R_m 与磁导率 μ 成反比，$\mu_0 \ll \mu_\mathrm{Fe}$，表明 $R_\mathrm{m0} \gg R_\mathrm{mFe}$，故分析中可忽略 Φ_σ）。这与电路欧姆定律 $I = U/R = UG$ 是一致的，并且磁通与电流、磁动势与电动势、磁阻与电阻、磁导和电导保持一一对应关系。由此可推断，磁路基尔霍夫第一、第二定律亦必定与电路基尔霍夫第一、第二定律具有相同形式。

2. 磁路基尔霍夫第一定律

在磁路计算时，当磁路结构比较复杂时，单用磁路欧姆定律是不够的，还必须应用磁路基尔霍夫第一、第二定律进行分析。下面以图 1.13 所示的最简单分支磁路为例展开讨论。

磁路计算时，一般都根据材料、截面积的不同而将磁路进行分段。图 1.13 所示主磁路可分为三段（下标分别为 1,2,3），各段的磁动势、主磁通、磁导率、截面积、路径长度分别定义如表 1.1 所示。

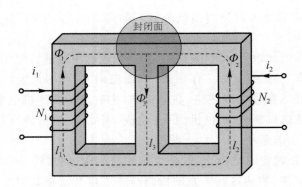

图 1.13 有分支磁路示意图（忽略漏磁）

表 1.1 有分支磁路各段的定义

分段序号	磁 动 势	主 磁 通	磁 导 率	截 面 积	路径长度
1	$F_1 = N_1 i_1$	Φ_1	μ_1	A_1	l_1
2	$F_2 = N_2 i_2$	Φ_2	μ_2	A_2	l_2
3	$F_3 = 0$	Φ_3	μ_3	A_3	l_3

完全忽略各部分的漏磁作用，在主磁通 Φ_1、Φ_2 和 Φ_3 的汇合处做一个封闭面（相当于电路中的一个节点），仿电路中的基尔霍夫第一定律 $\sum i = 0$（即电流连续性原理），由磁通连续性原理 $\oint_S \boldsymbol{B} \cdot \mathrm{d}\boldsymbol{S} = 0$，有

$$\sum \boldsymbol{\Phi} = 0 \tag{1.35}$$

这就是磁路基尔霍夫第一定律。

对应图 1.13 所示的磁通假定正方向，式（1.35）可改写为

$$\Phi_1 + \Phi_2 = \Phi_3 \tag{1.36}$$

综上所述，磁路基尔霍夫第一定律表明，进入或穿出任一封闭面的总磁通量的代数和等于零，或穿入任一封闭面的磁通量恒等于穿出该封闭面的磁通量。

3. 磁路基尔霍夫第二定律

仍以图 1.13 所示有分支磁路为例，先考察由路径 l_1 和 l_3 构成的闭合磁路。设漏磁可以忽略，沿 l_1 和 l_3 的均匀磁场强度分别为 H_1 和 H_3，则由全电流定律有

$$\oint \boldsymbol{H} \cdot \mathrm{d}\boldsymbol{l} = N_1 i_1 = F_1 = H_1 l_1 + H_3 l_3 \tag{1.37}$$

而 $H_1 = B_1/\mu_1 = \dfrac{\Phi_1}{\mu_1 A_1}$，$H_3 = B_3/\mu_3 = \dfrac{\Phi_3}{\mu_3 A_3}$，故得

$$F_1 = \frac{\Phi_1 l_1}{\mu_1 A_1} + \frac{\Phi_3 l_3}{\mu_3 A_3} = \Phi_1 R_{m1} + \Phi_3 R_{m3} \tag{1.38}$$

式中，$R_{m1} = \dfrac{l_1}{\mu_1 A_1}$、$R_{m3} = \dfrac{l_3}{\mu_3 A_3}$ 分别为各部分磁路上的等效磁阻。

同理，考察由 l_1 和 l_2 组成的闭合磁路。取 l_1 绕行方向为正方向，可得

$$F_1 - F_2 = N_1 i_1 - N_2 i_2 = H_1 l_1 - H_2 l_2 = \Phi_1 R_{m1} - \Phi_2 R_{m2} \qquad (1.39)$$

综合式(1.37)、式(1.38)和式(1.39),有

$$\sum F = \sum Ni = \sum Hl = \sum \Phi R_m \qquad (1.40)$$

这就是磁路基尔霍夫第二定律。它是全电流定律在分段磁路中的体现,与电路基尔霍夫第二定律 $\sum e = \sum u$ 在形式上完全一样。

定义 Hl 为磁压降,$\sum Hl$ 为闭合磁路上磁压降的代数和。磁路基尔霍夫第二定律表明,任一闭合磁路上磁动势的代数和恒等于磁压降的代数和,这与电路基尔霍夫第二定律在意义上也是一样的。

为了更好地理解磁路基本定律及磁路中各物理量的基本定义,特别地,为准确把握磁路与电路的类比关系,表 1.2 列出了磁路和电路中有关物理量及计算公式的对应关系。

表 1.2　磁路和电路的类比关系

磁　　　路		电　　　路	
基本物理量及公式	单位	基本物理量及公式	单位
磁通 Φ	Wb	电流 i	A
磁动势 F	A	电动势 e	V
磁压降 $Hl = \Phi R_m$	A	电压降 $u = iR$	V
磁阻 $R_m = l/(\mu A)$	H^{-1}	电阻 $R = \rho l/A$	Ω
磁导 $\Lambda_m = \mu A/l = 1/R_m$	H	电导 $G = A/(\rho l) = 1/R$	S
欧姆定律 $\Phi = F/R_m = \Lambda_m F$		$i = e/R$	
基尔霍夫第一定律 $\sum \Phi = 0$		$\sum i = 0$	
基尔霍夫第二定律 $\sum F = \sum Hl = \sum \Phi R_m$		$\sum e = \sum u = \sum iR$	

需要说明的是,虽然磁路和电路有一一对应关系,但在实际分析计算时仍有较大区别。这是因为,一般导电材料的电阻率 ρ 随电流变化不明显(不考虑温度变化时),也就是说,电阻 R 一般可作为常数处理。但铁磁材料却不然,其磁导率 μ 随磁感应强度 B 的变化而变化的幅度非常显著(见图 1.6),即磁阻 R_m 是磁感应强度 B 或磁通 Φ 的函数,并且是非线性关系,一般无法用数学表达式进行简单描述,而这种非线性关系还因材料而异,因此,考虑非线性因素,磁路计算往往要比电路计算复杂得多。实际上,贯穿电机学学习过程始终的重点和难点之一也就是铁磁材料的非线性特性对电机参数和性能的影响。在一般情况下,磁路不饱和时,μ_{Fe} 较大,并近似为常数,R_m 亦为较小常数,建立正常工作磁通所需的磁动势和励磁电流都比较小;而随着饱和程度增加,μ_{Fe} 逐渐变小,R_m 相应增大,所需励磁电流必然增加;至高度饱和状态时,$\mu_{Fe} \to \mu_0$,励磁电流将锐增。对这些概念从现在起就应该有所认识,并要求随着学习的深入而不断加深。

1.5.2　铁芯磁路计算

磁路计算是电机分析和设计过程中的一项重要工作,它包含给定磁通 Φ 求磁动势 F 和

给定磁动势 F 求磁通 Φ 两大类型。电机和变压器设计中的磁路计算通常属于第一种类型的问题，是我们讨论的重点。对于第二种类型的问题，一般要用迭代法确定，编程由计算机完成，本书将只作简要介绍。

虽然实际磁路千差万别，但总可以化简为串联和并联两种基本形式。下面分别讨论。

1. 串联磁路计算

对于串联磁路，给定磁通求磁动势的具体步骤如下。

（1）将磁路分段，保证每段磁路的均匀性（即材料相同、截面积相等）。

（2）计算各段磁路的截面积 A_x 和平均长度 l_x。

（3）根据给定磁通 Φ，由 $B_x = \Phi / A_x$ 确定各段内的平均磁感应强度（通称磁通密度，简称磁密）。

（4）由磁密 B_x 确定对应的磁场强度 H_x（铁磁材料由基本磁化曲线或相应数据表格确定，对空气隙和非磁性材料，统一由 $H_x = B_x / \mu_0$ 计算）。

（5）计算各段磁路上的磁压降 $H_x l_x$。

（6）由磁路基尔霍夫第二定律计算 $F = \sum H_x l_x$。

以上方法亦称为分段计算法。下面给出计算实例。

例 1.1 在图 1.14 所示中，铁芯用硅钢片 DR510-50（磁化曲线见表 1.3）叠成，截面积 $A = 9 \times 10^{-4}$ m²，铁芯的平均长度 $l = 0.3$ m，气隙长度 $\delta = 0.5 \times 10^{-3}$ m，线圈匝数 $N = 500$，试求产生磁通 $\Phi = 9.9 \times 10^{-4}$ Wb 时所需的励磁磁动势 F 和励磁电流 I。

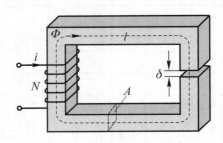

图 1.14　串联磁路计算示例

表 1.3　50 Hz, 0.5 mm, DR510-50 硅钢片磁化曲线表

B/T	0	0.01	0.02	0.03	0.04	0.05	0.06	0.07	0.08	0.09
0.4	138	140	142	144	146	148	150	152	154	156
0.5	158	160	162	164	166	169	171	174	176	178
0.6	181	184	186	189	191	194	197	200	203	206
0.7	210	213	216	220	224	228	232	236	240	245
0.8	250	255	260	265	270	276	281	287	293	299
0.9	306	313	319	326	333	341	349	357	365	374
1.0	383	392	401	411	422	433	444	456	467	480
1.1	493	507	521	536	552	568	584	600	616	633
1.2	652	672	694	716	738	762	786	810	836	862
1.3	890	920	950	980	1 010	1 050	1 090	1 130	1 170	1 210
1.4	1 260	1 310	1 360	1 420	1 480	1 550	1 630	1 710	1 810	1 910
1.5	2 010	2 120	2 240	2 370	2 500	2 670	2 850	3 040	3 260	3 510
1.6	3 780	4 070	4 370	4 680	5 000	5 340	5 680	6 040	6 400	6 780
1.7	7 200	7 640	8 080	8 540	9 020	9 500	10 000	10 500	11 000	11 600
1.8	12 200	12 800	13 400	14 000	14 600	15 200	15 800	16 500	17 200	18 000

注：表中磁场强度单位为 A/m。

解 （1）磁路分为铁芯部分和气隙部分两段。

（2）不计边缘效应，两部分磁路的截面积均为 $A = 9 \times 10^{-4}$ m²，铁芯部分磁路长度 $l = 0.3$ m，气隙部分磁路长度 $\delta = 0.5 \times 10^{-3}$ m。

（3）忽略漏磁，两部分的磁通密度均为

$$B = \frac{\Phi}{A} = \frac{9.9 \times 10^{-4}}{9 \times 10^{-4}} \text{ T} = 1.1 \text{ T}$$

（4）查 DR510-50 硅钢片磁化曲线表，得 $B_{Fe} = 1.1$ T 时，$H_{Fe} = 493$ A/m；对气隙部分，有 $H_\delta = \dfrac{B_\delta}{\mu_0} = \dfrac{1.1}{4\pi \times 10^{-7}}$ A/m $= 8.753 \times 10^5$ A/m。

（5）铁芯部分磁压降 $\qquad H_{Fe} l = 493 \times 0.3 \text{A} = 147.9 \text{ A}$

气隙部分磁压降 $\qquad H_\delta \delta = 8.753 \times 10^5 \times 0.5 \times 10^{-3} \text{ A} = 437.7 \text{ A}$

（6）磁动势 $\qquad\qquad F = H_{Fe} l + H_\delta \delta = 585.6 \text{ A}$

励磁电流 $\qquad\qquad I = F/N = 585.6/500 \text{ A} = 1.17 \text{ A}$

下面简要讨论第二种类型的磁路计算问题，即给定磁动势求磁通。由于磁路的非线性关系，解决这类问题的常用方法为迭代法，即给定磁通初值 Φ'，计算磁动势 F'；若 F' 与给定磁动势 F 相等或两者之差小于给定误差 ε，则 Φ' 即为所求，计算结束；反之，根据 $\Delta F = F - F'$ 确定适当的 $\Delta \Phi$，然后由 $\Phi' + \Delta \Phi$ 得到新的 Φ'，继续计算，直至 $|\Delta F| \leqslant \varepsilon$ 为止。

综上可知，所谓迭代法实质上是将第二类问题转化为第一类问题进行计算，然后根据误差进行迭代修正，并逐步逼近真解。具体过程结合计算实例介绍如下。

例 1.2 串联磁路如图 1.14 所示，设 $F = 654$A，求磁通 Φ。

解 给定误差 $\varepsilon = 1$A，迭代开始：

（1）给定 $\Phi' = 9.9 \times 10^{-4}$ Wb，得 $F' = 585.6$ A，

$|\Delta F| = 68.4$A $> \varepsilon$，$\Delta F > 0$，取 $\Delta \Phi = 1.08 \times 10^{-4}$ Wb > 0；

（2）给定 $\Phi'' = 10.98 \times 10^{-4}$ Wb，得 $F'' = 693.6$ A，

$|\Delta F| = 39.6$A $> \varepsilon$，$\Delta F < 0$，取 $\Delta \Phi = -0.36 \times 10^{-4}$ Wb < 0；

（3）给定 $\Phi''' = 10.62 \times 10^{-4}$ Wb，得 $F''' = 654$ A，

$|\Delta F| = 0 < \varepsilon$，迭代终止，故磁通 $\Phi = 10.62 \times 10^{-4}$ Wb 为所求。

以上迭代过程可编制成程序，由计算机完成，读者可自行练习。注意磁化曲线数据的正确输入和一维插值程序中选用的插值方法（线性或抛物线插值，等间隔或不等间隔），以及误差的给定和根据 ΔF 确定 $\Delta \Phi$ 的恰当比例系数等。

2. 并联磁路计算

与串联磁路计算相同，第一类问题可顺序求解，第二类问题采用迭代法求解。这里只讨论第一类问题，其求解步骤如下。

（1）磁路分段处理，同串联磁路做法。

（2）根据磁路基尔霍夫第一、第二定律列写节点方程和回路方程并求解。

（3）分段逐一确定磁密 B_x 和与之对应的磁场强度 H_x。

（4）计算磁动势 F。

下面结合图 1.15 所示磁路介绍具体计算方法。

例 1.3 并联磁路如图 1.15 所示，截面积 $A_1 = A_2 = 6 \times 10^{-4}$ m^2，$A_3 = 10 \times 10^{-4}$ m^2，平均长度 $l_1 = l_2 = 0.5$ m，$l_3 = 2 \times 0.07$ m，气隙长度 $\delta = 1.0 \times 10^{-4}$ m。已知 $\Phi_3 = 10 \times 10^{-4}$ Wb，$F_1 = 350$ A，求 F_2。

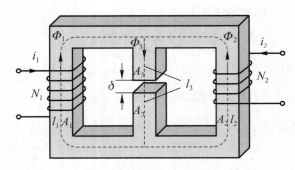

图 1.15　并联磁路计算示例

解　（1）磁路分为四段：左侧铁芯段，右侧铁芯段，中柱铁芯段，气隙段。

（2）四部分截面积　$A_1 = A_2 = 6 \times 10^{-4}$ m^2，$A_3 = A_4 = 10 \times 10^{-4}$ m^2（不计边缘效应）。

平均长度为　$l_1 = l_2 = 0.5$ m，　$l_3 = 0.14$ m，　$l_4 = \delta = 1.0 \times 10^{-4}$ m

中柱磁密　$B_3 = \dfrac{\Phi_3}{A_3} = \dfrac{10 \times 10^{-4}}{10 \times 10^{-4}}$ T $= 1.0$ T

查表 1.3 得　$H_3 = 383$ A/m

又由于　$B_\delta = B_3 = 1.0$ T

故中柱磁压降

$$H_3 l_3 + B_\delta \delta / \mu_0 = \left(383 \times 0.14 + \frac{1.0 \times 1.0 \times 10^{-4}}{4\pi \times 10^{-7}}\right) \text{A} = 133.2 \text{ A}$$

而对左侧铁芯回路，有

$$H_1 l_1 = F_1 - H_3 l_3 - B_\delta \delta / \mu_0 = (350 - 133.2) \text{ A} = 216.8 \text{ A}$$

则　$H_1 = 216.8/0.5$ A/m $= 433.6$ A/m

查表 1.3 得　$B_1 = 1.052$ T

从而　$\Phi_1 = B_1 A_1 = 1.052 \times 6 \times 10^{-4}$ Wb $= 6.312 \times 10^{-4}$ Wb

于是，右侧铁芯回路中

$$\Phi_2 = \Phi_3 - \Phi_1 = (10 \times 10^{-4} - 6.312 \times 10^{-4}) \text{ Wb} = 3.69 \times 10^{-4} \text{ Wb}$$

故　$B_2 = \Phi_2 / A_2 = 3.69 \times 10^{-4} / 6 \times 10^{-4}$ T $= 0.615$ T

查表 1.3 得　$H_2 = 185$ A/m

即　$H_2 l_2 = 185 \times 0.5$ A $= 92.5$ A

故最终有

$$F_2 = H_2 l_2 + H_3 l_3 + B_\delta \cdot \delta / \mu_0 = (92.5 + 133.2) \text{ A} = 225.7 \text{ A}$$

1.5.3　永磁体磁路计算

上面讨论的简单的串、并联磁路的计算，主要是针对由软磁材料构成的铁芯磁路而进行的,它们是普通电机、电器中的共性问题。然而,由于永磁体类硬磁材料性能不断提高,以较小体积在空间形成较强的稳定磁场已经成为可能,并且在长期使用过程中不会再消耗能量,提高了效率,减小了体积,节约了材料,且使用便利、维护简单,所以在电机和电气工程中的应用日益广泛,并由此构成了永磁类电机、电器分析设计的特定问题。下面对永磁体磁路计算方法进行介绍。

永磁体是利用硬磁材料的剩磁工作的。图 1.16 所示为最简单的环形永久磁铁磁路(截面积 A、平均长 l、气隙长 δ)。其磁化过程通常是:先在环上套一个密绕的励磁线圈,并在气隙处填入一块由软磁材料制成的衔铁,组成一闭合磁路;然后在线圈内通入励磁电流,至完全磁化后,切除电源,取下线圈和衔铁,则硬磁材料环成为具有一定磁性的永久磁铁。上述磁化过程称为充磁。之所以要在气隙中填入衔铁进行磁化,主要是为了减小磁路磁阻,从而减小励磁电流、励磁功率和励磁损耗,同时也为了使磁化更均匀。

永磁体工作于图 1.17 所示的磁滞回线的去磁段 CR,通称为退磁曲线(由生产厂家提供,就如同生产厂家必须提供软磁材料的基本磁化曲线一样)。永磁体磁路的计算必须结合退磁曲线进行,这是与普通磁路计算截然不同的。

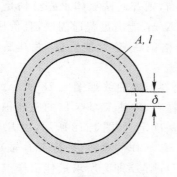

图 1.16　环形永久磁铁磁路

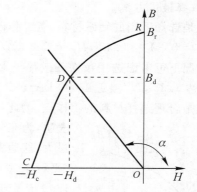

图 1.17　硬磁材料的退磁曲线

不过,仿普通磁路分析过程,永磁体磁路计算也可分为已知磁路尺寸求磁通和给定磁通设计磁体两类问题。下面分别予以讨论。为简明起见,假设磁路气隙较小,漏磁可以忽略不计。

1. 已知磁路尺寸,求气隙中的工作磁通

忽略充磁衔铁的磁阻,则图 1.16 所示磁路与衔铁一起在完全磁化并切断励磁电源 后,闭合磁路上的平均磁感应强度为材料的剩磁 B_r,也就是图 1.17 所示退磁曲线上的 R 点,整个磁路内的磁通为

$$\Phi_0 = B_r A$$

撤去衔铁后,磁路总磁阻增大,磁通 Φ 将减小,磁感应强度 B 将低于 B_r,相当于产生了去磁作用。实际工作点下移为退磁曲线上的 D 点(见图 1.17)。设磁铁内的磁场强度为 H,气隙磁场强度为 H_δ,因无励磁电流,即磁动势 $F = 0$,故由磁路基尔霍夫第二定律有

$$Hl + H_\delta \delta = 0$$

由于不计边缘效应并忽略漏磁后,有 $B_\delta = B$,即 $H_\delta = B/\mu_0$,故有

$$Hl + \delta B/\mu_0 = 0$$

即
$$B = -\frac{\mu_0 l}{\delta}H$$

这是第 Ⅱ 象限内一条过原点、斜率为 $\tan\alpha = -\mu_0 l/\delta$ 的直线，其与退磁曲线的交点即为工作点 $D(-H_d, B_d)$。相应地，气隙中的工作磁通为
$$\Phi = B_d A$$

D 点的磁场强度为负值，说明磁铁工作时，其内的实际磁场与原磁化场方向相反，称为自退磁场。

综上可知，已知永磁体磁路尺寸确定气隙工作磁通或磁体工作点的过程是一个结合材料退磁曲线而进行的图解过程。结果表明，永磁体的工作磁密 B_d 不但与所用材料的退磁曲线的形状有关，而且还与磁体长度 l 与气隙长度 δ 的比值有关。l/δ 愈大则 α 愈小（极限 $\pi/2$），B_d 就愈接近于 B_r；反之，l/δ 愈小则 α 愈大（极限为 π），B_d 偏离 B_r 愈远，数值就愈小，所以，增加永磁体长度、减少工作气隙长度是使永磁体磁路获得较强磁性的基本准则。

2. 已知气隙长度 δ 和工作磁通 Φ，设计磁体

这类问题属于逆问题，解答不唯一，一般是根据实际情况（工作条件、性能价格比等）综合考虑，选择最优方案。

首先是选择适当的硬磁材料。若工作磁密要求不高，则普通铁氧体永磁材料是可以考虑的，其 $B_r = 0.3\text{T} \sim 0.4\text{T}$，$H_c = 200\text{ kA/m} \sim 300\text{ kA/m}$，能满足普通需要，且价格低廉。其他多数情况下可考虑选用钕铁硼或稀土永磁体，虽价格稍高，但性能优良，尤其是钕铁硼磁体，B_r 可达 1.2T，H_c 接近 $1\,000\text{ kA/m}$。

其次是合理选择材料的工作点。为此，重画硬磁材料退磁曲线如图 1.18 所示。理论分析

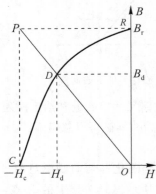

图 1.18 确定最佳工作点

表明，为充分利用永磁材料，应使工作点 D 的磁能积 $|H_d B_d|$ 最大。这通常可用作图法确定。如图 1.18 所示，由 B_r 作水平线（平行于 H 轴）交由 $-H_c$ 所作的垂线（平行于 B 轴）于 P 点，连 O、P 交退磁曲线于 D，则 D 即为所求最佳工作点。

求得 $D(-H_d, B_d)$ 后，磁体设计如下：

截面积
$$A = \Phi/B_d$$
由于
$$-H_d l + \delta B_d/\mu_0 = 0$$
故磁体长度
$$l = \frac{B_d \delta}{H_d \mu_0}$$
磁体体积
$$V = Al = \frac{\Phi\delta}{H_d \mu_0}$$

当然，实际永磁体磁路的结构可能很复杂，有时可能还需要进行分段处理，但上述基本设计原则是通用的。

1.5.4　交流磁路特点

通常，由于励磁电流不同，人们将铁芯磁路分成交流和直流两大类。所谓交流磁路，就是由交流电流励磁、磁场发生交变的磁路，它与直流磁路在磁路构成上并不存在实际区别，铁芯线圈的电感系数统一为

自感系数 $$L = N^2/R_m = N^2\Lambda_m$$

互感系数 $$M = N_1 N_2/R_{m1,2} = N_1 N_2\Lambda_{m1,2}$$

磁路设计及分析计算方法也大同小异,但在磁化特性等方面却有一些显著特点。

首先,在交变磁场作用下,铁芯中将产生损耗(磁滞损耗和涡流损耗),这是直流磁路不会出现的。上节已专门讨论了铁耗的产生原因及计算方法。

其次,直流磁路中,励磁线圈的外施电压只需要与线圈电阻的压降相等,数值较小,而交流磁路中要考虑外施电压与线圈中感应的反电动势平衡,因而其幅值会大很多,并且相比较之下,线圈电阻上的压降相对较小,一般还可以忽略。

最后,就是交变磁通、电流的波形和相位的关系问题。这是交流磁路的特殊问题,在本课程的有关章节中将会重点介绍,这里只作简要讨论。

因为 $B \propto \Phi$,$H \propto i$,因而很容易将铁磁材料的基本磁化曲线 $B = f(H)$ 通过比例尺变换,转换为 Φ-i 曲线。显然,Φ-i 曲线保留 B-H 曲线的特性及非线性关系。

由于电压波形呈正弦形态是交流供电系统的基本要求,而电磁感应定律严格定义了感应电压正弦交变的前提条件是磁通波形必须为正弦波形,因此,我们把正弦交变磁通作为磁场的基本约束条件。然而,由图 1.19 可知,由于铁磁材料的非线性磁化特性,当磁通按正弦规律变化时,电流却是一个富含奇数次谐波的尖顶波形。这是由于磁通较大、铁芯饱和后较小的磁通增量需要较大的励磁电流增量去建立的缘故。同理,若电流按正弦规律变化,则当电流较大、导致铁芯饱和后电流的增加只能产生很小的磁通增量,故磁通呈平顶波形,由它产生的感应电动势则为尖顶波,如图 1.20 所示。综上可知,对于实际系统,由于饱和影响,磁通、电流和电动势波形中都会含有不同程度的谐波成分,这是我们在分析理想的线性系统中所没有碰到过的新问题。谐波的存在对电机和变压器的分析带来困难,也对运行造成不良影响,因此,改善波形、削弱谐波影响也是电机学中将要研究解决的问题。

以上仅介绍了交流磁路饱和对波形的影响。除此之外,由于磁滞和涡流现象的存在,磁

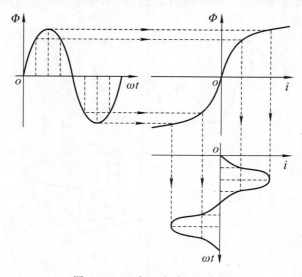

图 1.19　Φ 为正弦时 i 的波形

通和电流的波形,特别是相位还会产生进一步的影响。考虑磁滞作用,Φ-i 曲线不再是单值函数,而是闭合回线。由于测定磁滞回线时,一般是通入直流电流逐点描绘的,没有考虑涡流作用,如图1.21 中的虚线所示。当采用交流励磁后,涡流的作用将使回线变宽,如图1.21 中的实线所示。这是因为当电流变化时,设由$-I_m$ 增加到 I_m,根据楞次定律,涡流的作用将是企图产生一个阻止铁芯磁通增加的磁动势。而若要维持铁芯磁通的变化,则线圈中的电流就应增加一个克服涡流磁动势的增量,即原虚线上升段会右扩为实线上升段。同理,在电流从 I_m 减小到 $-I_m$ 过程中,虚线下降段要左扩为实线下降段。至于回线上、下顶点,因为 Φ 达最大值,变化率为零,涡流亦为零,故无涡流效应,实线与虚线重合。

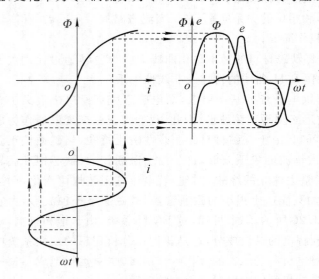

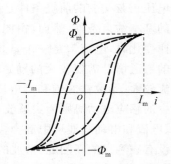

图 1.20　i 为正弦时 Φ 和 e 的波形　　　　　　图 1.21　涡流对磁滞回线的影响

设考虑磁滞、涡流作用后 Φ-i 回线如图1.22 所示,则由作图法可知,对于按正弦规律变

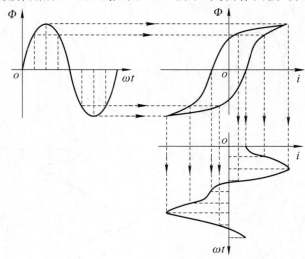

图 1.22　磁滞和涡流对电流波形和相位的影响

化的磁通,对应的励磁电流波形已完全不同于图 1.19,非但不对称变化,而且相位还超前磁通一个角度。进一步的分析表明,此时电流可分解成两个分量,一个是与磁通同相位的尖顶波分量(见图 1.19),称为励磁分量;另一个是超前磁通 $90°$ 的正弦波分量,称为铁耗分量,是从电源吸取有功电流、提供铁耗功率的反映。

1.6　电机中的机电能量转换过程

若在图 1.4 所示的线圈端口接入灯泡,则在电动势 e 作用下会有电流 i 流过灯泡,方向为从线圈左侧流向右侧的顺时针方向,输出的电功率是

$$P_e = ei = N\Delta B_n lvi \tag{1.41}$$

相当于一台简单的发电机。但与此同时,一旦电流出现,磁场就会与电流相互作用而产生电磁力

$$F = N\Delta B_n li \tag{1.42}$$

根据 左手定则,可知 F 的方向与线圈运动的方向相反。这就是说,为了使线圈能够继续以速度 v 运动,必须外加一个与 F 大小相等,但方向相反的机械力来克服电磁力的反作用。该机械力所做的功率,即由外界输入发电机的机械功率为

$$P_{mec} = Fv = N\Delta Blvi \tag{1.43}$$

比较式(1.41)和式(1.43),可知在忽略各种损耗(如机械摩擦损耗和线圈电阻损耗等)的理想化条件下,发电机所发出的电功率正好等于它所获得的机械功率。

这虽然只是一个很简单的例子,但却准确地表述了发电机如何通过电磁感应和电磁力作用,把它获得的机械功率转换成电功率输出,从而实现将机械能转换为电能的基本过程。在这一过程中,磁场起到了能量转换媒介的关键作用。这一点必须予以充分注意,并要求深入理解。

仿上分析方法,若把图 1.4 所示中线圈端口接入的灯泡换为电压源,保证 $u = e$,即电流方向为逆时针方向,就相当于是一台简单的电动机,从而可以据此简述电动机将电能转换为机械能的基本过程,以及电机的可逆性原理。读者可自行练习。

实际的机电能量转换系统如图 1.23 所示。图示中机械系统对发电机而言是原动机,对电动机而言是生产机械;而电气系统则为电源或电力负载,两者通过电机联系在一起。从本质上讲,实施这种联系的基础就是电机中的气隙磁场,因此,称之为耦合磁场。

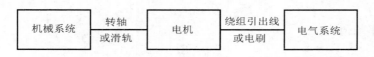

图 1.23　机电能量转换系统示意图

发电机在机电系统中起着把机械能转换为电能的作用,而电动机则将电能转换为机械能。无论是发电机还是电动机,在能量转换过程中,能量总是守恒的,即能量不会凭空产生,也不会随意消失,而只能改变其存在形态,这就是物理学中的能量守恒原理。该原理和前几节中介绍的几个基本电磁定律及牛顿力学定律都是研究电机运行原理的理论基础。

电机内部在进行能量形态的转换过程中，存在着电能、机械能、磁场储能和热能四种能量形态。根据能量守恒原理，在实际电机中，即不忽略损耗时，这四种能量之间存在着下列平衡关系

$$\pm \text{机械能 } W_{\text{mec}} = \text{磁场储能增量 } \Delta W_{\text{m}} + \text{热能损耗 } p_{\text{T}} \pm \text{电能 } W_{\text{e}} \tag{1.44}$$

式中，"$\pm$"号相对于发电机和电动机而定，发电机取"$+$"号，电动机取"$-$"号。

电机内转换成热能的损耗有三种。一是电路中的电阻损耗 p_{Cu}，二是磁路中的铁芯损耗 p_{Fe}，三是各类机械摩擦损耗 p_{mec}。这三部分损耗转换为热能后使电机发热，因此，为了保证电机的正常运行，必须要对电机进行冷却。

将上述三种能量损耗分别计入式（1.44）中的电能、磁场储能和机械能之中，则能量平衡方程改写为

$$\pm(W_{\text{mec}} - p_{\text{mec}}) = (\Delta W_{\text{m}} + p_{\text{Fe}}) \pm (W_{\text{e}} + p_{\text{Cu}}) \tag{1.45}$$

与此对应的能量平衡图如图 1.24 所示。

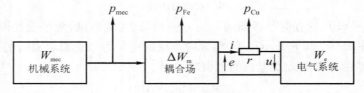

图 1.24　电机中的能量平衡图

从图 1.24 可知，当电机作发电机运行时，在 $\mathrm{d}t$ 时间内，输出电能

$$\mathrm{d}W_{\text{e}} = ui\,\mathrm{d}t \tag{1.46}$$

而电阻损耗为

$$\mathrm{d}p_{\text{Cu}} = i^2 r\mathrm{d}t \tag{1.47}$$

故经耦合磁场传递的总电磁能量的增量为

$$\mathrm{d}W_{\text{em}} = \mathrm{d}W_{\text{e}} + \mathrm{d}p_{\text{Cu}} = (u + ir)i\mathrm{d}t = ei\,\mathrm{d}t \tag{1.48}$$

从而可得转换为电能的电磁功率

$$P_{\text{em}} = \mathrm{d}W_{\text{em}}/\mathrm{d}t = ei \tag{1.49}$$

也就是说，电机电磁功率 P_{em} 的瞬时值等于耦合磁场在电机绕组中感应的电动势（瞬时值）和通过该绕组的电流 i（瞬时值）的乘积。如果 e 和 i 按同角频率 ω 成正弦规律变化，且

$$\left.\begin{array}{l} e = \sqrt{2}E\sin\omega t \\ i = \sqrt{2}I\sin(\omega t - \varphi) \end{array}\right\} \tag{1.50}$$

则电磁功率的平均值为

$$P_{\text{em}} = EI\cos\varphi \tag{1.51}$$

如果电机有 n 个绕组接到电气系统，则电磁功率的一般表达式为

$$P_{\text{em}} = \sum_{j=1}^{n} E_j I_j \cos\varphi_j \tag{1.52}$$

综上分析可知，电机进行机电能量转换的关键是耦合磁场对电气系统和机械系统的作用和反作用。

耦合磁场对电气系统的作用或反作用是通过感应电动势表现出来的。当与电机绕组交

链的磁通发生变化时,绕组内就会感应出电动势。正因为有了感应电动势,发电机才能向电气系统输出电磁功率(即 $P_{em} > 0$,隐含 $\varphi < 90°$),而电动机亦能从电气系统吸取电磁功率(表明 $P_{em} < 0$,亦隐含 $\varphi > 90°$,或改变电流方向而认为 $\varphi < 90°$)。

耦合磁场对机械系统的作用或反作用是通过电磁力或电磁转矩表现出来的。以旋转电机为例,当置于耦合磁场中的电机绕组内有电流流过时,由电磁力定律可知,转子就受到电磁转矩的作用。在发电机中,电磁转矩对转子起制动作用,而在电动机中是起驱动作用。于是,原动机只有克服制动性质的电磁转矩,即输入机械功率给发电机,才能拖动发电机以恒速旋转,将机械能转换为电能输出。对电动机,要拖动生产机械,输出机械功率,就必须汲取电磁功率以产生具有驱动性质的电磁转矩,维持转子的恒速旋转,将电能转换为机械能。

总观电机的机电能量转换过程,起重要作用的是电磁功率和电磁转矩,而无论是电磁功率还是电磁转矩,都需要通过耦合磁场 —— 气隙磁场的作用才能产生,因此,联系电气系统和机械系统的耦合磁场具有最为重要的地位。

1.7　电机的发热和冷却

各种电机在运行过程中都会产生损耗。这些损耗一方面降低了电机运行时的效率,另一方面作为热源给电机构件加热,使电机温度上升。

电机内各种绝缘材料的使用寿命与其工作温度密切相关。温度过高,会加速绝缘材料的老化,甚至于烧毁电机,因此,电机的发热问题直接关系到电机的使用寿命和运行可靠性。为限制电机的温度,首先是尽量降低电机各部分的损耗,使发热量减少,其次就是改善电机的冷却系统,提高传热和散热能力。

发热和冷却是所有电机的共性问题,尤其是大容量电机在发展中应妥善解决的问题。

1.7.1　电机的发热和冷却过程

虽然电机是由许多物理性质不同的部件组成的,内部的发热和传热过程本质上是一个构件与流体耦合的温度场问题,关系很复杂,但实践证明,将之作为一个均质等温体来进行考察,可以得到工程上能够接受的分析精度。

所谓均质等温体是指物体各点温度相同,表面散热能力也一致。定义物体温度与环境温度之差为温升,设某均质等温发热体时刻 t 的温升为 τ,而单位时间内物体中产生的热量为 Q,dt 时间间隔内物体的温升增量为 $d\tau$,则由能量守恒定律有

$$Qdt = Q_s dt + cm\, d\tau \tag{1.53}$$

式中,m 为均质等温体的质量;c 为比热容量;Q_s 为单位时间内经物体表面散发到周围空间的热量。

由传热学知识,有

$$Q_s = \lambda A\tau \tag{1.54}$$

式中,λ 为散热系数;A 为均质等温体的表面积。

综上所述,整理后可得微分方程

$$\frac{\mathrm{d}\tau}{\mathrm{d}t} + \frac{\lambda A}{cm}\tau = \frac{Q}{cm} \tag{1.55}$$

解之得

$$\tau = \tau_\infty(1 - \mathrm{e}^{-t/T}) + \tau_0\mathrm{e}^{-t/T} \tag{1.56}$$

式中，$\tau_\infty = Q/\lambda A$ 为稳态温升；τ_0 为初始温升；$T = cm/\lambda A$ 为时间常数。

若物体加热过程自冷态开始，即物体的起始温度为环境温度，初始温升 $\tau_0 = 0$，则温升函数变为

$$\tau = \tau_\infty(1 - \mathrm{e}^{-t/T}) \tag{1.57}$$

曲线描述如图 1.25 所示。

类似地，若研究物体的冷却过程，即 $Q = 0$，物体的最终温度为环境温度，稳态温升 $\tau_\infty = 0$，则冷却曲线为

$$\tau = \tau_0\mathrm{e}^{-t/T} \tag{1.58}$$

这仍是一指数曲线，如图 1.26 所示。

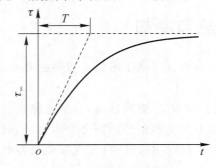

图 1.25　均质等温体的发热曲线

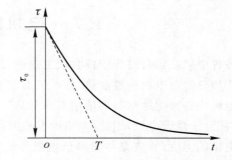

图 1.26　均质等温体的冷却曲线

虽然实际电机的发热和冷却过程较均质等温体复杂得多，但实验表明，实际情况与图 1.25 和图 1.26 所示曲线差别不大，因此，上述方法及基本规律基本上适用于电机发热和冷却过程的研究。

1.7.2　电机的绝缘材料和允许温升

1. 绝缘材料

电机中常用绝缘材料的耐热等级和温度限值如表 1.4 所示。

表 1.4　绝缘等级与绝缘材料

绝缘等级	A	E	B	F	H	C
温度限值 /(℃)	105	120	130	155	180	> 180
材料举例	浸渍处理过的有机材料，如纸、棉纱和普通漆包线用漆等	聚酯薄膜、环氧树脂薄膜、三醋酸纤维、高强度漆包线用漆等	云母片、云母带、石棉、玻璃漆布、漆脂黏合物、高强度漆包线用漆等	云母、石棉、玻璃纤维、合成树脂漆、合成树脂黏合物等	云母、石棉、玻璃丝等无机物用硅有机漆黏合而成的材料	无黏合剂云母、石英、玻璃等，聚酰亚胺薄膜、聚酰亚胺浸渍石棉等

当绝缘材料处于表中极限工作温度范围之内时,电机的使用寿命为 15 ～ 20 年;若高于极限温度连续运行,寿命会迅速下降。据试验统计,A 级绝缘的工作温度每上升8～10 ℃,绝缘寿命将缩短一半。

现代电机中应用最多的是 E 级和 B 级绝缘。在比较重要的场合,特别是有缩小尺寸和减轻重量需要时,亦常采用 F 级或 H 级绝缘。

2. 允许温升

工程中表示电机发热和散热情况的是电机的温升,而不是温度。如一台电机的工作温度达到120 ℃,但环境温度为 100 ℃,则温升 $\tau = 20$ ℃,这说明电机本身的发热情况并不严重,而电机的工作温度偏高则是由于环境温度高的缘故。反之,即便电机工作温度仅 100 ℃,但环境温度只有 10 ℃,实际温升达到 90 ℃,发热情况就相当严重了。

绝缘材料的温度限值只是确定了电机的最高工作温度,温升限值则取决于环境温度。为适应我国大部分地区不同季节的运行环境,国家统一制定的环境温度标准是 40 ℃(介质为空气)。在此环境下,E 级和 B 级绝缘材料的温升限值分别为 75 ℃ 和 80 ℃,其他类推。

1.7.3 电机的冷却介质和冷却方式

电机的冷却状况决定了电机的温升,而温升又直接影响到电机的使用寿命和额定容量,因此,冷却问题是电机设计制造和运行维护中的重要问题,其核心是选择经济有效的冷却介质和冷却方式。

1. 冷却介质

(1)气体。电机中采用的气体冷却介质有空气和氢气等。氢气的密度小(约为空气的1/10),可降低通风摩擦损耗,明显提高电机效率,且热容量大,能显著改善冷却效果,故在需要强化冷却手段的大型汽轮发电机(单机容量在 5MW 以上)中得以广泛应用。一般来说,从空气冷却改为氢气冷却后,汽轮发电机转子绕组的温升约降低一半,电机容量提高 1/4 左右,效果是非常显著的。不过,采用氢气冷却的成本很高,并且还要求采取防漏、防爆等保证措施,因此,大部分电机仍首选空气冷却。

(2)液体。主要采用水、油等冷却介质。由于液体的热容量和导热能力远大于气体,因此,冷却效果也就优越得多。电力变压器大都采用油浸冷却方式。汽轮发电机改空气冷却为水冷,容量可成倍提高。不过,液体冷却中也面临泄漏和积垢堵塞等新问题。

2. 冷却方式

电机的冷却方式有直接冷却(又称内部冷却)和间接冷却(又称外部冷却)两大类型。直接冷却将冷却介质(多为氢气和水)导入发热体内,吸收热量并直接带走;间接冷却则以改善发热体外表的散热环境,即以提高对流换热能力为目标。显然,直接冷却的效果要比间接冷却的好得多,且正因为直接冷却方式的不断发展才使电机的单机容量不断突破,并使超临界巨型机问世。但直接冷却方式的成本昂贵,电机的冷却结构也非常复杂,所涉及的知识内容超出了本课程的讲授范围,因此,下面仅扼要介绍间接冷却方式。

间接冷却方式的冷却介质主要是空气,具体有自然冷却、自扇冷却、他扇冷却三种形式。分述如下。

(1)自然冷却。不装设任何专门冷却装置,靠空气在电机中的自然流通来散热,只在几

百瓦以下的小电机中采用。

（2）自扇冷却。在电机转轴上装有风扇，使冷却空气顺风道进入电机，掠过发热表面带走热量。

按气体在电机中的流动方向，自扇冷却有内风扇轴向通风（见图1.27）和径向通风（见图1.28）或轴、径向混合通风以及外风扇自冷通风（见图1.29）等多种形式。其中外风扇自冷通风方式多用于封闭式电机，意在加强机座外表面的对流散热效果。内风扇通风冷却方式适用于非封闭式电机。径向通风方式时，冷却空气经两端鼓入，穿过径向通风道由机座流出。轴向通风系统中，冷却空气一端进，另一端出，并有抽出式（见图1.27(a)）和鼓入式（见图1.27(b)）之分，但实际中多采用抽出式。

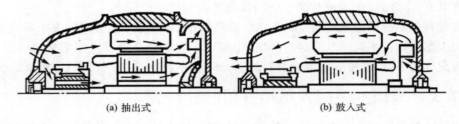

(a) 抽出式　　　　　　　　　　　　　　(b) 鼓入式

图1.27　轴向通风系统

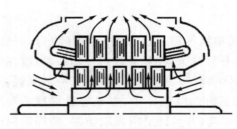 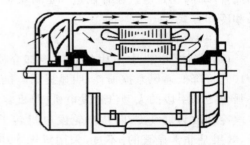

图1.28　径向通风系统　　　　　　图1.29　封闭式电机外部自冷通风系统

（3）他扇冷却。冷却空气由专门的风扇或鼓风机等辅助通风设备供给（若通过管道输送，则称为管道通风式），其特点适用于宽调速电机，因为这种电机低速运行时的自通风能力显著降低。进入电机的空气直接排入大气的称为开放式系统，适用于中、小型电机；若冷却空气在一个封闭的系统中经冷却器循环，则称为闭路式系统，这种系统在大型电机中广泛应用。

1.8　电机的分析研究方法

虽然电机的种类很多，分析研究方法也各有特点，但其基本步骤和基本方法还是有很多共同之处的，尤其是对旋转电机。下面综合介绍旋转电机的分析步骤和研究方法。

1.8.1　分析步骤

由于探究机电能量转换过程的关键在于分析耦合磁场对电气系统和机械系统的作用与

反作用,因此,旋转电机的一般分析步骤如下。

(1)电机内部物理情况的分析。这一步主要是分析空载和负载运行时电机内部的磁动势和磁场,建立物理模型。

(2)列出电机的运动方程。利用电磁感应定律和电磁力定律,即可求出各个绕组内的感应电动势和作用在转子上的电磁转矩;再利用基尔霍夫定律、全电流定律、牛顿定律和能量守恒原理,可列出各个绕组的电动势方程及电机的磁动势方程、转矩平衡方程或功率平衡方程。这些方程统称为电机的运动方程。这一步的工作就是把物理模型变为数学模型。

电机的运动方程除了可用上述传统方法建立外,还可以用汉密尔顿原理通过变分法建立,或直接应用机电动力系统的拉格朗日-麦克斯韦方程列写。这方面的内容本教材不作介绍,有兴趣者可参阅有关著作。

(3)求电机的运行特性和性能。列出运动方程后,求解这些方程,即可确定电机的运行特性和一些主要的技术数据。对于动力用电机,在稳态运行特性中,发电机以外特性为最重要,而电动机则以机械特性为最重要。发电机的外特性是指负载电流变化时,端电压的变化曲线 $u = f(i_L)$;而电动机的机械特性则是指电磁转矩变化时,转速的变化曲线 $n = f(T_{em})$。此外,电机的效率、功率因数、温升和过载能力等指标也很重要。暂态运行时,还要考虑电机的稳定性、暂态电流和暂态电磁转矩等。至于控制电机,则主要考察其快速响应能力、精确度和控制性能等指标。

1.8.2 研究方法

在分析电机内部磁场并建立和求解电机运动方程时,常规方法如下。

(1)不计磁路饱和时,用叠加原理分析电机内的各个磁场和气隙合成磁场以及与磁场一一对应的感应电动势。考虑饱和时,常把主磁通和漏磁通分开处理,主磁通用合成磁动势和主磁路的磁化曲线确定,漏磁通则以等效漏抗压降方处理,在列写电动势平衡方程时考虑。

(2)在解决交流电机中由于定、转子绕组匝数不等、相数不等和频率不等而引起的困难时,常采用参数和频率折算方法进行等效处理。

(3)各种电机都有对应的等效电路分析模型,一般电机的稳态分析均可归结为等效电路的求解,交流电机还要应用相量图分析方法。

(4)交流电机的不对称运行要运用双旋转(即正、负序)磁场理论和对称分量法。

(5)在研究凸极电机时,常用双反应理论。

(6)电机的动态分析用状态方程法。为解决交流电机电感系数时变和转子结构不对称(凸极同步电机)所导致的分析困难,常采用坐标变换法进行化简。

近年来,由于计算机的发展与应用,研究的电机手段和方法得以改进,主要表现在以下两个方面。

(1)从场的角度以微观方法研究电机。早期做法是以磁场的探讨为主,用有限差分或有限元等数值方法求解电机内的磁场分布,从而准确把握电机结构和铁磁材料的非线性特性对电机参数和性能的影响。现在这种做法已延伸发展到以综合物理场方式考察电机,可集成计算电机内的电场、磁场、温度场、流场和应力场之全部或部分。

（2）从路的角度以宏观方式研究电机。其核心就是通过数值仿真方法展现电机在各种运行状况下的动态特性，包括实际电机中可能无法实现的一些特定的极限工况或故障行为，并可通过计算机进行理念性实验。在新型电机研制过程中，数值仿真方法可以起到降低研究成本、缩短研究周期、揭示运行规律的重要作用。

此外，从最新发展趋势看，以场、路结合的方法研究电机也已经推行，前者用于联系电机内部的物理过程，后者用于考察电机的端口行为和外部特性。两者耦合求解，对电机的宏观和微观了解就可以更为深入。

不过，作为技术基础课，本课程在阐述各类电机的基本原理和运行特性时，主要还是采用前面介绍的若干常规方法，其具体内容将在后续章节中逐一详细说明。

电机是电、磁、力、运动等物理过程的聚合体，学习电机学，就要求自觉培养综合分析能力。同时，电机学还是一门实践性很强的课程，要求十分重视实验课，努力提高实验操作技能。这些都是希望在学习中努力做到的。

习　　题

1.1　电机和变压器的磁路常采用什么材料制成？这些材料各有哪些主要特性？

1.2　磁滞损耗和涡流损耗是什么原因引起的？它们的大小与哪些因素有关？

1.3　变压器电动势、运动电动势产生的原因有什么不同？其大小与哪些因素有关？

1.4　什么是磁饱和现象？

1.5　磁路的基本定律有哪些？当铁芯磁路上有几个磁动势同时作用时，磁路计算能否用叠加原理？为什么？

1.6　自感系数的大小与哪些因素有关？有两个匝数相等的线圈，一个绕在闭合铁芯上，一个绕在木质材料上，哪一个的自感系数大？哪一个的自感系数是常数？哪一个的自感系数是变数，随什么原因变化？

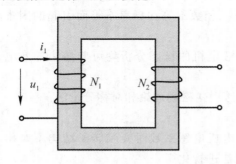

图 1.30　习题 1.7、1.8 附图

1.7　在图 1.30 所示中，一次绕组外加正弦电压 u_1，绕组电阻为 R_1、电流为 i_1，试问：

（1）绕组内为什么会感应出电动势？

（2）标出磁通、一次绕组的自感电动势、二次绕组的互感电动势的正方向；

（3）写出一次侧电压平衡方程；

（4）当电流 i_1 增加或减小时，分别标出两侧绕组的感应电动势的实际方向。

1.8　在图 1.30 所示中，如果电流 i_1 在铁芯中建立的磁通是 $\Phi = \Phi_m \sin\omega t$，二次绕组的匝数是 N_2，试求二次绕组内感应电动势有效值的计算公式，并写出感应电动势与磁通量关系的复数表示式。

1.9　有一单匝矩形线圈与一无限长导体在同一平面上，如图 1.31 所示，试分别求出下列条件下线圈内的感应电动势：

（1）导体中通以直流电流 I，线圈以线速度 v 从左向右移动；

（2）导体中通以电流 $i = I_\mathrm{m}\sin\omega t$，线圈不动；

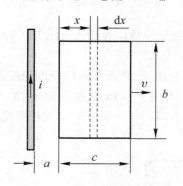

图 1.31　习题 1.9 附图　　　　　图 1.32　习题 1.10 附图

（3）导体中通以电流 $i = I_\mathrm{m}\sin\omega t$，线圈以线速度 v 从左向右移动。

1.10　在图 1.32 所示的磁路中，两个线圈都接在直流电源上，已知 I_1、I_2、N_1、N_2，回答下列问题：

（1）总磁动势 F 是多少？

（2）若 I_2 反向，总磁动势 F 又是多少？

（3）电流方向仍如图所示，若在 a、b 处切开形成一空气隙 δ，总磁动势 F 是多少？此时铁芯磁压降大还是空气隙磁压降大？

（4）在铁芯截面积均匀和不计漏磁的情况下，比较（3）中铁芯和气隙中 B、H 的大小。

（5）比较（1）和（3）中两种情况下铁芯中的 B、H 的大小。

1.11　一个带有气隙的铁芯线圈（参考图 1.14），若线圈电阻为 R，接到电压为 U 的直流电源上，如果改变气隙的大小，问铁芯内的磁通 Φ 和线圈中的电流 I 将如何变化？若线圈电阻可忽略不计，但线圈接到电压有效值为 U 的工频交流电源上，如果改变气隙大小，问铁芯内磁通和线圈中电流是否变化？

1.12　电机运行时，热量主要来源于哪些部分？

1.13　电机中常用的绝缘材料有哪些种类？是根据什么分级的？各级材料的最高允许温度是多少？

1.14　为什么用温升而不直接用温度来表示电机的发热程度？各级绝缘的允许温升限值是多少？

1.15　电机的发热（或冷却）规律如何？为什么电机刚投入运行时温升增长得快些，愈到后来温升就增长得愈慢？

1.16　电机的冷却方式和通风系统有哪些种类？一台已制成的电机被加强冷却后，容量可否提高？

1.17　一个有铁芯的线圈，电阻为 $2\ \Omega$。将该线圈接入 $110\ \mathrm{V}$ 的交流电源时，测得输入功率为 $90\ \mathrm{W}$，电流为 $2.5\ \mathrm{A}$，试求此铁芯的铁芯损耗。

1.18　如果图 1.14 所示铁芯用 DR510-50 硅钢片叠成，截面积 $A = 12.25 \times 10^{-4}\ \mathrm{m}^2$，铁芯的平均长度 $l = 0.4\ \mathrm{m}$，空气隙 $\delta = 0.5 \times 10^{-3}\ \mathrm{m}$，绕组的匝数为 600 匝，试求产生磁通 $\Phi = 10.9 \times 10^{-4}\ \mathrm{Wb}$ 时所需的励磁磁动势和励磁电流。

1.19 设习题1.18的励磁绕组的电阻为120 Ω，接于110 V的直流电源上，问铁芯磁通是多少？

1.20 设习题1.19的励磁绕组的电阻可忽略不计，接于50 Hz的正弦电压110 V（有效值）上，问铁芯磁通最大值是多少？

1.21 图1.33所示中直流磁路由DR510-50硅钢片叠成，磁路各截面的净面积相等，为 $A = 2.5 \times 10^{-3}$ m²，磁路平均长 $l_1 = 0.5$ m，$l_2 = 0.2$ m，$l_3 = 0.5$ m（包括气隙 δ），$\delta = 0.2 \times 10^{-2}$ m。已知空气隙中的磁通量 $\Phi = 4.6 \times 10^{-3}$ Wb，又 $N_2 I_2 = 10\,300$ A，求另外两支路中的 Φ_1、Φ_2 及 $N_1 I_1$。

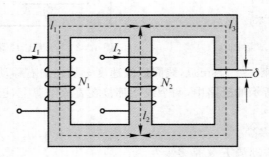

图 1.33 习题 1.21 附图

第2章 直流电机

　　直流电机是指能输出直流电流的发电机,或通入直流电流而产生机械运动的电动机。

　　直流电动机具有良好的启动性能和宽广平滑的调速特性,因而被广泛应用于电力机车、无轨电车、轧钢机、机床和启动设备等需要经常启动并调速的电气传动装置中。直流发电机主要用作直流电源。此外,小容量直流电机大多在自动控制系统中以伺服电动机、测速发电机等形式作为测量、执行元件使用。

　　目前,虽然由晶闸管整流元件组成的静止固态直流电源设备已基本上取代了直流发电机,但直流电动机仍以其良好调速性能的优势在许多传动性能要求高的场合占据重要地位。

　　本章主要研究换向器式直流电机。首先介绍其基本原理和基本结构,分析其磁路系统和电路系统,然后重点研究不同运行状态时的电磁过程及工作特性。普通旋转电机(包括直流电机和交流电机)运行过程中的一些共性问题,如电力传动基础等,也在本章中作简要介绍。

2.1　概　　述

2.1.1　直流电机的工作原理

　　直流电机的工作原理可用图2.1所示的最简模型进行说明。图中,两个空间位置固定的瓦形永磁体N极与S极之间,安放一个绕固定轴(几何中心)旋转的铁制圆柱体(通称为电枢铁芯,大多用冲制为圆形的硅钢片叠压而成)。铁芯与磁极之间的间隙称为气隙。设铁芯表面只敷设了两根导体ab和cd,并联接成单匝线圈$abcd$。线圈首末端分别与弧形铜片(通称为换向片)相连。换向片与电枢铁芯一道旋转,但换向片之间以及换向片与铁芯和转轴之间均相互绝缘。由换向片构成的整体称为换向器,而整个转动部分称为电枢,寓意为实现机电能量转换之中枢。为了把电枢与外电路连通,特别装置了两只电刷(图中示意为矩形片A和B,实际电机中多为瓦形体,弧度与换向片一致)。电刷的空间位置也是固定的。

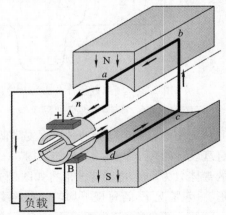

图2.1　直流电机的最简模型

　　当原动机以恒定转速n沿反时针方向拖动电枢旋转时,上述模型电机就成了一台直流发电机。由电磁感应定律,每根导体内感应电动势的瞬时值为

$$e = B_\delta l v \tag{2.1}$$

式中,B_δ为导体所处位置的气隙磁通密度;l为导体的有效长度,即导体切割磁力线部分的长

度；v 为导体切割磁力线的线速度，其与铁芯半径 R 和转速 $n(\mathrm{r/min})$ 之间的关系为

$$v = \frac{2\pi Rn}{60} \qquad (2.2)$$

在已制成的电机中，l 不变，而 v 在 n 恒定时亦为常数，故

$$e \propto B_\delta$$

即导体内感应电动势随时间的变化规律与气隙磁场沿气隙的分布规律相同，也就是说，有了 B_δ 的分布曲线 $B_\delta(\theta)$，也就可以得到 e 的变化曲线 $e(\omega t)$。为分析方便，假设把电枢从外圆周上沿 N 极和 S 极的分界线（在电机学中称为几何中性线）切开，并展开成以 θ 角为刻度的横坐标，并规定从电枢进入磁极的磁通方向为正方向，即 S 极下的磁通密度为正值，N 极下为负，则 $B_\delta(\theta)$ 曲线如图 2.2 所示。进而设 $t=0$ 时刻被观察导体位于几何中性线上，而电枢旋转角速度为 $\omega = pv/R$（p 为电机的磁极对数），即 $\theta = \omega t$，则导体电动势 $e(\omega t)$ 或线圈电动势 $2e(\omega t)$ 仍可用图 2.2 表示，只是把刻度变换一下就可以了。由图 2.2 可知，直流电机线圈中的感应电动势是交变的。

由于电刷与磁极保持相对静止，特别地，在图 2.1 所示中，它们都保持固定，即电刷 A 只与处于 N 极下的导体相接触，则当导体 ab 在 N 极下时，电动势方向由 b 到 a 引到 A，电刷 A 的极性为"＋"；当导体 cd 转至 N 极下时，电刷 A 与导体 cd 接触，电动势改由 c 到 d 引到 A，A 的极性依然为"＋"。由此可见，电刷 A 的极性永远为"＋"。同理，电刷 B 的极性永远为"－"，故得电刷 A、B 间的电动势 e_{AB} 为直流电动势，其波形如图 2.3 所示。若把电刷 A、B 接到负载（如电灯）上，则流过负载的电流就是单向的直流电流。不过，对于图 2.1 所示简单模型，因为只有一个线圈，所以其供电电压和电流波形的脉动都会比较大一些。

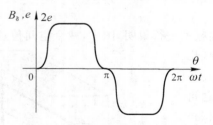

图 2.2　气隙磁场分布曲线及导体和
线圈中的电动势波形

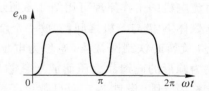

图 2.3　换向后的电动势波形（单线圈）

为使电刷端电动势的脉动程度降低，实际电机中的电枢上就不只是敷设一个线圈，而是由合理设计的多个线圈均匀分布，并按一定规律连接起来组成电枢绕组。当每个磁极下均匀分布的导体数为 2 时，电动势波形将如图 2.4 所示。图 2.5 所示为某多线圈电枢绕组的端口电动势波形。一般情况下，若每极下均匀分布的线圈个数大于 8，则电动势脉动幅度将小于 1%。

综上可知，直流电机电枢绕组所感应的电动势是极性交替变化的交流电动势，只是由于换向器配合电刷的作用才把交流电动势"换向"成为极性恒定的直流电动势。正因为如此，通常把这种类型的电机称为换向器式直流电机。

以上分析说明了直流发电机中电动势和电流产生的过程，现在再讨论其中的能量转换过程。当电流沿 $dcba$ 方向流过线圈时，由左手定则可知，线圈所受电磁力是企图阻止电枢旋转的。原动机要维持电机以恒速旋转，就必须克服此电磁力做功，从而将机械能转换为电能

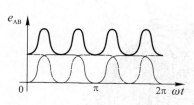

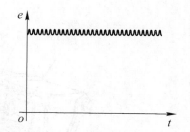

图 2.4　两串联线圈换向后的电动势波形　　　图 2.5　某多线圈电枢绕组的电动势波形

输出供负载使用，电机作发电机运行。反之，若跨接于 A、B 两端的负载改为极性保持一致的直流电源，则线圈中的电流路径将变为 abcd，产生的电磁力及相应的电磁转矩的方向为反时针方向，从而可拖动旋转机械反时针旋转，将电能转换为机械能，电机作电动机运行。

直流电机中的机电能量转换过程使我们对电机的可逆性原理有了更直观、更深入的了解。事实上，单纯从电机的电端口看，电机作发电机或电动机运行的区别就在于电流方向发生了变化。电流自端口正极流出时为发电机，流入则为电动机。更一般地，与上述发电机端口电压及电流方向一致的正方向称为发电机惯例，而与电动机端口电压及电流方向一致的正方向称为电动机惯例。这是电机研究中常用的两个术语，如图 2.6 所示。

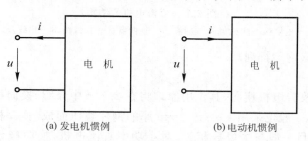

(a) 发电机惯例　　　　　　　　　(b) 电动机惯例

图 2.6　电压和电流正方向

2.1.2　直流电机的主要结构部件

直流电机的结构形式很多，但总体上不外乎由定子（静止部分）和转子（运动部分）两大部分组成。图 2.7 所示即为普通直流电机的结构。直流电机的定子用于安放磁极和电刷，并作为机械支撑，它包括主磁极、换向极、电刷装置和机座等。转子一般称为电枢，主要包括电枢铁芯、电枢绕组和换向器等。下面逐一作简要介绍。

1. 主磁极

主磁极简称为主极，用于产生气隙磁场。绝大部分直流电机的主极都不用永久磁铁，而是图 2.8 所示的结构形式（主极铁芯外套励磁绕组），即由励磁绕组通以直流电流来建立磁场。为降低电机运行过程中磁场变化可能导致的涡流损耗，主极铁芯一般用 1 ～ 1.5 mm 厚的低碳钢板冲片叠压而成。极靴与电枢表面形成的气隙通常是不均匀的，并有极靴中部圆弧与电枢外圆同心、两侧极尖间隙稍大的同心式气隙和极靴圆弧半径大于电枢外圆半径的偏心式气隙两种。

由于电机中磁极的 N 极和 S 极只能成对出现，故主极的极数一定是偶数，并且要以交替

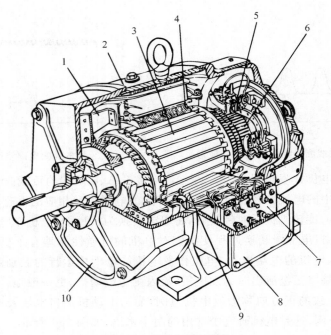

图 2.7　直流电机的结构

1— 风扇；2— 机座；3— 电枢；4— 主磁极；5— 刷架；6— 换向器；7— 接线板；8— 出线盒；9— 换向极；10— 端盖

极性方式沿机座内圆均匀排列。

2. 换向极

换向极专用于改善电机换向，其作用原理将在 2.7 节中介绍。换向极也由铁芯和套在上面的绕组构成，铁芯一般也采用 1～1.5 mm 厚的钢片叠压而成。换向极装在两相邻主极之间（见图 2.9），其数目一般与主极数相等。对小功率直流电机，换向极数亦可为主极数的一半，也可不装。

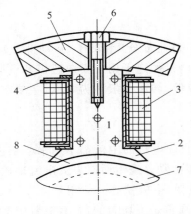

图 2.8　主磁极

1— 主极铁芯；2— 极靴；3— 励磁绕组；4— 绕组绝缘；

5— 机座；6— 螺杆；7— 电枢铁芯；8— 气隙

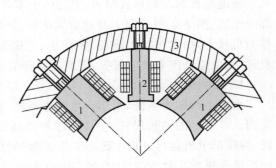

图 2.9　电机中的主极和换向极

1— 主极；2— 换向极；3— 磁轭

3. 机座

机座的主体是极间磁通路径的一部分，称为磁轭。主极、换向极一般都直接固定在磁轭上（见图 2.9 和图 2.10）。机座一般用铸钢或用薄钢板焊接成圆形（见图 2.7），亦或多边形（见图 2.10），磁轭部分也有采用薄钢板叠压方式的。通常，电机借机座的底脚部分与基础固定。

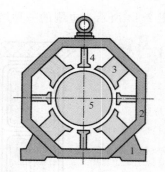

图 2.10　多边形机座示意图
1—机座；2—磁轭；3—主极；
4—换向极；5—电枢

4. 电枢铁芯

电枢铁芯是用来构成磁通路径并嵌放电枢绕组的。为了减少涡流损耗，电枢铁芯一般用厚 $0.35 \sim 0.5$ mm 的涂有绝缘漆的硅钢片叠压而成。嵌放绕组的槽型通常有矩形和梨形两种（见图 2.11）。对于小容量电机，铁芯叠片（也叫冲片）尽可能采用整形圆片；而大容量电机则可能要多片拼接，并且还要沿轴向方向分段，段与段之间再设置径向通风道，以加强冷却效果。需要说明的是，电枢铁芯的轴向通风道是铁芯叠片上预留的通风孔叠压后形成的（见图 2.11）。

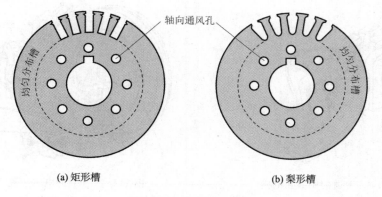

(a) 矩形槽　　　　　　　　　(b) 梨形槽

图 2.11　电枢铁芯冲片

5. 电枢绕组

电枢绕组是用来感应电动势、通过电流并产生电磁力或电磁转矩，使电机能够实现机电能量转换的核心构件。电枢绕组由多个用绝缘导线绕制的线圈连接而成。小型电机的线圈用圆铜线绕制，较大容量时用矩形截面铜材绕制（见图 2.12），各线圈以一定规律与换向器焊连。导体与导体之间、线圈与线圈之间及线圈与铁芯之间都要求可靠绝缘。为防止电机转动时线圈受离心力作用而甩出，槽口要加槽楔固定。唯一例外的是无槽电机，此时电枢绕组均匀敷设在电枢表面，但依然需要牢固绑扎，并且只可能在小容量直流电机中采用。

6. 换向器

换向器的作用是把电枢绕组内的交流电动势用机械换接的方法转换为电刷间的直流电动势。换向器由多片彼此绝缘的换向片构成，有多种结构形式，图 2.13 所示为最常见的一种。

7. 电刷装置

电刷的作用：其一是将转动的电枢与外电路相连接，使电流经电刷进入或离开电枢；其二是与换向器配合作用而获得直流电压。电刷装置由电刷、刷握、刷杆和汇流条等零件构成。

图 2.14 所示为电刷的一种结构形式,图 2.15 所示为一种电刷装置。

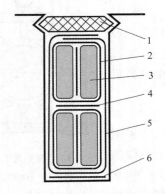

图 2.12 电枢绕组在槽中的绝缘情况

1— 槽楔;2— 线圈绝缘;3— 导体;

4— 层间绝缘;5— 槽绝缘;6— 槽底绝缘

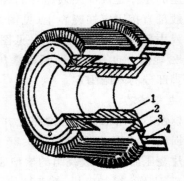

图 2.13 换向器

1—V 形套筒;2— 云母环;

3— 换向片;4— 连接片

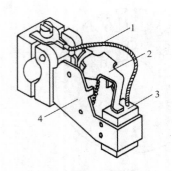

图 2.14 普通的刷握和电刷

1— 铜丝辫;2— 压紧弹簧;

3— 电刷;4— 刷盒

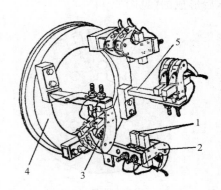

图 2.15 普通的电刷装置

1— 电刷;2— 刷握;

3— 弹簧压板;4— 座圈;5— 刷杆

2.1.3 直流电机的额定值

电机根据设计数据和试验数据而确定的正常运行状况称为额定运行工况。表征电机额定运行工况的物理量(如电压、电流、功率、转速等)称为电机的额定值。额定值一般标记在电机的铭牌或产品说明书上。

直流电机的额定值主要有以下几项。

· 额定功率 P_N,单位为 W 或 kW。

· 额定电压 U_N,单位为 V。

· 额定电流 I_N,单位为 A。

· 额定励磁电压 U_{fN},单位为 V。

· 额定励磁电流 I_{fN},单位为 A。

· 额定转速 n_N,单位为 r/min。

此外,还有下述额定值,但不一定同时都标在电机的铭牌上。

- 额定效率 η_N。
- 额定转矩 T_N,单位为 N·m。
- 额定温升 τ_M,单位为 ℃。

额定功率(也称额定容量)定义为电机的额定输出功率。对发电机来说它就是电端口所输出的电功率,即

$$P_N = U_N I_N \tag{2.3}$$

对电动机而言,则是指转轴上(机械端口)输出的机械功率,因而有

$$P_N = U_N I_N \eta_N \tag{2.4}$$

额定值是客观评估和合理选用电机的基本依据,也是电机运行过程中的基本约束。换句话说,一般都应该让电机按额定值运行。因为此时电机处于设计所期望的运行工况,各项性能指标、经济性、安全性等总体上会处于最佳状态。工程中,电机恰以额定容量运行时称为满载,超过额定容量为过载,反之为轻载。电机过载运行可能导致过热,加速绝缘老化,降低使用寿命,甚至损坏电机,是应该加以控制的;但轻载运行会降低效率,且浪费容量,也是应该尽量避免的,因此,根据实际需要,合理选定电机容量,使之基本上以额定工况运行,这是电机应用中的基本要求。

例 2.1 已知一台直流发电机的部分额定数据为:$P_N = 180$ kW,$U_N = 230$ V,$\eta_N = 89.5\%$,求额定输入功率 P_{IN} 和额定电流 I_N。

解 额定运行时输入的机械功率

$$P_{IN} = \frac{P_N}{\eta_N} = \frac{180}{0.895} \text{ kW} = 201.12 \text{ kW}$$

额定电流

$$I_N = \frac{P_N}{U_N} = \frac{180 \times 10^3}{230} \text{ A} = 782.61 \text{ A}$$

例 2.2 一台直流电动机的部分额定数据给出如下:$P_N = 100$ kW,$U_N = 220$ V,$\eta_N = 89\%$,求额定输入功率 P_{IN} 和额定电流 I_N。

解 额定运行时输入的电功率

$$P_{IN} = \frac{P_N}{\eta_N} = \frac{100}{0.89} \text{ kW} = 112.36 \text{ kW}$$

额定电流

$$I_N = \frac{P_{IN}}{U_N} = \frac{112.36 \times 10^3}{220} \text{ A} = 510.73 \text{ A}$$

或

$$I_N = \frac{P_N}{\eta_N U_N} = \frac{100 \times 10^3}{0.89 \times 220} \text{ A} = 510.73 \text{ A}$$

2.2 直流电机的电枢绕组

2.2.1 基本特点

电枢绕组是电机中电流通道的主体,也是电磁力的载体,是实施机电能量转换的枢纽。

设计制造电枢绕组的基本要求如下：

· 产生尽可能大的电动势，并有良好的电动势波形；

· 能通过足够大的电流，以产生并承受所需要的电磁力和电磁转矩；

· 结构简单，连接可靠；

· 便于维护和检修；

· 对直流电机，应保证换向良好。

根据绕组连接方式的不同，直流电机电枢绕组分为如下三种类型。

· 叠绕组，又分单叠和复叠绕组。

· 波绕组，又分单波和复波绕组。

· 蛙绕组，即叠绕和波绕混合的绕组。

下面只介绍最简单的单叠和单波绕组。

电枢绕组由结构形状相同的绕组元件（简称元件）构成。所谓元件是指两端分别与两片换向片连接的单匝或多匝线圈。

图 2.16 为单匝和两匝叠绕及波绕元件的示意图。

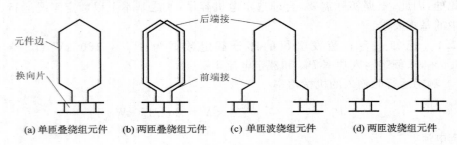

(a) 单匝叠绕组元件　　(b) 两匝叠绕组元件　　(c) 单匝波绕组元件　　(d) 两匝波绕组元件

图 2.16　直流电枢绕组元件

每一个元件有两个放在槽中切割磁力线、感应电动势的有效边，称为元件边。元件在槽外（电枢铁芯两端）的部分一般只作为连接引线，称为端接。与换向片相连的一端称为前端接，另一端称为后端接。为便于绕组元件在电枢表面槽内的嵌放，每个元件的一个元件边放在某一槽的上层（称为上元件边），另一个元件边则放在另一个槽的下层（称为下元件边），如图 2.17 所示。

当然，从改善电机性能考虑，总是希望用尽可能多的元件来组成电枢绕组。但要产生足够强的气隙磁场，铁芯表面又不能开槽太多，因此，解决的办法只能是尽可能在每个槽的上、下层多放几个元件边。为此引入"虚槽"概念，设槽内每层有 u 个元件边，则意味着一个实际的槽包含了 u 个虚槽，而每个虚槽的上、下层依然只有一个元件边。图 2.18 所示为 $u = 2$，即一个实槽包含两个虚槽的情况。一般情况下，实际槽数 Z 与虚槽数 Z_i 的关系为

$$Z_i = uZ \tag{2.5}$$

在说明元件的空间布置情况时，一律采用虚槽编号，将虚槽数作为绕组分析时的计数单位。

电枢绕组的特点常用虚槽数、元件数、换向片数及各种节距来表征。因为每一个元件都有两个元件边，而每一片换向片同时接有一个上元件边和一个下元件边，所以，元件数 S 一定与换向片数 K 相等；又由于每一个虚槽亦包含上、下层两个元件边，即虚槽数也与元件数相等，故有

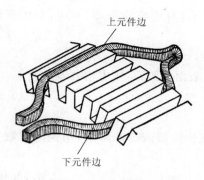

图 2.17 电枢绕组元件在槽内的放置

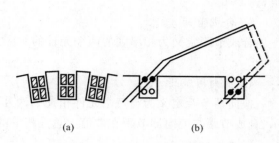

(a)   (b)

图 2.18 $u=2$ 时的槽内元件布置图

$$S = K = Z_i \tag{2.6}$$

至于各种节距，主要是指第一节距 y_1、第二节距 y_2、合成节距 y 和换向节距 y_K 等。现分述如下。

1. 第一节距 y_1

第一节距定义为每个元件的两个元件边在电枢表面的跨距，用虚槽数表示。如图 2.19 所示，设上元件边在第 1 槽，下元件边在第 5 槽，则 $y_1 = 5-1 = 4$。为使元件中的感应电动势最大，y_1 所跨的距离应接近一个极距 τ（每个主磁极在电枢表面占据的距离或相邻两主极间的距离，用所跨弧长或该弧长所对应的虚槽数来表示）。设电机的极对数为 p，电枢外径为 D_a，则

$$\tau = \frac{\pi D_a}{2p} \quad 或 \quad \frac{Z_i}{2p} \tag{2.7}$$

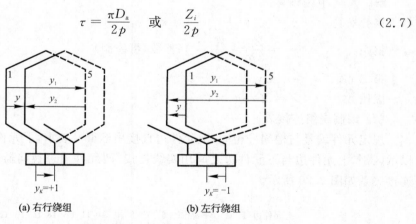

(a) 右行绕组   (b) 左行绕组

图 2.19 单叠绕组元件的连接情况

由于 y_1 必须要为整数，否则无法嵌放，因此有

$$y_1 = \frac{Z_i}{2p} \mp \varepsilon = 整数 \tag{2.8}$$

式中，ε 为小于 1 的分数，用于将 y_1 凑成整数。

通常，$y_1 = \tau$ 称为整距元件；相应地，$y_1 > \tau$ 为长距；$y_1 < \tau$ 为短距。短距绕组端连接线较短，应用较广泛。

2. 第二节距 y_2

第二节距定义为与同一片换向片相连的两个元件中的第一个元件的下元件边到第二个

元件的上元件边在电枢表面的跨距,也常用虚槽数来表示。对于叠绕组,$y_2 < 0$;对于波绕组,$y_2 > 0$。

3. 合成节距 y

合成节距定义为相串联的两个元件的对应边在电枢表面的跨距,用虚槽数表示就是

$$y = y_1 + y_2 \tag{2.9}$$

4. 换向器节距 y_K

换向器节距定义为与每个元件相连的两片换向片在换向器表面的跨距,用换向片数表示。合成节距与换向器节距在数值上总是相等的,即

$$y = y_K \tag{2.10}$$

规定 $y_K > 0$ 为右行绕组,$y_K < 0$ 为左行绕组,其含义结合图 2.19 一目了然,不另作解释。左行绕组每一个元件接到换向片上的两根端接线要相互交叉,亦较长(用铜较多),故较少采用。

2.2.2 单叠绕组

电枢绕组中任何两个串联元件都是后一个叠在前一个上面的称为叠绕组,若 $y = y_K = \pm 1$,则称之为单叠。现举例说明单叠绕组的连接方法与特点。

例 2.3 已知电机极数 $2p = 4$,且 $Z = Z_i = S = K = 16$。试绕制一单叠右行整距绕组。

解 (1)节距计算。

单叠右行　　　　$y = y_K = 1$

整距　　　　　　$y_1 = \dfrac{Z_i}{2p} = \dfrac{16}{4} = 4$(整数,可绕制)

第二节距　　　　$y_2 = y - y_1 = -3$

虚槽数　　　　　$Z = Z_i \Rightarrow u = 1$

(2)编制绕组连接表。

规定元件编号与槽编号相同,上元件边直接用槽编号表示,下元件边用所在槽编号加撇以示区别。上元件边与下元件边之间用实线连接,两元件通过换向器串联用虚线表示。绕组连接关系如图 2.20 所示。

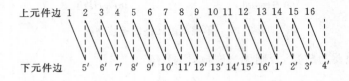

图 2.20　绕组连接关系

图 2.20 所示绕组连接的关系表明,依次连接完 16 个元件后,又回到第 1 个元件,即直流电枢绕组总是自行闭合的。

(3)绘制绕组展开图。

绕组展开图如图 2.21 所示,它是假设把电枢从某一齿中心沿轴向切开并展开成一带状平面。此时,约定上元件边用实线段表示,下元件边用虚线段表示;磁极在绕组上方均匀安

放,N极指向纸面,S极穿出纸面;左上方箭头为电枢旋转方向,元件边上的箭头为由右手定则确定的感应电动势方向。由此可得电刷电位的正负,如图2.21所示。

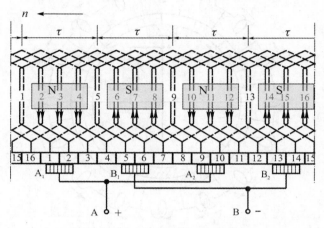

图2.21　单叠绕组的展开图

相邻两主极间的中心线称为电枢上的几何中性线,基本特征是电机空载时此处的径向磁场为零,故位于几何中性线上的元件边中的感应电动势为零。图2.21所示中槽1、5、9、13中的元件边即为这种状况。

对于端接对称的绕组,元件的轴线应画为与所接的两片换向片的中心线重合。如图2.21中元件1接换向片1、2,而元件1的轴线为槽3中心线,故换向片1、2的分隔线与槽3的中心线重合。另外,换向器的大小应画得与电枢表面的槽距一致,而换向片的编号、元件编号(即槽编号)则都要求相同。最后,由连接表提供的元件之间的连接关系即可完成绕组展开图的绘制。

(4)放置电刷。

单叠绕组的电路图如图2.22所示。图中把每个元件用一个线圈表示,并用箭头表示元件中的电动势方向。全部元件串联构成一个闭合回路,其中1、5、9、13四个元件中的电动势在图示瞬间为零。这四个元件把回路分成四段,每段再串联三个电动势方向相同的元件。由于对称关系,这四段电路中的电动势大小是相等的,方向两两相反,因此,整个闭合回路内的电动势恰好相互抵消,合成为零,故电枢绕组内不会产生"环流"。

如果在电动势为零的元件1、5、9、13所连接的换向片间的中心线上依次放置电刷A_1、B_1、A_2、B_2,并且空间位置固定,则不管电枢和换向器转到什么位置,电刷A_1、A_2的电位恒为正,电刷B_1、B_2的电位恒为负。正、负电刷是电枢绕组支路的并联点,两者之间的电动势有最大值。设想电刷偏离图2.22所示位置,并且偏移量为一片换向片的宽度,则每段电路所串联的四个元件中,只有两个电动势同方向,另外一个电动势为零,一个被短接,正、负电刷间的电动势显然减小了。同时,由于被电刷短路的元件中的电动势不为零,势必会产生短路电流,并引起不良后果,如恶化换向、增加损耗、严重时损坏元件等,因此,电刷放置的一般原则是确保空载时通过正、负电刷引出的电动势最大,或者说,被电刷短路的元件中的电动势为零。

由于元件结构上的对称性,因此,无论是整距、短距或是长距元件,只要元件轴线与主极

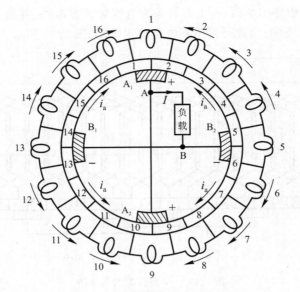

图 2.22　单叠绕组的电路图

轴线重合，元件中的电动势便为零。而元件所接两片换向片间的中心线称为此时换向器上的几何中性线，如图 2.23 所示。

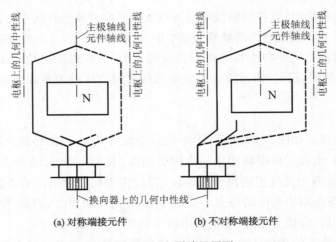

(a) 对称端接元件　　　　　(b) 不对称端接元件

图 2.23　电刷放置原则

　　综上可知，电刷应固定放置在换向器上的几何中性线上。对于端接对称的元件，元件轴线、主极轴线和换向器上的几何中性线三线合一，故电刷也就放置在主极轴线下的换向片上。若端接不对称，则电刷应移过与换向器轴线偏离主极轴线相同的角度，即电刷与换向器上的几何中性线总是保持重合，如图 2.23(b) 所示。

　　对应于一个主极，换向器上便有一条几何中性线，因而可放一把（习惯上称组，因为可能是多个电刷组合而成）电刷。电机有 $2p$ 个主极，故换向器圆周上应放置 $2p$ 组电刷。本例 $2p$ ＝4，即电刷组数为 4。实际电机中，一个主极下的元件数和换向片数很多，电刷宽度通常为换向片宽的 $1.5 \sim 3.0$ 倍，但画图时习惯上只画成一个换向片宽度。

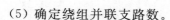

（5）确定绕组并联支路数。

从图 2.22 可知，经 B 到 A，有四条支路与负载并联。当电枢旋转时，虽然各元件的位置随之移动，构成各支路的元件循环替换，但任意瞬间，每个主极下的串联元件总是构成一条电动势方向相同的支路，总的并联支路数不变，即恒等于主极数。这也是单叠绕组的基本特点。设 a 为并联支路对数，对单叠绕组，并联支路数和主极数的关系就是

$$2a = 2p \quad 或 \quad a = p \tag{2.11}$$

这也就是说，要增加并联支路数（使电枢通过较大电流），就要求增加主极数。若希望主极数不变，但又要求增加并联支路数，实际的做法就是把多个单叠绕组嵌放在同一个电枢上，再借助电刷并联方法构成复叠绕组。若相串联的两元件对应边相距 m 个虚槽（即 $y = m$），则称该复叠绕组为 m 叠绕组（要求电刷宽度大于 m 个换向片宽度），其并联支路数增加为 $2mp$。

2.2.3 单波绕组

单叠绕组是把一个主极下的元件串联成一条支路，以保证串联元件中的电动势同方向。据此思路，当然也可以设想把电枢上所有处于相同极性下的元件都串联起来构成一条支路。此时，相邻两串联元件对应边的距离约为两个极距，即 $y \approx 2\tau$，从而形成如图 2.24 所示的波浪形构型，形象称之为波绕组。若将所有同极下的元件串联后回到原来出发的那个换向片的相邻换向片上，则该绕组称之为单波绕组，如图 2.24 所示。

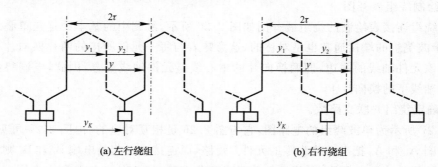

(a) 左行绕组　　　　　　　**(b) 右行绕组**

图 2.24　单波绕组元件的连接情况

单波绕组元件的第一节距 y_1 与叠绕组的要求一样，即 $y_1 \approx \tau$，但要求合成节距增大为 $y \approx 2\tau$，只是不能等于 2τ。因为 $y = 2\tau$ 时，由出发点串联 p 个元件而绕电枢一周后，就会回到出发点而闭合，以致其他绕组无法继续连接下去。

所谓单波绕组，指的是从某一换向片出发，连接完 p 个元件后回到出发换向片的相邻换向片上，接下来继续沿电枢连接第二周、第三周 …… 直至将全部元件串联完毕并回到最初出发点而构成闭合回路。此时，要求换向器节距与换向片满足关系

$$py_K = K \mp 1$$

即

$$y = y_K = \frac{K \mp 1}{p} = \frac{Z_i \mp 1}{p} = y_1 + y_2 = 整数 \tag{2.12}$$

式中，取"$-$"号，表明绕行一周后回到出发点左侧，称为左行绕组；取"$+$"号则为右行绕组。为减少交叉，缩短端接线，波绕组常用左行而少用右行。

下面仍结合实例介绍单波绕组的连接方法及基本特点。

例 2.4　已知电机极数 $2p = 4$，且 $Z = Z_i = S = K = 15$，试绕制一左行短距单波绕组。

解　（1）节距计算。

左行单波　$y = y_K = \dfrac{K-1}{p} = \dfrac{15-1}{2} = 7$

短距　$y_1 = \dfrac{Z_i}{2p} - \varepsilon = \dfrac{15}{4} - \dfrac{3}{4} = 3$

第二节距　$y_2 = y - y_1 = 4$

虚槽数　$u = 1$

（2）编制绕组连接表。

采用与单叠绕组讨论时相同的约定，即可给出单波绕组的连接关系，如图 2.25 所示。所有元件依次串联，最终亦构成一个闭合回路。

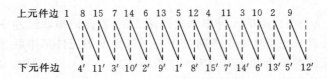

图 2.25　单波绕组的连接关系

（3）绘制绕组展开图。

根据绕组连接表绘制的绕组展开图如图 2.26 所示。绘图中的基本约定与单叠绕组大致相仿。由于波绕组的端接通常也是对称的，这意味着与每一元件所接的两片换向片自然会对称地位于该元件轴线的两边，即两换向片的中心线与元件轴线重合，因此，电刷势必也就放置在主极轴线下的换向片上。

（4）确定绕组并联支路数。

图 2.27 所示为单波绕组的电路图，它与图 2.26 是相互对应的。由图 2.27 可见，连接在一起的电刷 A_1 和 A_2 把电动势为零的元件 5 短路，而连接在一起的电刷 B_1 和 B_2 则将电动势接近为零的元件 1 和 9 短路。全部元件并联成两条支路，每条支路串联着六个同方向的电动

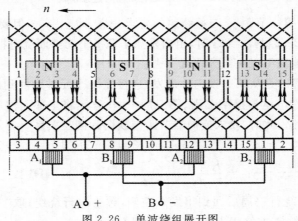

图 2.26　单波绕组展开图

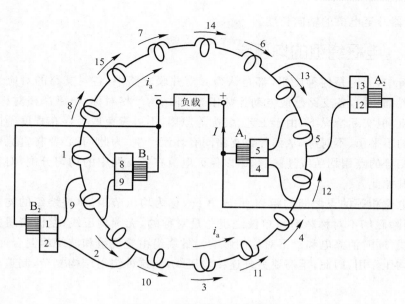

图 2.27　单波绕组的电路图

势(一路为元件 8、15、7、14、6、13 相串联,这些元件的上元件边均位于 S 极下;另一路为元件 2、10、3、11、4、12 相串联,所有上元件边均位于 N 极下),使两条支路电动势为最大,并且相等。当电枢旋转时,各元件的位置虽然会随时间变化,构成支路的串联元件也会交替更换,但从电刷侧看,同极下的所有元件总是串联成一条支路,即两条并联支路的电路结构始终保持不变。这就是说,单波绕组的并联支路数与主极数无关,只有两条并联支路,即

$$2a = 2 \quad 或 \quad a = 1 \tag{2.13}$$

正因为如此,在元件数相同的情况下,波绕组每条支路的串联元件数就可能比叠绕组多,支路电压也就会比较高。这也是波绕组的基本特点。

波绕组增加并联支路数的方法是采用复波绕组。由 m 个单波绕组构成的波绕组叫做 m 波绕组,其特点是 $y = y_K = (K \mp m)/p$。m 波绕组通过电刷实现并联(电刷宽度等于或大于 m 个换向片宽度),其并联支路数增至 $2m$。

(5) 确定电刷位置和电刷组数。

在前面分析叠绕组电刷放置原则时得出的结论 —— 电刷应固定放置在换向器上的几何中性线上 —— 也适用于波绕组。为此,可把"换向器上的几何中性线"的意义扩充为:当元件轴线与主极轴线重合时,该元件所接两换向片之间的中心线便是换向器上的几何中性线。其物理意义仍然是:当电刷中心线与几何中性线重合时,被电刷短路的元件中的电动势为零或接近于零。对于端接对称的绕组,无论是叠绕还是波绕,由于换向器上的几何中性线总是与主极轴线重合,因此,电刷也就应该放置在主极轴线下的换向片上。此外,由于每个主极都对应一条几何中性线,即换向器上的几何中性线数与主极数 $2p$ 相等,因而表明换向器上一般应放置 $2p$ 组电刷。然而对于单波绕组,分析表明,只有两条并联支路,或者说理论上只要求放置两组电刷。但实际电机中,除特殊情况外,一般仍安放 $2p$ 组电刷(称为全额电刷),这样可以降低电刷上的电流密度,或者在一定电流密度限制下,减少每组电刷与换向器的接触面

积,缩短换向器乃至电机的轴向长度。

2.2.4　电枢绕组的均压线

以上分析中,无论是何种绕组,都是认为 a 对并联支路中,各对支路的对应元件在磁场中所处的位置都相同,各支路感应电动势都相等,即结构严格对称,电磁严格对称,支路间不可能出现环流。但实际情况下,由于工艺、装配等原因,不可避免地会存在程度不同的电方面的或磁方面的不平衡、不对称,从而导致支路间有环流产生。为此,有必要将直流电枢绕组中理论上电位相等的点用均压线连接起来,以保证电流在各支路中的均匀分配,对容量较大的直流电机尤其如此。

理论上电位相等的点之间的距离 $y_j = K/p$,称为均压节距。单叠绕组的均压线称为甲种均压线(消除磁场不对称影响);单波绕组总是对称的,无须均压线;复波绕组的均压线称为乙种均压线(同时消除电和磁不对称的影响)。蛙绕组由叠绕组和波绕组混合而成,它本身具有完善的均压作用,因此,不需要另外连接均压线,但这种绕组结构复杂,制造和维修都比较困难。

2.3　直流电机的磁场

磁场是电机实现机电能量转换的媒介。直流电机中产生磁场的方式有两种:一种是永久磁铁磁场,它只在一些比较特殊的微电机中采用;另一种是电磁铁磁场,它是由套在主极铁芯上的励磁绕组通入电流产生的,称为励磁磁场,一般电机都采用这种励磁形式。

2.3.1　直流电机按励磁方式分类

励磁方式是指励磁绕组的供电方式。直流电机按供电方式可分为四类,下面分别介绍。

1. 他励直流电机

所谓他励,顾名思义,就是励磁绕组由其他直流电源单独供电,如图 2.28(a) 所示。图 2.28 所示中,U 为电枢电压,U_f 为励磁电压,I_a 为电枢电流,I_f 和 I'_f 为励磁电流,I 为主电源电流,正方向假定采用电动机惯例。

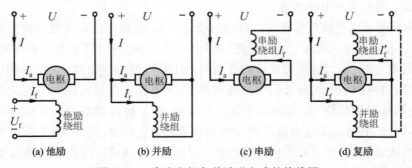

图 2.28　直流电机各种励磁方式的接线图

2. 并励直流电机

并励直流电机的接线如图 2.28(b) 所示。此时励磁绕组与电枢绕组并联,电枢电压即励磁电压。

3. 串励直流电机

励磁绕组与电枢绕组串联,电枢电流即励磁电流,见图 2.28(c)。

4. 复励直流电机

励磁绕组分为两部分,一部分与电枢绕组串联,另一部分与电枢绕组并联,如图2.28(d)所示。复励直流电机还可进一步细分,如按实线连接为短复励电机,虚线连接为长复励电机;两部分绕组产生的磁场方向相反为差复励电机,相同则为积复励电机。

2.3.2 直流电机的空载磁场

磁场是由电流产生的。直流电机负载运行时的磁场由励磁电流和电枢电流共同建立,情况比较复杂,因此,为简化分析,先将两者分开讨论,然后再在磁路不饱和假设条件下,运用叠加原理考察两者共同作用时的情况。首先分析直流电机的空载磁场,即 $I_a = 0$ 时,仅由 I_f 建立的励磁磁场,也称主磁场。

图 2.29 所示为一台四极直流电机在忽略端部效应时的空载磁场分布,即只考虑二维分布。下面结合该示例讨论直流电机空载磁场的基本特点。

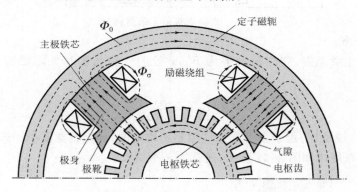

图 2.29　一台四极直流电机中的空载磁场分布

1. 磁通与磁动势

空载时电机中的磁场分布是对称的,磁通可分为两部分,其中绝大部分从主极铁芯经气隙、电枢,再经过相邻主极下的气隙和主极铁芯,最后经定子磁轭闭合,同时交链励磁绕组和电枢绕组,在电枢绕组中感应电动势,实现机电能量转换,该部分磁通称为主磁通;另一小部分不穿过气隙进入电枢,而是经主极间的空气或定子磁轭闭合,不参与机电能量转换,该部分磁通称为漏磁通。每极主磁通记为 Φ_0,漏磁通记为 Φ_σ,通过每个主极铁芯中的总磁通为

$$\Phi_m = \Phi_0 + \Phi_\sigma = \Phi_0 \left(1 + \frac{\Phi_\sigma}{\Phi_0}\right) = k_\sigma \Phi_0 \tag{2.14}$$

式中,$k_\sigma = 1 + \Phi_\sigma / \Phi_0$ 称为主极漏磁系数,其大小与磁路结构即磁场分布情况有关,通常 $k_\sigma = 1.15 \sim 1.25$。

设产生主磁通 Φ_0 的每对极励磁磁动势为 F_0,则由全电流定律有

$$F_0 = \oint \boldsymbol{H} \cdot \mathrm{d}\boldsymbol{l} = 2 I_f N_f \tag{2.15}$$

式中，N_f 为每极主极上的励磁绕组匝数。

结合图 2.30 给出的典型直流电机的五段式主磁路结构，即

（1）两个气隙，计算长度为 2δ，磁场强度为 H_δ；

（2）两个齿，计算高度为 $2h_z$，磁场强度为 H_z；

（3）两个主极，计算高度为 $2h_m$，磁场强度为 H_m；

（4）一个定子轭，平均长度为 L_j，磁场强度为 H_j；

（5）一个转子（电枢）轭，平均长度为 L_a，磁场强度为 H_a，可参照 1.5 节中的磁路计算方法求得磁动势 F_0，以及相应的励磁电流 I_f。

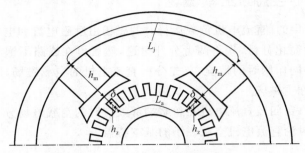

图 2.30　直流电机的主磁路（四极）

2. 主磁场分布

设电枢表面光滑无齿，气隙磁动势为 F'_δ，x 处的气隙长度和气隙磁密分别为 $\delta(x)$ 和 $B_0(x)$，则有

$$B_0(x) = \frac{\mu_0 F'_\delta}{\delta(x)} \tag{2.16}$$

即 $B_0(x)$ 与 $\delta(x)$ 成反比。由于主极下的气隙是不均匀的，且极靴宽度小于极距，故气隙磁密在一个极下的分布规律如图 2.31 所示，通常为一平顶波。

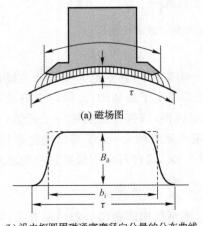

(a) 磁场图

(b) 沿电枢圆周磁通密度径向分量的分布曲线

图 2.31　无齿电枢表面的气隙磁密分布

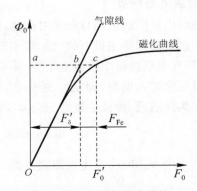

图 2.32　电机的磁化曲线

3. 磁化曲线

直流电机的磁化曲线是指电机的主磁通与励磁磁动势的关系曲线 $\Phi_0 = f(F_0)$，如图2.32

所示。这条曲线可由前面介绍的磁路计算方法求得,即给定不同的 $\varPhi_0$,计算出一系列对应的 F_0。

图 2.32 表明,磁化曲线的起始部分几乎是一条直线。这是因为主磁通很小时,磁路中的铁磁部分没有饱和,所需磁动势(即磁压降)远较气隙中的小得多,$\varPhi_0$ 与 F_0 的关系几乎也就是 $\varPhi_0$ 与 F_δ 的关系,而后者是线性关系,故显示为直线。把磁化曲线的起始直线延长,即为电机的气隙磁化曲线 $\varPhi_0 = f(F_\delta)$,简称气隙线,可用于非饱和分析。直线段往后,随着 $\varPhi_0$ 的增大,磁通密度不断增加,铁磁部分逐渐步入饱和,磁导率急剧下降,所需磁动势 F_{Fe} 显著增长,磁化曲线偏离气隙线而弯曲,最后进入深度饱和。

电机磁路的饱和程度,以电机额定转速下空载运行时产生额定电枢电压所需磁动势 F_0' 与同一磁通下气隙线上的磁动势 F_δ' 的比值来表示,即

$$k_\mu = \frac{F_0'}{F_\delta'} = 1 + \frac{F_{Fe}}{F_\delta'} \tag{2.17}$$

式中,k_μ 为饱和系数。一般电机 $k_\mu = 1.1 \sim 1.35$。饱和系数的大小对电机的运行性能和经济性有重要影响,因此,为了最经济地利用材料,电机的额定工作点一般设计在磁化曲线开始弯曲的所谓"膝点"附近。

磁化曲线的横坐标有时不用 F_0,而用 I_f 表示,它们之间只差一个与励磁绕组匝数有关的比例系数。此外,纵坐标也可以用空载时的电枢电压 U 代替,当电机转速恒定时,U 与 $\varPhi_0$ 之间也只相差一个与电枢绕组匝数有关的比例系数。因此,磁化曲线可表示为 $U = f(I_f)$ 和 $\varPhi_0 = f(I_f)$ 或 $U = f(F_0)$ 等多种形式,只需变换一下有关比例系数即可。

例 2.5 已知一直流发电机主要设计数据如下,磁路尺寸见图 2.33。

额定容量	$P_N = 37$ kW	径向通风道数	$n_f = 1$
额定电压	$U_N = 130$ V	电枢铁芯总长	$l_{ta} = 130$ mm
额定电流	$I_N = 285$ A	通风道宽	$b_f = 10$ mm
额定转速	$n_N = 1\,500$ r/min	电枢槽数	$Z = 35$
主极对数	$2p = 4$	槽宽	$b_s = 9.6$ mm
电枢外径	$D_a = 294$ mm	槽深(齿高)	$h_s = h_z = 34.5$ mm
电枢内径	$D_{ia} = 80$ mm	主极下气隙长度	$\delta = 2.5$ mm

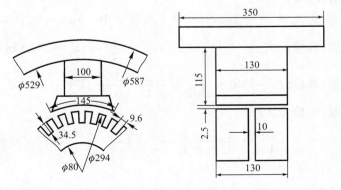

图 2.33　例 2.5 电机的磁路尺寸(单位:mm)

主极铁芯长	$l_m = 130$ mm	机座外径	$D_j = 587$ mm
主极铁芯宽	$b_m = 100$ mm	机座内径	$D_{ij} = 529$ mm
主极铁芯高	$h_m = 115$ mm	机座长度	$l_j = 350$ mm
主极极弧长	$b_p = 145$ mm		

电枢铁芯采用厚 0.5 mm 的 DR510-50 硅钢片叠成，主极铁芯选用 1 mm 的钢板，机座为铸钢。试求当每极主磁通 $\Phi_0 = 0.012\,9$ Wb 时，每对极励磁磁动势的所需值。

解 先由已知的电枢和槽形尺寸可得

极距 $\quad \tau = \dfrac{\pi D_a}{2p} = \dfrac{\pi \times 0.294}{4}$ m $= 0.231$ m

齿距 $\quad t_z = \dfrac{\pi D_a}{Z} = \dfrac{\pi \times 0.294}{35}$ m $= 2.64 \times 10^{-2}$ m

齿顶宽 $\quad b_z = t_z - b_s = (2.64 - 0.96) \times 10^{-2}$ m $= 1.68 \times 10^{-2}$ m

电枢铁芯叠片总长 $\quad l_a = l_{ta} - n_f b_f = (0.13 - 0.01)$m $= 0.12$ m

再结合图 2.33 和图 2.34，逐段计算各部分磁路所需的磁动势如下。

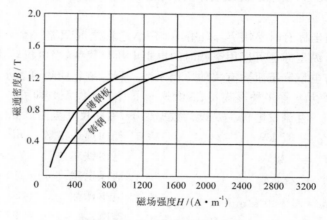

图 2.34　导磁材料的磁化曲线

（1）气隙段。

极弧计算长度（经验公式）
$$b_i = b_p + 2\delta = (0.145 + 2 \times 0.25 \times 10^{-2})\ \text{m} = 0.15\ \text{m}$$

电枢计算长度（经验公式） $\quad l_i = \dfrac{1}{2}(l_m + l_{ta}) = \dfrac{1}{2}(0.13 + 0.13)$ m $= 0.13$ m

气隙平均磁密（经验公式） $\quad B_\delta = \dfrac{\Phi_0}{b_i l_i} = \dfrac{1.29 \times 10^{-2}}{0.15 \times 0.13}$ T $= 0.662$ T

气隙修正系数（经验公式）
$$k_\delta = \dfrac{t_z + 10\delta}{b_z + 10\delta} = \dfrac{2.64 \times 10^{-2} + 10 \times 0.25 \times 10^{-2}}{1.68 \times 10^{-2} + 10 \times 0.25 \times 10^{-2}} = 1.23$$

气隙磁动势
$$F_\delta = 2B_\delta k_\delta \delta / \mu_0 = 2 \times 0.662 \times 1.23 \times 0.25 \times 10^{-2} / 4\pi \times 10^{-7}\ \text{A}$$
$$= 3\,240\ \text{A}$$

（2）转子齿段。

齿距取自距齿根 1/3 齿高处（不平行齿磁路计算的经验公式）

$$t_{z1/3} = \frac{\pi\left(D_a - \dfrac{4h_s}{3}\right)}{Z} = \frac{\pi\left(0.294 - \dfrac{4 \times 3.45 \times 10^{-2}}{3}\right)}{35} \text{ m}$$

$$= 2.23 \times 10^{-2} \text{ m}$$

对应于该齿距的齿宽

$$b_{z1/3} = t_{z1/3} - b_s = (2.23 \times 10^{-2} - 0.96 \times 10^{-2}) \text{ m} = 1.27 \times 10^{-2} \text{ m}$$

电枢铁芯净长 $\quad l_{Fe} = k_{Fe}l_a = 0.92 \times 0.12 \text{ m} = 0.110\ 4 \text{ m}$

注：k_{Fe} 为铁芯叠压系数，用以考虑硅钢片间的绝缘漆厚度以及叠压的松紧程度，对于 0.5 mm 的硅钢片取值在 0.91～0.93 之间。

通过一齿的磁通量

$$\Phi_z = B_\delta t_z l_i = 0.662 \times 2.64 \times 10^{-2} \times 0.13 \text{ Wb} = 0.227 \times 10^{-2} \text{ Wb}$$

1/3 齿高处的齿磁密

$$B_{z1/3} = \frac{\Phi_z}{b_{z1/3}l_{Fe}} = \frac{0.227 \times 10^{-2}}{1.27 \times 10^{-2} \times 0.1104} \text{ T} = 1.62 \text{ T}$$

由此查表 1.3 得 $\quad H_{z1/3} = 4\ 370 \text{ A/m}$

齿磁动势 $\quad F_z = 2H_{z1/3}h_z = 2 \times 4\ 370 \times 0.034\ 5 \text{ A} = 301.5 \text{ A}$

（3）主极段。

取 $k_\sigma = 1.2$，则通过每一主极的磁通为

$$\Phi_m = k_\sigma\Phi_0 = 1.2 \times 1.29 \times 10^{-2} \text{ Wb} = 1.55 \times 10^{-2} \text{ Wb}$$

主极铁芯平均磁密

$$B_m = \frac{\Phi_m}{b_m l_m k_{Fe}} = \frac{1.55 \times 10^{-2}}{0.1 \times 0.13 \times 0.96} \text{ T} = 1.242 \text{ T}$$

注：此处 k_{Fe} 为主极铁芯叠压系数，因薄钢板表面不涂漆，故取值 0.96。

查图 2.34 中对应曲线得 $\quad H_m = 900 \text{ A/m}$

主极磁动势 $\quad F_m = 2H_m h_m = 2 \times 900 \times 0.115 \text{ A} = 207 \text{ A}$

（4）定子轭段（此例磁轭为机座）。

磁轭厚度 $\quad h_j = \dfrac{1}{2}(D_j - D_{ij}) = \dfrac{1}{2}(0.587 - 0.529) \text{ m} = 0.029 \text{ m}$

轭部磁通 $\quad \Phi_j = \dfrac{1}{2}\Phi_m = 1.55 \times 10^{-2}/2 \text{ Wb} = 0.775 \times 10^{-2} \text{ Wb}$

轭部磁密 $\quad B_j = \dfrac{\Phi_j}{h_j l_j} = \dfrac{0.775 \times 10^{-2}}{0.029 \times 0.35} \text{ T} = 0.76 \text{ T}$

查图 2.34 中对应曲线得 $\quad H_j = 600 \text{ A/m}$

磁路长度 $\quad L_j = \dfrac{\pi(D_j - h_j)}{2p} = \dfrac{\pi(0.587 - 0.029)}{4} \text{ m} = 0.438 \text{ m}$

定子轭磁动势 $\quad F_j = H_j L_j = 600 \times 0.438 \text{ A} = 262.8 \text{ A}$

（5）转子轭段。

轭部厚度

$$h_a = \frac{D_a - 2h_s - D_{ia}}{2} = \frac{0.294 - 2 \times 3.45 \times 10^{-2} - 0.08}{2} \text{ m}$$
$$= 7.25 \times 10^{-2} \text{ m}$$

轭部磁密

$$B_a = \frac{\Phi_0}{2h_a l_{Fe}} = \frac{1.29 \times 10^{-2}}{2 \times 7.25 \times 10^{-2} \times 0.110\ 4} \text{ T} = 0.806 \text{ T}$$

查表 1.3 得　$H_a = 253$ A/m

磁路长度　$L_a = \frac{\pi(D_{ia} + h_a)}{2p} = \frac{\pi(0.08 + 7.25 \times 10^{-2})}{4}$ m $= 0.12$ m

转子轭磁动势　$F_a = H_a L_a = 253 \times 0.12$ A $= 30.4$ A

综上,得 $\Phi_0 = 0.012\ 9$ Wb 时,每对极总励磁磁动势为

$$F_0 = F_\delta + F_z + F_m + F_j + F_a$$
$$= (3\ 240 + 301.5 + 207 + 262.8 + 30.4) \text{ A} = 4\ 041.7 \text{ A}$$

按上述步骤再计算几个不同 Φ_0 时的 F_0,即可得到该电机的计算磁化曲线。

2.3.3　直流电机的电枢磁场

当电机有负载、电枢绕组中有电流通过(即 $I_a \neq 0$)时,该电流也会在电机中产生磁场,称之为电枢磁场。下面分电刷放在几何中性线和偏离几何中性线两种情况对该磁场进行分析。

1. 电刷在几何中性线上

设电枢绕组是整距的,即同槽上、下元件边的电流同方向。由于电刷在换向器表面的位置与主极轴线重合,即被电刷短路的元件边在电枢的几何中性线上,因此,为画图方便,省去换向器,就可以将电刷直接画在电枢表面被电刷短路的元件边所在的位置,亦即电枢几何中性线上,见图 2.35(a)。这是工程上习惯采用的简易画法,我们在前面介绍直流电机的励磁方式时实际上已经采用过(见图 2.28),只是没有特别说明罢了。总之,电刷的这种正规的放置方法习惯上称之为"在几何中性线上"。

单独考虑电枢磁场。图 2.35(a) 所示中为根据右手螺旋定则电枢电流所建立的磁场的分布情况。将电枢沿左侧几何中性线处展开成直线,画出电刷和主极,以主极轴线与电枢表面的交点为原点 o,如图 2.35(b) 所示。在一极距范围内,取距原点为 $+x$ 和 $-x$ 的两点形成一矩形回线。该回线包围的总电流数为 $2xN_a i_a / \pi D_a$,N_a 为电枢导体数,i_a 为导体电流,D_a 为电枢外径。由全电流定律可知,这也就是消耗在该回线各段磁路上的总的磁动势。设铁磁材料中的磁压降忽略不计,即全部磁动势都消耗在两个气隙上,则 x 处的电枢磁动势为

$$F_a(x) = \frac{1}{2}\left(\frac{2xN_a i_a}{\pi D_a}\right) = \frac{N_a i_a}{\pi D_a}x = Ax \quad (\text{A/ 极}) \tag{2.18}$$

式中,$A = N_a i_a / \pi D_a$ 为电机的线负荷,表示沿电枢表面单位长度上安培导体数。

在 $-\tau/2 \leqslant x \leqslant \tau/2$ 之间运用式(2.18),可方便地画出电枢磁动势沿电枢表面的分布,如图 2.35(b) 下部所示。图中规定磁场方向以从电枢指向主极为正,反之为负。结果表明,电枢磁动势沿空间的分布为三角形奇函数,在主极轴线处过零,在几何中性线处有最大值,即

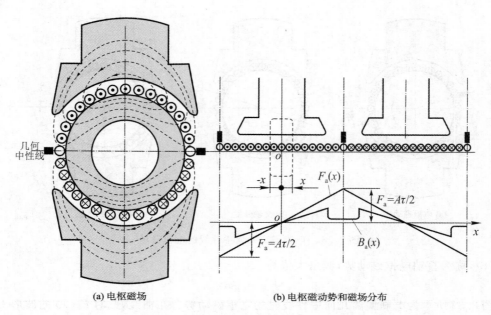

(a) 电枢磁场　　　　　　　　(b) 电枢磁动势和磁场分布

图 2.35　电刷在几何中性线上时的电枢磁场

$$F_a = \frac{A\tau}{2} \tag{2.19}$$

可见，当电刷放在几何中性线上时，电枢磁动势的轴线也在几何中性线上，恰与主极轴线正交（无论主极对数多少，总是在空间上相差 $90°$ 电角度，仅在 $p = 1$ 时，电角度才与机械角度相等），故通常称之为交轴电枢磁动势，其最大值记为 F_{aq}，即

$$F_{aq} = F_a = \frac{A\tau}{2} \tag{2.20}$$

以上分析是基于电枢表面无槽而且导体均匀分布进行的。若电枢有槽，导体放在槽中，则虽然 $F_a(x)$ 的奇函数特征不变，但分布形状却会由三角形变为阶梯形。

已知电枢磁动势沿气隙的分布，即可求得电枢磁场产生的磁通密度沿气隙的分布为

$$B_a(x) = \mu_0 H_a(x) = \mu_0 \frac{F_a(x)}{\delta(x)} = \frac{\mu_0 A x}{\delta(x)} \tag{2.21}$$

由于主极下的气隙不均匀，并且相邻两主极间的气隙很大，因此，磁通密度的分布曲线如图 2.35(b) 所示的马鞍形。

2. 电刷偏离几何中性线

实际电机中，由于装配误差或其他原因，电刷难以恰好在几何中性线上。设电刷偏离几何中性线的电角度为 β，相当于在电枢表面移过弧长为 b_β 的距离，如图 2.36 所示。在此情况下，由于电刷总是处在电流分布的分界点，我们可以把电枢磁动势分为两部分来讨论，一部分为 2β 角之外的 $\tau - 2b_\beta$ 范围内的导体电流产生的与上述情况相似的交轴电枢磁动势，如图 2.36(b) 所示，其最大值为

$$F_{aq} = A\left(\frac{\tau}{2} - b_\beta\right) \tag{2.22}$$

另一部分为 $2b_\beta$ 范围内的导体电流产生的磁动势，此磁动势的轴线与主极轴线重合，见图

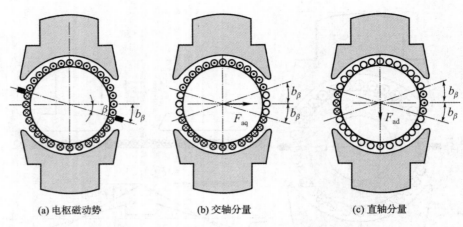

|(a) 电枢磁动势|(b) 交轴分量|(c) 直轴分量|

图 2.36　电刷偏离几何中性线的电枢磁场

2.36(c)，称为直轴电枢磁动势，其最大值为

$$F_{ad} = Ab_\beta \tag{2.23}$$

图 2.37 所示为电刷偏离几何中性线时的电枢磁动势分布曲线，此时 $F_a(x)$ 的波形不变，但整体从电枢几何中性线偏移了一个 b_β 的距离，如图中曲线 1 所示。它的两个分量，交轴分量 $F_{aq}(x)$ 和直轴分量 $F_{ad}(x)$ 的分布曲线分别如图中曲线 2 和 3 所示（曲线 1 ＝ 曲线 2 ＋ 曲线 3）。

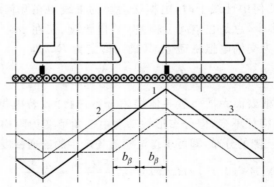

图 2.37　电刷偏离几何中性线时电枢磁动势分布

综上可知，电刷偏离几何中性线后，电枢电流除了产生交轴电枢磁动势之外，同时还出现了直轴电枢磁动势。

2.3.4　电枢反应

以上只是分别讨论了励磁磁场和电枢磁场单独作用时的情况，然而，对于任意一台负载运行的电机来说，这两种磁场都是同时存在的；或者说，电机的负载磁场就是由两者共同建立的，并且负载磁场与空载磁场之间的差别完全是电枢磁场作用的结果。在电机学中，我们把这种电枢磁场对励磁磁场的作用称为电枢反应。

电枢反应理论是电机学的经典内容之一，也是运用叠加原理解决复杂工程问题的典型范例。前面已把电枢磁场从负载磁场中分出来单独进行了考察，认识了电枢磁场的性质和特点，在此基础上，还进一步考察了电枢磁场的交轴分量和直轴分量。接下来要做的就是再分别考虑交轴分量和直轴分量对励磁磁场的作用与影响，前者称之为交轴电枢反应，后者称之为直轴电枢反应。下面进行具体介绍。

1. 交轴电枢反应

电刷在几何中性线上时，电枢磁场只有交轴分量，电机磁场由励磁磁动势和交轴磁动势共同建立，如图 2.38 所示。图中 $B_0(x)$ 为空载气隙磁密分布，$B_a(x)$ 为电枢磁场产生的气隙磁密分布，$B_\delta(x)$ 为合成气隙磁密波形。

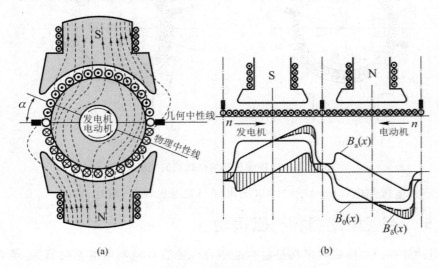

图 2.38 交轴电枢反应

由图 2.38 可见，合成后的气隙磁场不但波形发生了畸变，而且电枢上实际的几何中性线（即磁通密度的过零点）也偏移了一个角度 α，我们把电枢表面磁通密度的实际过零点的连线称为物理中性线。

结合图 2.38，交轴电枢反应对气隙磁场的影响概述如下。

（1）使物理中性线偏离几何中性线一个 α 角。对于发电机，偏移为顺电枢转向；对于电动机，则是逆电枢转向。

（2）不计饱和影响，将 $B_0(x)$ 和 $B_a(x)$ 相加得合成磁场 $B_\delta(x)$，如图 2.38(b) 中的实线所示。此时每个主极下的磁场，一半被削弱，但另一半被加强，总的磁通不变。

（3）计及饱和影响，合成磁场 $B_\delta(x)$ 如图 2.38(b) 中的虚线所示。对被削弱的一半来说，波形与不计饱和时的相同；但对于被加强的一半，受实际磁路中铁磁材料的饱和影响，磁密曲线会下降，因此，每极磁通量也会减少。

综上所述，在实际电机中，交轴电枢反应不但使气隙磁场畸变，而且还有去磁作用。

2. 直轴电枢反应

电刷偏离几何中性线时，同时产生交轴电枢反应和直轴电枢反应。交轴电枢反应的性质同上，不重复讨论，这里只需要补充介绍直轴电枢反应的有关情况。

由于直轴电枢磁场轴线与主极轴线重合，因此其作用应该只是影响每极磁通的大小。参照图 2.39(a)，以发电机为例，当电刷顺电枢转向从几何中性线偏移 β 角度时，直轴电枢磁场与励磁磁场方向相反，起去磁作用，使每极磁通量减少；反之，逆电枢转向偏移，如图 2.39(b)所示，直轴电枢磁场将起助磁作用。考虑饱和影响，此时每极磁通量 Φ 可把 F_{ad} 与 F_0 相加后通过电机的磁化曲线确定。

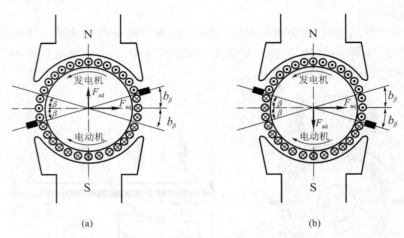

图 2.39　电刷偏离几何中性线的电枢反应

可以证明，电机作电动机运行时的情况正好与发电机相反，陈述从略。

2.3.5　感应电动势和电磁转矩

感应电动势和产生电磁转矩都是电枢绕组在气隙合成磁场中的电磁行为，前者是导体与磁场相对运动的结果，后者为磁场对载流导体的作用。下面分别予以讨论。

1. 感应电动势

无论是叠绕组还是波绕组，经正、负电刷引出的都是支路中各串联元件感应电动势的代数和。

绕组元件的感应电动势由电磁感应定律计算。为简化推导，设绕组为整距，电刷在几何中性线上，N_a 为电枢导体总数，每条支路的串联导体数为 $N_a/2a$。由于第 k 根串联导体的感应电动势为

$$e_k = B_\delta(x)lv \tag{2.24}$$

式中，x 为第 k 根导体在电枢表面所处的位置 $\left(k=1\ 时，x=-\dfrac{\tau}{2}；k=\dfrac{N_a}{2a}\ 时，x=\dfrac{\tau}{2}\right)$，则支路感应电动势为

$$E = \sum_{k=1}^{N_a/2a} e_k = lv \sum_{k=1}^{N_a/2a} B_\delta(x) \tag{2.25}$$

令

$$\sum_{k=1}^{N_a/2a} B_\delta(x) = B_{av}\frac{N_a}{2a} \tag{2.26}$$

即用平均磁通密度 B_{av} 替代气隙合成磁场的磁密分布 $B_\delta(x)$（如图 2.38 所示），而由于每极磁通量

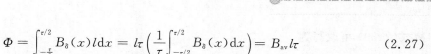

$$\varPhi = \int_{-\frac{\tau}{2}}^{\tau/2} B_{\delta}(x) l\mathrm{d}x = l\tau \left(\frac{1}{\tau} \int_{-\tau/2}^{\tau/2} B_{\delta}(x)\mathrm{d}x \right) = B_{\mathrm{av}} l\tau \tag{2.27}$$

则

$$B_{\mathrm{av}} = \frac{\varPhi}{l\tau} \tag{2.28}$$

又由于电枢表面线速度 v 可用电机转速 $n(\mathrm{r/min})$ 表示为

$$v = 2p\tau \frac{n}{60} \tag{2.29}$$

故式(2.25)最终可改写为

$$E = \frac{pN_{\mathrm{a}}}{60a} \varPhi n = C_E \varPhi n \tag{2.30}$$

式中, $C_E = \dfrac{pN_{\mathrm{a}}}{60a}$ 称为电动势常数。

式(2.30)就是直流电机电枢绕组支路感应电动势的一般计算公式。若绕组非整距或电刷偏离了几何中性线,则只在必要时加一个修正系数考虑其实际影响即可。

2. 电磁转矩

采用与推导式(2.30)相同的步骤。设 i_{a} 为支路电流,则其与电枢电流之间有关系

$$i_{\mathrm{a}} = \frac{I_{\mathrm{a}}}{2a} \tag{2.31}$$

由于第 k 根导体所受的电磁力为

$$F_k = B_{\delta}(x) l i_{\mathrm{a}} = \frac{B_{\delta}(x) l I_{\mathrm{a}}}{2a} \tag{2.32}$$

产生的电磁转矩是

$$T_k = \frac{F_k D_{\mathrm{a}}}{2} = \frac{B_{\delta}(x) l p\tau I_{\mathrm{a}}}{2\pi a} \tag{2.33}$$

而对于有 $2p$ 个主极、每个主极下有 $\dfrac{N_{\mathrm{a}}}{2p}$ 根电流方向相同的导体的电枢绕组,其合成电磁转矩为

$$T_{\mathrm{em}} = 2p \sum_{k=1}^{N_{\mathrm{a}}/2p} T_k = 2pl p\tau \frac{I_{\mathrm{a}}}{2\pi a} \sum_{k=1}^{N_{\mathrm{a}}/2p} B_{\delta}(x) = \frac{pN_{\mathrm{a}}}{2\pi a} \varPhi I_{\mathrm{a}} = C_T \varPhi I_{\mathrm{a}} \tag{2.34}$$

式中

$$\sum_{k=1}^{N_{\mathrm{a}}/2p} B_{\delta}(x) = \frac{N_{\mathrm{a}}}{2p} B_{\mathrm{av}} = \frac{N_{\mathrm{a}} \varPhi}{2pl\tau}$$

而 $C_T = \dfrac{pN_{\mathrm{a}}}{2\pi a}$ 为转矩常数。

式(2.34)也就是直流电机电磁转矩的一般化公式。

3. 电动势常数与转矩常数的关系

比较电动势常数 C_E 和转矩常数 C_T,有

$$\frac{C_E}{C_T} = \frac{pN_{\mathrm{a}}/60a}{pN_{\mathrm{a}}/2\pi a} = \frac{\pi}{30} \quad \text{或} \quad C_E = \frac{\pi}{30} C_T \tag{2.35}$$

即两者之比为一定数。而由于机械转速 n 和角速度 $\varOmega$ 之间有关系

$$\varOmega = 2\pi \frac{n}{60} = \frac{\pi}{30} n \tag{2.36}$$

故式(2.30)可改写为

$$E = \frac{\pi}{30}C_T\Phi\frac{30}{\pi}\Omega = C_T\Phi\Omega \tag{2.37}$$

这表明,若在支路感应电动势公式中采用机械角速度表示机械转速,则可在感应电动势和电磁转矩计算中使用同一常数,即转矩常数 C_T,亦可改称为电机常数。国外电机学教科书大都是这么使用的。

例 2.6 一台四极直流发电机,电枢绕组是单波绕组,电枢绕组的元件数 $S = 162$,每个元件匝数 $N_y = 2$,每极磁通 $\Phi = 0.51 \times 10^{-2}$ Wb,转速 $n = 1\,450$ r/min,求电枢电动势。

解 电枢总导体数 $\quad N_a = 2N_yS = 2 \times 2 \times 162 = 648$

极对数 $\quad p = 2$,支路对数 $\quad a = 1$(单波绕组)

电动势常数 $\quad C_E = \dfrac{pN_a}{60a} = 648 \times 2/60 = 21.6$

电枢电动势 $\quad E = C_E\Phi n = 21.6 \times 0.51 \times 10^{-2} \times 1\,450$ V $= 159.73$ V

例 2.7 一台四极他励直流电动机,铭牌数据:$P_N = 100$ kW,$U_N = 330$ V,$n_N = 730$ r/min,$\eta_N = 91.5\%$,电枢绕组为单波绕组,电枢总导体数 $N_a = 186$,额定运行时气隙每极磁通 $\Phi = 6.98 \times 10^{-2}$ Wb,求额定电磁转矩。

解 $p = 2$,$a = 1$,$N_a = 186$,则转矩常数

$$C_T = \frac{pN_a}{2\pi a} = \frac{2 \times 186}{2\pi \times 1} = 59.21$$

额定电枢电流 $\quad I_{aN} = P_N/U_N\eta_N = \dfrac{100 \times 10^3}{330 \times 0.915}$ A $= 331.18$ A

额定电磁转矩 $\quad T_{emN} = C_T\Phi I_{aN} = 59.21 \times 6.98 \times 10^{-2} \times 331.18$ N·m $= 1\,368.72$ N·m

2.4 直流发电机的基本特性

2.4.1 基本方程

电机的基本方程即电机稳态运行时内部物理过程的数学描述。因为电机中存在着机、电、磁耦合关系,稳态运行时必须满足机械方面和电磁方面的平衡要求,因此,电机的基本方程将包括电动势平衡方程、功率平衡方程和转矩平衡方程等。

以并励发电机为例,其稳态运行时的等效电路如图 2.40 所示。图中,原动机输入转矩为 T_1,发电机转速为 n(角速度为 Ω),电磁转矩和空载(机械摩擦)转矩分别为 T_{em} 和 T_0,电枢绕组电动势为 E,电枢绕组电阻为 r_a,一组电刷接触电阻压降为 ΔU_b,励磁绕组电阻为 r_f,励磁回路调节电阻为 r_j,发电机端电压为 U,电流为 I,电枢电流为 I_a,励磁电流为 I_f。

下面,结合图 2.40,建立并励发电机的基本方程,其中所采用的处理方法也同样适用于其他励磁方式电机的分析,读者可自行练习。

1. 电动势平衡方程

由图 2.40,可写出电枢回路的电动势平衡方程为

$$E = U + I_a R_a \qquad (2.38)$$

式中，R_a 为电枢回路总的等效电阻，它包括电枢绕组电阻和电刷接触电阻两部分，因为

$$I_a R_a = I_a r_a + 2\Delta U_b = I_a\left(r_a + \frac{2\Delta U_b}{I_a}\right) \qquad (2.39)$$

故

$$R_a = r_a + \frac{2\Delta U_b}{I_a} \qquad (2.40)$$

式中，电刷接触电阻压降 ΔU_b 取决于诸多因素，难以准确给定，不同的电刷牌号也不一样，一般取值为 $0.3 \sim 1$ V。

对励磁回路，电压方程为

$$U = I_f(r_f + r_j) = I_f R_f \qquad (2.41)$$

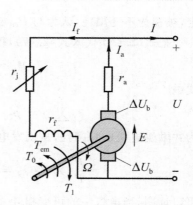

图 2.40 并励直流发电机
等效电路（带转轴）

式中，$R_f = r_f + r_j$ 为励磁回路总电阻。

此时，电机的电流方程为

$$I_a = I + I_f \qquad (2.42)$$

2. 功率平衡方程

定义直流电机的电磁功率为电枢绕组感应电动势 E 与电枢电流 I_a 的乘积，即

$$P_{em} = EI_a \qquad (2.43)$$

结合式(2.30)、式(2.34)及式(2.36)，式(2.43)改写为

$$P_{em} = \frac{pN_a}{60a}\Phi n I_a = \frac{pN_a}{2\pi a}\Phi I_a \frac{\pi}{30}n = T_{em}\Omega \qquad (2.44)$$

另外，用 I_a 乘式(2.38)两边，并结合式(2.42)有

$$EI_a = UI + UI_f + I_a^2 R_a \qquad (2.45)$$

式中，$UI = P_2$ 为发电机输出的电功率，$UI_f = p_{Cuf}$ 为励磁回路电阻损耗，$I_a^2 R_a = p_{Cua}$ 为电枢回路电阻损耗，或称电枢绕组铜耗。

式(2.45)实际上就是发电机电枢回路的电功率平衡方程，记为标准形式就是

$$P_{em} = P_2 + p_{Cuf} + p_{Cua} = P_2 + p_{Cu} \qquad (2.46)$$

式中，$p_{Cu} = p_{Cua} + p_{Cuf}$ 为总铜耗，是随负载电流变化而变化的可变损耗。

然而，电磁功率还只是原动机通过转轴传递给发电机的机械功率 P_1 被转换为电功率的那一部分，P_1 的另一部分则被用于平衡转轴转动和实现能量转换所必须的损耗，这些损耗包括以下几个方面损耗。

（1）机械损耗 p_{mec}，包括轴承、电刷摩擦损耗，定、转子空气摩擦损耗，以及通风损耗等。

（2）铁芯损耗 p_{Fe}，主极磁通在转动的电枢铁芯中交变，引起磁滞损耗和涡流损耗。

（3）杂散损耗 p_{ad}，又称附加损耗，产生的原因很复杂，如主磁场脉动、畸变，杂散磁场效应，金属紧固件中的铁耗和换向元件的附加铜耗等等，很难准确计算，通常为电机额定功率的 $0.5\% \sim 1\%$。

综上所述，发电机总的功率平衡方程为

$$P_1 = P_{em} + p_{mec} + p_{Fe} + p_{ad} = P_{em} + p_0 \qquad (2.47)$$

式中，$p_0 = p_{mec} + p_{Fe} + p_{ad}$ 是发电机空载时即存在的损耗，简称为空载损耗。其数值基本固

定，被视为不变损耗，认为与 P_{em} 或负载电流的变化无关。

把式(2.46)代入式(2.47)，得

$$P_1 = P_2 + p_{Cu} + p_0 = P_2 + \sum p \tag{2.48}$$

式中

$$\sum p = p_{Cu} + p_0 = p_{Cua} + p_{Cuf} + p_{mec} + p_{Fe} + p_{ad} \tag{2.49}$$

为并励发电机的总损耗，从而发电机的效率为

$$\eta = \frac{P_2}{P_1} \times 100\% = \frac{P_1 - \sum p}{P_1} \times 100\% = \left(1 - \frac{\sum p}{P_1}\right) \times 100\% \tag{2.50}$$

可以证明，当电机中的可变损耗 p_{Cu} 与不变损耗 p_0 相等时，效率会达到最大值，相应的功率范围为 $(0.7 \sim 1) P_N$。普通直流电机的额定效率在 85% 左右，大容量电机可高达 96%，小容量电机则可能低于 70%。

3. 转矩平衡方程

将式(2.47)两边同时除以角速度 Ω 得

$$\frac{P_1}{\Omega} = \frac{P_{em}}{\Omega} + \frac{p_0}{\Omega} \tag{2.51}$$

式中，$P_1/\Omega = T_1$ 是原动机输入机械转矩，为拖动性质（与 Ω 同方向）；$P_{em}/\Omega = T_{em}$ 是发电机输出电功率 P_{em} 时产生的电磁转矩，为制动性质；$p_0/\Omega = T_0$ 为发电机的空载转矩，也是制动性质。

综上，式(2.51)可改写为标准形式

$$T_1 = T_{em} + T_0 \tag{2.52}$$

这就是直流发电机的转矩平衡方程。

例 2.8 一台四极并励直流发电机的额定数据为：$P_N = 6 \text{ kW}, U_N = 230 \text{ V}, n_N = 1\,450$ r/min，电枢绕组电阻 $r_a = 0.92 \ \Omega$，并励回路电阻 $R_f = 177 \ \Omega$，$2\Delta U_b = 2 \text{ V}$，空载损耗 $p_0 = 355 \text{ W}$。试求额定负载下的电磁功率、电磁转矩及效率。

解 额定电流 $\quad I_N = \dfrac{P_N}{U_N} = \dfrac{6\,000}{230} \text{ A} = 26.1 \text{ A}$

励磁电流 $\quad I_f = \dfrac{U_N}{R_f} = \dfrac{230}{177} \text{ A} = 1.3 \text{ A}$

额定负载时的电枢电流

$$I_a = I_N + I_f = (26.1 + 1.3) \text{ A} = 27.4 \text{ A}$$

额定运行时的电枢电动势

$$E = U_N + I_a r_a + 2\Delta U_b = (230 + 27.4 \times 0.92 + 2) \text{ V} = 257.2 \text{ V}$$

额定负载时的电磁功率

$$P_{em} = E I_a = 257.2 \times 27.4 \text{ W} = 7\,047.3 \text{ W}$$

额定负载时的电磁转矩

$$T_{em} = \frac{P_{em}}{\Omega} = \frac{7\,047.3 \times 30}{1\,450\pi} \text{ N} \cdot \text{m} = 46.4 \text{ N} \cdot \text{m}$$

额定负载时原动机输入功率

$$P_1 = P_{em} + p_0 = (7\ 047.3 + 355)\ W = 7\ 402.3\ W$$

额定负载时的效率

$$\eta = \frac{P_2}{P_1} \times 100\% = \frac{6\ 000}{7\ 402.3} \times 100\% = 81.1\%$$

2.4.2 他励发电机的运行特性

直流发电机运行时，通常可测得的物理量有：端电压 U，负载电流 I，励磁电流 I_f 和转速 n 等。一般情况下，若无特殊说明，总认为发电机由原动机拖动的转速是恒定的，并且为额定值 n_N。在此基础上，另外三个物理量只要保持一个不变，就可以得出剩下两个物理量之间的关系曲线，用以表征发电机的性能，称之为特性曲线，并有如下四种。

1. 空载特性

空载特性是当 $n =$ 常值、$I = 0$ 时，$U_0 = f(I_f)$ 的关系曲线，因为 $U_0 \propto \Phi$，$I_f \propto F_0$，故本质上也就是发电机由实验方法测定的实际磁化曲线。实验线路如图 2.41 所示，开关 S 断开，实测中保持转速 n 恒定，调节 r_j，使 I_f 由零单调增长，直至 U_0 为 $(1.1 \sim 1.3)U_N$ 为止，然后使 I_f 单调减小到零，记录若干组 I_f 和 U_0，即可作出关系曲线如图 2.42 所示，称之为空载特性曲线。

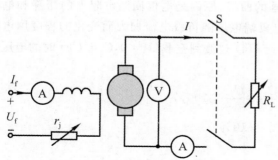

图 2.41 他励发电机特性实验接线图

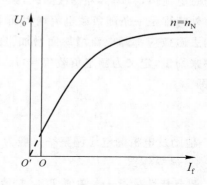

图 2.42 电机的空载特性曲线

由于电机有剩磁，故 $I_f = 0$ 时，发电机还有一个不大的电压，称为剩磁电压，数值为额定电压的 $2\% \sim 4\%$。把曲线延长，交横坐标于 O' 点，并将纵坐标左移 $\overline{OO'}$，就得到完整的空载特性曲线。$\overline{OO'}$ 为对应于剩磁作用的励磁电流。

以上所得空载特性曲线是相对于某一恒定转速（一般为 n_N）而测定的。由于励磁电流相同时，$E \propto n$，故对于不同给定速度，空载特性将会与转速呈正比地上、下移动（相对于额定速度空载特性曲线）。

空载特性曲线是电机最基本的特性曲线，它既是电机设计制造情况（即材料利用率和磁路饱和度）的综合反映，也可利用它来求出电机的其他特性，用途较广。但需要说明的是，无论是何种励磁方式的直流电机，其空载特性曲线均由他励接线方式测定。

2. 负载特性

负载特性曲线是当 $n =$ 常值、$I =$ 常值时，$U = f(I_f)$ 的关系曲线。仍由图 2.41 所示线路

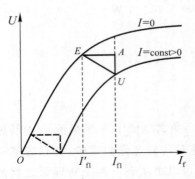

图 2.43　他励发电机的负载特性

测取，只是要将开关 S 合上。实测中除了仍需保证 n 恒定外，还要随时调节负载 R_L，以保持 I 不变。

实验所得负载特性曲线如图 2.43 所示，图中 $I=0$ 是一条特殊的负载特性曲线。从图中可见，在相同励磁电流 I_{f1} 作用下，不同负载电流的端电压不相同。这有两方面的原因：一方面是电枢电阻上的压降，用 $\overline{AU}$ 表示；另一方面就是电枢反应的去磁（或助磁）作用，用 $\overline{EA}$ 表示（即产生相同感应电动势 E 的空载励磁电流和负载励磁电流分别为 I'_{f1} 和 I_{f1}）。当电流一定时，$\overline{AU}$ 和 $\overline{EA}$ 的长度认为是不变的，即负载特性与空载特性之间存在着一个 $\triangle EAU$，称之为特性三角形。将此三角形的 E 点沿空载特性曲线移动，则 U 点的轨迹即为相应负载电流时的负载特性曲线。

3. 外特性

外特性是当 $n=$ 常值、$I_f=$ 常值时，$U=f(I)$ 的关系曲线。仍采用图 2.41 的实验线路，合上开关 S，调节负载电阻 R_L，使负载电流酌量过载后逐渐减小到零。调节过程中保持转速和励磁电流恒定，即得外特性曲线，如图 2.44 中所示。

外特性是一条随负载电流增大而下垂的曲线，原因是电枢回路电阻上的压降和电枢反应的去磁效应都随电流增加而增加。发电机端电压随负载电流加大而变化的程度用电压调整率来衡量，定义为额定负载（$I=I_N$，$U=U_N$）过渡到空载（$I=0$，$U=U_0$）时的电压变化率，即

$$\Delta U = \frac{U_0 - U_N}{U_N} \times 100\% \tag{2.53}$$

他励发电机的电压调整率一般为 $5\% \sim 10\%$。

4. 调节特性

调节特性是指 $n=$ 常值、$U=$ 常值时，$I_f=f(I)$ 的关系曲线。它表明负载变化时，如何调节励磁电流才能维持发电机端电压不变。实验线路仍如图 2.41 所示，开关 S 闭合，调节负载电阻、改变负载电流后，调节励磁电阻以改变励磁电流，从而使端电压恒定。与此同时，保持转速不变，测定若干组 I_f 和 I，描绘如图 2.45 所示。

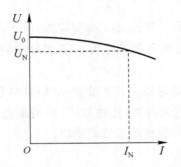

图 2.44　他励发电机的外特性

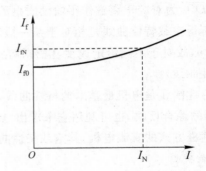

图 2.45　他励发电机的调节特性

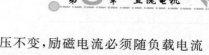

调节特性随负载电流增大而上翘。原因是要保持端电压不变,励磁电流必须随负载电流的增加而增加,以补偿电枢反应的去磁作用,并且由于铁磁材料的饱和影响,励磁电流增加的速率还要高于负载电流。

2.4.3 并励发电机的自励条件和外特性

并励发电机的励磁电流不需要另配直流电源供给,而是取自发电机本身,所以,也称为自励式发电机,应用较多。与他励发电机相比,其运行特点主要在自励过程及外特性两方面。下面分别介绍。

1. 自励过程与条件

并励发电机运行特性实验的接线如图 2.46 所示,发电机在自励过程中,端电压 U_0 与励磁电流 I_f 的关系 $U_0 = f(I_f)$ 依然定义为发电机的空载特性曲线,如图 2.47 所示中由点 P''、P' 和 P 等连接而成。

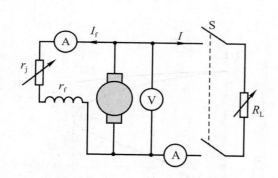

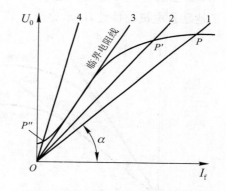

图 2.46　并励发电机运行特性的实验接线图　　　图 2.47　并励发电机的自励条件

在图 2.47 所示中,直线 1 的斜率为

$$\tan\alpha = \frac{U_0}{I_f} = \frac{I_f(r_f + r_j)}{I_f} = R_f \tag{2.54}$$

故称之为励磁回路电阻线。

显然,对应于一个适当的电阻 R_f,如果发电机的自励过程能正常完成,则必有一组 U_0 和 I_f 与之对应;对应于直线 1、2、4,这就是点 P、P'、P''(见图 2.47)。这也是自励发电机的基本含义,其物理过程阐明如下。

设发电机由原动机拖动至额定转速,由于电机内有一定的剩磁,则机端将产生一个不大的剩磁电压(即图 2.47 所示中空载曲线与纵轴的交点)。该电压在励磁绕组中产生一个相应的励磁电流,如果励磁绕组连接适当,即励磁磁场所产生的主磁通使电机端电压继续增加,则励磁电流进一步加大。如此反复作用,直至励磁电流 I_f 所建立的端电压 U_0 恰好与励磁回路的电压降 $I_f R_f$ 相等为止。这之后,励磁电流不再增加,端电压保持不变,自励过程结束,电机进入稳定运行状态,如图2.47 所示中的 P 点。励磁回路电阻愈大,稳定运行下的端电压愈低,如 P'' 点。

综上分析,可知并励发电机的自励条件为

（1）电机应有剩磁；

（2）励磁绕组连接正确；

（3）励磁回路电阻应小于临界电阻（电阻线与空载特性的线性段重合时对应的电阻值），以确保电机端有一个恰当的端电压。

需要说明的是，由于空载特性曲线正比于电机的转速 n，转速降低意味着曲线下移，因此，对应的临界电阻也会随之变小，或者说，不同的转速将对应不同的临界电阻，如图 2.48 所示。

2. 外特性

并励发电机的外特性不同于他励发电机的，是指当 $n =$ 常值、$R_f =$ 常值时，$U = f(I)$ 的关系曲线，需要特别介绍。

实验接线如图 2.46 所示。保持转速恒定，调节励磁电阻 r_j，使电机完成自励过程，建立端电压 U_0，然后合上开关 S，并逐步减小 R_L，则得并励发电机外特性，如图 2.49 所示。图中还绘出了他励发电机外特性，以示比较。

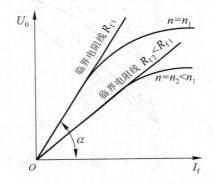

图 2.48　不同转速的临界电阻

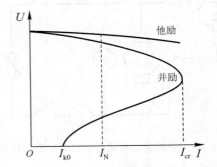

图 2.49　并励发电机的外特性

图示结果表明，并励发电机端电压比他励发电机下降得快。因为他励发电机在负载电流增加时，使端电压下降的原因只是电枢回路电阻下降和电枢反应的去磁作用，而并励发电机的相应原因还要加上端电压下降而导致的励磁电流减小，因此，并励发电机的电压调整率可达 20% 左右。

并励发电机外特性的突出特点是负载电流有"拐弯"现象。这是因为 $I = U/R_L$，当电压下降不多时，电机的磁路还比较饱和，I_f 的减小使 U 的减小不大，于是 I 随 R_L 的减小而增大；而当 I 增大到临界电流 I_{cr}（为额定电流的 $2 \sim 3$ 倍）后，U 的持续下降已使 I_f 的取值进入低饱和甚至不饱和区，I_f 的减小使 U 急剧下降，从而反过来使得 I 不断减小，直至短路，$R_L = 0$，$U = 0$，$I_f = 0$，短路电流

$$I_{k0} = \frac{E_r}{R_a} \tag{2.55}$$

式中，E_r 为剩磁电动势，其数值是很小的。

因此，并励发电机的稳态短路电流 I_{k0} 很小。

例 2.9 一台四极 82 kW、230 V、970 r/min 的并励发电机,$r_a = 2.59 \times 10^{-2}$ Ω,并励绕组每极 78.5 匝,$r_f = 22.8$ Ω。额定负载时励磁回路串入调节电阻 $r_j = 3.7$ Ω,$2\Delta U_b = 2$ V,$p_{mec} + p_{Fe} = 4.3$ kW,$p_{ad} = 0.005 P_N$,其空载特性数据如表 2.1 所示。

表 2.1   例 2.9 中电机的空载特性

I_f/A	2	3.2	4.5	5.5	6.5	8.2	11.7
U_0/V	100	150	198	226	244	260	280

求:(1)额定负载时的电枢电动势;

    (2)额定负载时的电磁功率、电磁转矩、输入功率和效率;

    (3)额定负载时的电压调整率;

    (4)额定负载时电枢反应的每极去磁磁动势。

解 (1)额定负载电流。

$$I_N = \frac{P_N}{U_N} = \frac{82 \times 10^3}{230} \text{ A} = 356.52 \text{ A}$$

额定励磁电流 $I_{fN} = \dfrac{U_N}{R_f} = \dfrac{230}{22.8 + 3.7} \text{ A} = 8.68 \text{ A}$

额定电枢电流 $I_{aN} = I_N + I_{fN} = (356.52 + 8.68) \text{ A} = 365.20 \text{ A}$

额定负载时的电枢电动势

$$E_N = U_N + I_{aN} r_a + 2\Delta U_b = (230 + 365.2 \times 0.025\ 9 + 2) \text{ V} = 241.46 \text{ V}$$

(2)额定负载时的电磁功率

$$P_{emN} = E_N I_{aN} = 241.46 \times 365.2 \text{ W} = 88\ 181.20 \text{ W}$$

额定负载时的电磁转矩

$$T_{emN} = \frac{P_{em}}{\Omega} = \frac{88\ 181.2 \times 30}{970\pi} \text{ N} \cdot \text{m} = 868.11 \text{ N} \cdot \text{m}$$

额定负载时的输入功率

$$P_1 = P_{emN} + p_0 = (88\ 181.2 + 4\ 300 + 0.005 \times 82\ 000) \text{ W} = 92\ 891.2 \text{ W}$$

额定负载时的效率

$$\eta = \frac{P_N}{P_1} \times 100\% = \frac{82\ 000}{92\ 891.2} \times 100\% = 88.28\%$$

(3)由给定空载特性数据作空载特性曲线,如图 2.50 所示。此外,根据 $R_f = (22.8 + 3.7)$ Ω $= 26.5$ Ω 作励磁回路电阻线于图 2.50 中。由此可得空载电压(空载特性与电阻线交点对应电压)为

$$U_0 = 272 \text{ V}$$

额定负载时的电压调整率

$$\Delta U = \frac{U_0 - U_N}{U_N} \times 100\% = \frac{272 - 230}{230} \times 100\% = 18.26\%$$

(4)由 $E_N = 241.46$ V,查空载特性得 $I'_{fN} = 6.38$ A,但实际的 $I_{fN} = 8.68$ A,故电枢反应的等效去磁励磁电流为

$$\Delta I_{fa} = I_{fN} - I'_{fN} = (8.68 - 6.38) \text{ A} = 2.3 \text{ A}$$

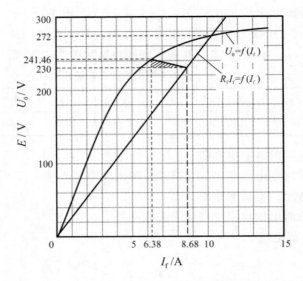

图 2.50　例 2.9 并励发电机的空载特性和励磁电阻线

电枢反应的等效每极去磁磁动势
$$\Delta F_{fa} = \Delta I_{fa} N_f = 2.3 \times 78.5 \text{ A/ 极} = 180.55 \text{ A/ 极}$$

2.4.4　复励发电机的特点

在并励发电机的基础上加上串励绕组就是复励发电机,实验接线图如图 2.51 所示。

复励发电机的外特性如图 2.52 所示。在积复励发电机中,并励绕组起主要作用,以保证空载时能产生额定电压;串励绕组则用来补偿电枢回路的电阻压降和电枢反应的去磁作用,因此,复励发电机能在一定范围内自动调整端电压的变化。若能保证额定负载时的端电压仍为额定电压,则称为平复励;而串励绕组过度补偿,致使额定负载时端电压高于额定电压,就叫做过复励,反之,就是欠复励。

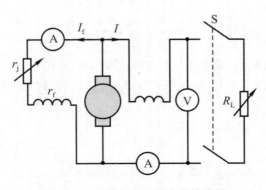

图 2.51　复励发电机的实验接线图

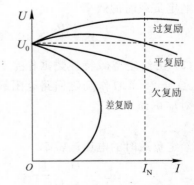

图 2.52　复励发电机的外特性

在差复励电机中,由于负载时串励绕组的作用使电机主磁通和电动势进一步减小,所以,外特性急剧下降,可作为恒流源使用。

2.5 直流电动机的基本特性

2.5.1 基本方程

仍以并励直流电机为例,等效电路如图 2.53 所示。电机作电动机运行,假定正方向按电动机惯例,即 I 和 I_a 的方向与图 2.40 所示中的假定方向相反,电磁转矩也从制动性质变为驱动性质(与 Ω 同方向),负载转矩为 T_2,电机转动惯量为 J,其他约定仍如同图2.40所示。

1. 电动势平衡方程

稳态运行时,电枢回路有

$$U = E + I_a R_a \tag{2.56}$$

式中,R_a 仍由式(2.40)定义。

励磁回路电压方程同式(2.41),不重复列写。电流方程改写为

$$I = I_a + I_f \tag{2.57}$$

在动态情况下,需要考虑回路中电感的作用。设电枢回路和励磁回路的电感分别为 L_a 和 L_f,并将电流变量改写为 i_a 和 i_f 以示区别,则各回路的电动势平衡方程分别为

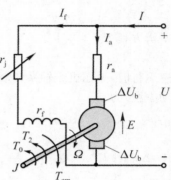

图 2.53 并励直流电动机等效
电路(带转轴)

电枢回路

$$L_a \frac{\mathrm{d}i_a}{\mathrm{d}t} + R_a i_a + k_{af} i_f \Omega = U \tag{2.58}$$

励磁回路

$$L_f \frac{\mathrm{d}i_f}{\mathrm{d}t} + R_f i_f = U \tag{2.59}$$

式(2.58)中,

$$k_{af} i_f \Omega = C_T \Phi \Omega = E \quad 或 \quad k_{af} i_f = C_T \Phi \tag{2.60}$$

一般情况下,由于电机的磁化曲线非线性,因而 k_{af} 不是常数,仅在简化分析时作常数处理。

2. 功率平衡方程

此时,电机输入功率 P_1 为电功率,即

$$P_1 = UI \tag{2.61}$$

将式(2.57)和式(2.56)代入,并利用 2.4 节中的有关定义,电功率平衡方程为

$$P_1 = U(I_a + I_f) = (E + I_a R_a)I_a + UI_f = P_{em} + p_{Cua} + p_{Cuf} = P_{em} + p_{Cu} \tag{2.62}$$

电磁功率 P_{em} 产生电磁转矩 T_{em},使电机转动并拖动机械负载,实现电能到机械能的转换。在此过程中,势必要克服因转动而引起的各种损耗,其成分和物理含义与发电机中的空载损耗完全相同,最终在电机转轴上输出的机械功率为 P_2,即

$$P_{em} = P_2 + p_{mec} + p_{Fe} + p_{ad} = P_2 + p_0 \tag{2.63}$$

综合式(2.62)和式(2.63),有

$$P_1 = P_2 + p_{Cua} + p_{Cuf} + p_{mec} + p_{Fe} + p_{ad} = P_2 + p_{Cu} + p_0 = P_2 + \sum p \tag{2.64}$$

将式(2.64)与式(2.48)相比,可以看出两者形式完全一样,但物理含义却截然不同。对

于发电机来说，P_1 为输入机械功率，P_2 为输出电功率；而在电动机中，P_1 为输入电功率，P_2 为输出机械功率。此外，发电机的输入功率和电磁功率与电动机的输入功率和电磁功率之间损耗成分的易位也是两者之间的一个明显区别。这些，正好都是电机的可逆性在功率平衡方面的反映，读者可通过分析比较加深理解。

电动机的效率计算定义同式（2.50），不重复列出。

3. 转矩平衡方程

稳态恒速运行时，由式（2.63）有

$$\frac{P_{em}}{\Omega} = \frac{P_2}{\Omega} + \frac{p_0}{\Omega} \tag{2.65}$$

即平衡方程为

$$T_{em} = T_2 + T_0 \tag{2.66}$$

变速运行时，考虑机组轴系转动惯量的作用，则更为普通的转矩平衡方程（通常改称为转子运动方程）为

$$T_{em} = T_2 + T_0 + J\frac{d\Omega}{dt} = T_2 + T_0 + \Delta T \tag{2.67}$$

式中，$\Delta T = T_{em} - T_2 - T_0 = J\dfrac{d\Omega}{dt}$ 称为加速转矩，当 $\Delta T > 0$ 时，转子加速，反之转子减速，当且仅当 $\Delta T \equiv 0$ 时转速才保持恒定。

4. 状态方程

综合式（2.58）、式（2.59）和式（2.67）可知，直流电动机的机电动态行为可用一组微分方程来描述。选电枢电流、励磁电流和转子角速度为状态变量，其一般化表示为

$$\frac{d}{dt}\begin{bmatrix} i_a \\ i_f \\ \Omega \end{bmatrix} = \begin{bmatrix} -R_a/L_a & 0 & -k_{af}i_f/L_a \\ 0 & -R_f/L_f & 0 \\ k_{af}i_f/J & 0 & 0 \end{bmatrix}\begin{bmatrix} i_a \\ i_f \\ \Omega \end{bmatrix} + \begin{bmatrix} 1/L_a & 0 & 0 \\ 0 & 1/L_f & 0 \\ 0 & 0 & 1/J \end{bmatrix}\begin{bmatrix} U_a \\ U_f \\ -T_L \end{bmatrix} \tag{2.68}$$

称之为直流电动机的状态方程，用于直流电动机动态行为的分析。

式中，$T_L = T_2 + T_0$ 为负载总转矩。

2.5.2　工作特性

电动机用于拖动生产机械，运行时转速 n、电磁转矩 T_{em} 和效率 η 与负载 P_2 的关系曲线称为工作特性。直流电动机的工作特性因励磁方式而异，可用计算法求得，但大多用实验方法确定。

1. 并励电动机

并励电动机工作特性实验线路如图 2.54 所示。实验中保持 $U = U_N =$ 常值，$I_f = I_{fN} =$ 常值（对应于 $P_2 = P_N$，$n = n_N$ 时的励磁电流值）。图中，电枢回路中串入的启动电阻 R_{st}，在启动完成后切除，其作用稍后介绍。

1）速率特性 $n = f(P_2)$

测试结果见图 2.55，即随负载 P_2 增加，转速 n 略有下降。这是因为在实验过程中，U 和 I_f 保持不变，而由式（2.56）得

$$n = \frac{U - I_a R_a}{C_E \Phi} \tag{2.69}$$

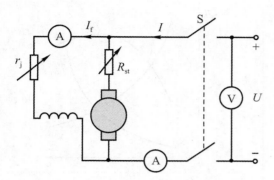

图 2.54　并励电动机的实验接线图

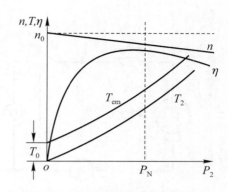

图 2.55　并励电动机的工作特性

可知，P_2 增加即 I_a 增加时，随电枢回路电阻压降 $I_a R_a$ 的增加，转速 n 在 $C_E \Phi$ 恒定时是必然要下降的，但 I_a 增加的同时亦使电枢反应的去磁作用会有所增强，这样，Φ 也有下降趋势，因此，两者抵消，转速究竟是上升还是下降，最终还要看各自变化的速率。不过，对于一台设计良好的直流电动机来说，以稳定运行为前提，速率特性总是略微下降的。

定义转速调整率

$$\Delta n = \frac{n_0 - n_N}{n_N} \times 100\% \tag{2.70}$$

式中，n_0 和 n_N 分别为空载转速和额定转速。

并励电动机的转速调整率在 $3\% \sim 4\%$ 之间，转速基本恒定。

必须指出，并励电动机运行时，励磁绕组绝对不能开路。这是因为重载时，这将使电机停转，反电动势为零，电枢电流急剧增加而导致过热；轻载亦将导致"飞速"而损坏转动部件。

2) 转矩特性 $T_{em} = f(P_2)$

由于式（2.66）可改写为

$$T_{em} = T_0 + T_2 = T_0 + \frac{P_2}{\Omega} \tag{2.71}$$

而 $T_2 = P_2/\Omega$ 是一条略微上翘的经过原点的直线（其原因是随 P_2 增加，Ω 略有下降），故 T_{em} 曲线可由 T_2 曲线平移得到，其与纵轴的交点对应于空载转矩 T_0，如图 2.55 所示。

3) 效率特性 $\eta = f(P_2)$

根据效率计算公式（2.50），效率特性曲线可由实测的 P_1 和 P_2 计算而得，典型结果参见图 2.55。普通电机效率大都在接近额定功率前取最大值，此时电机中的可变损耗在理论上与不变损耗相等。

2. 串励电动机

串励电动机的工作特性实验接线如图 2.56 所示。实验中保持端电压恒定，且 $U = U_N =$ 常值，结果由图2.57给出。

1) 速率特性 $n = f(P_2)$

测试结果表明，串励电动机的速度随负载增加而下降的速度很快。这是因为由式（2.69）可知，串励电动机在端电压 $U - I_a(R_a + R_f)$ 下降幅度稍大于并励电动机的同时，$C_E \Phi$ 非但不随 I_a 的增大而减小，反而增加，结果必然使 n 快速下降。

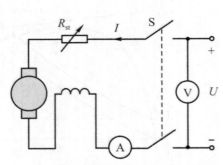

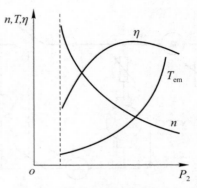

图 2.56　串励电动机的实验接线图 　　　　图 2.57　串励电动机的工作特性

串励电动机绝对不允许空载运行，以避免发生"飞速"现象。串励电动机的转速调整率定义为

$$\Delta n = \frac{n_{1/4} - n_{\mathrm{N}}}{n_{\mathrm{N}}} \times 100\% \tag{2.72}$$

式中，$n_{1/4}$ 为 1/4 额定负载时的转速。

2）转矩特性 $T_{\mathrm{em}} = f(P_2)$

由于转速 n 随 P_2 增加而迅速下降，因此，T_{em} 会随 P_2 增加而快速上升，这是串励电动机区别于并励电动机的突出特点，如图 2.57 所示。之所以如此，乃是由于 P_2 增加，即 I_{a} 增加时，Φ 将增加，不饱和时应有 $\Phi \propto I_{\mathrm{a}}$，从而 $T_{\mathrm{em}} \propto \Phi I_{\mathrm{a}} \propto I_{\mathrm{a}}^2$，即便考虑饱和影响，转矩亦按大于电流一次方的速率增加，因此，串励电动机有较大的启动转矩和很强的过载能力，尤其适用于电力机车一类的牵引负载。

3．复励电动机

要利用串励电动机的优点，同时又避免发生空载时的"飞速"危险，复励电动机是一种比较好的解决方案。复励电动机实验接线如图 2.58 所示，其速率特性如图 2.59 所示。为便于比较，图中还画出了并励和串励电动机的速率特性。

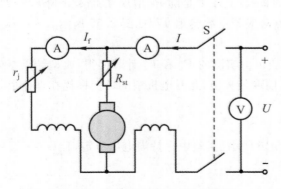

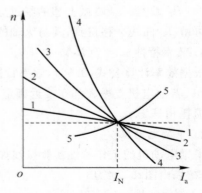

图 2.58　复励电动机的实验接线图 　　　　图 2.59　直流电动机的速率特性

1—并励电动机；2—并励为主的复励电动机；

3—串励为主的复励电动机；4—串励电动机；

5—差复励电动机

积复励电动机的速率特性介于并励和串励电动机之间。若为差复励,则运行时可能不稳定。

2.5.3 机械特性

直流电动机在 $U = U_N =$ 常值时,转速 n 与电磁转矩 T_{em} 之间的关系曲线 $n = f(T_{em})$ 称为机械特性,其基本性质与工作特性中的速率特性相同。对应于电枢回路电阻 $R_a + R_j$(R_j 为串入电枢回路的调节电阻,$R_j = 0$ 时为自然机械特性,$R_j \neq 0$ 为人工机械特性),用 $I_a = \dfrac{T_{em}}{C_T \Phi}$ 代入式(2.69),可得

$$n = \frac{U - I_a(R_a + R_j)}{C_E \Phi} = \frac{U}{C_E \Phi} - \frac{R_a + R_j}{C_E C_T \Phi^2} T_{em} \tag{2.73}$$

称之为机械特性方程。

对于并励电动机,$U =$ 常值隐含 $I_f =$ 常值,忽略电枢反应影响,即 $\Phi =$ 常值,因此,式 (2.73) 可改写为

$$n = n_0 + k_j T_{em} \tag{2.74}$$

即此时的机械特性为直线。直线与纵轴的交点 $n_0 = \dfrac{U}{C_E \Phi}$ 为理想空载转速,与端电压有关;直线斜率 $k_j = -\dfrac{R_a + R_j}{C_E C_T \Phi^2} < 0$,表明 n 是 T_{em} 的减函数,其下降速率与调节电阻 R_j 的大小有关。$R_j = 0$ 时,因通常有 $R_a \ll C_E C_T \Phi^2$,故并励电动机的自然机械特性接近于一水平线,通常称为硬特性。并励电动机的自然机械特性和人工机械特性如图 2.60 所示。

对于串励电动机,设磁路不饱和,即 $I_a \propto \Phi$,则 $T_{em} = C_T \Phi I_a \propto \Phi^2$,从而令

$$\Phi = C_\Phi \sqrt{T_{em}} \tag{2.75}$$

代入式(2.73)后,整理得

$$n = \frac{C_1 U}{\sqrt{T_{em}}} - C_2 (R_a + R_j) \tag{2.76}$$

式中,$C_1 = \dfrac{1}{C_E C_\Phi}$,$C_2 = \dfrac{1}{C_T C_E C_\Phi^2}$。

式(2.76)表明,串励电动机的机械特性为双曲线,转速随转矩增加而下降的速率很快,称之为软特性。串励电动机的自然机械特性和人工机械特性如图 2.61 所示。

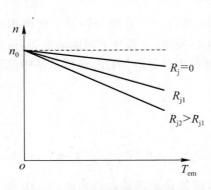

图 2.60 并励电动机的机械特性

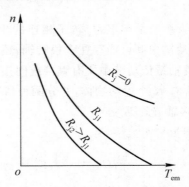

图 2.61 串励电动机的机械特性

复励电动机的机械特性亦介于并励和串励电动机之间，结论与工作特性中的速率特性一致，不重复。

2.6　直流电力传动

2.6.1　电力传动系统基础

电力传动也称电力拖动，是指用各种电动机作为原动机拖动生产机械，产生运动。直流电力传动是由直流电动机来实现的。

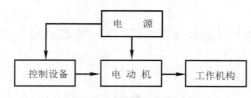

图 2.62　开环电力传动系统示意图

电力传动系统的基本构成如图2.62所示。工作机构泛指能执行某一特定任务的生产机械，控制设备是系统中实施控制功能的所有硬、软件的总称。为简化表示，假设系统为开环。

1. 运动方程与转动惯量

以考察旋转运动为主。转子运动方程由式(2.67)改写为一般形式

$$J\frac{\mathrm{d}\Omega}{\mathrm{d}t} = T_{em} - T_L \tag{2.77}$$

式中，J 为电机转轴上的转动惯量的总和，其工程实用形式为

$$J = \frac{GD^2}{4g} \tag{2.78}$$

式中，GD^2 称为飞轮矩。对于单轴旋转系统，G 为旋转刚体的重量（质量为 $m = G/g$）；D 为刚体的回转直径，确定方法因实物而异。对于外径为 D_1 的实心圆柱体，有

$$D = \frac{D_1}{\sqrt{2}} \tag{2.79}$$

对于外径为 D_1、内径为 D_2 的同心式圆柱体，有

$$D = \frac{\sqrt{D_1^2 + D_2^2}}{\sqrt{2}} \tag{2.80}$$

然而，在大多数情况下，与转子相连的生产机械并非只是简单地与转子一起绕单一转轴旋转，在传动链中既可能存在多根转轴，还有可能包括旋转、平移等不同运动形式。这就是说，J 必须计及轴系传动链中所有直接或间接致动物体的集总效应。为此，设传动链中除转子本体外还包含有 K 个运动物体，并分两种情况考虑。

1）多轴旋转系统

由能量平衡关系，有

$$\frac{1}{2}J\Omega_0^2 = \frac{1}{2}J_0\Omega_0^2 + \frac{1}{2}J_1\Omega_1^2 + \cdots + \frac{1}{2}J_k\Omega_k^2 = \frac{1}{2}\sum_{k=0}^{K}J_k\Omega_k^2 \tag{2.81}$$

式中，J 为系统的集总转动惯量；J_0、Ω_0 为转子本体的转动惯量和角速度；J_k、Ω_k 对应于第 k 个旋转体。

由此立即可得

$$J = \sum_{k=0}^{K} J_k \left(\frac{\Omega_k}{\Omega_0} \right)^2 \tag{2.82}$$

这就是多轴旋转系统折算到电机转轴上的集总转动惯量的计算公式。

2）直线运动系统

特别地，设多轴旋转系统中包含了若干个直线运动环节，因此，有必要进一步解决直线运动与旋转运动的折算问题。

设某直线运动物体的质量为 m_k，速度为 v_k，Ω_{k-1} 为直接驱动其作直线运动的上一级旋转体的机械角速度，也是 m_k 的等效角速度，则有能量关系式

$$\frac{1}{2} J_k \Omega_{k-1}^2 = \frac{1}{2} m_k v_k^2 \tag{2.83}$$

式中，J_k 为该直线运动物体的等效转动惯量，即

$$J_k = m_k \left(\frac{v_k}{\Omega_{k-1}} \right)^2 \tag{2.84}$$

例 2.10 龙门刨床电气传动系统示意图如图 2.63 所示。已知电动机 D 的转速 $n = 480$ r/min，飞轮矩 $GD_d^2 = 100\ \text{N} \cdot \text{m}^2$，工作台重 $G_1 = 8\ 000\ \text{N}$，工件重 $G_2 = 12\ 000\ \text{N}$，切削力 $F = 10\ 000\ \text{N}$，各传动齿轮的齿数及飞轮矩如表 2.2 所示。齿轮 5 的节距 $t_5 = 25\ \text{mm}$，传动效率 $\eta_d = 0.82$，求折算到电动机轴上的转矩和飞轮矩及转动惯量。

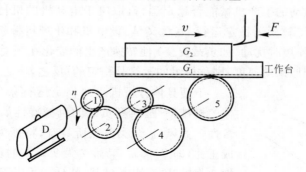

图 2.63 龙门刨床电气传动系统示意图

表 2.2 例 2.10 电气传动系统中各齿轮的技术参数

齿轮号	1	2	3	4	5
齿 数	15	60	20	100	80
$GD^2/(\text{N} \cdot \text{m}^2)$	4.0	17	7.0	34	30

解 （1）折算到电动机轴上的旋转传动比

$$j_5 = \frac{n}{n_5} = \frac{z_2}{z_1} \cdot \frac{z_4}{z_3} = \frac{60 \times 100}{15 \times 20} = 20$$

齿轮 5 的转速 $\quad n_5 = \dfrac{n}{j_5} = \dfrac{480}{20}\ \text{r/min} = 24\ \text{r/min}$

工件运动速度 $\quad v = z_5 t_5 n_5 = 80 \times 0.025 \times 24\ \text{m/min} = 0.8\ \text{m/s}$

负载转矩 $\quad T_2 = \dfrac{Fv}{\eta_\mathrm{d}\Omega_0} = \dfrac{30 \times 10\,000 \times 0.8}{\pi \times 480 \times 0.82}\ \mathrm{N \cdot m} = 194.1\ \mathrm{N \cdot m}$

（2）中间轴传动比 $\quad j_2 = \dfrac{n}{n_2} = \dfrac{z_2}{z_1} = \dfrac{60}{15} = 4$

旋转部分飞轮矩

$$GD_\mathrm{r}^2 = GD_\mathrm{d}^2 + GD_1^2 + \frac{GD_2^2 + GD_3^2}{j_2^2} + \frac{GD_4^2 + GD_5^2}{j_5^2}$$

$$= \left(100 + 4.0 + \frac{17 + 7}{4^2} + \frac{34 + 30}{20^2}\right)\ \mathrm{N \cdot m^2} = 105.66\ \mathrm{N \cdot m^2}$$

直线运动部分飞轮矩

$$GD_\mathrm{l}^2 = \frac{4(G_1 + G_2)v^2}{\Omega_0^2}$$

$$= \frac{4 \times (8\,000 + 12\,000) \times 0.8^2 \times 30^2}{\pi^2 \times 480^2}\ \mathrm{N \cdot m^2} = 20.26\ \mathrm{N \cdot m^2}$$

总飞轮矩 $\quad GD^2 = GD_\mathrm{r}^2 + GD_\mathrm{l}^2 = 125.92\ \mathrm{N \cdot m^2}$

（3）系统转动惯量 $\quad J = \dfrac{GD^2}{4g} = 3.2\ \mathrm{kg \cdot m^2}$

2. 稳定运行条件

电动机和被它拖动的生产机械能否稳定运行，取决于电动机的机械特性与负载机械特性之间的配合是否得当。所谓稳定运行，其含义是：设电机和生产机械组成的拖动机组已运行于某一转速，若外界短时扰动（如负载突变）使转速产生的变化在扰动消失后能随之消失，即机组能自行恢复到原来的速度，则称机组的运行是稳定的；反之，称之为不稳定运行。

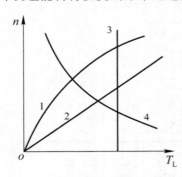

图 2.64　典型负载的机械特性
1—风机型；2—直线型；
3—恒转矩型；4—恒功率型

下面具体分析机组的稳定运行条件。首先介绍生产机械的机械特性。典型负载的机械特性如图 2.64 所示。其中，特性 1 为风机、泵类负载所具有，特征为转矩与转速的平方成正比，即 $T \propto n^2$；特性 2 为 $T \propto n$ 的负载，如发电机等；特性 3 为提升、牵引类负载；特性 4 适用于金属切削机床、卷纸机等。

不失一般性，设电动机机械特性 $n = f(T_\mathrm{em})$ 和负载机械特性 $n = f(T_\mathrm{L})$ 如图 2.65(a) 和(b) 所示。

先考察图 2.65(a) 所示的情况。此时，在机组两条特性曲线的交点 A 处，$T_\mathrm{em} = T_\mathrm{L} = T_A$，$J\dfrac{\mathrm{d}\Omega}{\mathrm{d}t} = \Delta T = 0$，$\Omega$ 为定值，机组运行于确定的转速 n，称 A 点为稳态运行工作点。当外界扰动使工作点偏离 A 点，转速从 n 变化到 $n + \Delta n$ 后，对应于电动机机械特性上的是 e 点，$T_\mathrm{em} = T_A - \Delta T_\mathrm{em} < T_A$；而对应于负载机械特性上的是 d 点，$T_\mathrm{L} = T_A + \Delta T_\mathrm{L} > T_A$。于是，$\Delta T = T_\mathrm{em} - T_\mathrm{L} = J\dfrac{\mathrm{d}\Omega}{\mathrm{d}t} < 0$，机组将减速，直至恢复原来转速、重新工作于 A 点、$T_\mathrm{em} = T_\mathrm{L} = T_A$，$\Delta T = 0$ 为止。同理，可分析扰动使 n 降至 $n - \Delta n$ 后再自行回到 A 点的情况。这就是说，如

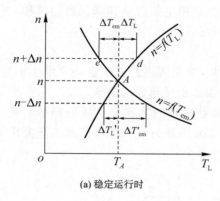

(a) 稳定运行时

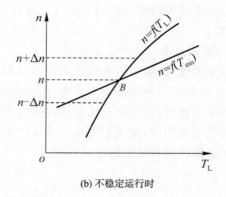

(b) 不稳定运行时

图 2.65　电力拖动机组机械特性

图 2.65(a) 所示的机械特性曲线，机组能稳定工作于两曲线的交点 A 点，并经得起扰动对转速的冲击，故认为满足稳定运行条件。

仿上分析过程，考察图 2.65(b) 所示情况后发现，图中所示电机机械特性和负载机械特性的搭配不能满足稳定运行需要，即任意扰动使速度变化偏离交点 B 后，再也不能自行返回到 B 点。

综上分析可知，机组能稳定运行，就要求在 $\Delta n > 0$ 时有 $\Delta T < 0$，使速度自行下降，而当 $\Delta n < 0$ 时有 $\Delta T > 0$，使速度自行上升，其数学描述就是

$$\frac{\mathrm{d}}{\mathrm{d}n}(\Delta T) = \frac{\mathrm{d}}{\mathrm{d}n}(T_{em} - T_L) < 0 \quad 或 \quad \frac{\mathrm{d}T_{em}}{\mathrm{d}n} < \frac{\mathrm{d}T_L}{\mathrm{d}n} \tag{2.85}$$

这就是电力拖动机组稳态运行应满足的条件，即负载机械特性曲线的切线斜率要大于电动机机械特性曲线的切线斜率。

对照图 2.64 所示的典型负载机械特性可知，一般负载条件下，电动机具有下降的机械特性就基本上可以满足稳定运行的需要。特殊情况下，对于具有上升机械特性的电动机，只要能够满足式(2.85)，机组依然可以稳定运行。

2.6.2　直流电动机的启动

电力拖动机组从静止到稳定运行首先必须经过启动过程。从机械方面看，启动时要求电动机产生足够大的电磁转矩来克服机组的静止摩擦转矩、惯性转矩及负载转矩(如果带负载启动)，才能使机组在尽可能短的时间内从静止状态进入稳定运行状态。从电路方面看，启动瞬间 $n = 0$，$E = 0$，而 R_a 很小，因此

$$I_a = \frac{U - E}{R_a} = \frac{U}{R_a} = I_{st} \tag{2.86}$$

式(2.86)表明启动电流 I_{st} 将达到很大的数值，通常为额定电枢电流的十几倍甚至更大，以致电网电压突然降低，影响其他用户的用电，也使电动机本身遭受很大电磁力的冲击，严重时还会损坏电动机。因此，适当限制电动机的启动电流是必要的，尽管这与机械上希望产生较大电磁转矩($T_{st} = C_T \Phi I_{st}$)的要求相矛盾。事实上，研究电机的启动方法只是为了尽量缓解这一矛盾。

直流电动机的常用启动方法有直接启动、电枢回路串电阻启动和降压启动三种。下面分别介绍。

1. 直接启动

如上所述，直流电机不宜于采用直接启动。因此，这里所讲的直接启动只限于小容量电机，对电网和自身的冲击都不太大，但操作简便，毋需添加任何启动设备。

所谓直接启动，是指不采取任何措施，直接将静止电枢投入额定电压电网的启动过程。以并励电动机为例，接线如图 2.66 所示。电源及励磁回路开关 S_f 先于电枢回路开关 S_a 合上，以确保电枢回路得电前磁场已经建立。

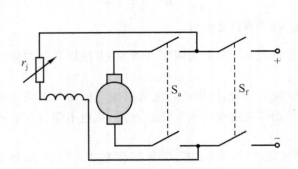

图 2.66　并励电动机直接启动接线图

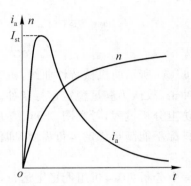

图 2.67　直接启动过程中的电枢
电流与转速曲线

直接启动过程中电枢电流和转速的变化规律如图 2.67 所示。考虑电枢回路电感 L_a 的作用，电流不突变，但很快上升至最大冲击值 I_{st}，不过，此时转子已开始转动，并具有一定速度，$E > 0$，因此，实际的启动电流冲击值 I_{st} 会略小于 U/R_a。

2. 电枢回路串电阻启动

启动时将一启动电阻 R_{st} 串入电枢回路，以限制启动电流，启动结束后将电阻切除。串接启动电阻后的启动电流为

$$I_{st} = \frac{U}{R_a + R_{st}} \tag{2.87}$$

在实际工程中，可以根据具体需要选择 R_{st} 的数值，以有效限制启动电流。启动电阻一般采用变阻器形式，可为分段切除式，也可以无级调节。并励、串励、复励电动机串电阻启动的接线分别如同图 2.54、图 2.56 和图 2.58 所示，不重画。图 2.68 所示为一并励电动机逐段切除启动电阻的电流、转速变化过程曲线。设为三级切除，各段电阻值的设计由 I_{max} 和 I_{min} 界定，切除时刻自动控制，启动过程亦由式（2.68）仿真计算得出。可以设想，若启动电阻可以无级均匀切除，并且可以用计算机和相应的伺服机构自动控制实施，则获得线性启动

图 2.68　并励电动机串电阻启动过程
（三级切除）

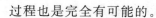

过程也是完全有可能的。

3. 降压启动

降压启动是通过降低电动机端电压来限制启动电流的一种启动方式。降压启动对抑制启动电流最有效,能量消耗也比较少,但需要专用调压直流电源,投资较大。不过,近代已广泛采用可控硅整流电源,无论是调节性能还是经济性能都已经很理想,因此,降压启动有越来越多的应用,尤其是大容量直流电动机和各类直流电力电子传动系统。

2.6.3　直流电动机的调速

调速是电力拖动机组在运行过程中的最基本要求,直流电动机具有在宽广范围内平滑、经济调速的优良性能。由式(2.73)可知,直流电动机有电枢回路串电阻、改变励磁电流和改变端电压三种调速方式。分述如下。

1. 电枢回路串电阻调速

电枢回路串入调节电阻 R_j 后,速度调节量可由式(2.73)求得为

$$\Delta n = n_j - n_0 = -\frac{R_j}{C_E \Phi} I_a = -\frac{R_j}{C_E C_T \Phi^2} T_{em} \tag{2.88}$$

式中,负号表明 R_j 的串入使特性变软,即速度下降,如图 2.60 所示。此外,由于调速前后负载转矩不变(设为恒转矩负载),因此,调速前后的电枢电流值亦保持不变,这也是串电阻调速的特点。但串入电阻后损耗增加,输出功率 $P_2 = T_2 \Omega \propto \Omega$ 减小,效率降低,很不经济,因此,这种调速方法只在不得已时才采用。

2. 改变励磁电流调速

从式(2.69)可见,调节励磁电流,改变主磁通 Φ 可以平滑地、较大范围地改变电机的速度,图 2.69 所示即为并励电动机改变励磁电流的调速情况。仍设为恒转矩调速,下标1、2 分别代表调节前后的物理量,有

$$C_T \Phi_1 I_{a1} = C_T \Phi_2 I_{a2} \quad 或 \quad \frac{I_{a2}}{I_{a1}} = \frac{\Phi_1}{\Phi_2} \tag{2.89}$$

进而假设不计磁路饱和,忽略电枢反应和电枢回路电阻的影响,还可得出

$$\frac{n_2}{n_1} \approx \frac{\Phi_1}{\Phi_2} \approx \frac{I_{f1}}{I_{f2}} \tag{2.90}$$

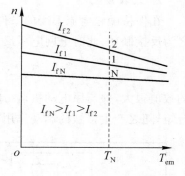

图 2.69　并励电动机改变
励磁电流调速

表明在负载转矩不变的情况下,减小励磁电流将使电机转速升高,电机输出功率随之增加;与此同时,电枢电流增加,输入功率也增加,从而电动机的效率几乎不变。

由此可见,改变励磁电流调速较之串电阻调速要优越,也实用得多。但与串电阻调速只能下调降速的特点相反,改变励磁调速通常也只适合于上调升速,也就是说,要真正大范围宽广调速,它们都有局限性。

3. 改变端电压调速

改变电枢电压是一种比较灵活的调速方式。转速既可升高也可降低,配合励磁调节,调速范围还可以更加宽广,因而,它已发展成为一种普遍应用的调速方式。

当然,调压调速需要专用直流电源,但这在现代电力电子传动系统中已经是最基本的配

置。辅以对整流电源的先进控制策略和调制方案，直流电动机不但可以获得最为理想的调速性能，而且可以集正反转切换、降压启动，以及后面将要介绍的能量回馈制动等功能于一身，最终实现传统电力传动系统难以企及的最优化运行性能指标。

2.6.4 直流电动机的制动

在电力拖动机组中，无论是电机停转，还是由高速进入低速运行，都需要对电动机进行制动，即强行减速。制动的物理本质就是在电机转轴上施加一个与旋转方向相反的力矩。这个力矩若以机械方式产生，如摩擦片、制动闸等，则称之为机械制动；若以电磁方式产生，就叫做电磁制动。电机学中所讲的制动主要是指电磁制动，并有能耗制动、反接制动、回馈制动三种形式。下面分别介绍。

1. 能耗制动

以并励电动机为例，接线如图 2.70 所示。制动时，开关 S 从"电动"掷向"制动"，励磁回路不变，电枢回路经制动电阻 R_L 闭合。此时电机内磁场依然不变，电枢因惯性继续旋转，并且感应出电动势在电枢回路中产生电流，但电流方向与电动势相反，相当于一台他励发电机，电磁转矩的方向与旋转方向相反，因而产生制动作用，使转子减速，直至所有可转换利用的惯性动能全部转化为电能，消耗在制动电阻 R_L 及机组本身上，使机组逐渐停止转动。

能耗制动利用机组动能来取得制动转矩，操作简便，容易实现，但制动时间较长（低速时制动转矩很小），必要时可加机械制动闸。

2. 反接制动

在保持励磁电流不变的条件下，利用反向开关把电枢两端反接到电网上的制动方式称之为反接制动。此时电网电压反过来与反电动势同方向，电枢电流

$$I_a = -\frac{U+E}{R_a} \tag{2.91}$$

的数值很大，并与原电动机运行时的电流方向相反，随之产生很大的与旋转方向相反的制动转矩，随之产生强烈的制动作用。并励电动机反接制动的接线如图 2.71 所示。

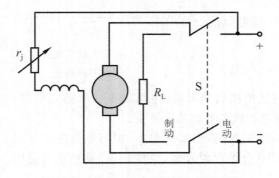

图 2.70 并励电动机能耗制动接线图

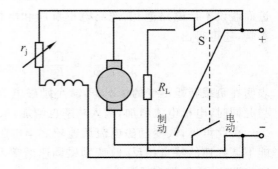

图 2.71 并励电动机反接制动接线图

反接制动的优点是能很快地使机组停转，但缺点是电流过大，其数值几乎是直接启动电流的两倍（额定电流的 30 倍以上），对电机冲击太大，有必要加以限制。为此，反接时电枢回路中串入了足够大的电阻 R_L，使

$$I_a = -\frac{U+E}{R_a+R_L} \tag{2.92}$$

I_a 的冲击值被控制在一个合理的允许范围之内。

应注意的是,当转速接近零值时,应及时把电源断开,否则电机将反转运行起来。

需要说明的是,能耗制动和反接制动都是把机组的动能,甚至电网供给的功率全部消耗在电枢回路中的电阻 R_a+R_L 上,很不经济。因此,应探讨更先进的制动方式。下面将介绍的回馈制动就是一种比较好的方式。

3. 回馈制动

以串励电动机为例,当串励电动机拖动电车或电力机车下坡时,若不制动,速度会越来越快而达到危险程度。设想此时将串励改为并励或他励,则当转速升高至某一数值,即当 $E > U$ 时,电流将反向,电机进入发电机运行状态,电磁转矩起制动作用,限制了转速的进一步上升,将下坡时机车的位能转换为电能回馈给电网,故称为回馈制动。

例 2.11　一台并励直流电动机,$P_N = 10$ kW,$U_N = 220$ V,$n_N = 1\,000$ r/min,$\eta_N = 83\%$,$r_a = 0.283\ \Omega$,$2\Delta U_b = 2$ V,$I_{fN} = 1.7$ A。设负载总转矩 T_L 恒定,在电枢回路中串入一电阻使转速减到 500 r/min,试求:

(1) 电枢电流 I_a;

(2) 电枢回路调节电阻 R_j;

(3) 调速后电动机的效率。

解　(1) 额定负载时的输入功率　$P_1 = \dfrac{P_N}{\eta_N} = \dfrac{10}{0.83}$ kW $= 12.05$ kW

电动机额定电流　$I_N = \dfrac{P_1}{U_N} = \dfrac{12.05 \times 10^3}{220}$ A $= 54.77$ A

电枢电流　$I_{aN} = I_N - I_{fN} = (54.77 - 1.7)$ A $= 53.07$ A

(2) 由式(2.86)可导出

$$R_j = \frac{C_E \Phi \Delta n}{I_a} = \frac{U - I_a r_a - 2\Delta U_b}{I_a} \frac{\Delta n}{n_N}$$

$$= \frac{220 - 53.07 \times 0.283 - 2}{53.07} \times \frac{500}{1\,000}\ \Omega = 1.912\ \Omega$$

(3) 因 T_L 恒定,输出功率与转速成正比,则调速后的输出功率

$$P_2 = P_N \frac{n}{n_N} = \frac{10 \times 500}{1\,000}\ \text{kW} = 5\ \text{kW}$$

$$\eta = \frac{P_2}{P_1} \times 100\% = \frac{5}{12.05} \times 100\% = 41.49\%$$

例 2.12　同例 2.11 中的电机,在满载运行时,突然在电枢回路中串入 1.0 Ω 电阻。不计电枢回路电感,忽略电枢反应影响,仍设 T_L 恒定,试计算串入电阻瞬间的:

(1) 电枢电动势;

(2) 电枢电流;

(3) 电磁转矩;

(4) 稳定运行转速。

解 利用例 2.11 中的有关数据，串入电阻前电枢电动势

$$E_N = U - I_a r_a - 2\Delta U_b = (220 - 53.07 \times 0.283 - 2)\ V = 202.98\ V$$

（1）串入电阻瞬间，由于机械惯性，转速不突变，即 $n = n_N$，而励磁回路不受影响，且不计电枢回路电感和电枢反应作用，即 Φ 不变，所以 $E = E_N = C_E \Phi n_N = 202.98\ V$ 保持不变。

（2）电枢电流 $\quad I_a = \dfrac{U - E - 2\Delta U_b}{r_a + R_j} = \dfrac{220 - 202.98 - 2}{0.283 + 1.0}\ A = 11.71\ A$

（3）电磁转矩 $\quad T_{em} = \dfrac{E I_a}{\Omega} = \dfrac{202.98 \times 11.71 \times 30}{1\,000\pi}\ N \cdot m = 22.70\ N \cdot m$

（4）T_L 恒定，稳定运行时 $\quad I_\infty = I_{aN}$，则稳定电枢电动势

$$E_\infty = U - I_\infty(r_a + R_j) - 2\Delta U_b$$
$$= (220 - 53.07 \times 1.283 - 2)\ V = 149.91\ V$$

稳定运行转速 $\quad n_\infty = \dfrac{E_\infty}{E_N} n_N = \dfrac{149.91 \times 1\,000}{202.98}\ r/min = 738.55\ r/min$

例 2.13 同例 2.11 中的电机突然改变励磁回路电阻使磁通减少 20%，试计算：

（1）开始瞬间的电枢电流；

（2）稳定时的电枢电流；

（3）稳定时的转速。

解 （1）磁通突变瞬间，由于机械惯性，转速不突变，故电枢电动势

$$E' = \frac{\Phi'}{\Phi} E_N = 0.8 \times 202.98\ V = 162.38\ V$$

电枢电流瞬时值为

$$I'_a = \frac{U - E' - 2\Delta U_b}{r_a} = \frac{220 - 162.38 - 2}{0.283}\ A = 196.54\ A$$

（2）T_L 恒定，则稳定电枢电流

$$I_\infty = \frac{\Phi}{\Phi'} I_{aN} = \frac{53.07}{0.8}\ A = 66.34\ A$$

（3）磁通减小前，稳定转速为

$$n_N = \frac{U - I_{aN} r_a - 2\Delta U_b}{C_E \Phi}$$

磁通减小后，稳定转速为

$$n_\infty = \frac{U - I_\infty r_a - 2\Delta U_b}{C_E \Phi'}$$

故有 $\quad n_\infty = \dfrac{U - I_\infty r_a - 2\Delta U_b}{U - I_{aN} r_a - 2\Delta U_b} \dfrac{\Phi}{\Phi'} n_N = \dfrac{220 - 66.34 \times 0.283 - 2}{220 - 53.07 \times 0.283 - 2} \times \dfrac{1\,000}{0.8}\ r/min$

$$= 1\,226.87\ r/min$$

2.7 直流电机的换向

换向是所有直流电机的共同问题，它对电机的正常运行有重要影响。通常意义上的换向问题，总是针对有刷机械换向器而言的，这也是本节讨论的重点。但作为直流电机发展的

一个重要方面,我们也将介绍无刷换向概念,即用无触点电子换向器替代传统的电刷接触式机械换向器,从根本上解决换向问题。

2.7.1　换向过程

如前所述,直流电机电枢绕组中的电动势和电流是交变的,必须借助于旋转着的换向器和静止电刷的配合作用,才能在电刷间获得直流电压和电流。而由电枢绕组分析可知,当旋转着的电枢绕组中的某元件从一条支路经电刷串接而进入另一条支路时,该元件中的电流必将变换方向。我们就把这种元件中电流方向发生变换的过程称之为换向。

图 2.72 所示为一单叠绕组元件的换向过程。设换向元件编号为 1,电刷宽为 b_s,换向片宽为 b_k, $b_s = b_k$,电刷固定,换向器以线速度 v_k 按图示方向运动。

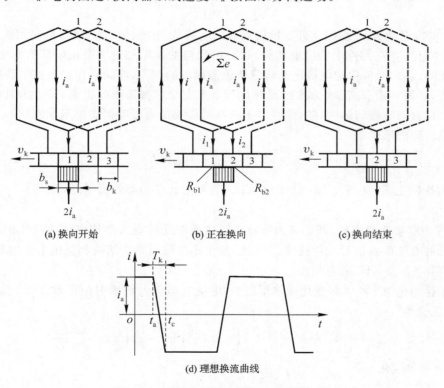

(a) 换向开始　　　(b) 正在换向　　　(c) 换向结束

(d) 理想换流曲线

图 2.72　单叠绕组元件中电流的换向过程

当电刷仅与换向片 1 接触时,见图 2.72(a),元件 1 属于电刷右边的支路,其中电流为 i_a;换向器向左运动时,使电刷同时与换向片 1 和 2 接触,见图 2.72(b),元件 1 被电刷短路,换向过程进行,电流从 i_a 开始衰减。到电刷与换向片 2 完全接触,见图 2.72(c),元件 1 改属于电刷左边的支路,电流值仍为 i_a,但电流方向相反。图 2.72(d) 所示为元件 1 的理想化的换流曲线。换流过程自 t_a 开始, t_c 结束,换向周期用 T_k 表示($T_k = t_c - t_a$)。通常, T_k 的大小只有几个毫秒,也就是说,换向过程一般是很短暂的。

然而,深入研究表明,换向过程不仅仅是上面所描述的一个单纯的电磁过程,还伴随着复杂的机械、化学、热力学等多重内涵,且相互影响,准确分析非常困难。目前一般还只能用经典换向理论进行描述。下面进行具体介绍。

2.7.2 经典换向理论

经典换向理论只考虑换向过程中的电磁过程，并具体运用电磁感应定律和电路定律探讨换向元件内电动势和电流的变化规律。

1. 换向元件中的电动势

换向元件中存在着两种不同性质的电动势，分别进行讨论。

(1) 旋转电动势 e_k。换向元件的元件边在换向过程中从电枢表面移过的距离称为换向区域。设换向区域内磁场的磁通密度为 B_k，电枢表面线速度为 v_a，换向元件匝数为 N_y，元件边长度为 l，则换向元件中的旋转电动势为

$$e_k = 2N_y B_k l v_a \tag{2.93}$$

(2) 电抗电动势 e_r。换向元件在换向周期内电流从 $+i_a$ 变为 $-i_a$，故与换向元件交链的磁通要发生变化，并在元件中感应电动势。这种电动势的作用是企图阻止电流的变化，通称为电抗电动势。换向元件中的电抗电动势只考虑漏磁场的作用，亦同时存在自感电动势 e_L 和互感电动势 e_M 两种成分，前者为换向元件自身电流变化对漏磁场的影响，后者为其他换向元件电流变化对漏磁场的影响（注：两者对主磁场的影响是通过电枢反应来反映的），概括起来写成漏感压降的形式就是

$$e_r = e_L + e_M = -L_r \frac{\mathrm{d}i}{\mathrm{d}t} \tag{2.94}$$

式中，i 为换向电流，如图 2.72(d) 中所示；L_r 为换向元件的等效漏电感，且

$$L_r = 2N_y^2 l\lambda \tag{2.95}$$

式中，λ 称为等效比漏磁导，其定义为所有单匝式换向元件通入单位电流所产生的漏磁场与所研究元件交链的磁链对元件长度 $2l$ 之比，其大小与漏磁路的结构和绕组电流的分布有关，一般取值在 $4 \sim 8 \ \mu\mathrm{H/m}$ 范围内。

由于换向电流 i 的实际变化规律很复杂，电抗电动势 e_r 的瞬时值很难计算，工程中采用平均值，定义为

$$e_{rav} = \frac{1}{T_k}\int_0^{T_k} e_r \mathrm{d}t = \frac{1}{T_k}\int_0^{T_k}\left(-L_r\frac{\mathrm{d}i}{\mathrm{d}t}\right)\mathrm{d}t = \frac{L_r}{T_k}\int_{-i_a}^{i_a}\mathrm{d}i = \frac{2L_r i_a}{T_k} \tag{2.96}$$

因为 $b_s = b_k$ 时，有

$$T_k = \frac{b_s}{v_k} = \frac{b_k}{v_k} = \frac{b_k D_a}{v_a D_k} \tag{2.97}$$

式中，D_a 和 D_k 分别为电枢和换向器的直径。

此外，$N_y = N_a/(2K)$，$Kb_k = \pi D_k$，且线负荷 $A = N_a i_a/(\pi D_a)$，连同式(2.95) 和式(2.97) 一并代入式(2.96) 有

$$e_{rav} = 2N_y l\lambda A v_a \tag{2.98}$$

对已制成的电机来说，N_y、l、λ 为常数，$e_{rav} \propto A v_a$，故负载 A 愈大，转速 v_a 愈高，则 e_{rav} 愈大。

综上可知，换向元件中总的电动势应是旋转电动势和电抗电动势的代数和，即

$$\Sigma e = e_k + e_r \tag{2.99}$$

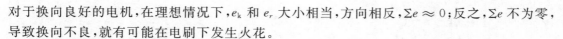

对于换向良好的电机,在理想情况下,e_k 和 e_r 大小相当,方向相反,$\Sigma e \approx 0$;反之,Σe 不为零,导致换向不良,就有可能在电刷下发生火花。

2. 电动势平衡方程及电流变化规律

在图 2.72(b) 所示中,i 是元件 1 中的换向电流,i_1 和 i_2 分别表示引线 1 和 2 经换向片 1 和 2 流过电刷的电流。设 R_y、R_1 和 R_2 分别为元件 1、引线 1 和引线 2 的电阻,R_{b1} 和 R_{b2} 分别为换向片 1 和 2 与电刷间的接触电阻,则按电路定律,可列写换向回路的电动势平衡方程为

$$iR_y + i_1R_{b1} + i_1R_1 - i_2R_{b2} - i_2R_2 = \Sigma e \tag{2.100}$$

式中,Σe 中的 e_r 与换向电流 i 的变化规律有关,R_{b1} 和 R_{b2} 也取决于诸多因素,因此,要直接由此解出 i 很困难。为此,假定:

(1) 换向片与电刷呈面接触,电流分布均匀;

(2) 电刷与换向器单位接触面积上的电阻为常数,即接触电阻与接触面积成反比;

(3) 换向元件中的合成电动势 Σe 在换向周期内保持不变,并取定为周期内的平均值。

于是,设 R_b 为单片换向片与电刷完整接触时的接触电阻,并取换向开始瞬间作为时间起点,可得

$$\left.\begin{array}{l} R_{b1} = R_b \dfrac{T_k}{T_k - t} \\[2mm] R_{b2} = R_b \dfrac{T_k}{t} \end{array}\right\} \tag{2.101}$$

又由于对图 2.72(b) 中的相关节点有

$$\left.\begin{array}{l} i_1 = i_a + i \\ i_2 = i_a - i \end{array}\right\} \tag{2.102}$$

则将式(2.101)和式(2.102)代入式(2.100),进而忽略 R_1、R_2 和 R_y(对普通电刷,它们的数值远小于接触电阻),可解得

$$i = i_a\left(1 - \frac{2t}{T_k}\right) + \frac{\Sigma e}{R_b'} = i_L + i_k \tag{2.103}$$

式中,$i_L = i_a(1 - 2t/T_k)$ 为直线换向电流分量;$i_k = \Sigma e/R_b'$ 为附加换向电流分量,而

$$R_b' = R_{b1} + R_{b2} = R_b\left(\frac{T_k}{t} + \frac{T_k}{T_k - t}\right) \tag{2.104}$$

相当于回路串联总电阻。

图 2.73(a)、(b)、(c)、(d) 分别给出了 i_L、R_b'、i_k 和 i 的变化曲线,而 i_k 和 i 还分别针对 $\Sigma e = 0$、$\Sigma e > 0$、$\Sigma e < 0$ 三种情况。

图示结果表明了三种不同的换向过程,分述如下。

① $\Sigma e = 0$,直线换向。这是最理想的换向情况。换向电流只有 i_L 分量,随时间线性变化,从 $+i_a$ 均匀地变化到 $-i_a$。可以证明,此时电刷下的电流密度也是均匀分布的。

② $\Sigma e > 0$,延迟换向。此时,换向电流同时包含 i_L 和 i_k 分量,且 $i_k \geqslant 0$,其结果是曲线轨迹处于直线换向上方(见图 2.73(d)),致使过零时间滞后于直线换向,"延迟换向"由此而得名。

延迟换向时,左刷边(见图 2.72,电刷与换向片 1 接触的部分,通称后刷边)的电流密度会大于右刷边(与换向片 2 接触部分,亦称前刷边)的值。当电刷滑离换向片 1 时,很大的电流

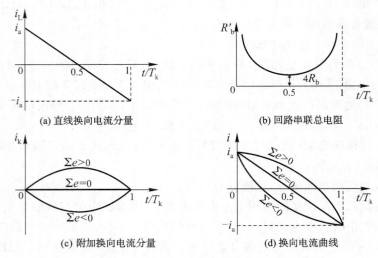

(a) 直线换向电流分量 (b) 回路串联总电阻

(c) 附加换向电流分量 (d) 换向电流曲线

图 2.73　换向过程的分解与组合

密度突然断路，换向回路中储存的电磁能量通过空气释放，便导致火花在后刷边产生。

③ $\Sigma e < 0$，超越换向。此时，$i_k \leqslant 0$，换向电流曲线落于直线换向下方（见图2.73(d)），过零时间提前，故称为"超越换向"。与延迟换向相反，超越换向致使右刷边电流密度大于左刷边，在前刷边产生火花。

3. 换向理论的补充

经典电磁换向理论是从电刷与换向器呈理想面接触、单位面积接触电阻为常数出发的。然而，电刷和换向器之间的滑动接触只能是有限点接触，并且点接触面积之和也只占电刷表面积的很小一部分。当通过电刷的电流较小时，主要就通过这些接触点传导；而当电流较大，如平均电流密度达到 $10 \ \text{A/cm}^2 \sim 15 \ \text{A/cm}^2$ 时，接触点处的实际电流密度就可能达到每平方厘米数千安培，致使接触点被烧成红热或白热，具备热放射条件。红热时放射出带正电荷的离子，白热时放射出电子。如果离子速度很高，还会发生碰撞电离，在接触点之间的空气隙内形成电弧导电。另一方面，由于换向器的旋转和电刷的振动，接触点不断变换位置，则在接触点断开和接通瞬间可能存在足够高的电压，这也将导致火花和电弧产生。总之，电流足够大后，离子传导将起主要作用，并随电流增加而不断加强，使接触压降几乎维持不变。这就是关于接触面的点接触与离子导电理论，它是经典电磁换向理论的补充。

以上是从物理角度对经典电磁换向理论进行补充，此外，还有从化学方面进行的补充。陈述如下。

由于空气中含有水蒸气，电刷和换向器表面都会覆盖一层水膜。电流通过时，产生电解作用，电刷和换向器就成为电解的两个电极，正极产生氧，负极产生氢，最终结果会在换向器表面形成一层氧化亚铜的薄膜。虽然电刷的摩擦作用倾向于破坏这层薄膜，但电流经过时的局部高温又维护着这一表面氧化过程，并在破坏和形成之间维持一种动态平衡，使氧化膜的存在成为客观事实。由于氧化膜电阻较高，能有效地抑制附加换向电流分量 i_k，因而有利于换向。实践证明，氧化膜的形成，对电机的良好换向有重要作用。此外，氧化膜表面吸附的水分和碳、石墨等电刷结构材料的粉末也对加强润滑、减小磨损有积极意义。以上被称为接触面的氧化膜理论。

从以上新理论可以看出,经典电磁换向理论还只是建立在很不严密的基础之上,因而所得结论严格讲只适用于定性分析。虽然工程实际中也用它来进行定量分析,并作为直流电机的主要设计依据,但多数情况下还要结合电机的换向试验(无火花区域试验法)对电刷位置进行调整,才能较好地解决换向问题。

2.7.3　改善换向的措施

改善换向的目的在于消除电刷下的火花。这里,主要从消除火花的电磁原因入手,介绍一些常用的改善换向的方法。

经典电磁换向理论表明,附加换向电流 i_k 是导致延迟或超越换向,进而产生火花的根本原因。因此,改善换向亦必须从减小 i_k 入手,具体途径亦不外乎减小换向回路合成电动势 Σe 和增加换向回路电阻两大类,并且前者显然是更主要的,也是最根本的。

要使 Σe 减小,方法之一是减小电抗电动势 e_r,具体是减少元件匝数 N_y 和降低等效比漏磁导 λ。这对于有电枢铁芯并通过电枢绕组实现能量转换的电机来说,实现难度较大,收效也比较有限。方法之二是在换向区域内建立一个适当的外磁场,使它能在换向元件内产生适当大小的旋转电动势 e_k,借以抵消 e_r,使 $\Sigma e \approx 0$。这是一种更积极也更有效的方法,在工程实际中得到了比较多的应用,其实现方法亦包括设置换向极和移动电刷两种。下面分别进行讨论。

1. 装置换向极

装置换向极是改善换向的最有效方法,除少数小容量电机外,一般直流电机几乎都安装有换向极。

换向极(N_k,S_k)装在相邻主磁极(N,S)间的几何中性线上(亦即主磁场的磁中性线或称交轴上),作用是产生一个换向磁场 B_k。图2.74 是按发电机状态画出的一台两极直流电机安装换向极的示意图。图示中,将置于换向器几何中性线上的电刷直接移画到电枢几何中性线上,并置于换向极之下,这是工程习惯,也是为了作图方便。

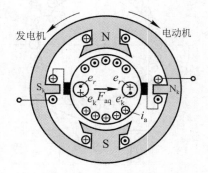

图 2.74　装置换向极改善换向
N、S — 主极;N_k、S_k— 换向极

换向极要在换向区域内产生所希望的换向磁场,显然首先必须抵消交轴电枢反应的作用。因此,运用叠加原理,可将换向极绕组产生的磁动势 F_k 分解成两部分,一部分用以平衡交轴电枢反应磁动势 F_{aq},另一部分 $F_{\delta k}$ 则用于建立换向区气隙磁场 B_k,即

$$F_k = F_{aq} + F_{\delta k} = \frac{1}{2} A\tau + \frac{B_k}{\mu_0} \delta'_k \tag{2.105}$$

式中,δ'_k 为换向极下的等效气隙长度。

B_k 的大小当然要根据所要求的 e_k 来决定。在理想情况下,e_k 和 e_r 在任意瞬间都能完全抵消,但实际上难以做到。因为 e_k 取决于 B_k 的波形,而 e_r 则取决于换向电流的变化规律。因此,折中的解决方法是要求它们的平均值能相等,即

$$e_k = e_{rav} \qquad (2.106)$$

由于 $\qquad\qquad e_k \propto B_k, \quad e_{rav} \propto I_a \qquad (2.107)$

亦即要使 $\qquad\qquad B_k \propto I_a \qquad\qquad\qquad (2.108)$

故最终要求 $\qquad\qquad F_k \propto I_a \qquad\qquad\qquad (2.109)$

这就是说,换向极绕组必须与电枢绕组串联,并要求在设计电机时尽量使换向极磁路不饱和,从而保证换向极绕组产生的磁动势和所建立的磁场能满足式(2.105)和式(2.106)的要求。

换向极的极性可由右手定则确定。由于要求 e_k 和 e_r 的方向相反,而 e_r 的作用总是企图阻止电流的变化,即与换向前的电流方向相同,则 e_k 的方向也就是换向后的电流方向。结合图 2.74 可以验证,对于发电机,换向极极性与换向元件即将进入的主磁极极性相同状态;对于电动机,则与即将进入的主磁极极性相反(或者说与刚离开的主磁极极性相同)。由于两种运行状态在转换时,电流方向相同则转向必然会改变,而转向相同时势必要求改变电流方向,因此,换向极极性一旦确定,将不会受到电机运行状态转换的影响,或者说,无论电机是作发电机运行还是作电动机运行,换向极极性都是保持不变的。

普遍说来,换向极的极性应确保换向极电动势的方向与交轴电枢反应磁动势的方向相反。这也是式(2.105)中隐含的一般化准则。

2. 移动电刷位置

在无换向极电机中,把电刷从换向器上的几何中性线移开一个适当的角度,使换向区域

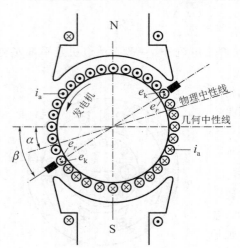

图 2.75　移动电刷改善换向($p = 1$)

也跟着从电枢上的几何中性线移开一相应角度而进入主极之下,利用主磁场来代替换向极所产生的换向磁场,也可获得必要的旋转电动势以抵消电抗电动势。与设置换向极极性的原理一致,对于发电机,电刷应顺转向偏移;对于电动机,则为逆转向偏移,如图 2.75 所示(仅列示了发电机状态)。

从图 2.75 中还可见,电刷移动的角度 β 应大于物理中性线移动的角度,以确保换向元件能够置于极性相符的磁场之下。β 的大小以产生适当的 e_k,能抵消 e_r 而良好换向为准,通常由试验调整。

移动电刷位置改善换向有两大缺点,其一是移刷后的直轴电枢反应起去磁作用,会降低发电机端电压或使电动机转速上升;其二是电抗电动势 e_r 随负载变化,电刷位置需要根据负载变化情况作相应调整,这是很难做到的,因此,这种方法实际上已很少采用。

2.7.4　环火及补偿绕组

1. 环火的形成

当电机承受冲击负载或突然短路时,电枢电流急剧增加,换向元件中的电抗电动势 e_r 也随之立即变大。相应之下,由于换向极铁芯中的涡流屏蔽作用,B_k 及 e_k 的变化会滞后,以致 e_r 会在短时间内远大于 e_k,造成过度延迟换向,从后刷边产生强烈的电弧,并随换向器运动而

拉长,加上电动力的作用,拉长速度有可能会超过换向器线速度 v_k,如图 2.76 所示。此外,由于电枢电流激增导致电枢反应加强,磁场畸变更严重,从而使得换向器上某些换向片间的电压显著上升而产生电位差火花,并使换向器周围空气电离。这样,电磁性火花和电位差火花汇合在一起,严重时形成跨越正、负电刷之间的电弧,使整个换向器被一圈火环所包围,这种现象称为环火。

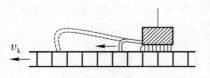

图 2.76　换向器上环火的形成

发生环火就相当于电枢绕组经电刷短路,损坏的就不仅仅是换向器和电刷,电枢绕组亦会受到严重损坏。

2. 防止环火的方法

为防止环火,可采取的措施很多。如装置快速自动开关,当电流达到设定值时自动断开电源;设计电机时,在运行速度范围和气隙磁场强度两方面确保相邻两换向片间的最高电压不超过允许值;加强换向极磁动势使得正常运行时的换向过程稍带一定程度的超越性质;沿电弧路径安装绝缘隔板等等。但是,最有效的措施仍是安装补偿绕组。

安装补偿绕组的目的在于尽可能消除电枢反应引起的磁场畸变,以减少产生电位差火花的可能性。为此,把补偿绕组嵌放在主磁极极靴上的专门冲制的槽内。为对极弧下的电枢反应磁场实行完全补偿,要求补偿绕组的线负荷与电枢线负荷相等,但方向相反,因此,绕组中应通入电枢电流,即与电枢绕组串联。通常,绕组设计为轴向同心式,跨极靴嵌放(即两个元件边对称地安放在两相邻磁极极靴下的对应槽内),见图 2.77。

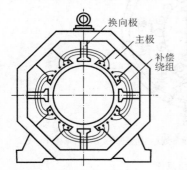

图 2.77　补偿绕组安装法($p = 2$)

安装补偿绕组后,由于交轴电枢反应磁动势 F_{ag} 被抵消,因此,换向极工作所需的磁动势还可以大为减小(见式(2.105)),这对换向是有利的,但更主要的还是可从根本上防止电位差火花的产生,从而能有效地防止环火现象的出现。不过,补偿绕组亦使电机结构更为复杂,故不是负载频繁变化(如轧钢机)的电机一般不会采用。

2.7.5　无刷直流电机

普通直流电机采用机械式换向器实现端口直流量与绕组内交变量之间的相互转换,运行中电刷和换向器之间必须保持滑动接触,因而难以避免地会存在火花、噪声、无线电干扰、片间电压限制、运行维护周期和运行环境保障等许多问题。正因为如此,发展无刷式直流电机近年来一直受到人们的特别重视。无刷直流电机采用电子开关线路(电子换向装置)取代机械换向器和电刷,避免了电刷和换向器的滑动接触,从而克服了机械换向器的诸多缺陷,既提高了运行可靠性,又保留了直流电机优良的调速性能,应用非常广泛。

下面,简要介绍无刷直流电机的工作原理及结构特点。

1. 工作原理

为了说明在无刷直流电机中如何用电子开关线路替代机械换向装置中的电刷和换向

器,在图 2.78 中同时画出了普通直流电机和无刷直流电机的示意图。

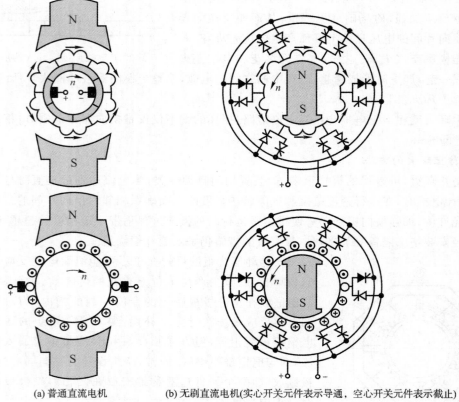

(a) 普通直流电机　　　(b) 无刷直流电机(实心开关元件表示导通，空心开关元件表示截止)

图 2.78　机械换向器与电子换向线路的对比

　　换向片经电刷与外电路接通并传导电流有两种可能：当与正电刷接触时,将电流引出(发电机)或引入(电动机)电枢绕组；而与负电刷接触时,电流方向相反,如此反复。由此可见,如果每一块换向片都用两只反向并联的开关元件(图中仅用晶闸管形式画出,实际上可以是 GTR、MOSFET、IGBT 等多种功率元件)来代替,当绕组元件处于几何中性线位置时,导通与该元件连接的两个开关元件之一,把电流从绕组引出或从外电路引入,也就可以实现与换向片相同的功能,并最终替代机械换向器。

　　由于开关元件的开通和关断与机械旋转没有直接联系,因此,为了简化结构,可把电枢绕组装在定子上,而让磁极旋转(简称为转场式),如图 2.78(b) 所示。这是无刷直流电机的结构特点。

　　此外,由于实际的电机中未必一定就需要每个绕组元件都接两个反向并联的开关元件,因此,通常的做法都是把绕组接成多相对称方式(图 2.78 所示为六相),每相由相同数目的绕组元件串联而成,并且最常见的是三相形式,外接三相桥式逆变线路。至于何时给哪一个开关元件以开通或关断信号,应由与它连接的那一相绕组元件与主磁极的相对位置来决定。提供这种相对位置信号的装置叫做转子位置检测器,它是无刷直流电机的关键结构部件。

2. 转子位置检测器

转子位置检测器可用不同的传感元件构成,如附加定子绕组、霍尔元件、光电元件和无触点电磁开关等。其中无触点电磁开关比较经济,也比较可靠,应用较多,特介绍如下。

无触点电磁开关式位置检测器是利用磁性物质移近或离开探测线圈引起电感量变化而发出信号的。探测线圈固定在环状圆盘上,该圆环再安装在定子上。探测线圈的个数由绕组相数以及开关线路的工作模式共同决定,探测线圈的位置与定子各相绕组的位置相对应。图 2.79 所示是一个三相四极电机的转子位置检测器,它有三个检测线圈,每个线圈在空间相差60°(相当于120°电角度),即三个线圈可依次发出在时间相位上相差 120° 的电信号。检测器

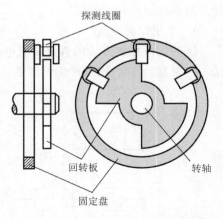

图 2.79　无触点转子位置检测器原理图

与转子转轴直接相连的部分是一块由磁性材料做成的回转板,回转板与主磁极的相对位置一经校定即保持不变,回转板开口的开度取决于开关元件的触发模式及电机的极对数。图 2.79 所示中回转板的开度为 90°,表明测试线圈输出信号的宽度为 180°。当回转板与转子一道转动时,探测线圈的信号将给出定子上每相电枢绕组与主磁极的相对位置,控制线路据此发出各开关元件的开通和关断信号,控制电子换向装置的运行。

2.8　特殊用途的直流电机

本章到目前为止只是以普通用途的直流电机为主要研究对象,深入讨论其内部电磁过程和运行特性。然而,特殊用途的直流电机也是直流电机家族中的重要成员,而且种类繁多,虽然它们在基本工作原理上并无本质差异,但工作特性却千差万别,应用也更为广泛。下面仅简要介绍两种在控制系统中广泛用作执行和测量元件的特殊直流电机。

2.8.1　直流伺服电动机

直流伺服电动机是一种将输入电信号转换为转轴上的角位移或角速度量来执行控制任务的直流电动机,其转速和转向随输入信号的变化而变化,并具有一定的负载能力,在各类自动控制系统中广泛用作执行元件。

自动控制系统对直流伺服电动机的基本要求如下。

(1) 可控性好。转速和转向完全由控制电压的大小和极性决定,并以线性控制特性,即 $n \propto U$ 为最佳。

(2) 运行稳定。在宽调速范围内具有下垂的机械特性,最好为线性机械特性。

(3) 伺服性好。能敏捷地跟随控制信号的变化,启、停迅速。

为满足上述要求,直流伺服电动机大都采用他励或永磁励磁方式,并在设计中力求磁路不饱和、电枢反应影响甚微、启动转矩最大、转动惯量最小。

直流伺服电动机的功率一般都很小,在几瓦至几百瓦之间,在运行中采用电枢控制或磁

场控制方式。分述如下。

1. 电枢控制方式

这种运行控制方式的直流伺服电动机的接线如图2.80(a)所示。励磁绕组由恒定电压源$(U_f = 常数)$供电，用以产生恒定磁通Φ_0。电枢绕组亦即控制绕组，接控制电压U_{k0}。

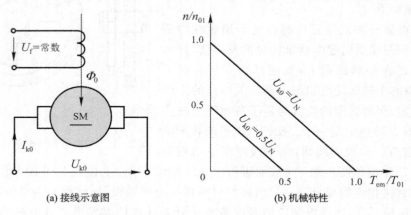

(a) 接线示意图　　　　　　(b) 机械特性

图2.80　电枢控制的直流伺服电动机

$U_{k0} = 0$时，$I_{k0} = 0$，$T_{em} = C_T\Phi_0 I_{k0} = 0$，转子静止；$U_{k0} \neq 0$，便有$I_{k0} \neq 0$，$T_{em} = C_T\Phi_0 I_{k0} \neq 0$，电机转动；$U_{k0}$极性变化，$I_{k0}$改变方向，$T_{em}$随之反向，电机转向发生变化。

他励直流伺服电动机的机械特性设计为线性，当控制电压值U_{k0}改变时，相当于改变电枢电压调速，因此，对应于不同U_{k0}的机械特性为一族平行直线，如图2.80(b)所示。图示中转速和转矩均用标幺值表示，转速基值n_{01}取为控制电压$U_{k0} = U_N$时的空载转速，转矩基值T_{01}取为$U_{k0} = U_N$时的启动转矩。

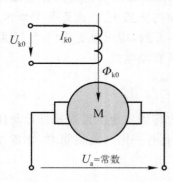

图2.81　磁场控制的直流伺服电动机

对于电枢控制的直流伺服电动机，改他励励磁方式为永磁式是顺理成章的事情，这也是目前用得最多的结构形式，其突出优点是体积可以减小，控制线路可以简化，可靠性可以提高。

2. 磁场控制方式

这种运行控制方式的直流伺服电动机的接线图见图2.81。此时，电枢绕组由恒定电压源$(U_a = 常数)$供电，励磁绕组为控制绕组，接控制电压U_{k0}。

不计剩磁，当$U_{k0} = 0$、$I_{k0} = 0$时，$\Phi_{k0} = 0$，$T_{em} = 0$，转子静止；而只要$U_{k0} \neq 0$，就有$T_{em} \neq 0$，转子随即转动；U_{k0}的极性变化通过Φ_{k0}的方向改变来表现，致使T_{em}反向，电机转向发生变化。U_{k0}的大小影响Φ_{k0}的大小，导致T_{em}的大小发生变化，电机转速相应发生变化，是他励直流电动机改变励磁电压调速的运行状态。

与电枢控制方式相比，因励磁绕组电感较大，电磁惯性较大，响应较慢，故磁场控制方式的伺服性稍差，只在某些小功率场合采用。这就是说，直流伺服电动机主要采用电枢控制方式。

2.8.2　直流测速发电机

直流测速发电机是一种把机械角速度信号转换为电信号的直流发电机。所以,它可以看成是直流伺服电动机的逆运行状态,其输出电压与转速成正比,在自动控制系统中广泛用作检测元件或解算元件,如传动控制系统中的速度检测、模拟量的积分和微分计算,等等。

直流测速发电机也主要采用他励和永磁两种励磁方式,但永磁式的优点更突出,因而应用更普遍。

自动控制系统对直流测速发电机的基本要求如下。

(1) 线性度好。输出电压与转速的线性关系 $U \propto n$ 在大范围内均匀一致,包括正、反转情况。

(2) 灵敏度高。速度的微小变化都能由输出电压真实反映。

(3) 纹波小。输出电压的波形在速度均匀变化过程中无畸变。

直流测速发电机接线如图 2.82(a) 所示。励磁电压 U_f 恒定,负载电阻 R_L 固定不变。

空载时($R_L \to \infty$ 断开),$\Phi_0 = $ 常数,电压与转速的关系式为

$$U = E = C_E \Phi_0 n \tag{2.110}$$

即图 2.82(b) 中的直线所示。负载电阻 R_L 接入后,因

$$U = E - I_a R_a = C_E \Phi n - \frac{U}{R_L} R_a \tag{2.111}$$

则电压转速关系式变为

$$U = \frac{C_E \Phi}{1 + R_a / R_L} n \tag{2.112}$$

不计电枢反应,忽略电阻的温度效应,电压转速特性仍为直线,只是斜率变小,如图2.82(b)中的虚线所示。由于在实际电机中,仅当转速较高时电枢反应的作用才比较明显,结果如图2.82(b)中的弯曲实线所示,因此,对于设计良好的直流测速发电机,在大范围内的线性电压转速特性是可以实现的,其斜率(亦称为电机的灵敏度)可以通过改变负载电阻 R_L 的方式进行调节。

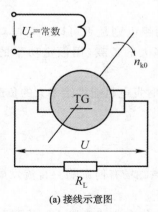

(a) 接线示意图

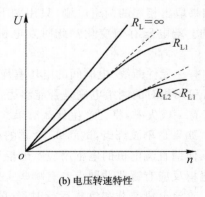

(b) 电压转速特性

图 2.82　直流测速发电机

习　题

2.1　为什么直流发电机能产生直流电压？

2.2　试判断下列情况下电刷两端的电压性质：

(1) 磁极固定,电刷与电枢同时旋转；

(2) 电枢固定,电刷与磁极同时旋转。

2.3　在直流发电机中,为了把交流电动势转变成直流电压而采用了换向器装置,但在直流电动机中,加在电刷两端的电压已是直流电压,那么换向器起什么作用？

2.4　直流电机结构的主要部件有哪几个？它们是用什么材料制成的,为什么？这些部件的功能是什么？

2.5　从原理上看,直流电机电枢绕组可以只用一个线圈做成,但实际的直流电机用很多线圈串联组成,为什么？是不是线圈愈多愈好？

2.6　何谓主磁通？何谓漏磁通？漏磁通的大小与哪些因素有关？

2.7　什么是直流电机的磁化曲线？为什么电机的额定工作点一般设计在磁化曲线开始弯曲的所谓"膝点"附近？

2.8　为什么直流电机的电枢绕组必须是闭合绕组？

2.9　何谓电枢上的几何中性线？何谓换向器上的几何中性线？换向器上几何中性线由什么决定？它在实际电机中的位置在何处？

2.10　单叠绕组与单波绕组在绕法上、节距上、并联支路数上的主要区别是什么？

2.11　直流发电机的感应电动势与哪些因素有关？若一台直流发电机的额定空载电动势是 230 V,试问在下列情况下电动势的变化如何？

(1) 磁通减少 10%；

(2) 励磁电流减少 10%；

(3) 磁通不变,速度增加 20%；

(4) 磁通减少 10%,同时速度增加 20%。

2.12　有一台 4 极单叠绕组直流发电机,试问：

(1) 如果取出相邻的两组电刷,只用剩下的另外两组电刷是否可以？它们对电机的性能有何影响？端电压有何变化？此时发电机能供给多大的负载（用额定功率的百分比表示）？

(2) 如有一元件断线,电刷间的电压有何变化？此时发电机能供给多大的负载？

(3) 若只用相对的两组电刷是否能够运行？

(4) 若有一极失磁,将会产生什么后果？

2.13　如果是单波绕组,试问 2.12 题的结果如何？

2.14　何谓直流电机的电枢反应？电枢反应对气隙磁场有何影响？直流发电机和直流电动机的电枢反应有哪些共同点？有哪些主要区别？

2.15　直流电机空载和负载运行时,气隙磁场各由什么磁动势建立？负载时电枢回路中的电动势应由什么样的磁通进行计算？

2.16 一台直流电动机,磁路是饱和的,当电机带负载以后,电刷逆着电枢旋转方向移动了一个角度,试问此时电枢反应对气隙磁场有什么影响?

2.17 直流电机有哪几种励磁方式?分别对不同励磁方式的发电机、电动机列出电流 I、I_a、I_f 的关系式。

2.18 如何判别直流电机是运行于发电机状态还是运行于电动机状态?它们的 T_{em}、n、E、U、I_a 的方向有何不同?能量转换关系如何?

2.19 负载时直流电机中有哪些损耗?是什么原因引起的?为什么并励和他励直流电动机的铁耗和机械损耗可看成是不变损耗?

2.20 直流发电机中电枢绕组元件内的电动势和电流是交流的还是直流的?若是交流的,为什么计算稳态电动势 $E = U + I_a R_a$ 时不考虑元件的电感?

2.21 他励直流发电机由空载到额定负载,端电压为什么会下降?并励发电机与他励发电机相比,哪一个的电压变化率大?

2.22 若把直流发电机的转速升高 20%,试问在他励方式下运行和并励方式下运行时,哪一种运行方式下空载电压升高得较多?

2.23 并励发电机正转时能自励,反转时还能自励吗?

2.24 要想改变并励电动机、串励电动机及复励电动机的旋转方向,应该怎样处理?

2.25 并励电动机正在运行时励磁绕组突然断开,试问在电机有剩磁或没有剩磁的情况下有什么后果?若启动时就断了线又有何后果?

2.26 一台正在运行的并励直流电动机,转速为 1 450 r/min。现将它停下来,用改变励磁绕组的极性来改变转向后(其他均未变),当电枢电流的大小与正转时相同时,发现转速为 1 500 r/min,试问这可能是什么原因引起的?

2.27 对于一台并励直流电动机,如果电源电压和励磁电流保持不变,制动转矩为恒定值。试分析在电枢回路串入电阻 R_j 后,对电动机的电枢电流、转速、输入功率、铜耗、铁耗及效率有何影响?为什么?

2.28 电磁换向理论是在什么基础上分析问题的?主要结论是什么?在研究真实换向过程时应如何补充修正?

2.29 换向元件在换向过程中可能出现哪些电动势?是什么原因引起的?它们对换向各有什么影响?

2.30 换向极的作用是什么?它装在哪里?它的绕组怎么连接?如果将已调整好换向极的直流电机的换向极绕组的极性接反,那么运行时会出现什么现象?

2.31 一台直流电机,轻载运行时换向良好,当带上额定负载时,后刷边出现火花。试问,应如何调整换向极下气隙或换向极绕组的匝数才能改善换向?

2.32 接在电网上运行的并励电动机,如用改变电枢端的极性来改变旋转方向,换向极绕组不改换,换向情况有没有变化?

2.33 小容量 2 极直流电机,只装了一个换向极,是否会造成一电刷换向好另一电刷换向不好?

2.34 没有换向极的直流电动机往往标明旋转方向,如果旋转方向反了会出现什么后果?如果将这台电动机改为发电机运行,不改动电刷位置,试问,它的旋转方向是否与原来所标明的方向一样?

2.35 环火是怎样引起的?补偿绕组的作用是什么?安置在哪里?如何连接?

2.36 选择电刷时应考虑哪些因素?如果一台直流电机,原来采用碳－石墨电刷,额定负载时换向良好。后因电刷磨坏,改换成铜－石墨电刷,额定负载时电刷下火花很大,这是为什么?

2.37 试指出普通直流电机和无刷直流电机的主要不同之处,并扼要讨论一下它们相对的优缺点。

2.38 相对于普通直流电动机来说,伺服电动机在结构和特性上有何特点?

2.39 相对于普通直流发电机来说,直流测速发电机的结构和特性的主要特点是什么?

2.40 已知某直流电动机铭牌数据如下:额定功率 $P_N = 75$ kW,额定电压 $U_N = 220$ V,额定转速 $n_N = 1\ 500$ r/min,额定效率 $\eta_N = 88.5\%$。试求该电机的额定电流。

2.41 已知直流发电机的额定功率 $P_N = 240$ kW,额定电压 $U_N = 460$ V,额定转速 $n_N = 600$ r/min,试求电机的额定电流。

2.42 一台直流发电机,$2p = 6$,总导体数 $N_a = 780$,并联支路数 $2a = 6$,机械角速度 $\Omega = 40\pi$ rad/s,每极磁通 $\Phi = 0.039\ 2$ Wb。试计算:

(1) 发电机的感应电动势;

(2) 当转速 $n = 900$ r/min,磁通不变时发电机的感应电动势;

(3) 当磁通变为 $0.043\ 5$ Wb、$n = 900$ r/min 时发电机的感应电动势。

2.43 一台 4 极、82 kW、230 V、970 r/min 的他励直流发电机,如果每极合成磁通等于空载额定转速下具有额定电压时的每极磁通,试求电机输出额定电流时的电磁转矩。

2.44 试计算下列绕组的节距 y_1、y_2、y 和 y_K,绘制绕组展开图,安放主极及电刷,试求并联支路对数。

(1) 右行短距单叠绕组:$2p = 4$,$Z = S = 22$;

(2) 左行单波绕组:$2p = 4$,$Z = S = 21$。

2.45 一台直流发电机,$2p = 4$,$2a = 2$,$S = 21$,每元件匝数 $N_y = 3$,当 $\Phi_0 = 1.825 \times 10^{-2}$ Wb、$n = 1\ 500$ r/min 时,试求正、负电刷间的电动势。

2.46 一台直流发电机 $2p = 8$,当 $n = 600$ r/min,每极磁通 $\Phi = 4 \times 10^{-3}$ Wb 时,$E = 230$ V,试求:

(1) 若为单叠绕组,则电枢绕组应有多少导体?

(2) 若为单波绕组,则电枢绕组应有多少导体?

2.47 一台直流电机,$2p = 4$,$S = 120$,每元件电阻为 0.2 Ω,当转速 $n = 1\ 000$ r/min 时,每元件的平均电动势为 10 V。试问,当电枢绕组为单叠或单波时,电刷端的电压和电枢绕组的电阻各为多少?

2.48 一台 2 极发电机,空载时每极磁通为 0.3 Wb,每极励磁磁动势为 3 000 A。现设电枢圆周上共有电流 8 400 A 并作均匀分布,已知电枢外径为 0.42 m,若电刷自几何中性线前移 20° 机械角度,试求:

(1) 每极的交轴电枢磁动势和直轴电枢磁动势各为多少?

(2) 当略去交轴电枢反应的去磁作用和假定磁路不饱和时,试求每极的净有磁动势及每极下的合成磁通。

2.49 一台直流发电机,$2p = 4, S = 95$,每个元件的串联匝数 $N_y = 3, D_a = 0.162$ m,$I_N = 36$ A,$a = 1$,电刷在几何中性线上,试计算额定负载时的线负荷 A 及交轴电枢磁动势 F_{aq}。

2.50 一台并励直流发电机,$P_N = 26$ kW,$U_N = 230$ V,$n_N = 960$ r/min,$2p = 4$,单波绕组,电枢导体总数 $N_a = 444$ 根,额定励磁电流 $I_{fN} = 2.592$ A,空载额定电压时的磁通 $\Phi_0 = 0.0174$ Wb。电刷安放在几何中性线上,忽略交轴电枢反应的去磁作用,试求额定负载时的电磁转矩及电磁功率。

2.51 一台并励直流发电机,$P_N = 19$ kW,$U_N = 230$ V,$n_N = 1\,450$ r/min,电枢绕组电阻 $r_a = 0.183$ Ω,$2\Delta U_b = 2$ V,励磁绕组每极匝数 $N_f = 880$ 匝,$I_{fN} = 2.79$ A,励磁绕组电阻 $r_f = 81.1$ Ω。当转速为 $1\,450$ r/min 时,测得电机的空载特性如下表:

U_0/V	44	104	160	210	230	248	276
I_f/A	0.37	0.91	1.45	2.00	2.23	2.51	3.35

试求:(1) 欲使空载产生额定电压,励磁回路应串入多大电阻?

(2) 电机的电压调整率 ΔU;

(3) 在额定运行情况下电枢反应的等效去磁磁动势 F_{fa}。

2.52 一台复励发电机,$P_N = 6$ kW,$U_N = 230$ V,$n_N = 1\,450$ r/min,$I_{fN} = 0.741$ A,$p = 2$,电枢绕组电阻 $r_a = 0.816$ Ω,一对电刷压降 $2\Delta U_b = 2$ V,额定负载时的杂散损耗 $p_{ad} = 60$ W,铁耗 $p_{Fe} = 163.5$ W,机械损耗 $p_{mec} = 266.3$ W,试求额定负载时发电机的输入功率、电磁功率、电磁转矩及效率。

2.53 一台 4 极并励电动机,$P_N = 14$ kW,$U_N = 220$ V,$r_a = 0.0814$ Ω,$2\Delta U_b = 2$ V,主极绕组每极 $2\,800$ 匝,励磁回路总电阻 $R_f = 248$ Ω。电机在 $1\,800$ r/min 时的空载特性如下表:

I_f/A	0.2	0.3	0.4	0.5	0.6	0.7	0.8	0.9	1.0
U_0/V	75	110	140	168	188	204	218	231	240

带额定负载时,电枢电流为 76 A,此时电枢反应的去磁磁动势用并励绕组的电流表示时为 0.1 A,试求:

(1) 额定负载下的转速;

(2) 若在此电机中的每个主极装设 3.5 匝的串励绕组(积复励或差复励两种情况),这时电枢绕组电阻 $r_a = 0.089$ Ω,试求额定负载下的转速。

2.54 两台完全相同的并励直流电机,机械上用同一轴联在一起,并联于 230V 的电网上运行,轴上不带其他负载。在 $1\,000$ r/min 时空载特性如下表:

I_f/A	1.3	1.4
U_0/V	186.7	195.9

现在,电机甲的励磁电流为 1.4 A,电机乙的为 1.3 A,转速为 $1\,200$ r/min,电枢回路总电阻(包括电刷接触电阻)均为 0.1 Ω,若忽略电枢反应的影响,试问:

（1）哪一台是发电机?哪一台为电动机?

（2）总的机械损耗和铁耗是多少?

（3）只调节励磁电流能否改变两机的运行状态(保持转速不变)?

（4）是否可以在 1 200 r/min 时两台电机都从电网吸取功率或向电网送出功率?

2.55　一直流电机并联在 $U = 220$ V 电网上运行,已知 $a = 1, p = 2, N_a = 398$ 根,$n_N = 1\ 500$ r/min,$\Phi = 0.010\ 3$ Wb,电枢回路总电阻(包括电刷接触电阻)$R_a = 0.17$ Ω,$I_{fN} = 1.83$ A,$p_{Fe} = 276$ W,$p_{mec} = 379$ W,杂散损耗 $p_{ad} = 0.86P_1\%$,试问:此直流电机是发电机还是电动机运行?计算电磁转矩 T_{em} 和效率。

2.56　一台 15 kW、220 V 的并励电动机,额定效率 $\eta_N = 85.3\%$,电枢回路的总电阻(包括电刷接触电阻)$R_a = 0.2$ Ω,并励回路电阻 $R_f = 44$ Ω。今欲使启动电流限制为额定电流的 1.5 倍,试求启动变阻器电阻应为多少?若启动时不接启动电阻,则启动电流为额定电流的多少倍?

2.57　一台并励电动机,$P_N = 5.5$ kW,$U_N = 110$ V,$I_N = 58$ A,$n_N = 1\ 470$ r/min,$R_f = 138$ Ω,$R_a = 0.15$ Ω(包括电刷接触电阻)。在额定负载时突然在电枢回路中串入 0.5 Ω 电阻,若不计电枢回路中的电感和略去电枢反应的影响,试计算此瞬间的下列项目:

（1）电枢反电动势;

（2）电枢电流;

（3）电磁转矩;

（4）若总制动转矩不变,求达到稳定状态后的转速。

2.58　并励电动机的 $P_N = 96$ kW,$U_N = 440$ V,$I_N = 255$ A,$I_{fN} = 5$ A,$n_N = 500$ r/min。已知电枢回路总电阻为 0.078 Ω,试求:

（1）电动机的额定输出转矩;

（2）在额定电流时的电磁转矩;

（3）电机的空载转速(设空载制动转矩不变);

（4）在总制动转矩不变的情况下,当电枢回路串入 0.1 Ω 电阻后的稳定转速。

2.59　一台并励电动机,$P_N = 7.2$ kW,$U_N = 110$ V,$n_N = 900$ r/min,$\eta_N = 85\%$,$R_a = 0.08$ Ω(包括电刷接触电阻),$I_{fN} = 2$ A。若总制动转矩不变,在电枢回路串入一电阻使转速降低到 450 r/min,试求串入电阻的数值、输出功率和效率(假设 $p_0 \propto n$)。

2.60　串励电动机 $U_N = 220$ V,$I_N = 40$ A,$n_N = 1\ 000$ r/min,电枢绕组电阻 $r_a = 0.5$ Ω,一对电刷接触压降 $2\Delta U_b = 2$V。若制动总转矩保持为额定值,外施电压减到 150 V,试求此时电枢电流 I_a 及转速 n(假设电机不饱和)。

2.61　某串励电动机,$P_N = 14.7$ kW,$U_N = 220$ V,$I_N = 78.5$ A,$n_N = 585$ r/min,$R_a = 0.26$ Ω(包括电刷接触电阻),欲在负载制动转矩不变条件下把转速降到350 r/min,需串入多大电阻?

2.62　已知他励直流电动机 $P_N = 12$ kW,$U_N = 220$ V,$I_N = 62$ A,$n_N = 1\ 340$ r/min,$R_a = 0.25$ Ω,试求:

（1）拖动额定负载在电动机状态下运行时,采用电源反接制动,允许的最大制动力矩为 $2T_N$,那么此时应串入的制动电阻为多大?

(2) 电源反接后转速下降到 $0.2n_N$ 时,再切换到能耗制动,使其准确停车。当允许的最大力矩也为 $2T_N$ 时,应串入的制动电阻为多大?

2.63 一台并励电动机,$P_N = 10 \text{ kW}$,$U_N = 220 \text{ V}$,$n_N = 1\,500 \text{ r/min}$,$\eta_N = 84.5\%$,$I_{fN} = 1.178 \text{ A}$,$R_a = 0.354 \text{ }\Omega$,试求采用下列制动方式制动时,进入制动状态瞬间的电枢回路的损耗和电磁制动转矩。

(1) 电动机带恒转矩负载在额定状态下运行时,电枢回路串电阻使转速下降到 $n = 200$ r/min 时稳定运行,然后采用反接制动;

(2) 采用能耗制动,制动前的运行状态同(1);

(3) 电动机带位能性负载作回馈制动运行,当 $n = 2\,000 \text{ r/min}$ 时。

2.64 一台 Z_2-82 型直流电动机,$P_N = 40 \text{ kW}$,$U_N = 220 \text{ V}$,$I_N = 209 \text{ A}$,$2p = 4$,$n_N = 970 \text{ r/min}$,$D_a = 0.245 \text{ m}$,$A = 31\,300 \text{ A/m}$,$\lambda = 5.5 \times 10^{-6} \text{ H/m}$,$\delta_k = 0.004\,5 \text{ m}$,$k_{\delta k} = 1.2$,$l_k = l_a = 0.165 \text{ m}$,$N_y = 1$,试求:

(1) 电抗电动势 e_{rav};

(2) 每一换向极的匝数。

2.65 一台直流电动机 $P_N = 8.1 \text{ kW}$,$U_N = 500 \text{ V}$,$I_{aN} = 19 \text{ A}$,$2p = 4$,$2a = 2$,电枢总导体数 $N_a = 310$ 根,元件匝数 $N_y = 1$,换向极气隙 $\delta_k = 0.005 \text{ m}$,每一换向极绕组115匝。试验表明,欲使额定负载时换向良好,必须将换向极绕组中的电流增加到22 A(即用另一电源给换向极绕组馈电 3 A),试求:

(1) 换向极绕组的匝数应如何调整才能使电机在额定负载下运行时换向良好?

(2) 若换向极的匝数保持不变,则换向极的气隙应如何调整(设调整前后气隙系数相等)?

第3章 变 压 器

变压器是一种静止的电气设备,它利用电磁感应原理,将一种交流电压的电能转换成同频率的另一种交流电压的电能。在电力系统中,为了将大功率的电能输送到远距离的用户区,需采用升压变压器将发电机发出的电压(通常只有 10.5 kV~20 kV)逐级升高到 220 kV~500 kV,以减少线路损耗;在电能输送到用户地区后,再用降压变压器逐级降到配电电压,供动力设备、照明使用。因此,变压器的总容量要比发电机的总容量大得多,一般是 6~7 倍,在电力传输中,具有极为重要的作用。

本章先研究单相变压器的运行性能,然后再研究三相变压器的特殊问题,最后讨论几种特殊变压器的理论与运行。

3.1 概 述

3.1.1 变压器的分类

变压器可以按用途、绕组数目、相数、冷却方式分别进行如下分类。

按用途分类为:电力变压器、互感器、特殊用途变压器。

按绕组数目分类为:双绕组变压器、三绕组变压器、自耦变压器。

按相数分类为:单相变压器、三相变压器。

按冷却方式分类为:以空气为冷却介质的干式变压器,以油为冷却介质的油浸变压器。

3.1.2 变压器的基本结构

变压器的基本结构可分为:铁芯、绕组、油箱、套管。

1. 铁芯

铁芯是变压器的磁路,它分为芯柱和铁轭两部分。芯柱上套绕组,铁轭将芯柱连接起来构成闭合磁路。为了减少交变磁通在铁芯中产生磁滞损耗和涡流损耗,变压器铁芯由厚度为 0.27 mm、0.3 mm、0.35 mm 的冷轧高硅钢片叠装而成,如图3.1所示。国产硅钢片典型规格有 DQ120~DQ151。为了进一步降低空载电流、空载损耗,铁芯叠片采用全斜接缝,上层(每层 2 片~3 片叠片)与下层叠片接缝错开,如图3.2所示。

芯柱截面是内接于圆的多级矩形,铁轭与芯柱截面相等,如图 3.3 所示。

2. 绕组

绕组是变压器的电路部分,它由包有绝缘材料的铜(或铝)导线绕制而成。装配时,低压绕组靠着铁芯,高压绕组套在低压绕组外面,高低压绕组间设置有油道(或气道),以加强绝缘和散热。高低压绕组两端到铁轭之间都要衬垫端部绝缘板。一种圆筒式绕组如图 3.4 所示。将绕组装配到铁芯上成为器身,如图 3.5 所示。

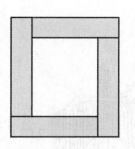
图3.1　单相铁芯叠片

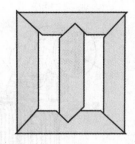
图3.2　三相铁芯叠片

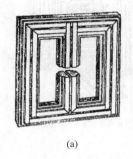

(a)　　　　　　　(b)

图 3.3　芯柱和铁轭截面

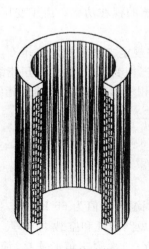
图 3.4　圆筒式绕组

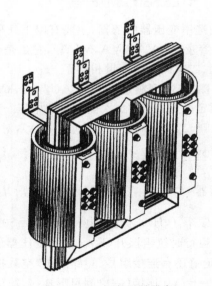
图 3.5　三相变压器器身

3．油箱

除了干式变压器以外,电力变压器的器身都放在油箱中,箱内充满变压器油,其目的是提高绝缘强度(因变压器油绝缘性能比空气好)、加强散热,见图3.6。

4．套管

变压器的引线从油箱内穿过油箱盖时,必须经过绝缘套管,以使高压引线和接地的油箱绝缘。绝缘套管一般是瓷质的,为了增加爬电距离,套管外形做成多级伞形,10 kV～35 kV

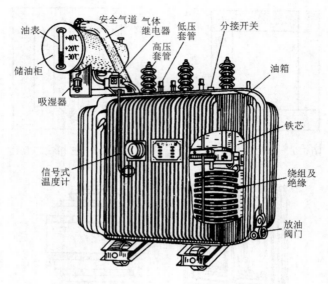

油表 安全气道 气体继电器 低压套管 分接开关
储油柜 高压套管 油箱
吸湿器 铁芯
信号式温度计 绕组及绝缘
放油阀门

图 3.6　油浸式电力变压器的结构示意图

套管采用充油结构。

3.1.3　变压器的额定值

额定值是选用变压器的依据，主要有以下几种。

（1）额定容量 S_N（VA,kVA,MVA），它也是变压器的视在功率。由于变压器效率高，设计规定一次侧、二次侧额定容量相等。

（2）一次侧、二次侧额定电压 U_{1N}、U_{2N}（V,kV），并规定二次侧额定电压 U_{2N} 是当变压器一次侧外加额定电压 U_{1N} 时二次侧的空载电压。对于三相变压器，额定电压指线电压。

（3）一次侧、二次侧额定电流 I_{1N}、I_{2N}（A），对于三相变压器，额定电流是指线电流。

单相变压器
$$I_{1N}=\frac{S_N}{U_{1N}},\quad I_{2N}=\frac{S_N}{U_{2N}}$$

三相变压器
$$I_{1N}=\frac{S_N}{\sqrt{3}U_{1N}},\quad I_{2N}=\frac{S_N}{\sqrt{3}U_{2N}}$$

（4）额定频率 f（Hz）。我国电网频率 $f=50$ Hz。

（5）额定运行时绕组温升（K）。油浸变压器的线圈温升限值为 65 K。

此外，额定值还有连接组号、短路阻抗、空载损耗、短路损耗和空载电流等。

例 3.1　一台 Yd 连接（一次侧星形连接，简记为 Y；二次侧三角形连接，简记为 d）的三相变压器，额定容量 $S_N=3\ 150$ kVA，$U_{1N}/U_{2N}=35$ kV/6.3 kV，则

一次侧额定电流　$I_{1N}=\dfrac{S_N}{\sqrt{3}U_{1N}}=\dfrac{3\ 150\times10^3}{\sqrt{3}\times35\times10^3}$ A$=51.96$ A

二次侧额定电流　$I_{2N}=\dfrac{S_N}{\sqrt{3}U_{2N}}=\dfrac{3\ 150\times10^3}{\sqrt{3}\times6.3\times10^3}$ A$=288.68$ A

一次侧额定相电压　$U_{1\phi N}=\dfrac{U_{1N}}{\sqrt{3}}=\dfrac{35\times10^3}{\sqrt{3}}$ V$=20\ 207$ V

二次侧额定相电流 $\qquad I_{2\phi N}=\dfrac{I_{2N}}{\sqrt{3}}=\dfrac{288.68}{\sqrt{3}}\ \mathrm{A}=166.67\ \mathrm{A}$

3.2 变压器的运行原理与特性

3.2.1 空载运行

图 3.7 所示,变压器的一次侧绕组 AX 接在电源上、二次侧绕组 ax 开路,此运行状态称为空载运行。

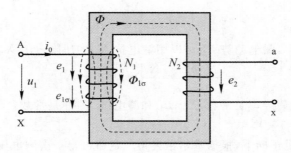

图 3.7 单相变压器的空载运行

结合图 3.7,可用流程图对变压器内各物理量的电磁关系作直观表述。

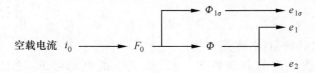

1. 空载运行时的磁通及感应电动势

变压器二次侧开路,一次侧接入交流电压 u_1 时,一次侧绕组中有空载电流 i_0 流过,建立空载磁动势 $F_0=N_1i_0$。在 F_0 作用下,在两种性质的磁路中产生两种磁通。

主磁通 Φ:其磁力线沿铁芯闭合,同时与一次侧绕组、二次侧绕组相交链的磁通,亦称为互感磁通。由于铁磁材料的饱和现象,主磁通 Φ 与 i_0 呈非线性关系。

一次侧绕组的漏磁通 $\Phi_{1\sigma}$:其磁力线主要沿非铁磁材料(油、空气)闭合,仅为一次侧绕组相交链的磁通。$\Phi_{1\sigma}$ 与 i_0 呈线性关系。

由于铁芯的导磁率远大于空气,故主磁通远大于漏磁通。主磁通同时交链着一次侧绕组、二次侧绕组,因此,在变压器中从一次侧到二次侧的能量传递过程就是依靠主磁通作为媒介来实现的。

在图 3.7 所示的假定正向(e、i 同方向,Φ 的方向与 i 的方向符合右手螺旋定则)下,根据电磁感应定律,主磁通 Φ 在一次侧绕组(匝数 N_1)、二次侧绕组(匝数 N_2)中感应电动势的瞬时值 e_1、e_2 分别为

$$e_1=-N_1\frac{\mathrm{d}\Phi}{\mathrm{d}t},\quad e_2=-N_2\frac{\mathrm{d}\Phi}{\mathrm{d}t}$$

设空载电流 i_0 的频率为 f，$\Phi = \Phi_\mathrm{m}\sin\omega t$，则在正弦稳态下感应电动势的有效值复量为

$$\dot{E}_1 = -\mathrm{j}\sqrt{2}\pi N_1 f\dot{\Phi}_\mathrm{m} = -\mathrm{j}4.44N_1 f\dot{\Phi}_\mathrm{m} \tag{3.1}$$

$$\dot{E}_2 = -\mathrm{j}4.44N_2 f\dot{\Phi}_\mathrm{m} \tag{3.2}$$

式中，$\dot{\Phi}_\mathrm{m}$ 表示主磁通的最大值复量。

漏磁通 $\Phi_{1\sigma}$ 在一次绕组中的感应漏电动势

$$e_{1\sigma} = -N_1\frac{\mathrm{d}\Phi_{1\sigma}}{\mathrm{d}t} = -L_{1\sigma}\frac{\mathrm{d}i_0}{\mathrm{d}t}$$

式中，$L_{1\sigma}$ 为一次绕组的漏电感。

在正弦稳态下

$$\dot{E}_{1\sigma} = -\mathrm{j}\dot{I}_0\omega L_{1\sigma} = -\mathrm{j}\dot{I}_0 X_{1\sigma} \tag{3.3}$$

式（3.3）表明，在电路中，漏电动势 $\dot{E}_{1\sigma}$ 可以用漏电抗 $X_{1\sigma}$ 的压降 $-\mathrm{j}\dot{I}_0 X_{1\sigma}$ 来替代。

$$L_{1\sigma} = \frac{N_1\Phi_{1\sigma}}{i_0} = \frac{N_1}{i_0}N_1 i_0\Lambda_{1\sigma} = N_1^2\Lambda_{1\sigma} \tag{3.4}$$

漏磁通 $\Phi_{1\sigma}$ 所经路径的磁导率是常数，$\Lambda_{1\sigma}$、$L_{1\sigma}$ 和漏电抗 $X_{1\sigma}$ 亦是常数。

2. 电压平衡方程与变比

在图 3.7 所示假定正向下，根据基尔霍夫第二定律可得一次侧电压平衡方程

$$u_1 = -e_1 - e_{1\sigma} + i_0 R_1$$

式中，R_1 为绕组的电阻。

在正弦稳态下

$$\dot{U}_1 = -\dot{E}_1 - \dot{E}_{1\sigma} + \dot{I}_0 R_1 = -\dot{E}_1 + \mathrm{j}\dot{I}_0 X_{1\sigma} + \dot{I}_0 R_1 = -\dot{E}_1 + \dot{I}_0 Z_1 \tag{3.5}$$

式中，Z_1 为一次绕组的漏阻抗，亦是常数。

在变压器中，一次绕组的电动势 E_1 与二次绕组的电动势 E_2 之比称为变比，用 k 表示，即

$$k = \frac{E_1}{E_2} = \frac{N_1}{N_2} \tag{3.6}$$

当变压器空载运行时，由于电压 $U_1 \approx E_1$，二次侧空载电压 $U_{20} = E_2$，故有

$$k = \frac{E_1}{E_2} \approx \frac{U_1}{U_{20}} \tag{3.7}$$

对于三相变压器，变比指一次绕组与二次绕组的相电动势之比。

例如，一台单相变压器，$U_{1\mathrm{N}}/U_{2\mathrm{N}} = 6\,000\text{ V}/230\text{ V}$，则该变压器变比为

$$k = \frac{U_{1\mathrm{N}}}{U_{20}} = \frac{U_{1\mathrm{N}}}{U_{2\mathrm{N}}} = \frac{6\,000}{230} = 26.09$$

一台三相变压器，Yd 连接（一次侧星形连接，二次侧三角形连接），$U_{1\mathrm{N}}/U_{2\mathrm{N}} = 35\text{ kV}/6.3\text{ kV}$，则该变压器变比为

$$k = \frac{U_{1\phi\mathrm{N}}}{U_{2\phi\mathrm{N}}} = \frac{35/\sqrt{3}}{6.3} = 3.208$$

3. 空载电流

变压器空载运行时，由空载电流建立主磁通，所以，空载电流就是励磁电流。

1) 空载电流的波形

变压器在空载时，$u_1 \approx -e_1 = N_1 \dfrac{\mathrm{d}\Phi}{\mathrm{d}t}$，电网电压的波形为正弦波，铁芯中主磁通的波形亦为正弦波。若铁芯不饱和($B_m \leqslant 1.3\mathrm{T}$)，空载电流 i_0 的波形也是正弦波。而对于电力变压器，$B_m = 1.4\mathrm{T} \sim 1.73\mathrm{T}$，铁芯都是饱和的。由图 3.8 可知，励磁电流的波形呈尖顶波，除了基波 i_{01} 外，还有较强的三次谐波 i_{03} 和其他高次谐波。图 3.8 所示中的 Φ-i_0 曲线可以由硅钢片的 B-H 曲线经过如下代换求得

$$\Phi = BA, \qquad Hl = N_1 i_0$$

式中，A 为铁芯截面积；l 为铁芯磁路长度。

这些谐波电流在特殊情况下会起一定作用(在 3.8 节中讨论)。在变压器负载运行时，$I_0 \leqslant 2.5\% I_N$，这些谐波的影响完全可以忽略，一般测量得到的 I_0 就是有效值，在下面的讨论中，空载电流均指有效值。

2) 空载电流与主磁通的相量关系

如果铁芯中没有损耗，$\dot{I}_0$ 与主磁通 $\dot{\Phi}_m$ 同相位。但由于主磁通在铁芯中交变，在其中产生涡流损耗和磁滞损耗，合称为铁耗 p_{Fe}。此时 $\dot{I}_0$ 将领先 $\dot{\Phi}_m$ 一个角度 α，α 称为铁耗角。$\dot{I}_0$、$\dot{\Phi}_m$、$\dot{E}_1$ 相位关系如图 3.9 所示。

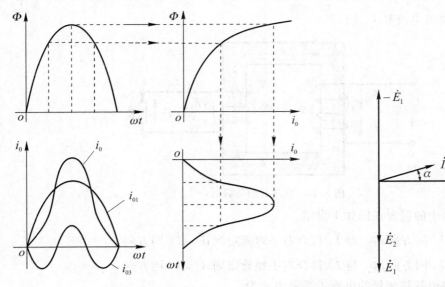

图 3.8 空载电流波形   图 3.9 变压器空载时各物理量的相位关系

3. 空载时的等效电路

为了描述主磁通 $\dot{\Phi}_m$ 在电路中的作用，仿照对漏磁通的处理办法，参考空载电流相量图(见图 3.9)，引入励磁阻抗 Z_m，将 $\dot{E}_1$ 和 $\dot{I}_0$ 联系起来，即

$$\dot{E}_1 = -\dot{I}_0 Z_m \tag{3.8}$$

$$Z_m = R_m + jX_m \tag{3.9}$$

式中，Z_m 为励磁阻抗；R_m 为励磁电阻，是对应铁耗的等效电阻，$I_0^2 R_m$ 等于铁耗；X_m 为励磁

电抗,它是表征铁芯磁化性能的一个参数。

X_m 与铁芯线圈电感 L_m 的关系为 $X_m = \omega L_m = 2\pi f N_1^2 \Lambda_m$, Λ_m 代表铁芯磁路的磁导。

R_m、X_m 都不是常数,随铁芯饱和程度而变化。当电压升高时,铁芯更加饱和。据铁芯

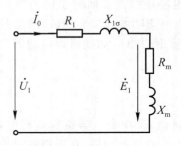

图 3.10 变压器空载时的等效电路

磁化曲线 $\Phi_m(I_0)$, I_0 比 Φ_m 增加得快,而 Φ_m 近似与外施电压 $U_1 (U_1 \approx E_1)$ 成正比,故 I_0 比 U_1 增加得快,因此 R_m、X_m 都随外施电压的增加而减小。实际上,当变压器接入的电网电压在额定值附近变化不大时,可以认为 Z_m 不变。

由式(3.5)、式(3.8)可得到用 Z_m、Z_1 表示的电压平衡方程为

$$\dot{U}_1 = \dot{I}_0 Z_m + \dot{I}_0 Z_1 \tag{3.10}$$

还可得到与式(3.10)对应的等效电路图(见图3.10)。等效电路表明,变压器空载运行时,它就是一个电感线圈,它的电抗值等于 $X_{1\sigma} + X_m$,它的电阻值等于 $R_1 + R_m$。

3.2.2 负载运行

在图 3.11 所示中,二次侧绕组接有负载阻抗 $Z_L(Z_L = R_L + jX_L)$,负载端电压为 $\dot{U}_2$,电流为 $\dot{I}_2$,一次侧绕组电流是 $\dot{I}_1$。

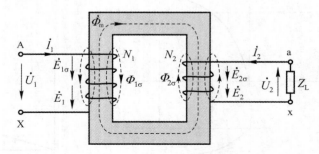

图 3.11 变压器的负载运行

图 3.11 所示中的假定正向如下设定。

一次侧:$\dot{E}_1$、$\dot{I}_1$ 同方向;$\dot{\Phi}_m$ 与 $\dot{I}_1$ 符合右手螺旋定则;$\dot{U}_1$、$\dot{I}_1$ 同方向。

二次侧:$\dot{E}_2$、$\dot{I}_2$ 同方向;$\dot{\Phi}_m$ 与 $\dot{I}_2$ 符合右手螺旋定则;$\dot{U}_2$、$\dot{I}_2$ 同方向。

此时,变压器内各物理量的电磁关系可表述为

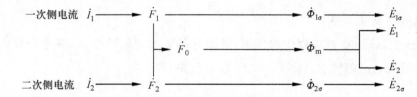

1. 磁动势平衡方程

对于电力变压器,由于其一次侧绕组漏阻抗压降 $I_1 Z_1$ 很小,负载时仍有 $U_1 \approx E_1 =$

$4.44N_1f\Phi_m$，故铁芯中与 E_1 相对应的主磁通 Φ_m 近似等于空载时的主磁通，从而产生 Φ_m 的合成磁动势与空载磁动势近似相等，负载时的励磁电流与空载电流 I_0 也近似相等，有

$$\dot{F}_1 + \dot{F}_2 = \dot{F}_0 \tag{3.11}$$

$$N_1\dot{I}_1 + N_2\dot{I}_2 = N_1\dot{I}_0 \tag{3.12}$$

式中，$\dot{F}_1$ 为一次侧绕组磁动势；$\dot{F}_2$ 为二次侧绕组磁动势；$\dot{F}_0$ 为产生主磁通的合成磁动势，由于负载时励磁电流由一次侧供给，故 $\dot{F}_0 = N_1\dot{I}_0$。

将式(3.12)两边同除以 N_1，得

$$\dot{I}_1 + \dot{I}_2\left(\frac{N_2}{N_1}\right) = \dot{I}_0$$

即

$$\dot{I}_1 = \dot{I}_0 + \left(-\frac{\dot{I}_2}{k}\right) = \dot{I}_0 + \dot{I}_{1L} \tag{3.13}$$

式中，$\dot{I}_{1L} = -\dfrac{\dot{I}_2}{k}$，$\dot{I}_{1L}$ 是一次侧电流的负载分量。

式(3.13)表示，在负载运行时，变压器一次侧电流 $\dot{I}_1$ 有两个分量：$\dot{I}_0$ 和 $\dot{I}_{1L}$。$\dot{I}_0$ 是励磁电流，用于建立变压器铁芯中的主磁通 $\dot{\Phi}_m$；$\dot{I}_{1L}$ 是负载分量，用于建立磁动势 $N_1\dot{I}_{1L}$ 去抵消二次侧磁动势 $N_2\dot{I}_2$，即

$$N_1\dot{I}_{1L} + N_2\dot{I}_2 = 0$$

2. 电压平衡方程

变压器负载运行时，二次侧绕组中电流 $\dot{I}_2$ 产生仅与二次侧绕组相交链的漏磁通 $\Phi_{2\sigma}$，$\Phi_{2\sigma}$ 在二次侧绕组中的感应电动势 $\dot{E}_{2\sigma}$，类似于 $\dot{E}_{1\sigma}$，它也可以看成一个漏抗压降，即

$$\dot{E}_{2\sigma} = -j\dot{I}_2\omega L_{2\sigma} = -j\dot{I}_2 X_{2\sigma} \tag{3.14}$$

式中，$L_{2\sigma}$ 为二次侧绕组的漏电感；$X_{2\sigma} = \omega L_{2\sigma}$，它是对应二次侧绕组漏磁通的漏电抗。绕组电阻为 R_2，则二次侧绕组的漏阻抗 $Z_2 = R_2 + jX_{2\sigma}$。

根据基尔霍夫第二定律，在图 3.11 所示假定正向下，可以列出二次侧回路电压方程。联合一次侧各电压、电流方程列出下面方程组，即

$$\left.\begin{aligned}
&\dot{U}_1 = -\dot{E}_1 + \dot{I}_1 Z_1 \\
&\dot{U}_2 = \dot{E}_2 - \dot{I}_2 Z_2 \\
&\frac{\dot{E}_1}{\dot{E}_2} = k \\
&\dot{I}_1 + \frac{\dot{I}_2}{k} = \dot{I}_0 \\
&-\dot{E}_1 = \dot{I}_0 Z_m \\
&\dot{U}_2 = \dot{I}_2 Z_L
\end{aligned}\right\} \tag{3.15}$$

利用上述方程，可以对变压器进行计算。例如，已知电源电压 $\dot{U}_1$，变比 k 及参数 Z_1、Z_2、Z_m

及负载阻抗 Z_L，上述方程组可求解出六个未知量：I_1、I_2、I_0、E_1、E_2、U_2。但对一般电力变压器，变比 k 值较大，使得一次侧、二次侧的电压、电流数值的数量级相差很大，计算不方便，画相量图更是困难，因此，下面将介绍分析变压器的一个重要方法——等效电路。

3. 绕组折算

为了得到变压器的等效电路，先要进行绕组折算。通常是将二次侧绕组折算到一次侧绕组，当然也可以相反。所谓把二次侧绕组折算到一次侧，就是用一个匝数为 N_1 的等效绕组，去替代原变压器匝数为 N_2 的二次侧绕组，折算后的变压器变比 $N_1/N_1=1$。

如果 E_2、I_2、R_2、$X_{2\sigma}$ 分别表示折算前二次侧的电动势、电流、电阻、漏抗，则折算后分别表示为 E'_2、I'_2、R'_2、$X'_{2\sigma}$，即在原符号上加"'"。折算的目的在于简化变压器的计算，折算前后变压器内部的电磁过程、能量传递完全等效，也就是说，从一次侧看进去，各物理量不变，因为变压器二次侧绕组是通过 $\dot{F}_2$ 来影响一次侧的，只要保证二次侧绕组磁动势 $\dot{F}_2$ 不变，则铁芯中合成磁动势 $\dot{F}_0$ 不变，主磁通 $\dot{\Phi}_\text{m}$ 不变，$\dot{\Phi}_\text{m}$ 在一次侧绕组中感应的电动势 $\dot{E}_1$ 不变，一次侧从电网吸收的电流、有功功率、无功功率不变，对电网等效。显然折算的条件就是折算前后磁动势 $\dot{F}_2$ 不变。下面分别求取各物理量的折算值。

1) 二次侧电流的折算

根据折算前后二次侧绕组磁动势 $\dot{F}_2$ 不变的原则，有

$$N_1 I'_2 = N_2 I_2$$
$$I'_2 = \frac{N_2}{N_1} I_2 = \frac{1}{k} I_2 \tag{3.16}$$

2) 二次侧电动势的折算

由于折算前后 $\dot{F}_2$ 不变，从而铁芯中主磁通 $\dot{\Phi}_\text{m}$ 不变，于是折算后的二次侧绕组的感应电动势

$$E'_2 = \frac{N_1}{N_2} E_2 = k E_2 \tag{3.17}$$

3) 二次侧阻抗的折算

根据式（3.15），折算后二次侧的阻抗为

$$Z'_2 + Z'_\text{L} = \frac{\dot{E}'_2}{\dot{I}'_2} = \frac{k\dot{E}_2}{\frac{1}{k}\dot{I}_2} = k^2 \frac{\dot{E}_2}{\dot{I}_2} = k^2(Z_2 + Z_\text{L}) \tag{3.18}$$

式（3.18）表明，为了保证折算前后 $\dot{F}_2$ 不变，折算后的二次侧阻抗必须等于折算前阻抗的 k^2 倍。因为要求折算后的二次侧阻抗在任何负载及功率因数下都等效，则等效折算条件可表示为

$$\left.\begin{array}{l} R'_2 = k^2 R_2 \\ X'_{2\sigma} = k^2 X_{2\sigma} \\ R'_\text{L} = k^2 R_\text{L} \\ X'_\text{L} = k^2 X_\text{L} \end{array}\right\} \tag{3.19}$$

根据上述折算条件，二次侧端电压折算值

$$\dot{U}'_2 = \dot{E}'_2 - \dot{I}'_2 Z'_2 = k(\dot{E}_2 - \dot{I}_2 Z_2) = k\dot{U}_2 \tag{3.20}$$

折算前后二次侧阻抗和功率因数不变,例如

$$\tan\varphi'_2 = \frac{X'_{2\sigma}}{R'_2} = \frac{k^2 X_{2\sigma}}{k^2 R_2} = \frac{X_{2\sigma}}{R_2} = \tan\varphi_2 \tag{3.21}$$

折算前后二次侧的铜耗不变,即

$$I'^2_2 R'_2 = (\frac{1}{k} I_2)^2 (k^2 R_2) = I^2_2 R_2 \tag{3.22}$$

输出功率也不变,即

$$U'_2 I'_2 \cos\varphi'_2 = (kU_2)(\frac{1}{k} I_2)\cos\varphi_2 = U_2 I_2 \cos\varphi_2 \tag{3.23}$$

应用以上各式,既可以把二次侧的量(例如 $\dot{E}_2$)折算到一次侧,成为等效的二次侧的量($\dot{E}'_2$),也可将已知的等效的二次侧的量(如 $\dot{E}'_2$)折算回一次侧,以求得一次侧的量($\dot{E}_1$)。

折算后的方程组(3.15)为

$$\left.\begin{aligned}
\dot{U}_1 &= -\dot{E}_1 + \dot{I}_1 Z_1 \\
\dot{U}'_2 &= \dot{E}'_2 - \dot{I}'_2 Z'_2 \\
\dot{I}_0 &= \dot{I}_1 + \dot{I}'_2 \\
\dot{E}_1 &= \dot{E}'_2 \\
-\dot{E}_1 &= \dot{I}_0 Z_m \\
\dot{U}'_2 &= \dot{I}'_2 Z'_L
\end{aligned}\right\} \tag{3.24}$$

4. 相量图

根据折算后的方程组,可以绘制出变压器负载运行时的相量图,它清楚地表明各物理量的大小和相位关系。

已知 U_2、I_2、$\cos\varphi_2$,变压器参数 k、R_1、$X_{1\sigma}$、R_2、$X_{2\sigma}$、R_m、X_m。 绘出相量图,如图3.12所示,作图步骤如下。

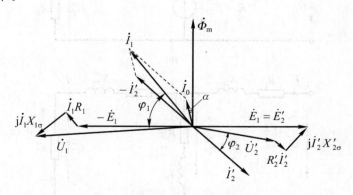

图 3.12　变压器相量图($\cos\varphi_2$ 滞后)

(1) 由 k、R_2、$X_{2\sigma}$ 计算得 R'_2、$X'_{2\sigma}$。

(2) 由 U_2、I_2、$\cos\varphi_2$(假定滞后)作 $\dot{U}_2$、$\dot{I}_2$ 相量,再根据 $\dot{E}'_2 = \dot{U}'_2 + \dot{I}'_2(R'_2 + jX'_{2\sigma})$,求得

$\dot{E}'_2, \dot{E}_1 = \dot{E}'_2$。

（3）作出 $\dot{\Phi}_m$，使 $\dot{\Phi}_m$ 超前于 $\dot{E}'_1$ 90°电角度。

（4）作励磁电流 $\dot{I}_0 = \dfrac{\dot{E}_1}{Z_m}$，$\dot{I}_0$ 超前 $\dot{\Phi}_m$ α 角度，

$$\alpha = 90° - \arctan \frac{X_m}{R_m}$$

（5）由 $\dot{I}_1 = \dot{I}_0 + (-\dot{I}'_2)$ 求得 $\dot{I}_1$。

（6）由 $\dot{U}_1 = -\dot{E}_1 + \dot{I}_1(R_1 + jX_{1\sigma})$ 求得一次侧电压相量 $\dot{U}_1$，$\dot{U}_1$ 与 $\dot{I}_1$ 的夹角 φ_1，$\cos\varphi_1$ 是从一次侧看进去的变压器的功率因数。

3.2.3 等效电路

绕组折算的目的不仅在于简化变压器的计算，更重要的是可以模仿空载运行而导出负载运行时的等效电路。

1. T 型等效电路

根据方程组（3.24）中第 1、第 2、第 6 式可以画出图 3.13(a)所示的电路。由方程式 $\dot{E}_1$

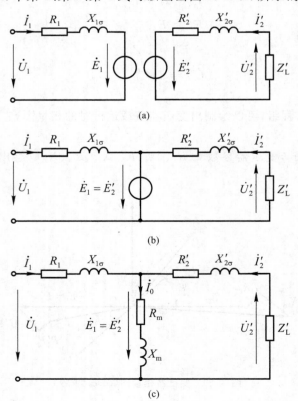

图 3.13　T 型等效电路的形成过程

$=\dot{E}'_2$,可将 $\dot{E}_1$ 与 $\dot{E}'_2$ 之首端、尾端分别对应短接,对变压器一次侧、二次侧是等效的。据 $\dot{I}_1$ $+\dot{I}'_2=\dot{I}_0$,流过感应电动势 $\dot{E}_1$ 的电流为 $\dot{I}_0$,从而得到图 3.13(b)。由方程 $-\dot{E}_1=\dot{I}_0 Z_m$,可以用励磁阻抗替代感应电动势 $\dot{E}_1$ 的作用,得到变压器的 T 型等效电路,如图 3.13(c)所示。在此等效电路中,在励磁支路 R_m+jX_m 中流过励磁电流 $\dot{I}_0$,它在铁芯中产生主磁通 $\dot{\Phi}_m$,$\dot{\Phi}_m$ 在一次绕组中感应电动势 $\dot{E}_1$,在二次绕组中感应电动势 $\dot{E}_2$。在 T 型等效电路中,R_m 是励磁电阻,它所消耗的功率代表铁耗;X_m 是励磁电抗,它反映了主磁通在电路中的作用;Z_m 是励磁阻抗,它上面的电压降 $I_0 Z_m$ 代表电动势 E_1。R_1 是一次侧的电阻,它所消耗的功率 $I_1^2 R_1$ 代表变压器一次侧的铜耗;$X_{1\sigma}$ 是一次侧的漏电抗;$I_1^2 X_{1\sigma}$ 代表了一次侧漏磁场所消耗的无功功率。R'_2 是二次侧的电阻的折算值,它所消耗的功率 $I_2'^2 R'_2$ 代表变压器二次侧的铜耗;$X'_{2\sigma}$ 是二次侧的漏电抗的折算值,$I_2'^2 X'_{2\sigma}$ 代表了二次侧漏磁场所消耗的无功功率;Z'_L 是负载阻抗的折算值。

2. Γ 型等效电路

T 型等效电路能准确地反映变压器运行时的物理情况,但它含有串联、并联支路,运算较为复杂。对于电力变压器,一般 $I_{1N} Z_1 < 0.08U_{1N}$,且 $\dot{I}_1 Z_1$ 与 $-\dot{E}_1$ 是相量相加,因此可将励磁支路前移与电源并联,得到图 3.14 所示的 Γ 型等效电路。它只有励磁支路和负载支路两并联支路,简化很多计算,而且对 $\dot{I}_1$、$\dot{I}'_2$、$\dot{E}'_1$ 的计算不会带来多大误差。

3. 简化等效电路

对于电力变压器,由于 $I_0 < 0.03 I_{1N}$,故当变压器满载及负载电流较大时,分析中可近似认为 $I_0 = 0$,将励磁支路断开,等效电路进一步简化成一个串联阻抗,如图3.15所示。

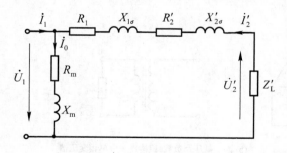

图 3.14 Γ 型等效电路

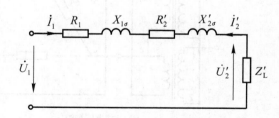

图 3.15 简化等效电路

在简化等效电路中,可将一次侧、二次侧的参数合并,得到

$$\left.\begin{array}{l} R_k = R_1 + R'_2 \\ X_k = X_{1\sigma} + X'_{2\sigma} \\ Z_k = R_k + jX_k \end{array}\right\} \tag{3.25}$$

式中,R_k 为短路电阻;X_k 为短路电抗;Z_k 为短路阻抗。

从简化等效电路可见,如果变压器发生稳态短路(即图 3.15 所示中 $Z'_L = 0$),短路电流 $I_k = U_1/Z_k$ 可达到额定电流的 10 倍~20 倍。

对应于简化等效电路,电压方程为

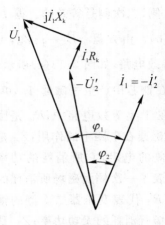

图 3.16　简化相量图
$[\cos\varphi_2（滞后）]$

$$\dot U_1 = \dot I_1(R_k + jX_k) - \dot U_2'$$

带感性负载时，变压器的简化相量图如图 3.16 所示。

基本方程、等效电路、相量图是分析变压器运行的三种方法，其物理本质是一致的。在进行定量计算时，宜采用等效电路；定性讨论各物理量间关系时，宜采用基本方程；而表示各物理量之间大小、相位关系时，相量图比较方便。

例 3.2　一台三相电力变压器：$S_N = 31\ 500\ \text{kV·A}$，$U_{1N}/U_{2N} = 220\ \text{kV}/11\ \text{kV}$，Yd 连接（高压 Y 连接；低压 d 连接），$f = 50\ \text{Hz}$，$R_1 = R_2' = 0.038\ \Omega$，$X_{1\sigma} = X_{2\sigma}' = 8\ \Omega$，$R_m = 17\ 711\ \Omega$，$X_m = 138\ 451\ \Omega$，负载三角形连接，每相阻抗为 $Z = (11.52 + j8.64)\ \Omega$。当高压方接额定电压时，试求：

(1) 高压方电流和从高压方看进去的 $\cos\varphi_1$；

(2) 低压方的电动势 E_2；

(3) 低压方的电压、电流、负载功率因数和输出功率。

解　在本例中，Yd 接法的三相变压器带三角形连接的三相负载如图 3.17(a) 所示。由于是对称的三相系统，故采用高压 A 相、低压 a 相、负载 a 相构成一台单相变压器，其电路如图 3.17(b) 所示。

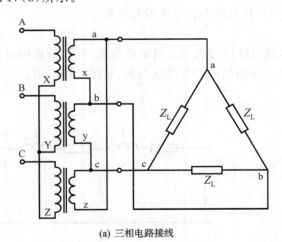

(a) 三相电路接线

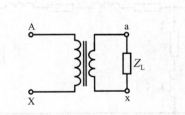

(b) 高、低压及负载a相构成一台单相变压器

图 3.17　例 3.2 附图

方法一　采用 T 型等效电路，如图 3.18(a) 所示，图中负载电压、电流的参考方向与通常假定相反，但不影响计算结果。

变比
$$k = \frac{U_1}{U_2} = \frac{220/\sqrt{3}}{11} = 11.55$$

(1)
$$Z_L' = Z_L k^2 = (11.52 + j8.64) \times 11.55^2\ \Omega = (1\ 536.8 + j1\ 152.6)\Omega$$
$$= 1\ 921 \angle 36.87° \ \Omega$$
$$Z_{2L} = R_2' + jX_{2\sigma}' + Z_L' = (0.038 + j8 + 1\ 536.8 + j1\ 152.6)\ \Omega$$

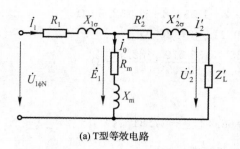

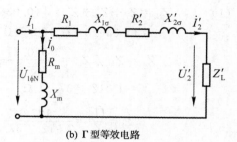

(a) T型等效电路   (b) Γ型等效电路

图 3.18   例 3.2 附图

$$= (1\ 536.84 + j1\ 160.6)\ \Omega = 1\ 925.84\ \angle 37.06°\ \Omega$$

$$Z_{\mathrm{m}} = (17\ 711 + j138\ 451)\ \Omega = 139\ 579\ \angle 82.71°\ \Omega$$

$$Z_{2\mathrm{L}} \ /\!/\ Z_{\mathrm{m}} = \frac{Z_{2\mathrm{L}} Z_{\mathrm{m}}}{Z_{2\mathrm{L}} + Z_{\mathrm{m}}} = \frac{1\ 925.84\ \angle 37.06° \times 139\ 579\ \angle 82.71°}{19\ 247.84 + j139\ 611.6}\ \Omega$$

$$= 1\ 907.4\ \angle 37.62°\ \Omega = (1\ 510.8 + j1\ 164.3)\ \Omega$$

从高压方看进去的等效阻抗

$$Z_{\mathrm{d}} = Z_1 + Z_{2\mathrm{L}} \ /\!/\ Z_{\mathrm{m}} = (0.038 + j8 + 1\ 510.8 + j1\ 164.3)\ \Omega$$

$$= (1\ 510.84 + j1\ 172.3)\ \Omega = 1\ 912.3\ \angle 37.8°\ \Omega$$

高压方电压
$$U_1 = U_{1\phi\mathrm{N}} = \frac{220 \times 10^3}{\sqrt{3}}\ \mathrm{V} = 127\ 017\ \mathrm{V}$$

高压方电流
$$\dot{I}_1 = \frac{\dot{U}_1}{Z_{\mathrm{d}}} = \frac{127\ 017\ \angle 0°}{1\ 912.3\ \angle 37.8°}\ \mathrm{A} = 66.42\ \angle -37.8°\ \mathrm{A}$$

$$\cos\varphi_1 = \cos 37.8° = 0.79(\text{滞后})$$

(2)
$$-\dot{E}_1 = \dot{I}_1(Z_{2\mathrm{L}} \ /\!/\ Z_{\mathrm{m}}) = 66.42\ \angle -37.8° \times 1\ 907.4 \angle 37.62°\ \mathrm{V}$$

$$= 126\ 689.5\ \angle -0.18°\ \mathrm{V}$$

$$E_2 = \frac{E_1}{k} = \frac{126\ 689.5}{11.55}\ \mathrm{V} = 10\ 968.8\ \mathrm{V}$$

(3)
$$\dot{I}'_2 = \frac{-\dot{E}_1}{Z_{2\mathrm{L}}} = \frac{126\ 689.5\ \angle -0.18°}{1\ 925.84\ \angle 37.06°}\ \mathrm{A} = 65.78\ \angle -37.24°\ \mathrm{A}$$

$$\dot{U}'_2 = \dot{I}'_2 Z'_{\mathrm{L}} = 65.78\ \angle -37.24° \times 1921 \angle 36.87°\ \mathrm{V}$$

$$= 126\ 363.8\ \angle -0.37°\ \mathrm{V}$$

$$\cos\varphi_2 = \cos(-0.37° + 37.24°) = \cos 36.87° = 0.8(\text{滞后})$$

（实际上负载功率因数 $\cos\varphi_2$ 可直接从 Z_{L} 得出）

低压方电压
$$U_2 = \frac{U'_2}{k} = \frac{126\ 363.8}{11.55}\ \mathrm{V} = 10\ 940.6\ \mathrm{V}$$

低压方线电流 $I_{2\mathrm{L}} = \sqrt{3} I'_2 k = \sqrt{3} \times 65.78 \times 11.55\ \mathrm{A} = 1\ 315.9\ \mathrm{A}$

输出功率 $P_2 = 3U'_2 I'_2 \cos\varphi_2 = \sqrt{3} U_2 I_{2\mathrm{L}} \cos\varphi_2 = \sqrt{3} \times 10\ 940.6 \times 1\ 315.9 \times 0.8\ \mathrm{kW}$

$$= 19\ 948.7\ \mathrm{kW}$$

方法二   采用 Γ 型等效电路，如图 3.18(b) 所示。

(1) 　　　　$Z_{1L}=Z_1+Z'_2+Z'_L=[(0.038+j8)\times2+1\,536.8+j1\,152.6]\,\Omega$

　　　　　　$=(1\,536.8+j1\,168.6)\Omega=1\,930.71\angle37.25°\,\Omega$

　　　$Z_d=Z_{1L}\,/\!/\,Z_m=\dfrac{1\,930.71\angle37.25°\times139\,579\angle82.71°}{140\,940.1\angle82.15°}\,\Omega$

　　　　　　$=1\,912\angle37.81°\Omega$

　　　　　$\dot I_1=\dfrac{\dot U_1}{Z_d}=\dfrac{127\,017}{7\,912\angle37.81°}A=66.43\angle-37.81°\,A$

　　　　　$\cos\varphi_1=\cos37.81°=0.79（滞后）$

(2) 　　　　$\dot I'_2=\dfrac{\dot U_1}{Z_{1L}}A=\dfrac{127\,017\angle0°}{1\,930.71\angle37.25°}A=65.81\angle-37.25°A$

　　$\dot U'_2=\dot I'_2Z'_L=65.81\angle-37.25°\times1\,921\angle36.87°V=126\,421\angle-0.38°\,V$

　　　　$\cos\varphi_2=\cos(-0.38°+37.25°)=0.8（滞后）$

　　　　　　$\dot E'_2=\dot I'_2(Z'_L+Z'_2)$

　　　　$E'_2=65.81\times1\,925.84\,V=126\,739.5\,V$

　　　　$E_2=\dfrac{E'_2}{k}=\dfrac{126\,739.5}{11.55}\,V=10\,973.1\,V$

(3) 低压方电压　　　$U_2=\dfrac{U'_2}{k}=\dfrac{126\,421}{11.55}\,V=10\,945.5\,V$

低压方线电流　　$I_{2L}=\sqrt3I'_2k=\sqrt3\times65.81\times11.55\,A=1\,316.5\,A$

输出功率　　$P_2=3U'_2I'_2\cos\varphi_2=3\times126\,421\times65.81\times0.8\,kW=19\,967.4\,kW$

通过对 T 型和 Γ 型两种等效电路计算结果对比可知，所有电压、电流、功率、中间参数，两种方法误差小于 0.5%，当然对小容量变压器误差会略大一些。

3.2.4　参数测定

当用基本方程、等效电路、相量图求解变压器的运行性能时，必须知道变压器的励磁参数 R_m、X_m 和短路参数 R_k、X_k。这些参数在设计变压器时可用计算方法求得，对于已制成的变压器，可以通过空载试验和短路试验获取。

1. 空载试验

根据变压器的空载试验可以求得变比 k、空载损耗 P_0、空载电流 I_0 以及励磁阻抗 Z_m。图 3.19(a) 所示为一台单相变压器的空载试验线路。变压器二次侧开路，在一次侧施加额定电压，测量 U_1、U_{20}、I_0、P_0。空载试验的等效电路如图 3.19(b) 所示。在试验时，调整外施电压以达到额定值，忽略相对较小的压降 I_0Z_1；感应电动势 E_1、铁芯中的磁通密度均达到正常运行时的数值。忽略相对较小的一次侧绕组的铜耗 $I_0^2R_1$，空载时输入功率 P_0 等于变压器的铁耗。

依据等效电路(图 3.19(b))和测量结果得下列参数：

变压器的变比　　　　　　　　$k=\dfrac{U_1}{U_{20}}$　　　　　　　　　　(3.26)

由于 $Z_m\gg Z_1$，可忽略 Z_1

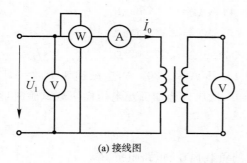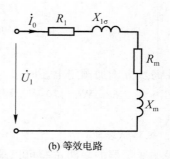

| (a) 接线图 | (b) 等效电路 |

图 3.19 单相变压器空载试验线路

励磁阻抗
$$Z_m = \frac{U_1}{I_0}$$
(3.27)

励磁电阻
$$R_m = \frac{P_0}{I_0^2}$$
(3.28)

励磁电抗
$$X_m = \sqrt{Z_m^2 - R_m^2}$$
(3.29)

应注意,上面的计算是对单相变压器进行的,如求三相变压器的参数,必须根据一相的空载损耗、相电压、相电流来计算。

在额定电压附近,由于磁路饱和的原因,R_m、X_m 都随电压大小而变化,因此,在空载试验中应求出对应于额定电压的 R_m、X_m 值。空载试验可以在任何一方做,若空载试验在高压方进行,测得励磁阻抗为 $Z_m^{(1)}$;若空载试验在低压方进行,测得的励磁阻抗为 $Z_m^{(2)}$,则 $Z_m^{(1)} = k^2 Z_m^{(2)}$。为了方便和安全,一般空载试验在低压方进行。

例 3.3 一台 S_9 系列的三相电力变压器,高、低压方均为 Y 接,$S_N = 200$ kVA,$U_{1N}/U_{2N} = 10$ kV/0.4 kV,$I_{1N}/I_{2N} = 11.55$ A/288.7 A。在低压方施加额定电压做空载试验,测得 $P_0 = 470$ W,$I_0 = 0.018 \times I_{2N} = 5.2$ A,求励磁参数。

解 计算高、低压方额定相电压

$$U_{1\phi N} = \frac{10\ 000}{\sqrt{3}}\ \text{V} = 5\ 773.7\ \text{V}$$

$$U_{2\phi N} = \frac{400}{\sqrt{3}}\ \text{V} = 230.9\ \text{V}$$

变比
$$k = \frac{U_{1\phi N}}{U_{2\phi N}} = \frac{5\ 773.7}{230.9} = 25$$

空载相电流
$$I_{20\phi} = I_0 = 5.2\ \text{A}$$

每相损耗
$$P_{0\phi} = \frac{470}{3}\ \text{W} = 156.7\ \text{W}$$

低压方励磁阻抗
$$Z'_m = \frac{U_{2\phi}}{I_{20\phi}} = \frac{230.9}{5.2}\ \Omega = 44.4\ \Omega$$

低压方励磁电阻
$$R'_m = \frac{P_{0\phi}}{I_{20\phi}^2} = \frac{156.7}{5.2^2}\ \Omega = 5.8\ \Omega$$

低压方励磁电抗 $X'_m = \sqrt{Z'^2_m - R'^2_m} = \sqrt{44.4^2 - 5.8^2}\ \Omega = 44.0\ \Omega$

以上参数是从低压方看进去的值,现将它们折算至高压方,有

$$Z_m = k^2 Z'_m = 25^2 \times 44.4 \ \Omega = 27\ 750 \ \Omega$$

$$R_m = k^2 R'_m = 25^2 \times 5.8 \ \Omega = 3\ 625 \ \Omega$$

$$X_m = k^2 X'_m = 25^2 \times 44.0 \ \Omega = 27\ 500 \ \Omega$$

在高压方施加额定电压时，$I_{10\phi} = 0.018 \times 11.55$ A $= 0.208$ A，空载损耗 $P_{01} = 3I_{10\phi}^2 R_m = 3 \times 0.208^2 \times 3\ 625$ W $= 470$ W。可见，在高压方、低压方施加额定电压做空载试验时，空载损耗相等。

2. 短路试验

根据变压器的短路试验可以求得变压器的负载损耗、短路阻抗 Z_k。

图 3.20(a)所示为一台单相变压器的短路试验线路，将二次侧短路，一次侧通过调压器接到电源上，施加的电压比额定电压低得多，以使一次侧电流接近额定值。测得一次侧电压 U_k，电流 I_k，输入功率 P_k，短路试验的等效电路如图 3.20(b)所示。在试验时，二次侧短路。当一次侧绕组中电流达到额定值时，根据磁动势平衡关系，二次侧绕组中电流亦达到额定值。短路试验时，U_k 很低$[(4\% \sim 10\%)U_{1N}]$，所以，铁芯中主磁通很小，励磁电流完全可以忽略，铁芯中的损耗也可以忽略。从电源输入的功率 P_k 等于铜耗，亦称为负载损耗。

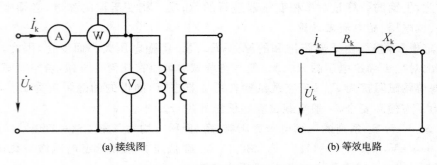

(a) 接线图　　　　　　　　　　　　　　(b) 等效电路

图 3.20　单相变压器短路试验线路

根据测量结果，由等效电路可算得下列参数：

短路阻抗
$$Z_k = \frac{U_k}{I_k} \tag{3.30}$$

短路电阻
$$R_k = \frac{P_k}{I_k^2} \tag{3.31}$$

短路电抗
$$X_k = \sqrt{Z_k^2 - R_k^2} \tag{3.32}$$

如同空载试验一样，上面的计算是对单相变压器进行的，如求三相变压器的参数时，就必须根据一相的负载损耗、相电压、相电流来计算。短路试验可以在高压方做也可以在低压方做，所求得的 Z_k 是折算到测量方的。

假定变压器一次侧为高压方，为了使变压器在短路试验（低压方短路）时一次侧电流为额定值 $I_{1\phi N}$，则在一次侧应施加短路电压 $U_k = I_{1\phi N} Z_k$。短路电压的电阻分量 $U_{kr} = I_{1\phi N} R_k$，短路电压的电抗分量 $U_{kr} = I_{1\phi N} X_k$。

例 3.4　对例 3.3 的变压器在高压方做短路试验。已知 $U_k = 400$ V、$I_k = 11.55$ A、$P_k = 3\ 500$ W，求短路参数。

解 相电压 $\qquad U_{k\phi}=\dfrac{400}{\sqrt{3}}$ V $=230.9$ V

相电流 $\qquad\qquad I_{k\phi}=11.55$ A

一相损耗 $\qquad\quad P_{k\phi}=\dfrac{3\ 500}{3}$ W $=1\ 167$ W

短路阻抗 $\qquad\quad Z_k=\dfrac{U_{k\phi}}{I_{k\phi}}=\dfrac{230.9}{11.55}$ Ω $=20.0$ Ω

短路电阻 $\qquad\quad R_k=\dfrac{P_{k\phi}}{I_{k\phi}^2}=\dfrac{1\ 167}{11.55^2}$ Ω $=8.75$ Ω

短路电抗 $\qquad\quad X_k=\sqrt{Z_k^2-R_k^2}=\sqrt{20^2-8.75^2}$ Ω $=17.98$ Ω

若在低压方做短路试验，则

低压方施加电压 $\quad U_{k\phi2}=\dfrac{U_{k\phi}}{k}=\dfrac{230.9}{25}$ V $=9.24$ V

低压方电流 $\qquad I_{k\phi2}=I_{k\phi}k=11.55\times25$ A $=288.8$ A

低压方短路电阻 $\quad R_{k2}=\dfrac{R_k}{k^2}=\dfrac{8.75}{25^2}$ Ω $=0.014$ Ω

低压方一相损耗 $\quad P_{k\phi2}=I_{k\phi2}^2R_{k2}=288.8^2\times0.014$ W $=1\ 167$ W

计算表明，在低压方做短路试验时，负载损耗值不变，但 $U_{k\phi2}$ 太小，$I_{k\phi2}$ 太大，调压设备难以满足要求，试验误差也较大。因此，变压器短路试验一般在高压方进行。

3.2.5 标幺值

在电力工程的计算中，电压、电流、阻抗、功率等通常不用它们的实际值表示，而用其实际值与某一选定的同单位的基值之比来表示。此选定的值称为基值，此比值称为该物理量的标幺值或相对值。对于三相变压器，一般取额定相电压作为相电压基值，取额定相电流作为相电流基值，取额定视在功率作为功率基值。为了区别，在各物理量符号右上角加上标"*"表示其为标幺值。当选定上述基值后，一次侧、二次侧相电压和相电流的标幺值分别为

$$\left.\begin{array}{ll} U_{1\phi}^*=\dfrac{U_{1\phi}}{U_{1\phi N}}, & U_{2\phi}^*=\dfrac{U_{2\phi}}{U_{2\phi N}} \\[2mm] I_{1\phi}^*=\dfrac{I_{1\phi}}{I_{1\phi N}}, & I_{2\phi}^*=\dfrac{I_{2\phi}}{I_{2\phi N}} \end{array}\right\} \tag{3.33}$$

又一次侧、二次侧阻抗的基值选定为

$$Z_{1\phi N}=\frac{U_{1\phi N}}{I_{1\phi N}}, \quad Z_{2\phi N}=\frac{U_{2\phi N}}{I_{2\phi N}} \tag{3.34}$$

则一次侧、二次侧阻抗的标幺值分别为

$$Z_1^*=\frac{I_{1\phi N}Z_1}{U_{1\phi N}}, \quad Z_2^*=\frac{I_{2\phi N}Z_2}{U_{2\phi N}}$$

且短路电压、短路电压的电阻分量和电抗分量用标幺值表示分别为

$$U_k^*=\frac{U_k}{U_{1\phi N}}, \quad U_{kr}^*=\frac{U_{kr}}{U_{1\phi N}}, \quad U_{kx}^*=\frac{U_{kx}}{U_{1\phi N}}$$

显而易见，采用标幺值具有下列优点。

（1）不论电力变压器容量相差多大（从 30 kVA 到 12×10^4 kVA），用标幺值表示的参数及性能数据变化范围很小。例如，空载电流 I_0^* 为 0.5％～2.5％，短路阻抗标幺值 Z_k^* 为 4％～10.5％。

（2）二次侧物理量对二次侧基值的标幺值等于该物理量的折算值对一次侧基值的标幺值。例如

$$I_2^* = \frac{I_2}{I_{2N}} = \frac{I_2/k}{I_{2N}/k} = \frac{I_2'}{I_{1N}} = I_2'^* \tag{3.35}$$

因此，采用标幺值时，不需要再将二次侧的物理量折算到一次侧，只要以二次侧的基值对二次侧的物理量进行标幺就可以了。

（3）采用标幺值后，某些物理量具有相同的标幺值。例如

$$U_k^* = Z_k^*, \quad U_{kr}^* = R_k^* = P_{kN}^*, \quad U_{kx}^* = X_k^*$$

式中，U_k 为短路阻抗电压；U_{kr} 为短路阻抗电压的电阻分量；U_{kx} 为短路阻抗电压的电抗分量。

例 3.5 一台三相电力变压器铭牌数据为：$S_N = 20\ 000$ kVA，$U_{1N}/U_{2N} =$ 110 kV/10.5 kV，高压方 Y 接、低压方△接，$f = 50$ Hz，$Z_k^* = 0.105$，$P_0 = 23.7$ kW，$I_0^* = 0.65\%$，$P_{kN} = 104$ kW。若将此变压器高压方接入 110 kV 电网、低压方接一对称三角形连接的负载，每相阻抗为（16.37＋j7.93）Ω，试求低压方电流、电压、高压方电流及从高压方看进去的功率因数。

解 采用 Γ 型等效电路

$$Z_k^* = 0.105$$

$$R_k^* = P_{kN}^* = \frac{P_{kN}}{S_N} = \frac{104}{20\ 000} = 0.005\ 2$$

$$X_k^* = \sqrt{Z_k^{*2} - R_k^{*2}} = \sqrt{0.105^2 - 0.005\ 2^2} = 0.105$$

$$Z_m^* = \frac{U_{1\phi N}^*}{I_0^*} = \frac{1}{0.65 \times 10^{-2}} = 153.85$$

$$R_m^* = \frac{P_0^*}{I_0^{*2}} = \frac{P_0/S_N}{I_0^{*2}} = \frac{23.7/20\ 000}{0.006\ 5^2} = 28.05$$

$$X_m^* = \sqrt{Z_m^{*2} - R_m^{*2}} = \sqrt{153.85^2 - 28.05^2} = 151.21$$

低压方额定相电压 $\qquad U_{2\phi N} = 10\ 500$ V

低压方额定相电流 $\qquad I_{2\phi N} = \frac{S_N}{3U_{2\phi N}} = \frac{20\ 000 \times 10^3}{3 \times 10\ 500}$ A $= 634.92$ A

低压方阻抗基值 $\qquad Z_{2\phi N} = \frac{U_{2\phi N}}{I_{2\phi N}} = \frac{10\ 500}{634.92}$ Ω $= 16.54$ Ω

负载相阻抗标幺值 $\qquad Z_L^* = \frac{16.37 + j7.93}{16.54} = 0.99 + j0.48 = 1.1 \angle 25.8°$

负载支路电流标幺值 $\qquad \dot{I}_2^* = \frac{U_{1\phi N}^*}{Z_k^* + Z_L^*} = \frac{1 \angle 0°}{0.52 \times 10^{-2} + j0.105 + 0.99 + j0.48}$

$$= 0.867 \angle -30.44°$$

低压方线电流 $\qquad I_{2L} = \sqrt{3} I_2^* I_{2\phi N} = \sqrt{3} \times 0.867 \times 634.92$ A $= 953.5$ A

低压方相电压标幺值 $\qquad U_{2\phi}^* = \dot{I}_2^* Z_L^* = 0.867 \angle -30.44° \times 1.1 \angle 25.8°$

$$=0.954 \angle -4.57°$$

低压方线电压 $\qquad U_{2L}=U_{2\phi}\times 10\,500=10\,017\text{ V}$

高压方空载电流标幺值 $\quad \dot{I}_0^* = \dfrac{1}{R_m^* + jX_m^*} = \dfrac{1}{28.05+j151.21}$

$$=0.65\times 10^{-2} \angle -79.36°$$

高压方相电流标幺值 $\quad \dot{I}_1^* = \dot{I}_0^* + \dot{I}_2^* = 0.65\times 10^{-2} \angle -79.36° + 0.867 \angle -30.44°$

$$=0.87 \angle -30.75°$$

高压方额定电流 $\qquad I_{1N}=\dfrac{S_N}{\sqrt{3}U_{1N}}=\dfrac{20\,000\times 10^3}{\sqrt{3}\times 110\times 10^3}\text{ A}=104.97\text{ A}$

高压方电流 $\qquad I_1 = I_1^* I_{1N}=0.87\times 104.97\text{ A}=91.32\text{ A}$

从高压方看进去 $\qquad \cos\varphi_1 = \cos 30.75°=0.86(\text{滞后})$

3.2.6 运行特性

变压器的运行性能有两个重要指标:电压变化率和效率。

1. 电压变化率

由于变压器一次侧、二次侧绕组都有漏阻抗,当通过负载电流时必然在这些漏阻抗上产生电压降,二次侧端电压将随负载的变化而变化。为了描述这种电压变化的大小,引入参数电压变化率。电压变化率 $\Delta U\%$ 定义为:变压器一次侧绕组施加额定电压,空载与负载两种工况下,二次侧端电压之差$(U_{20}-U_2)$与额定电压 U_{2N} 之比,即

$$\Delta U\% = \frac{U_{20}-U_2}{U_{2N}}\times 100\% = \frac{U_{2N}-U_2}{U_{2N}}\times 100\%$$

$$=\frac{U_{1N}-U_2'}{U_{1N}}\times 100\% \tag{3.36}$$

电压变化率计算公式推导如下。

图 3.21 是对应于变压器简化等效电路的相量图,过 P 点作 Oa 的垂线,得直角 $\triangle POb$,对于电力变压器有 $\overline{OP}\approx\overline{Ob}$。过 d 点作 ab 的垂线得垂足 c 点。

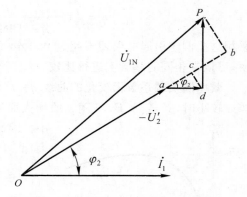

从空载到负载端电压变化为

$$U_{1N}-U_2'=\overline{ab}$$

$$\overline{ab}=I_1 R_k\cos\varphi_2 + I_1 X_k\sin\varphi_2$$

于是 $\Delta U\% = \dfrac{U_{1N}-U_2'}{U_{1N}}\times 100\% \approx \dfrac{\overline{ab}}{\overline{OP}}\times 100\%$

图 3.21　根据相量图求电压变化率

$$=\frac{I_1 R_k\cos\varphi_2 + I_1 X_k\sin\varphi_2}{U_{1N}}\times 100\%$$

$$=\beta(R_k^*\cos\varphi_2 + X_k^*\sin\varphi_2)\times 100\% \tag{3.37}$$

式中,$\beta=\dfrac{I_1}{I_{1N}}=\dfrac{I_2}{I_{2N}}$ 称为负载系数,也是电流 I_1 或 I_2 的标幺值。

从式(3.37)可以看出,变压器的电压变化率取决于短路参数、负载系数、负载功率因数。

在电力变压器中，一般 $X_k \gg R_k$，当负载为纯电阻时，$\cos\varphi_2 = 1$，$\sin\varphi_2 = 0$，ΔU 很小；当负载为感性负载时，$\varphi_2 > 0$（称 φ_2 滞后），$\cos\varphi_2$、$\sin\varphi_2$ 均为正，$\Delta U\%$ 为正值，二次侧端电压 U_2 随负载电流 I_2 的增大而下降；当负载为容性负载时，$\varphi_2 < 0$（也称 φ_2 超前），$\cos\varphi_2 > 0$，$\sin\varphi_2 < 0$，若 $|R_k^* \cos\varphi_2| < |X_k^* \sin\varphi_2|$，则 $\Delta U\%$ 为负，二次侧端电压随负载电流 I_2 的增加而升高。

2. 效率

变压器的效率定义为

$$\eta = \frac{P_2}{P_1} \times 100\% \tag{3.38}$$

式中，P_2 为二次侧绕组输出的有功功率，P_1 为一次侧绕组输入的有功功率。

变压器的效率一般都较高，大多数在 95% 以上，大型变压器效率可达 99% 以上，因此不宜采用直接测量 P_1、P_2 的方法，工程上常采用间接法测定变压器的效率，即测出各种损耗来计算效率，所以式（3.38）可改为

$$\eta = \frac{P_2}{P_1} = \frac{P_1 - \Sigma p}{P_1} = \left(1 - \frac{\Sigma p}{P_2 + \Sigma p}\right) \times 100\% \tag{3.39}$$

式中，$\Sigma p = $ 铁耗 + 铜耗。

在用式（3.38）计算效率时，作以下几个假定：

（1）以额定电压下空载损耗 P_0 作为铁耗，并认为铁耗不随负载而变化；

（2）以额定电流时的短路损耗 P_{kN} 作为额定负载电流时的铜耗，并认为铜耗与负载系数的平方（β^2）成正比；

（3）计算 P_2 时，忽略负载运行时二次侧电压的变化，有

$$P_2 = mU_{2\phi N}I_2\cos\varphi_2 = \beta mU_{2\phi N}I_{2\phi N}\cos\varphi_2 = \beta S_N\cos\varphi_2$$

式中，m 为相数；S_N 为变压器的额定容量。

应用上述三个假定后，式（3.39）变为

$$\eta = \left(1 - \frac{P_0 + \beta^2 P_{kN}}{\beta S_N\cos\varphi_2 + P_0 + \beta^2 P_{kN}}\right) \times 100\% \tag{3.40}$$

采用这些假定引起的误差不超过 0.5%，而且对所有的电力变压器都用这种方法来计算效率，可以在相同的基础上进行比较。

效率随负载系数而变化的曲线 $\eta = f(\beta)$ 称为效率特性。在一定的 $\cos\varphi_2$ 下，$\beta = 0$，$\eta = 0$；当 β 较小时，$\beta^2 P_{kN} < P_0$，η 随 β 的增大而增大；当 β 较大时，$\beta^2 P_{kN} > P_0$，η 随 β 的增大而减小。因此，在 β 的增加过程中，有一 β 值对应的效率达到最大，此 β 值可用微分法求得，即

$$\frac{\mathrm{d}\eta}{\mathrm{d}\beta} = 0$$

经过对 η 的微分运算，可得产生最大效率时的负载系数为

$$\beta_m = \sqrt{\frac{P_0}{P_{kN}}}$$

即

$$\beta_m^2 P_{kN} = P_0 \tag{3.41}$$

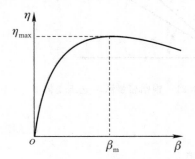

图 3.22 变压器的效率特性

式（3.41）表明，当铜耗等于铁耗时，变压器的效率达到最高，如图 3.22 所示。但这是指的瞬时工作效率，对实

际电力变压器，P_0 是常年损耗，只要挂网就有空载损耗，而负载系数 β 随时间变化较大，故我国新 S_9 系列配电变压器 $P_{kN}/P_0=6\sim7.5$。

例 3.6　仍采用例 3.5 变压器的数据，当高压方施加额定电压，低压方负载电流为 953.5 A，负载功率因数 $\cos\varphi_2=0.9$（滞后）时，求电压变化率、低压方电压、效率。

解　负载系数　　　　　　$\beta=\dfrac{I_2}{I_{2\phi N}}=\dfrac{953.5/\sqrt{3}}{634.92}=0.867$

负载功率因数　　　　　$\cos\varphi_2=0.9,\quad \sin\varphi_2=0.435$

由例 3.5　　　　　　　$R_k^*=0.005\,2,\quad X_k^*=0.105$

$$\Delta U=\beta(R_k^*\cos\varphi_2+X_k^*\sin\varphi_2)$$
$$=0.867(0.005\,2\times0.9+0.105\times0.435)=0.044$$

低压方线电压　　　　　$U_{2L}=(1-0.044)\times10\,500\,\text{V}=10\,038\ \text{V}$

此例的负载系数 β、$\cos\varphi_2$ 与例 3.5 相同，采用电压变化率计算低压方负载时的端电压与例 3.5（采用等效电路）结果十分接近。

$$\eta=\left(1-\dfrac{P_0+\beta^2P_{kN}}{\beta S_N\cos\varphi_2+P_0+\beta^2P_{kN}}\right)\times100\%$$
$$=\left(1-\dfrac{23.7+0.867^2\times104}{0.867\times20\,000\times0.9+23.7+0.867^2\times104}\right)\times100\%$$
$$=99.4\%$$

3.3　三相变压器

以上几节讨论了单相变压器和带对称负载下的三相变压器的运行原理和性能。本节讨论三相变压器的特殊问题——磁路、电路、连接组及它们对电动势波形的影响。

3.3.1　三相变压器的磁路系统

三相变压器按磁路可分为组式变压器和芯式变压器两类。三相组式变压器由三台单相变压器组成，如图 3.23 所示。各相主磁通都有自己独立的磁路，互不相关联。当一次侧外加三相对称电压时，各相主磁通 $\dot\Phi_A$、$\dot\Phi_B$、$\dot\Phi_C$ 对称，各相空载电流也是对称的。

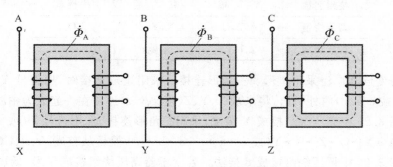

图 3.23　三相组式变压器

三相芯式变压器的铁芯结构是从三相组式变压器铁芯演变过来的。如果把三台单相变压器铁芯合并成图 3.24(a)所示的样子,当三相变压器一次侧绕组外施对称的三相电压时,三相主磁通对称,中间铁芯柱内磁通 $\dot{\Phi}_A+\dot{\Phi}_B+\dot{\Phi}_C=0$,因此可以将中间铁芯柱省掉,变成图 3.24(b)所示的样子;为了结构简单、便于制造,将三相铁芯布置在同一平面内,便得到图 3.24(c)所示的样子,这就是常用三相芯柱变压器的铁芯。

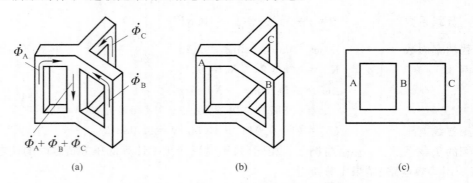

图 3.24　三相芯式变压器的磁路

在三相芯式变压器磁路中,磁路是彼此相关的,且三相磁路长度不相等。中间 B 相磁路较短,磁阻较小;两边 A、C 相磁路较长,磁阻较大。当外施三相对称电压时,三相空载电流不相等,B 相较小,A、C 相较大。但由于变压器的空载电流百分值很小(额定电流的0.6%~2.5%),它的不对称对变压器负载运行影响极小,可以忽略。在目前的电力系统中,用得较多的是三相芯式变压器,部分大容量的变压器由于运输困难等原因,也有采用三相组式结构的。

3.3.2　三相变压器的电路系统

三相变压器绕组的连接不仅是构成电路的需要,还关系到一次侧、二次侧绕组电动势谐波的大小及并联运行等问题,下面加以分析。

1. 连接法

为了说明连接方法,首先对绕组的首端、末端的标记进行如表 3.1 所示的规定。

表 3.1　绕组首端末端的标记规定

绕组名称	首　　端	末　　端	中性点
高压绕组	A,B,C	X,Y,Z	O
低压绕组	a,b,c	x,y,z	o

三相电力变压器广泛采用星形和三角形连接。采用星形连接时,用符号 Y(或 y)表示,首端 A、B、C(或 a、b、c)向外引出,将末端 X、Y、Z(或 x、y、z)连接在一起成为中性点,用 O(或 o)表示。在图 3.25 中高压绕组接成 Y 接法;采用三角形连接时,用符号 D(或 d)表示,一种连接次序为 A→X→C→Z→B→Y(或 a→x→c→z→b→y),然后从首端 A、B、C(或 a、b、c)向外引出。在图 3.26 中低压绕组接成 d 接法。若变压器高压绕组接成星形、低压绕组接成三角形,则表示成 Yd 连接。

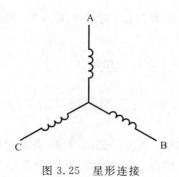

图 3.25　星形连接

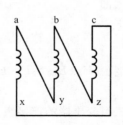

图 3.26　三角形连接

2. 连接组

单相变压器的高、低压绕组都绕在同一个铁芯柱上,它们被同一个主磁通所交链。在高、低压绕组中感应的电动势 $\dot{E}_A(\dot{E}_{AX})$、$\dot{E}_a(\dot{E}_{ax})$ 的相位关系只有两种可能:$\dot{E}_A$ 与 $\dot{E}_a$ 同相位,$\dot{E}_A$ 与 $\dot{E}_a$ 反相位。在图 3.27(a)所示中,从高压绕组首端 A 和低压绕组首端 a 出发,两绕组绕向相同,$\dot{E}_A$、$\dot{E}_a$ 与主磁通 $\dot{\Phi}_m$ 均符合右手螺旋法则,$\dot{E}_A$ 与 $\dot{E}_a$ 同相位[见图3.27(b)]。将上述特征用等效电路描述如图 3.27(c)所示,图中用同名端表示绕向,即从同名端出发,两绕组绕向相同。

在图 3.28(a)所示中,从首端 A、a 出发,两绕组绕向相反,$\dot{E}_A$ 与 $\dot{\Phi}_m$ 符合右手螺旋定则,$\dot{E}_a$ 与 $\dot{\Phi}_m$ 不符合右手螺旋定则,故 E_A 与 $\dot{E}_a$ 反相位,如图 3.28(b)所示。用等效电路来描述,如图 3.28(c)所示。从这两个等效电路可以得出如下规律:高、低压两绕组的同名端同标记,$\dot{E}_A$、$\dot{E}_a$ 同相位;高、低压两绕组的同名端异标记,$\dot{E}_A$、$\dot{E}_a$ 反相位。

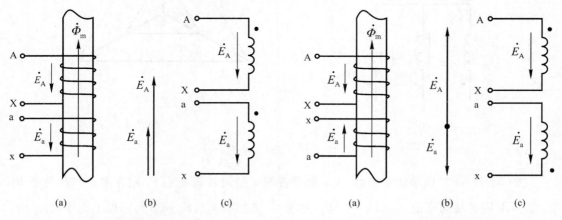

图 3.27　单相变压器(两绕组同绕向)　　　图 3.28　单相变压器(两绕组反绕向)

为了区别不同的连接组,采用时钟表示法,将高压绕组电动势相量作为长针指向 0 点,将低压绕组电动势相量作为短针,看其指在哪一个数字上,例如图 3.27(b)所示,短针指向 0 点,其连接组号为 0,连接组为 Ii0,其 Ii 代表高、低压绕组为单相。图 3.28(b)所示短针指向 6 点,其连接组号为 6,连接组为 Ii6。

对于三相变压器，连接组号的规定与单相变压器相似，它等于 $\dot{E}_{ao}(\dot{E}_a)$ 滞后于 $\dot{E}_{Ao}(\dot{E}_A)$ 的相角除以 $30°$，即

$$连接组号 = \frac{\dot{E}_{ao} \text{ 滞后于 } \dot{E}_{Ao} \text{ 的相角}}{30°}$$

对于星形接法，$\dot{E}_A(\dot{E}_{Ao})$、$\dot{E}_a(\dot{E}_{ao})$ 是真实的；对于三角形接法，$\dot{E}_A(\dot{E}_{Ao})$、$\dot{E}_a(\dot{E}_{ao})$ 是假定的。

为了得出三相变压器的连接组号，必须先求出每个芯柱上高、低压绕组所构成的单相变压器的组号，即这两个相电动势是同相位还是反相位。下面以实例说明三相变压器连接组号的求法。

1）Yy0 连接组

图 3.29（a）所示为 Yy 连接时高、低压绕组的连接图，同名端已标出，现求连接组号。

（1）作出高压方相、线电动势相量图，△ABC 三顶点顺时针排布，$\dot{E}_A$、$\dot{E}_B$、$\dot{E}_C$ 三个相电动势对称，满足 $\dot{E}_{AB}=\dot{E}_A-\dot{E}_B$，如图 3.29（b）所示。

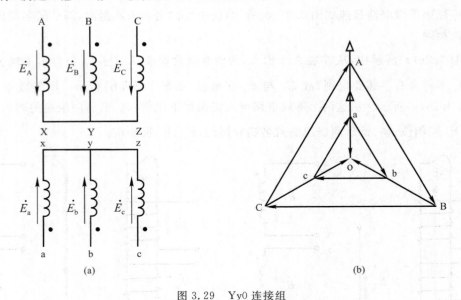

图 3.29 Yy0 连接组

（2）对于 Aa 芯柱单相变压器，A、a 都是首端又是同名端，$\dot{E}_A$、$\dot{E}_a$ 同方向，同理，对于 Bb 芯柱，B、b 同名端同标记，$\dot{E}_B$、$\dot{E}_b$ 同方向；对于 Cc 芯柱有 $\dot{E}_C$、$\dot{E}_c$ 同方向。据上述作出△abc，a、b、c 必须也是顺时针走向，两个三角形同心。

（3）根据 IEC 标准，以 $\overline{oA}$ 表示 $\dot{E}_A$（空心箭头相量），以 $\overline{oa}$ 表示 $\dot{E}_a$（空心箭头），$\dot{E}_a$ 滞后 $\dot{E}_A$ 零角度，即组号为 0，连接组为 Yy0。

2）Yd11 连接组

三相绕组连接如图 3.30 所示。

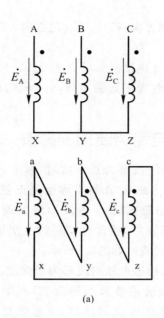 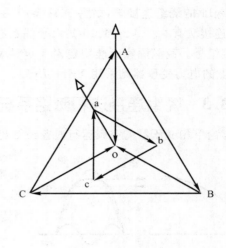

(a)   (b)

图 3.30　Yd11 连接组

（1）作高压线相电动势相量△ABC。

（2）对于 Aa 芯柱，$\dot{E}_A$ 与 $\dot{E}_{ca}$ 反方向；对于 Bb 芯柱，$\dot{E}_B$ 与 $\dot{E}_{ab}$ 反方向；对于 Cc 芯柱，$\dot{E}_C$ 与 $\dot{E}_{bc}$ 反方向。作相量△abc。

（3）连接 $\overline{oA}$ 作长针，$\overline{oa}$ 作短针，$\overline{oa}$ 滞后于 $\overline{oA}$ 11 点，连接组为 Yd11。

3）Dy11 连接组

根据 Yd11 连接组的相量图 3.30(b)，作出 Dy11 连接组的相量图，如图 3.31(a)所示。

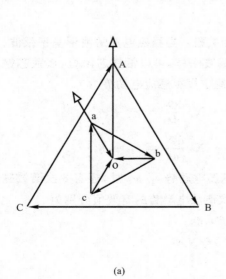 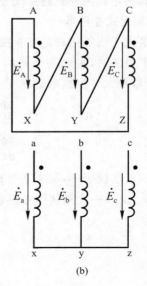

(a)   (b)

图 3.31　Dy11 连接组

由相量图 3.31(a)可以得出 $\dot{E}_a$ 与 $\dot{E}_{AB}$ 同方向；$\dot{E}_b$ 与 $\dot{E}_{BC}$ 同方向；$\dot{E}_c$ 与 $\dot{E}_{CA}$ 同方向。因此，可以画出 Dy11 的绕组连接图，如图 3.31(b)所示。

Yy 连接法有 0、2、4、6、8、10 共六个偶数连接组号，Yd 连接法有 1、3、5、7、9、11 共六个奇数连接组号。我国国家标准规定对 1 600kVA 以下配电变压器采用 Yy0、Dy11，而 1 600 kVA 以上的电力变压器则采用 Yd11、Dy11。

3.3.3 绕组连接法和磁路系统对空载电动势波形的影响

在讨论单相变压器的空载运行时曾经得出，当外施电压波形为正弦波时，由于 $e \approx u$，故感应电动势 e、主磁通 Φ 的波形也是正弦波。如果磁路饱和，励磁电流 i_0 的波形将呈现尖顶波形，其中除了基波外，还含有较强的三次谐波（以下忽略更高次谐波），如图 3.8 所示。

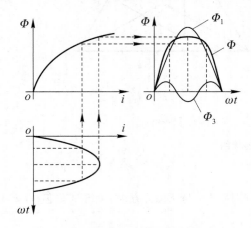

图 3.32 正弦波电流产生的磁通波形

同理，如果励磁电流的波形为正弦波，由于磁路非线性，主磁通的波形为平顶波，其中除了基波，还含有较强的 3 次谐波（以下忽略更高次谐波），如图 3.32 所示。

1. Yy 连接的三相变压器

在三相 Yy 连接的变压器一次绕组中，各相电流的三次谐波之间的相位差为 $3 \times 120° = 360°$，即各相三次谐波电流在时间上同相位。在一次侧为 Y 接的三相绕组中，三次谐波电流不能流通，即励磁电流中不含有三次谐波而接近正弦波。此时铁芯中磁通波形就要取决于磁路结构。以下就组式和芯式两种磁路系统分别予以讨论。

1）三相组式变压器

三相组式变压器磁路是互相独立、彼此不相关联。当励磁电流的波形呈正弦波、主磁通的波形呈平顶波时，主磁通 Φ 中的三次谐波和基波一样，可以沿铁芯闭合，在铁芯饱和的情况下，其含量较大。根据电磁感应定律，一次绕组中每相感应电动势为

$$\left.\begin{array}{l} e_1 = -N_1 \dfrac{\mathrm{d}\Phi}{\mathrm{d}t} = -N_1 \dfrac{\mathrm{d}\Phi_1}{\mathrm{d}t} - N_1 \dfrac{\mathrm{d}\Phi_3}{\mathrm{d}t} = e_{11} + e_{13} \\[3mm] e_2 = -N_2 \dfrac{\mathrm{d}\Phi}{\mathrm{d}t} = -N_2 \dfrac{\mathrm{d}\Phi_1}{\mathrm{d}t} - N_2 \dfrac{\mathrm{d}\Phi_3}{\mathrm{d}t} = e_{21} + e_{23} \end{array}\right\} \tag{3.42}$$

因此，在一、二次绕组中，除了基波磁通感应的基波电动势 e_{11}、e_{21} 外，还有 3 次谐波磁通感应的电动势 e_{13}、e_{23}，一次侧绕组中感应的基波、3 次谐波电动势的有效值分别为

$$E_{11} = 4.44 f N_1 \Phi_{m1}$$
$$E_{13} = 4.44 (3f) N_1 \Phi_{m3}$$

所以
$$\frac{E_{13}}{E_{11}} = 3 \frac{\Phi_{m3}}{\Phi_{m1}} \tag{3.43}$$

因此，3 次谐波电动势幅值可达到基波幅值的 $45\% \sim 60\%$，甚至更大，如图 3.33 所示。由于

三相绕组的 3 次谐波电动势是同相位的，故在线电动势中不存在 3 次谐波，$E_L=\sqrt{3}E_{11}$。然而在高压相绕组中，相电动势最大值将达到 $E_{11m}+E_{13m}$，可能损坏绝缘，因此，三相组式变压器不能采用 Yy 连接。

2）三相芯式变压器

这种变压器的磁路是各相相互关联的。对于三相基波磁通，都能沿铁芯闭合，且满足 $\dot{\Phi}_{A1}+\dot{\Phi}_{B1}+\dot{\Phi}_{C1}=0$，但对于三次谐波磁通，三相同相位，即 $\dot{\Phi}_{A3}=\dot{\Phi}_{B3}=\dot{\Phi}_{C3}$，它们不能沿铁芯闭合，只有从铁轭处散射出去，穿过一段间隙，借道油箱壁而闭合，如图 3.34 所示。这样三次谐波磁通就遇到很大的磁阻，使得它们大为削弱，使主磁通波形接近正弦波，因此相电动势中三次谐波很小，电动势波形接近正弦波。我国配电变压器就采用芯式铁芯结构、Yyn0 连接组（n 表示低压方有中性点引出线）。由于三次谐波磁通通过油箱壁或其他铁构件时，将在这些构件中产生涡流损耗，从而使变压器效率降低，因此变压器容量不大于 1 600 kVA 才采用这种连接组。

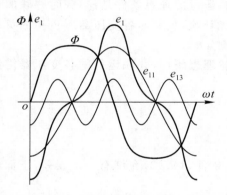

图 3.33 平顶波磁通产生的电动势波形

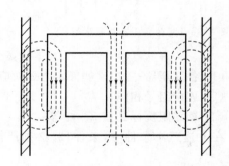

图 3.34 三相芯式铁芯中三次谐波磁通

2. Dy 及 Yd 连接的三相变压器

对于 Dy 连接的三相变压器，由于在一次侧三角形接法的绕组中，三相同相位的三次谐波电流可以流通，如图 3.35 所示，因此，在励磁电流中存在所需要的三次谐波分量，从而使主磁通波形呈正弦波，使相电动势波形呈正弦波。因为铁芯中的主磁通取决于一次侧绕组、二次侧绕组的合成磁动势，所以三角形接法的绕组在一次侧或二次侧没有区别，故上述结论亦适合于 Yd 连接的三相变压器。我国制造的 1 600 kVA 以上的变压器，一次侧、二次侧总有一方是接成三角形的，其理由也在于此。

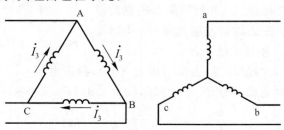

图 3.35 三角形绕组中的三次谐波

3.4 变压器的并联运行

在大容量的变电站中，常采用几台变压器并联的运行方式，即将这些变压器的一次侧、二次侧的端子分别并联到一次侧、二次侧的公共母线上，共同对负载供电，如图 3.36 所示。

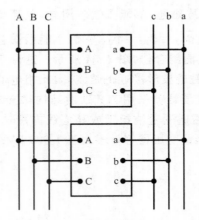

图 3.36 两台变压器并联运行

将几台变压器并联运行，能提高供电的可靠性。如果某一台变压器发生故障，可以将它从电网中切除检修而不中断供电；可减少备用容量；可随着用电量的增加而加装新的变压器。当然，并联变压器台数太多也不经济，因为一台大容量的变压器的造价要比总容量相同的几台小容量变压器造价低、占地面积小。

变压器并联运行的理想条件是：空载时并联的各变压器一次侧间无环流，负载时各变压器所负担的负载电流按容量成比例分配。

要达到上述理想条件，并联运行的各变压器需满足下列条件：

(1) 各变压器一、二次侧额定电压对应相等；

(2) 连接组号相同；

(3) 短路阻抗标幺值 Z_k^* 相等。

在上述三个条件中，条件(2)必须严格满足，条件(1)、(3)允许有一定误差，下面分别讨论。

3.4.1 变比不等的变压器并联运行

设两台变压器的连接组号相同，但变比不相等，将一次侧各物理量折算到二次侧，并忽略励磁电流，则得到并联运行时的简化等效电路，如图 3.37 所示。在空载时，两变压器绕组之间的环流为

$$\dot{I}_c = \frac{\dfrac{\dot{U}_1}{k_\mathrm{I}} - \dfrac{\dot{U}_1}{k_\mathrm{II}}}{Z_{k\mathrm{I}} + Z_{k\mathrm{II}}} \qquad (3.44)$$

式中，$Z_{k\mathrm{I}}$、$Z_{k\mathrm{II}}$ 分别是变压器 Ⅰ、Ⅱ 折算到二次侧的短路阻抗的实际值。由于变压器短路阻抗很小，所以即使变比差值很小，也能产生较大的环流。

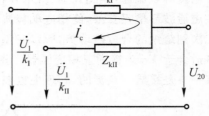

图 3.37 变比不等的变压器并联运行

例 3.7 两台变压器容量相等，连接组都是 Yd11，额定电压 $U_{1N}/U_{2N} = 10\ \mathrm{kV}/6.3\ \mathrm{kV}$，短路阻抗均为 5.5%，但变比不等，$k_\mathrm{I} = 0.916$，$k_\mathrm{II} = 0.911\ 5$，求并联运行时的空载环流。

解

$$I_c = \frac{\dfrac{U_1}{k_\mathrm{I}} - \dfrac{U_1}{k_\mathrm{II}}}{Z_{k\mathrm{I}} + Z_{k\mathrm{II}}} = \frac{\left(\dfrac{1}{k_\mathrm{I}} - \dfrac{1}{k_\mathrm{II}}\right) U_1}{Z_{k\mathrm{I}}^* + Z_{k\mathrm{II}}^*} \cdot \frac{I_{2\phi N}}{U_{2\phi N}}$$

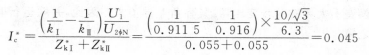

$$I_c^* = \frac{\left(\dfrac{1}{k_{\text{I}}}-\dfrac{1}{k_{\text{II}}}\right)\dfrac{U_1}{U_{2\phi N}}}{Z_{k\text{I}}^* + Z_{k\text{II}}^*} = \frac{\left(\dfrac{1}{0.911\,5}-\dfrac{1}{0.916}\right)\times\dfrac{10/\sqrt{3}}{6.3}}{0.055+0.055} = 0.045$$

额定变比

$$k = \frac{10/\sqrt{3}}{6.3} = 0.916$$

变压器 II 变比误差

$$\Delta k = \frac{0.916-0.911\,5}{0.916} = 0.5\%$$

电力变压器变比误差一般都控制在 0.5% 以内,故环流可以不超过额定电流的 5%。

3.4.2 连接组号不同时变压器的并联运行

连接组号不同的变压器,虽然一次侧、二次侧额定电压相同,但二次侧电压相量的相位至少相差 30°,如图 3.38 所示。例如,Yy0 与 Yd11 一次侧接入电网,二次侧电压相量的相位就差 30°,相量差

$$\Delta U_{20}^* = 2\times\sin\frac{30°}{2} = 0.52$$

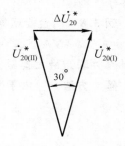

图 3.38 Yy0 与 Yd11 两变压器并联时二次侧电压相量

由于短路阻抗很小(例如两变压器 Z_k^* 均为 0.05),将在两变压器绕组中产生很大的空载环流,其值将到达额定电流的 5.2 倍,这是绝不允许的,因此,连接组号不同的变压器不能并联运行。

3.4.3 短路阻抗不等时变压器的并联运行

设两台变压器一次、二次侧额定电压对应相等,连接组号相同。满足了上面两个条件,可以把变压器并联在一起。略去励磁电流,得到图 3.39 所示的等效电路。从图中可以看出,$Z_{k\text{I}}$ 是变压器 I 的短路阻抗,其上流过变压器 I 的相电流 I_{I};$Z_{k\text{II}}$ 是变压器 II 的短路阻抗,其上流过变压器 II 的相电流 I_{II}。由图可得到

$$\dot{I} = \dot{I}_{\text{I}} + \dot{I}_{\text{II}} \tag{3.45}$$

两变压器阻抗压降相等

$$\dot{I}_{\text{I}} Z_{k\text{I}} = \dot{I}_{\text{II}} Z_{k\text{II}}$$

故有

$$\frac{\dot{I}_{\text{I}}}{\dot{I}_{\text{II}}} = \frac{Z_{k\text{II}}}{Z_{k\text{I}}} \tag{3.46}$$

由于并联的两变压器容量不等,故负载电流的分配是否合理不能直接从实际值来判断,而应从标幺值(负载系数)来判断。由于

$$\frac{\dot{I}_{\text{I}}/I_{\text{IN}}}{\dot{I}_{\text{II}}/I_{\text{IIN}}} = \frac{Z_{k\text{II}} I_{\text{IIN}}/U_{1N}}{Z_{k\text{I}} I_{\text{IN}}/U_{1N}}$$

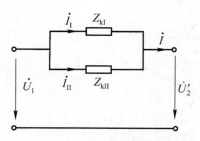

图 3.39 变压器并联运行时简化等效电路

故有

$$\frac{\dot{I}_{\text{I}}^*}{\dot{I}_{\text{II}}^*} = \frac{Z_{k\text{II}}^*}{Z_{k\text{I}}^*} = \frac{Z_{k\text{II}}^*}{Z_{k\text{I}}^*}\angle(\theta_{\text{II}}-\theta_{\text{I}}) \tag{3.47}$$

对于容量相差不太大的两台变压器，其幅角差异不大。因此，并联运行时负载系数仅取决于短路阻抗之模

$$\frac{\beta_{\mathrm{I}}}{\beta_{\mathrm{II}}} = \frac{Z_{\mathrm{kII}}^{*}}{Z_{\mathrm{kI}}^{*}} \qquad (3.48)$$

式(3.48)表明，并联运行的各变压器的负载系数与其短路阻抗的标幺值成反比。短路阻抗标幺值小的变压器先到达满载。

并联运行时为了不浪费设备容量，要求任两台变压器容量之比小于3，漏阻抗标幺值之差小于10%。

例3.8 两台变压器并联运行，$U_{1\mathrm{N}}/U_{2\mathrm{N}} = 35\ \mathrm{kV}/6.3\ \mathrm{kV}$，连接组均为 Yd11，额定容量：$S_{\mathrm{NI}} = 6\ 300\ \mathrm{kVA}$，$S_{\mathrm{NII}} = 5\ 000\ \mathrm{kVA}$。短路阻抗：$Z_{\mathrm{kI}}^{*} = 0.07$，$Z_{\mathrm{kII}}^{*} = 0.075$，不计阻抗角差别。试计算并联组最大容量、最大输出电流和利用率。

解 方法一 由于变压器Ⅰ短路阻抗标幺值小，先达到满载，令 $\beta_{\mathrm{I}} = 1$

$$\frac{\beta_{\mathrm{I}}}{\beta_{\mathrm{II}}} = \frac{Z_{\mathrm{kII}}^{*}}{Z_{\mathrm{kI}}^{*}}$$

故有

$$\frac{1}{\beta_{\mathrm{II}}} = \frac{0.075}{0.07}, \quad \beta_{\mathrm{II}} = 0.933$$

两变压器并联组的最大容量

$$S_{\mathrm{m}} = \beta_{\mathrm{I}} S_{\mathrm{NI}} + \beta_{\mathrm{II}} S_{\mathrm{NII}} = (1 \times 6\ 300 + 0.933 \times 5\ 000)\ \mathrm{kVA} = 10\ 965\ \mathrm{kVA}$$

并联组最大输出电流

$$I_{2\mathrm{m}} = \frac{S_{\mathrm{m}}}{\sqrt{3} U_{2\mathrm{N}}} = \frac{10\ 965}{\sqrt{3} \times 6.3}\ \mathrm{A} = 1\ 005.0\ \mathrm{A}$$

并联组利用率

$$\frac{S_{\mathrm{m}}}{S_{\mathrm{NI}} + S_{\mathrm{NII}}} = \frac{10\ 965}{6\ 300 + 5\ 000} = 97.04\%$$

方法二 在图3.39所示中，Z_{kI} 是变压器Ⅰ的短路阻抗，流过它的电流是变压器Ⅰ的相电流；Z_{kII} 是变压器Ⅱ的短路阻抗，流过它的电流是变压器Ⅱ的相电流。对变压器Ⅰ，有

$$U_{1\phi\mathrm{NI}} = \frac{U_{1\mathrm{N}}}{\sqrt{3}} = \frac{35\ 000}{\sqrt{3}}\ \mathrm{V} = 20\ 207.3\ \mathrm{V}$$

$$I_{1\phi\mathrm{NI}} = I_{1\mathrm{NI}} = \frac{S_{\mathrm{NI}}}{\sqrt{3} U_{1\mathrm{N}}} = \frac{6\ 300 \times 10^{3}}{\sqrt{3} \times 35 \times 10^{3}}\ \mathrm{A} = 103.9\ \mathrm{A}$$

$$Z_{1\mathrm{NI}} = \frac{U_{1\phi\mathrm{NI}}}{I_{1\phi\mathrm{NI}}} = \frac{20\ 207.3}{103.9}\ \Omega = 194.5\ \Omega$$

$$Z_{\mathrm{kI}} = Z_{\mathrm{kI}}^{*} Z_{1\mathrm{NI}} = 0.07 \times 194.5\ \Omega = 13.62\ \Omega$$

对于变压器Ⅱ，有

$$U_{1\phi\mathrm{NII}} = U_{1\phi\mathrm{NI}} = 20\ 207.3\ \mathrm{V}$$

$$I_{1\phi\mathrm{NII}} = I_{1\mathrm{NII}} = \frac{S_{\mathrm{NII}}}{\sqrt{3} U_{1\mathrm{N}}} = \frac{5\ 000 \times 10^{3}}{\sqrt{3} \times 35 \times 10^{3}}\ \mathrm{A} = 82.5\ \mathrm{A}$$

$$Z_{1\mathrm{NII}} = \frac{U_{1\phi\mathrm{NII}}}{I_{1\phi\mathrm{NII}}} = \frac{20\ 207.3}{82.5}\ \mathrm{A} = 244.9\ \mathrm{A}$$

$$Z_{k\text{II}} = Z_{k\text{II}}^* Z_{2N\text{II}} = 0.075 \times 244.9\ \Omega = 18.37\ \Omega$$

根据图 3.39，两并联阻抗两端电压相等，$I_1 Z_{k\text{I}} = I_2 Z_{k\text{II}}$。当 $I_1 = I_{1\phi N\text{I}} = 103.9$A 时

$$I_2 = \frac{I_1 Z_{k\text{I}}}{Z_{k\text{II}}} = \frac{103.9 \times 13.62}{18.37}\ \text{A} = 77.0\ \text{A} < I_{1\phi N\text{II}}$$

两变压器并联组最大容量

$$S_m = \left(1 \times 6\,300 + \frac{77}{82.5} \times 5\,000\right)\ \text{kVA} = 10\,965\ \text{kVA}$$

显然，运用方法二与方法一的结果是相同的。虽然方法二步骤多一些，但它只利用了理论电工中最基本的原理。

3.5 变压器的不对称运行

三相变压器的负载一般都是不对称的，例如，单相电炉、电焊机、家用电器和照明负载等都会产生三相负载电流不平衡；此外当一相断电检修时，另外两相继续供电也会造成变压器的不对称运行。分析变压器不对称运行常采用对称分量法。

3.5.1 对称分量法

对称分量法的原理是把一组不对称的三相电压或电流看成三组同频率的对称的电压或电流的叠加，后者称为前者的对称分量。

图 3.40(a)、(b)、(c)所示为三组不相关的对称电流，但各有不同相序。在图 3.40(a)中，$\dot{I}_A^+$、$\dot{I}_B^+$、$\dot{I}_C^+$ 依次滞后 120°，称为正序，在右上角标有"+"号；在图 3.40(b)中，$\dot{I}_A^-$、$\dot{I}_B^-$、$\dot{I}_C^-$ 依次超前 120°，称为负序，在右上角标有"−"号；在图 3.40(c)中，$\dot{I}_A^0 = \dot{I}_B^0 = \dot{I}_C^0$，三相电流同相序，称为零序。将正序、负序、零序三组不相关的对称电流叠加起来，便得到一组不对称的三相电流 $\dot{I}_A$、$\dot{I}_B$、$\dot{I}_C$，如图 3.40(d)所示。这里有

$$\left.\begin{array}{l} \dot{I}_A = \dot{I}_A^+ + \dot{I}_A^- + \dot{I}_A^0 \\ \dot{I}_B = \dot{I}_B^+ + \dot{I}_B^- + \dot{I}_B^0 \\ \dot{I}_C = \dot{I}_C^+ + \dot{I}_C^- + \dot{I}_C^0 \end{array}\right\} \tag{3.49}$$

反过来，任何一组不对称的三相电流也可以分解出唯一的三组对称分量。推导过程如下。

由图 3.40(a)、(b)、(c)，各相序分量中的各相电流之间的关系可描述为

$$\left.\begin{array}{l} \dot{I}_B^+ = \alpha^2 \dot{I}_A^+,\ \dot{I}_C^+ = \alpha \dot{I}_A^+ \\ \dot{I}_B^- = \alpha \dot{I}_A^-,\ \dot{I}_C^- = \alpha^2 \dot{I}_A^- \\ \dot{I}_A^0 = \dot{I}_B^0 = \dot{I}_C^0 \end{array}\right\} \tag{3.50}$$

式中，复数运算符号 $\alpha = e^{j\frac{2}{3}\pi} = -\frac{1}{2} + j\frac{\sqrt{3}}{2}$，其作用是使一个相量正转 120°。

将式(3.50)代入式(3.49)，得

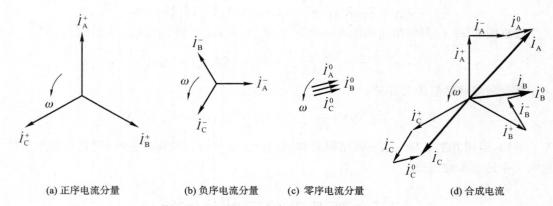

(a) 正序电流分量　　　(b) 负序电流分量　　(c) 零序电流分量　　　　(d) 合成电流

图 3.40　对称分量及其合成相量图

$$\left.\begin{array}{l} \dot{I}_A = \dot{I}_A^+ + \dot{I}_A^- + \dot{I}_A^0 \\ \dot{I}_B = \alpha^2 \dot{I}_A^+ + \alpha \dot{I}_A^- + \dot{I}_A^0 \\ \dot{I}_C = \alpha \dot{I}_A^+ + \alpha^2 \dot{I}_A^- + \dot{I}_A^0 \end{array}\right\} \qquad (3.51)$$

由式(3.51)可从不对称的三相电流 $\dot{I}_A$、$\dot{I}_B$、$\dot{I}_C$ 中求出 A 相的各相序的分量,即

$$\left.\begin{array}{l} \dot{I}_A^+ = \dfrac{1}{3}(\dot{I}_A + \alpha \dot{I}_B + \alpha^2 \dot{I}_C) \\[2mm] \dot{I}_A^- = \dfrac{1}{3}(\dot{I}_A + \alpha^2 \dot{I}_B + \alpha \dot{I}_C) \\[2mm] \dot{I}_A^0 = \dfrac{1}{3}(\dot{I}_A + \dot{I}_B + \dot{I}_C) \end{array}\right\} \qquad (3.52)$$

由于各相序分量都是对称的,找出 A 相分量以后,B、C 相分量就可以根据式(3.50)确定。同样,对于三相不对称电压也可以仿照上述过程求得其各相序的对称分量。运用对称分量法计算变压器不对称运行时,各分量相互之间是没有影响的。就是说,正序电流只会产生正序压降,负序电流只会产生负序压降,零序电流只会产生零序压降,所以,三个分量可以单独计算。因为每一组分量都是对称的,可以用前面所讨论的分析一相的方法,这就是对称分量法的优点。最后,再把三个相序的电压或电流叠加起来,得到实际的三相各相的电压、电流。

对称分量法的依据是叠加原理,因此,只能适用于线性参数电路。对于非线性参数电路,必须作近似的线性化假设,才能得出近似结果。

3.5.2　三相变压器各相序的等效电路

将三相不对称的电流、电压分解成对称分量后,对应于正序、负序、零序分别有正序、负序、零序等效电路。前几节所讲的等效电路实际上是三相变压器的正序等效电路,其简化等效电路图如图 3.41(a)所示。而对负序分量而言,其等效电路与正序没有什么不同,因为各相序电流在相位上也是彼此相差 120°,至于是 B 相超前 C 相,还是 C 相超前 B 相,变压器内部的电磁过程都是一样的。于是负序等效电路与正序一样,如图 3.41(b)所示。由于变压器一次侧所接电网电压是三相对称的,只有正序分量而没有负序分量,即 $\dot{U}_A^- = 0$。但在一次侧负序电流可以经过电网流通,因此,在图 3.41(b)的等效电路中一次侧是短路的。

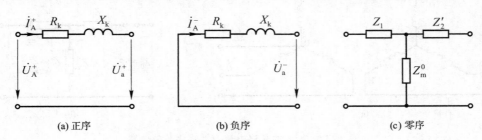

图 3.41 正、负序和零序等效电路

零序分量的等效电路比较复杂。由于三相零序电流同相位、同大小,因此,零序等效电路与磁路结构和三相绕组的连接有关。

1. 磁路结构对零序励磁阻抗的影响

对于 Yy 连接变压器中的零序电压、电流而言,它们仍然满足电压平衡方程组(3.24),其等效电路必然也是 T 型等效电路,如图 3.41(c)所示。各相绕组的电阻、漏电抗与相序无关,因此,图中的 Z_1、Z_2' 和正序等效电路中漏阻抗值相同。至于零序励磁阻抗 Z_m^0 与磁路结构有很大关系,下面分别讨论。

1)三相组式变压器

这种变压器铁芯的特点是磁路互相独立、彼此不相关联,每一相产生磁通所需要的励磁电流和正序一样。因此,对于三相组式变压器,零序励磁阻抗和正序励磁阻抗相等,即

$$Z_m^0 = Z_m \tag{3.53}$$

2)三相芯式变压器

在这种芯式变压器铁芯中,三相同相位的零序磁通不可能在铁芯内构成闭合回路,只有从铁轭处散射出去,穿过间隙,借道油箱壁构成闭合回路,其路径与三次谐波所经路径一样。由于零序磁通路径主要由非铁磁材料构成,该路径的磁导比正序磁通路径磁导小得多,故 $X_m^0 \ll X_m$,对于一般电力变压器 $Z_m^{0*} = 0.3 \sim 1.0$。

2. 不同连接组对零序等效电路的影响

由于三相零序电流大小相等、相位相同,因此,它的流通情况与正、负序电流有显著差别。变压器的连接组对其零序等效电路的结构影响很大。

1)Yyn 连接组

如图 3.42(a)所示,一次绕组 Y 接,对零序电流开路;二次绕组中线构造了零序电流通路,零序阻抗的大小取决于它的磁路是组式还是芯式,其等效电路如图3.42(b)所示。

2)YNd 连接组

如图 3.43(a)所示,二次侧绕组三角形连接,零序电流仅在其内部流通但不能流出 a、b、c 端子,从二次侧 a、b、c 三个端子看进去,对零序电流开路。一次侧绕组有中线,零序电流可以流通,而二次侧组的三角形连接使零序电流处于短路状态,所以从一次侧看进去,其等效电路如图 3.43(b)所示。

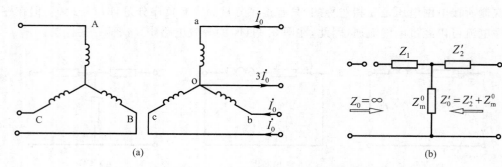

图 3.42 Yyn 的零序电流及其零序等效电路

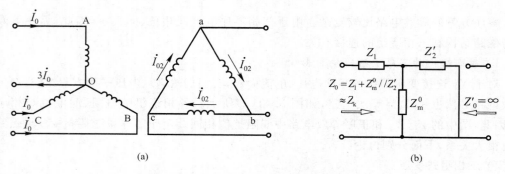

图 3.43 YNd 的零序电流及其零序等效电路

3.5.3 Yyn 连接三相变压器带单相负载运行

一台 Yyn 连接的三相变压器，一次侧接入三相电压对称的电网，二次侧带单相至中线的负载，如图 3.44 所示，二次侧电流为

$$\dot{I}_\text{a} = \dot{I}, \quad \dot{I}_\text{b} = \dot{I}_\text{c} = 0$$

将以上三个不对称电流代入式（3.52），得出二次侧电流的对称分量

$$\dot{I}_\text{a}^+ = \dot{I}_\text{a}^- = \dot{I}_\text{a}^0 = \frac{\dot{I}}{3}$$

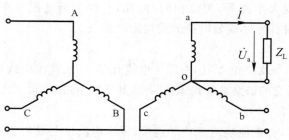

图 3.44 Yyn 带单相负载

对各相序的等效电路，各相序分量的电压、电流都是对称的，所以只要考虑 a 相就够了。正序分量的等效电路如图 3.45(a)所示，Z_k 为短路阻抗，$\dot{U}_\text{a}^+$ 为负载压降，$\dot{U}_\text{A}^+$ 为电网电压，

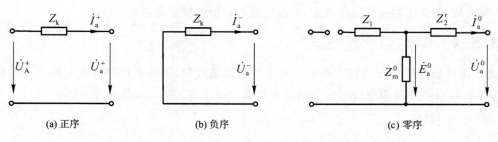

图 3.45 各相序等效电路(折算到二次侧)

电压平衡方程为

$$\dot{U}_a^+ = \dot{U}_A^+ - \dot{I}_a^+ Z_k \tag{3.54}$$

负序分量的等效电路如图 3.45(b)所示,由于电网电压对称,没有负序分量,故有

$$\dot{U}_a^- = \dot{U}_A^- - \dot{I}_a^- Z_k = -\dot{I}_a^- Z_k \tag{3.55}$$

零序分量等效电路如图 3.45(c)所示,一次侧是开路的,零序电流不能在绕组中流通,故

$$\dot{U}_a^0 = -\dot{I}_a^0 (Z_2' + Z_m^0) \tag{3.56}$$

在负载 Z_L 上各相序电压叠加,得到其两端实际电压为

$$\dot{U}_a^+ + \dot{U}_a^- + \dot{U}_a^0 = \dot{U}_a = \dot{I} Z_L = 3\dot{I}_a^+ Z_L$$

将式(3.54)、式(3.55)、式(3.56)两边相加,得到

$$\dot{U}_a = \dot{U}_A^+ - \dot{I}_a^+ Z_k - \dot{I}_a^- Z_k - \dot{I}_a^0 (Z_2' + Z_m^0)$$

将上两式联立求解得

$$\dot{I}_a^+ = \frac{\dot{U}_A^+}{3Z_L + 2Z_k + Z_2' + Z_m^0}$$

考虑到 $\dot{I} = 3\dot{I}_a^+$,并忽略相对较小的绕组漏阻抗,有

$$\dot{I} = \frac{\dot{U}_A^+}{Z_L + \frac{1}{3} Z_m^0} \tag{3.57}$$

由式(3.57)可见,零序励磁阻抗对单相负载电流的影响很大,相当于在负载中增加了一个 $\frac{1}{3} Z_m^0$ 的阻抗。现分两种情况来讨论。

1. 三相变压器组

如前所述,三相组式变压器的零序励磁阻抗等于正序励磁阻抗,即 $Z_m^0 = Z_m^+ (Z_m^* \geqslant 50)$,即使负载阻抗很小,负载电流也不大。假定单相短路 $Z_L = 0$,负载电流

$$I = \frac{3U_A^+}{Z_m^0} = 3I_0$$

是空载电流的三倍,所以三相组式变压器在 Yyn 连接时不能带单相-中线的不对称负载。

2. 三相芯式变压器

三相芯式变压器组的零序阻抗是不大的,普通电力变压器零序阻抗标幺值在 0.3~1.0 之间,因此,负载电流主要由负载阻抗 Z_L 来决定。所以,Yyn 连接的三相芯式变压器可以带单

相-中线负载,但变压器运行规程规定,中线电流不得超过额定电流的 25%。

3.5.4 中性点移动现象

为了定性地分析 Yyn 连接三相变压器中性点移动现象,忽略各相序等效电路中的漏阻抗压降,与图 3.45 所示等效电路对应的电压方程式(3.54)、式(3.55)、式(3.56)变为

$$\dot{U}_a^+ = \dot{U}_A^+$$

$$\dot{U}_a^- = 0$$

$$\dot{U}_a^0 = -\dot{I}_a^0 Z_m^0 = -\dot{E}_a^0$$

由上述三式左右分别相加得到

$$\left. \begin{array}{l} \dot{U}_a = \dot{U}_A^+ - \dot{E}_a^0 \\ \dot{U}_b = \dot{U}_B^+ - \dot{E}_a^0 \\ \dot{U}_c = \dot{U}_C^+ - \dot{E}_a^0 \end{array} \right\} \tag{3.58}$$

式中,$\dot{E}_a^0 = \dot{I}_a^0 Z_m^0$,$\dot{U}_A^+$、$\dot{U}_B^+$、$\dot{U}_C^+$ 是电网三相对称电压。

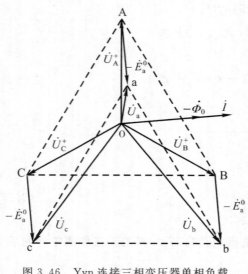

图 3.46　Yyn 连接三相变压器单相负载的中性点位移

变压器的一次绕组接入电网,其相电压 $\dot{U}_A^+$、$\dot{U}_B^+$、$\dot{U}_C^+$ 完全对称,见图 3.46 中△ABC。当零序电动势 $\dot{E}_a^0 = 0$ 时,$\dot{U}_a$、$\dot{U}_b$、$\dot{U}_c$ 也对称,△abc 与△ABC 重合。对于三相组式变压器,由于其零序励磁阻抗 Z_m^0 很大,而对应的 $\dot{E}_a^0$ 也很大,造成二次侧相电动势严重不对称,致使带负载的一相(a 相)的端电压急剧下降,使负载电流大不起来。同时另外两相电压升高,各线电压仍保持不变,例如,$\dot{U}_{ab} = \dot{U}_A^+ - \dot{U}_B^+$ 与 $\dot{E}_a^0$ 无关。图中虚线△abc 亦是等边三角形,且△abc=△ABC,但原中性点 O 已对△abc 产生了严重偏移。对三相芯式变压器来说,Z_m^0 不大,因而零序电动势 E_a^0 不会很大,不会产生严重的中性点位移,所以可以负担一定的单相负载。

3.6　变压器的瞬变过程

变压器空载合闸到电网上、正常运行时二次侧发生突然短路等,变压器将从一种稳定运行状态过渡到另一种稳态运行状态,这个过渡称为瞬变过程。通常这种过渡过程的时间极短,但对变压器影响却较大,例如,突然短路时出现的大电流将使绕组受到很大的电磁力并导致过热,可能损坏绕组。

3.6.1 空载合闸到电网

在正常稳态运行时,空载电流为额定电流的 2.5% 以下,但当变压器空载合闸到电网时,电流都较大,往往要超过额定电流几倍。现分析其原因。

图 3.47 所示为变压器的接线,二次侧开路、一次侧在 $t=0$ 时合闸到电压为 u_1 的电网上,其中

$$u_1 = \sqrt{2}U_1 \sin(\omega t + \alpha)$$

式中,α 为 $t=0$ 时电压 u_1 的初始相位。

在 $t \geqslant 0$ 期间,变压器一次绕组中电流 i_1 满足如下微分方程

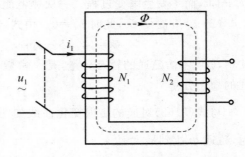

图 3.47　变压器空载合闸到电网

$$i_1 R_1 + N_1 \frac{\mathrm{d}\Phi}{\mathrm{d}t} = \sqrt{2}u_1 \sin(\omega t + \alpha) \quad (3.59)$$

式中,Φ 为与一次绕组相交链的总磁通,它包括主磁通和漏磁通。在以下分析中近似认为 Φ 等于主磁通。

在式(3.59)中,电阻压降 $i_1 R_1$ 较小,在分析瞬变过程的初始阶段可以忽略不计,这样可以清楚地看出在初始阶段电流较大的物理本质。R_1 的存在是使瞬态分量衰减的基本原因,因此,在研究瞬态电流衰减时,必须计及 R_1 的影响。

当忽略 R_1 时,式(3.59)变为

$$N_1 \frac{\mathrm{d}\Phi}{\mathrm{d}t} = \sqrt{2}U_1 \sin(\omega t + \alpha) \tag{3.60}$$

解微分方程得

$$\Phi = -\frac{\sqrt{2}U_1}{\omega N_1} \cos(\omega t + \alpha) + C \tag{3.61}$$

式中,C 由初始条件决定。

考虑到变压器空载合闸前磁链为零,据磁链守恒原理,有

$$\Phi \Big|_{t=0^+} = \Phi_{t=0^-} = 0$$

得

$$C = \frac{\sqrt{2}U_1}{\omega N_1} \cos\alpha$$

于是式(3.61)变为

$$\Phi = \frac{\sqrt{2}U_1}{\omega N_1} [\cos\alpha - \cos(\omega t + \alpha)] = \Phi_\mathrm{m}[\cos\alpha - \cos(\omega t + \alpha)] \tag{3.62}$$

式中,$\Phi_\mathrm{m} = \dfrac{\sqrt{2}U_1}{\omega N_1}$ 为稳态磁通最大值。

由式(3.62)看出,磁通 Φ 的瞬变过程与合闸时刻($t=0$)电压的初始相角 α 有关。下面讨论两种极端情况。

(1) $t=0$ 时 $\alpha = \dfrac{\pi}{2}$,此时 $u_1 = \sqrt{2}U_1$ 达到最大值。由式(3.62)得

$$\Phi = -\Phi_m\cos(\omega t + \frac{\pi}{2}) = \Phi_m\sin\omega t$$

这种情况与稳态运行一样，从 $t=0$ 开始，变压器一次侧电流 i_1 在铁芯中就建立了稳态磁通 $\Phi_m\sin\omega t$，而不发生瞬变过程。一次侧电流 i_1 也是正常运行时的稳态空载电流 i_0。

（2）$t=0$ 时 $\alpha=0$，此时 $u_1=0$。由式(3.62)得

$$\Phi = \Phi_m[1 - \cos\omega t] = \Phi_m - \Phi_m\cos\omega t = \Phi' + \Phi'' \qquad (3.63)$$

式中，$\Phi'=\Phi_m$，磁通的暂态分量，是一常数，因忽略了电阻 R_1，故无衰减；$\Phi''=-\Phi_m\cos\omega t$，磁通的稳态分量。

与式(3.63)对应的磁通变化曲线如图 3.48 所示。从 $t=0$ 开始经过半个周期即 $t=\frac{\pi}{\omega}$ 时，磁通 Φ 达到最大值

$$\Phi_{\max} = 2\Phi_m \qquad (3.64)$$

即瞬变过程中磁通 Φ 可达到稳态分量的最大值的 2 倍。电力变压器正常运行时，其磁通密度为 1.5～1.7T，铁芯处于饱和状态，工作点如磁化曲线（见图 3.49）中的 A 点，主磁通为 Φ_{mA}。当主磁通 $\Phi_{mB} > \Phi_{mA}$ 时，铁芯已过饱和状态，根据磁化曲线，励磁电流 i_1 可达到正常运行空载电流的 100 倍以上，故空载合闸电流可达到额定电流 3 倍以上。

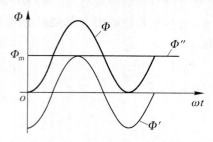

图 3.48 $\alpha=0$ 空载合闸时的磁通曲线

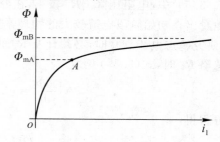

图 3.49 铁芯磁化曲线

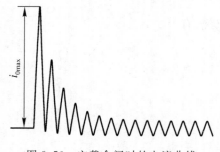

图 3.50 空载合闸时的电流曲线

由于电阻 R_1 存在，合闸电流将逐渐衰减，如图 3.50 所示。衰减快慢由时间常数 $T=\dfrac{L_1}{R_1}$ 决定，L_1 是一次侧绕组的全电感。一般小容量变压器衰减得快，约几个周波就达到稳定状态；大型变压器衰减慢，有的甚至可延续到几十秒。

空载合闸电流对变压器直接危害不大，但它能引起安装在变压器一次侧的过电流保护继电器动作，从而使变压器合不上开关。如遇到这种情况，可再合一次闸，甚至两次、多次，总能在适当的时刻合上闸。

3.6.2 二次侧突然短路

当变压器的一次侧接在额定电压电网上时二次侧不经过任何阻抗突然短接。从短路发生到断路器跳闸需要一定时间，在此段时间内，变压器绕组仍需承受短路电流的冲击，其幅

值超过稳态短路电流,很容易损坏变压器。设计、制造时应予以充分考虑。

1. 突然短路电流

下面分析最简单的情况——单相变压器突然短路,采用简化等效电路,如图3.51所示。

电网电压为

$$u_1 = \sqrt{2}U_{1N}\sin(\omega t + \alpha)$$

式中,α 为 $t=0$ 发生突然短路时电压 u_1 的初始相角。

列出关于短路电流 i_k 的常微分方程,即

$$R_k i_k + L_k \frac{\mathrm{d}i_k}{\mathrm{d}t} = u_1 = \sqrt{2}U_{1N}\sin(\omega t + \alpha) \tag{3.65}$$

式中,$L_k = \dfrac{X_k}{\omega}$ 为对应于漏电抗的漏电感。

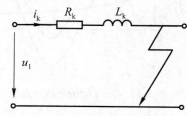

图 3.51 变压器突然短路

解此常微分方程可得

$$i_k = i_k' + i_k'' \tag{3.66}$$

其中

$$i_k' = \sqrt{2}I_k\sin(\omega t + \alpha - \phi_k) \tag{3.67}$$

$$i_k'' = Ce^{-\frac{t}{T_k}} \tag{3.68}$$

式中,i_k' 为突然短路达到稳定时的电流分量;i_k'' 为短路电流的暂态分量。

在式(3.67)中,$I_k = \dfrac{U_{1N}}{\sqrt{R_k^2 + X_k^2}}$ 为稳态短路电流的有效值;ϕ_k 为 i_k' 与 u_1 的相角差,$\phi_k = \arctan\left(\dfrac{\omega L_k}{R_k}\right)$,在电力变压器中,$X_k \gg R_k$,故 $\phi_k \approx \dfrac{\pi}{2}$。在式(3.68)中,$T_k = \dfrac{L_k}{R_k}$ 为暂态分量 i_k'' 的衰减时间常数,C 为待定常数。

将式(3.67)、式(3.68)代入式(3.66)得

$$i_k' = \sqrt{2}I_k\sin\left(\omega t + \alpha - \frac{\pi}{2}\right) + Ce^{\frac{t}{T_k}} \tag{3.69}$$

通常在突发短路之前,变压器已带上负载,但由于负载电流比短路电流小得多,可以忽略负载电流,即认为短路前变压器是空载,令

$$i_k\bigg|_{t=0^-} = 0$$

并将此初始条件代入式(3.69),得

$$C = \sqrt{2}I_k\cos\alpha$$

于是由式(3.69)得到变压器突然短路时的电流为

$$i_k = -\sqrt{2}I_k\cos(\omega t + \alpha) + \sqrt{2}I_k\cos\alpha e^{-\frac{t}{T_k}} \tag{3.70}$$

式(3.70)表明,突然短路电流的大小与 $t=0$ 电压初始相角 α 有关。下面分两种情况讨论。

(1) $\alpha = \dfrac{\pi}{2}\bigg|_{t=0}$,有

$$i_k = \sqrt{2}I_k\sin\omega t \tag{3.71}$$

此时暂态分量 $i_k'' = 0$,在 $t=0$ 时变压器就进入稳态短路。虽然此时电流幅值为 $\sqrt{2}I_k$,但相对而言,不是最严重的情况。

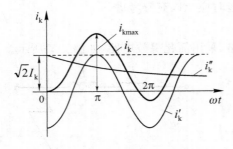

图 3.52 $\alpha=0$ 时的突然短路电流

（2）$\alpha=0|_{t=0}$，有

$$i_k=-\sqrt{2}I_k\cos\omega t+\sqrt{2}I_k e^{-\frac{t}{T_k}} \qquad (3.72)$$
$$=-\sqrt{2}I_k(\cos\omega t-e^{-\frac{t}{T_k}})$$

与式（3.72）对应的电流变化曲线如图 3.52 所示。经过半个周期 $\omega t=\pi$ 时，有

$$i_k=\sqrt{2}I_k(1+e^{-\frac{\pi}{\omega T_k}})=k_y\sqrt{2}I_k \qquad (3.73)$$

式中，k_y 为突然短路电流最大值与稳态短路电流最大值之比，即 $k_y=1+e^{-\frac{\pi}{\omega T_k}}$。$k_y$ 的大小与时间常数 T_k 有关，变压器容量越大，$T_k(=L_k/R_k)$ 越大，则 T_k 和相应的 k_y 也越大。对中小型变压器而言，$k_y=1.2\sim1.4$，大型变压器 $k_y=1.7\sim1.8$。当对式（3.73）标幺时，有

$$i^*_{kmax}=\frac{i_{kmax}}{\sqrt{2}I_N}=k_y\frac{I_k}{I_N}=k_y\frac{U_{1N}}{I_N Z_k}=k_y\frac{1}{Z^*_k} \qquad (3.74)$$

例如，一台变压器，$k_y=1.8$，$Z^*_k=0.06$，则 $i^*_{kmax}=1.8\times\dfrac{1}{0.06}=30$。可见这是一个很大的冲击电流，它将产生很大的电动力，可能将变压器绕组冲垮。为限制突然短路电流 i_{kmax}，希望 Z^*_k 大一些好；但从降低电压变化率、减小电压随负载波动来看，Z^*_k 不宜过大。因此，对于不同电压等级、容量的变压器，国家已制定了标准，规定了 Z^*_k 的值。

例 3.9 一台 800 kVA，10 kV/6.3 kV 的三相变压器，Yd11 连接，短路损耗 $P_{kN}=9.9$ kW，阻抗电压 $u_k=5.5\%$，试求：

（1）在二次绕组稳定短路时一次侧的短路电流及其短路电流倍数；

（2）在 $\alpha=0$ 时发生突然短路，短路电流的最大值。

解 变压器一次侧的额定相电流

$$I_{1\phi N}=I_{1N}=\frac{S_N}{\sqrt{3}U_{1N}}=\frac{800\times10^3}{\sqrt{3}\times10\times10^3}\text{ A}=46.2\text{ A}$$

$$Z^*_k=u_k=0.055$$

$$R^*_k=P^*_{kN}=\frac{P_{kN}}{S_N}=\frac{9.9}{800}=0.012\,4$$

$$X^*_k=\sqrt{Z^{*2}_k-R^{*2}_k}=\sqrt{0.055^2-0.012\,4^2}=0.049\,5$$

（1）稳定短路电流倍数及短路电流分别为

$$I^*_k=\frac{1}{Z^*_k}=\frac{1}{0.055}=18.18$$

$$I_k=I^*_k I_{1N}=18.18\times46.2\text{ A}=840\text{ A}$$

（2）$\alpha=0$，$\omega t=\pi$ 时短路电流达到最大值

$$i_{kmax}=\sqrt{2}I_k(1+e^{-\frac{\pi}{\omega T_k}})$$

$$T_k=\frac{L_k}{R_k}=\frac{\omega L_k}{\omega R_k}=\frac{X_k}{\omega R_k}$$

$$i_{kmax}=\sqrt{2}\times I_k(1+e^{-\frac{R^*_k}{X^*_k}\pi})=\sqrt{2}\times840\times(1+e^{-\frac{0.012\,4}{0.049\,5}\pi})\text{ A}=1\,729\text{ A}$$

$$i_{k\max}^{*} = \frac{i_{k\max}}{\sqrt{2}I_{1N}} = \frac{1\,729}{\sqrt{2} \times 46.2} = 26.5$$

2. 突然短路时的电磁力

变压器绕组中的电流与漏磁场(见图 3.53)作用在绕组各导线上产生电磁力,其大小 $F = BlI$,由于漏磁感应强度 $B \propto I$,故导线上承受的电磁力 $F \propto I^2$。变压器在正常稳态运行时,导线所承受的电磁力很小。当突然短路电流到达额定电流 20 倍~30 倍时,电磁力将达到正常运行时所承受电磁力的 400 倍~900 倍,这将会损坏绕组和绝缘,为此,必须紧固绕组,加强支撑。

图 3.53 描述了一、二次侧绕组共同产生的漏磁场分布,漏磁场有轴向分量 B_h 和径向分量 B_r。在半径方向上,轴向漏磁场 B_h 与外绕组中电流作用产生径向力 F_r,迫使外绕组由里向外拉伸,同时迫使内绕组压缩;径向漏磁场 B_r 与内绕组中电流作用产生轴向力 F_h,将内绕组向中心压缩。对于电力变压器,轴向漏磁场较强,径向力 F_r 较大,向里压缩内绕组容易造成导线变形。径向漏磁场虽然不及轴向漏磁场强,但由于轴向导线之间的支撑是较薄弱的环节,轴向力容易造成绕组变形。绕组所承受电磁力的方向由左手定则确定,受力情况如图 3.54 所示。

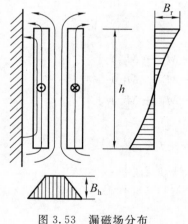

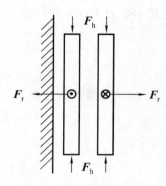

图 3.53 漏磁场分布   图 3.54 绕组承受的电磁力

3.7 特殊用途的变压器

3.7.1 三绕组变压器

三绕组变压器的电路如图 3.55 所示,它可以连接三个不同电压的电网,例如一台 110 kV/35 kV/10.5 kV 的三绕组变压器就可以从 110 kV 电网中吸收电能,按照一定比例传输给 35 kV、10.5 kV 两个电网,很方便地实现电力调度,因而在电力系统中应用日益广泛。

假定图中绕组 2、3 的匝数都已折算到一次侧绕组 1 的匝数 N_1,且将各物理量均已折算到一次侧,并忽略励磁电流时,有

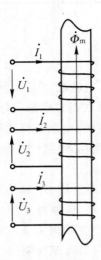

图 3.55　三绕组变压器

$$\dot{I}_1 + \dot{I}_2 + \dot{I}_3 = 0 \tag{3.75}$$

利用自感、互感列出电压方程

$$\dot{U}_1 = \dot{I}_1 R_1 + j\omega L_1 \dot{I}_1 + j\omega M_{12} \dot{I}_2 + j\omega M_{13} \dot{I}_3 \tag{3.76}$$

$$-\dot{U}_2 = \dot{I}_2 R_2 + j\omega L_2 \dot{I}_2 + j\omega M_{21} \dot{I}_1 + j\omega M_{23} \dot{I}_3 \tag{3.77}$$

$$-\dot{U}_3 = \dot{I}_3 R_3 + j\omega L_3 \dot{I}_3 + j\omega M_{31} \dot{I}_1 + j\omega M_{32} \dot{I}_2 \tag{3.78}$$

将 $\dot{I}_3 = -\dot{I}_1 - \dot{I}_2$ 代入式(3.76)～式(3.77)，得

$$
\begin{aligned}
\dot{U}_1 + \dot{U}_2 &= \dot{I}_1 [R_1 + j\omega(L_1 - M_{12} - M_{13} + M_{23})] \\
&\quad - \dot{I}_2 [R_2 + j\omega(L_2 - M_{21} - M_{23} + M_{13})] \\
&= \dot{I}_1 (R_{123} + jX_{123}) - \dot{I}_2 (R_{213} + jX_{213}) \\
&= \dot{I}_1 Z_{123} - \dot{I}_2 Z_{213}
\end{aligned} \tag{3.79}
$$

将 $\dot{I}_2 = -\dot{I}_1 - \dot{I}_3$ 代入式(3.76)～式(3.78)，得

$$
\begin{aligned}
\dot{U}_1 + \dot{U}_3 &= \dot{I}_1 [R_1 + j\omega(L_1 - M_{12} - M_{13} + M_{23})] - \dot{I}_3 [R_3 + j\omega(L_3 - M_{31} - M_{32} + M_{12})] \\
&= \dot{I}_1 (R_{123} + jX_{123}) - \dot{I}_3 (R_{312} + jX_{312}) \\
&= \dot{I}_1 Z_{123} - \dot{I}_3 Z_{312}
\end{aligned} \tag{3.80}
$$

式中，$R_{123} = R_1$，$R_{213} = R_2$，$R_{312} = R_3$。

$$
\left.
\begin{aligned}
X_{123} &= \omega(L_1 - M_{12} - M_{13} + M_{23}) \\
X_{213} &= \omega(L_2 - M_{21} - M_{23} + M_{13}) \\
X_{312} &= \omega(L_3 - M_{31} - M_{32} + M_{12})
\end{aligned}
\right\} \tag{3.81}
$$

因而得到如下电压、电流平衡方程

$$
\left.
\begin{aligned}
\dot{U}_1 - \dot{I}_1 Z_{123} &= -\dot{U}_2 - \dot{I}_2 Z_{213} \\
\dot{U}_1 - \dot{I}_1 Z_{123} &= -\dot{U}_3 - \dot{I}_3 Z_{312} \\
\dot{I}_1 + \dot{I}_2 + \dot{I}_3 &= 0
\end{aligned}
\right\} \tag{3.82}
$$

这些方程与图 3.56 所示等效电路相对应。

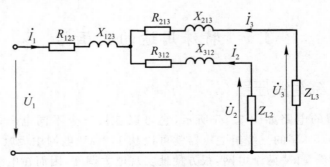

图 3.56　三绕组变压器的等效电路

由于忽略了励磁电流，等效电路中的感抗都具有漏电抗性质，它们是不变的常数，但每一个感抗都由该绕组的自感及三个绕组之间的互感组合而成，所以在三绕组变压器中，两个

二次绕组之间是相互影响的,任何一、二次绕组端电压的变化不仅取决于本绕组负载电流的大小及功率因数,而且还与另一个二次绕组负载电流的大小及功率因数有关。三绕组变压器的等效电路参数可以用三次短路试验来确定,每次短路试验在两个绕组之间进行,第 3 绕组开路。此时试验完全相当于双绕组变压器的短路试验。

第 1 次:绕组 2 短路,绕组 3 开路,在绕组 1 上施加低电压,测得短路阻抗 Z_{k12},由图 3.56 得 $Z_{k12} = Z_{123} + Z_{213}$。

第 2 次:绕组 3 短路,绕组 2 开路,在绕组 1 上施加低电压,测得短路阻抗 $Z_{k13} = Z_{123} + Z_{213}$。

第 3 次:绕组 3 短路,绕组 1 开路,在绕组 2 上施加低电压,测得短路阻抗 $Z_{k23} = Z_{213} + Z_{312}$。由 Z_{k12},Z_{k13},Z_{k23} 可求得 Z_{123},Z_{213},Z_{312} 分别为

$$\left.\begin{array}{l} Z_{123} = \dfrac{Z_{k12} + Z_{k13} - Z_{k23}}{2} \\[2mm] Z_{213} = \dfrac{Z_{k12} + Z_{k23} - Z_{k13}}{2} \\[2mm] Z_{312} = \dfrac{Z_{k13} + Z_{k23} - Z_{k12}}{2} \end{array}\right\} \tag{3.83}$$

进一步还可求得三个参数的电阻分量、电抗分量。

例 3.10 一台三相三绕组降压变压器,容量为 10 000 kVA/10 000 kVA/10 000 kVA,额定电压 $U_{1N}/U_{2N}/U_{3N} = 110 \text{ kV}/38.5 \text{ kV}/11 \text{ kV}$,YNyn0d11 连接,空载损耗为 17 kW,空载电流 $I_0^* = 1\%$,短路试验数据如下所示。

绕组	短路损耗/kW	阻抗/(%)
高—中	91	10.5
高—低	89	17.5
中—低	69.3	6.5

求简化等效电路中各参数。

解

$$U_{1\phi N} = \frac{U_{1N}}{\sqrt{3}} = \frac{110}{\sqrt{3}} \text{ kV} = 63.51 \text{ kV}$$

$$I_{1\phi N} = \frac{S_N}{3U_{1\phi N}} = \frac{10\,000}{3 \times 63.51} \text{ A} = 52.48 \text{ A}$$

$$Z_{1\phi N} = \frac{U_{1\phi N}}{I_{1\phi N}} = \frac{63\,510}{52.48} \ \Omega = 1\,210 \ \Omega$$

计算励磁参数

$$Z_m^* = \frac{1}{I_0^*} = \frac{1}{0.01} = 100$$

$$R_m^* = \frac{P_0/S_N}{I_0^{*2}} = \frac{17/10\,000}{0.01^2} = 17$$

$$X_m^* = \sqrt{Z_m^2 - R_m^2} = \sqrt{100^2 - 17^2} = 98.54$$

$$Z_m = Z_m^* Z_{1\phi N} = 100 \times 1\ 210\ \Omega = 121\ 000\ \Omega$$

$$R_m = R_m^* Z_{1\phi N} = 17 \times 1\ 210\ \Omega = 20\ 570\ \Omega$$

$$X_m = X_m^* Z_{1\phi N} = 98.54 \times 1\ 210\ \Omega = 119\ 233.4\ \Omega$$

计算短路参数

$$Z_{k12}^* = \frac{u_{k12}}{100} = \frac{10.5}{100} = 0.105, \quad Z_{k12} = Z_{k12}^* Z_{1\phi N} = 127.07\ \Omega$$

$$R_{k12}^* = \frac{p_{k12}}{S_N^0} = \frac{91}{10\ 000} = 0.009\ 1, \quad R_{k12} = R_{k12}^* Z_{1\phi N} = 11.01\ \Omega$$

$$X_{k12}^* = \sqrt{0.105^2 - 0.009\ 1^2} = 0.104\ 6, \quad X_{k12} = X_{k12}^* Z_{1\phi N} = 126.57\ \Omega$$

$$Z_{k13}^* = \frac{u_{k13}}{100} = 0.175, \quad Z_{k13} = Z_{k13}^* Z_{1\phi N} = 211.7\ \Omega$$

$$R_{k13}^* = \frac{p_{k13}}{S_N} = \frac{89}{10\ 000} = 0.008\ 9, \quad R_{k13} = R_{k13}^* Z_{1\phi N} = 10.769\ \Omega$$

$$X_{k13}^* = \sqrt{0.175^2 - 0.008\ 9^2} = 0.174\ 8, \quad X_{k13} = X_{k13}^* Z_{1\phi N} = 211.51\ \Omega$$

$$Z_{k23}^* = \frac{u_{k23}}{100} = 0.065, \quad R_{k23}^* = \frac{p_{k23}}{S_N} = \frac{69.3}{10\ 000} = 0.006\ 93$$

$$X_{k23}^* = \sqrt{0.065^2 - 0.006\ 93^2} = 0.064\ 6$$

因为 $Z_{k23} = Z_{k23}^* \dfrac{U_{2\phi N}}{I_{2\phi N}}$ 是仅折算到第 2 绕组的阻抗值，现将之折算到高压方（第 1 绕组），有

$$Z_{k23}' = Z_{k23} \left(\frac{U_{1\phi N}}{U_{2\phi N}} \right)^2 = Z_{k23}^* \frac{U_{2\phi N}}{I_{2\phi N}} \left(\frac{U_{1\phi N}}{U_{2\phi N}} \right)^2 = Z_{k23}^* \frac{U_{1\phi N}}{I_{1\phi N}} \frac{I_{1\phi N}}{I_{2\phi N}} \frac{U_{1\phi N}}{U_{2\phi N}} = Z_{k23}^* Z_{1\phi N} \frac{S_{1N}}{S_{2N}}$$

当 $S_{1N} = S_{2N} = 10\ 000\ kVA$ 时，有

$$Z_{k23}' = Z_{k23}^* Z_{1\phi N}$$

于是折算到高压方的实际值为

$$Z_{k23}' = Z_{k23}^* Z_{1\phi N} = 78.65\ \Omega$$

$$R_{k23}' = R_{k23}^* Z_{1\phi N} = 8.385\ \Omega$$

$$X_{k23}' = X_{k23}^* Z_{1\phi N} = 78.17\ \Omega$$

等效电路参数

$$R_{123}^* = \frac{1}{2}(R_{k12}^* + R_{k13}^* - R_{k23}^*)$$

$$= \frac{1}{2}(0.009\ 1 + 0.008\ 9 - 0.006\ 93) = 0.005\ 535$$

$$R_{213}^* = \frac{1}{2}(R_{k12}^* + R_{k23}^* - R_{k13}^*)$$

$$= \frac{1}{2}(0.009\ 1 + 0.006\ 93 - 0.008\ 9) = 0.003\ 565$$

$$R_{312}^* = \frac{1}{2}(R_{k13}^* + R_{k23}^* - R_{k12}^*)$$

$$= \frac{1}{2}(0.008\ 9 + 0.006\ 93 - 0.009\ 1) = 0.003\ 365$$

$$X_{123}^* = \frac{1}{2}(X_{k12}^* + X_{k13}^* - X_{k23}^*)$$

$$= \frac{1}{2}(0.104\,6 + 0.174\,8 - 0.064\,6) = 0.107\,4$$

$$X_{213}^* = \frac{1}{2}(X_{k12}^* + X_{k23}^* - X_{k13}^*)$$

$$= \frac{1}{2}(0.104\,6 + 0.064\,6 - 0.174\,8) = -0.002\,8$$

$$X_{312}^* = \frac{1}{2}(X_{k13}^* + X_{k23}^* - X_{k12}^*)$$

$$= \frac{1}{2}(0.174\,8 + 0.064\,6 - 0.104\,6) = 0.067\,4$$

上述参数对应的实际值为

$$R_{123} = R_{123}^* Z_{1\phi N} = 6.697 \ \Omega$$
$$R_{213} = R_{213}^* Z_{1\phi N} = 4.314 \ \Omega$$
$$R_{312} = R_{312}^* Z_{1\phi N} = 4.072 \ \Omega$$
$$X_{123} = X_{123}^* Z_{1\phi N} = 129.95 \ \Omega$$
$$X_{213} = X_{213}^* Z_{1\phi N} = -3.39 \ \Omega$$
$$X_{312} = X_{312}^* Z_{1\phi N} = 81.55 \ \Omega$$

本例等效电路如图 3.56 所示，其中参数已全部求得，并可在电源端口加上励磁支路。

本例 X_{213} 为负值，并不意味着它就是电容，出现这种现象是因为等效电路只是数学模型，而不是物理模型。在三绕组变压器中实际存在的只有 Z_{k12}、Z_{k23}、Z_{k13}，而图 3.56 所示中参数并无物理意义，只能用来求各绕组中的电压、电流。

3.7.2 自耦变压器

自耦变压器的结构、原理如图 3.57 所示，它的一次、二次共用一部分绕组。在电力系统中，自耦变压器主要用于连接额定电压相差不大的两个电网，例如220 kV/110 kV两个电网就可用自耦变压器连接。与普通双绕组变压器相比，同容量的自耦变压器材料消耗要少得多，体积要小得多，在电力系统中应用很广。

1. 电压-电流-容量关系

先分析降压自耦变压器，如图 3.57 所示。

当一次侧施加额定电压 U_{1aN} 时，有

$$\frac{U_{1aN}}{U_{2aN}} \approx \frac{E_{1aN}}{E_{2aN}} = \frac{N_1 + N_2}{N_2} = k_a \tag{3.84}$$

式中，k_a 为自耦变压器的变比。对于降压变压器，$k_a > 1$。

在忽略励磁电流时，铁芯柱内磁动势平衡，即

$$N_1 \dot{I}_1 + N_2 \dot{I}_2 = 0$$

$$\dot{I}_1 = -\frac{\dot{I}_2}{k_a - 1} \tag{3.85}$$

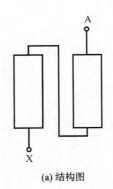

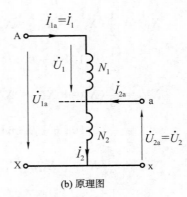

(a) 结构图　　　　　　　　(b) 原理图

图 3.57　降压自耦变压器的结构和原理

式(3.85)表示 $\dot{I}_1$ 与 $\dot{I}_2$ 反相位。

对于 a 端，电流平衡方程为

$$\dot{I}_{2a} = \dot{I}_2 - \dot{I}_1 = \dot{I}_2\left(1 + \frac{1}{k_a - 1}\right) \tag{3.86}$$

式(3.86)表明，$\dot{I}_2$ 与 $\dot{I}_{2a}$ 同相位且 $I_{2a} > I_2$。

自耦变压器的额定容量为

$$S_{aN} = U_{1aN}I_{1aN} = U_{2aN}I_{2aN} = \left(1 + \frac{1}{k_a - 1}\right)U_{1N}I_{1N} = U_{2N}I_{2N}\left(1 + \frac{1}{k_a - 1}\right)$$

$$= U_{2N}I_{2N} + U_{2N}I_{1N} = S_N + S'_N \tag{3.87}$$

式(3.87)表明，自耦变压器的额定容量 S_{aN} 可分为两部分，第一部分 $S_N = U_{1N}I_{1N} = U_{2N}I_{2N}$，它对应于以串联绕组 N_1 为一次侧，以公共绕组 N_2 为二次侧的一个双绕组变压器通过电磁感应而传递给二次侧负载的容量，称为电磁容量，它决定了变压器的主要尺寸、材料消耗，是变压器设计的依据，亦称为计算容量。第二部分 $S'_N = U_{2N}I_{1N}$，与此容量相对应的是一次侧电流 I_{1N} 直接传导给负载的容量，称为传导容量。

由式(3.87)可得到计算自耦变压器容量 S_N 与额定容量之间的关系，为

$$S_N = \left(1 - \frac{1}{k_a}\right)S_{aN} \tag{3.88}$$

由式(3.88)可见，自耦变压器的计算容量比额定容量小，k_a 越接近 1，自耦变压器优点就越显著。因此，自耦变压器适用于一、二次侧电压相差不大的场合，一般 $k_a \leqslant 2$。

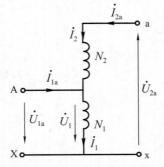

下面分析升压自耦变压器电压、电流、容量关系。对图 3.58 所示的升压自耦变压器，当一次侧施加额定电压 U_{1aN} 时，有

$$\frac{U_{1aN}}{U_{2aN}} \approx \frac{E_{1aN}}{E_{2aN}} = \frac{N_1}{N_1 + N_2} = k_a \tag{3.89}$$

对于升压变压器 $k_a < 1$，在忽略励磁电流时，铁芯柱中磁动势平衡，则

$$N_1\dot{I}_1 + N_2\dot{I}_2 = 0$$

图 3.58　升压自耦变压器原理

$$\dot{I}_1 = -\frac{N_2}{N_1}\dot{I}_2 = -\frac{1-k_a}{k_a}\dot{I}_2 \tag{3.90}$$

式(3.90)表明，$\dot{I}_2$ 与 $\dot{I}_1$ 反相位。

对于端点，有

$$\dot{I}_{1a} = \dot{I}_1 - \dot{I}_2 = \dot{I}_1 + \frac{k_a}{1-k_a}\dot{I}_1 = \dot{I}_1\left(\frac{1}{1-k_a}\right) \tag{3.91}$$

升压自耦变压器容量为

$$\begin{aligned} S_{aN} &= U_{1aN}I_{1aN} = U_{2aN}I_{2aN} = U_{1N}I_{1N}\left(1+\frac{k_a}{1-k_a}\right) \\ &= U_{1N}I_{1N} + U_{1N}I_{2N} = S_N + S'_N \end{aligned} \tag{3.92}$$

式(3.92)表明，升压自耦变压器的额定容量也可以分为两部分：第一部分为电磁容量 $S_N = U_{1N}I_{1N}$；第二部分是传导容量 $S'_N = U_{1N}I_{2N}$。自耦变压器设计容量（或电磁容量）比额定容量小。

$$S_N = (1-k_a)S_{aN} \tag{3.93}$$

与降压自耦变压器一样，k_a 越接近 1，其设计容量就越小。

2. 短路阻抗及电压平衡方程

降压自耦变压器在做短路试验时，将二次侧 ax 短路，在一次侧 AX 施加电压 U_k，如图 3.59 所示。上述试验相当于以 Aa 为一次侧绕组、ax 为二次侧绕组的双绕组变压器在进行短路试验。假设测得短路阻抗为 Z_k，将 Z_k 对变压器 N_1/N_2 的一次侧阻抗基值标幺，得

$$Z_k^* = \frac{Z_k I_{1N}}{U_{1N}}$$

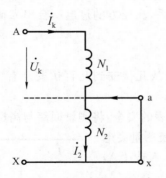

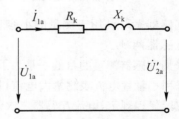

图 3.59　降压自耦变压器在高压方做短路试验　　图 3.60　自耦变压器的简化等效电路

但降压自耦变压器正常运行时，以 Ax 为一次侧、ax 为二次侧，将 Z_k 对一次侧 Ax 阻抗基值标幺，得

$$Z_{ka}^* = \frac{Z_k}{\left(\dfrac{U_{1aN}}{I_{1aN}}\right)} = \frac{Z_k I_{1N}}{\left(1+\dfrac{1}{k_a-1}\right)U_{1N}} = \left(1-\frac{1}{k_a}\right)Z_k^* \tag{3.94}$$

由式(3.94)可知，因为 $\left(1-\dfrac{1}{k_a}\right)$ 总小于 1，故 Z_{ka}^* 小于 Z_k^*；当 k_a 大于 1 且接近 1 时，$Z_{ka}^* \ll Z_k^*$。

降压自耦变压器简化等效电路如图 3.60 所示，对应的电压平衡方程为

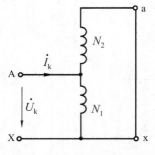

图 3.61 升压自耦变压器短路
试验原理图

$$\dot{U}_{1a} = \dot{I}_{1a}Z_k + \dot{U}'_{2a} \qquad (3.95)$$

升压自耦变压器在短路试验时，将二次侧 ax 短路，在一次侧 AX 施加电压 U_k，如图 3.61 所示。测得短路阻抗 Z_k，并将 Z_k 对变压器 N_1/N_2 一次侧阻抗基值标幺：

$$Z_k^* = \frac{Z_k I_{1N}}{U_{1N}}$$

而升压自耦变压器的一次侧绕组 AX 的匝数为 N_1，二次侧 ax 的匝数为 N_1+N_2，将 Z_k 对 AX 侧阻抗基值标幺：

$$Z_{ka}^* = \frac{Z_k}{\dfrac{U_{1aN}}{I_{1aN}}} = \frac{Z_k}{\dfrac{U_{1aN}}{I_{1N}\left(\dfrac{1}{1-k_a}\right)}} = \frac{Z_k}{\dfrac{U_{1N}}{I_{1N}}}\frac{1}{1-k_a}$$

$$= Z_k^* \frac{1}{1-k_a} \qquad (3.96)$$

由式(3.96)可知，因 $\dfrac{1}{1-k_a}$ 总大于 1，故 Z_{ka}^* 大于 Z_k^*。

3. 自耦变压器特点

自耦变压器有如下特点。

(1) 计算容量小于额定容量。与相同容量的双绕组变压器相比，自耦变压器的体积小、材料少。

(2) 由于降压自耦变压器 Ax/ax 短路阻抗的标幺值比构成它的双绕组变压器 Aa/ax 短路阻抗的标幺值小，故短路电流大，突然短路时电动力大，必须加强机械结构。

(3) 由于自耦变压器一、二次侧之间有电的联系，高压方的过电压会串入低压方绕组。

3.7.3 电流互感器和电压互感器

互感器是一种用于测量的小容量变压器，容量从几伏安到几百伏安。有电流互感器和电压互感器两种。

采用互感器测量的目的一是为了工作人员和仪表的安全，将测量回路与高压电网隔离；二是可以用小量程电流表测量大电流，用低量程电压表测量高电压。我国规程规定，电流互感器二次侧额定电流为 5 A 或 1 A，电压互感器额定电压为100 V或$100/\sqrt{3}$ V。

1. 电流互感器

图 3.62 所示为电流互感器的接线，它的一次侧绕组由 1 匝或几匝截面较大的导线构成，串联在需要测量电流的电路中；二次侧匝数较多，导线截面较小，并与负载(阻抗很小的仪表)接成闭合回路。因此，电流互感器正常运行时相当于变压器短路。

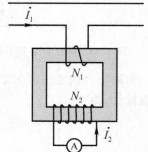

图 3.62 电流互感器的接线图

1) 电流互感器工作原理

电流互感器等效电路如图 3.63 所示。由于设计磁密很低，$B_m < 0.2T$，励磁电流很小，

可以不计励磁电流,由磁动势平衡关系有

$$\frac{I_1}{I_2} = \frac{N_2}{N_1} \tag{3.97}$$

利用式(3.97)电流变比关系可将一次侧大电流变为二次侧小电流来测量。特别指出,I_1 只取决于系统,不取决于互感器。

2) 误差分析

根据等效电路(见图 3.63)可画出电流互感器的相量图(见图 3.64)。

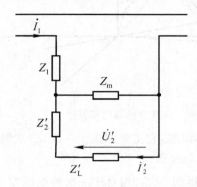

图 3.63　电流互感器的等效电路　　　　图 3.64　电流互感器的相量图

(1)比值误差。一次侧电流 I_1 与实际测量得二次侧仪表电流折算值 I'_2 的相对误差称为比值误差。我国规定测量用互感器比值误差有 0.2 级、0.5 级两种。

(2)相角差。一次侧电流 $\dot{I}_1$ 与二次侧电流折算值的反相位电流 $-\dot{I}'_2$ 的相位差称为相角差。对于 0.5 级的电流互感器,其相角差 θ 应小于 30 分。

(3)二次侧不能开路。现举例说明。一台 220 kV、$I_{1N}/I_{2N} = 2\ 500\ A/5\ A$ 电流互感器,额定容量 $S_N = 40\ VA$。在额定运行时,一次侧绕组两端额定电压 $U_{1N} = \dfrac{S_N}{I_{1N}} = \dfrac{40}{2\ 500}\ V = 0.016\ V$,电流互感器如此小的一次侧电压降在 220 kV 线路上可以忽略;二次侧电压 $U_{2N} = \dfrac{S_N}{I_{2N}} = \dfrac{40}{5} = 8$,负载阻抗 $Z_L = \dfrac{U_{2N}}{I_{2N}} = \dfrac{8}{5}\ \Omega = 1.6\ \Omega$,$Z_L$ 的标幺值 $Z_L^* = 1$,励磁阻抗 $Z_m^* = 150 \sim 200$。若二次侧开路,一次侧电流 I_1(它的大小仅取决于系统,互感器不可能改变它)将遇到励磁阻抗,二次侧开路电压 $\dfrac{Z_m^*}{Z_L^*}U_2$ 将超过 1 000 V,二次侧的高压将使其绕组绝缘损坏,危及人身、仪表安全。另外铁芯会过饱和,铁耗将大大增加,使铁芯过热,将电流互感器烧毁。因此,在运行时电流互感器二次侧不能开路。

为了人身安全,二次侧绕组的一个端子必须要牢固接地。

2. 电压互感器

图 3.65 所示为电压互感器的接线,一次侧直接并联在被测高压两端,二次侧接电压表、电压传感器等。由于这些负载都是高阻抗的,所以电压互感器运行时相当于变压器的空载运行。设计时选用优质硅钢片,$B_m = 1.0 \sim 1.2\ T$,让磁路不饱和,并忽略漏阻抗压降,则有

$$\frac{U_1}{U_2} = \frac{N_1}{N_2} \tag{3.98}$$

可以利用式(3.93)将线路高压变为低压来测量。

为了分析电压互感器的误差,参考图3.12,对图3.65所示的电压互感器画出相量图(见图3.66)。

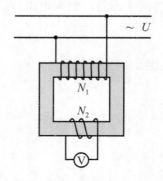

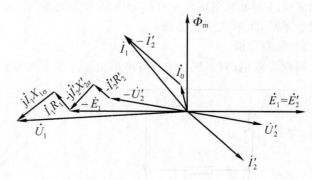

图3.65　电压互感器的接线图　　　　图3.66　电压互感器的相量图

(1) 比值误差。$|U_2'|$对于$|U_1|$的相对误差是比值误差,它主要取决于一次、二次侧的漏抗压降。我国对测量用电压互感器规定有0.2、0.5两个级别。

(2) 相角差。二次侧电压折算到一次侧并反相位得到$-\dot{U}_2'$,相对于一次侧电压$\dot{U}_1$有一个角差,称为相角差,它由励磁电流、漏阻抗产生。对测量级我国规定角误差小于20分。由于电压互感器准确级要求高,铁芯截面选择相对较大,短路阻抗很小($U_k^* \leqslant 1\%$),稳态短路电流为额定电流的100倍以上,由此引起的电动力、损耗可在极短的时间内损坏互感器,故电压互感器运行时二次侧不能短路。

为了安全起见,电压互感器的二次侧绕组一个端子同铁芯一起可靠地接地。另外电压互感器有一定的额定容量,例如100 VA,负载(电压表等)若超过额定容量,测量精度将下降。

习　　题

3.1　变压器有哪几个主要部件? 各部件的功能是什么?

3.2　变压器铁芯的作用是什么? 为什么要用厚0.35 mm、表面涂绝缘漆的硅钢片制造铁芯?

3.3　为什么变压器的铁芯和绕组通常浸在变压器油中?

3.4　变压器有哪些主要额定值? 一次、二次侧额定电压的含义是什么?

3.5　变压器中主磁通与漏磁通的作用有什么不同? 在等效电路中是怎样反映它们的作用的?

3.6　电抗$X_{1\sigma}$、$X_{2\sigma}$、X_k、X_m的物理概念如何? 它们的数值在空载试验、短路试验及正常负载运行时是否相等? 为什么定量计算时可认为Z_k和Z_m是不变的? Z_k^*的大小对变压器的运行性能有什么影响? 各类变压器Z_k^*的范围如何?

3.7　为了得到正弦感应电动势,当铁芯不饱和与饱和时,空载电流应各呈何种波形? 为什么?

3.8　试说明磁动势平衡的概念及其在分析变压器中的作用？

3.9　为什么变压器的空载损耗可以近似地看成是铁耗，短路损耗可以近似地看成是铜耗？负载时变压器真正的铁耗和铜耗与空载损耗和短路损耗有无差别，为什么？

3.10　变压器的其他条件不变，仅将一、二次绕组匝数变化±10%，对 $X_{1\sigma}$、$X_{2\sigma}$、X_m 的影响怎样？如果仅将外施电压变化±10%，其影响怎样？如果仅将频率变化±10%，其影响又怎样？

3.11　分析变压器有哪几种方法？它们之间有无联系？为什么？

3.12　一台变压器，原设计的额定频率为 50Hz，现将它接到 60Hz 的电网上运行，额定电压不变，试问对励磁电流、铁耗、漏抗、电压变化率等有何影响？

3.13　一台额定频率为 50 Hz 的电力变压器，接到频率为 60 Hz、电压为额定电压 6/5 倍的电网上运行，与接 50 Hz 额定电压电网运行时相比，变压器的空载电流、励磁电抗、漏电抗及铁耗等将如何变化？为什么？

3.14　在变压器高压方和低压方分别加额定电压进行空载试验，所测得的铁耗是否一样？计算出来的励磁阻抗有何差别？

3.15　在分析变压器时，为何要进行折算？折算的条件是什么？如何进行具体折算？若用标幺值时是否还需要折算？

3.16　一台单相变压器，各物理量的正方向如图 3.67 所示，试求：

（1）写出电动势和磁动势平衡方程；

（2）绘出 $\cos\varphi_2 = 1$ 时的相量图。

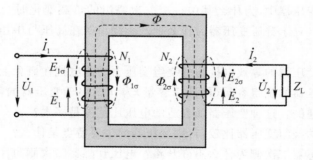

图 3.67　习题 3.16 附图

3.17　如何确定连接组？试说明为什么三相组式变压器不能采用 Yy 连接组，而三相芯式变压器可以采用？为什么三相变压器中常希望一次侧或者二次侧有一方接成三角形连接？

3.18　一台 Yd 连接的三相变压器，一次侧加额定电压空载运行。此时将二次侧的三角形打开一角测量开口处的电压，再将三角形闭合测量电流，试问当此三相变压器是三相变压器组或三相芯式变压器时，所测得的数值有无不同？为什么？

3.19　有一台 Yd 连接的三相变压器，一次侧（高压方）加上对称正弦电压，试分析：

（1）一次侧电流中有无三次谐波？

（2）二次侧相电流和线电流中有无三次谐波？

（3）主磁通中有无三次谐波？

（4）一次侧相电压和线电压中有无 3 次谐波？

（5）二次侧相电压和线电压中有无 3 次谐波？

3.20 变压器并联运行的理想条件是什么？要达到理想情况,并联运行的各变压器需满足什么条件？

3.21 并联运行的变压器若短路阻抗的标幺值或变比不相等时会出现什么现象？如果各变压器的容量不相等,则以上两量对容量大的变压器是大些好还是小些好？为什么？

3.22 试说明变压器的正序、负序和零序阻抗的物理概念。为什么变压器的正序、负序阻抗相等？变压器零序阻抗的大小与什么因素有关？

3.23 为什么三相组式变压器不宜采用 Yyn 连接？而三相芯式变压器可以采用 Yyn 连接？

3.24 如何测定变压器的零序电抗？试分析 Yyn 连接的三相组式变压器和三相芯式变压器零序电抗的大小。

3.25 试画出 YNy、Dyn 和 Yy 连接变压器的零序电流流通路径及所对应的等效电路,写出零序阻抗的表达式。

3.26 如果磁路不饱和,变压器空载合闸电流的最大值是多少？

3.27 在什么情况下突然短路电流最大？大致是额定电流的多少倍？对变压器有什么危害性？

3.28 变压器突然短路电流值与短路阻抗 Z_k 有什么关系？为什么大容量的变压器把 Z_k 设计得大些？

3.29 三绕组变压器中,为什么其中一个二次绕组的负载变化时会对另一个二次绕组的端电压发生影响？对于升压变压器为什么把低压绕组摆在高压与中压绕组之间可减小这种影响？

3.30 三绕组变压器的等效电抗与两绕组变压器的漏电抗在概念上有什么不同？

3.31 自耦变压器的绕组容量（即计算容量）为什么小于变压器的额定容量？一、二次侧的功率是如何传递的？这种变压器最合适的电压比范围是多大？

3.32 同普通两绕组变压器比较,自耦变压器的主要特点是什么？

3.33 电流互感器二次侧为什么不许开路？电压互感器二次侧为什么不许短路？

3.34 产生电流互感器和电压互感器误差的主要原因是什么？为什么它们的二次侧所接仪表不能过多？

3.35 有一台单相变压器,额定容量 $S_N = 250 \text{ kVA}$,额定电压 $U_{1N}/U_{2N} = 10 \text{ kV}/0.4 \text{ kV}$,试求一、二次侧的额定电流。

3.36 有一台三相变压器,额定容量 $S_N = 5\ 000 \text{ kVA}$,额定电压 $U_{1N}/U_{2N} = 10 \text{ kV}/6.3 \text{ kV}$,Yd 连接,试求:

（1）一、二次侧的额定电流;

（2）一、二次侧的额定相电压和相电流。

3.37 有一台三相变压器,额定容量 $S_N = 100 \text{ kVA}$,额定电压 $U_{1N}/U_{2N} = 10 \text{ kV}/0.4 \text{ kV}$,Yyn 连接,试求:

（1）一、二次侧的额定电流;

（2）一、二次侧的额定相电压和相电流。

3.38 两台单相变压器的 $U_{1N}/U_{2N}=220\text{ V}/110\text{ V}$，一次侧的匝数相等，但空载电流 $I_{0\text{I}}=2I_{0\text{II}}$。今将两变压器的一次侧绕组顺极性串联起来，加 440V 电压，问两变压器二次侧的空载电压是否相等？

3.39 有一台单相变压器，$U_{1N}/U_{2N}=220\text{ V}/110\text{ V}$。当在高压侧加 220 V 电压时，空载电流为 I_0，主磁通为 Φ。今将 X、a 端连接在一起，在 Ax 端加 330 V 电压，此时空载电流和主磁通为多少？若将 X、x 端连接在一起，在 Aa 端加 110 V 电压，则空载电流和主磁通又为多少？

3.40 有一台单相变压器，额定容量 $S_N=5\,000\text{ kVA}$，高、低压侧额定电压 $U_{1N}/U_{2N}=35\text{ kV}/6.6\text{ kV}$。芯柱有效截面积为 1 120 cm^2，芯柱中磁通密度的最大值 $B_m=1.45\text{ T}$，试求高、低压绕组的匝数及该变压器的变比。

3.41 有一台单相变压器，额定容量为 5 kVA，高、低压侧均由两个绕组组成，一次侧每个绕组的额定电压为 $U_{1N}=1\,100\text{ V}$，二次侧每个绕组的额定电压为 $U_{2N}=110\text{ V}$，用这个变压器进行不同的连接，问可得几种不同的变比？每种连接一、二次侧额定电流为多少？

3.42 有一台单相变压器，额定容量 $S_N=100\text{ kVA}$，额定电压 $U_{1N}/U_{2N}=6\,000\text{ V}/230\text{ V}$，$f=50\text{ Hz}$。一、二次侧绕组的电阻和漏电抗的数值为：$R_1=4.32\ \Omega$；$R_2=0.006\,3\ \Omega$；$X_{1\sigma}=8.9\ \Omega$；$X_{2\sigma}=0.013\ \Omega$，试求：

（1）折算到高压侧的短路电阻 R_k、短路电抗 X_k 及短路阻抗 Z_k；

（2）折算到低压侧的短路电阻 R'_k、短路电抗 X'_k 及短路阻抗 Z'_k；

（3）将上面的参数用标幺值表示；

（4）计算变压器的短路阻抗电压及各分量。

（5）求满载及 $\cos\varphi_2=1$、$\cos\varphi_2=0.8$（滞后）及 $\cos\varphi_2=0.8$（超前）等三种情况下的 ΔU。

3.43 有一台单相变压器，已知：$R_1=2.19\ \Omega$，$X_{1\sigma}=15.4\ \Omega$，$R_2=0.15\ \Omega$，$X_{2\sigma}=0.964\ \Omega$，$R_m=1\,250\ \Omega$，$X_m=12\,600\ \Omega$，$N_1=876$ 匝，$N_2=260$ 匝；

当 $\cos\varphi_2=0.8$（滞后）时，二次侧电流 $I_2=180\text{ A}$，$U_2=6\,000\text{ V}$，试求：

（1）用近似 Γ 型等效电路和简化等效电路求 $\dot U_1$ 及 $\dot I_1$，并将结果进行比较；

（2）画出折算后的 T 型等效电路。

3.44 一台三相电力变压器，额定数据为：$S_N=1\,000\text{ kVA}$，$U_{1N}=10\text{ kV}$，$U_{2N}=400\text{ V}$，Yy 接法。在高压方加电压进行短路试验，$U_k=400\text{ V}$，$I_k=57.74\text{ A}$，$P_k=11.6\text{ kW}$。试求：

（1）短路参数 R_k、X_k、Z_k；

（2）当此变压器带 $I_2=1\,155\text{A}$，$\cos\varphi_2=0.8$（滞后）负载时，低压方电压 U_2。

3.45 一台三相电力变压器的名牌数据为：$S_N=20\,000\text{ kVA}$，$U_{1N}/U_{2N}=110\text{ kV}/10.5\text{ kV}$，Yd11 接法，$f=50\text{ Hz}$，$Z_k^*=0.105$，$I_0^*=0.65\%$，额定电压下空载损耗 $P_0=23.7\text{ kW}$，短路电流等于额定电流时的短路损耗 $P_{kN}=10.4\text{ kW}$。试求：

（1）Γ 型等效电路的参数，并画出 Γ 型等效电路；

（2）该变压器高压方接入 110 kV 电网，低压方接一对称负载，每相负载阻抗为（16.37+j7.93）Ω，求低压方电流、电压、高压方电流。

3.46 一台三相变压器，$S_N=5\,600\text{ kVA}$，$U_{1N}/U_{2N}=10\text{ kV}/6.3\text{ kV}$，Yd11 接法。在低

压侧加额定电压 U_{2N} 做空载试验，测得 $P_0 = 6\,720$ W，$I_0 = 8.2$ A。在高压侧做短路试验，短路电流 $I_k = I_{1N}$，$P_k = 17\,920$ W，$U_k = 550$ V，试求：

(1) 用标幺值表示的励磁参数和短路参数；

(2) 电压变化率 $\Delta U = 0$ 时负载的性质和功率因数 $\cos\varphi_2$；

(3) 电压变化率 ΔU 最大时的功率因数和 ΔU 值；

(4) $\cos\varphi_2 = 0.9$（滞后）时的最大效率。

3.47　有一台三相变压器，$S_N = 5\,600$ kVA，$U_{1N}/U_{2N} = 10$ kV/6.3 kV，Yd11 连接组。变压器的空载及短路试验数据为

试验名称	线电压 U_1/V	线电流 I_1/A	三相功率 P/W	备　注
空　载	6 300	7.4	6 800	电压加在低压侧
短　路	550	323.3	18 000	电压加在高压侧

试求：

(1) 变压器参数的实际值及标幺值；

(2) 求满载 $\cos\varphi_2 = 0.8$（滞后）时，电压调整率 ΔU 及二次侧电压 U_2 和效率；

(3) 求 $\cos\varphi_2 = 0.8$（滞后）时的最大效率。

3.48　一台三相变压器 $S_N = 750$ kVA，$U_{1N}/U_{2N} = 10\,000$ V/400 V，Yy 连接，短路阻抗 $Z_k = (1.40 + j6.48)$ Ω，负载阻抗 $Z_L = (0.20 + j0.07)$ Ω，试求：

(1) 一次侧加额定电压时，一、二次侧电流和二次侧电压；

(2) 输入、输出功率及效率。

3.49　试画出图 3.68 所示各变压器的高、低压方电动势相量图，并判断其连接组。

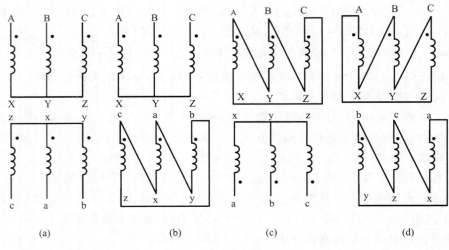

(a)　　　　　　(b)　　　　　　(c)　　　　　　(d)

图 3.68　习题 3.51 附图

3.50　一台三相变压器，高低压绕组同名端和高压绕组的首末端标记如图3.69所示。试将该变压器连接成 Yd7、Yy4 和 Dy5。并画出它们的电动势相量图。

3.51　两台三相变压器并联运行，均为 Yd11 连接组，数据如下：

变压器I：5 600 kVA，6 000 V/3 050 V，$Z_k^* = 0.055$；

变压器II：3 200 kVA，6 000 V/3 000 V，$Z_k^* = 0.055$。

两台变压器的短路电阻和短路电抗之比相等，试求空载时每一台变压器中的循环电流及其标幺值。

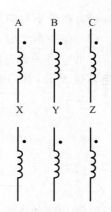

图 3.69 习题 3.52 附图

3.52 某变电所有两台变压器，数据如下：

第Ⅰ台：$S_N = 3\ 200$ kVA，$U_{1N}/U_{2N} = 35$ kV/6.3 kV，$U_k = 6.9\%$；

第Ⅱ台：$S_N = 5\ 600$ kVA，$U_{1N}/U_{2N} = 35$ kV/6.3 kV，$U_k = 7.5\%$。

试求：

(1) 两台变压器并联运行，输出的总负载为 8 000 kVA 时，每台变压器应分担多少？

(2) 在没有任何一台变压器过载的情况下，输出的最大总负载为多少？

3.53 某工厂由于生产发展，用电量由 500 kVA 增加到 800 kVA。原有变压器 $S_N = 560$ kVA，$U_{1N}/U_{2N} = 6\ 300$ V/400 V，Yyn0 连接组，$U_k = 5\%$。今有三台备用变压器如下：

变压器Ⅰ：$S_N = 320$ kVA，$U_{1N}/U_{2N} = 6\ 300$ V/400 V，Yyn0，$U_k = 5\%$；

变压器Ⅱ：$S_N = 240$ kVA，$U_{1N}/U_{2N} = 6\ 300$ V/400 V，Yyn0，$U_k = 5.5\%$；

变压器Ⅲ：$S_N = 320$ kVA，$U_{1N}/U_{2N} = 6\ 300$ V/400 V，Yyn0，$U_k = 5.5\%$。

试求：

(1) 在不允许任何一台变压器过载的情况下，选哪一台变压器进行并联运行最合适？

(2) 如果负载再增加，要用三台变压器并联运行，再加哪一台合适？这时最大总负载容量是多少？各台变压器的负载程度如何？

3.54 将下列不对称的三相电流和电压分解为对称分量：

(1) 三相不对称电压，$\dot{U}_A = 220$V，$\dot{U}_B = 220\angle-100°$V，$\dot{U}_C = 210\angle-250°$V；

(2) $i_A = 100\sqrt{2}\sin(\omega t)$A，$i_B = 100\sqrt{2}\sin(\omega t - 150°)$A，$i_C = 100\sqrt{2}\sin(\omega t - 240°)$A。

3.55 用对称分量法分析 Yyn 连接的三相变压器两相对接短路时一、二次侧电流的对称分量。这种情况下是否有中性点移动发生？为什么？

3.56 有一台 100 kVA，Yyn0 连接三相芯式变压器，$U_{1N}/U_{2N} = 6\ 000$ V/400 V，$Z_k^* = 0.055$，$R_k^* = 0.02$，$Z_{m0}^* = 1 + j6$。如果发生单相短路，试求：

(1) 一次绕组的三相电流；

(2) 二次绕组的三相电压；

(3) 中性点移动的数值。

3.57 如 3.56 题的变压器，二次侧接一个 $R_L^* = 1$ 的单相负载，试求一次侧三相电流、二次侧三相电压和中性点移动数值。

3.58 有一台 60 MVA，220 kV/11 kV，Yd11 连接的三相变压器。$R_k^* = 0.008$，$X_k^* = 0.072$，试求：

(1) 高压侧的稳态短路电流值及其为额定电流的倍数；

（2）在最不利的条件下发生突然短路时,最大的短路电流是多少?

（3）如果不考虑衰减,最大短路电流是多少?

3.59　有一台三绕组变压器,额定电压为 110 kV/38.5 kV/11 kV,YNyn0d11 连接组,额定容量为 10/10/10 MVA。短路试验数据如下:

线　圈	短路损耗 P_k/kW	阻抗电压 U_k/(%)
高一中	148.75	10.1
高一低	111.2	16.95
中一低	82.70	6.06

试计算简化等效电路中的各参数。

3.60　有一台 5.6 MVA、6.6 kV/3.3 kV 、Yyn0 连接的三相两绕组变压器,$Z_k^* = 0.105$。现将其改接成 9.9 kV/3.3 kV 的降压自耦变压器,试求:

（1）自耦变压器的额定容量;

（2）在额定电压下发生稳态短路时的短路电流,并与原来两绕组变压器的稳态短路电流相比较。

3.61　一台 2 400∶120 V,60 Hz 电压互感器,其参数为 $R_1 = 128\ \Omega$,$X_{1\sigma} = 143\ \Omega$,$R_2' = 141\ \Omega$,$X_{2\sigma}' = 164\ \Omega$,$X_m = 163\ k\Omega$。当一次侧接 2 400 V 时,忽略励磁电阻,试求:

（1）二次侧开路时二次侧电压值和相对相角误差;

（2）二次侧接 41.4 Ω 电阻时二次侧电压误差和相角误差;

（3）二次侧接 162.5Ω 电阻时二次侧电压误差和相角误差。

3.62　一台 800∶5 A,60 Hz 电流互感器,其参数为 $R_1 = 10.3\ \mu\Omega$,$X_{1\sigma} = 44.8\ \mu\Omega$,$R_2' = 9.6\ \mu\Omega$,$X_{2\sigma}' = 54.3\ \mu\Omega$,$X_m = 17.7\ m\Omega$。当一次侧流过 800 A 电流时,试求:

（1）二次侧短路时二次侧电流值和相对相角差;

（2）二次侧接 2.5 Ω 负载时二次侧电流误差和相角差;

（3）二次侧接 3.19 Ω 感抗时二次侧电流误差和相角差。

第4章 交流电机绕组的基本理论

交流电机主要分为同步电机和异步电机两类。这两类电机虽然在励磁方式和运行特性上有很大差别,但它们的定子绕组的结构形式是相同的,定子绕组的感应电动势、磁动势的性质、分析方法也相同。本章统一起来进行研究。

4.1 交流绕组的基本要求

交流绕组的基本要求如下。

(1)绕组产生的电动势(磁动势)接近正弦波。

(2)三相绕组的基波电动势(磁动势)必须对称。

(3)在导体数一定时能获得较大的基波电动势(磁动势)。

下面以交流绕组的电动势为例进行说明。

图 4.1 所示为一台交流电机定子槽内导体沿圆周分布情况,定子槽数 $Z=36$,磁极个数 $2p=4$,励磁磁极由原动机拖动以转速 n_1 逆时针旋转。这就是一台同步发电机。试分析为了满足上述三项基本要求,应遵循的设计原则。

1. 正弦分布的磁场在导体中感应正弦波电动势

以图 4.1 所示中 N_1 的中心线为轴线,在 N_1 磁极下的气隙中磁感应强度分布曲线 $B(\theta)$ 如图 4.2 所示。只要合理设计磁极形状,就可以使得气隙中磁感应强度 $B(\theta)$ 呈正弦分布,即

$$B(\theta) = B_m\cos\theta$$

旋转磁极在定子导体(例如 13、14、15、16 号导体)中的感应电动势为

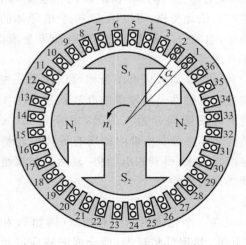

图 4.1 槽内导体沿定子圆周的分布情况

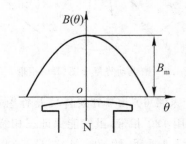

图 4.2 正弦分布的主极磁场

$$e_c = B(\theta)lv = B_m lv\cos\theta \tag{4.1}$$

式中，l 为导体有效长度；v 为磁极产生的磁场切割导体的线速度。

设 $t=0$ 时，某根导体对准磁极轴线，即 $\theta=0$，当转子磁极转速为 n_1 时，磁极切割导体的角速度为 $\omega=2\pi p \dfrac{n_1}{60}$，$\theta=\omega t$，式（4.1）变为

$$e_c = B_m lv\cos\omega t \tag{4.2}$$

式中，B_m、l、v 均为常数。

式（4.2）表明，只要在设计电机时保证励磁磁动势在气隙中产生的磁场在空间按正弦规律分布，则它在交流绕组中感应的电动势就随时间按正弦规律变化。

2. 用槽电动势星形图分相以保证三相感应电动势对称

当正弦分布的磁场以转速 n_1 旋转时，在定子圆周上每槽导体中感应的电动势都是正弦波，幅值相等，但在时间上相位不同。为了用电动势相量来表示它们之间的相位差，引入如下参数。

槽距角 α——相邻两槽之间的机械角度。对于图 4.1 所示电机定子，有

$$\alpha = \frac{360°}{Z} = \frac{360°}{36} = 10°$$

槽距电角 α_1——相邻两槽间相距的电角度。在一对磁极范围内，电气角度等于 $360°$；对于 p 对磁极，电角度等于 $p\times360°$，则

$$\alpha_1 = \frac{p\times360°}{36} = p\alpha \tag{4.3}$$

对于图 4.1 所示电机定子，$\alpha_1 = 2\times10° = 20°$。

因此，各槽导体感应电动势大小相等，在时间相位上彼此相差 $20°$ 电角度。槽 1 导体电动势相量用相量 1 表示，槽 2 导体电动势相量 2 比相量 1 滞后 $20°$ 电角度。同理，相量 3 比相量 2 滞后 $20°$ 电角度。依此类推，可以给出 36 个槽导体的电动势相量，组成一个星形，称为槽电动势星形图，如图 4.3 所示。

利用槽电动势星形图分相可以保证三相绕组电动势的对称性。最简单的办法就是将图 4.3 所示的星形图圆周分为三等分，每等分 $120°$（称为 $120°$ 相带），将每个相带内的所有导体电动势相量正向串联起来，得到相电动势，显然三相绕组的相电动势是对称的。

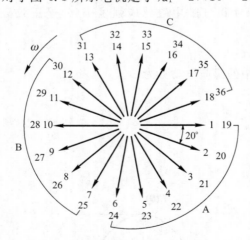

图 4.3　槽电动势星形图（$120°$ 相带）

3. 采用 $60°$ 相带可获得较大的基波电动势

采用 $120°$ 相带，虽然能保证三相绕组对称，但在一个相带内的所有相量（例如 A 相带中的 1、2、3、4、5、6、19、20、21、22、23、24）分布较分散，其相量和较小，即合成的感应电动势较

小。一般不采用120°相带,而采用图4.4所示的60°相带。60°相带这样来分相:将槽电动势星形分为6等分,每等分60°,故称为60°相带。A、B、C三个相带中心线依次相距120°,X相带中心线与A相带中心线相距180°。同样,Y相带中心线与B相带中心线相距180°,Z相带中心线与C相带中心线相距180°。在A相带中将导体电动势相量1、2、3、19、20、21依次正向串联;在X相带中将导体电动势相量10、11、12、28、29、30也依次正向串联,然后再将A相带与X相带的电动势反向串联得到A相电动势相量$\dot{E}_A$。同理,将B、Y相带(C、Z相带)反向串联得到B(C)相电动势相量$\dot{E}_B(\dot{E}_C)$。显然$\dot{E}_A$、$\dot{E}_B$、$\dot{E}_C$是对称的,且每相的导体相量分布较为集中,可得到较大的感应电动势。

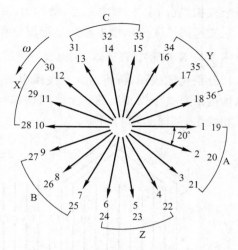

图 4.4 槽电动势星形图(60°相带)

4.2 三相交流绕组

4.2.1 单层绕组

单层绕组每槽只嵌放一个线圈边,因此线圈数等于槽数的1/2。在槽电动势星形图中,A相带和X相带导体感应电动势的反向串联可以通过构造线圈来实现,例如导体1、10构成一个线圈,就实现了电动势$\dot{E}_1$、$\dot{E}_{10}$的反向串联。为方便描述线圈构成关系,引入两个重要参数:

极距(τ)——一个磁极在定子圆周上所跨的距离,一般以槽数计,表示为

$$\tau = \frac{Z}{2p} \tag{4.4}$$

节距(y_1)——一个线圈的两边在定子圆周上所跨的距离,通常也以槽数计。

当$y_1 = \tau$时,称为整距;$y_1 < \tau$称为短距;$y_1 > \tau$称为长距。

一般的单层绕组都是整距绕组。

例 4.1 已知一交流电机,定子槽数$Z=36$,极数$2p=4$,并联支路数$a=1$,试绘制三相单层绕组展开图。

解 (1)绘制槽电动势星形图(见图4.4)。

(2)分相、构成线圈。首先引入一个术语:

每极每相槽数(q)——每相定子线圈在每个磁极下所占有的槽数,亦称为极相组

$$q = \frac{Z}{2pm} \tag{4.5}$$

式中,m为相数,当$m=3$时,$z=6pq$。

对于本例,$q = \dfrac{36}{2 \times 2 \times 3} = 3$ $\alpha_1 = \dfrac{p \times 360°}{Z} = \dfrac{2 \times 360°}{36} = 20°$

每个极相组占 $q\alpha_1 = 60°$电角度，故称为 $60°$相带。

按照图 4.4 所示槽电动势星形图分相，共分为 A、B、C、X、Y、Z 6 个相带。将 A 相带中导体 1 与 X 相带中的导体 10 构成一个线圈，就实现了 $\dot{E}_1$ 与 $\dot{E}_{10}$ 的反向串联。同理，将 $\overset{\frown}{2,11}$、$\overset{\frown}{3,12}$ 分别构成线圈，再将这 3 个线圈串联，就得到 A 相带第 1 个极相组。用同样的办法，可以构造出第 2 个极相组的 3 个线圈 $\overset{\frown}{19,28}$、$\overset{\frown}{20,29}$、$\overset{\frown}{21,30}$。最后将 2 个极相组串联起来，构成 A 相绕组，如图 4.5(a)所示。

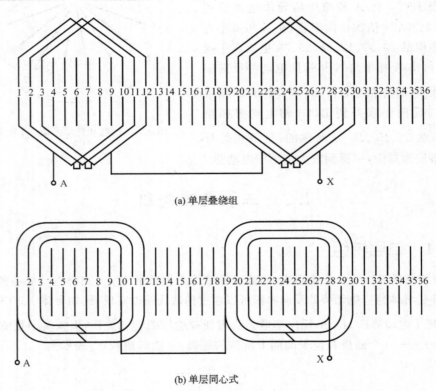

(a) 单层叠绕组

(b) 单层同心式

图 4.5　单层绕组的相绕组展开图

将图 4.5(b)所示的单层绕组（同心式）与图 4.5(a)所示单层绕组（叠绕组）相比，感应电动势的导体数相等，导体分布规律相同，且相绕组电动势相量相等，仅仅是端部连接不同（适用于不同的工艺要求）。

（3）确定并联支路数。一相绕组可能有多条支路，这些支路能够并联的条件是每条支路电动势相量必须相等，否则会产生环流。根据槽电动势星形图（见图 4.4）和单层绕组展开图（见图 4.5），A 相第 1、2 两个极相组电动势相量相等。这两个极相组可以作为两条支路并联（$a=2$），当然也可以串联成为一条支路（$a=1$），如图 4.5 所示。一般而言，对于单层绕组，每相最大并联支路数等于极对数，即

$$a_{\max} = p \tag{4.6}$$

（4）画出三相绕组展开图。若选定并联支路数 $a=1$，则根据槽电动势星形图（见图 4.4），A、B、C 三相绕组连接顺序为

$$A \overset{\frown}{\rightarrow} 1,10 \overset{\frown}{\rightarrow} 2,11 \overset{\frown}{\rightarrow} 3,12 \overset{\frown}{\rightarrow} 19,28 \overset{\frown}{\rightarrow} 20,29 \overset{\frown}{\rightarrow} 21,30 \rightarrow X$$

$$B \overset{\frown}{\rightarrow} 7,16 \overset{\frown}{\rightarrow} 8,17 \overset{\frown}{\rightarrow} 9,18 \overset{\frown}{\rightarrow} 25,34 \overset{\frown}{\rightarrow} 26,35 \overset{\frown}{\rightarrow} 27,36 \rightarrow Y$$

$$C \overset{\frown}{\rightarrow} 13,22 \overset{\frown}{\rightarrow} 14,23 \overset{\frown}{\rightarrow} 15,24 \overset{\frown}{\rightarrow} 31,4 \overset{\frown}{\rightarrow} 32,5 \overset{\frown}{\rightarrow} 33,6 \rightarrow Z$$

　　图 4.6 是与图 4.5(a)相对应的单层三相绕组展开图。由图 4.6 可以看出,将 A 相绕组整体右移 120°电角度即 6 个槽,即得到 B 相绕组;将 A 相绕组整体右移 240°电角度即 12 个槽,就得到 C 相绕组。单层绕组一般用于 10kW 以下的小型交流电机。

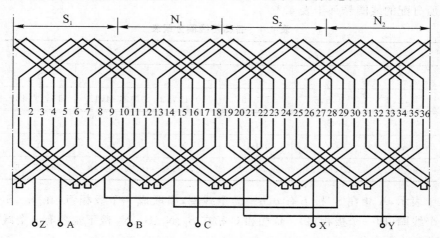

图 4.6　三相单层等元件绕组展开图
$$Z = 36, 2p = 4, a = 1$$

4.2.2　双层绕组

　　双层绕组的线圈数等于槽数。每个槽有上、下两层,线圈的一个边放在一个槽的上层,另外一个边则放在相隔节距为 y_1 槽的下层。双层绕组有叠绕和波绕两种,这里只讨论叠绕。下面举例说明三相双层叠绕组的构成方法。

　　例 4.2　已知 $Z = 36, 2p = 4$,并联支路数 $a = 2$,试绘制三相双层叠绕绕组展开图。

　　解　(1)选择线圈节距。

　　为了改善电动势和磁动势波形,一般采用短距线圈。本例中

$$\tau = \frac{Z}{2p} = \frac{36}{2 \times 2} \text{ 槽} = 9 \text{ 槽}$$

选择节距 $y_1 = 7$ 槽,这意味着当一个线圈的一个边位于第一槽上层时,它的另一个边就在第 8 槽的下层。

　　(2)绘制槽电动势星形图。

　　槽电动势星形图仍然如图 4.4 所示。在双层绕组中,上层线圈边的电动势星形图与下层边的电动势星形图是相似的,其差别在于下层边的电动势相量相对于其对应的上层边的电动势相量位移了 $y_1 \alpha_1$ 电角度。将各线圈上层边的电动势相量减去其对应的下层边的电动势相量就构成了所有线圈的电动势星形图。在该电动势星形图中,相邻两线圈的电动势相量的相角差仍然是 α_1。假定所有线圈以上层边来编号,并与槽号一致,则槽电动势星形图

与线圈电动势星形图一致,所不同的是单位相量所代表的电动势的值变了,但对于画展开图无影响。

（3）分相。

根据图 4.4 所示,按 $60°$ 相带分相,有

$$q = \frac{Z}{3 \times 2p} = \frac{36}{3 \times 2 \times 2} = 3$$

各个相带所分配的线圈号列于表 4.1。

表 4.1 各相带线圈分配表

S_1			N_1		
A	Z	B	X	C	Y
1,2,3	4,5,6	7,8,9	10,11,12	13,14,15	16,17,18
S_2			N_2		
A	Z	B	X	C	Y
19,20,21	22,23,24	25,26,27	28,29,30	31,32,33	34,35,36

表 4.1 表示,A 相在 S_1 极下有 $q(q=3)$ 个线圈,串联成一个极相组,在 N_1、S_2、N_2 极下都各有 q 个线圈（即一个极相组）。B 相和 C 相在 S_1、N_1、S_2、N_2 极下也各有 q 个线圈。

（4）确定并联支路。

支路并联的条件依然是各支路电动势相量相等。利用槽电动势星形图（见图4.4）,可得到不同 a 值下线圈的连接表（见表4.2）。本例选定 $a=2$。

表 4.2 线圈连接表($a=1,2,4$)

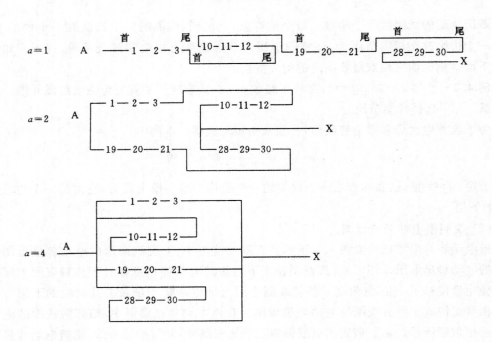

对于本例,显然最大并联支路数为 4。一般而言,对于双层绕组,每相绕组最大并联支路数 $a_{max}=2p$。

(5) 绘制绕组展开图。

根据表 4.2 中 $a=2$ 的连接情况,可以画出 A 相绕组展开图(见图 4.7)。将 A 相绕组依次右移 $120°$、$240°$ 电角度(即 6、12 槽),可得到 B、C 相绕组。

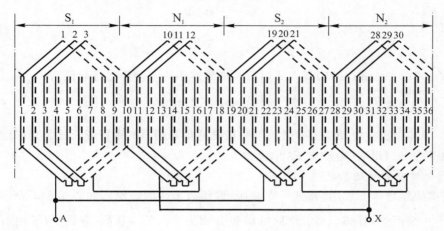

图 4.7   三相双层叠绕组展开图(A 相)

$Z=36,2p=4,a=2$

10 kW 以上的交流电机一般都采用双层绕组。

4.3   交流绕组的电动势

4.3.1   正弦分布磁场下的绕组电动势

本节先讨论励磁磁动势在气隙中形成正弦波磁场的情况,稍后再讨论非正弦波磁场的影响。

1. 导体电动势

如图 4.1 所示,当 p 对极的正弦分布磁场以 n_1 切割导体时,在导体中感应电动势为正弦波,其有效值由式(4.2)得到,为

$$E_{c1} = \frac{1}{\sqrt{2}} B_{m1} l v \tag{4.7}$$

式中,B_{m1} 为磁感应强度基波的幅值(Wb/m²),而

$$v = 2p\tau \frac{n_1}{60} \tag{4.8}$$

式中,τ 为以长度计的极距(m);n_1 为转子转速(r/min)。

当转子只有一对磁极,它旋转一周时,任一导体中的正弦波感应电动势正好交变一次;当转子有 p 对磁极,它旋转一周时,任一导体中感应电动势就交变 p 次。若转子以 n_1 速度旋转,

则导体中感应电动势每秒钟就交变 $\dfrac{pn_1}{60}$ 次，即导体中感应电动势的频率 f 为

$$f = \frac{pn_1}{60} \tag{4.9}$$

对于正弦波磁感应强度，其每极磁通（即磁感应强度每半个周波之面积）

$$\Phi_1 = \frac{2}{\pi} B_{m1} \tau l$$

于是有

$$B_{m1} = \frac{\pi}{2} \frac{\Phi_1}{\tau l} \tag{4.10}$$

将式(4.8)、式(4.9)、式(4.10)代入式(4.7)，得导体感应电动势之有效值为

$$E_{c1} = \frac{\pi}{\sqrt{2}} f \Phi_1 = 2.22 f \Phi_1 \tag{4.11}$$

由此可见，导体中感应电动势的有效值与每极磁通量和频率的乘积成正比。当磁通 Φ_1 单位取 Wb、频率 f 取 Hz 时，电动势 E_{c1} 单位为 V。

2. 匝电动势与短距系数

用端接线将导体 c_1、c_2 连接成一个线匝（即匝数为 1 的线圈），如图 4.8(a)所示，其节距为 y_1 槽。在线匝中，导体 c_1、c_2 感应电动势分别为 $\dot{E}_{c1}$、$\dot{E}_{c2}$，且 $\dot{E}_{c2}$ 滞后于 $\dot{E}_{c1}$ 相量 $y_1 \alpha_1$（或 $\dfrac{y_1}{\tau}\pi$）电角度，如图 4.8(b)所示。线匝中电动势为

$$\dot{E}_{t1} = \dot{E}_{c1} - \dot{E}_{c2} = \dot{E}_{c1} - \dot{E}_{c1} e^{-j\frac{y_1}{\tau}\pi}$$

$$E_{t1} = 2E_c \sin\left(\frac{y_1}{\tau} \frac{\pi}{2}\right) \tag{4.12}$$

仅当 $y_1 = \tau$，即线匝为整距时

$$E_{t1} \big|_{y_1 = \tau} = 2E_{c1} \tag{4.13}$$

用式(4.12)除以式(4.13)，可得到线圈的短距系数为

$$k_{y1} = \frac{E_{t1}\,(节距为 \ y_1 \ 的线匝电动势)}{2E_{c1}\,(对应的整距线匝电动势)}$$

$$k_{y1} = \sin\left(\frac{y_1}{\tau} \frac{\pi}{2}\right) \tag{4.14}$$

由式(4.14)可知，短距系数 $k_{y1} \leqslant 1$。

对于同一个电机的线匝，若采用长距 $y_1' = \tau + \Delta$，则短距系数为 k'_{y1}；若采用短距 $y_1'' = \tau - \Delta$，则短距系数为 k''_{y1}。由式(4.14)可知，$k'_{y1} = k''_{y1}$，即两者产生的感应电动势相等，但长距线匝端部接线较长，用铜量多，故一般不采用。

当一个线圈有 N_c 匝时，该线圈的基波电动势为

$$E_{y1} = N_c E_{t1} = \sqrt{2}\pi N_c k_{y1} f \Phi_1 = 4.44 N_c k_{y1} f \Phi_1 \tag{4.15}$$

3. 线圈组电动势与分布系数

由 4.2 节、4.3 节可知，每个线圈组（亦称为极相组）都是由 q 个线圈串联而成的，故线圈组的电动势等于 q 个线圈电动势的相量和。每个线圈电动势为 E_{y1}，依次相差槽距电角度 α_1，则图 4.9 所示中 q 个线圈电动势之相量和为

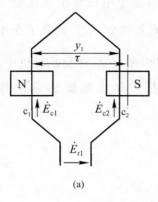

(a)

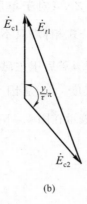

(b)

图 4.8 匝电动势计算

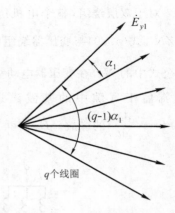

q个线圈

图 4.9 线圈组电动势相量

$$\dot{E}_{q1} = \dot{E}_{y1}[1 + e^{-j\alpha_1} + e^{-j\alpha_2} + \cdots + e^{-j(q-1)\alpha_1}]$$

线圈组电动势之模为

$$E_{q1} = E_{y1}\frac{\sin\dfrac{q\alpha_1}{2}}{\sin\dfrac{\alpha_1}{2}} = qE_{y1}\frac{\sin\dfrac{q\alpha_1}{2}}{q\sin\dfrac{\alpha_1}{2}} = qE_{y1}k_{q1} \tag{4.16}$$

式中,

$$k_{q1} = \frac{E_{q1}(q\ 个分布线圈的电动势相量和)}{qE_{y1}(对应的\ q\ 个集中线圈电动势的代数和)} = \frac{\sin\dfrac{q\alpha_1}{2}}{q\sin\dfrac{\alpha_1}{2}} \tag{4.17}$$

称为分布系数。对于集中绕组($q=1$),$k_{q1}=1$;对于分布绕组,k_{q1}总是小于 1。

将式(4.15)代入式(4.16)得线圈组电动势之有效值为

$$E_{q1} = \sqrt{2}\pi qN_c k_{y1}k_{q1}f\Phi_1 = 4.44qN_c k_{N1}f\Phi_1 \tag{4.18}$$

式中,qN_c 为 q 个线圈的总匝数。

$$k_{N1} = k_{y1}k_{q1} \tag{4.19}$$

称为基波绕组系数,它表示在采用短距线圈和分布绕组时,基波电动势应打的折扣。

4. 相电动势

在图 4.10 中,电机每相绕组有 a 条并联支路,每条支路有 c 个极相组串联而成。由于每个极相组的感应电动势相量相等,故相电动势的有效值为

$$E_{\phi1} = cE_{q1} = \sqrt{2}\pi cqN_c k_{N1}f\Phi_1$$

令 $N=cqN_c$,代表一相绕组中一条支路串联的匝数,称为相绕组的串联匝数。于是相电动势表示为

$$E_{\phi1} = \sqrt{2}\pi Nk_{N1}f\Phi_1 = 4.44Nk_{N1}f\Phi_1 \tag{4.20}$$

相绕组串联匝数 N 亦可用下式计算,即

$$N = \frac{整个电机绕组总匝数}{3a} \tag{4.21}$$

对于双层绕组，整个电机绕组总匝数 $= ZN_c$；对于单层绕组，整个电机绕组总匝数 $= \frac{1}{2}ZN_c$。式(4.20)与变压器绕组电动势计算公式相似，只不过以有效匝数 Nk_{N1} 代替了变压器公式中的 N。在变压器电动势相量图中，$\dot{E}_1$ 滞后于主磁通 $\dot{\Phi}_m$ 90°电角度，在交流电机中，$\dot{E}_{\phi1}$ 滞后于气隙中的基波磁通 $\dot{\Phi}_1$ 90°电角度。这是因为两者都服从电磁感应定律 $\left(e = -N\dfrac{d\Phi}{dt}\right)$ 的缘故。$\dot{E}_{\phi1}$ 与 $\dot{\Phi}_1$ 的相位关系表示在图 4.11 中。

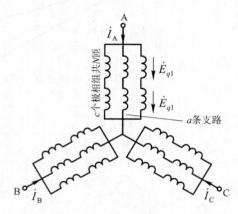

图 4.10　三相绕组接线图

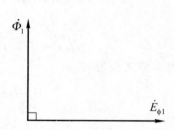

图 4.11　$\dot{E}_{\phi1}$ 与 $\dot{\Phi}_1$ 的相位关系

例 4.3　有一台汽轮发电机，定子槽数 $Z = 36$，极数 $2p = 2$，采用双层叠绕绕组，节距 $y_1 = 14$，每个线圈匝数 $N_c = 1$，并联支路数 $a = 1$，频率为 50 Hz。每极磁通量 $\Phi_1 = 2.63$ Wb。试求：

(1) 导体电动势 E_{c1}；

(2) 匝电动势 E_{t1}；

(3) 线圈电动势 E_{y1}；

(4) 线圈组电动势 E_{q1}；

(5) 相电动势 $E_{\phi1}$。

解　(1) 一根导体就是 0.5 匝，$N = 0.5$，$k_{N1} = 1$，导体电动势

$$E_{c1} = 4.44Nk_{N1}f\Phi_1 = 4.44 \times 0.5 \times 1 \times 50 \times 2.63 \text{ V} = 292 \text{ V}$$

(2) 相绕组串联匝数　　　　　　　$N = 1$

极距

$$\tau = \frac{Z}{2p} = \frac{36}{2 \times 1} \text{槽} = 18 \text{ 槽}$$

短距系数

$$k_{y1} = \sin\frac{y_1}{\tau}90° = \sin\left(\frac{14}{18} \times 90°\right) = 0.94$$

匝电动势

$$E_{t1} = 4.44Nk_{N1}f\Phi_1 = 4.44 \times 1 \times 0.94 \times 50 \times 2.63 \text{ V} = 548.8 \text{ V}$$

(3) 由于线圈匝数 $N_c = 1$，相绕组串联匝数 $N = N_c = 1$，$k_{N1} = 0.94$

线圈电动势

$$E_{y1} = 4.44Nk_{N1}f\Phi_1 = 4.44 \times 1 \times 0.94 \times 50 \times 2.63 \text{V} = 548.8 \text{ V}$$

（4）每极每相槽数

$$q = \frac{Z}{2pm} = \frac{36}{2 \times 1 \times 3} = 6$$

槽距电角

$$\alpha_1 = \frac{p \times 360°}{Z} = \frac{1 \times 360°}{36} = 10°$$

由式（4.17）可得分布系数

$$k_{q1} = \frac{\sin \dfrac{q\alpha_1}{2}}{q\sin \dfrac{\alpha_1}{2}} = \frac{\sin \dfrac{6 \times 10°}{2}}{6\sin \dfrac{10°}{2}} = 0.956$$

于是由式（4.19）可得绕组系数为

$$k_{N1} = k_{y1}k_{q1} = 0.94 \times 0.956 = 0.899$$

相绕组串联匝数 $\qquad\qquad N = qN_c = 6 \times 1 = 6$

由式（4.18）可得线圈组电动势

$$E_{q1} = 4.44Nk_{N1}f\Phi_1 = 4.44 \times 6 \times 0.899 \times 50 \times 2.63 \text{ V} = 3\ 149 \text{ V}$$

（5）相绕组串联匝数 $\qquad N = \dfrac{2pqN_c}{a} = \dfrac{2}{1} \times 1 \times 6 \times 1$ 匝 $= 12$ 匝

由式（4.20）可得相电动势

$$E_{\phi 1} = 4.44Nk_{N1}f\Phi_1 = 4.44 \times 12 \times 0.899 \times 50 \times 2.63 \text{ V} = 6\ 300 \text{ V}$$

4.3.2 非正弦分布磁场下电动势中的谐波

在实际电机中，由于磁极的励磁磁动势在气隙中产生的磁场并非是正弦波，因此在定子绕组内感应的电动势也并非正弦波，除了基波外还存在一系列谐波。

1. 感应电动势中的高次谐波

在同步电机气隙中，磁极磁场沿电枢表面的分布一般呈平顶波形，如图 4.12 所示。利用傅里叶级数，可将其分解为基波和一系列谐波。根据磁场波形的对称性，谐波次数 $\nu = 1$，$3,5,7,\cdots$，如图 4.12 所示，ν 次谐波极对数 $p_\nu = \nu p$，其极距 $\tau_\nu = \dfrac{\tau}{\nu}$。

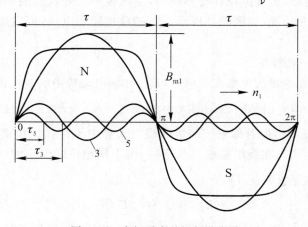

图 4.12 主极磁密的空间分布波

由于谐波磁场也因转子旋转而形成旋转磁场，其转速等于转子转速，即 $n_\nu = n_1$，故谐波磁场在定子绕组中感应的高次谐波电动势频率仿式(4.9)得到

$$f_\nu = \frac{p_\nu n_\nu}{60} = \nu\frac{p n_1}{60} = \nu f_1 \tag{4.22}$$

式中，$f_1 = \frac{p n_1}{60}$ 表示基波电动势频率。

仿照式(4.20)，可得到谐波相电动势有效值为

$$E_{\phi\nu} = 4.44 N k_{N\nu} f_\nu \Phi_\nu \tag{4.23}$$

式中，Φ_ν 为第 ν 次谐波每极磁通量；$k_{N\nu}$ 为第 ν 次谐波绕组系数。

$$k_{N\nu} = k_{y\nu} k_{q\nu} \tag{4.24}$$

对于第 ν 次谐波，槽距电角为 $\nu\alpha_1$，则第 ν 次谐波的短距系数

$$k_{y\nu} = \sin\left(\frac{\nu y_1}{\tau}\frac{\pi}{2}\right)$$

第 ν 次谐波的分布系数
$$k_{q\nu} = \frac{\sin\dfrac{q\alpha_1\nu}{2}}{q\sin\dfrac{\alpha_1\nu}{2}}$$

根据各次谐波电动势的有效值，可以求得相电动势的有效值

$$E_\phi = \sqrt{E_{\phi1}^2 + E_{\phi3}^2 + E_{\phi5}^2 + \cdots} = E_{\phi1}\sqrt{1 + \left(\frac{E_{\phi3}}{E_{\phi1}}\right)^2 + \left(\frac{E_{\phi5}}{E_{\phi1}}\right)^2 + \cdots}$$

对于同步发电机的相电动势波形，$\left(\dfrac{E_{\phi\nu}}{E_{\phi1}}\right)^2 \ll 1$，$\nu = 3, 5, 7, \cdots$，所以 $E_\phi \approx E_{\phi1}$。说明正常情况下高次谐波电动势对相电动势大小的影响不明显，主要影响电动势的波形。

若高次谐波电动势比较大，会使发电机本身的杂散损耗增大，温升增高，串入电网的谐波电流还会干扰通信。因此，要尽可能地削弱谐波电动势，以使发电机发出的电动势接近正弦波。

2. 削弱谐波电动势的方法

1) 使气隙中磁场分布尽可能接近正弦波

对于凸极同步电机，把气隙设计得不均匀，使磁极中心处气隙最小，而磁极边缘处气隙最大，以改善磁场分布情况，如图4.2所示。对于隐极同步电机，可以通过改善励磁线圈分布范围来实现。

2) 采用对称的三相绕组

对称三相绕组，无论接成星形或三角形，其三相相电动势中的3次谐波在相位上都彼此相差 $3 \times 120° = 360°$，即它们是同相位同大小的，$\dot{E}_{A3} = \dot{E}_{B3} = \dot{E}_{C3}$。当三相绕组接成星形时，由于 $\dot{E}_{AB3} = \dot{E}_{A3} - \dot{E}_{B3} = 0$，即对称三相绕组的线电动势中不存在3次谐波，同理也不存在3的倍数的奇次谐波。当三相绕组接成三角形时，由于同相位同大小的3次谐波电动势在三角形回路中形成3次谐波环流 $\dot{I}_3$，有

$$\dot{E}_{A3} + \dot{E}_{B3} + \dot{E}_{C3} = 3\dot{E}_{\phi3} = 3\dot{I}_3 Z_3$$

3次谐波的相电动势 $\dot{E}_{\phi3}$ 正好等于3次谐波环流在该相产生的阻抗压降 $\dot{I}_3 Z_3$。因此，线电动

势中也不存在 3 次谐波及其倍数的奇次谐波。

3) 采用短距绕组

适当地选择线圈的节距,可以使某一次谐波的短距系数为零或很小,以达到消除或削弱该次谐波的目的。若要消除第 ν 次谐波电动势,即要使 $k_y = \sin(\dfrac{\nu y_1}{\tau} \dfrac{\pi}{2}) = 0$,则只要选取

$$y_1 = (1 - \frac{1}{\nu})\tau \qquad (4.25)$$

就可以。

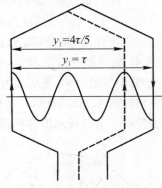

图 4.13 采用短距消除 5 次
谐波电动势

例如,要消除 5 次谐波,采用 $y_1 = (1 - \dfrac{1}{5})\tau = \dfrac{4}{5}\tau$,可使 $k_{y5} = 0$。图 4.13 表明,5 次谐波在线圈的两个导体中的感应电动势是互相抵消的。由于三相绕组采用星形或三角形连接,线电压中已经消除了 3 次谐波,因此通常选 $y_1 = \dfrac{5}{6}\tau$,以同时削弱 5、7 次谐波电动势。

4) 采用分布绕组

当每极每相槽数 q 越大时,谐波电动势的分布系数的总趋势变小,从而抑制谐波电动势的效果越好。但当 q 太大时,电机成本增高,且 $q > 6$ 时,高次谐波分布系数下降已不太显著,因此一般交流电机选择 $2 \leqslant q \leqslant 6$。例如 $q = 3$ 时,$k_{q1} = 0.960$,$k_{q5} = 0.217$,$k_{q7} = 0.177$。可见采用分布绕组时,基波分布系数略小于 1,而 5、7 次谐波分布系数就小很多,因此可以改善电动势波形。

5) 采用磁性槽楔、斜槽或分数槽绕组

由于定子开槽使气隙不均匀(齿下气隙较小,槽口气隙较大),影响气隙磁场分布,电动势中就会出现与槽数对应的 $k\dfrac{Z}{p} \pm 1 = k2mq \pm 1 (k = 1, 2, 3, \cdots)$ 次谐波,称之为齿谐波。可以证明,齿谐波的绕组系数与基波完全相同。这就是说,电动势中的齿谐波不可能用短距和分布绕组方式削弱。

为此,实际中削弱齿谐波的主要方法如下。

(1) 采用磁性槽楔或半闭口槽,以减少开槽对气隙磁场的影响。

(2) 采用斜槽或斜极,在铁芯长度内斜一个齿距,将开槽的集中影响均匀化。

(3) 采用分数槽绕组,即 q 为分数,使各线圈组中的齿谐波电动势不同相位,矢量叠加后大部分可以抵消。

4.4 交流绕组的磁动势

4.4.1 单相绕组的脉振磁动势

前几节研究了交流绕组的电动势,从本节开始研究交流绕组的磁动势。为了简化分析,

假定：

    （1）槽内导体集中于槽中心处；

    （2）线圈中电流为正弦波；

    （3）铁芯不饱和，即磁动势全部降在气隙上。

1. $p=1$、$q=1$ 短距绕组磁动势

对于正规 60° 相带双层绕组，当 $p=1$，$q=1$，整个电机只有 6 个线圈，其线圈分布如图4.14(a)所示，短距线圈节距为 y_1，槽距电角度为 α_1。由图中可知，A 相只有 2 个线圈，即 A 相带一个线圈（上层边为 A，下层边为 A′），X 相带一个线圈（上层边为 X，下层边为 X′）。该相导体电流分布如图 4.14(a)所示。这是一种很简单的情况，掌握了这种情况的磁动势分析，就可以进一步分析 p、q 为任意值时相绕组的磁动势。现在作图4.14(a)的磁动势波形图。

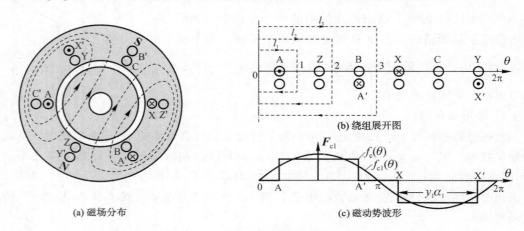

图 4.14　$p=1$，$q=1$ 单相短距绕组磁动势（A 相）

在图 4.14(b)所示中选取 A、A′ 的中心线为磁动势 f_c 的轴线，电角度 θ 的零点为 f_c 的零点。点 1 处的磁动势为

$$f_c^{(1)} = \oint \boldsymbol{H} \cdot \mathrm{d}\boldsymbol{l} = N_c i$$

式中，N_c 为线圈匝数；i 为线圈电流，且

$$i = \sqrt{2} I_c \cos\omega t$$

同理，对于闭合回线 l_2、l_3，可求得点 2、3 处的磁动势为

$$f_c^{(2)} = N_c i$$
$$f_c^{(3)} = 0$$

照此在 $\theta[0, 2\pi]$ 范围内作出一系列回线，便可得到 A 相绕组磁动势波形，如图4.14(c)所示。由图 4.14(c)可见，磁动势波形是关于点 π 呈奇函数对称的正、负矩形波，且满足 $f_c(\theta) = -f(\pi+\theta)$ 磁动势波形关于线圈 AA′ 的轴线是偶函数，故只存在奇数次谐波。当电流 i 随时间作正弦规律变化时，该正负矩形波高度也随时间按正弦规律变化，变化的速度取决于电流的频率。当 $i=0$ 时，矩形波高度为零；当电流达到最大值（$i=\sqrt{2} I_c$）时，矩形波的高度达到各自的最大值；当电流为负，即改变方向时，矩形波也随之改变符号。这种空间位置固定不动，

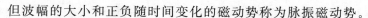

但波幅的大小和正负随时间变化的磁动势称为脉振磁动势。

为了得到该磁动势波形的基波和谐波，以线圈 AA′ 的轴线为中心，利用傅里叶级数将该磁动势波形展开为如下级数形式，即

$$f_c(\theta) = \frac{4}{\pi} \sum_{\nu=1,3,5,\cdots}^{\infty} \frac{N_c i}{\nu} \sin \frac{y_1 \alpha_1}{2} \nu \cos \nu \theta \tag{4.26}$$

由图 4.8 可知，$y_1 \alpha_1 = \dfrac{y_1}{\tau} \pi$，式(4.26)中的 $\sin \dfrac{y_1 \alpha_1}{2} = \sin \dfrac{y_1}{\tau} \dfrac{\pi}{2} = k_{y1}$，即它就是基波磁动势的短距系数，与基波电动势的短距系数相同，仅与节距 y_1、槽距电角 α_1 有关。当 $i = \sqrt{2} I_c \cos \omega t$ 时，此工况下 A 相绕组磁动势波形就是时间和空间的函数，即脉振磁动势，可表示为

$$f_c(t, \theta) = \frac{4\sqrt{2}}{\pi} N_c I_c \sum_{\nu=1,3,5,\cdots} \frac{k_{y\nu}}{\nu} \cos \nu \theta \cos \omega t$$

当电流 i 达到最大值 $\sqrt{2} I_c$ 时，该绕组的基波磁动势幅值为

$$F_{c1} = \frac{4\sqrt{2}}{\pi} N_c k_{y1} I_c \tag{4.27}$$

根据磁动势波形的对称性，$f_c(\theta)$ 关于 $\theta = \dfrac{\pi}{2}$ 轴线是偶函数，基波磁动势幅值一定在线圈 AA′ 的轴线上，并用相量 $\boldsymbol{F}_{c1}$ 代表此基波磁动势，如图 4.14(c) 所示。

2. $p=1$ 分布短距绕组的磁动势

当 $p=1$，每极每相有 q 个线圈时，其相绕组磁动势应该是 q 个正负矩形波的叠加。这些矩形波依次位移 α_1 电角度（即槽距电角），如图 4.15(b) 所示。每一个矩形波对应着一个基波，q 个矩形波磁动势的基波叠加起来，就等于该分布线圈组磁动势的基波。设第 1 个矩形波 $A_1 A_1' X_1 X_1'$ 基波相量为 $\boldsymbol{F}_{c1}$，则第 2 个矩形波 $A_2 A_2' X_2 X_2'$ 基波相量为 $\boldsymbol{F}_{c1} \mathrm{e}^{-\mathrm{j}\alpha_1}$，…，第 q 个矩形波 $A_q A_q' X_q X_q'$ 基波相量为 $F_{c1} \mathrm{e}^{-\mathrm{j}(q-1)\alpha_1}$，于是该相绕组磁动势基波相量为

$$\boldsymbol{F}_{A1} = \boldsymbol{F}_{c1} \left[1 + \mathrm{e}^{-\mathrm{j}\alpha_1} + \mathrm{e}^{-\mathrm{j}2\alpha_1} + \cdots + \mathrm{e}^{-\mathrm{j}(q-1)\alpha_1} \right]$$

$$F_{A1} = F_{c1} \frac{\sin \dfrac{q\alpha_1}{2}}{\sin \dfrac{\alpha_1}{2}} = \frac{4\sqrt{2}}{\pi} q N_c k_{y1} k_{q1} I_c \tag{4.28}$$

式中，$k_{q1} = \dfrac{\sin \dfrac{q\alpha_1}{2}}{q \sin \dfrac{\alpha_1}{2}}$ 为基波磁动势的分布系数，与基波电动势的分布系数相同，仅与每极每相槽数 q、槽距电角 α_1 有关。

将图 4.15(b) 的 q 个正负矩形波叠加，得到 $p=1$，每极每相槽数为 q 的相绕组磁动势波形，如图 4.15(c) 所示。它是一个具有 q 个阶梯的多级阶梯波 $f_A(\theta)$，其基波波形为 $f_{A1}(\theta)$。由图 4.15(c) 可以看出，该相绕组磁动势的基波幅值在与相绕组轴线（即图 4.15(b)）重合的 $A_1 A_q'$ 的中心线上，幅值为 F_{A1}。

3. 一般情况下的相绕组磁动势

当 $p=1$ 时，相绕组磁动势波形如图 4.15(c) 所示。当 p 为任意正整数时，其磁动势波形是图 4.15(c) 波形的 p 次重复。由傅里叶级数理论，其磁动势基波、谐波的大小、相位与 p

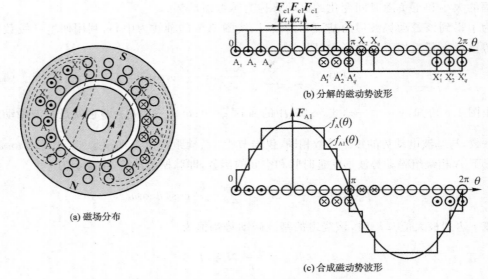

(a) 磁场分布

(b) 分解的磁动势波形

(c) 合成磁动势波形

图 4.15　$p=1,q=3$ 单相分布短距绕组磁动势（A 相）

=1 时完全相同。区别仅在于：对于 $p=1$ 的绕组，其基波为 1 对极；对于 $p>1$ 的绕组，其基波为 p 对极。将式（4.28）变形为

$$F_{A1} = \frac{2\sqrt{2}}{\pi p}(2pqN_c I_c)k_{q1}k_{y1} \tag{4.29}$$

式中，$2pqN_c I_c$ 表示相绕组的总安匝数。

为了利用相绕组有关参数（如图 4.10 中的相绕组的总串联匝数 N、相电流 I）来描述相绕组磁动势，将相绕组的总安匝数进行如下变换，得

$$(2pqN_c)I_c = (aN)\frac{I}{a} = NI \tag{4.30}$$

式中，a 为相绕组并联支路数。

于是相绕组磁动势基波幅值为

$$F_{A1} = \frac{2\sqrt{2}}{\pi p}Nk_{N1}I = \frac{0.9}{p}Nk_{N1}I \tag{4.31}$$

F_{A1} 的单位为安匝/极。

虽然相绕组基波磁动势的幅值是由双层绕组推导而来，但只要 N 满足式（4.21），I 是相电流有效值，则上述公式对单层绕组也适用。

考虑到第 ν 次谐波磁动势的极对数 $p_\nu = \nu p$，其绕组系数为 $k_{N\nu}$，则相绕组第 ν 次谐波磁动势的幅值为

$$F_{A\nu} = \frac{2\sqrt{2}}{\pi\nu p}Nk_{N\nu}I \tag{4.32}$$

其中

$$k_{N\nu} = k_{q\nu}k_{y\nu} \tag{4.33}$$

$$k_{q\nu} = \frac{\sin\dfrac{q\alpha_1\nu}{2}}{q\sin\dfrac{\alpha_1\nu}{2}}$$

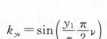

$$k_{y\nu} = \sin\left(\frac{y_1}{\tau}\frac{\pi}{2}\nu\right)$$

式(4.33)与4.3.2节中谐波电动势的分布系数、短距系数计算公式(4.24)完全相同,它表明电动势与磁动势具有相似性,时间波与空间波具有统一性。

仿式(4.26),相绕组磁动势波的傅里叶级数展开式可表示为

$$f_A(t,\theta) = \frac{2\sqrt{2}NI}{\pi p}\left[\sum_{\nu=1,3,5,\cdots}^{\infty}\frac{1}{\nu}k_{N\nu}\cos\nu\,\theta\right]\cos\omega\,t \tag{4.34}$$

式(4.34)表明:

(1) 单相绕组磁动势是脉振磁动势,它既是时间 t 的函数,又是空间 θ 角的函数;

(2) 单相绕组第 ν 次谐波磁动势幅值与 $k_{N\nu}$ 成正比,与 ν 成反比;

(3) 基波、谐波的波幅必在相绕组的轴线上;

(4) 为了改善磁动势波形,可以采用短距和分布绕组来削弱高次谐波。

4.4.2 三相绕组的基波合成磁动势

在三相交流电机中,定子绕组是对称设置的,即 A、B、C 三相绕组的轴线在空间相差 120°电角度。因此,三相绕组各自产生的基波磁动势在空间互差 120°电角度。在对称运行时,三相电流亦是对称的,即幅值相等,在时间上互差 120°电角度。取 A 相绕组的轴线作为空间电角度 θ 的坐标原点,并选择 A 相电流达到最大值的瞬间作为时间的零点,则三相绕组流过的电流分别为

$$i_A = \sqrt{2}I\cos\omega t$$

$$i_B = \sqrt{2}I\cos\left(\omega t - \frac{2}{3}\pi\right)$$

$$i_C = \sqrt{2}I\cos\left(\omega t - \frac{4}{3}\pi\right)$$

于是 A、B、C 各相绕组脉振磁动势的基波为

$$\left.\begin{aligned}
f_{A1} &= F_{\phi 1}\cos\theta\cos\omega t \\
f_{B1} &= F_{\phi 1}\cos\left(\theta - \frac{2}{3}\pi\right)\cos\left(\omega t - \frac{2}{3}\pi\right) \\
f_{C1} &= F_{\phi 1}\cos\left(\theta - \frac{4}{3}\pi\right)\cos\left(\omega t - \frac{4}{3}\pi\right)
\end{aligned}\right\} \tag{4.35}$$

式中,$F_{\phi 1}$ 为相磁动势基波幅值,按式(4.31)计算。

利用三角函数积化和差关系式,可将式(4.35)改写为

$$\left.\begin{aligned}
f_{A1}(t,\theta) &= \frac{1}{2}F_{\phi 1}\cos(\omega t - \theta) + \frac{1}{2}F_{\phi 1}\cos(\omega t + \theta) \\
f_{B1}(t,\theta) &= \frac{1}{2}F_{\phi 1}\cos(\omega t - \theta) + \frac{1}{2}F_{\phi 1}\cos\left(\omega t + \theta - \frac{4}{3}\pi\right) \\
f_{C1}(t,\theta) &= \frac{1}{2}F_{\phi 1}\cos(\omega t - \theta) + \frac{1}{2}F_{\phi 1}\cos\left(\omega t + \theta - \frac{2}{3}\pi\right)
\end{aligned}\right\} \tag{4.36}$$

为了得到三相合成磁动势,将式(4.36)三式相加。由于等式右边后三项正弦波在空间相位上互差 120°,三者之和为零,故得三相基波磁动势为

$$f_1(t,\theta) = f_{A1} + f_{B1} + f_{C1} = F_1\cos(\omega t - \theta)$$

式中，F_1 为三相基波合成磁动势的幅值，有

$$F_1 = \frac{3}{2}F_{\phi1} = \frac{3\sqrt{2}}{\pi p}Nk_{N1}I = \frac{1.35}{p}Nk_{N1}I \tag{4.37}$$

对于 m 相对称绕组，经过类似推导，可得出其基波磁动势幅值为

$$F_1 = \frac{m\sqrt{2}}{\pi p}Nk_{N1}I \tag{4.38}$$

例 4.4 一台三相交流异步电动机，定子采用双层短距叠绕组，Y 连接，定子槽数 $Z=48$，极数 $2p=4$，线圈匝数 $N_c=22$，节距 $y_1=10$，每相并联支路数 $a=4$，定子绕组相电流 $I=37\text{A}$，$f=50\text{Hz}$，试求：

（1）一相绕组所产生的磁动势波；

（2）三相绕组所产生的合成磁动势波。

解 $\quad \tau = \dfrac{Z}{2p} = \dfrac{48}{2\times2}$ 槽 $=12$ 槽 $\quad q = \dfrac{Z}{6p} = \dfrac{48}{6\times2} = 4 \quad \alpha_1 = \dfrac{2\times360°}{48} = 15°$

线圈中电流 $\qquad I_c = \dfrac{I}{a} = \dfrac{37}{4}\text{ A} = 9.25\text{ A}$

$$k_{y1} = \sin\left(\frac{y_1}{\tau}\times\frac{\pi}{2}\right) = \sin\left(\frac{10}{12}\times\frac{\pi}{2}\right) = 0.966$$

$$k_{q1} = \frac{\sin\dfrac{1}{2}q\alpha_1}{q\sin\dfrac{1}{2}\alpha_1} = \frac{\sin\dfrac{1}{2}\times4\times15°}{4\times\sin\dfrac{1}{2}\times15°} = 0.958$$

（1）一相绕组总串联匝数为

$$N = \frac{ZN_c}{3a} = \frac{48\times22}{3\times4} = 88$$

$$F_{A1} = \frac{0.9}{p}Nk_{N1}I = \frac{0.9}{2}\times88\times0.966\times0.958\times37\text{ A} = 1\,356\text{ A}$$

A 相绕组磁动势波为脉振波，其表达式为

$$f_{A1} = F_{A1}\cos\omega t\cos\theta = 1\,356\cos\omega t\cos\theta$$

（2）三相绕组合成磁动势幅值为

$$F_1 = \frac{3}{2}F_{A1} = \frac{3}{2}\times1\,356\text{ A} = 2\,034\text{ A}$$

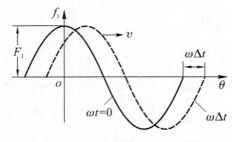

图 4.16　$\omega t=0$ 和 $\omega\Delta t$ 时三相
合成磁动势波的位置

合成磁动势波为旋转波，即

$$f_1(t,\theta) = 2\,034\cos(\omega t - \theta)$$

下面分析三相合成磁动势基波的性质。

性质 1　三相合成磁动势的基波是一个波幅恒定不变的旋转波。

关于这一点，由式（4.37）可清楚看到，也可以通过观察图 4.16 中的波幅来说明。

令 $F_1\cos(\omega t-\theta)=F_1$，当 $\omega t=0$ 时，波幅在 $\theta=$

0 处;当 $\omega t = \omega \Delta t$ 时,波幅在 $\theta = \omega \Delta t$ 处。因为 $F_1 \cos(\omega \Delta t - \omega \Delta t) = F_1$,在图 4.16 中,在 $\omega \Delta t$ 时刻的磁动势波如虚线波形所示。显然,虚线波超前实线波 $\omega \Delta t$ 电角度,即磁动势波沿 θ 正方向前进了 $\omega \Delta t$ 电角度。在磁动势波前进过程中,波幅恒定不变。

性质 2 从图 4.16 还可得出,当电流在时间上经过多少电角度,旋转磁动势在空间转过同样数值的电角度。

性质 3 旋转磁动势基波的电角速度等于交流电流角频率 ω,转速为同步转速 n_1。

仍观察波幅点,并令 $G = F_1 \cos(\omega t - \theta)$,则旋转磁动势的电角速度为

$$\omega_1 = \frac{\mathrm{d}\theta}{\mathrm{d}t} = -\frac{\dfrac{\partial G}{\partial t}}{\dfrac{\partial G}{\partial \theta}} = -\frac{F_1 \sin(\omega t - \theta)\omega}{F_1 \sin(\omega t - \theta)(-1)}$$

$$= \omega = 2\pi f_1 \tag{4.39}$$

极对数为 p 的基波旋转磁动势的同步转速为

$$n_1 = \frac{\omega_1}{2\pi p} \times 60 = \frac{2\pi f_1}{2\pi p} \times 60 = \frac{60 f_1}{p} \tag{4.40}$$

其机械角速度

$$\Omega_1 = \frac{\omega_1}{p}$$

性质 4 旋转磁动势由超前相电流所在的相绕组轴线转向滞后相电流所在的相绕组轴线。

由于三相对称电流的相序是 A→B→C 依次滞后,当 $\omega t = 0$ 时,$i_A = I_m$,A 相电流达到最大值,三相合成磁动势的基波 $f_1 = F_1 \cos(0 - \theta)$ 在 $\theta = 0$,即在 A 相轴线上达到最大值。当 $\omega t = \frac{2}{3}\pi$ 时,$i_B = I_m$,B 相电流达到最大值,$f_1 = F_1 \cos\left(\frac{2}{3}\pi - \theta\right)$;在 $\theta = \frac{2}{3}\pi$ 即 B 相轴线上达到最大;当 $\omega t = \frac{4}{3}\pi$,旋转磁动势在 $\theta = \frac{4}{3}\pi$,即 C 相轴线上达到最大。以上说明,旋转磁动势是沿 i_A 所在的绕组轴线转到 i_B(滞后于 i_A 120°)所在的绕组轴线,再转向 i_C(滞后于 i_B 120°)所在的绕组轴线。

性质 5 改变电流相序,则改变旋转磁动势的方向。

由于绕组空间位置不变,但电流相序改变,由性质 4,旋转磁动势仍然由 i_A 所在的绕组轴线 A 转向 i_B 所在的绕组轴线 C 再转向 i_C 所在的绕组轴线 B,即改变了转向,如图 4.17 所示。实现起来很简单,只要将从电网接到电机绕组的三根电线任意对调两根就可以了。

由以上 5 条性质,可得出如下结论:对称三相绕组中流过对称的三相电流时,在气隙中产生旋转磁动势。

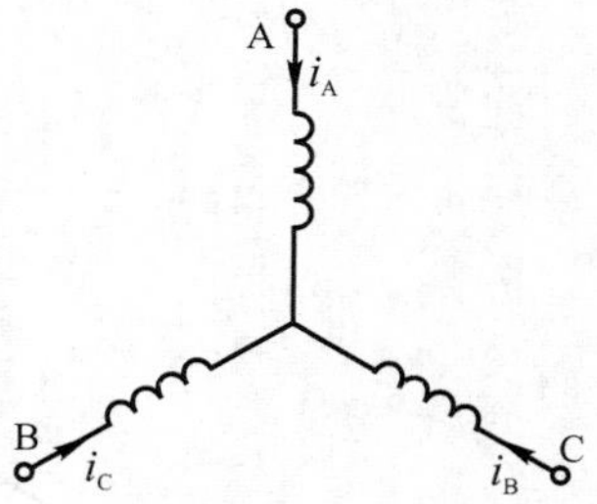

旋转磁动势的求得也可以采用图解法。在图 4.18

图 4.17 改变旋转磁动势方向

中,首先确定绕组 AX、BY、CZ 的轴线分别为 OA、OB、OC。由于 A 相绕组的基波磁动势在空间按正弦分布,正弦波的幅值总在 OA 轴线上,其幅值的大小、正负取决于 A 相电流的大小、正负。B 相、C 相绕组的基波磁动势的轴线位置、幅值大小、正负也与 A 相绕组具有相同的规律。

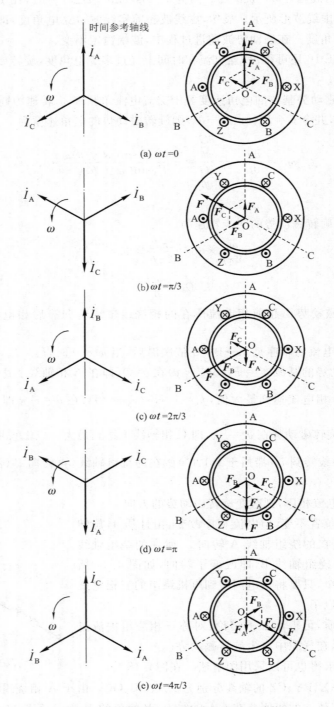

图 4.18　不同瞬时三相合成的基波磁动势

在图 4.18(a)中,$\omega t=0$,$i_A=I_m$,$i_B=-\dfrac{1}{2}I_m$,$i_C=-\dfrac{1}{2}I_m$,故 A 相磁动势达到最大。$F_A=F_\phi$,$\boldsymbol{F}_A$ 与 OA 同方向;$F_B=F_C=-\dfrac{1}{2}F_\phi$,$\boldsymbol{F}_B$ 为 OB 轴线的反方向;$\boldsymbol{F}_C$ 为 OC 轴线的反方向。

$\boldsymbol{F}_A$、$\boldsymbol{F}_B$、$\boldsymbol{F}_C$ 三个空间矢量合成得到 $\boldsymbol{F}$,由图 4.18(a),$F=\dfrac{3}{2}F_\phi$,$\boldsymbol{F}$ 与 OA 轴线重合。

图 4.18(b)表示 $\omega t=\dfrac{\pi}{3}$,$i_A=\dfrac{1}{2}I_m$,$i_B=\dfrac{1}{2}I_m$,$i_C=-I_m$,合成磁动势 $\boldsymbol{F}$ 与 OC 反方向重合,$F=\dfrac{3}{2}F_\phi$,此时 $\boldsymbol{F}$ 相对于 OA 逆时针旋转了 $\dfrac{\pi}{3}$ 电角度。

图 4.18(e)表示 $\omega t=\dfrac{4}{3}\pi$,$i_A=-\dfrac{1}{2}I_m$,$i_B=-\dfrac{1}{2}I_m$,$i_C=I_m$,$\boldsymbol{F}$ 与 OC 正方向重合,$F=\dfrac{3}{2}F_\phi$,$\boldsymbol{F}$ 相对于 OA 轴线逆时针旋转了 $\dfrac{4}{3}\pi$ 电角度。

当 $\omega t=2\pi$ 时,$\boldsymbol{F}$ 将相对 OA 旋转 2π 电角度,$\boldsymbol{F}$ 与 OA 轴线重合,$F=\dfrac{3}{2}F_\phi$。

上述步骤表示旋转磁动势是一个幅值恒定不变的旋转波。

式(4.36)是根据三角函数积化和差关系而进行的变换,实际上它也有明显的物理意义:一个单相脉振磁动势可以分解成为大小相等、方向相反、转速相等的两个旋转磁动势。正、反转磁动势与三相合成磁动势具有相同的性质,但转向或同(正转)或异(反转)。

例 4.5 一台三相六极交流对称定子绕组,在 A、B、C 相绕组中分别通以三相对称电流 $i_A=10\cos\omega t$ A;$i_B=10\cos\left(\omega t-\dfrac{2}{3}\pi\right)$ A;$i_c=10\cos\left(\omega t-\dfrac{4}{3}\pi\right)$ A,试求:

(1) 当 $i_A=10$ A 时,三相合成磁动势基波幅值的位置;

(2) 当 $i_B=10$ A 时,三相合成磁动势基波幅值的位置;

(3) 当 i_A 从 10 A 下降至 5 A 时,基波合成磁动势在空间转过多少圆周?

解 (1) 当 $i_A=10$ A 时,即 A 相绕组电流达到最大,此时 $\omega t=0$。三相合成磁动势基波的幅值在 A 相绕组轴线上。

(2) 当 $i_B=10$A 时,即 B 相绕组电流达到最大,此时 $\omega t=\dfrac{2}{3}\pi$。三相合成磁动势基波的幅值在 B 相绕组轴线上。

(3) 当 $i_A=10$A 时,$\omega t_1=0$;$i_A=5$ A 时,$\omega t_2=\dfrac{\pi}{3}$,则 $\Delta\omega t=\dfrac{\pi}{3}$,故基波合成磁动势在空间转过的电角度 $\Delta\theta=\Delta\omega t=\dfrac{\pi}{3}$,由于 $2p=6$,一个圆周有 $3\times2\pi=6\pi$ 电角度,即基波合成磁动势在空间转过 $\dfrac{\dfrac{\pi}{3}}{6\pi}=\dfrac{1}{18}$ 个圆周。

4.4.3 圆形和椭圆形旋转磁动势

在对称的三相绕组中流过对称的三相电流时,气隙中的合成磁动势是一个幅值恒定、转速恒定的旋转磁动势,其波幅的轨迹是一个圆,故这种磁动势称为圆形旋转磁动势,相应的磁场称为圆形旋转磁场。当三相电流 $\dot{I}_A$、$\dot{I}_B$、$\dot{I}_C$ 不对称时，可以利用对称分量法，将它们分解成为正序分量 $\dot{I}_A^+$、$\dot{I}_B^+$、$\dot{I}_C^+$ 和负序分量 $\dot{I}_A^-$、$\dot{I}_B^-$、$\dot{I}_C^-$ 以及零序分量 $\dot{I}_A^0$、$\dot{I}_B^0$、$\dot{I}_C^0$。由于三相绕组在空间彼此相差 $120°$ 电角度，故三相零序电流各自产生的三个脉振磁动势在时间上同相位、在空间上互差 $120°$ 电角度，合成磁动势为零。正序电流将产生正向旋转磁动势 F_+，而负序电流将产生反向旋转的磁动势 F_-，即在气隙中建立磁动势

$$f(t,\theta) = F_+ \cos(\omega t - \theta) + F_- \cos(\omega t + \theta)$$

$$(4.41)$$

在图 4.19 中，选择 F_+、F_- 两矢量重合的方向作为 x 轴正方向，并将此时刻记为 $t=0$。当经过时间 t 后，正向旋转磁动势 F_+ 逆时针转过了电角度 $\theta^+ = \omega t$，而反向旋转磁动势 F_- 顺时针转过了电角度 $\theta^- = \omega t$，两者转过的电角度相等。从图中还可以看出，当 F_+ 和 F_- 沿相反的方向旋转时，其合成磁动势 F 的大小和位置也

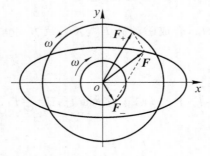

图 4.19　不对称电流产生的椭圆形旋转磁动势

随之变化。设 F 在横轴的分量为 x，纵轴的分量为 y，则

$$\left.\begin{aligned}x &= F_+ \cos\omega t + F_- \cos\omega t = (F_+ + F_-)\cos\omega t \\ y &= F_+ \sin\omega t - F_- \sin\omega t = (F_+ - F_-)\sin\omega t\end{aligned}\right\}$$

$$(4.42)$$

由式(4.42)变换得

$$\frac{x^2}{(F_+ + F_-)^2} + \frac{y^2}{(F_+ - F_-)^2} = 1$$

$$(4.43)$$

式(4.43)表明，合成磁动势矢量 F 旋转一周时，矢量端点的轨迹是一个椭圆，故将这种磁动势称为椭圆形旋转磁动势。式(4.41)是交流绕组磁动势的通用表达式，当 $F_+ = 0$ 或 $F_- = 0$ 时，就得到圆形旋转磁动势；当 $F_+ = F_-$ 时，便得到脉振磁动势；当 F_+、F_- 都存在且 $F_+ \neq F_-$ 时，便是椭圆形旋转磁动势。

例 4.6　试分析如图 4.20 所示三相绕组所产生的磁动势的性质、转向。

解　首先写出三相绕组磁动势

$$f_{A1} = F_{\phi 1} \cos\omega t \cos\theta$$

$$f_{B1} = F_{\phi 1} \cos(\omega t - 120°)\cos(\theta - 120°)$$

$$f_{C1} = -F_\phi \cos(\omega t - 240°)\cos(\theta - 240°)$$

将上述三个式子运用积化和差关系式进行变换，得

$$f_{A1} = \frac{F_{\phi 1}}{2}\cos(\omega t - \theta) + \frac{F_{\phi 1}}{2}\cos(\omega t + \theta)$$

$$f_{B1} = \frac{F_{\phi 1}}{2}\cos(\omega t - \theta) + \frac{F_{\phi 1}}{2}\cos(\omega t + \theta - 240°)$$

$$f_{C1} = -\frac{F_{\phi 1}}{2}\cos(\omega t - \theta) - \frac{F_{\phi 1}}{2}\cos(\omega t + \theta - 120°)$$

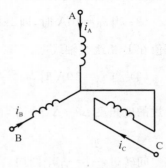

图 4.20　例 4.6 附图

将三个相绕组磁动势合成得

$$f_1 = \frac{1}{2}F_{\phi 1}\cos(\omega t - \theta) - F_{\phi 1}\cos(\omega t + \theta - 120°)$$

由于负序旋转磁动势幅值 $F_- > F_+$，故气隙磁动势是椭圆形旋转磁动势，且沿负序磁动势转向旋转，由 i_A 所在的绕组轴线 A 转向 i_C 所在的绕组轴线 C，再转向轴线 B，即顺时针方向旋转。

4.4.4 谐波磁动势

根据相绕组磁动势波的傅里叶级数展开式(4.34)，相绕组磁动势中除了基波外，还含有 $3,5,7,\cdots$ 奇次空间谐波，下面分析这些谐波三相合成的结果。

1) 3 次谐波

对于 3 次谐波，$\nu = 3$，仿照式(4.35)，可得

$$f_{A3} = F_{\phi 3} \cos 3\theta \cos \omega t$$

$$f_{B3} = F_{\phi 3} \cos 3(\theta - \frac{2}{3}\pi) \cos(\omega t - \frac{2}{3}\pi)$$

$$f_{C3} = F_{\phi 3} \cos 3(\theta - \frac{4}{3}\pi) \cos(\omega t - \frac{4}{3}\pi)$$

故得 3 次谐波合成磁动势为

$$f_3(t,\theta) = f_{A3} + f_{B3} + f_{C3} = F_{\phi 3} \cos 3\theta [\cos \omega t + \cos(\omega t - \frac{2}{3}\pi) + \cos(\omega t - \frac{4}{3}\pi)]$$

$$= 0$$

一般地说，在三相对称绕组中，不存在 3 次及 3 的倍数次谐波，即不存在 $3,9,15,\cdots$ 次谐波。

2) 5 次谐波

对于 5 次谐波，仿照式(4.35)到式(4.37)的推导过程可得

$$f_5(t,\theta) = f_{A5} + f_{B5} + f_{C5}$$

$$= F_{\phi 5} \cos 5\theta \cos \omega t + F_{\phi 5} \cos 5(\theta - \frac{2}{3}\pi) \cos(\omega t - \frac{2}{3}\pi)$$

$$+ F_{\phi 5} \cos 5(\theta - \frac{4}{3}\pi) \cos(\omega t - \frac{4}{3}\pi)$$

$$= \frac{3}{2} F_{\phi 5} \cos(\omega t + 5\theta) \tag{4.44}$$

式(4.44)表明，三相 5 次谐波的合成磁动势也是一个幅值恒定的旋转波，其旋转的电角速度 $\frac{d\theta}{dt} = \frac{\omega_1}{5} = \frac{2\pi f_1}{5}$，其转速为基波旋转转速的 $\frac{1}{5}$，即 $\frac{1}{5} n_1$，转向与基波磁动势转向相反。一般地，当 $\nu = 6k - 1 (k = 1, 2, \cdots)$ 时，三相合成磁动势都与基波转向相反。

3) 7 次谐波

按照同样的方法，将三相脉振磁动势的 7 次谐波相加得到合成磁动势为

$$f_7(t,\theta) = \frac{3}{2} F_{\phi 7} \cos(\omega t - 7\theta) \tag{4.45}$$

式(4.45)表明，合成磁动势的 7 次谐波转速为 $\frac{1}{7} n_1$，转向与基波相同。一般地，当 $\nu = 6k + 1$ $(k = 1, 2, \cdots)$ 时，f_ν 都与 f_1 转向相同。

谐波磁动势的存在,在交流电机绕组中感应出谐波电动势,产生谐波电流,引起附加损耗、振动、噪声,对异步电动机还产生附加力矩,使电动机启动性能变差。因此,设计电机时应尽量削弱磁动势中的高次谐波,采用短距和分布绕组就是达到这个目的的重要方法。

习　　题

4.1　交流绕组与直流绕组的根本区别是什么?

4.2　何谓相带? 在三相电机中为什么常用 $60°$ 相带绕组而不用 $120°$ 相带绕组?

4.3　双层绕组和单层绕组的最大并联支路数与极对数有什么关系?

4.4　试比较单层绕组和双层绕组的优缺点及它们的应用范围?

4.5　为什么采用短距和分布绕组能削弱谐波电动势? 为了消除 5 次或 7 次谐波电动势,节距应选择多大? 若要同时削弱 5 次和 7 次谐波电动势,节距应选择多大?

4.6　为什么对称三相绕组线电动势中不存在 3 及 3 的倍数次谐波? 为什么同步发电机三相绕组多采用 Y 接法而不采用 △ 接法?

4.7　为什么说交流绕组产生的磁动势既是时间的函数,又是空间的函数,试以三相绕组合成磁动势的基波来说明。

4.8　脉振磁动势和旋转磁动势各有哪些基本特性? 产生脉振磁动势、圆形旋转磁动势和椭圆形旋转磁动势的条件有什么不同?

4.9　把一台三相交流电机定子绕组的三个首端和三个末端分别连在一起,再通以交流电流,则合成磁动势基波是多少? 如将三相绕组依次串联起来后通以交流电流,则合成磁动势基波又是多少? 可能存在哪些谐波合成磁动势?

4.10　一台 △ 连接的定子绕组,当绕组内有一相断线时,产生的磁动势是什么磁动势?

4.11　把三相异步电动机接到电源的三个接线头对调两根后,电动机的转向是否会改变? 为什么?

4.12　试述三相绕组产生的高次谐波磁动势的极对数、转向、转速和幅值。它们所建立的磁场在定子绕组内的感应电动势的频率是多少?

4.13　短距系数和分布系数的物理意义是什么? 试说明绕组系数在电动势和磁动势方面的统一性。

4.14　一台 $50\mathrm{Hz}$ 的三相电机,通入 $60\mathrm{Hz}$ 的三相对称电流,如电流的有效值不变,相序不变,试问三相合成磁动势基波的幅值、转速和转向是否会改变?

4.15　有一双层三相绕组,$Z=24,2p=4,a=2$,试绘出:

(1) 槽电动势星形图;

(2) 叠绕组展开图。

4.16　已知 $Z=24,2p=4,a=1$,试绘制三相单层同心式绕组展开图。

4.17　一台三相同步发电机,$f=50\mathrm{Hz}$,$n_N=1\,500\mathrm{r/min}$,定子采用双层短距分布绕组,$q=3$,$y_1/\tau=8/9$,每相串联匝数 $N=108$,Y 连接,每极磁通量 $\Phi_1=1.015\times10^{-2}\,\mathrm{Wb}$,$\Phi_3=0.66\times10^{-2}\,\mathrm{Wb}$,$\Phi_5=0.24\times10^{-2}\,\mathrm{Wb}$,$\Phi_7=0.09\times10^{-2}\,\mathrm{Wb}$,试求:

(1) 电机的极数;

(2) 定子槽数;

(3) 绕组系数 k_{N1}、k_{N3}、k_{N5}、k_{N7};

(4) 相电动势 E_1、E_3、E_5、E_7 及合成相电动势 E_ϕ 和线电动势 E_l。

4.18 一台汽轮发电机,2 极,50 Hz,定子 54 槽,每槽内两根导体,$a=1$,$y_1=22$ 槽,Y 连接。已知空载线电压 $U_0=6\ 300$ V,求每极基波磁通量 Φ_1。

4.19 三相双层短距绕组,Y 连接,$f=50$ Hz,$2p=10$,$Z=180$,$y_1=15$,$N_c=3$,$a=1$,每极基波磁通 $\Phi_1=0.113$ Wb,磁通密度 $B=(\sin\theta+0.3\sin3\theta+0.2\sin5\theta)$ T,试求:

(1) 导体电动势瞬时值表达式;

(2) 线圈电动势瞬时值表达式;

(3) 绕组的相电动势和线电动势的有效值。

4.20 一台三相同步发电机,定子为三相双层叠绕组,Y 连接,$2p=4$,$Z=36$ 槽,$y_1=7\tau/9$,每槽导体数为 6,$a=1$,基波磁通量 $\Phi_1=0.75$ Wb,基波电动势频率 $f_1=50$ Hz,试求:

(1) 绕组的基波相电动势;

(2) 若气隙中还存在三次谐波磁通,$\Phi_3=0.1$ Wb,求合成相电动势和线电动势。

4.21 三相异步电动机,$P_N=40$ kW,$U_N=380$ V,$I_N=75$ A,定子绕组采用△连接,双层叠绕组,4 极,48 槽,$y_1=10$ 槽,每槽导体数为 22,$a=2$,试求:

(1) 脉振磁动势基波和 3、5、7 等次谐波的振幅,并写出各相基波脉振磁动势的表达式;

(2) 当 B 相电流为最大值时,写出各相基波磁动势的表达式;

(3) 三相合成磁动势基波及 5、7、11 次谐波的幅值,并说明各次谐波的转向、极对数和转速;

(4) 写出三相合成磁动势的基波及 5、7、11 次谐波的表达式;

(5) 分析基波和 5、7、11 次谐波的绕组系数值,说明采用短距和分布绕组对磁动势波形有什么影响。

4.22 一台 50 000 kW 的 2 极汽轮发电机,50 Hz,三相,$U_N=10.5$ kV Y 连接,$\cos\varphi_N=0.85$,定子为双层叠绕组,$Z=72$ 槽,每个线圈一匝,$y_1=7\tau/9$,$a=2$,试求:当定子电流为额定值时,三相合成磁动势的基波,3、5、7 次谐波的幅值和转速,并说明转向。

4.23 试分析下列情况下是否会产生旋转磁动势,转向是顺时针方向还是逆时针方向:

(1) 三相绕组内通以正序(A→B→C)电流或负序(C→B→A)电流(见图 4.21);

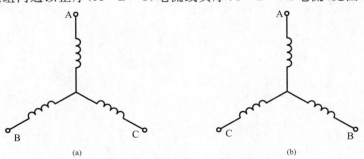

(a)　　　　　　　　　　　　(b)

图 4.21 习题 4.23 附图

（2）Y 连接的对称三相绕组内，通以不对称电流：$\dot{I}_A=100\angle0°$ A，$\dot{I}_B=80\angle-110°$ A，$\dot{I}_C=90\angle-250°$ A；

（3）Y 连接一相断线。

4.24　在对称的两相绕组（空间差 90°电角度）内通以对称的两相电流（时间上差 90°），试分析所产生的合成磁动势基波，并由此论证"一旋转磁动势可以用两个脉振磁动势来代表"。

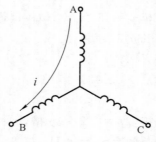

图 4.22　习题 4.25 附图

4.25　一对称三相绕组，在 A、B 相绕组内通入电流 $i=I_m\sin\omega t$，如图 4.22 所示，求：

（1）分别写出各相的基波磁动势表达式；

（2）写出合成基波磁动势表达式，并说明其性质；

（3）用磁动势矢量表示出基波合成磁动势幅值的空间位置。

4.26　一台三相四极交流电机，定子三相对称绕组 A、B、C 分别通以三相对称电流 $i_A=10\sin\omega t$ A、$i_B=10\sin(\omega t-120°)$ A、$i_C=10\sin(\omega t-240°)$ A，求：

（1）当 $i_A=10$ A 时，写出各相基波磁动势的表达式及三相合成磁动势基波的表达式，用磁动势矢量表示出基波合成磁动势的空间位置；

（2）当 i_A 由 10 A 降至 5 A 时，基波合成磁动势矢量在空间上转过了多少个圆周？

第5章 异步电机

异步电机是一种交流电机,也称感应电机,主要作电动机使用。异步电动机广泛用于工农业生产中,例如机床、水泵、冶金、矿山设备与轻工机械等,作为原动机,其容量从几千瓦到几千千瓦。日益普及的家用电器,例如在洗衣机、风扇、电冰箱、空调器中,多采用单相异步电动机,其容量从几瓦到几千瓦。在航天、计算机等高科技领域,异步电机也得到广泛应用。异步电机还可以作为发电机使用,例如小水电站、风力发电等。

异步电机之所以得到广泛应用,主要由于它有突出优点:结构简单、运行可靠、制造容易、价格低廉、坚固耐用,而且有较高的效率和相当好的工作特性。

异步电机的主要不足是:不能经济地在较大范围内实施平滑调速,必须从电网吸收滞后的无功功率。虽然异步电机调速近年来有了长足进展,但成本较高、尚不能广泛应用;而大量使用异步电动机,大量消耗无功功率对电网还是一个相当重的负担,增加了线路损耗、妨碍了有功功率的输出。因此,当负载要求电动机单机容量较大而电网功率因数又较低情况下,最好采用同步电动机。

5.1 概　　述

5.1.1 基本类型和基本结构

异步电机定子相数有单相、三相两类。三相异步电机转子结构有笼型和绕线式两种,单相异步电机转子都是笼型。异步电机主要由固定不动的定子和旋转的转子两部分组成,定、转子之间有气隙,在定子两端有端盖支撑转子。图 5.1 所示是绕线式异步电动机的结构。

1. 定子

异步电机的定子由定子铁芯、定子绕组和机座三部分构成。定子铁芯的作用是作为电机磁路的一部分和嵌放定子绕组。为了减少交变磁场在铁芯中引起的损耗,铁芯一般采用导磁性能良好、损耗小的 0.5 mm 厚低硅钢片(冲片)叠成,如图5.2所示。为了嵌放定子绕组,在定子冲片中均匀地冲制若干个形状相同的槽。槽形有三种:半闭口槽、半开口槽、开口槽,如图 5.3 所示。半闭口槽适用于小型异步电机,其绕组是用圆导线绕成的。半开口槽适用于低压中型异步电机,其绕组是成形线圈。开口槽适用于高压大中型异步电机,其绕组是用绝缘带包扎并浸漆处理过的成形线圈。

定子绕组是电机的电路,其作用是感应电动势、流过电流。定子绕组的结构形式已在第四章中阐述过。定子绕组在槽内部分与铁芯间必须可靠绝缘,槽绝缘的材料、厚度由电机耐热等级和工作电压来决定。机座的作用主要是固定和支撑定子铁芯,因此要求有足够的机械强度。

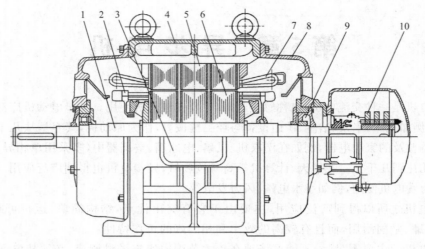

图 5.1　绕线式异步电动机的结构
1—转轴；2—转子绕组；3—接线盒；4—机座；5—定子铁芯；
6—转子铁芯；7—定子绕组；8—端盖；9—轴承；10—滑环

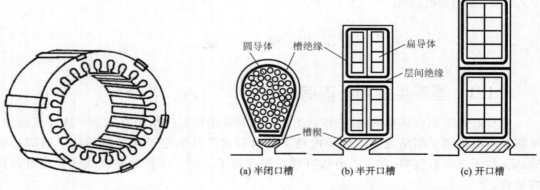

图 5.2　定子铁芯

图 5.3　异步电机的定子槽形

（a）半闭口槽　　（b）半开口槽　　（c）开口槽

圆导体　槽绝缘　扁导体　层间绝缘　槽楔

2. 转子

异步电机的转子由转子铁芯、转子绕组和转轴构成。

转子铁芯是电机磁路的一部分，一般由 0.5mm 硅钢片冲制后叠压而成。转轴起支撑转子铁芯和输出机械转矩的作用，转子绕组的作用是感应电动势、流过电流和产生电磁转矩。其结构形式有两种：笼型和绕线式。

1）笼型绕组

在转子铁芯均匀分布的每个槽内各放置一根导体，在铁芯两端放置两个端环，分别把所有的导体伸出槽外部分与端环连接起来。如果去掉铁芯，则剩下来的绕组的形状就像一个松鼠笼子。这种笼型绕组可以用铜条焊接而成，见图 5.4；也可以用铝浇铸而成，见图 5.5。

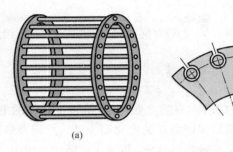

图 5.4 笼型转子绕组

2）绕线式绕组

绕线式绕组是与定子绕组相似的对称三相绕组。一般接成星形。将三个出线端分别接到转轴上三个滑环上，再通过电刷引出电流。绕线式转子的特点是可以通过滑环电刷在转子回路中接入附加电阻，以改善电动机的启动性能、调节其转速，其接线如图 5.6 所示。

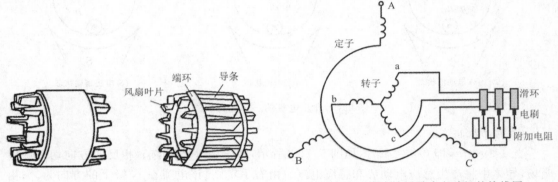

图 5.5 笼型铸铝转子　　　　　图 5.6 绕线转子异步电动机的接线图

3. 气隙

异步电机定、转子之间气隙很小，对于中小型异步电机来说，气隙一般为0.2 mm～1.5 mm。气隙大小对异步电机的性能影响很大。为了降低电机的空载电流和提高电机的功率，气隙应尽可能小，但气隙太小又可能造成定、转子在运行中发生摩擦，因此，异步电机气隙长度应为定、转子在运行中不发生机械摩擦所允许的最小值。

5.1.2 基本工作原理

当异步电机定子绕组接到三相电源上时，定子绕组中将流过三相对称电流，气隙中将建立基波旋转磁动势，从而产生基波旋转磁场，其同步转速取决于电网频率和绕组的极对数，即

$$n_1 = \frac{60 f_1}{p} \tag{5.1}$$

这个基波旋转磁场在短路的转子绕组（若是笼型绕组则其本身就是短路的，若是绕线式转子则通过电刷短路）中感应电动势并在转子绕组中产生相应的电流，该电流与气隙中的旋转磁场相互作用而产生电磁转矩。由于这种电磁转矩的性质与转速大小相关，下面将分三个不

同的转速范围来进行讨论。

为了描述转速，引入参数转差率。转差率为同步转速 n_1 与转子转速 n 之差 $(n_1 - n)$ 对同步转速 n_1 之比值，以 s 表示，即

$$s = \frac{n_1 - n}{n_1} \tag{5.2}$$

当异步电机的负载发生变化时，转子的转差率随之变化，使得转子导体的电动势、电流和电磁转矩发生相应的变化，因此，异步电机转速随负载的变化而变动。按转差率的正负、大小，异步电机可分为电动机、发电机、电磁制动三种运行状态，如图 5.7 所示。图中 n_1 为旋转磁场同步转速，并用旋转磁极来等效旋转磁场，2 个小圆圈表示一个短路线圈。

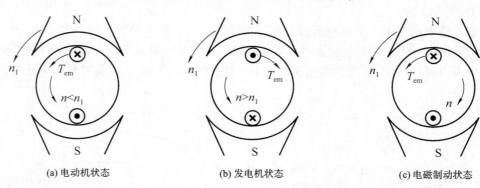

(a) 电动机状态   (b) 发电机状态   (c) 电磁制动状态

图 5.7　异步电机的三种运行状态

1. 电动机状态

当 $0 < n < n_1$，即 $0 < s < 1$ 时，如图 5.7(a) 所示，转子中导体以与 n 相反的方向切割旋转磁场，导体中将产生感应电动势和感应电流。由右手定则，该电流在 N 极下的方向为 $\otimes$；由左手定则，该电流与气隙磁场相互作用将产生一个与转子转向同方向的拖动力矩。该力矩能克服负载制动力矩而拖动转子旋转，从轴上输出机械功率。根据功率平衡关系，该电机一定从电网吸收有功功率。

如果转子被加速到 n_1，此时转子导体与旋转磁场同步旋转，它们之间无相对切割，因而导体中无感应电动势，也没有电流，电磁转矩为零。因此，在电动机状态，转速 n 不可能达到同步转速 n_1。

2. 发电机状态

用原动机拖动异步电机，使其转速高于旋转磁场的同步转速，即 $n > n_1$、$s < 0$，如图 5.7(b) 所示。转子上导体切割旋转磁场的方向与电动机状态时下的相反，从而导体上感应电动势、电流的方向与电动机状态下的相反，N 极下导体电流方向为 $\odot$；电磁转矩的方向与转子转向相反，电磁转矩为制动性质。此时异步电机由转轴从原动机输入机械功率，克服电磁转矩，通过电磁感应由定子向电网输出电功率（因导体中电流方向与电动机状态下的相反），电机处于发电机状态。

3. 电磁制动状态

由于机械负载或其他外因，转子逆着旋转磁场的方向旋转，即 $n < 0$、$s > 1$，如图 5.7(c) 所示。此时转子导体中的感应电动势、电流与在电动机状态下的相同，N 极下导体电流方向为

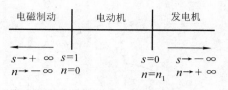

⊗;转子转向与旋转磁场方向相反,电磁转矩表现为制动转矩。此时电机运行于电磁制动状态,即由转轴从原动机输入机械功率的同时又从电网吸收电功率(因导体中电流方向与电动机状态下的相同),两者都变成了电机内部的损耗。

综上所述,转速(转差率)与电机运行状态关系可用图 5.8 表示。

图 5.8　异步电机的三种运行状态

5.1.3　额定值

额定功率 P_N——电动机在额定情况下运行,由轴端输出的机械功率,单位为 W、kW。

额定电压 U_N——电动机在额定情况下运行时,施加在定子绕组上的线电压,单位为 V。

额定频率 f——我国电网频率为 50 Hz。

额定电流 I_N——电动机在额定电压、额定频率下轴端输出额定功率时,定子绕组的线电流,单位为 A。

额定转速 n_N——电动机在额定电压、额定频率、轴端输出额定功率时,转子的转速,单位为 r/min。

对于三相异步电动机,额定功率可表示为

$$P_N = \sqrt{3}U_N I_N \eta_N \cos\varphi_N \tag{5.3}$$

式中,η_N 为额定运行时效率,$\cos\varphi_N$ 为额定运行时的功率因数。

三相异步电动机定子绕组可以接成星形或三角形。

5.2　三相异步电动机的运行原理

5.2.1　转子静止时的异步电机

转子静止时,异步电机利用电磁感应原理将能量从定子方传递到转子方,定、转子之间没有电的联系,从工作原理上讲,它和变压器相似,均满足电磁感应定律。分析时先从转子静止时的异步电机开始,然后研究转子旋转时的情况。本节以绕线式为例,分析开路、短路两种情况。

1. 转子绕组开路

此时,异步电机内部各物理量的电磁关系可用流程图表述为

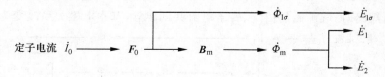

在图 5.9 所示中,当转子绕组开路(S 断开)时,转子绕组中的电流为零,定子相电流为 $\dot{I}_0$(它代表定子三相对称电流中 A 相电流 $\dot{I}_{0A}$),它们将在气隙中建立相应的基波磁动势。

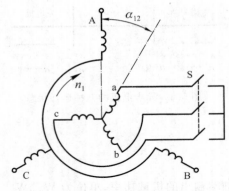

图 5.9 转子静止时的等效电路

假定三相电流 $\dot{I}_{0A}$、$\dot{I}_{0B}$、$\dot{I}_{0C}$ 依次滞后，则旋转磁动势的转向将由 A 相轴线转向 B 相轴线再转向 C 相轴线，即顺时针旋转，转速为同步转速 n_1。此基波磁动势幅值为

$$F_0 = \frac{3\sqrt{2}}{\pi}\frac{N_1 k_{N1}}{p}I_0 \qquad (5.4)$$

该磁动势产生旋转的基波磁场，其主磁通为 $\dot{\Phi}_m$，而 $\dot{\Phi}_m$ 在定子一相绕组中的感应电动势为

$$\dot{E}_1 = -\mathrm{j}\sqrt{2}\pi N_1 k_{N1} f_1 \dot{\Phi}_m \qquad (5.5)$$

仿照变压器的空载运行，对于一相定子绕组可得到电压平衡方程

$$\dot{U}_1 = -\dot{E}_1 + \dot{I}_0 R_1 + \dot{I}_0 \mathrm{j}X_{1\sigma} = -\dot{E}_1 + \dot{I}_0 Z_1 \qquad (5.6)$$

式中，R_1 为定子绕组相电阻，$X_{1\sigma}$ 为定子绕组相漏电抗，Z_1 为定子绕组相漏阻抗。这三个参数都是常数。

仿照变压器引入非线性参数励磁电阻 R_m、励磁电抗 X_m 来等效替代 $\dot{E}_1$，有

$$\dot{E}_1 = -\dot{I}_0 (R_m + \mathrm{j}X_m) = -\dot{I}_0 Z_m \qquad (5.7)$$

式中，$Z_m = R_m + \mathrm{j}X_m$ 表示励磁阻抗。

在异步电机中，$X_m \gg R_m$，R_m 对 $\dot{E}_1$ 的影响很小，从而可以使 $\dot{E}_1$、$\dot{I}_0$ 之间相位基本确定。将式(5.7)代入式(5.6)，得到转子开路时的定子电压平衡方程

$$\dot{U}_1 = \dot{I}_0 (Z_1 + Z_m) \qquad (5.8)$$

在转子静止不动时，主磁通为 $\dot{\Phi}_m$ 的气隙基波旋转磁场以同样转速 n_1 切割转子绕组（每相串联匝数为 N_2、基波绕组系数为 k_{N2}），电动势频率仍为 f_1，转子相电动势可表示为

$$E_2 = \sqrt{2}\pi N_2 k_{N2} f_1 \Phi_m \qquad (5.9)$$

于是得到异步电机电动势变比为

$$k_e = \frac{E_1}{E_2} = \frac{N_1 k_{N1}}{N_2 k_{N2}} \qquad (5.10)$$

在图 5.9 所示中，相对于旋转磁动势，转子 a 相绕组轴线滞后定子 A 相绕组轴线 α_{12} 电角度，因此，$\dot{E}_2$ 滞后 $\dot{E}_1$ 电角度 α_{12}，在此情况下，异步电机起移相器的作用。

2. 转子绕组短路

转子绕组短路时，气隙磁场由定、转子电流共同建立，基本电磁关系改变为

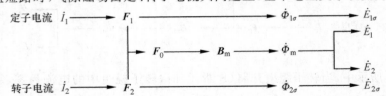

仍如图 5.9 所示,将开关 S 闭合,转子绕组被短路,且转轴被堵转,在定子方施加一低电压,相当于变压器做短路实验。现对转子磁动势的性质进行研究。

1) 定子磁动势与转子磁动势相对静止

在图 5.9 所示中,开关 S 闭合时,定子三相绕组中电流 $\dot{I}_A$、$\dot{I}_B$、$\dot{I}_C$ 依次滞后,在气隙中产生基波旋转磁动势 F_1,顺时针旋转,转速 $n_1 = \dfrac{60f_1}{p}$。由 F_1 产生的旋转磁场切割定子、转子绕组产生感应电动势,其频率仍为 f_1。旋转磁场切割转子绕组的顺序是 a→b→c,故转子绕组中感应电流的相序为 $\dot{i}_a$、$\dot{i}_b$、$\dot{i}_c$ 依次滞后。由于转子绕组极对数总是设计成与定子极对数 p 相等(否则不能产生平均转矩),则转子三相对称电流在气隙中产生基波磁动势 F_2,其转速 $n_2 = \dfrac{60f_2}{p} = \dfrac{60f_1}{p} = n_1$,其转向亦是顺时针。因此,磁动势 F_2 与 F_1 极对数相同、转速相同、转向相同,它们在空间相对静止。F_1 与 F_2 相叠加合成的磁动势为 F_0,F_0 在气隙中产生合成旋转磁场 B_m,B_m 就是气隙中实际存在的旋转磁场。显然 F_0、B_m 的转速、转向、极对数与 F_1 相同。

2) 转子磁动势 F_2 与 α_{12} 无关

(1) 假设转子 a 相绕组轴线 oa 与定子 A 相绕组轴线 oA 重合,即令图 5.10 所示中 $\alpha_{12}=0$,气隙中一旋转磁场 B_m 切割转子绕组,其中的电动势、电流分别为

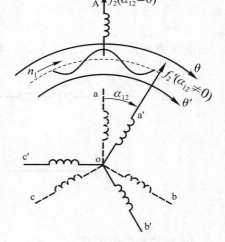

$$u_a = U_m \cos(\omega t + \varphi_2) \atop i_a = I_m \cos \omega t \quad\quad (5.11)$$

式中,φ_2 为转子相绕组功率因数角。

在 θ, t 坐标系中转子旋转磁动势为

$$f_2(\alpha_{12} = 0) = F_2 \cos(\omega t - \theta) \quad (5.12)$$

(2) 当转子顺着旋转磁动势方向旋转,转子 a 相轴线 oa 转过 α_{12} 电角度后转到 oa′,两空间坐标系间的位置关系为

$$\theta' = \theta - \alpha_{12} \quad\quad (5.13)$$

图 5.10 f_2 与 α_{12} 的关系

根据旋转磁动势重要性质:电流在时间上经过的电角度与旋转磁动势在空间转过的电角度相等,则两时间坐标系间的关系可改写为

$$\omega t' = \omega t - \alpha_{12} \quad\quad (5.14)$$

因此,oa′处转子绕组中的电动势和电流分别滞后于 oa 处转子绕组中电动势和电流 α_{12} 电角度,即

$$u_a = U_m \cos(\omega t' + \varphi_2) = U_m \cos[(\omega t - \alpha_{12}) + \varphi_2] \atop i_a = I_m \cos \omega t' = I_m \cos(\omega t - \alpha_{12}) \quad\quad (5.15)$$

则在新的 θ' 与 $\omega t'$ 空间和时间坐标系中,转子旋转磁动势为

$$f_2'(\alpha_{12} \neq 0) = F_2 \cos(\omega t' - \theta') \quad\quad (5.16)$$

将式(5.13)、式(5.14)代入式(5.16)中,得到

$$f_2'(\alpha_{12} \neq 0) = F_2 \cos[(\omega t - \alpha_{12}) - (\theta - \alpha_{12})] = F_2 \cos(\omega t - \theta)$$

$$= f_2(\alpha_{12} = 0) \tag{5.17}$$

式(5.17)表明，$\alpha_{12} \neq 0$ 时，转子磁动势 f_2 的大小和性质与 $\alpha_{12} = 0$ 时相同，即转子磁动势矢量 $\boldsymbol{F}_2$ 与 α_{12} 无关，只是转子绕组相电动势、相电流相对于 $\alpha_{12} = 0$ 的工况均滞后了 α_{12} 电角度（见式(5.15)）。这对研究转子的电气性能无任何影响。由于转子是通过转子磁动势而影响定子，因此可以认定 α_{12} 等于任何值时定子方各物理量是一样的，气隙中合成磁动势、合成磁场也是一样的。为此，下面可以按 $\alpha_{12} = 0$ 的情况来建立定、转子之间的电磁关系，以避免 α_{12} 角的复杂影响，式(5.9)、式(5.10)可改写为

$$\dot{E}_2 = -\mathrm{j}\sqrt{2}\pi f_1 N_2 k_{N2} \dot{\Phi}_m \tag{5.18}$$

$$\dot{E}_1 = k_e \dot{E}_2 \tag{5.19}$$

即 $\dot{E}_1$、$\dot{E}_2$ 同方向。

3. 电动势平衡方程

经过上述分析和处理，可得到如图 5.11 所示的等效电路。在图 5.11 所示的假定正向下，电压平衡方程为

$$\dot{U}_1 = -\dot{E}_1 + \dot{I}_1 Z_1 \tag{5.20}$$

$$\dot{E}_2 = \dot{I}_2(R_2 + \mathrm{j}X_{2\sigma}) \tag{5.21}$$

电压变比 $$k_e = \frac{E_1}{E_2} \tag{5.22}$$

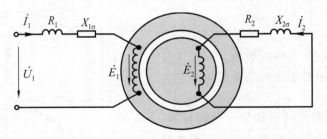

图 5.11　转子静止时的等效电路

4. 磁动势平衡方程

由于定转子旋转磁动势 $\boldsymbol{F}_1$、$\boldsymbol{F}_2$ 在空间相对静止，它们叠加成励磁磁动势 $\boldsymbol{F}_0$。

$$\boldsymbol{F}_0 = \boldsymbol{F}_1 + \boldsymbol{F}_2 \tag{5.23}$$

如果不考虑磁滞和涡流损耗，则合成磁动势 $\boldsymbol{F}_0$ 与旋转磁场 $\boldsymbol{B}_m$ 在空间同相位。实际上，铁芯中总存在磁滞损耗和涡流损耗，因此，$\boldsymbol{B}_m$ 波在空间总是滞后 $\boldsymbol{F}_0$ 一个铁耗角 α_{Fe}。其物理意义是：当 $\boldsymbol{F}_0$ 波在气隙中某一点达到最大值时，由于磁滞和涡流的影响，该点的磁密波尚未达到最大值，等到 $\boldsymbol{F}_0$ 波转过 α_{Fe} 电角度时，该点的磁密波才达到最大值。

仿照变压器中磁动势分析方法，将式(5.23)改写为

$$\boldsymbol{F}_1 = \boldsymbol{F}_0 + (-\boldsymbol{F}_2) = \boldsymbol{F}_0 + \boldsymbol{F}_{1L} \tag{5.24}$$

其中

$$\boldsymbol{F}_{1L} = -\boldsymbol{F}_2 \tag{5.25}$$

式(5.24)说明，在异步电机的气隙中，全部磁动势由定子电流产生。$\boldsymbol{F}_1$ 的一个分

量——励磁分量 $\boldsymbol{F}_0$ 用以产生旋转磁场,另一个分量——负载分量 $\boldsymbol{F}_{1L}$ 用以平衡转子磁动势 $\boldsymbol{F}_2$。

在转子静止短路时,$\boldsymbol{F}_2$ 与 α_{12} 角大小无关,分析时取 $\alpha_{12}=0$,即定子 A 相绕组轴线与转子 a 相绕组轴线重合。参考式(5.11)和式(5.12),$\boldsymbol{F}_1$ 与 $\boldsymbol{F}_2$ 在空间的相角关系与 $\dot{I}_1$(定子 A 相电流)、$\dot{I}_2$(转子 a 相电流)关系一致。为了简化分析,我们选 $\boldsymbol{F}_1$ 与 $\dot{I}_1$ 同相位、$\boldsymbol{F}_2$ 与 $\dot{I}_2$ 同相位、$\boldsymbol{F}_0$ 与 $\dot{I}_0$ 同相位,用 $\dot{I}_1$、$\dot{I}_2$、$\dot{I}_0$ 三者在时间上的相位关系来表示 $\boldsymbol{F}_1$、$\boldsymbol{F}_2$、$\boldsymbol{F}_0$ 在空间上的相位关系。将式(5.25)改写为

$$\frac{m_1\sqrt{2}}{\pi}\frac{N_1 k_{N1}}{p}\dot{I}_{1L}=-\frac{m_2\sqrt{2}}{\pi}\frac{N_2 k_{N2}}{p}\dot{I}_2 \tag{5.26}$$

对于绕线式电机,转子相数与定子相数相等,$m_1=m_2$,极对数均为 p。式(5.26)变为

$$\dot{I}_{1L}=-\frac{\dot{I}_2}{k_i} \tag{5.27}$$

式中,k_i 为异步电机的电流变比,定义为

$$k_i=\frac{I_2}{I_{1L}}=\frac{m_1 N_1 k_{N1}}{m_2 N_2 k_{N2}} \tag{5.28}$$

于是可用定、转子绕组相电流平衡方程来描述的磁动势平衡方程为

$$\dot{I}_1=\dot{I}_0+\dot{I}_{1L} \tag{5.29}$$

5. 转子绕组的折算

图 5.11 所示电路与变压器电路相似,因此,也可以通过绕组折算得到转子不转时异步电机的等效电路。假设异步电机转子相数 m_2,每相串联匝数 N_2,基波绕组系数 k_{N2},在一般情况下 m_2、N_2、k_{N2} 与定子的 m_1、N_1、k_{N1} 不同。为了得到等效电路,先必须将异步电机转子绕组折算成一个相数、匝数、绕组系数完全与定子相同的等效绕组,即用一个相数为 m_1、匝数为 N_1、绕组系数为 k_{N1} 的等效转子绕组来替代原来的转子绕组,保持极对数不变。

折算前后,要求转子上各种功率不变,主磁通 $\dot{\Phi}_m$ 不变,从而定子方各有关物理量 $\dot{E}_1$、$\dot{I}_1$ 不变,对电网等效。由于转子是通过转子磁动势 $\boldsymbol{F}_2$ 对定子起作用的,故为了满足上述要求,折算条件可改述为:折算前后转子磁动势 $\boldsymbol{F}_2$ 不变、转子上各种有功功率和无功功率保持不变。

转子方的物理量、参数折算到定子方,用该量符号右上角加"′"来表示。

折算前后 $\boldsymbol{F}_2$ 不变,则转子电流折算值 $\dot{I}'_2$ 满足

$$\frac{m_1\sqrt{2}}{\pi}\frac{N_1 k_{N1}}{p}\dot{I}'_2=\frac{m_2\sqrt{2}}{\pi}\frac{N_2 k_{N2}}{p}\dot{I}_2$$

故

$$\dot{I}'_2=\frac{m_2 N_2 k_{N2}}{m_1 N_1 k_{N1}}\dot{I}_2=\frac{1}{k_i}\dot{I}_2 \tag{5.30}$$

由上式,将式(5.23)化简得到电流平衡方程为

$$\dot{I}_1+\dot{I}'_2=\dot{I}_0 \tag{5.31}$$

由于折算前后 $\boldsymbol{F}_2$ 不变,从而 $\boldsymbol{F}_0$ 不变,主磁通 $\dot{\Phi}_m$ 不变,则折算后转子绕组电动势 $\dot{E}'_2$ 应满足

$$\frac{\dot{E}'_2}{\dot{E}_2} = \frac{N_1 k_{N1}}{N_2 k_{N2}} = k_e$$

故
$$\dot{E}'_2 = k_e \dot{E}_2 = \dot{E}_1 \tag{5.32}$$

折算前后转子回路有功功率不变，以转子相电阻为例，有

$$m_1 I'^2_2 R'_2 = m_2 I^2_2 R_2$$

得到
$$R'_2 = \frac{m_2 I^2_2}{m_1 I'^2_2} R_2 = \frac{m_2 (m_1 N_1 k_{N1})^2}{m_1 (m_2 N_2 k_{N2})^2} R_2$$

故
$$R'_2 = k_e k_i R_2 \tag{5.33}$$

由转子漏电抗无功功率相等，得到

$$X'_{2\sigma} = k_e k_i X_{2\sigma} \tag{5.34}$$

折算前后转子回路功率因数不变，证明为

$$\tan\varphi'_2 = \frac{X'_{2\sigma}}{R'_2} = \frac{X_{2\sigma}}{R_2} = \tan\varphi_2 \tag{5.35}$$

总之，将转子电路中各量折算到定子方时，电动势、电压应乘以 k_e，电流除以 k_i，电阻、电抗、阻抗乘以 $k_e k_i$。

对于转子静止且转子绕组短路的异步电机，将转子方的量折算到定子方，最后得到如下平衡方程组

$$\left. \begin{array}{l} \dot{U}_1 = -\dot{E}_1 + \dot{I}_1 Z_1 \\ \dot{E}'_2 = \dot{I}'_2 (R'_2 + jX'_{2\sigma}) \\ \dot{I}_0 = \dot{I}_1 + \dot{I}'_2 \\ \dot{E}_1 = \dot{E}'_2 \\ \dot{E}_1 = -\dot{I}_0 Z_m \end{array} \right\} \tag{5.36}$$

5.2.2 转子旋转时的异步电机

异步电机正常运行时，转子绕组一定是闭合的，而且一般是短路的。考虑转子旋转因素，此时电机内部基本电磁关系可表示为

1. 转子绕组中的电动势和电流

当转子旋转时，转子绕组的电动势、电流的频率取决于气隙中的旋转磁场和转子的相对转速。设转子转速为 n，气隙中旋转磁场与转子的相对转速为 $n_2 = n_1 - n$，故转子绕组中电动势和电流的频率为

$$f_2 = \frac{p(n_1 - n)}{60} = \frac{n_1 - n}{n_1} \frac{pn_1}{60} = sf_1 \tag{5.37}$$

f_2 亦称为转差频率。当转子不转时，$n=0$，$s=1$，$f_2=f_1$。关于此种情况上一节已作讨论。异步电机在作电动机额定运行时，s 值很小，一般在 $0.01\sim0.04$ 范围内变化。当 $f_1=50$ Hz 时，$f_2=0.5$ Hz~2 Hz，可见此时转子铁芯中主磁通交变的频率很低，转子铁耗很小，可以忽略不计。

转子旋转时，转子绕组每相电动势为

$$E_{2s} = \sqrt{2}\pi N_2 k_{N2} f_2 \Phi_{\mathrm{m}} = sE_2 \tag{5.38}$$

式中，E_2 为对应于定子频率的转子相绕组电动势，即转子静止、主磁通仍为 $\dot{\Phi}_{\mathrm{m}}$ 时转子绕组的相电动势。

对应于转子电流频率 f_2 的转子漏电抗为

$$X_{2\sigma s} = sX_{2\sigma} \tag{5.39}$$

式中，$X_{2\sigma}$ 为对应于定子频率 f_1 的转子漏电抗。

当转子短路时，电流角频率 $\omega_2=2\pi f_2$，转子电流可表示为

$$\dot{I}_{2s}\mathrm{e}^{\mathrm{j}\omega_2 t} = \frac{\dot{E}_{2s}\mathrm{e}^{\mathrm{j}\omega_2 t}}{R_2 + \mathrm{j}X_{2\sigma s}} \tag{5.40}$$

转子旋转时，定、转子绕组中电流频率不同，故还不能直接将定、转子平衡方程联立求解。

2. 定、转子磁动势的相对静止关系

在图 5.12 所示中，以定子 A 相绕组轴线（$\theta=0$）为定子磁动势 $f_1(t,\theta)$ 的轴线，定子磁动势为

$$f_1(t,\theta) = F_1\cos(\omega_1 t - \theta + \varphi_{\mathrm{f}}) \tag{5.41}$$

式中，φ_{f} 为 $f_1(t,\theta)$ 在 $t=0$ 时的初始相角。

设在 $t=0$ 时，转子 a 相绕组轴线与定子绕组 A 相轴线重合。

由于转子轴线相对于定子以转速 n 旋转，定子旋转磁动势将以 n_2 转速切割转子绕组，有

$$n_2 = n_1 - n \tag{5.42}$$

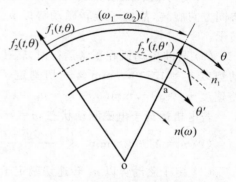

图 5.12　转子旋转时的情况

定、转子绕组的极对数相同，都为 p，故在转子绕组感应电动势、电流的频率为

$$f_2 = \frac{pn_2}{60}$$

将式（5.42）两边同乘以 $2\pi\dfrac{p}{60}$，得到相应的电角速度关系为

$$\omega_2 = \omega_1 - \omega \tag{5.43}$$

式中，ω_1 为定子旋转磁动势的电角速度；ω 为转子转速对应的电角速度；ω_2 表示定子磁动势切割转子绕组的电角速度。

经过时间 t，转子轴线 oa 沿着转子旋转的方向转过电角度 ωt，由于 θ' 附在转子表面，故有

$$\theta' = \theta - \omega t \tag{5.44}$$

在安放在转子上的坐标系 $f_2'-\theta'$ 中，有

$$f_2'(t,\theta') = F_2\cos(\omega_2 t - \theta') = F_2\cos[(\omega_1 - \omega)t - (\theta - \omega t)]$$

$$= F_2\cos(\omega_1 t - \theta) = f_2(t,\theta) \tag{5.45}$$

式(5.45)已将在转子上观察到的磁动势 $f'_2(t,\theta')$ 变换到定子坐标系中。式(5.41)、式(5.44)表明，从定子坐标系看，转子旋转磁动势与定子旋转磁动势角频率相同、极对数相同、转速相同、转向一致。定、转子旋转磁动势在气隙中相对静止。正因为如此，转子旋转时定子方的电动势平衡方程与转子静止时的完全相同。另外还要特别指出，不管 s 或 n 为何值，即异步电动机运行于什么状态，上述结论都成立。

例 5.1 一台三相异步电动机，在额定转速下运行，$n_N = 1\,470$ r/min，电源频率 $f_1 = 50$ Hz，试求：

(1) 转子电流频率 f_2；

(2) 定子电流产生的旋转磁动势以什么速度切割定子？以什么速度切割转子？

(3) 由转子电流产生的转子磁动势以什么速度切割定子？以什么速度切割转子？

解 (1) 由观察得该电机同步转速 $\quad n_1 = 1\,500$ r/min

转差率 $\qquad s_N = \dfrac{n_1 - n_N}{n_1} = \dfrac{1\,500 - 1\,470}{1\,500} = 0.02$

转子电流频率 $\qquad f_2 = s_N f_1 = 0.02 \times 50$ Hz $= 1$ Hz

(2) 定子旋转磁动势以 $n_1 = 1\,500$ r/min 切割定子，因为转子以 n_N 速度与定子旋转磁动势同方向旋转，故定子旋转磁动势以 $n_2 = n_1 - n_N = (1\,500 - 1\,470)$ r/min $= 30$ r/min 切割转子。

(3) 异步电动机在正常运行时，转速为 n_N。在气隙中，定、转子磁动势相对静止，转子磁动势以 $n_1 = 1\,500$ r/min 转速切割定子，转子磁动势与转子同转向，故转子磁动势以转差速度 $n_2 = 30$ r/min（$n_2 = n_1 - n_N = (1\,500 - 1\,470)$ r/min $= 30$ r/min）切割转子。

若电机运行于电磁制动状态，$n = -500$ r/min。重做本题(1)、(2)、(3)三个问题。

(1) $n_1 = 1\,500$ r/min $\quad s = \dfrac{1\,500 - (-500)}{1\,500} = 1.333$。

(2) 定子磁动势以 n_1 转速切割定子，以 $n_1 - n = 2\,000$ r/min 切割转子。

(3) 转子磁动势以 n_1 转速切割定子，以 $n_1 - n = 2\,000$ r/min 切割转子，定、转子磁动势相对静止。

3. 频率折算

由于异步电机定、转子之间没有电的直接联系，转子只是通过其磁动势 $\boldsymbol{F}_2$ 对定子作用，因此只要保证 $\boldsymbol{F}_2$ 不变，就可以用一个静止的转子来代替旋转的转子，而保持定子方各物理量不发生任何变化，即对电网等效。据此，对式(5.40)做如下变换

$$\dot{I}_{2s} = \frac{\dot{E}_{2s}}{R_2 + jX_{2\sigma s}} = \frac{s\dot{E}_2}{R_2 + jsX_{2\sigma}} \quad （频率为 f_2） \tag{5.46}$$

将式(5.46)右边分子、分母同除以 s，得

$$\dot{I}_2 = \frac{\dot{E}_2}{\dfrac{R_2}{s} + jX_{2\sigma}} \quad （频率为 f_1） \tag{5.47}$$

式(5.46)描述的是转子旋转、转子回路电流频率为 f_2 时的电动势平衡方程，而式(5.47)描述的则是等效的静止转子回路的电动势平衡方程。此时，电流频率已与定子的相同，为 f_1。

为了保证 F_2 不变,首先要保证

$$I_2 = I_{2s} \tag{5.48}$$

式(5.47)告诉我们,不能简单地将旋转的转子堵住,而应在转子回路中串入一个 $\dfrac{1-s}{s}R_2$ 的电阻,使得回路电阻变为 $\dfrac{R_2}{s}$,再将其堵转,这样才能保证 $I_2 = I_{2s}$。

上述分析说明,在转子回路中串入一个 $\dfrac{1-s}{s}R_2$ 的模拟电阻并堵转起来,与原旋转的转子相比,F_2 不变,这种变换称为频率折算。

经过频率折算,可以用一个等效的静止的转子来代替原来旋转的转子,定子方各物理量不变,但旋转的转子产生的总机械功率在静止的转子中如何体现呢?

在图 5.13(a)所示中,旋转的转子从定子方吸收的总有功功率等于转子电阻铜耗 $m_2 I_{2s}^2 R_2$ 与转轴上产生的总机械功率 P_{mec} 之和。

在图 5.13(b)所示中,等效静止的转子从定子方吸收的有功功率等于转子电阻铜耗 $m_2 I_2^2 R_2$ 与模拟电阻所耗功率 $m_2 I_2^2 \dfrac{1-s}{s}R_2$ 之和。而由于转子静止不转,转轴输出总机械功率为零。

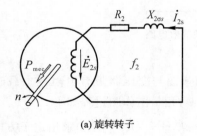 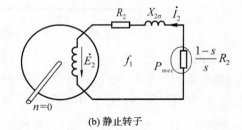

(a) 旋转转子　　　　　　　　　　　　(b) 静止转子

图 5.13　频率折算

根据频率折算条件,在折算前后 F_2 不变且转子回路有功功率应相等,故转子旋转时转轴上产生的总机械功率为

$$P_{\text{mec}} = m_2 I_2^2 \frac{1-s}{s}R_2 \tag{5.49}$$

式(5.49)表明,异步电机旋转时,转轴上产生的总机械功率可以用等效的静止转子上模拟电阻 $\dfrac{1-s}{s}R_2$ 所耗电功率来表示。

4. 等效电路

经过上述频率折算,将图 5.13(a)所示中的 $\dot{E}_{2s}$、$\dot{I}_{2s}$、$X_{2\sigma s}$ 折算成了图 5.13(b)所示中的 $\dot{E}_2$、$\dot{I}_2$、$X_{2\sigma}$,特别在等效静止转子回路(见图 5.13(b))中增加了模拟电阻 $\dfrac{1-s}{s}R_2$。现在再将图 5.13(b)所示中的 $\dot{E}_2$、$\dot{I}_2$、Z_2、$\dfrac{1-s}{s}R_2$ 等用绕组折算方法折算到定子方,即 $\dot{E}'_2 = k_e \dot{E}_2$、$\dot{I}'_2 = \dfrac{1}{k_i}\dot{I}_2$、$Z'_2 = k_e k_i Z_2$、$\dfrac{1-s}{s}R'_2 = k_e k_i \dfrac{1-s}{s}R_2$。对式(5.36)做修改,得到转子旋

转时异步电机的平衡方程组,即

$$
\left.\begin{aligned}
\dot{U}_1 &= -\dot{E}_1 + \dot{I}_1 Z_1 \\
\dot{E}'_2 &= \dot{I}'_2 \left(\frac{R'_2}{s} + jX'_{2\sigma}\right) \\
\dot{I}_1 &= \dot{I}_0 - \dot{I}'_2 \\
\dot{E}_1 &= \dot{E}'_2 \\
\dot{E}_1 &= -\dot{I}_0 Z_m
\end{aligned}\right\}
\tag{5.50}
$$

此方程组与变压器带纯电阻负载 $\frac{1-s}{s}R'_2$ 时的情况相同,因此,可得到与变压器相同的 T 型等效电路,如图 5.14 所示。

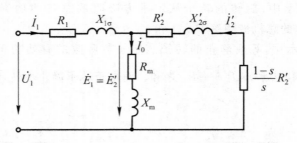

图 5.14　异步电机的 T 型等效电路

5. 相量图

异步电机运行于电动机状态($0 < n < n_1$)时,其相量图与变压器带有电阻性负载时的相量图相同。已知:U_1、I_1、$\cos\varphi_1$、s、R_1、R_2、$X_{1\sigma}$、$X_{2\sigma}$、k_e、k_i,相量图作图过程如下。

(1) 根据 U_1、I_1、$\cos\varphi_1$ 画出 $\dot{U}_1$、$\dot{I}_1$;再根据 $\dot{U}_1 = -\dot{E}_1 + \dot{I}_1(R_1 + jX_{1\sigma})$ 求出定子方电动势相量 $-\dot{E}_1$。

(2) 在滞后于 $-\dot{E}_1$ 90° 位置画出 $\dot{\Phi}_m$。

(3) 画出 $\dot{E}_1$、$\dot{E}'_2(=\dot{E}_1)$。

(4) 计算 $R'_2 = k_e k_i R_2$;$X'_{2\sigma} = k_e k_i X_{2\sigma}$。

(5) 根据 $\dot{E}'_2 = \dot{I}'_2\left(\frac{R'_2}{s} + jX'_{2\sigma}\right)$,考虑到 $\dot{I}'_2\frac{R'_2}{s}$ 与 $\dot{I}'_2$ 同方向,$j\dot{I}'_2X'_{2\sigma}$ 与 $\dot{I}'_2$ 垂直,从而求出 $\dot{I}'_2$。

(6) 根据 $\dot{I}_1 + (-\dot{I}'_2) = \dot{I}_0$,得到励磁电流 $\dot{I}_0$。

于是得到异步电机运行于电动机状态的相量图,如图 5.15 所示。

5.2.3　异步电机等效电路的简化

和变压器一样,也可以将 T 型等效电路中间的励磁支路移至电源端,使之变为 Γ 型等效电路以简化计算。但在变压器等效电路中,由于 Z_m^* 很大($Z_m^* \geqslant 50$),I_0^*、Z_1^* 很小($I_0^* \leqslant 0.03$,$Z_1^* \leqslant 0.05$),因此,将励磁支路直接移到电源端不致引起较大的误差。而在异步电机

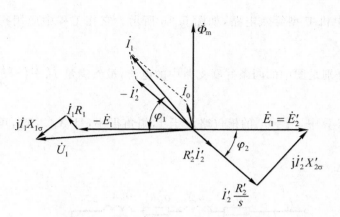

图 5.15　异步电机相量图($0 < n < n_1$)

中，Z_m^* 较小($Z_m^* \geqslant 3$)，I_0^* 较大($I_0^* \geqslant 0.25$)，定子漏电抗 $X_{1\sigma}^* \approx 0.05$，故直接将励磁支路移至电源端会引起较大的误差，因此，必须引入一个校正系数，同时对等效电路进行必要的修改，才能使 Γ 型等效电路和 T 型等效电路完全等效。推导过程如下。

在图 5.14 所示中，记

$$Z_{2s}' = Z_2' + \frac{1-s}{s}R_2' = \frac{R_2'}{s} + jX_{2\sigma}' \tag{5.51}$$

则定子电流为

$$\dot{I}_1 = \dot{I}_0 - \dot{I}_2' = \frac{-\dot{E}_1}{Z_m} + \frac{-\dot{E}_1}{Z_{2s}'} \tag{5.52}$$

而定子端电压

$$\dot{U}_1 = -\dot{E}_1 + \dot{I}_1 Z_1 = -\dot{E}_1\left(1 + \frac{Z_1}{Z_m} + \frac{Z_1}{Z_{2s}'}\right) = -\dot{E}_1\left(\dot{\sigma}_1 + \frac{Z_1}{Z_{2s}'}\right) \tag{5.53}$$

式中，$\dot{\sigma}_1 = 1 + \dfrac{Z_1}{Z_m}$ 是一个复量，称为校正系数。

从式(5.53)得出

$$-\dot{E}_1 = \dot{U}_1 - \dot{I}_1 Z_1 = \frac{\dot{U}_1}{\dot{\sigma}_1 + \dfrac{Z_1}{Z_{2s}'}} \tag{5.54}$$

将式(5.54)代入式(5.52)，得

$$\dot{I}_1 = \frac{\dot{U}_1 - \dot{I}_1 Z_1}{Z_m} + \frac{\dot{U}_1}{\dot{\sigma}_1 Z_{2s}' + Z_1} = \frac{\dot{U}_1}{Z_m} - \frac{\dot{I}_1 Z_1}{Z_m} + \frac{\dot{U}_1}{Z_1 + \dot{\sigma}_1 Z_{2s}'} \tag{5.55}$$

从式(5.55)可解出

$$\dot{I}_1 = \frac{\dot{U}_1}{\dot{\sigma}_1 Z_m} + \frac{\dot{U}_1}{\dot{\sigma}_1 Z_1 + \dot{\sigma}_1^2 Z_{2s}'} = \dot{I}_0' - \frac{\dot{I}_2'}{\dot{\sigma}_1} \tag{5.56}$$

其中

$$\dot{I}_0' = \frac{\dot{U}_1}{\dot{\sigma}_1 Z_m} = \frac{\dot{U}_1}{Z_1 + Z_m}, \quad -\frac{\dot{I}_2'}{\dot{\sigma}_1} = \frac{\dot{U}_1}{\dot{\sigma}_1 Z_1 + \dot{\sigma}_1^2 Z_{2s}'}$$

于是可得到异步电机 Γ 型等效电路，如图 5.16 所示。它在工程中应用得较多。值得指出的是：

（1）$\dot{I}'_0$、$\dfrac{\dot{I}'_2}{\dot{\sigma}_1}$ 分别是图中的两条并联支路中的电流，虽然满足 $\dot{I}'_0 + \left(-\dfrac{\dot{I}'_2}{\dot{\sigma}_1}\right) = \dot{I}_1$，但 $\dot{I}'_2$ 才是转子绕组电流；

（2）在工程计算中，由于 $\dot{\sigma}_1$ 的模仅略大于 1，幅角很小，且 $X_m \gg R_m$，可以近似地认为 $\dot{\sigma}_1 \approx \sigma_1 \approx 1 + \dfrac{X_{1\sigma}}{X_m}$。

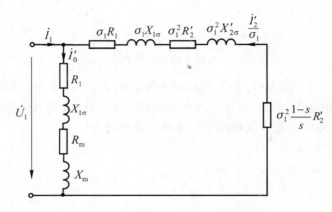

图 5.16　异步电机的 Γ 型等效电路

对于容量大于 100 kW 的异步电机，$\sigma_1 \approx 1$，则可得到图 5.17 所示的简化等效电路。手工计算时可采用简化等效电路，计算机计算时可采用 T 型等效电路。

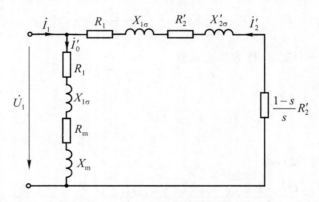

图 5.17　异步电机的简化等效电路

基本方程、相量图和等效电路是描述异步电机内部电磁关系的三种不同方式。它们之间是一致的。在进行定量计算时，一般采用等效电路；在讨论各物理量之间的大小、相位关系时，用相量图较方便；在进行理论分析、推导时，更多采用基本方程。

例 5.2　已知一台三相四极笼型异步电动机的数据如下：额定功率 $P_N = 10$ kW，额定电压 $U_{1N} = 380$ V，定子△接，每相电阻 $R_1 = 1.375$ Ω，漏抗 $X_{1\sigma} = 2.43$ Ω，转子电阻 $R'_2 = 1.047$ Ω，漏电抗 $X'_{2\sigma} = 4.4$ Ω，励磁电阻 $R_m = 8.34$ Ω，励磁电抗 $X_m = 82.6$ Ω，额定运行时机械损耗

p_{mec}＝77 W、附加损耗 p_{ad}＝50 W。试求电机带额定负载时的转速、定子电流、转子电流折算值 I'_2、从定子方看进去的功率因数和效率。

解 采用简化等效电路，$\dot{I}'_2$假定正向与图 5.17 所示中相反。

假设额定负载时 s＝0.028

$$n＝(1-s)n_1＝(1-0.028)\times 1\,500\ \text{r/min}＝1\,458\ \text{r/min}$$

$$Z_1＝R_1+jX_{1\sigma}＝(1.375+j2.43)\ \Omega$$

$$Z_m＝R_m+jX_m＝(8.34+j82.6)\ \Omega$$

$$Z'_{2s}＝\frac{R'_2}{s}+jX'_{2\sigma}＝\left(\frac{1.047}{0.028}+j4.4\right)\Omega＝(37.39+j4.4)\ \Omega$$

取 $\dot{U}_1＝380\angle 0°$作为参考复量，得

$$\dot{I}'_0＝\frac{\dot{U}_1}{Z_1+Z_m}＝\frac{380\angle 0°}{1.375+j2.43+8.34+j82.3}\ \text{A}$$
$$＝4.456\angle-83.46°\ \text{A}＝(0.508-j4.43)\ \text{A}$$

$$\dot{I}'_2＝\frac{\dot{U}_1}{Z_1+Z'_{2s}}＝\frac{380\angle 0°}{1.375+j2.43+37.39+j4.4}\ \text{A}$$
$$＝9.65\angle-9.99°\ \text{A}＝(9.5-j1.67)\ \text{A}$$

在本例假定正向下，有

定子电流
$$\dot{I}_1＝\dot{I}'_0+\dot{I}'_2＝(0.508-j4.43+9.5-j1.67)\ \text{A}$$
$$＝(10.01-j6.1)\ \text{A}＝11.72\angle-31.36°\ \text{A}$$

功率因数 $\quad\cos\varphi_1＝\cos31.36°＝0.854（滞后）$

输入功率 $\quad P_1＝3U_1I_1\cos\varphi_1＝3\times380\times11.72\times0.854\ \text{W}＝11\,410\ \text{W}$

总机械功率 $\quad P_{mec}＝3I'^2_2\dfrac{1-s}{s}R'_2＝3\times9.65^2\times\dfrac{1-0.028}{0.028}\times1.047\ \text{W}＝10\,154\ \text{W}$

输出功率 $\quad P_2＝P_{mec}-p_{mec}-p_{ad}＝(10\,154-77-50)\ \text{W}＝10\,027\ \text{W}$

效率 $\quad\eta＝\dfrac{P_2}{P_1}＝\dfrac{10\,027}{11\,410}＝87.87\%$

由上述计算可见，在假定转差率下，输出功率 $P_2＝10.027$ kW 与 10 kW 仅差0.07％，符合题目要求。若 $P_2\neq P_N$，则需重新假设转差率 s 再计算，一直到 P_2 等于 P_N 为止。

例 5.3 一台三相四极绕线式异步电动机参数如下：定子绕组 Y 接，$U_N＝380V$，$R_1＝R'_2$＝0.012 Ω，$X_{1\sigma}＝X'_{2\sigma}＝0.06$ Ω，$k_e＝k_i＝1.2$，定子所接电网频率为50 Hz，忽略励磁电流。转子 Y 接法，每相外接电阻 $R_\Omega＝0.05$ Ω，用低频电压表测得 R_Ω 上电压 $U_\Omega＝17.32$ V，求转子外接电阻流过电流大小、频率；定子电流、转子转速。

解 转子外接电阻 R_Ω 流过电流

$$I_{2s}＝\frac{U_\Omega}{R_\Omega}＝\frac{17.32}{0.05}\ \text{A}＝346.4\ \text{A}\quad（在 f_2 频率下）$$

经过频率折算，电流有效值不变，即

$$I_2＝I_{2s}＝346.4\ \text{A}\quad（f_1＝50\ \text{Hz}）$$

将 I_2 进行绕组折算，折算到定子方，即

$$I'_2 = \frac{I_2}{k_i} = \frac{346.4}{1.2} \text{ A} = 288.7 \text{ A}$$

在忽略励磁电流情况下

$$I_1 = I'_2 = 288.7 \text{ A}$$

外接电阻折算值　$R'_\Omega = k_e k_i R_\Omega = 1.2 \times 1.2 \times 0.05 \ \Omega = 0.072 \ \Omega$

为了求得转差，利用以下方程

$$I_1 = \frac{U_1}{\sqrt{\left(R_1 + \frac{R'_2 + R'_\Omega}{s}\right)^2 + (X_{1\sigma} + X'_{2\sigma})^2}}$$

$$288.7 = \frac{380/\sqrt{3}}{\sqrt{\left(0.012 + \frac{0.012 + 0.072}{s}\right)^2 + (0.06 + 0.06)^2}}$$

$$s = 0.113\,8, \quad f_2 = s f_1 = 0.113\,8 \times 50 \text{ Hz} = 5.7 \text{ Hz}$$

$$n = (1-s) n_1 = (1 - 0.113\,8) \times 1\,500 \text{ r/min} = 1\,329 \text{ r/min}$$

5.2.4　异步电机的参数测定

为了利用等效电路去计算异步电动机的运行特性，必须先知道参数 R_1、$X_{1\sigma}$、R'_2、$X'_{2\sigma}$、R_m、X_m。如变压器一样，对于已制成的异步电机可以通过空载试验和短路试验来测定其参数。

1. 空载试验

空载试验的目的是测定励磁电阻 R_m、励磁电抗 X_m、铁耗 p_{Fe}、机械损耗 p_{mec}。试验时电机轴上不带负载，用三相调压器对电机供电，使定子端电压从 $(1.1 \sim 1.3) U_N$ 开始，逐渐降低电压、空载电流逐渐减少，直到电动机转速发生明显变化、空载电流明显回升为止（为什么？请读者结合等效电路回答）。在这个过程中，记录电动机的端电压 U_1、空载电流 I_0、空载损耗 P_0、转速 n 并绘制空载特性曲线如图 5.18。

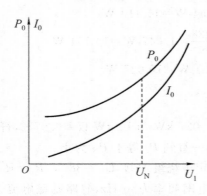

图 5.18　异步电机的空载特性

由于异步电动机空载运行时转子电流小，转子铜耗可以忽略不计。在这种情况下，定子输入功率消耗在定子铜耗 $m_1 I_0^2 R_1$、铁耗 p_{Fe}、机械损耗 p_{mec}、空载附加损耗 p_{ad0} 上

$$P_0 = m_1 I_0^2 R_1 + p_{Fe} + p_{mec} + p_{ad0}$$

从输入功率 P_0 中扣除定子铜耗，得

$$P'_0 = P_0 - m_1 I_0^2 R_1 = p_{Fe} + p_{mec} + p_{ad0} \tag{5.57}$$

在 P'_0 的三项损耗中，机械损耗 p_{mec} 与电压 U_1 无关，在电动机转速变化不大时，可以认为是常数。$p_{Fe} + p_{ad0}$ 可以近似认为与磁密的平方成正比，因而可近似认为与电压的平方成正比，故 P'_0 与 U_1^2 的关系曲线近似为一条直线，如图5.19所示，其延长线与 P'_0 轴交点之值代表机械损耗 p_{mec}。

空载附加损耗相对较小,可以用其他试验将之与铁耗分离,也可根据统计值估计 p_{ad0},从而得到铁耗 p_{Fe}。由空载试验测得的额定相电压 $U_{0\phi}$ 和相电流 $I_{0\phi}$ 可以求出

$$Z_0 = \frac{U_{0\phi}}{I_{0\phi}}, \quad R_0 = \frac{P_0}{m_1 I_{0\phi}^2}, \quad X_0 = \sqrt{Z_0^2 - R_0^2}$$

由于电动机空载,$s \approx 0$,转子支路近似开路,则

$$\left. \begin{array}{l} X_0 = X_m + X_{1\sigma} \\ X_m = X_0 - X_{1\sigma} \end{array} \right\} \tag{5.58}$$

式中,定子漏电抗 $X_{1\sigma}$ 将由短路试验测出。

在已知额定电压和铁耗 p_{Fe} 的情况下,励磁电阻

$$R_m = \frac{p_{Fe}}{m_1 I_{0\phi}^2} \tag{5.59}$$

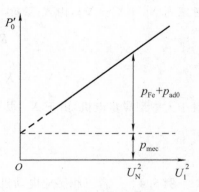

图 5.19　机械损耗的求法

2. 短路试验

短路试验的目的是测定短路阻抗、转子电阻和定、转子漏抗。试验时将转子堵转,在定子端施加电压,从 $U_k(U_k = 0.4U_{1N})$ 开始逐渐降低,记录定子绕组端电压 U_k、定子电流 I_k、定子端输入功率 P_k,作出异步电机的短路特性 $I_k = f(U_k)$,$P_k = f(U_k)$,如图 5.20 所示。

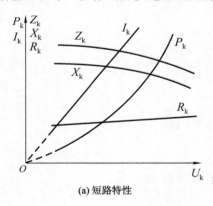

(a) 短路特性

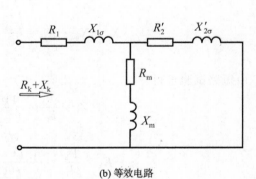

(b) 等效电路

图 5.20　异步电机的短路试验

根据短路特性曲线,由额定相电流 $I_{k\phi}$ 对应的相电压 $U_{k\phi}$、短路损耗 P_k 可求得

$$Z_k = \frac{U_{k\phi}}{I_{k\phi}}, \quad R_k = \frac{P_k}{m_1 I_{k\phi}^2}, \quad X_k = \sqrt{Z_k^2 - R_k^2}$$

根据短路时的等效电路(图 5.20),由于 $X_m \gg R_m$,忽略 R_m,并近似认为 $X_{1\sigma} = X_{2\sigma}'$,得

$$R_k + jX_k = R_1 + jX_{1\sigma} + \frac{jX_m(R_2' + jX_{2\sigma}')}{R_2' + j(X_m + X_{2\sigma})}$$

将上式实部、虚部分开

$$R_k = R_1 + R_2' \frac{X_m^2}{R_2'^2 + (X_m + X_{2\sigma})^2} \tag{5.60}$$

$$X_k = X_{1\sigma} + X_m \frac{R_2'^2 + X_{2\sigma}^2 + X_m X_{2\sigma}}{R_2'^2 + (X_m + X_{2\sigma})^2} \tag{5.61}$$

考虑到 $X_m = X_0 - X_{1\sigma}$，由式(5.60)、式(5.61)解出

$$R_2' = (R_k - R_1) \frac{X_0}{X_0 - X_k} \tag{5.62}$$

$$X_{1\sigma} = X_{2\sigma}' = X_0 - \sqrt{\frac{X_0 - X_k}{X_0}(R_2'^2 + X_0^2)} \tag{5.63}$$

对于大中型异步电机，由于 X_m 很大，励磁支路可以近似认为开路，这时

$$\left. \begin{aligned} R_k &= R_1 + R_2' \\ X_{1\sigma} &= X_{2\sigma}' = \frac{1}{2} X_k \end{aligned} \right\} \tag{5.64}$$

例 5.4 一台三相感应电动机，$U_N = 380$ V，$f_1 = 50$ Hz，$R_1 = 0.4$ Ω，△接法，空载试验数据：$U_0 = 380$ V，$I_0 = 21.2$ A，$P_0 = 1.34$ kW，$p_{mec} = 100$ W，$p_{ad0} = 0$。短路试验数据：$U_k = 110$ V，$I_k = 66.8$ A，$P_k = 4.14$ kW。求该电机的 T 型等效电路。

解 由空载试验求得

$$p_{Fe} = P_0 - 3I_{0\phi}^2 R_1 - p_{mec} = \left[1.34 \times 10^3 - 3 \times \left(\frac{21.2}{\sqrt{3}} \right)^2 \times 0.4 - 100 \right] \text{W}$$

$$= 1\ 060 \text{ W}$$

$$R_m = \frac{p_{Fe}}{3I_{0\phi}^2} = \frac{1\ 060}{3 \times \left(\frac{21.2}{\sqrt{3}} \right)^2} \ \Omega = 2.36 \ \Omega$$

$$X_0 = X_m + X_{1\sigma} = \frac{U_{0\phi}}{I_{0\phi}} = \frac{380}{\left(\frac{21.2}{\sqrt{3}} \right)} \ \Omega = 31 \ \Omega$$

由短路试验求得

$$Z_k = \frac{U_{k\phi}}{I_{k\phi}} = \frac{110}{\frac{66.8}{\sqrt{3}}} \ \Omega = 2.85 \ \Omega$$

$$R_k = \frac{P_k}{3I_{k\phi}^2} = \frac{4.14 \times 10^3}{3 \times \left(\frac{66.8}{\sqrt{3}} \right)^2} \ \Omega = 0.928 \ \Omega$$

$$X_k = \sqrt{Z_k^2 - R_k^2} = \sqrt{2.85^2 - 0.928^2} \ \Omega = 2.69 \ \Omega$$

$$R_2' = (R_k - R_1) \frac{X_0}{X_0 - X_k} = (0.928 - 0.4) \times \frac{31}{31 - 2.69} \ \Omega = 0.578 \ \Omega$$

$$X_{2\sigma}' = X_{1\sigma} = X_0 - \sqrt{\frac{X_0 - X_k}{X_0}(R_2'^2 + X_0^2)} = \left(31 - \sqrt{\frac{31 - 2.69}{31} \times (0.578^2 + 31^2)} \right) \ \Omega$$

$$= 1.37 \ \Omega$$

$$X_m = X_0 - X_{1\sigma} = (31 - 1.37) \ \Omega = 29.63 \ \Omega$$

所求的 T 型等效电路如图 5.21 所示。

5.2.5 笼型转子的参数计算

以上几节从绕线式异步电机入手，分析了异步电机的原理，其结论完全适用于笼型异步

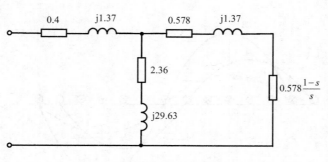

图 5.21 例 5.4 图

电机。绕线式转子有明显的相数、极对数，设计转子绕组时，必须使转子极对数等于定子极对数，否则定、转子磁动势就不能相对静止，就不能转换平均功率，电机就不能工作。笼型转子绕组由导条、端环构成，其相数、极对数，每相参数如何确定，下面将予以讨论。

1. 笼型转子的相数和极对数

设转子总导条数为 Z_2（即转子槽数），它在转子圆周上均匀分布，导条两端被端环短路，整个结构是对称的。当一极对数为 p 的旋转磁场 $\boldsymbol{B}_m$ 在气隙中旋转时，它依次切割转子各导条，在每个导条中感应相同大小的电动势，相邻两导条中感应电动势在时间上相差的电角度为

$$\alpha_r = \frac{2\pi p}{Z_2} \tag{5.65}$$

于是就构成了一个对称的 Z_2 相电动势系统。该电动势作用在结构对称的笼型绕组上，产生对称的 Z_2 相电流，相邻两导条中电流相位差也是 α_r。因此，笼型转子的相数等于转子导条数

$$m_2 = Z_2$$

每相只有一根导条即 $\frac{1}{2}$ 匝，绕组系数为 1，即

$$N_2 = \frac{1}{2}, \quad k_{N2} = 1$$

下面研究笼型转子极对数。

如图 5.22(a)所示，气隙中一旋转磁场 $\boldsymbol{B}_m$ 相对于定子转速为 n_1（同步转速），当转子以 n 同方向旋转时，$\boldsymbol{B}_m$ 以 $n_2(n_2 = n_1 - n)$ 转速相对于转子旋转而切割转子导条。在某一瞬间，$\boldsymbol{B}_m$ 波如图 5.22(a)所示。因为各导条中感应电动势 e_{2s} 与 $\boldsymbol{B}_m$ 成正比，即

$$e_{2s} \propto \boldsymbol{B}_m$$

故 e_{2s} 波亦是正弦波，与 $\boldsymbol{B}_m$ 波过零点相同，幅值相差固定倍数。由于每根导条功率因数角为 φ_2，故导条中电流 i_{2s} 波滞后于 e_{2s} 波 φ_2 电角度。当转子以转速 n 旋转、$\boldsymbol{B}_m$ 以 n_1 相对于定子旋转时，e_{2s} 波、i_{2s} 波均以转速 n_1 相对于定子旋转，从而转子磁动势 $\boldsymbol{F}_2$ 亦为正弦波，以转速 n_1 相对于定子旋转。图 5.22(b)以电流回路极性的变化显示，转子电流极对数等于定子绕组的极对数。图 5.22 描述的是 2 极气隙磁场，若气隙磁场极对数为 p，导条中感应电流也是 p 对极，相应地，转子磁动势 $\boldsymbol{F}_2$ 亦是 p 对极。

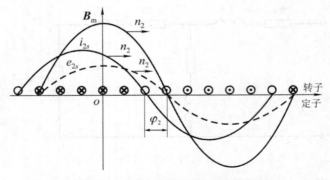

(a) 气隙磁密、导条电动势和电流的空间分布

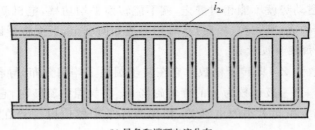

(b) 导条和端环电流分布

图 5.22　笼型转子的极数

2. 笼型转子参数计算

在图 5.23 所示中,每根导条的电阻为 R_B、漏抗为 X_B,每段端环则为 R_R、X_R。仿照将三角形网络等效变换成星形的做法保持被变换部分有功、无功功率不变,现将端环的正多边形阻抗变换成正多角形,如图 5.23 所示。变换关系不证明,变换结果为

$$\left. \begin{array}{l} R'_R = \dfrac{R_R}{4\sin^2 \dfrac{p\pi}{Z_2}} \\[4mm] X'_R = \dfrac{X_R}{4\sin^2 \dfrac{p\pi}{Z_2}} \end{array} \right\} \tag{5.66}$$

故转子每相电阻和漏抗分别为

$$\left. \begin{array}{l} R_2 = R_B + 2R'_R \\ X_{2\sigma} = X_B + 2X'_R \end{array} \right\} \tag{5.67}$$

因为 $m_2 = Z_2$,$N_2 = \dfrac{1}{2}$,$k_{N2} = 1$,故有

$$k_e k_i = \frac{m_1}{m_2} \left(\frac{N_1 k_{N1}}{N_2 k_{N2}} \right)^2 = \frac{4m_1 (N_1 k_{N1})^2}{Z_2}$$

故折算到定子方的转子电阻、漏电抗为

$$\left. \begin{array}{l} R'_2 = k_e k_i R_2 \\ X'_{2\sigma} = k_e k_i X_{2\sigma} \end{array} \right\} \tag{5.68}$$

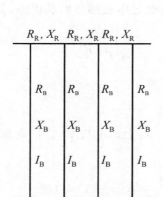
(a) 导条和端环阻抗

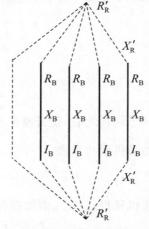
(b) 把端环阻抗折算到导条

图 5.23 笼型转子的参数

5.3 三相异步电动机的运行特性

5.3.1 异步电动机的功率和转矩平衡方程

在异步电机 T 型等效电路（见图 5.24）中，当异步电动机以转速 n（转差率为 s）稳定运行时，从电源输入的功率为 P_1，且

$$P_1 = m_1 U_1 I_1 \cos\varphi_1$$

定子铜耗为

$$p_{Cu1} = m_1 I_1^2 R_1 \tag{5.69}$$

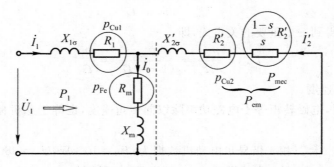

图 5.24 异步电机用 T 型等效电路表示的各种功率

在正常运行时异步电动机的转速接近同步转速，转子电流频率很低，$f_2 = (0.5 \sim 2)\,\mathrm{Hz}$，故转子铁耗可以忽略，因此，电动机铁耗只有定子铁耗，即

$$p_{Fe} = m_1 I_0^2 R_m \tag{5.70}$$

P_1 在扣除掉定子铜耗 p_{Cu1}、定子铁耗 p_{Fe} 之后的功率则借助于气隙中旋转磁场由定子传递给

转子(即穿过图 5.24 中虚线),转子上这一功率是通过电磁感应而获得的,故称之为电磁功率 P_{em},即

$$P_{em} = P_1 - p_{Cu1} - p_{Fe} = m_1 I_2'^2 \frac{R_2'}{s} \tag{5.71}$$

转子绕组铜耗

$$p_{Cu2} = m_1 I_2'^2 R_2' = sP_{em} \tag{5.72}$$

电磁功率在扣除转子铜耗之后,就是模拟电阻 $\frac{1-s}{s}R_2'$ 上的电功率,它代表总机械功率,即由电功率转换而来的总机械功率为

$$P_{mec} = P_{em} - p_{Cu2} = m_1 I_2'^2 \frac{1-s}{s}R_2' = (1-s)P_{em} \tag{5.73}$$

总机械功率在扣除机械损耗 p_{mec}、附加损耗 p_{ad} 之后,才是转轴输出的机械功率,即

$$P_2 = P_{mec} - p_{mec} - p_{ad} \tag{5.74}$$

异步电机转轴上各种机械功率除以转子机械角速度 Ω 就得到相应的转矩。P_{mec} 是借助于气隙旋转磁场由定子传递到转子上的总机械功率,与之相对应的总机械转矩称为电磁转矩,即

$$T_{em} = \frac{P_{mec}}{\Omega} \tag{5.75}$$

其中,机械角速度

$$\Omega = \frac{2\pi n}{60} = \frac{2\pi(1-s)n_1}{60} = (1-s)\Omega_1$$

输出转矩

$$T_2 = \frac{P_2}{\Omega} \tag{5.76}$$

空载转矩

$$T_0 = \frac{p_{mec} + p_{ad}}{\Omega} \tag{5.77}$$

于是,转矩平衡方程为

$$T_{em} = T_2 + T_0 \tag{5.78}$$

综上,还可以得到一个重要的关系式,即

$$T_{em} = \frac{P_{mec}}{\Omega} = \frac{P_{mec}}{(1-s)\Omega_1} = \frac{P_{em}}{\Omega_1} \tag{5.79}$$

式中,Ω_1 为同步角速度。

式(5.79)说明,电磁转矩等于电磁功率除以同步角速度,也等于总机械功率除以转子机械角速度。

例 5.5 已知一台三相 4 极异步电动机数据为:$P_N = 10$ kW,$U_N = 380$ V,$I_N = 20.1$ A,定子三角形接法,$f_1 = 50$ Hz,定子铜耗 $p_{Cu1} = 557$ W,转子铜耗 $p_{Cu2} = 314$ W,铁耗 $p_{Fe} = 276$ W,机械损耗 $p_{mec} = 77$ W,附加损耗 $p_{ad} = 200$ W。求该电动机额定运行时的转速、负载转矩、空载转矩、电磁转矩、效率。

解 因为 $2p = 4$,$n_1 = \frac{60f_1}{p} = \frac{60 \times 50}{2}$ r/min $= 1\ 500$ r/min

总机械功率　$P_{mec} = P_2 + p_{mec} + p_{ad} = (10\ 000 + 77 + 200)$ W $= 10\ 277$ W

电磁功率 $\qquad P_{em} = P_{mec} + p_{Cu2} = (10\ 277 + 314)\ W = 10\ 591\ W$

额定运行时 $\qquad s_N = \dfrac{p_{Cu2}}{P_{em}} = \dfrac{314}{10\ 591} = 0.029\ 7$

额定转速 $\quad n_N = (1 - s_N)n_1 = (1 - 0.029\ 7) \times 1\ 500\ r/min = 1\ 455.5\ r/min$

负载转矩 $\qquad T_2 = \dfrac{P_2}{\Omega} = \dfrac{10 \times 10^3}{2\pi \dfrac{1\ 455.5}{60}}\ N \cdot m = 65.61\ N \cdot m$

空载转矩 $\qquad T_0 = \dfrac{p_{mec} + p_{ad}}{\Omega} = \dfrac{77 + 200}{2\pi \dfrac{1\ 455.5}{60}}\ N \cdot m = 1.82\ N \cdot m$

电磁转矩 $\qquad T_{em} = T_2 + T_0 = (65.61 + 1.82)\ N \cdot m = 67.43\ N \cdot m$

或 $\qquad T_{em} = \dfrac{P_{em}}{\Omega_1} = \dfrac{10\ 591}{2\pi \dfrac{1\ 500}{60}}\ N \cdot m = 67.42\ N \cdot m$

或 $\qquad T_{em} = \dfrac{P_{mec}}{\Omega} = \dfrac{10\ 277}{2\pi \dfrac{1\ 455.5}{60}}\ N \cdot m = 67.42\ N \cdot m$

可见这三种算法结果一致。

$$P_1 = P_{em} + p_{Cu1} + p_{Fe} = (10\ 591 + 557 + 276)W = 11\ 424\ W$$

$$\eta = \frac{P_2}{P_1} = \frac{10 \times 10^3}{11\ 424} = 87.54\%$$

5.3.2 电磁转矩的三种表达方式

1. 物理表达式

异步电机电磁转矩的物理表达式描述了电磁转矩与主磁通、转子有功电流的关系。根据式(5.71)和图 5.14,电磁转矩

$$T_{em} = \frac{P_{em}}{\Omega_1} = \frac{1}{\Omega_1} m_1 I_2'^2 \frac{R_2'}{s} = \frac{p}{2\pi f_1} m_1 E_2' I_2' \cos\varphi_2' \qquad (5.80)$$

折算到定子方的转子相电动势为

$$E_2' = \sqrt{2}\pi f_1 N_1 k_{N1} \Phi_m$$

考虑到 $I_2 = k_i I_2'$ 于是式(5.80)变为

$$T_{em} = \left(\frac{pm_1 N_1 k_{N1}}{\sqrt{2}} \right) \Phi_m I_2' \cos\varphi_2' = C_M \Phi_m I_2 \cos\varphi_2 \qquad (5.81)$$

式中,$C_M = \dfrac{pm_2 N_2 k_{N2}}{\sqrt{2}}$。对于制成的异步电机,$C_M$ 是常数。考虑到 $I_2 \cos\varphi_2$ 是转子电流的有功分量,异步电机电磁转矩计算公式与直流电机的公式形式完全相同。

2. 参数表达式

异步电机电磁转矩的参数表达式描述了电磁转矩与参数的关系,其推导过程如下。

由简化等效电路(见图 5.25),有

$$I_2' = \frac{U_1}{\sqrt{\left(R_1 + \dfrac{R_2'}{s} \right)^2 + (X_{1\sigma} + X_{2\sigma}')^2}}$$

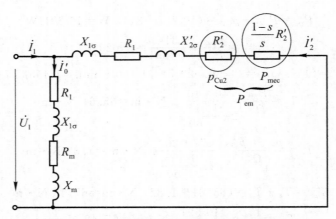

图 5.25 异步电机用简化等效电路表示的各种功率

电磁功率
$$P_{em}=m_1 I_2'^2\frac{R_2'}{s}=\frac{m_1 U_1^2\dfrac{R_2'}{s}}{\left(R_1+\dfrac{R_2'}{s}\right)^2+(X_{1\sigma}+X_{2\sigma}')^2} \tag{5.82}$$

$$T_{em}=\frac{P_{em}}{\Omega_1}=\frac{m_1 p U_1^2\dfrac{R_2'}{s}}{2\pi f_1\left[\left(R_1+\dfrac{R_2'}{s}\right)^2+(X_{1\sigma}+X_{2\sigma}')^2\right]} \tag{5.83}$$

其中

$$\Omega_1=\frac{2\pi f_1}{p}$$

在电压 U_1、频率 f_1 为常数时，电机的参数可以认为是常数，电磁转矩仅与 s 有关，其关系曲线 $T_{em}=f(s)$ 如图 5.26 所示。

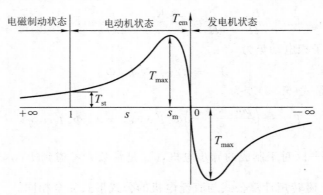

图 5.26 异步电机的 $T_{em}=f(s)$ 曲线

当 $s=0$，$n=n_1$，旋转磁场相对于转子静止，$T_{em}=0$。

当 s 从零开始增大时，在开始部分 $\dfrac{R_2'}{s}$ 远大于其余各项值（例如 R_1，$X_{1\sigma}$，$X_{2\sigma}$ 等），故随着 s 增大，T_{em} 近似成正比增大。当 s 较大时，$\dfrac{R_2'}{s}$ 相对变小，并且由于 $X_{1\sigma}+X_{2\sigma}'\gg R_1+R_2'$，$s$ 继续

增大而 T_{em} 增大变慢,并且达到一个最大值 T_{max} 之后,随 s 增大,T_{em} 反而减小,一直到 $s=1$、$n=0$,电磁转矩 T_{em} 降至启动转矩 T_{st}。

当 $s>1$,电机则运行于电磁制动状态,其 T_{em}-s 曲线是电动机状态曲线的延伸。

当 $s<0$,电机运行于发电机状态,其电磁转矩变为负值,对原动机起制动作用,其曲线形状与电动机状态时相似。

1. 最大电磁转矩

为了求得最大电磁转矩,对式(5.83)求导,并令

$$\frac{\mathrm{d}T_{em}}{\mathrm{d}s} = 0$$

得到发生最大转矩时转差、最大电磁转矩分别为

$$\left. \begin{array}{l} s_m = \pm \dfrac{R_2'}{\sqrt{R_1^2 + (X_{1\sigma} + X_{2\sigma}')^2}} \\[4mm] T_{max} = \pm \dfrac{m_1 p U_1^2}{4\pi f_1 [\pm R_1 + \sqrt{R_1^2 + (X_{1\sigma} + X_{2\sigma}')^2}]} \end{array} \right\} \tag{5.84}$$

式中,正号用于电动机状态,负号用于发电机状态。

通常 $R_1^2 \ll (X_{1\sigma} + X_{2\sigma}')^2$,故 R_1^2 可以略去,于是式(5.84)可以简化为

$$s_m = \pm \frac{R_2'}{X_{1\sigma} + X_{2\sigma}'} \tag{5.85}$$

$$T_{max} = \pm \frac{m_1 p U_1^2}{4\pi f_1 (X_{1\sigma} + X_{2\sigma}')} \tag{5.86}$$

由式(5.85)、式(5.86)可知,电磁转矩最大值 T_{max} 有以下特点:

(1) 在给定频率下,T_{max} 与 U_1^2 成正比;

(2) 最大电磁转矩与转子电阻无关,但发生最大电磁转矩的转差 s_m 与 R_2' 有关,故当转子回路电阻增加(如绕线型转子串入附加电阻)时,T_{max} 虽然不变,但 s_m 增大,整个 $T_{em} = f(s)$ 曲线向左移动,如图 5.27 所示;

(3) 在频率 f_1 一定时,$X_{1\sigma} + X_{2\sigma}'$ 越大,T_{max} 越小。

异步电动机的过载能力(亦称为最大转矩倍数)定义为

$$k_M = \frac{T_{max}}{T_N} \tag{5.87}$$

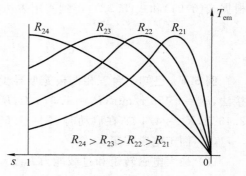

图 5.27 转子回路串电阻对 $T_{em} = f(s)$ 曲线的影响

过载能力是异步电动机重要的性能指标之一。对于一般异步电动机,$k_M = 1.6 \sim 2.5$。最大转矩越大,其短时过载能力越强。

2. 启动转矩

由式(5.83),令 $s=1$,得

$$T_{st} = \frac{m_1 p U_1^2 R_2'}{2\pi f_1 [(R_1 + R_2')^2 + (X_{1\sigma} + X_{2\sigma}')^2]}$$

若要求启动时,电磁转矩达到最大,可令式(5.85)中 $s_m=1$,则转子回路电阻增加为

$$R_2' + R_{st}' = X_{1\sigma} + X_{2\sigma}' \tag{5.88}$$

这就是说,对于绕线式异步电动机,当转子回路串入启动电阻 R_{st},且满足 $R_2'+R_{st}'=X_{1\sigma}+X_{2\sigma}'$ 时,启动转矩就等于最大电磁转矩。

通常用启动转矩倍数 k_{st} 来描述启动性能,即

$$k_{st} = \frac{T_{st}}{T_N} \tag{5.89}$$

对于一般异步电动机, $k_{st}=0.9\sim1.3$。

3. 实用表达式

在设计电力拖动系统的过程中,设计者往往希望不用电机参数而只用产品铭牌中提供的数据 (P_N, n_N, k_M) 来获得 T_{em} 与 s 的关系。由式(5.85)得

$$X_{1\sigma} + X_{2\sigma}' = \frac{R_2'}{s_m} \tag{5.90}$$

将式(5.90)代入式(5.86),得

$$T_{max} = \frac{m_1 p U_1^2}{4\pi f_1 \dfrac{R_2'}{s_m}} \tag{5.91}$$

将式(5.90)代入式(5.83),忽略 R_1,得

$$T_{em} = \frac{m_1 p U_1^2 \dfrac{R_2'}{s}}{2\pi f_1 \left[\left(\dfrac{R_2'}{s}\right)^2 + \left(\dfrac{R_2'}{s_m}\right)^2 \right]} \tag{5.92}$$

根据式(5.91)和式(5.92),得到实用表达式为

$$\frac{T_{em}}{T_{max}} = \frac{2}{\dfrac{s_m}{s} + \dfrac{s}{s_m}} \tag{5.93}$$

例 5.6 已知一台三相四极笼型异步电动机数据如下: $P_N=10$ kW, $U_N=380$ V,定子△接法, $n_N=1\,458$ r/min, $R_1=1.375$ Ω, $R_2'=1.047$ Ω, $X_m=82.6$ Ω。在正常运行时 $X_{1\sigma}=2.43$ Ω, $X_{2\sigma}'=4.4$ Ω;在启动时 $X_{1\sigma}=1.65$ Ω, $X_{2\sigma}'=2.24$ Ω。试计算:

(1) 额定电磁转矩;

(2) 最大电磁转矩和过载能力 k_M;

(3) 启动转矩及其倍数 k_{st}。

解
$$s_N = \frac{n_1 - n_N}{n_1} = \frac{1\,500 - 1\,458}{1\,500} = 0.028$$

(1) 方法一,直接套用式(5.83),得 $T_{emN}=66.5$ N·m。

方法二,根据简化型等效电路来计算,有

$$I_2' = \frac{U_1}{\sqrt{\left(R_1 + \dfrac{R_2'}{s_N}\right)^2 + (X_{1\sigma} + X_{2\sigma}')^2}} = \frac{380}{\sqrt{\left(1.375 + \dfrac{1.047}{0.028}\right)^2 + (2.43 + 4.4)^2}} \text{ A} = 9.65 \text{ A}$$

$$P_{em} = 3 I_2'^2 \frac{R_2'}{s_N} = 3 \times 9.65^2 \times \frac{1.047}{0.028} \text{ W} = 10\,446 \text{ W}$$

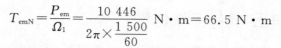

$$T_{emN}=\frac{P_{em}}{\Omega_1}=\frac{10\ 446}{2\pi\times\dfrac{1\ 500}{60}}\ \text{N}\cdot\text{m}=66.5\ \text{N}\cdot\text{m}$$

用两种方法计算的结果相同。

（2）方法一，直接套用式（5.84），得

$$\begin{aligned}T_{max}&=\frac{m_1pU_1^2}{4\pi f_1[R_1+\sqrt{R_1^2+(X_{1\sigma}+X_{2\sigma}')^2}]}\\&=\frac{3\times2\times380^2}{4\pi\times50\times[1.375+\sqrt{1.375^2+(2.43+4.4)^2}]}\ \text{N}\cdot\text{m}\\&=165.3\ \text{N}\cdot\text{m}\end{aligned}$$

方法二，根据等效电路计算。根据式（5.84）并忽略 R_1，得

$$s_m=\frac{R_2'}{X_{1\sigma}+X_{2\sigma}'}=\frac{1.047}{2.43+4.4}=0.153$$

$$I_2'=\frac{380}{\sqrt{\left(1.375+\dfrac{1.047}{0.153}\right)^2+(2.43+4.4)^2}}\ \text{A}=35.56\ \text{A}$$

$$P_{em}=3I_2'^2\frac{R_2'}{s_m}=3\times35.56^2\times\frac{1.047}{0.153}\ \text{W}=25\ 960\ \text{W}$$

$$T_{max}=\frac{P_{em}}{\Omega_1}=\frac{25\ 960}{2\pi\times\dfrac{1\ 500}{60}}\ \text{N}\cdot\text{m}=165.3\ \text{N}\cdot\text{m}$$

与方法一结果相同。

额定输出转矩
$$T_N=\frac{P_N}{\Omega}=\frac{10\times10^3}{2\pi\dfrac{1\ 458}{60}}\text{N}\cdot\text{m}=65.63\text{N}\cdot\text{m}$$

过载能力
$$k_M=\frac{T_{max}}{T_N}=\frac{165.3}{65.63}=2.52$$

（3）$s=1$ 时，启动参数 $X_{1\sigma}=1.65\ \Omega$，　$X_{2\sigma}'=2.24\ \Omega$。

启动时负载支路电流为

$$I_2'=\frac{380}{\sqrt{(1.375+1.047)^2+(1.65+2.24)^2}}\ \text{A}=82.93\ \text{A}$$

启动时电磁功率为

$$P_{em}=3I_2'^2R_2'=3\times82.93^2\times1.047\ \text{W}=21\ 602\ \text{W}$$

$$T_{st}=\frac{P_{em}}{\Omega_1}=\frac{21\ 602}{2\pi\times\dfrac{1\ 500}{60}}\ \text{N}\cdot\text{m}=137.53\ \text{N}\cdot\text{m}$$

启动转矩倍数

$$k_{st}=\frac{T_{st}}{T_N}=\frac{137.53}{65.63}=2.01$$

采用以上计算步骤只需记住简化等效电路就行了，不必死记各种繁杂的公式。

5.3.3 异步电动机的工作特性

异步电动机的工作特性是指在额定电压和额定频率下,异步电动机的转速 n、效率 η、功率因数 $\cos\varphi_1$、输出转矩 T_2、定子电流 I_1 与输出功率 P_2 的关系曲线。异步电动机的工作特性可以用计算方法获得。在已知等效电路各参数、机械损耗、附加损耗的情况下,给定一系列的转差 s,可以由计算得到 n、I_1、T_{em}、T_2、P_2、η、$\cos\varphi_1$,从而得到工作特性。对于已制成的异步电动机,其工作特性也可以通过试验求得。用测功机作为负载测取不同转速下的输出转矩 T_2,同时测取 I_1、$\cos\varphi_1$,从而可算出 P_2、η,也可得到工作特性。

1. 转差率特性

转差率特性表达式为 $s=f(P_2)$。在空载运行时,$P_2=0$,$s\approx0$,$n\approx n_1$。

在 $s=[0,s_m]$ 区间,近似有

$$T_2\approx T_{em}\propto s \qquad P_2\propto T_2n\propto sn\propto s(1-s)$$

故在此区间,随 P_2 增大,s 随之增大,而转速 n 呈下降趋势。这和并励直流电动机相似,转差率特性表达式 $s=f(P_2)$,如图 5.28 所示。

2. 效率特性

效率特性表达式为 $\eta=f(P_2)$。电动机的效率为

$$\eta=\frac{P_2}{P_1}=\left(1-\frac{\sum p}{P_1}\right)\times100\% \qquad (5.94)$$

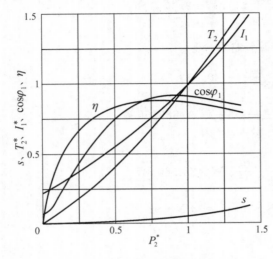

图 5.28　异步电动机的工作特性

式中,$\sum p$ 为电动机总损耗,$\sum p=p_{Cu1}+p_{Cu2}+p_{Fe}+p_{mec}+p_{ad}$。

在空载运行时,$P_2=0$,$\eta=0$。从空载到额定负载运行,由于主磁通变化很小,故铁耗认为不变,在此区间转速变化很小,故机械损耗认为不变。上述两项损耗称为不变损耗。而定、转子铜耗与各自电流的平方成正比,附加损耗也随负载的增加而增加,这三项损耗称为可变损耗。当 P_2 从零开始增加时,总损耗 $\sum p$ 增加较慢,效率上升很快,在可变损耗与不变损耗相等时(即 $p_{Cu1}+p_{Cu2}+p_{ad}=p_{Fe}+p_{mec}$),$\eta$ 达到最大值;当 P_2 继续增大,由于定、转子铜耗增加很快,效率反而下降,如图 5.28 所示。对于普通中小型异步电动机,效率在 $\left(\frac{1}{4}\sim\frac{3}{4}\right)P_N$ 时达到最大。

3. 功率因数特性

功率因数特性表达式为 $\cos\varphi_1=f(P_2)$。异步电动机必须从电网吸收滞后的电流来励磁,其功率因数永远小于 1。空载运行时,异步电机的定子电流基本上是励磁电流 I_0,因此,空载时功率因数很低,通常小于 0.2。随着 P_2 的增大,定子电流的有功分量增加,$\cos\varphi_1$ 增大,在额定负载附近,$\cos\varphi_1$ 达到最大值。当 P_2 继续增大时,转差 s 变大,使转子回路阻抗角 $\varphi_2=\arctan\dfrac{sX_{2\sigma}}{R_2}$ 变大,$\cos\varphi_2$ 下降,从而使 $\cos\varphi_1$ 下降。功率因数曲线如图 5.28 所示。

4. 转矩特性

转矩特性表达式为 $T_2 = f(P_2)$。异步电动机的轴端输出转矩 $T_2 = \dfrac{P_2}{\Omega}$，其中 $\Omega = \dfrac{2\pi n}{60}$ 为机械角速度。从空载到额定负载，转速 n 变化很小，所以 $T_2 = f(P_2)$ 可以近似地认为是一条过零点的斜线，该曲线还通过点 $P_2^* = 1$、$T_2^* = 1$，如图 5.28 所示。

5. 定子电流特性

定子电流特性表达式为 $I_1 = f(P_2)$。异步电动机定子电流 $\dot{I}_1 = \dot{I}_0 + (-\dot{I}_2')$，空载运行时，$\dot{I}_2' \approx 0$，定子电流 $\dot{I}_1 = \dot{I}_0$ 是励磁电流。随 P_2 增大，转子电流 I_2' 增大，与之平衡的定子电流 I_{1L} 也增大，故 I_1 随之增大。当 $P_2^* = 1$，$I_1^* = 1$，定子电流特性曲线如图 5.28 所示。

5.4 三相异步电动机的启动与调速

5.4.1 异步电动机的启动

当异步电动机直接投入电网启动时，在 $t = 0$ 时刻，$n = 0$，$s = 1$。异步电动机对电网呈现短路阻抗 Z_k，流过它的稳态电流称为启动电流。利用简化等效电路，并忽略励磁支路，则异步电动机的启动电流（相电流）为

$$I_{st} = \frac{U_1}{\sqrt{(R_1 + R_2')^2 + (X_{1\sigma} + X_{2\sigma}')^2}} = \frac{U_1}{Z_k} \tag{5.95}$$

一般笼型异步电动机 $Z_k^* = 0.14 \sim 0.25$，在额定电压（$U_1^* = 1$）下直接启动，$I_{st}^* = 4 \sim 7$，则启动电流倍数为

$$k_I = \frac{I_{st}}{I_N} = 4 \sim 7$$

而启动转矩倍数 $k_{st} = 0.9 \sim 1.3$。

这就是说，一般笼型异步电动机直接启动时，启动电流很大（$k_I = 4 \sim 7$），而启动转矩并不大（$k_{st} = 0.9 \sim 1.3$）。关于启动电流很大，式(5.95)已说明。但启动转矩为什么并不大呢？现说明如下。在图 5.24 所示的 T 型等效电路中，由于转子转速等于 0，模拟电阻 $\dfrac{1-s}{s} R_2' = 0$。因为 $Z_1 \approx Z_2'$，故 $E_1 \approx \dfrac{1}{2} U_1$，$\Phi_m \approx \dfrac{1}{2} \Phi_{mN}$。

转子回路功率因数很低，即

$$\cos\varphi_2 = \frac{R_2'}{\sqrt{R_2'^2 + X_{2\sigma}'^2}} \approx 0.25 \sim 0.4$$

$$T_{st} = C_M \Phi_m I_2 \cos\varphi_2$$

例如 $I_2^* = 6$，$\Phi_m^* = 0.5$，$\cos\varphi_2 = 0.3$，$T_{st}^* = 0.9$，虽然启动电流很大，而启动转矩并不大。

启动电流大还会造成如下影响：一方面使电源电压在电动机启动时下降，特别是电源容量较小时电压下降更大；另一方面大的启动电流会在线路和电机内部产生损耗而引起发热。

启动转矩必须大于负载转矩才可能启动，启动转矩越大，加速越快，启动时间越短。

异步电动机在启动时,电网对异步电动机的要求与负载对它的要求往往是矛盾的。电网从减少它所承受的冲击电流出发,要求异步电动机启动电流尽可能小,但太小的启动电流所产生的启动转矩又不足以启动负载;而负载要求启动转矩尽可能大,以缩短启动时间,但大的启动转矩伴随着大的启动电流又可能不为电网所接受。下面讨论适合于不同电机容量、负载性质而采用的启动方法。

1. 直接启动

直接启动适用于小容量电动机带轻载的情况,启动时,将定子绕组直接接到额定电压的电网上。在此工况下电磁转矩、启动电流很容易同时得到满足。什么工况才算"小容量轻载"呢？这不仅与电动机本身容量、负载有关,还与电网容量、供电线路长短有关。一般规定供电母线电压降占额定电压的百分数。对于经常启动的电动机,启动时引起的母线电压降不大于 10%,对于偶尔启动的电动机,此压降不大于 15%。确定这一压降的依据如下。

（1）假设电网电压降至额定电压的 0.85,待启动的电动机的启动转矩

$$\frac{T_{st}}{T_{stN}} = 0.85^2 = 0.723$$

等于额定电压启动转矩 T_{stN} 的 0.723 倍,对于轻载启动,可以满足要求。

（2）电网上其他电动机的电磁转矩。假设电网上其他电动机最大转矩倍数 $k_M \geqslant 1.6$,当电网电压降至额定电压的 85% 时,它们的电磁转矩

$$T_{em} = 1.6 \times 0.85^2 T_{emN} = 1.156 T_{emN}$$

因此,这些电动机仍然能拖动额定负载,不至于停转。对于额定电压为 380 V 的电机而言,当 $P_N \leqslant 7.5 kW$ 时,可以直接启动。

2. 降压启动

降压启动适用于容量大于或等于 20 kW 并带轻载的工况。由于轻载,电动机启动时电磁转矩很容易满足负载要求。主要问题是启动电流大,电网难以承受过大的冲击电流,因此,必须降低启动电流。

在研究启动时,可以用短路阻抗 $R_k + jX_k$ 来等效异步电动机。电动机的启动电流（即流过 $R_k + jX_k$ 上的电流）与端电压成正比,而启动转矩与电动机端电压的平方成正比,这就是说启动转矩比启动电流降得更快。降压之后在启动电流满足要求的情况下,还要校核启动转矩是否满足要求。

常用的降压启动方法有三种:定子串电抗（或电阻）启动;Y-△启动器启动;自耦变压器启动。

1）定子串电抗启动

在定子绕组中串联电抗或电阻,都能降低启动电流,但由于串电阻启动能耗较大,只用于小容量电机中,故一般都采用定子串电抗降压启动。图 5.29(a)所示为定子串电抗 X_Ω 启动的等效电路,图 5.29(b)所示为该电机直接全压启动的等效电路。图中虚线框内 $R_k + jX_k$ 代表电动机的短路阻抗。在图 5.29(a)所示中,电机端电压为 U_X,电网提供的启动电流为 I_{st}。图 5.29(b)所示中电机端电压为 $U_{\phi N}$,电网提供的启动电流为 I_{stN}。令图 5.29(a)、(b)所示中电机端电压之比为

$$\frac{U_X}{U_{\phi N}} = \frac{1}{a} \tag{5.96}$$

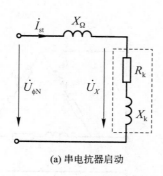 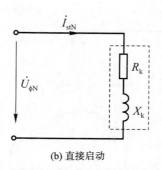

(a) 串电抗器启动   (b) 直接启动

图 5.29 异步电动机的启动等效电路

于是,在此两种情况下,电网提供的线电流之比 I_{st}/I_{stN},即相应的电动机相电流之比等于电机端电压之比

$$\frac{I_{st}}{I_{stN}} = \frac{U_X}{U_{\phi N}} = \frac{1}{a} \qquad (5.97)$$

降压启动时,启动转矩 T_{st} 与全压直接启动时启动转矩 T_{stN} 之比为

$$\frac{T_{st}}{T_{stN}} = \left(\frac{U_X}{U_{\phi N}}\right)^2 = \frac{1}{a^2} \qquad (5.98)$$

式(5.96)、式(5.97)和式(5.98)说明,在采用电抗降压启动时,若电机端电压降为电网电压的 $1/a$,则启动电流降为直接启动的 $1/a$,启动转矩降为直接启动的 $1/a^2$,比启动电流降得更厉害。因此,在选择 a 值使启动电流满足要求时,还必须校核启动转矩是否满足要求。

在已知 a 值情况下,可按下述方法求得 X_Ω。依据图 5.27(a),有下式成立,即

$$\sqrt{R_k^2 + (X_k + X_\Omega)^2} = a\sqrt{R_k^2 + X_k^2}$$

串入的电抗为

$$X_\Omega = \sqrt{(a^2 - 1)R_k^2 + a^2 X_k^2} - X_k$$

2) Y-△启动器启动

只有正常运行时定子绕组三角形接法且三相绕组首尾六个端子全部引出来的电动机才能采用 Y-△启动器启动。该启动器的线路如图 5.30 所示。

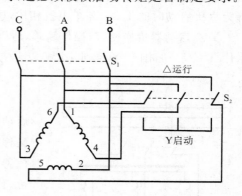

图 5.30 异步电动机 Y-△启动接线图

在开始启动时,开关 S_2 投向"启动"位置,定子绕组接成 Y 形,然后合上开关 S_1,电动机在低压下启动,转速上升。当转速接近正常运行转速时,将开关 S_2 投向"运行"位置,电机绕组接成△形,在全压下运行。由于切换时转速已接近正常运行转速,冲击电流就不大了。

图 5.31(a)所示为采用 Y-△启动器在接成 Y 接时的等效电路;图 5.31(b)所示为电动机△接全压直接启动时的等效电路。

$$\frac{\text{Y 接(Y-△启动器)时定子端相电压} U_X}{\text{△接直接启动时定子端相电压} U_{\phi N}} = \frac{1}{\sqrt{3}} \qquad (5.99)$$

$$\frac{\text{Y 接启动定子相电流} I_{st}}{\text{△接启动定子相电流} I_{\phi st}} = \frac{1}{\sqrt{3}} \qquad (5.100)$$

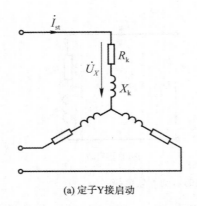

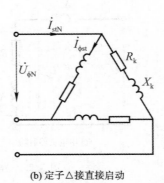

(a) 定子Y接启动　　　　　　　　(b) 定子△接直接启动

图 5.31　Y-△换接启动等效电路

$$\frac{\text{Y 接启动电网线电流 } I_{st}}{\triangle \text{接启动电网线电流 } I_{stN}} = \frac{I_{st}}{I_{\phi st}} \frac{I_{\phi st}}{I_{stN}} = \frac{1}{\sqrt{3}} \times \frac{1}{\sqrt{3}} = \frac{1}{3} \tag{5.101}$$

电网提供的线电流反映了电网受到冲击的大小，用 Y-△启动器启动时，电网提供的线电流与电机相电流相等；而采用△接直接启动时，电网提供的线电流等于电机相电流的$\sqrt{3}$倍。

$$\frac{\text{Y 接启动时启动转矩 } T_{st}}{\triangle \text{接直接启动时启动转矩 } T_{stN}} = \left(\frac{U_X}{U_{\phi N}}\right)^2 = \left(\frac{1}{\sqrt{3}}\right)^2 = \frac{1}{3} \tag{5.102}$$

由上面三式可以看出，采用 Y-△启动器启动时，启动电流降为直接启动的 1/3，启动转矩亦降为直接启动时的 1/3。与串电抗相比，这种启动方法的性能要好一些。

Y-△启动器价格便宜，操作简单，所以小型异步电动机常采用这种启动方法。为了便于采用 Y-△启动，国产 Y 系列 4 kW 以上电动机定子绕组都采用三角形接法。

3）自耦变压器启动

图 5.32 所示为异步电动机采用自耦变压器降压启动的线路。图中 AT 代表三相 Y 接的自耦变压器，又称为启动补偿器。启动时先将开关 S 投向"启动"位置，则 AT 三相绕组接入电源，其二次侧抽头接电动机，使电动机降压启动。当转速接近正常运行转速时，将开关 S 投向"运行"位置，则电机接入全电压（此时自耦变压器 AT 已脱离电源），继续启动过程，但此时电流冲击已经较小。再过一小段时间，电机进入正常运行状态。

采用自耦变压器降压启动时，等效电路见图 5.33(a)，而异步电动机在全压下直接启动时等效电路见图 5.33(b)。两图虚框中短路阻抗 $R_k + jX_k$ 代表启动时的异步电动机。

图 5.32　用自耦变压器降压启动原理

对比图 5.33(a)、(b)两图得到如下关系，即

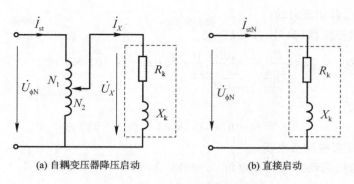

(a) 自耦变压器降压启动   (b) 直接启动

图 5.33 异步电机的启动等效电路

$$\frac{自耦降压启动时电动机端相电压\ U_X}{全压直接启动时电动机端相电压\ U_{\phi N}}=\frac{1}{a} \tag{5.103}$$

$$\frac{降压启动时相电流\ I_X}{全压启动时相电流\ I_{stN}}=\frac{U_X}{U_{\phi N}}=\frac{1}{a} \tag{5.104}$$

在自耦变压器中,忽略励磁电流时,一、二次侧容量相等

$$U_{\phi N}I_{st}=U_XI_X$$

故

$$I_X=\frac{U_{\phi N}}{U_X}I_{st}=aI_{st}$$

$$\frac{降压启动时电网线电流\ I_{st}}{全压启动时电网线电流\ I_{stN}}=\frac{I_{st}}{I_X}\frac{I_X}{I_{stN}}=\frac{1}{a^2} \tag{5.105}$$

$$\frac{降压启动时电磁转矩\ T_{st}}{全压启动时电磁转矩\ T_{stN}}=\left(\frac{U_X}{U_{\phi N}}\right)^2=\frac{1}{a^2} \tag{5.106}$$

由上述分析可知,采用自耦变压器启动时,电动机的启动转矩、启动电流为全压直接启动的$\frac{1}{a^2}$。国产的自耦补偿器一般有三个抽头可供选择,分接电压分别是额定电压的55%、64%、75%,其 a 值分别为 1.82、1.56、1.33。

关于各种降压启动方法的特点及性能比较列于表5.1中。

表 5.1 各种降压启动方法的比较

降 压 方 法	$U_X/U_{\phi N}$	I_{st}/I_{stN}	T_{st}/T_{stN}	启 动 设 备
串电抗(电阻)	$1/a$	$1/a$	$1/a^2$	较贵
Y-△启动器	$1/\sqrt{3}$	$1/3$	$1/3$	最便宜,只限于定子△接的电动机
自耦变压器	$1/a$ 可调	$1/a^2$	$1/a^2$	最贵,有三个抽头可调

例5.7 一台笼型异步电动机,$P_N=1\,000$ kW,$U_N=3\,000$ V,$I_N=235$ A,$n=593$ r/min,启动电流倍数 $k_I=6$,启动转矩倍数 $k_{st}=1.0$,最大允许冲击电流为 950 A,负载要求启动转矩不小于 7 500 N·m,试计算在采用下列启动方法时的启动电流和启动转矩,并判断哪一种启动方法能满足要求。

(1)直接启动。

(2)定子串电抗启动。

（3）采用 Y-△启动器启动。

（4）采用自耦变压器（64%，73%）启动。

解 额定转矩 $T_N = \dfrac{P_2}{\dfrac{2\pi n}{60}} = \dfrac{1\,000 \times 10^3}{\dfrac{2\pi \times 593}{60}}$ N·m $= 16\,103$ N·m

（1）直接启动

$$I_{st} = k_1 I_N = 6 \times 235 \text{ A} = 1\,410 \text{ A} > 950 \text{ A}$$

线路不能承受这样大的冲击电流。

（2）定子串电抗启动。设启动电流 $I_{st} = 950$ A，则

$$\frac{U_X}{U_{\phi N}} = \frac{1}{a} = \frac{950}{1\,410} = 0.674$$

$$\frac{T_{st}}{T_{stN}} = \frac{1}{a^2} = 0.674^2 = 0.454$$

$$T_{st} = 0.454 \times 1.0 \times 16\,103 \text{ N·m} = 7\,310 \text{ N·m} < 7\,500 \text{ N·m}$$

启动转矩小于负载转矩，不满足要求。

（3）用 Y-△启动器启动

$$\frac{1}{a} = \frac{1}{\sqrt{3}} = 0.577$$

$$I_{st} = \frac{1}{a^2}(k_1 I_N) = \frac{1}{3} \times 1\,410 \text{ A} = 470 \text{ A} < 950 \text{ A}$$

$$T_{st} = \frac{1}{a^2}(k_{st} T_N) = \frac{1}{3} \times 1 \times 16\,103 \text{ N·m} = 5\,368 \text{ N·m} < 7\,500 \text{ N·m}$$

虽然启动电流满足要求，但启动转矩小于负载转矩。

（4）采用自耦变压器启动。

① 采用 64% 挡

$$\frac{U_X}{U_{\phi N}} = \frac{1}{a} = 0.64$$

$$I_{st} = \frac{1}{a^2}(k_1 I_N) = 0.64^2 \times 1\,410 \text{ A} = 577.5 \text{ A} < 950 \text{ A}$$

$$T_{st} = \frac{1}{a^2}(k_{st} T_N) = 0.64^2 \times 16\,103 \text{ N·m} \approx 6\,596 \text{ N·m} < 7\,500 \text{ N·m}$$

启动电流满足要求，启动转矩仍小于负载转矩。

② 采用 73% 挡

$$\frac{U_X}{U_{\phi N}} = \frac{1}{a} = 0.73$$

$$I_{st} = \frac{1}{a^2}(k_1 I_N) = 0.73^2 \times 1\,410 \text{ A} = 751.4 \text{ A} < 950 \text{ A}$$

$$T_{st} = \frac{1}{a^2}(k_{st} T_N) = 0.73^2 \times 16\,103 \text{ N·m} = 8\,581 \text{ N·m} > 7\,500 \text{ N·m}$$

启动电流、启动转矩均满足要求。

因此，只能采用自耦变压器（73% 挡）启动。

3. 采用高启动转矩异步电动机

对于小容量电动机带重载工况,可采用高启动转矩异步电动机。由于电动机容量小,启动电流对电网冲击不大,主要问题是重载启动要求电动机能提供较大的启动转矩。对于这种工况,当然也可以选择容量大一挡的电动机,但这样选择不仅设备投资大、启动电源容量变大,而且正常运行时能耗也增大了,因此,是不经济的。合理的办法就是选用高启动转矩异步电动机,例如深槽笼型异步电动机、双笼型异步电动机。这两种异步电动机的共同原理是:电机在启动时由于趋肤效应转子电阻自动增大,而使得启动转矩增大。在正常运行时转子电阻自动减少到正常值,使得其具有较高的效率。

1) 深槽笼型异步电动机

这种电动机转子槽窄而深,槽深与槽宽之比为 $10 \sim 12$,如图 5.34(a)所示。首先研究图中槽底导体 1 与槽口导体 2 交链磁力线的情况。

对于槽底导体 1,假设其中流过电流 i,图 5.34(a)所示中的全部磁力线与之相交链,磁链为 Ψ_1,则其对应电感为

$$L_1 = \frac{\Psi_1}{i}$$

对于槽口导体 2,假设其中流过电流仍为 i,图 5.34(a)所示中只有少数几根磁力线与之相交链,磁链为 Ψ_2,则其对应的电感为

$$L_2 = \frac{\Psi_2}{i}$$

由于 $\Psi_1 \gg \Psi_2$,故 $L_1 \gg L_2$。

在启动时,转子电流频率为 f_1(定子电流频率),故两导体电抗分别为

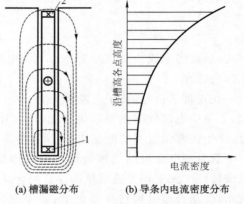

(a) 槽漏磁分布   (b) 导条内电流密度分布

图 5.34 深槽笼型转子导条中电流的趋肤效应

$$X_1 = 2\pi f_1 L_1$$
$$X_2 = 2\pi f_1 L_2$$

于是,$X_1 \gg X_2$。越靠近槽底,各单元导体漏抗越大,流过的电流越小;越靠近槽口,各单元导体漏抗越小,流过的电流越大。于是,造成了如图 5.34(b)所示的电流密度分布曲线,这种现象称为趋肤效应。由于趋肤效应,流过电流的导体高度和有效截面减小了,转子电阻变大了。一般深槽笼型异步电动机在堵转时转子电阻可达到额定运行时的三倍,好像转子回路串入了一个电阻一样,因此,能获得较大的启动转矩。随着电机转速不断升高,转子电流频率逐渐降低,电流分布渐趋均匀,转子电阻自动减小。当转子达到额定转速时,$f_2 = 0.5\ \text{Hz} \sim 3\ \text{Hz}$,趋肤效应基本消失,转子电流均匀分布。

采用深槽笼型异步电动机,转子漏抗发生了如下变化:在启动时,由于导条中电流被挤到了槽口,与非深槽转子相比,相同的电流产生的槽漏磁通减小了,因此,槽漏抗减小,故趋肤效应一方面增加了转子电阻,另一方面减少了转子漏抗。

在正常运行时,转子电流频率很低,转子漏抗比普通笼型转子漏抗要大些,所以深槽笼型异步电动机运行时的功率因数和最大转矩都比普通笼型异步电动机低。这就是说,深槽

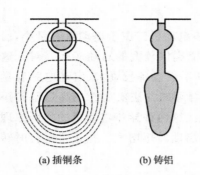

(a) 插铜条　　(b) 铸铝

图 5.35　双笼型电动机的转子槽形

笼型异步电动机启动性能的改善是靠牺牲一些正常运行时的性能换来的。

2) 采用双笼型异步电动机

根据深槽笼型异步电动机给我们的启示，可以进一步利用趋肤效应来改善启动性能，双笼型就是最典型的结构——在转子中嵌放两套鼠笼，即上笼和下笼，如图 5.35 (a) 所示。

上笼——启动笼，截面积小，用电阻系数较大的黄铜或铝青铜棒制成，故电阻较大；下笼——工作笼，截面积大，用电阻系数较小的紫铜制成，电阻较小。

在启动时，$s=1$，$f_2=f_1$。无论是上笼或下笼，其漏电抗 X_2 要比电阻 R_2 大得多，故上、下笼电流的分配主要取决于漏电抗。由于趋肤效应，有

$$X_{2下} \gg X_{2上}$$

故

$$I_{2上} \gg I_{2下}$$

因此，启动时电流主要流过上笼。上笼电阻大，能产生较大的启动转矩。正因为如此，称上笼为启动笼。

在正常运行时，转子电流频率很低，$f_2=sf_1=(0.5\sim3)$ Hz，转子漏抗远小于电阻，故上、下笼中电流分配主要取决于上、下笼中的电阻。转子电流大部分从电阻小的下笼中流过，产生正常运行时的电磁转矩，所以称下笼为工作笼。

双笼型电动机的机械特性可以看作是启动笼的机械特性 1 和工作笼的机械特性 2 的合成（如图 5.36 所示）。从合成机械特性 3 可见，双笼型异步电动机具有较大的启动转矩，一般可带额定负载启动，同时在额定负载下运行转差率也较小，性能较好。还可以通过改变上下笼的几何尺寸、材料特性、上下笼之间缝隙尺寸灵活地改变上、下笼的参数（如图 5.35(b) 所示），从而得到各种不同的机械特性，以满足不同的负载要求。基于深槽笼型转子同样的道理，与普通笼型转子相比，双笼型异步电动机功率因数、最大电磁转矩还是要小一些。

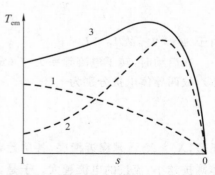

图 5.36　双笼型电动机的 $T_{em}=f(s)$ 曲线的影响

4. 采用外串启动电阻的绕线式异步电动机

对于大中型电动机带重载启动的工况，可采用绕线式异步电动机。由于大型电动机容量大，启动电流对电网的冲击较大；又因带重载，负载要求电动机提供较大的启动转矩。显然，前述电动机启动方法很难同时满足这两个要求，而绕线式异步电动机就显示出明显的优势。只要转子回路串的电阻合适，就既可减少启动电流又可增加启动转矩，因而电动机容量大、重载这两个要求可同时满足。绕线式异步电动机在转子外串电阻启动时等效电路如图 5.37 所示，转子外串电阻 R_Ω（折算到定子方为 R'_Ω），转子电流减小，从而对电网冲击减小，然而它的启动转矩却增大，为什么呢？因为启动时，有

$$T_{st} = C_M \Phi_m I_2 \cos\varphi_2$$

且 $s=1$，转子回路串入的电阻 R_Ω 虽然导致 I_2 减少，但使得 $E_1 \approx U_1$（若不串电阻 $E_1 \approx \frac{1}{2}U_1$）。$\Phi_m$ 较大，接近正常运行时的主磁通。另外由于串入 R_Ω 使转子回路功率因数

$$\cos\varphi_2 = \frac{R_2' + R_\Omega'}{\sqrt{(R_2' + R_\Omega')^2 + X_{2\sigma}'^2}}$$

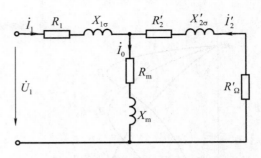

图 5.37　绕线式异步电动机转子串电阻启动时的等效电路

增大。综合这三个因素，启动转矩增大。在图 5.38 所示中，曲线 1 表示转子不串电阻的机械特性。曲线 2 表示外串电阻 $R_{\Omega1}$ 时的机械特性。曲线 3 表示外串电阻 $R_{\Omega2}$ 时的机械特性。在启动时电磁转矩达到最大。由于最大电磁转矩与转子电阻无关，故这三条特性的最大电磁转矩相等。在研究绕线式异步电动机启动时，可采用电磁转矩的实用表达式

$$T_{em} = \frac{2T_{max}}{\dfrac{s}{s_m} + \dfrac{s_m}{s}} \tag{5.107}$$

在研究串不同的电阻分级启动时，每条特性都工作在 $0 < s < s_m$ 区间，由于 $\dfrac{s_m}{s} \gg \dfrac{s}{s_m}$，故式 (5.107) 可进一步简化为

$$T_{em} = \frac{2T_{max}}{s_m}s \tag{5.108}$$

这样，机械特性就简化为一条直线了。

当转子回路串电阻时，最大电磁转矩不变，而发生最大转矩的转差

$$s_m = \frac{R_2' + R_\Omega'}{X_{1\sigma} + X_{2\sigma}'} \quad \text{记为} \quad \frac{R_{2\Sigma}}{X_{1\sigma} + X_{2\sigma}'} \tag{5.109}$$

故

$$s_m \propto R_{2\Sigma}$$

当电磁转矩为恒转矩时，由式 (5.108) 有

$$s \propto s_m \propto R_{2\Sigma} \tag{5.110}$$

式 (5.110) 表明，电机在带恒转矩负载时，转差率 s 与转子回路总电阻成正比。图 5.39 表示转子回路串电阻二级启动的机械特性。

设负载转矩为 T_Z，启动转矩一般取为

$$T_1 \leqslant 0.85 T_{max}$$

切换转矩一般取为

$$T_2 \geqslant (1.1 \sim 1.2) T_Z$$

在图中 f、d、b 三点，$T_{em} = T_1$，由式 (5.88) 有

$$\frac{R_2'}{s_b} = \frac{R_2' + R_{\Omega1}'}{s_d} = \frac{R_2' + R_{\Omega2}'}{s_f} \tag{5.111}$$

对于 a、c、e 三点也有类似关系成立。

采用多级启动，可以获得较大的启动转矩以缩短启动时间。

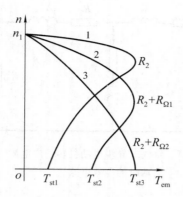

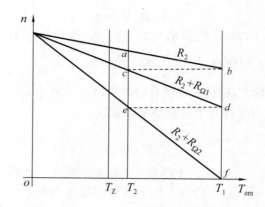

图 5.38　绕线式异步电动机的机械特性　　　　图 5.39　绕线式异步电动机多级启动时的机械特性

例 5.8　一台三相绕线式异步电动机参数为：$R_1 = R_2' = 0.143\ \Omega$，$X_{1\sigma} = 0.262\ \Omega$，$X_{2\sigma}' = 0.328\ \Omega$，$k_e = k_i = 1.342$，欲使在 $s = 1$ 到 $s = 0.25$ 的启动过程中，保持 $T_{st} = T_{max}$ 不变，外串启动电阻 R_Ω 与转差率 s 应保持什么关系？串入的电阻最大值、最小值是多少？

解　依题意，为了保持在启动过程中电磁转矩总等于最大电磁转矩，则转差率应总等于最大转矩转差，即

$$s = s_m = \frac{R_2' + R_\Omega'}{X_{1\sigma} + X_{2\sigma}'}$$

则

$$R_\Omega' = (X_{1\sigma} + X_{2\sigma}')s - R_2'$$

$$R_\Omega = \frac{X_{1\sigma} + X_{2\sigma}'}{k_e k_i}s - \frac{R_2'}{k_e k_i} = \frac{0.262 + 0.328}{1.342^2}s - \frac{0.143}{1.342^2} = 0.328s - 0.079$$

$s = 1$ 时，$R_\Omega = 0.249\ \Omega$——串入电阻之最大值；

$s = 0.25$ 时，$R_\Omega = 0.003\ \Omega$——串入电阻之最小值。

用于绕线式电机启动的频敏变阻器的特性就与这种串联电阻的变化规律相似。

5.4.2　异步电动机的制动

电动机运行于正向电动状态（即第 I 象限）时，其电磁转矩 T_{em} 与转速 n 均为正方向，并对外输出机械功率。若电磁转矩 T_{em}、转速 n 中有一项与正向电动状态方向相反，即 T_{em} 与 n 方向相反，电动机就工作在电磁制动状态。在此状态下，电动机转轴从外部吸收机械功转而转换成电功率。

1.　反接制动

实现反接制动有两种方法：转速反向和两相反接。下面分别讲述。

1）转速反向的反接制动（正接反转）

在图 5.40 所示中，一绕线式异步电动机定子电源正向连接，使其定子磁动势旋转方向为 n_1，但由于转子回路串有较大的电阻，在转轴上带有较大的位能性负载（下放重物），电机启动时电磁转矩 T_{st} 与负载转矩 T_z 方向相反，且 $T_{st} < T_z$，则在 T_z 作用下，电动机反向加速在 A 点达到平衡。特性曲线如图 5.41 所示，电动机可以在 A 点稳定运行。

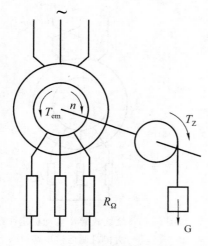

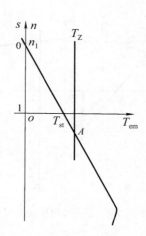

图 5.40　绕线式异步电动机拖动位能性　　　　　图 5.41　异步电动机运行于
　　　　　　负载运行于反接制动状态　　　　　　　　　　　第四象限的反接制动

机械特性方程为

$$T_{em} = \frac{2T_{max}}{s_m} s$$

A 点转速 $n_A < 0$，故

$$s_A = \frac{n_1 - n_A}{n_1} > 1 \tag{5.112}$$

在 A 点 T_{emA} 与 n_A 方向相反。

2）两相反接的反接制动（反接正转）

一绕线式异步电动机本来工作在正向电动状态，如图 5.42 中 A 点，为了迅速让电动机停转或迅速反转，将定子两相绕组的出线头对调后再接到电源（图 5.43），这就是定子两相反接的反接制动。当定子两相反接时，气隙旋转磁场 $\boldsymbol{B}_m$ 立即反向，以 $-n_1$ 转速旋转。电机的机械特性也由原来过 n_1 的特性，变为过 $-n_1$ 的特性，如图 5.42 所示 $BCDE$ 曲线。这条特性曲线是当定子两相反接的同时，在转子回路串接了一个电阻的特性。在反接时，由于转子的转动惯量，转子的转速 n_A 不能突变，但工作点由 A 点跳到 B 点，且 $n_B = n_A$。假设异步电机拖动的是位能性负载，负载转矩 T_Z 为常数，电磁转矩 T_{emB} 为负值，且是制动转矩。电机在这两个转矩之和（大小为 $\overline{AB}$）的作用下由 B 点向 C 点减速，在 C 点转速为零，此时断电刹车效果最好。

$BCDE$ 机械特性方程为

$$T_{em} = \frac{2T_{max}}{s_m} s$$

BC 线段上任意点转差率为

$$s = \frac{-n_1 - n}{-n_1} > 1 \tag{5.113}$$

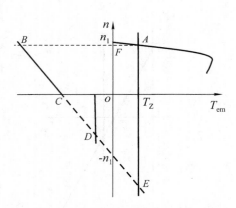

图 5.42 定子两相反接的反接制动

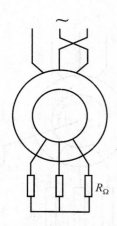

图 5.43 绕线式异步电动机定子绕组
两相对调后接电源

在 BC 线段上任意点，T_{em} 与 n 方向相反。

对于上述两种反接制动（反接正转、正接反转）方式，转差率 $s > 1$，则电动机的总机械功率

$$P_{mec} = m_1 I_2'^2 \frac{1-s}{s} R_2' < 0 \tag{5.114}$$

式(5.114)表明电机从转轴上吸收机械功率。

电机从定子经过气隙传递给转子的电磁功率为

$$P_{em} = m_1 I_2'^2 \frac{R_2'}{s} > 0 \tag{5.115}$$

则转子铜耗

$$p_{Cu2} = P_{em} - P_{mec} = m_1 I_2'^2 \frac{R_2'}{s} - m_1 I_2'^2 \frac{1-s}{s} R_2' \tag{5.116}$$

式(5.114)、式(5.115)和式(5.116)表明，在反接制动时，电机从转轴上吸收的机械功率和从电网上吸收的电磁功率全部消耗在转子回路里，转子将严重发热，因此，电机不能长期运行于此种状态。

2. 反向回馈制动

若图 5.43 所示中电动机两相反接带有位能性负载 T_Z，并且电动机在 C 点不刹车，则电动机在两相反接电源的作用下，反向加速，其转速将超过同步转速 $|-n_1|$。在图5.42所示中的 E 点，电磁转矩与负载转矩达到平衡，这时电动机工作在反向回馈制动状态，电磁转矩 T_{em} 为正，转速 n_E 为负。转差为

$$s = \frac{-n_1 - n_E}{-n_1} < 0 \tag{5.117}$$

在此状态下，总机械功率

$$P_{mec} = m_1 I_2'^2 \frac{1-s}{s} R_2' < 0 \tag{5.118}$$

从定子传给转子的电磁功率

$$P_{em} = m_1 I_2'^2 \frac{R_2'}{s} < 0 \qquad (5.119)$$

式(5.118)和式(5.119)表明,在反向回馈制动状态,电动机转子绕组从转轴上吸收机械功率,并且电动机定子绕组向电网输出电功率,即工作在发电机状态。

3. 能耗制动

将正在运行的电动机的定子绕组从电网断开,接到直流电源上(见图5.44),由于定子中流过直流电流 I,故再没有电磁功率从定子方传递到转子方。定子的直流形成一恒定磁场,转子由于惯性继续转动,其导条切割定子的恒定磁场而在转子绕组中感应电动势、电流,从而将转子动能变成电能消耗在转子电阻上,使转子发热,当转子动能消耗完,转子就停止转动,这一过程称为能耗制动。其机械特性如图5.45所示,电动机在正向电动状态下工作于 A 点,当电动机转入能耗制动时,工作点变为 B。由于机械惯性,转速不能突变,$n_B = n_A$。该机械特性相当于 $n_1 = 0$ 异步电动机的机械特性。

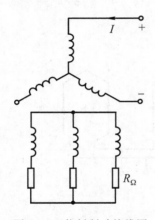

图 5.44 能耗制动接线图

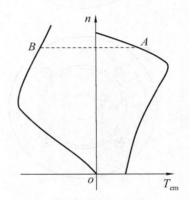

图 5.45 能耗制动机械特性

5.4.3 异步电动机的调速

异步电动机具有结构简单、价格便宜、运行可靠、维护方便等优点,但在调速性能上比不上直流电动机。同时,直到现在还没有研制出调速性能好、价格便宜、能完全取代直流电动机的异步电动机的调速系统。但人们已研制出各种各样的异步电动机的调速方式,并广泛应用于各个领域。根据异步电动机的转速公式

$$n = (1-s)n_1 = \frac{60 f_1}{p}(1-s) \qquad (5.120)$$

异步电动机的调速方式有以下三种:

(1) 变极调速;

(2) 变频调速;

(3) 改变转差率调速。

1. 变极调速

对于异步电动机定子而言,为了得到两种不同极对数的磁动势,采用两套绕组是很容易实现的。为了提高材料利用率,一般采用单绕组变极,即通过改变一套绕组的连接方式而得

到不同极对数的磁动势，以实现变极调速。至于转子，一般采用笼型绕组，它不具有固定的极对数，它的极对数自动与定子绕组一致。下面以最简单的倍极比为例加以说明。

1) 变极原理

图 5.46(a)是一个四极电机的 A 相绕组示意图，在图示电流方向 $a_1 \rightarrow x_1 \rightarrow a_2 \rightarrow x_2$ 下，它产生磁动势基波极数 $2p=4$。

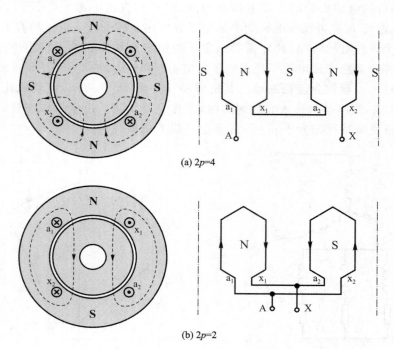

(a) $2p=4$

(b) $2p=2$

图 5.46　变极原理

如果按图 5.46(b)改接，即 a_1 与 x_2 连接作为首端 A，x_1 与 a_2 相连接，作为尾端 X，则它产生的磁动势基波极数 $2p=2$，这样就实现了单绕组变极。

2) 变极绕组的连接方法

下面介绍两种典型的变极绕组连接方法，分别如图 5.47、图 5.48 所示。

3) 变前极-变后极的转矩与功率变化

假设定子绕组相电压为 U_x，相电流为 I_1，则输出功率 $P_2 = 3U_x I_1 \eta \cos\varphi$。

假设在变前极、变后极两种极对数下，η、$\cos\varphi$ 不变（当然这个假设十分粗略），并近似认为 $P_{em} \approx P_2 \approx P_1$，则电磁转矩

$$T_{em} \propto \frac{P_{em}}{\Omega_1} \propto \frac{U_x I_1}{n_1} \propto U_x I_1 p$$

这是一个适用于变前极、变后极的一般公式。

(1) Y/YY 接。设图 5.47(a)所示中绕组相电流为 I，则图 5.47(b)所示中绕组相电流为 $2I$，变前极、变后极电磁转矩之比为

$$\frac{T_Y}{T_{YY}} = \frac{U_x I(2p)}{U_x (2I) p} = 1$$

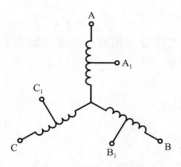

(a) Y接, 2p对极, A、B、C接电源

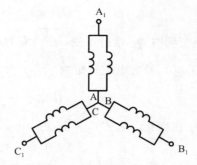

(b) YY接, p对极, A、B、C短接, A₁、B₁、C₁接电源

图 5.47 Y/YY 变极接法

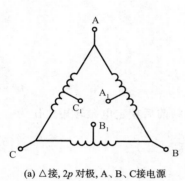

(a) △接, 2p 对极, A、B、C接电源

(b) YY接, p对极, A₁、B₁、C₁短接, A、B、C接电源

图 5.48 △/YY 变极接法

故这种变极连接方法适用于恒转矩变极调速。

（2）△/YY 接。由于定子△接绕组极对数为 $2p$，而 YY 接极对数为 p，则同步角速度之比为

$$\frac{\Omega_{\triangle}}{\Omega_{YY}} = \frac{p}{2p} = \frac{1}{2}$$

假设图 5.48(a)所示相电压为 $\sqrt{3}U_X$，图 5.48(b)相电压为 U_X；图 5.48(a)所示相电流为 I，图 5.48(b)所示相电流为 $2I$。两种极对数下输出功率之比为

$$\frac{P_{2\triangle}}{P_{2YY}} = \frac{T_{\triangle}\Omega_{\triangle}}{T_{YY}\Omega_{YY}} = \frac{\sqrt{3}U_X I 2p}{U_X 2 I p} \times \frac{1}{2} = \frac{\sqrt{3}}{2} = 0.866$$

故这种连接较适用于恒功率变极调速工况。

变极调速方法简单、运行可靠、机械特性较硬，但只能实现有极调速。单绕组三速电机绕组接法已相当复杂，故变极调速不宜超过三种速度。

2. 变频调速

异步电动机的转速 $n = \frac{60f_1}{p}(1-s)$，当转差率变化不大时，n 近似正比于频率 f_1，可见改变电源频率就能改变异步电动机的转速。在变频调速时，总希望主磁通 Φ_m 保持不变。若 $\Phi_m > \Phi_{mN}$（Φ_{mN} 为正常运行时的主磁通），则磁路过饱和而使励磁电流增大。功率因数降低；若 $\Phi_m < \Phi_{mN}$，则电机转矩下降。在忽略定子漏阻抗的情况下，有

$$U_1 \approx E_1 = 4.44 N_1 k_{N1} f_1 \Phi_m$$

为了使变频时 Φ_m 维持不变，则 $\dfrac{U_1}{f_1}$ 应为定值。下面先推导变频前后电磁转矩的关系。

由式(5.86)，最大电磁转矩为

$$T_{\max} = \frac{m_1 p U_X^2}{4\pi f_1 (X_{1\sigma} + X'_{2\sigma})}$$

由于频率 f_1 在变化

$$X_{1\sigma} + X'_{2\sigma} = 2\pi f_1 (L_{1\sigma} + L'_{2\sigma})$$

故

$$T_{\max} = C\left(\frac{U_X}{f_1}\right)^2$$

其中

$$C = \frac{m_1 p}{8\pi^2 (L_{1\sigma} + L'_{2\sigma})}$$

又因为

$$T_{\max} = k_M T_{emN}$$

式中，T_{emN} 为额定电磁转矩，故

$$T_{emN} = C \frac{U_X^2}{k_M f_1^2} \tag{5.121}$$

假设变频后上式各物理量为 f'_1、U'_X、T'_{emN}、k'_M，则变频前后额定电磁转矩之比为

$$\frac{T'_{emN}}{T_{emN}} = \left(\frac{U'_X}{U_X}\right)^2 \left(\frac{f_1}{f'_1}\right)^2 \left(\frac{k_M}{k'_M}\right) \tag{5.122}$$

这是变频前、后电磁转矩之比的一般表达式。

1）恒转矩调速

当电机变频前后额定电磁转矩相等，即恒转矩调速时，有

$$T_{emN} = T'_{emN}$$

则

$$\left(\frac{U'_X}{U_X}\right)^2 \left(\frac{f_1}{f'_1}\right)^2 \left(\frac{k_M}{k'_M}\right) = 1 \tag{5.123}$$

若令电压随频率作正比变化

$$\frac{U_X}{f_1} = \frac{U'_X}{f'_1} \tag{5.124}$$

则主磁通 Φ_m 不变，电机磁路饱和程度不变，有 $k_M = k'_M$，电机过载能力也不变。电机在恒转矩变频调速前、后的性能都能保持不变。

2）恒功率调速

在电机带有恒功率负载时，在变频前后，它的电磁功率相等，即

$$P_{em} = T_{emN}\Omega_1 = T'_{emN}\Omega'_1$$

则

$$\frac{T'_{emN}}{T_{emN}} = \frac{\Omega_1}{\Omega'_1} = \frac{f_1}{f'_1}$$

由一般转矩公式(5.122)可得

$$\left(\frac{U'_X}{U_X}\right)^2 \left(\frac{f_1}{f'_1}\right) \left(\frac{k_M}{k'_M}\right) = 1 \tag{5.125}$$

（1）若要维持主磁通不变，即令

$$\frac{U'_{X}}{U_{X}} = \frac{f'_{1}}{f_{1}}$$

则

$$\frac{k'_{M}}{k_{M}} = \frac{f'_{1}}{f_{1}} \tag{5.126}$$

电机过载能力随频率作正比变化。

（2）若保持过载能力不变，$k_{M} = k'_{M}$，则

$$\frac{U'_{X}}{U_{X}} = \sqrt{\frac{f'_{1}}{f_{1}}} \tag{5.127}$$

主磁通要发生变化。

变频调速的优点是调速范围大，平滑性好，变频时 U_{X} 按不同规律变化可实现恒转矩调速或恒功率调速，以适应不同负载的要求。这是异步电机最有前途的一种调速方式，其缺点是目前控制装置价格仍比较贵。

3. 转子回路串电阻调速

绕线式转子回路串电阻调速属于改变转差 s 的调速方式。由 5.4.1 可知绕线式转子串电阻能实现多级启动，这也告诉我们，它也能实现调速。图 5.49 所示为转子串电阻调速时的机械特性，它们同步转速相同，最大转矩相同，但 s_{m} 不同。当电压一定时，$E_{1} \approx U_{1}$，主磁通 Φ_{m} 近似认为不变。图 5.50 所示为仅经过频率折算的转子回路等效电路。在转子回路不串电阻、带额定负载时，有

$$I_{2N} = \frac{E_{2}}{\sqrt{\left(\dfrac{R_{2}}{s_{N}}\right)^{2} + X_{2\sigma}^{2}}}$$

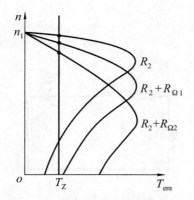

图 5.49　转子串电阻时机械特性

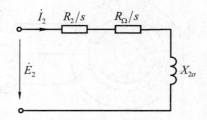

图 5.50　转子串电阻时等效电路

当转子回路串电阻 R_{Ω} 时，有

$$I_{2} = \frac{E_{2}}{\sqrt{\left(\dfrac{R_{2} + R_{\Omega}}{s}\right)^{2} + X_{2\sigma}^{2}}} \tag{5.128}$$

为了使在两种转差下转子绕组都能得到充分利用，$I_{2} = I_{2N}$，则有

$$\frac{R_2}{s_N} = \frac{R_2 + R_\Omega}{s} \tag{5.129}$$

故转子串电阻前、后功率因数为

$$\cos\varphi_2 = \frac{\dfrac{R_2 + R_\Omega}{s}}{\sqrt{\left(\dfrac{R_2 + R_\Omega}{s}\right)^2 + X_{2\sigma}^2}} = \frac{\dfrac{R_2}{s_N}}{\sqrt{\left(\dfrac{R_2}{s_N}\right)^2 + X_{2\sigma}^2}} = \cos\varphi_{2N} \tag{5.130}$$

电磁转矩为

$$T_{em} = C_M \Phi_m I_2 \cos\varphi_2$$

故在串电阻前、后的电磁转矩相等。这种调速方式实用于恒转矩调速。

在转子回路串电阻调速时，电动机的电磁功率、总机械功率、转差功率（即转子铜耗）三者之比为

$$P_{em} : P_{mec} : P_s = 1 : (1-s) : s \tag{5.131}$$

当 $s = 0.5$ 时，$P_s = P_{mec}$，即转子铜耗等于总机械功率，此时效率已经很低，近似认为 $P_1 = P_{em}$，则效率 $\eta = s = 0.5$，电机发热严重。

这种调速方式简单、可靠，其缺点是效率低。

由上面的分析可知，转子回路串电阻调速的本质是通过改变转子回路电阻 R_2，以改变转子回路的电流来改变转矩，从而达到调速的目的。若不改变转子回路电阻而在转子回路串入一个附加电动势 $\dot{E}_{ad}$，其频率与转子绕组的感应电动势 $\dot{E}_{2s}$ 的频率相同（sf_1），同样可以改变转子回路电流，达到调速的目的，这就是串级调速。串级调速的原理电路如图 5.51(a)所示，转子一相的等效电路如图 5.51(b)所示。转子电流可表示为

$$\dot{I}_2 = \frac{\dot{E}_{2s} + \dot{E}_{ad}}{R_2 + jX_{2\sigma s}} = \frac{s\dot{E}_2 + \dot{E}_{ad}}{R_2 + jsX_{2\sigma}}$$

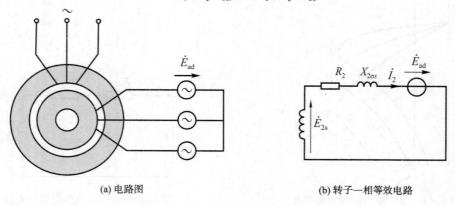

(a) 电路图　　　　　　　　　　(b) 转子一相等效电路

图 5.51　绕线式异步电动机串级调速

当 $\dot{E}_{ad}$ 与 $\dot{E}_{2s}$ 反相时，附加电动势的串入使转子电流 I_2 减小，其作用与串入电阻时完全一样，电动机将减速，转差率增大。随着 s 的增大，I_2 将回升，若负载转矩恒定，I_2 将回升到原值，减速过程结束。同理，当 $\dot{E}_{ad}$ 与 $\dot{E}_{2s}$ 同相时，电动机将升速，转差率将减小。

图 5.52 所示为绕线式异步电动机可控硅串级调速系统。图中不可控整流器把异步

电动机转子的转差电动势、电流整成直流。经滤波电感 L 后,再经可控硅逆变器把直流逆变成交流,通过变压器变成合适的电压反送回电网。改变可控硅逆变器的逆变角,可以改变逆变器两端的电压即改变附加电动势 $\dot{E}_{\mathrm{ad}}$ 的大小,也就实现了异步电动机的低同步串级调速。

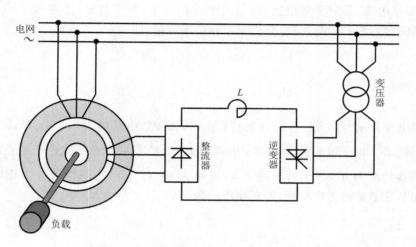

图 5.52 绕线式异步电动机可控硅串级调速系统

4. 改变定子端电压调速

这种调速方式也属于改变转差调速。三相异步电动机在改变定子电压 U_{X} 时,由于 n_1 不变,$T_{\mathrm{em}} \propto U_{\mathrm{X}}^2$,$T_{\max} \propto U_{\mathrm{X}}^2$,$s_{\mathrm{m}}$ 不变,故其机械特性如图 5.53 所示。对于普通笼型异步电动机带恒转矩负载,其工作点如图中 A、B、C,转速变化太小,无实用价值。而对于风机型负载 T_{z},其调速范围较大,如图中 A'、B'、C'。图中工作点 C' 出现在 $[(1-s_{\mathrm{m}})n_1,0]$ 之间,但它们仍然是稳定的。由于这种调速方式仍属于改变转差调速,故在转速低、转差 s 较大时,电机的效率低、温升高。

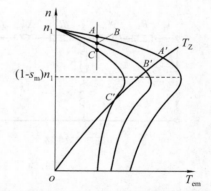

图 5.53 改变定子端电压调速时机械特性

5.5 单相异步电动机

以上分析的是电网三相对称时,异步电动机的运行情况。但实际上,由于种种原因,例如电网中有较大的单相负载(如电炉、电焊机等),发生一线断开等事故,都将引起电网三相电压不对称。当三相异步电动机在不对称电压下运行时,其电磁转矩、过载能力、效率都会降低。

单相异步电动机只需要单相交流电源供电,在家用电器、医疗器械中得到广泛应用,其分析方法与三相异步电动机在不对称电压下运行时的分析方法基本相同。

5.5.1　三相异步电动机在不对称电压下运行

分析三相异步电动机在不对称运行时的基本方法是对称分量法。由于不对称运行是由电压不对称所引起，因此，将不对称电压分解成对称分量。若异步电动机接成 Y 形但无中线引出，则无零序电流；若定子绕组接成△，由于三相电压（即线电压）之和 $\dot{U}_{AB} + \dot{U}_{BC} + \dot{U}_{CA} = 0$，则零序电流也为零。因此，只需分析正序和负序分量，即

$$\dot{U}_1^+ = \frac{1}{3}(\dot{U}_A + \alpha\dot{U}_B + \alpha^2\dot{U}_C)$$

$$\dot{U}_1^- = \frac{1}{3}(\dot{U}_A + \alpha^2\dot{U}_B + \alpha\dot{U}_C)$$

当正序电压分量 $\dot{U}_1^+$ 系统作用在电动机上时，其等效电路如图 5.54(a)所示。它对电网呈现正序阻抗 Z^+，定子电流为 $\dot{I}_1^+$，转子电流为 $\dot{I}_2^{'+}$。它们联合在气隙中产生正序的旋转磁场 $\dot{\Phi}^+$，其同步转速为 n_1；转子转速为 n，转差率为 s。$\dot{I}_2^+$、$\dot{\Phi}^+$ 共同作用产生正向电磁转矩 T_{em}^+，其方向与转子旋转方向相同，而正序阻抗为

$$Z^+ = Z_1 + \frac{Z_m\left(\dfrac{R_2'}{s} + jX_{2\sigma}'\right)}{Z_m + \dfrac{R_2'}{s} + jX_{2\sigma}'} \tag{5.132}$$

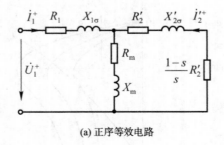 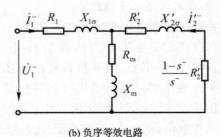

(a) 正序等效电路　　　　　　　　　　(b) 负序等效电路

图 5.54　三相异步电机在不对称电压下运行

当负序电压分量 $\dot{U}_1^-$ 系统作用在电机定子上时，其等效电路如图 5.54(b)所示。它对电压呈现负序阻抗 Z^-，定子电流为 $\dot{I}_1^-$，转子电流为 $\dot{I}_2^{'-}$，它们共同在气隙中建立负序旋转磁场 $\dot{\Phi}^-$，同步转速为 $-n_1$。$\dot{\Phi}^-$ 与 $\dot{I}_2^{'-}$ 作用产生反向电磁转矩 T_{em}^-。此时转子对负序磁场转差率为

$$s^- = \frac{-n_1 - n}{-n_1} = 2 - \frac{n_1 - n}{n_1} = 2 - s \tag{5.133}$$

负序阻抗

$$Z^- = Z_1 + \frac{Z_m\left(\dfrac{R_2'}{2-s} + jX_{2\sigma}'\right)}{Z_m + \left(\dfrac{R_2'}{2-s} + jX_{2\sigma}'\right)} \tag{5.134}$$

由正、负序等效电路可得到定子正、负序电流，分别为

$$\dot{I}_1^+ = \frac{\dot{U}_1^+}{Z^+}, \quad \dot{I}_1^- = \frac{\dot{U}_1^-}{Z^-}$$

转子的正序电流

$$\dot{I}_2^{+\prime} = \dot{I}_1^+ \frac{Z^+ - Z_1}{\frac{R_2'}{s} + jX_{2\sigma}'} \tag{5.135}$$

转子的负序电流

$$\dot{I}_2^{-\prime} = \dot{I}_1^- \frac{Z^- - Z_1}{\frac{R_2'}{2-s} + jX_{2\sigma}'} \tag{5.136}$$

正、负序电磁转矩分别为

$$T_{em}^+ = \frac{P_{em}^+}{\Omega^+} = \frac{m_1 p}{2\pi f_1} I_2^{\prime +2} \frac{R_2'}{s} \tag{5.137}$$

$$T_{em}^- = \frac{P_{em}^-}{\Omega^-} = \frac{-m_1 p}{2\pi f_1} I_2^{\prime -2} \frac{R_2'}{2-s} \tag{5.138}$$

负序电磁转矩为负值,表示它是一个制动转矩,这是由于负序磁场与转子转向相反的缘故。

将正、负序电磁转矩叠加得到合成电磁转矩。

$$T_{em} = T_{em}^+ + T_{em}^- \tag{5.139}$$

利用叠加原理,将正、负序电流叠加得到实际电流

$$\left. \begin{array}{l} \dot{I}_A = \dot{I}_1^+ + \dot{I}_1^- \\ \dot{I}_B = \alpha^2 \dot{I}_1^+ + \alpha \dot{I}_1^- \\ \dot{I}_C = \alpha \dot{I}_1^+ + \alpha^2 \dot{I}_1^- \end{array} \right\} \tag{5.140}$$

由于正常运行时电机转差率 $s = 0.005 \sim 0.03$,$2-s \approx 2$,故负序阻抗近似等于短路阻抗,因而不大的负序电压就会产生较大的负序电流,引起电机过热。另外,由于正常运行时 $\frac{R_2'}{s} \gg \frac{R_2'}{2-s}$,故负序旋转磁场产生的制动转矩相对来说并不大,电磁转矩的减小不成为主要问题。但负序磁场使损耗增加、效率降低,因此,三相异步电动机不允许在较严重的不对称电压下运行。

例 5.9 一台三相异步电动机在不对称电压下运行,设负序电压 $U^- = 5\% U_N$,转差率 $s = 1.5\%$,$k_{st} = 6$,试估算负序电流 I_1^-、负序电磁转矩 T_{em}^-。

解 对于图 5.54(b),忽略励磁电流,负序电流为

$$I_1^- = \frac{U_1^-}{\sqrt{\left(R_1 + \frac{R_2'}{2-s}\right)^2 + (X_{1\sigma} + X_{2\sigma}')^2}} \approx \frac{U_1^-}{Z_k} = \frac{U_1^-}{U_{1\phi N}} \frac{U_{1\phi N}}{Z_k} = k_{st} I_N \left(\frac{U_1^-}{U_{1\phi N}}\right)$$

因为 $k_{st} = 6$,$\frac{U_1^-}{U_{1\phi N}} = 0.05$,故有

$$I_1^- = 6 \times 0.05 I_N = 0.3 I_N$$

即
$$\frac{I_1^-}{I_N} = 30\%$$

故 5% 的负序电压就会产生 30% 的负序电流，电机有过热的危险。假定
$$I_2^{\prime+} = I_1^+ = I_N$$

则
$$I_2^{\prime-} = I_1^- = 0.3I_N$$

$$\frac{T_{em}^-}{T_{em}^+} = \frac{0.3^2 \times \dfrac{1}{2-0.015}}{1^2 \times \dfrac{1}{0.015}} = 0.000\ 7$$

因此，负序电流产生的电磁转矩是很小的。

5.5.2 单相电容(电阻)启动异步电动机

单相电容(电阻)启动异步电动机定子上有两个绕组(启动绕组、工作绕组)，转子是笼型。启动绕组只在启动时接入，启动完毕就断开。正常运行时只有工作绕组接在电源上。

1. 工作原理(单绕组异步电动机)

当启动绕组断开时，单相异步电动机只有一个绕组——工作绕组接在电源上，也可采用对称分量法，把它看作对称二相绕组在不对称电压下的运行。如图5.55所示，设一对称二相绕组，在空间相差 90° 电角度，A 相绕组外施电压 $\dot{U}_A$，B 相绕组外施电压为零，从而 A 相电流为 $\dot{I}_A$，B 相电流为 $\dot{I}_B = 0$，采用对称分量法，得到正、负序电流分量为

$$\dot{I}_A^+ = \frac{1}{2}(\dot{I}_A + j\dot{I}_B)$$

$$\dot{I}_A^- = \frac{1}{2}(\dot{I}_A - j\dot{I}_B)$$

由于 $\dot{I}_B = 0$，故
$$\dot{I}_A^+ = \dot{I}_A^- = \frac{1}{2}\dot{I}_A \tag{5.141}$$

据 5.5.1 节分析，正序电流 $\dot{I}_A^+$、$\dot{I}_B^+$ 产生正序旋转磁场(对应的转差率为 s)和正向电磁转矩 T_{em}^+；负序电流 $\dot{I}_A^-$、$\dot{I}_B^-$ 产生负序旋转磁场(对应的转差率为 $2-s$)和反向电磁转矩 T_{em}^-。在同一坐标系中，分别画出两种情况下的转矩-转差率曲线：T_{em}^+-s 和 T_{em}^--s，两者之和即单相异步电动机的 T_{em}-s 曲线，如图 5.56 所示。由图中曲线 T_{em}-s 可以得出如下结论：

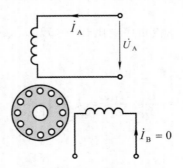

图 5.55　单相异步电动机原理

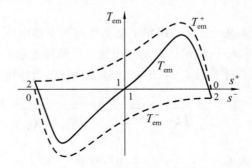

图 5.56　单相异步电动机 T_{em}-s 曲线

（1）单相异步电动机（单绕组）启动转矩为零，不能自启动；

（2）该电动机在启动后，能带一定负载，但过载能力小。

2. 等效电路和性能分析（单绕组异步电动机）

对于正、负序分量，写出电压平衡方程

$$\dot{U}_A^+ = \dot{I}_A^+ Z^+ \tag{5.142}$$

$$\dot{U}_A^- = \dot{I}_A^- Z^- \tag{5.143}$$

将式（5.142）、式（5.143）相加

$$\dot{U}_1 = \dot{U}_A^+ + \dot{U}_A^- = \dot{I}_A^+ Z^+ + \dot{I}_A^- Z^- \tag{5.144}$$

即

$$\dot{I}_A^+ = \dot{I}_A^- = \frac{\dot{U}_1}{Z^+ + Z^-} \tag{5.145}$$

于是可得到图 5.57 所示的等效电路，从而单相异步电动机电磁转矩为

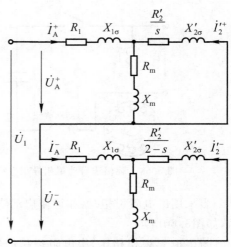

图 5.57 单相异步电动机的等效电路

$$T_{em} = \frac{2p}{\omega_1}\left(I_2'^{+2}\frac{R_2'}{s} - I_2'^{-2}\frac{R_2'}{2-s}\right) \tag{5.146}$$

若忽略励磁电流，则得

$$I_2^+ = I_2^- = \frac{U_1}{\sqrt{\left(2R_1 + \dfrac{R_2'}{s} + \dfrac{R_2'}{2-s}\right)^2 + (2X_{1\sigma} + 2X_{2\sigma}')^2}}$$

$$T_{em} = \frac{2pU_1^2}{\omega_1}\frac{\dfrac{R_2'}{s} - \dfrac{R_2'}{2-s}}{\left(2R_1 + \dfrac{R_2'}{s} + \dfrac{R_2'}{2-s}\right)^2 + (2X_{1\sigma} + 2X_{2\sigma}')^2}$$

值得指出的是，在此情况下，定子绕组为二相绕组，转子参数进行折算时，变比公式中 $m_1 = 2$。由于正、反旋转磁动势等于单相脉振磁动势的一半，故 X_m、$X_{2\sigma}'$，R_2' 均为相绕组对应值的一半。

3. 启动方法

单相异步电动机只有一个绕组（工作绕组），无启动转矩，不能自启动。为解决这个问题，在空间不同于工作绕组的位置安装一个启动绕组，且使启动绕组中电流在时间相位上不同于工作绕组中的电流。这种启动方法称为裂相启动。

在定子上另装一套启动绕组，使之与工作绕组在空间上互差 90° 电角度。启动绕组与电容（或电阻）串联后再与工作绕组并联于同一电源上，如图 5.58 所示。适当选择串入电容 C 的大小，可以使启动绕组中电流 $\dot{I}_B$ 超前工作绕组中电流 $\dot{I}_A$ 约 90° 相角，相位图如图 5.59 所示。这样，两绕组磁动势可以在气隙中形成一个接近于圆形的旋转磁动势和磁场，并产生一定的启动转矩。通常启动绕组是按短时工作制来设计的。当电动机转速达到同步转速的 70%～80% 时，开关 S 自动将启动绕组切除。这种电机称为电容启动单相异步电动机。

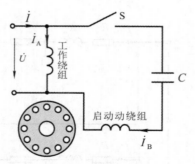

图 5.58　裂相法启动单相异步电动机

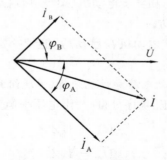

图 5.59　电容裂相时相位图

　　当采用串电阻裂相时,亦可使启动绕组中电流 i_B 超前于工作绕组中电流 i_A 一定的相角,如图5.60所示。

　　与串电容裂相相比,串电阻裂相产生的气隙旋转磁场椭圆度比较大,也就是说负序磁场较强,因此,启动力矩要小一些。电阻裂相的优点是,一般启动绕组并不外串电阻,只不过在设计启动绕组时,使其匝数多、导线截面积小,电阻就大了,因而运行时可靠性高。电冰箱压缩机电机一般都采用电阻裂相。

　　自动开关 S 常有两种形式:启动电流继电器形式和热敏电阻形式。

　　启动电流继电器接线如图 5.61 所示,过流继电器的电磁线圈 ST 与工作绕组 A 相串联,其常开触头 S 串联于启动绕组支路中。当电动机正常工作时,电磁线圈 ST 中虽流过工作电流,但它并不动作。而当电动机启动时,其工作绕组中流过 3～5 倍额定电流,常开触头 S 闭合,启动绕组支路接入电源,两个绕组的合成磁动势在气隙中产生旋转磁场,电动机正常启动。当电动机转入正常工作状态后,工作绕组中电流又降为运行电流,启动继电器 ST 复位,触头 S 断开启动绕组支路,电动机启动过程结束。

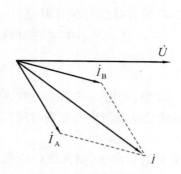

图 5.60　电阻裂相时相位图

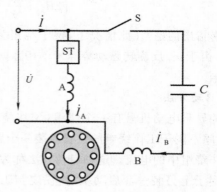

图 5.61　启动电流继电器接线图

　　在热敏电阻启动方式中,开关 S 是利用热敏电阻(PTC)的正温度特性来实现的。当温度到达某一范围时,热敏电阻值发生突变,增加几个数量级。这个突变的起点称为“居里点”,这种阻值异常的特性称为 PTC 特性。在实际应用时,将 PTC 元件串联接入启动绕组支路,当接通电源瞬间,PTC 元件电阻值很低,启动电流流过启动绕组,它与工作绕组中电流共同产生旋转磁场,电动机开始启动。经过 0.5 s～1 s,电动机转速接近额定转速的

80%～90%，PTC 元件发热，温度升至＋45℃～60℃，阻值突然变大，启动绕组中电流突然变小，相当于断开状态。电流变化曲线如图 5.62 所示。从此刻开始，电动机只有工作绕组流过工作电流，电动机进入工作状态。电冰箱压缩机电机一般采用 PTC 启动装置。

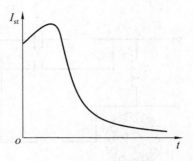

图 5.62　PTC 电流特性

5.5.3　罩极电动机

　　罩极式单相异步电动机的定子铁芯一般做成凸极式，每个极上装有工作绕组，在磁极极靴一边开一小槽，槽内嵌有短路铜环，把部分磁极罩起来，此铜环称为罩极线圈，如图 5.63 所示。当工作绕组中通入交流电流时，由它产生的脉振磁通分为两部分：一部分是磁通 $\dot{\Phi}_1$，它不穿过短路环；另一部分是磁通 $\dot{\Phi}_2$，它穿过短路环。显然 $\dot{\Phi}_1$ 与 $\dot{\Phi}_2$ 应同相位。磁通 $\dot{\Phi}_2$ 在短路环中产生感应电动势 $\dot{E}_k$ 和感应电流 $\dot{I}_k$，$\dot{I}_k$ 在被短路环罩着的部分产生磁通 $\dot{\Phi}_k$，$\dot{\Phi}_k$ 与 $\dot{I}_k$ 同相位。实际上穿过短路环的磁通为 $\dot{\Phi}_2$ 与 $\dot{\Phi}_k$ 之和 $\dot{\Phi}_3$。短路环中感应电动势 $\dot{E}_k$ 滞后于 $\dot{\Phi}_2$ 90°相角，电流 $\dot{I}_k$ 滞后于 $\dot{E}_k$ 相角 φ_k 如图 5.64 所示。

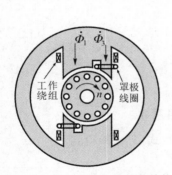

图 5.63　罩极启动电动机的结构

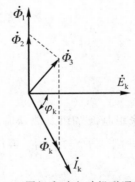

图 5.64　罩极启动电动机磁通相量图

　　由图可见，由于短路环的作用，被罩部分磁通 $\dot{\Phi}_3$ 与未被罩部分磁通 $\dot{\Phi}_1$ 之间有一定的时间相位差，且两者轴线在空间又相差一定电角度，因此，相当于两相不对称绕组中通以不对称电流将在气隙中产生一椭圆形旋转磁场，并能产生一定大小的启动转矩。由于旋转磁场是由超前相磁通 $\dot{\Phi}_1$ 所在的绕组轴线转向滞后相磁通 $\dot{\Phi}_3$ 所在的绕组轴线，故转子总是由未被罩部分转向被罩部分。

　　上述几种启动方法应用情况大致如下：罩极电动机启动转矩很小，只用于小型风扇、电唱机中，容量一般不超过 40 W；电容启动电动机用于启动力矩要求较大的场合，如洗衣机、风扇等；PTC 启动主要用于冰箱压缩机，容量从几十瓦到几百瓦。

5.5.4　单相电容启动-运转电动机

1. 等效电路

在 5.5.2 节中讲述了单相电容启动异步电动机，其串联了电容 C 的启动绕组支路启动

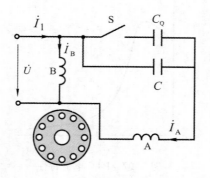

图 5.65　电容启动-运转电动机

完毕后自行断开，留下主绕组单独工作。为了改善气隙中旋转磁场的椭圆度，使之接近圆形旋转磁场而采用如图 5.65 所示的电容启动-运转单相电动机。在电动机启动时 $C+C_Q$ 电容串入 A 支路，启动完毕 C_Q 断开，仅电容 C 串在 A 支路中。A、B 两相绕组在空间相差 90° 电角度，它们的有效匝数不等。转子是笼型绕组，因此两相绕组基波磁动势不对称。应用对称分量法有

$$\dot{F}_A = \dot{F}_A^+ + \dot{F}_A^-$$

$$\dot{F}_B = \dot{F}_B^+ + \dot{F}_B^-$$

A 相正序磁动势
$$\dot{F}_A^+ = j\dot{F}_B^+$$

A 相负序磁动势
$$\dot{F}_A^- = -j\dot{F}_B^-$$

将上述两式换成有效匝数

$$N_A k_{NA} \dot{I}_A^+ = jN_B k_{NB} \dot{I}_B^+$$

$$N_A k_{NA} \dot{I}_A^- = -jN_B k_{NB} \dot{I}_B^-$$

于是

$$\dot{I}_A^+ = j\frac{\dot{I}_B^+}{k} \tag{5.147}$$

$$\dot{I}_A^- = -j\frac{\dot{I}_B^-}{k} \tag{5.148}$$

$$k = \frac{N_A k_{NA}}{N_B k_{NB}} \tag{5.149}$$

式中，k_{NA} 为 A 绕组基波绕组系数，k_{NB} 为 B 绕组基波绕组系数。

考虑到 $\dot{I}_A = \dot{I}_A^+ + \dot{I}_A^-$、$\dot{I}_B = \dot{I}_B^+ + \dot{I}_B^-$，并由式(5.147)、式(5.148)得到

$$\dot{I}_A^+ = \frac{\dot{I}_A + j\dfrac{\dot{I}_B}{k}}{2} \tag{5.150}$$

$$\dot{I}_A^- = \frac{\dot{I}_A - j\dfrac{\dot{I}_B}{k}}{2} \tag{5.151}$$

虽然在 A 相绕组中串了电容 C，但不可能在任何情况下都使电流 $\dot{I}_A$ 领先 $\dot{I}_B$ 90° 电角度，而且 A、B 两绕组匝数不相等，也不可能将它近似看作两相对称磁动势来分析。下面我们将 A 绕组看作一个单绕组单相电机，B 绕组看作是另一个单绕组单相电机，按 5.5.2 节方法来分析。

图 5.66(a)、(b)分别表示 A 相、B 相正序等效电路。

2. 电压平衡方程

A、B 相从电源端看进去的阻抗分别为 Z_A^+、Z_B^+，故有

$$\dot{U}_A^+ = \dot{I}_A^+ Z_A^+$$

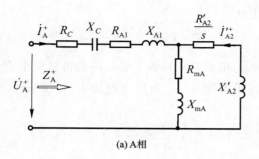
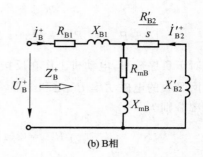

(a) A相   (b) B相

图 5.66 单相电容正序等效电路

$$\dot{U}_{\mathrm{B}}^{+} = \dot{I}_{\mathrm{B}}^{+} Z_{\mathrm{B}}^{+}$$

同样作出 A 相、B 相负序等效电路,如图 5.67(a)、(b)所示。与相应的正序等效电路相比,转差率 s 在这里变成了 $2-s$。由电压平衡方程

$$\dot{U} = \dot{U}_{\mathrm{A}}^{+} + \dot{U}_{\mathrm{A}}^{-} = \dot{I}_{\mathrm{A}}^{+} Z_{\mathrm{A}}^{+} + \dot{I}_{\mathrm{A}}^{-} Z_{\mathrm{A}}^{-}$$

$$\dot{U} = \dot{U}_{\mathrm{B}}^{+} + \dot{U}_{\mathrm{B}}^{-} = \dot{I}_{\mathrm{B}}^{+} Z_{\mathrm{B}}^{+} + \dot{I}_{\mathrm{B}}^{-} Z_{\mathrm{B}}^{-}$$

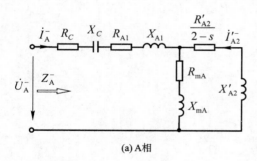
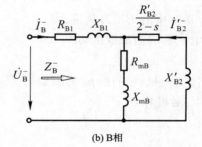

(a) A相   (b) B相

图 5.67 单相电容负序等效电路

有
$$\dot{I}_{\mathrm{A}}^{+} = \frac{Z_{\mathrm{B}}^{-} + \mathrm{j}\dfrac{Z_{\mathrm{A}}^{-}}{k}}{Z_{\mathrm{A}}^{+} Z_{\mathrm{B}}^{-} + Z_{\mathrm{B}}^{+} Z_{\mathrm{A}}^{-}} \dot{U} \tag{5.152}$$

$$\dot{I}_{\mathrm{A}}^{-} = \frac{Z_{\mathrm{B}}^{+} - \mathrm{j}\dfrac{Z_{\mathrm{A}}^{+}}{k}}{Z_{\mathrm{A}}^{+} Z_{\mathrm{B}}^{-} + Z_{\mathrm{B}}^{+} Z_{\mathrm{A}}^{-}} \dot{U} \tag{5.153}$$

A、B 相电流及电源供给的电流分别为

$$\left. \begin{array}{l} \dot{I}_{\mathrm{A}} = \dot{I}_{\mathrm{A}}^{+} + \dot{I}_{\mathrm{A}}^{-} \\[4pt] \dot{I}_{\mathrm{B}} = \dot{I}_{\mathrm{B}}^{+} + \dot{I}_{\mathrm{B}}^{-} \\[4pt] \dot{I} = \dot{I}_{\mathrm{A}} + \dot{I}_{\mathrm{B}} \end{array} \right\} \tag{5.154}$$

3. 功率关系

对应正序分量的电磁功率、转子铜耗、总机械功率分别为

$$P_{\mathrm{em}}^{+} = P_{\mathrm{emA}}^{+} + P_{\mathrm{emB}}^{+} = 2(I_{\mathrm{A2}}'^{+})^{2} \frac{R_{\mathrm{A2}}'}{s} + 2(I_{\mathrm{B2}}'^{+})^{2} \frac{R_{\mathrm{B2}}'}{s}$$

$$p_{\mathrm{Cu2}}^+ = 2(I_{A2}'^+)^2 R_{A2}' + 2(I_{B2}'^+)^2 R_{B2}'$$

$$P_{\mathrm{mec}}^+ = P_{\mathrm{em}}^+ - p_{\mathrm{Cu2}}^+ = 2(I_{A2}'^+)^2 \frac{1-s}{s} R_{A2}' + 2(I_{B2}'^+)^2 \frac{1-s}{s} R_{B2}' \tag{5.155}$$

对于负序分量，电动机工作在反接制动状态，电动机从转轴上吸收的总机械功率 P_{mec}^- 和从电网吸收的电磁功率 P_{em}^- 之和全部转换成转子铜耗 p_{Cu2}^-。负序电磁功率、转子铜耗、总机械功率分别为

$$P_{\mathrm{em}}^- = 2(I_{A2}'^-)^2 \frac{R_{A2}'}{2-s} + 2(I_{B2}'^-)^2 \frac{R_{B2}'}{2-s}$$

$$p_{\mathrm{Cu2}}^- = 2(I_{A2}'^-)^2 R_{A2}' + 2(I_{B2}'^-)^2 R_{B2}'$$

$$P_{\mathrm{mec}}^- = P_{\mathrm{em}}^- - p_{\mathrm{Cu2}}^- = 2(I_{A2}'^-)^2 \frac{s-1}{2-s} R_{A2}' + 2(I_{B2}'^-)^2 \frac{s-1}{2-s} R_{B2}' \tag{5.156}$$

式(5.156)中 P_{em}^- 为正值，表示电动机从电网吸收电功率；P_{mec}^- 为负值，表示电动机从转轴上吸收总机械功率。转子铜耗

$$p_{\mathrm{Cu2}}^- = P_{\mathrm{em}}^- - P_{\mathrm{mec}}^- = P_{\mathrm{em}}^- + |P_{\mathrm{mec}}^-| \tag{5.157}$$

整个电机等效总机械功率

$$P_{\mathrm{mec}} = P_{\mathrm{mec}}^+ + P_{\mathrm{mec}}^- = P_{\mathrm{em}}^+ - |P_{\mathrm{mec}}^-| \tag{5.158}$$

式(5.158)中的 P_{mec}^- 为负值。

电机轴端输出机械功率

$$P_2 = P_{\mathrm{mec}} - p_{\mathrm{mec}} - p_{\mathrm{ad}}$$

式中，p_{mec} 为机械损耗，p_{ad} 为附加损耗。

4．电磁转矩

$$T_{\mathrm{em}} = \frac{P_{\mathrm{em}}}{\Omega_1} = \frac{P_{\mathrm{mec}}}{\Omega} \tag{5.159}$$

式中，Ω_1 为同步角速度。

5.6 特殊用途的异步电机

5.6.1 异步发电机

将一台异步电机定子三相绕组接入到电压、频率恒定的电网时，若用原动机把异步电机转子拖到超过同步转速，即 $n > n_1$，转差率为负值，则异步电机进入发电机状态。来自原动机的机械功率在扣除各种损耗之后，转换成电功率送给电网，将机械能转换成电能。

例 5.10 一台异步电机接在额定电压为 380 V、频率为 50 Hz 的电网上，定子 Y 接，$p = 2$，$R_1 = 0.488\ \Omega$，$X_{1\sigma} = 1.2\ \Omega$，$R_2' = 0.408\ \Omega$，$X_{2\sigma}' = 1.333\ \Omega$，$R_{\mathrm{m}} = 3.72\ \Omega$，$X_{\mathrm{m}} = 39.5\ \Omega$。现用原动机将此异步电机拖动到转速 $n = 1\ 550\mathrm{r/min}$，试求该电机向电网输出的电功率、原动机输入的机械功率。

解 作等效电路图 5.68，该电路仍采用电动机状态下的等效电路。

不同点仅转差率为负，即

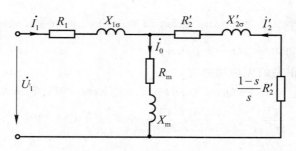

图 5.68 例 5.10 的等效电路

$$s = \frac{n_1 - n}{n_1} = \frac{1\,500 - 1\,550}{1\,500} = -0.033\,3 < 0$$

$$Z'_{2s} = \frac{R'_2}{s} + X'_{2\sigma} = \left(\frac{0.408}{-0.033\,3} + \mathrm{j}1.333\right)\ \Omega = 12.31 \angle 173.78°\ \Omega$$

$$Z_m = R_m + \mathrm{j}X_m = (3.72 + \mathrm{j}39.5)\ \Omega = 39.67 \angle 84.62°\ \Omega$$

$$\dot{I}_1 = \frac{\dot{U}_1}{Z_1 + \dfrac{Z'_{2s}Z_m}{Z'_{2s} + Z_m}} = \frac{380/\sqrt{3}}{0.488 + \mathrm{j}1.2 + \dfrac{12.31\angle173.78° \times 39.67\angle84.62°}{12.31\angle173.78° + 39.67\angle84.62°}}\ \mathrm{A}$$

$$= 18.63 \angle -150.32°\ \mathrm{A}$$

从电网吸收的有功功率

$$P_1 = 3U_1 I_1 \cos\varphi_1 = 3 \times 220 \times 18.63\cos(150.32°)\ \mathrm{W} = -10.68\ \mathrm{kW} < 0$$

P_1 为负值表示电机实际上向电网输出有功功率 10.68 kW。从电网吸收的无功功率

$$Q_1 = 3U_1 I_1 \sin\varphi_1 = 3 \times 220 \times 18.63\sin(150.32°)\ \mathrm{var} = 6.09\ \mathrm{kvar}$$

Q_1 为正表示电机仍要从电网吸收无功功率。

转子电流的折算值

$$I'_2 = I_1 \left| \frac{Z_m}{Z'_{2s} + Z_m} \right| = 17.72\ \mathrm{A}$$

从定子传递给转子的电磁功率

$$P_{em} = 3I'^2_2 \frac{R'_2}{s} = 3 \times 17.72^2 \times \frac{0.408}{-0.033\,3}\ \mathrm{W} = -11.53\ \mathrm{kW} < 0$$

负的电磁功率表示 P_{em} 是从转子传递给定子。在转子上产生的总机械功率

$$P_{mec} = (1-s)P_{em} = (1+0.0333) \times (-11.53)\ \mathrm{kW} = -11.91\ \mathrm{kW}$$

若机械损耗、附加损耗共为 0.14 kW,则

$$P_2 = P_{mec} - (p_{mec} + p_{ad}) = (-11.91 - 0.14)\ \mathrm{kW} = -12.05\ \mathrm{kW}$$

P_2 为负值表示从转轴上输入机械功率。

例 5.11 如果例 5.10 中的电机不与电网并联而单机对外供电,在电机定子端子上接三相三角形电容器组,发电机提供给负载的有功功率与上述情况相同,负载功率因数为 0.85(滞后),要求发电机端电压仍为 380 V,频率为 50 Hz,求每相电容值。

解 负载功率因数为 $\cos\varphi_L = 0.85$,故

$$\sin\varphi_L = \sqrt{1 - 0.85^2} = 0.526\,8$$

负载所需无功功率　$Q_L = P_1 \tan\varphi_L = 10.68 \times \dfrac{0.526\,8}{0.85}$ kvar $= 6.62$ kvar

异步电机励磁无功功率　$Q_1 = 6.09$ kvar

电容器组所应提供总的无功功率为

$$Q_C = Q_F + Q_1 = (6.62 + 6.09)\ \text{kvar} = 12.71\ \text{kvar}$$

每相电容值　$C = \dfrac{Q_C}{3U^2\omega} = \dfrac{12.71 \times 10^3}{3 \times 380^2 \times 2\pi \times 50}$ F $= 93.4 \times 10^{-6}$ F $= 93.4\ \mu$F

5.6.2　感应调压器

感应调压器实质上就是静止的三相绕线式异步电机,利用定、转子电动势的相位差随定、转子相对位置而变化的关系来调节输出电压。三相感应调压器分为单式和双式两种,分述如下。

1. 单式三相感应调压器

单式三相感应调压器接线如图 5.69(a)所示,其接法与自耦变压器相似。区别在于:在自耦变压器中,$\dot{U}_1$ 与 $\dot{E}_2$ 相位相同,改变 E_2 大小来调压;而在单式三相调压器中,$\dot{U}_1$、$\dot{E}_2$ 大小不变(气隙中励磁磁动势切割导体的速度相同,均为 n_1),但改变转子位置,$\dot{E}_2$ 相位(相对于 $\dot{U}_1$)变化,从而实现调压。

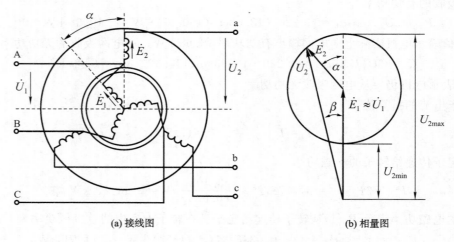

(a) 接线图　　　　　　　　　　(b) 相量图

图 5.69　单相感应调压器

图 5.69(b)所示,二次侧相电压

$$\dot{U}_2 \approx \dot{E}_1 + \dot{E}_2$$

$\dot{E}_2$ 大小不变,只改变相位(相角 α),相量 $\dot{U}_2$ 端点的轨迹是一个圆。当转子绕组轴线与定子绕组轴线重合($\alpha = 0$)时,二次侧电压达到最大,为

$$U_{2\max} = E_1 + E_2 = E_1\left(1 + \frac{1}{k_e}\right) \approx U_1\left(1 + \frac{1}{k_e}\right) \tag{5.160}$$

式中,$k_e = \dfrac{E_1}{E_2}$ 为电动势之比。

当 $\alpha = 180°$,得到二次侧最小电压为

$$U_{2\min} = U_1 - E_2 = U_1\left(1 - \frac{1}{k_e}\right) \tag{5.161}$$

在一般情况下,二次侧电压

$$U_2 = \sqrt{U_1^2 + E_2^2 + 2U_1 E_2 \cos\alpha} = U_1\sqrt{1 + \frac{1}{k_e^2} + \frac{2}{k_e^2}\cos\alpha} \tag{5.162}$$

若令 $k_e = 1$,则三相感应调压器输出电压可在 $(0\sim2)U_1$ 范围内平滑地进行调节。

值得注意的是,三相感应调压器的转子在工作时必须堵转,调压可借蜗轮蜗杆来改变其位置。因为调压器向外输出电流时,转子将受到电磁力矩的作用,该转矩力图使转子沿旋转磁场的方向旋转,因此感应调压器总是处于转子回路串阻抗启动状态,蜗轮蜗杆也起着堵转的作用。

2. 双式三相感应调压器

在单式三相感应调压器中,随着 $\dot{U}_2$ 大小的改变,其相位也同时发生变化,但在某些场合这是不允许的。为了克服这个缺点,可把两台单式三相感应调压器共轴,组成一台双式三相调压器,如图 5.70(a)所示。在组成双式三相调压器时,两转子绕组并联在同一电源上,但相序相反,于是两台单式调压器中的气隙旋转磁场转向相反。设转子绕组感应相电动势为 $\dot{E}_1$,不论转子向哪个方向移动 θ 角,一台调压器的定子电动势 $\dot{E}_2'$ 都会滞后于 $\dot{E}_1$ 以 θ 相角,而另一台调压器的定子电动势 $\dot{E}_2''$ 必将超前于 $\dot{E}_1$ 以 θ 相角,于是输出电压为

$$\dot{U}_2 = \dot{E}_1 + \dot{E}_2' + \dot{E}_2''$$

且 $\dot{U}_2$ 总是与 $\dot{U}_1$ 同相位,如图 5.70(b)所示。

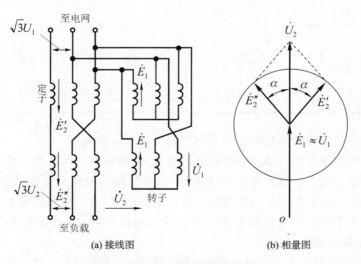

图 5.70 双式感应调压器

此外,单式调压器的转子受到相当大的电磁转矩作用,故调节转子的装置较为复杂。在双式调压器中,由于两台调压器的电磁转矩大小相等、方向相反,相互抵消,因而公共转轴上的总转矩等于零。

感应调压器的功率传递关系与自耦变压器相同，其额定容量＝传导容量＋电磁容量，调压器的尺寸仅取决于电磁感应容量。

感应调压器无滑动触头，运行比较安全可靠，广泛用于实验室和特殊需要的场合。但与同容量的自耦变压器相比，其价格较贵。

习　题

5.1　什么叫转差率？如何根据转差率来判断异步电机的运行状态？

5.2　异步电机作发电机运行和作电磁制动运行时，电磁转矩和转子转向之间的关系是否一样？怎样区分这两种运行状态？

5.3　有一绕线转子异步电动机，定子绕组短路，在转子绕组中通入三相交流电流，其频率为 f_1，旋转磁场相对于转子以 $n_1 = 60f_1/p$（p 为定、转子绕组极对数）沿顺时针方向旋转，问此时转子转向如何？转差率如何计算？

5.4　为什么三相异步电动机励磁电流的标幺值比变压器的大得多？

5.5　三相异步电机的极对数 p、同步转速 n_1、转子转速 n、定子频率 f_1、转子频率 f_2、转差率 s 及转子磁动势 F_2 相对于转子的转速 n_2 之间的相互关系如何？试填写下表中的空格。

p	n_1/(r/min)	n/(r/min)	f_1/Hz	f_2/Hz	s	n_2/(r/min)
1			50		0.03	
2		1 000	50			
	1 800		60	3		
5	600	−500				
3	1 000				−0.2	
4			50		1	

5.6　试证明转子磁动势相对于定子的转速为同步转速 n_1。

5.7　试说明转子绕组折算和频率折算的意义，折算是在什么条件下进行的？

5.8　异步电动机定子绕组与转子绕组没有直接联系，为什么负载增加时，定子电流和输入功率会自动增加，试说明其物理过程。从空载到满载，电机主磁通有无变化？

5.9　异步电动机的等效电路有哪几种？等效电路中的 $[(1-s)/s]R_2'$ 代表什么意义？能否用电感或电容代替？

5.10　异步电动机带额定负载运行时，若电源电压下降过多，会产生什么严重后果？试说明其原因。如果电源电压下降，对感应电动机的 T_{max}、T_{st}、Φ_m、I_2、s 有何影响？

5.11　漏电抗大小对异步电动机的运行性能，包括启动电流、启动转矩、最大转矩、功率因数等有何影响？为什么？

5.12　某绕线转子异步电动机，如果（1）转子电阻增加一倍；（2）转子漏电抗增加一倍；

（3）定子电压的大小不变，频率由 50 Hz 变为 60 Hz；各对最大转矩和启动转矩有何影响？

5.13 一台笼型异步电动机，原来转子是插铜条的，后因损坏改为铸铝的，在输出同样转矩的情况下，下列物理量将如何变化？

（1）转速 n；

（2）转子电流 I_2；

（3）定子电流 I_1；

（4）定子功率因数 $\cos\varphi_1$；

（5）输入功率 P_1；

（6）输出功率 P_2；

（7）效率 η；

（8）启动转矩 T_{st}；

（9）最大电磁转矩 T_{max}。

5.14 绕线式三相异步电动机转子回路串入适当的电阻可以增大启动转矩，串入适当的电抗时，是否也有相似的效果？

5.15 普通笼型异步电动机在额定电压下启动时，为什么启动电流很大而启动转矩并不大？但深槽式或双笼电动机在额定电压下启动时，启动电流较小而启动转矩较大，为什么？

5.16 绕线转子异步电动机在转子回路中串入电阻启动时，为什么既能降低启动电流又能增大启动转矩？试分析比较串入电阻前后启动时的 Φ_m、I_2、$\cos\varphi_2$、I_{st} 是如何变化的。串入的电阻越大是否启动转矩越大？为什么？

5.17 两台同样的笼型异步电动机共轴连接，拖动一个负载。如果启动时将它们的定子绕组串联以后接至电网上，启动完毕后再改接为并联。试问这样的启动方法对启动电流和启动转矩的影响怎样？

5.18 绕线式三相异步电动机拖动恒转矩负载运行，试定性分析转子回路突然串入电阻后降速的电磁过程。

5.19 绕线式三相异步电动机拖动恒转矩负载运行，在转子回路接入一个与转子绕组感应电动势同频率、同相位的外加电动势，试分析电动机的转速将如何变化。

5.20 单绕组变极调速的基本原理是什么？一台四极异步电动机，采用单绕组变极方法变为两极电机时，若外加电源电压的相序不变，电动机的转向将会怎样？

5.21 为什么在变频恒转矩调速时要求电源电压随频率成正比变化？若电源的频率降低，而电压的大小不变，则会出现什么结果。

5.22 如果电网的三相电压显著不对称，三相异步电动机能否带额定负载长期运行？为什么？

5.23 已知某三相异步电动机在额定电压下直接启动时，启动电流等于额定电流的 6 倍，试计算当电网电压不对称、负序电压分量的大小等于额定电压的 10%、电机带额定负载运行时，定子相电流可能出现的最大值是额定电流的多少倍？这样的运行情况是否允许？为什么？

5.24 三相异步电动机在运行时有一相断线，能否继续运行？当电动机停转之后，能否再启动？

5.25 怎样改变单相电容电动机的旋转方向？对罩极式电动机，如不改变其内部结构，它的旋转方向能改变吗？

5.26 已知三相异步电动机的额定功率为 55 kW，额定电压为 380 V，额定功率因数为 0.89，额定效率为 91.5%，试求该电动机的额定电流。

5.27 已知某异步电动机的额定频率为 50 Hz，额定转速为 970 r/min，问该电动机的极数是多少？额定转差率是多少？

5.28 一台 50 Hz 三相绕线式异步电动机，转子绕组 Y 连接，在定子上加额定电压。当转子开路时，其滑环上测得电压为 72 V，转子每相电阻 $R_2 = 0.6$ Ω，每相漏抗 $X_{2\sigma} = 4$ Ω。忽略定子漏阻抗压降，试求额定运行（$s_N = 0.04$）时，

(1) 转子电流的频率；

(2) 转子电流的大小；

(3) 转子每相电动势的大小；

(4) 电动机总机械功率。

5.29 已知一台三相异步电动机的数据为：$U_N = 380$ V，定子绕组 △ 连接，50 Hz，额定转速 $n_N = 1\,426$ r/min，$R_1 = 2.865$ Ω，$X_{1\sigma} = 7.71$ Ω，$R_2' = 2.82$ Ω，$X_{2\sigma}' = 11.75$ Ω，R_m 忽略不计，$X_m = 202$ Ω。试求：

(1) 极数；

(2) 同步转速；

(3) 额定负载时的转差率和转子频率；

(4) 绘出 T 型等效电路并计算额定负载时的 I_1、P_1、$\cos\varphi_1$ 和 I_2'。

5.30 某三相异步电动机，$U_N = 380$ V，Y 连接，$R_1 = 0.5$ Ω。空载试验数据为：$U_1 = 380$ V（线压），$I_0 = 5.4$ A，$P_0 = 0.425$ kW，机械损耗 $p_{mec} = 0.08$ kW。短路试验中的一点为：$U_k = 120$ V（线电压），$I_k = 18.1$ A，$P_k = 0.92$ kW。试计算出忽略空载附加损耗和认为 $X_{1\sigma} = X_{2\sigma}'$ 时的参数 R_2'、$X_{1\sigma}$、R_m 和 X_m。

5.31 一台三相异步电动机的输入功率为 10.7 kW，定子铜耗为 450 W，铁耗为 200 W，转差率为 $s = 0.029$，试计算电动机的电磁功率、转子铜耗及总机械功率。

5.32 一台 JO_2-52-6 异步电动机，额定电压为 380 V，定子绕组 △ 连接，频率 50 Hz，额定功率 7.5 kW，额定转速 960 r/min，额定负载时 $\cos\varphi_1 = 0.824$，定子铜耗 474 W，铁耗 231 W，机械损耗 45 W，附加损耗 37.5 W，试计算额定负载时，

(1) 转差率；

(2) 转子电流的频率；

(3) 转子铜耗；

(4) 效率；

(5) 定子电流。

5.33 一台 4 极中型异步电动机，$P_N = 200$ kW，$U_N = 380$ V，定子绕组 △ 连接，定子额定电流 $I_N = 385$ A，频率 50 Hz，定子铜耗 $p_{Cu1} = 5.12$ kW，转子铜耗 $p_{Cu2} = 2.85$ kW，铁耗 $p_{Fe} = 3.8$ kW，机械损耗 $p_{mec} = 0.98$ kW，附加损耗 $p_{ad} = 3$ kW，$R_1 = 0.0345$ Ω，$X_m = 5.9$ Ω。

正常运行时 $X_{1\sigma}=0.202\ \Omega, R_2'=0.022\ \Omega, X_{2\sigma}'=0.195\ \Omega$；启动时，由于磁路饱和与趋肤效应的影响，$X_{1\sigma}=0.1375\ \Omega, R_2'=0.0715\ \Omega, X_{2\sigma}'=0.11\ \Omega$。试求：

(1) 额定负载下的转速、电磁转矩和效率；

(2) 最大转矩倍数(即过载能力)和启动转矩倍数。

5.34　一台三相 8 极异步电动机的数据为：$P_N=200\ kW, U_N=380\ V, f=50\ Hz, n_N=722\ r/min$，过载能力 $k_M=2.13$。试求：

(1) 产生最大电磁转矩时的转差率；

(2) $s=0.02$ 时的电磁转矩。

5.35　一台三相 4 极异步电动机额定功率为 28 kW，$U_N=380\ V, \eta_N=90\%, \cos\varphi=0.88$，定子为三角形连接。在额定电压下直接启动时，启动电流为额定电流的 6 倍，试求用 Y-△启动时，启动电流是多少？

5.36　一台三相绕线转子异步电动机，$P_N=155\ kW, I_N=294\ A, 2p=4, U_N=380\ V, Y$ 连接。其参数为 $R_1=R_2'=0.012\ \Omega, X_{1\sigma}=X_{2\sigma}'=0.06\ \Omega, \sigma_1\approx1$，电动势及电流的变比 $k_e=k_i=1.2$。现要求把启动电流限制为 3 倍额定电流，试计算应在转子回路每相中接入多大的启动电阻？这时的启动转矩为多少？

5.37　一台 4 极绕线型异步电动机，50 Hz，转子每相电阻 $R_2=0.02\ \Omega$，额定负载时 $n_N=1\ 480\ r/min$，若负载转矩不变，要求把转速降到 1 100 r/min，问应在转子每相串入多大的电阻？

5.38　一台三相 4 极异步电动机，$U_{1N}=380\ V$，定子绕组 Y 接法，$\cos\varphi_N=0.83$(滞后)，$R_1=0.35\ \Omega, R_2'=0.34\ \Omega, s_N=0.04$，机械损耗和附加损耗之和为 288 W，设 $I_{1N}=I_{2N}'=20.5\ A$，试求：

(1) 额定运行时输出功率、电磁功率和输入功率；

(2) 额定运行时的电磁转矩和输出转矩。

5.39　一台三相 4 极绕线式异步电动机，$f_1=50\ Hz$，转子每相电阻 $R_2=0.015\ \Omega$，额定运行时转子相电流为 200 A，转速 $n_N=1\ 475\ r/min$，试求：

(1) 额定电磁转矩；

(2) 在转子回路串入电阻将转速降至 1 120 r/min，求所串入的电阻值(保持额定电磁转矩不变)；

(3) 转子串入电阻前后达到稳定时定子电流、输入功率是否变化，为什么？

5.40　一台三相 6 极笼型异步电动机，$P_N=3\ kW, U_N=380\ V$，定子绕组 Y 接法，$R_1=2.08\ \Omega, X_{1\sigma}=3.12\ \Omega, R_2'=1.525\ \Omega, X_{2\sigma}'=4.25\ \Omega, R_m=4.12\ \Omega, X_m=62\ \Omega$。当转差率 s 从 1 变化到 0 时，假设电动机参数不变，试计算电磁转矩的大小并画出 $T_{em}=f(s)$ 曲线。

第 6 章　同 步 电 机

同步电机是交流电机的一种。普通同步电机与异步电机的根本区别在于转子侧（特殊结构时也可以是定子侧）安装有磁极并通入直流电流励磁,具有确定的极性。由于定、转子磁场相对静止及气隙合成磁场恒定是所有旋转电机稳定实现机电能量转换的两个前提条件,因此,同步电机的运行特点是转子的旋转速度必须与定子磁场的旋转速度严格同步,并由此而得名。

设产生定子侧旋转磁场的交流电流的频率为 f,电机的极对数为 p,则同步电机转速 n 与电流频率 f 和极对数 p 的基本关系为

$$n = \frac{60f}{p} \tag{6.1}$$

我国规定交流电网的标准工作频率（简称工频）为 50 Hz,即同步速与极对数成反比,最高为 3 000 r/min,对应于 $p=1$。极对数愈多,转速愈低。

同步电机主要用作发电机,世界上的电力几乎全都由同步发电机发出。同步电机也作电动机运行,其特点是可以通过调节励磁电流来改变功率因数。正因为如此,同步电动机有一种特殊运行方式,即接于电网作空载运行,称之为调相机,专门用于电网的无功补偿,以提高功率因数,改善供电性能。

6.1　概　　述

6.1.1　同步电机的结构

同步电机有旋转电枢（见图 6.1）和旋转磁极（见图 6.2）两种结构。旋转电枢式结构只用于小容量电机,一般同步电机都采用旋转磁极式结构。

在旋转磁极式结构中,根据磁极形状又可分为隐极和凸极两种形式。隐极同步电机气隙均匀,转子机械强度高,适合于高速旋转,多与汽轮机构成发电机组,是汽轮发电机的基本结构形式。凸极同步电机的气隙不均匀,旋转时的空气阻力较大,比较适合于中速或低速旋转场合,常与水轮机构成发电机组,是水轮发电机的基本结构形式。

1. 隐极同步电机

汽轮发电机是以汽轮机为原动机的同步发电机,其基本结构为隐极式。因此,下面以汽轮发电机为例介绍隐极同步电机的主要结构部件。

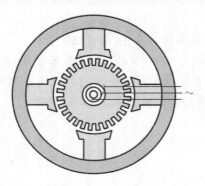

图 6.1　旋转电枢式同步电机的结构

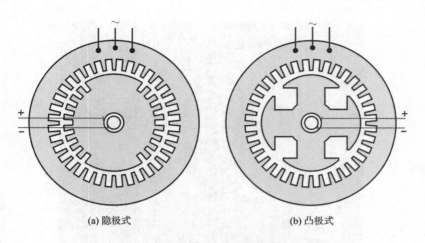

(a) 隐极式   (b) 凸极式

图 6.2 旋转磁极式同步电机的结构

因为隐极式转子适合于高速旋转,而提高转速可以提高发电机组的效率、减小尺寸并降低造价,所以汽轮发电机大多做成具有最高同步速的两极结构。图 6.3 为一台 200 MW 汽轮发电机组的实物照片,图片中部为汽轮发电机。由于转速高、离心力巨大,汽轮发电机的外形必然细长。现代汽轮发电机转子长度与直径之比 $l/D=2.5\sim6.5$,且容量愈大,比值也愈大。

图 6.3 200MW 汽轮发电机组

汽轮发电机的主要结构部件有定子、转子、端盖和轴承等,简介如下。

1) 定子

定子由铁芯、绕组、机座以及若干紧固连接件构成。图 6.4 为 200 MW 汽轮发电机定子的照片。

定子铁芯一般采用含硅量较高的无取向冷轧硅钢片分组叠压而成。每组含10~20片铁芯冲片,厚度 3 cm~6 cm。每组叠片之间有宽 1 cm 的径向通风沟(见图 6.5)。整个铁芯用

图 6.4　200 MW 汽轮发电机定子

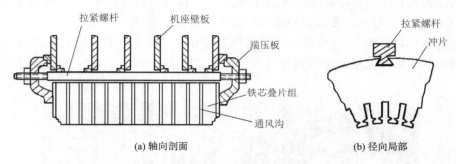

(a) 轴向剖面　　　　　　　　　　　(b) 径向局部

图 6.5　定子铁芯结构

拉紧螺杆和非导磁端压板压紧成整体后固定在机座上。

　　定子机座为钢板焊接结构，用于支撑定子铁芯，并构成所需的通风路径，因此要求它有足够的刚度和强度，以满足加工、运输和运行过程中的受力要求。

　　定子绕组一般采用双层短距叠绕形式。由于发电机容量很大，因此，为减小电流，绕组的电压都设计得很高，甚至可达数万伏；相应地，对绝缘材料和绝缘结构也就有特殊要求。此外，为限制电流密度，绕组导体的截面都比较大，但出于减少涡流损耗方面的考虑，每根导体由多股截面积为 15 mm² 左右的扁铜线并联而成，每股铜线在槽内的位置不固定，并且采用特殊的循环换位方式，使电流密度的分布趋于均匀。

　　2）转子

　　图 6.6 所示为一台两极空气冷却（简称空冷）汽轮发电机转子结构的散件（含同轴的励磁发电机电枢等）。转子的主要部件有铁芯、励磁绕组、护环、中心环和滑环等。由于受离心力限制，转子直径最大为 1.5 m，但最高线速度却已达236 m/s。

　　（1）转子铁芯。转子铁芯（也称转子本体）是汽轮发电机最关键的部件之一，它既是转子磁极的主体，也是巨大离心力的受体，因此要求它兼备高导磁性能和高机械强度。转子铁芯一般采用铬镍钼合金钢锻制而成，并与转轴锻为一个整体。在铁芯表面，以主极轴线为对

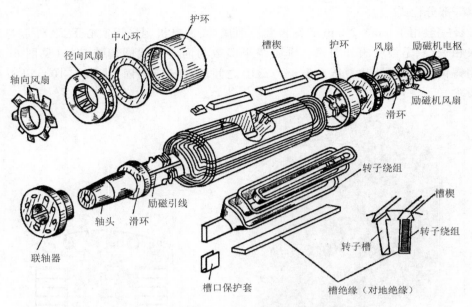

图 6.6　典型汽轮发电机转子结构的散件示意图

称中心，1/3 极距宽度范围内不开槽，形象称之为"大齿"；另 2/3 极距宽度（对称轴两侧各 1/3）内均匀铣制开口式平行槽，用于嵌放励磁绕组（见图 6.7）。

（2）励磁绕组。励磁绕组采用同心式线圈结构，由特制扁铜线绕制而成。考虑承受高速旋转离心力的需要，槽楔必须采用高强度金属材料制作，如硬质铝合金；绕组的绝缘亦要求高可靠性。

（3）护环、中心环和滑环。护环为一金属圆筒，共两只，用于保护励磁绕组的两个端部，使之不会因离心力作用而甩出，故要求采用高强度非导磁合金钢制成。中心环用于支持护环并阻止励磁绕组的轴向移动。滑环装在转轴上，实现励磁绕组与励磁电源的连接，一方经引线接励磁绕组，另一方则经电刷接励磁电源。

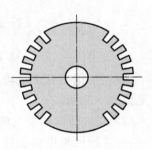

图 6.7　两极汽轮发电机转子开槽情况

3）端盖和轴承

端盖将电机两端封盖起来，与机座、定子铁芯和转子一道构成电机的内通风系统。它多由非导磁硅铝合金浇铸而成。轴承需承受巨大的转子重量和离心力，故采用油膜润滑的座式结构，并配有油循环系统。

2. 凸极同步电机

从支撑方式角度看，前面介绍的隐极同步电机只有卧式一种，但凸极同步电机却有卧式和立式两类。大多数同步电动机、调相机及由内燃机拖动的发电机采用卧式结构，而低速、大型水轮发电机则采用立式结构。

1）卧式凸极同步电机的结构特点

卧式凸极同步电机的定子结构与隐极同步电机或异步电机的基本相同，所不同的只是转子结构。图 6.8 所示为一台六极卧式凸极同步电机的转子，由磁极、励磁线圈、磁轭和阻

尼绕组等部分构成。

磁极一般用 1 mm～3 mm 的钢板叠压而成，高速电机则采用实心形式，外形与直流电机磁极相近，只是极靴为外圆弧。励磁绕组多数为同心式线圈套装结构（见图 6.9）。磁轭可用铸钢，也可用冲片叠压。磁极与磁轭之间的连接应牢固（见图 6.10），以满足旋转受力要求。

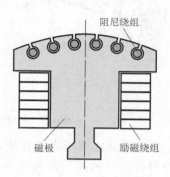

图 6.8　卧式凸极同步电机转子的典型结构　　　图 6.9　凸极机的磁极与绕组

阻尼绕组和异步电机的笼型结构相似，由若干插在极靴槽中的铜条经两端环短接而成（见图 6.8 和图 6.9）。

2）立式凸极同步电机的结构特点

水轮发电机由水轮机作为原动机拖动，结构形式为立式，是立式凸极同步电机的典型结构。图 6.11 所示为 320 MW 水轮发电机组的实物照片。

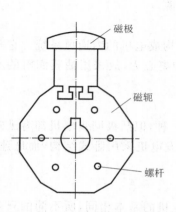

图 6.10　凸极机的磁轭与磁极　　　　　　图 6.11　320 MW 水轮发电机组

水轮机转速低,因此,水轮发电机的极对数多,电机直径大,轴向长度短,外形短粗,呈扁盘形(见图 6.12)。

水轮发电机组转动部分的重量和水流的轴向推力总计可达数千吨,全部由一个推力轴承支撑。显然,推力轴承是立式同步电机的关键部件。

立式水轮发电机视推力轴承的不同安放位置可分为悬式和伞式两种基本结构形式。悬式结构将推力轴承装在转子上部,整个转子悬挂在上机架上,如图 6.13(a)所示。伞式结构与之相反,推力轴承放在发电机转子下部,呈伞形,如图 6.13(b)所示。

悬式机组运行较稳定,适用于高水头电站。对于转速在 150 r/min 以下的低水头电站,则多采用伞式结构,以降低厂房高度,节约钢材,节省投资。

图 6.12 吊装中的水轮发电机转子(320MW)

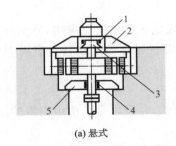 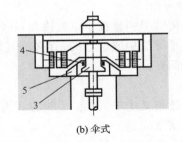

(a) 悬式　　　　　　　　　　(b) 伞式

图 6.13 悬式和伞式水轮发电机的示意图
1—上导轴承;2—上机架;3—推力轴承;4—下导轴承;5—下机架

水轮发电机转子上的磁极、励磁绕组、磁轭和阻尼绕组等结构与卧式凸极同步电机相似,不重复。但由于转子尺寸太大,一般需要在转轴和转子磁轭之间添加一个轮辐式支架作为过渡结构,以节省材料。

6.1.2 同步电机的励磁方式

同步电机运行时,必须在励磁绕组中通入直流电流,建立励磁磁场。相应地,将供给励磁电流的整个装置称为励磁系统。

励磁系统是同步电机的重要组成部分,并且可分为两大类。一类是采用直流发电机供给励磁电流,另一类则通过整流装置将交流电流变为直流电流以满足需要。下面简要介绍。

1. 直流发电机励磁系统

这是一种经典的励磁系统,并称该系统中的直流发电机为直流励磁机。直流励磁机多采用他励或永磁励磁方式,且与同步发电机同轴旋转,输出的直流电流经电刷、滑环输入同步发电机转子励磁绕组。

2. 静止式交流整流励磁系统

这种励磁系统以将同轴旋转的交流励磁机的输出电流经整流后供给发电机励磁绕组的他励式系统应用最普遍。与传统直流系统相比，其主要区别是变直流励磁机为交流励磁机，从而解决了换向火花问题。

3. 旋转式交流整流励磁系统

静止式交流整流励磁系统去掉了直流励磁机的换向器，解决了换向火花问题，但电刷和滑环依然存在，还是有触点系统。如果把交流励磁机做成转枢式同步发电机，并将整流器固定在转轴上一道旋转，就可以将整流输出直接供给发电机的励磁绕组，而毋须电刷和滑环，构成旋转的无触点（或称无刷）交流整流励磁系统，简称为无刷励磁系统。

6.1.3　同步电机的冷却方式

随着单机容量的不断提高，大型同步电机的发热和冷却问题日趋严重，冷却方式也不断改进。同步电机的冷却方式主要有以下几种。

1. 空气冷却

空气冷却主要采用内扇式轴向和径向混合通风系统，适用于容量为 50 MW 以下的汽轮发电机。为确保运行安全，要求整个空气系统应是封闭的。

2. 氢气冷却

氢气冷却的效果明显优于空气冷却，在汽轮发电机中被广泛应用，并从外冷式发展为内冷式，即定、转子导线做成空心的，直接将氢气压缩进导体带走热量。应用中要注意解决的是防漏和防爆问题。

3. 水冷却

水的冷却效果又优于氢气。主要方式为内冷式，并且以定子绕组内冷的应用为多，但面临泄露和积垢堵塞问题。

虽然全氢冷有很理想的冷却效果，但定子绕组用水内冷，定、转子铁芯氢外冷，转子励磁绕组用氢内冷的混合冷却方式"水氢氢"更为经济，应用也较多。

4. 超导发电机

这是彻底解决电机发热和冷却问题的必经之路。其进展很快，关键技术问题，如强磁场、高电密、高温交流超导线材的制备等，有望在近年内取得突破。

6.1.4　同步电机的额定值

额定电压 U_N　电机额定运行时定子的线电压，单位为 V 或 kV。

额定电流 I_N　电机额定运行时定子的线电流，单位为 A。

额定功率因数 $\cos\varphi_N$　电机额定运行时的功率因数。

额定效率 η_N　电机额定运行时的效率。

额定容量 $S_N = \sqrt{3}U_N I_N$　对发电机，是出线端额定视在功率，单位为 VA、kVA 或 MVA；对调相机，为线端额定无功功率，单位为 var、kvar 或 Mvar。

额定功率 P_N　对发电机为额定输出有功电功率

$$P_N = S_N \cos\varphi_N = \sqrt{3}U_N I_N \cos\varphi_N \tag{6.2}$$

对电动机是轴上输出的额定机械功率

$$P_N = S_N \eta_N \cos\varphi_N = \sqrt{3} U_N I_N \eta_N \cos\varphi_N \qquad (6.3)$$

此外,铭牌上还有

额定频率 $f_N(\text{Hz})$;

额定转速 $n_N(\text{r/min})$;

额定励磁电流 $I_{fN}(\text{A})$;

额定励磁电压 $U_{fN}(\text{V})$。

6.2 同步电机的运行原理

6.2.1 同步发电机的空载运行

同步发电机被原动机拖动到同步转速,转子励磁绕组通入直流励磁电流而定子绕组开路时的运行工况称之为空载运行。此时,定子电流为零,电机内的磁场仅由转子励磁电流 I_f 及相应的励磁磁动势 F_f 单独建立,称为励磁磁场。图 6.14 为一台凸极同步发电机空载运行时励磁磁场分布的示意图。图中既交链转子,又经过气隙交链定子的磁通,称为主磁通。显然,这是一个被原动机带动到同步转速的旋转磁场,其磁密波形沿气隙圆周近似作正弦分布(由设计保证),其基波分量的每极磁通量用 Φ_0 表示。Φ_0 将参与电机的机电能量转换过程。

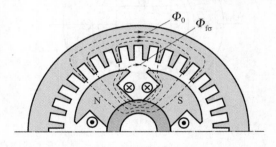

图 6.14 凸极同步发电机空载磁场示意图

基波主磁通 Φ_0 之外的所有谐波成分(称为谐波漏磁通)和励磁磁场中仅与转子励磁绕组交链而不与定子交链的磁通(见图 6.14)均不参与机电能量过程,统称为漏磁通,用符号 $\Phi_{f\sigma}$ 表示。下标 f 表示是由励磁磁场产生的漏磁通。这里需要提醒注意的是,所有谐波磁通均被归属为漏磁通,这是在直流电机磁场分析中没有出现过的新概念,故特别强调。实际上,在交流稳态分析中,对基波和谐波予以特别区分是最基本的要求。

设转子的同步转速为 n_1,则基波主磁通切割定子绕组感应出频率 $f = pn_1/60$ 的对称三相基波电动势,其有效值为

$$E_0 = 4.44 f N k_{N1} \Phi_0 \qquad (6.4)$$

改变励磁电流 I_f(亦即改变励磁磁动势 F_f),可得到不同的 Φ_0 和 E_0,由此可得空载特性曲线(亦称磁化曲线)$E_0 = f(I_f)$ 或 $E_0 = f(F_f)$ 和 $\Phi_0 = f(I_f)$ 或 $\Phi_0 = f(F_f)$,并可绘制为无量纲(标幺值)形式(见图6.15)。

和直流电机一样,空载特性起始段为直线,其延长线为气隙线。取 $\overline{oa}$ 代表额定电压 U_N,则电机磁路的饱和系数

$$k_\mu = \frac{\overline{ac}}{\overline{ab}} = \frac{\overline{dh}}{\overline{oa}} = \frac{E_0'}{U_N} \qquad (6.5)$$

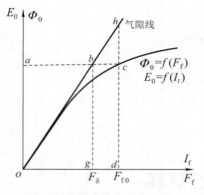

图 6.15 同步发电机的空载
特性（磁化曲线）

式中，E_0' 为气隙线上的对应电压。普通同步电机 k_μ 的取值范围在 $1.1 \sim 1.25$ 之间，表明磁路饱和后，由励磁磁动势 F_{f0} 建立的基波主磁通和感应的基波电动势都降低为未饱和值的 $1/k_\mu$，或者说所需磁动势是未饱和时的 k_μ 倍（即 $F_{f0} = k_\mu F_\delta$，见图 6.15）。

由于同步发电机中的励磁磁场是以同步转速 ω_1 在空间旋转的，与由其产生的定子绕组中的以频率 ω_1 交变的正弦基波主磁通及其感应的正弦基波电动势在时空上呈同步变化，因此，可以将它们画在统一的时-空矢量图上，以简化分析。同步发电机空载运行时的时-空矢量图如图6.16所示。

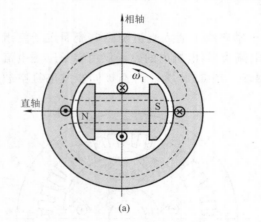

(a)

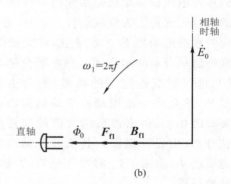

(b)

图 6.16 同步发电机空载运行时的时-空矢量图

图 6.16 所示中，忽略磁滞效应，励磁磁动势 F_f 的基波 $\boldsymbol{F}_{f1}$（空间矢量）和由它产生的气隙磁密基波 $\boldsymbol{B}_{f1}$（空间矢量）同相位，波幅同处直轴正方向，以同步速 $\omega_1 = 2\pi f$ 旋转。$\boldsymbol{B}_{f1}$ 与定子相绕组交链的磁通量是时间变量，交变角频率为 ω_1，用相量 $\dot{\Phi}_0$（时间矢量）表示，所感应的电动势用相量 $\dot{E}_0$（时间矢量）表示，$\dot{E}_0$ 在时间上要滞后 $\dot{\Phi}_0$ 90° 电角度。显然，取定子各相绕组的时间参考轴线（简称时轴）与绕组对称轴线（简称相轴）重合后，$\dot{\Phi}_0$ 也就与 $\boldsymbol{B}_{f1}$ 同方向。

实际电机中，由于气隙磁密波形不可能为理想正弦，定子绕组电动势中势必会存在一系列谐波，各次谐波电压有效值的计算公式为

$$U_n = 4.44 f_n N k_{Nn} \Phi_n \quad (n = 2, 3, \cdots) \tag{6.6}$$

并采用电压波形正弦性畸变率

$$k_M = \frac{\sqrt{\sum_{n=2}^{\infty} U_n^2}}{U_1} \times 100\% \tag{6.7}$$

和电话谐波系数

$$\text{THF}\% = \frac{\sqrt{\sum_{n=1}^{5\,000}(\lambda_n U_n)^2}}{U} \times 100\% \tag{6.8}$$

来衡量波形的质量及其对通信的影响。

式(6.7)和式(6.8)中，U_1 为基波电压有效值；U 为实际电压波形的有效值(包含所有谐波成分)；λ_n 为加权系数。对于中等容量以上($P_N > 5\,000\text{kW}$)的同步发电机，要求 $k_M < 5\%$，$\text{THF}\% < 1.5\%$。

6.2.2　同步电机的电枢反应

同步电机空载运行时，定子绕组开路，电机中只有以同步速旋转的转子励磁磁场。该磁场单独产生基波主磁通 Φ_0，在定子(电枢)绕组中感应电动势 E_0 并保持恒定，除非改变转子励磁电流，否则这种平衡就会维持不变。然而，一旦电机带负载运行，即定子绕组出现电流，这种情况就要变化，原有平衡也就要破坏了。

不失一般性，设电机接三相对称负载，则在 E_0 作用下，定子(电枢)三相对称绕组中会出现三相对称电流，该电流系统势必要产生一个与转子同步旋转的圆形旋转磁动势，其基波用 $\boldsymbol{F}_a$ 表示，$\boldsymbol{F}_a$ 与 $\boldsymbol{F}_{f1}$ 在空间上相对静止，于是，电机内的气隙磁场将由 $\boldsymbol{F}_a$ 和 $\boldsymbol{F}_{f1}$ 共同建立。此时，尽管转子励磁电流未变，但气隙磁场已完全不同于空载时的励磁磁场，感应电动势也就不再是负载前的 E_0 了。

上述情况与直流电机带负载后的情况基本相同，即电枢电流产生的磁场对主极磁场产生影响，故仍称之为电枢反应。区别只在于，在直流电机中，两个磁场都是静止的，而同步电机中两者只是保持相对静止，本身却都是旋转的；此外，在确立基本电磁关系时，无论是励磁磁场还是电枢反应磁场，同步电机特别强调的是基波之间的相互作用，但在直流电机分析中并没有这种限制。这实质上也是交、直流稳态分析的基本区别。

不难想象，电枢反应的性质(助磁、去磁或交磁)将取决于电枢磁动势基波 $\boldsymbol{F}_a$ 与励磁磁动势基波 $\boldsymbol{F}_{f1}$ 的空间相对位置。分析表明，这一相对位置仅与励磁电动势 $\dot{E}_0$ 和电枢电流 $\dot{I}$ 之间的相位差 ψ 有关。

理论上讲，ψ 角可在 $(-90°, 90°)$ 范围内连续变化，但一般情况下只讨论 $0 \leqslant \psi \leqslant 90°$ 的情况，见图 6.17。图中三相电流方向为某瞬时电流的实际方向。

依习惯，以后在时-空矢量图中统一称直轴为 d 轴，交轴为 q 轴(并与时轴、相轴三轴合一)，$\boldsymbol{F}_{f1}$ 和 $\dot{\Phi}_0$ 用同一个 d 轴正方向的时-空矢量表示，$\dot{E}_0$ 在 q 轴上。此外，直接应用交流绕组磁动势分析结论，$\boldsymbol{F}_a$ 和 $\dot{I}$ 重合。

参照图 6.17(b)，将 $\boldsymbol{F}_a$ 分解成交轴和直轴两个分量，即

$$\boldsymbol{F}_a = \boldsymbol{F}_{ad} + \boldsymbol{F}_{aq} \tag{6.9}$$

或写成幅值形式

$$\left.\begin{array}{l} F_{ad} = F_a\sin\psi \\ F_{aq} = F_a\cos\psi \end{array}\right\} \tag{6.10}$$

记气隙合成磁动势为

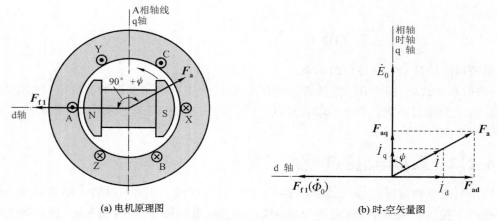

(a) 电机原理图   (b) 时-空矢量图

图 6.17　同步电机的电枢反应

$$\boldsymbol{F}_\delta = \boldsymbol{F}_{f1} + \boldsymbol{F}_a \tag{6.11}$$

则交、直轴电枢磁动势的作用可分别考察如下。

$\psi=0$ 时，由 $F_{ad}=0$，$F_{aq}=F_a$，可知电枢磁动势只有交轴分量。作图于图 6.18(a)，得 $\boldsymbol{F}_\delta$ 后移 $\boldsymbol{F}_{f1}$，且 $F_\delta = \sqrt{F_{f1}^2 + F_a^2} > F_{f1}$，表明交轴分量起交磁作用，使气隙合成磁场幅值增加。

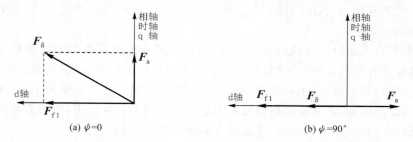

(a) $\psi=0$ (b) $\psi=90°$

图 6.18　交-直轴电枢磁动势的作用

此外，由 $\psi=90°$，得 $F_{ad}=F_a$，$F_{aq}=0$，可知此时电枢磁动势只有直轴分量。作图 6.18 (b)，得 $\boldsymbol{F}_\delta$ 与 $\boldsymbol{F}_{f1}$ 同方向，但 $F_\delta = F_{f1} - F_a$，即直轴分量只起去磁作用。

仿式(6.9)和式(6.10)处理电枢电流有

$$\dot{I} = \dot{I}_d + \dot{I}_q \tag{6.12}$$

和

$$\left.\begin{array}{l} I_d = I\sin\psi \\ I_q = I\cos\psi \end{array}\right\} \tag{6.13}$$

同理，I_q 起交磁和助磁作用，I_d 起去磁作用。

一般情况下，$0<\psi<90°$，交、直轴分量同时存在，故电枢反应主要起交磁和去磁作用。

接下来，具体讨论电枢反应对气隙磁场及感应电动势的影响，这与电机的磁路结构有关，因而需要将隐极机和凸极机分开进行考虑。

1. 隐极同步电机的电枢反应特点

隐极同步电机的结构特点是气隙均匀。因此，同一电枢磁动势作用在圆周气隙上的任何位置所产生的气隙磁场和每极磁通量都是相同的,没有必要作类似于式(6.9)或式(6.12)那样的分解,就可以整体考虑电枢反应的影响。具体过程如下。

当磁路不饱和时,可以采用叠加原理求解,即认为励磁磁动势 F_{f1} 和电枢磁动势 F_a 共同作用的结果为它们分别作用效果之和。于是仿 F_{f1} 求出 $\dot{\Phi}_0$ 或 $\dot{E}_0$ 的过程由 F_a 求出 $\dot{\Phi}_a$ 或 $\dot{E}_a$,就可由 $\dot{\Phi}_\delta = \dot{\Phi}_0 + \dot{\Phi}_a$ 或 $\dot{E}_\delta = \dot{E}_0 + \dot{E}_a$ 得出合成气隙磁通或合成气隙电动势,也就是说,电枢反应的作用可以直接由电枢反应磁场与定子绕组交链的基波磁通 $\dot{\Phi}_a$ 或所感应的电动势 $\dot{E}_a$ 考虑。

磁路饱和时,磁场不再满足线性叠加条件,但由安培环路定律,磁动势却总是可以叠加的。因此,求解电枢反应的过程要改为先由 $F_\delta = F_{f1} + F_a$ 求得合成气隙磁动势,再由 F_δ 求出 $\dot{\Phi}_\delta$ 或 $\dot{E}_\delta$。

总之,无论饱和与否,隐极同步电机都可以把电枢反应的影响作为整体来考虑。不饱和时直接通过 $\dot{\Phi}_a$ 和 $\dot{E}_a$ 确定 $\dot{\Phi}_\delta$ 和 $\dot{E}_\delta$,饱和后则需要通过 F_δ 间接求解。

2. 凸极同步电机的双反应理论

凸极同步电机的气隙是不均匀的,同一电枢磁动势作用在不同气隙位置时所产生的气隙磁场和每极磁通量都会不一样。图 6.19(b)、(c)表示相同幅值的正弦波磁动势分别作用于直轴和交轴位置时的气隙磁场分布情况。

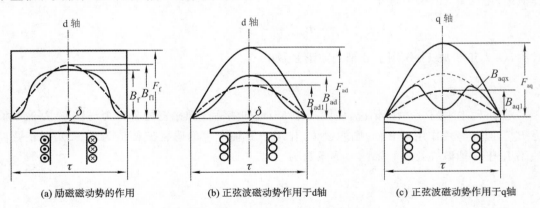

(a) 励磁磁动势的作用 (b) 正弦波磁动势作用于d轴 (c) 正弦波磁动势作用于q轴

图 6.19　凸极同步电机的气隙磁场波形

图示结果表明,当磁动势正好作用在直轴($\psi = 90°$)或交轴($\psi = 0$)位置时,虽然幅值不等($B_{ad1} > B_{aq1}$),波形不同(准正弦型和马鞍型),但气隙磁场的分布还是对称的,进行分析和计算还不是太困难。

然而,一般情况下,$0 < \psi < 90°$,即 F_a 既不是作用在直轴上也不作用在交轴上,而是一个任意位置上,此时非但幅值和波形不确定,就连分布的对称性也不能确定,实际情况完全因 F_a 的大小和 ψ 角的位置而异,根本不可能解析求解。

为了解决这一困难,布隆代尔提出了双反应理论,即当电枢磁动势作用于交、直轴间的任意位置时,可将之分解成直轴分量和交轴分量,先分别求出交、直轴电枢反应,最后再把它们的效果叠加起来。

双反应理论的理论基础实质上是叠加原理，然而，实践证明，若不计饱和，应用双反应理论分析凸极电机的确可以得到令人满意的结果。

应用双反应理论的第一步是作磁动势分解，这已由式(6.9)给出。剩下的问题就是如何在一个统一的基准上对交、直轴电枢反应进行计算，并将效果叠加，即解决交、直轴电枢磁动势的折算问题。具体介绍如下。

由于空载特性是电机的基本特性曲线，因此选空载特性作为交、直轴电枢磁动势的折算基准比较合理。这样，也就等于可以用一个等效的励磁磁动势来替代交、直轴电枢磁动势，从而也就可以利用空载特性曲线求解交、直轴电枢反应。

图 6.19(a)所示是励磁磁动势 F_f 作用下的磁场分布情况。设 F_f 为方波，恒作用于 d 轴，产生准方波气隙磁密波 B_f，其基波幅值为 B_{f1}。由于

$$B_f = \frac{\mu_0}{k_\delta \delta} F_f \tag{6.14}$$

式中，δ 和 k_δ 为 d 轴处的气隙长度和气隙系数，定义方波 F_f 作用于 d 轴的波形系数

$$k_f = \frac{B_{f1}}{B_f} \tag{6.15}$$

则有

$$B_{f1} = \frac{k_f \mu_0}{k_\delta \delta} F_f \tag{6.16}$$

类似地，由图 6.19(b)可导出

$$B_{ad1} = \frac{k_d \mu_0}{k_\delta \delta} F_{ad} \tag{6.17}$$

式中，k_d 为正弦波 F_{ad} 作用于 d 轴的波形系数，

$$k_d = \frac{B_{ad1}}{B_{ad}} \tag{6.18}$$

对于 F_{aq} 作用于 q 轴的情况，由图 6.19(c)可知实际气隙磁密的分布为马鞍形，基波幅值为 B_{aq1}，但要等效作用于 d 轴，则假设 F_{aq} 作用于 d 轴产生的磁密波幅值为 $B_{aq}(d)$，即正弦波 F_{aq} 作用于 q 轴但等效到 d 轴的波形系数为

$$k_q = \frac{B_{aq1}}{B_{aq}(d)} \tag{6.19}$$

从而有

$$B_{aq1} = \frac{k_q \mu_0}{k_\delta \delta} F_{aq} \tag{6.20}$$

最后，利用关系式(6.16)，就可以将直轴和交轴正弦波电枢磁动势 F_{ad} 和 F_{aq} 折算为方波励磁磁动势。设折算值为 F'_{ad} 和 F'_{aq}，以保证折算前后所产生的基波磁密幅值相等为前提，应有

$$\left. \begin{aligned} \frac{k_f \mu_0}{k_\delta \delta} F'_{ad} &= \frac{k_d \mu_0}{k_\delta \delta} F_{ad} \\ \frac{k_f \mu_0}{k_\delta \delta} F'_{aq} &= \frac{k_q \mu_0}{k_\delta \delta} F_{aq} \end{aligned} \right\} \tag{6.21}$$

即

$$\left. \begin{aligned} F'_{ad} &= \frac{k_d}{k_f} F_{ad} = k_{ad} F_{ad} \\ F'_{aq} &= \frac{k_q}{k_f} F_{aq} = k_{aq} F_{aq} \end{aligned} \right\} \tag{6.22}$$

式中，$k_{ad}=k_d/k_f$ 和 $k_{aq}=k_q/k_f$ 分别为直轴和交轴电枢磁动势折算系数。其物理意义是建立同样大小的基波磁场时，单位安匝的直轴或交轴正弦磁动势所对应的等效的励磁磁动势的数值。

在凸极电机中，由于 $k_q < k_d$，所以 $k_{aq} < k_{ad}$；而在隐极电机中，则因 $k_d = k_q = 1$，故 $k_{ad} = k_{aq} = 1/k_f$。这也就意味着隐极机有可能作为凸极机的特例来处理。

k_{ad} 和 k_{aq} 的具体数值与凸极电机的磁路结构及磁场分布密切相关，需要通过磁场图解法或现代计算机数值方法（如有限元方法）结合傅里叶分析求出，具体可参阅有关专业书籍。

6.2.3　隐极同步发电机的负载运行

同步发电机各物理量正方向的规定如图 6.20 所示。图中 $\dot{E}_0$、$\dot{E}_a$ 和 $\dot{E}_\sigma$ 分别表示转子励磁主磁通 $\dot{\Phi}_0$、定子电枢反应主磁通 $\dot{\Phi}_a$ 及漏磁通 $\dot{\Phi}_\sigma$ 在定子绕组中感应的励磁电动势、电枢反应电动势和漏电动势。

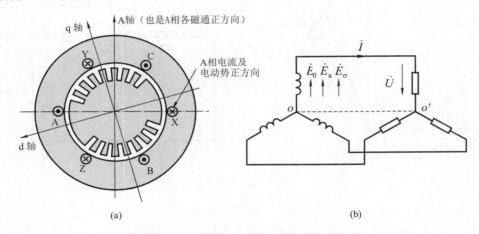

(a)　　　　　　　　　　　　　(b)

图 6.20　同步发电机各物理量正方向的规定

为陈述方便，将不饱和和饱和情况下的负载运行分开来考虑。

1. 不考虑饱和

如前所述，不计饱和时，可利用叠加原理求解。此时，隐极同步发电机内各物理量之间的电磁关系可形象表述如下。

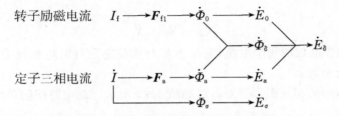

由图 6.20 所示规定的正方向，可得定子电动势平衡方程为

$$\sum\dot{E} = \dot{E}_0 + \dot{E}_a + \dot{E}_\sigma = \dot{E}_\delta + \dot{E}_\sigma = \dot{U} + \dot{I}R_a \tag{6.23}$$

式中，R_a 为定子一相绕组的电阻。

$\dot{E}_0$、$\dot{E}_a$ 和 $\dot{E}_\sigma$ 分别滞后于产生它们的磁通 $\dot{\Phi}_0$、$\dot{\Phi}_a$ 和 $\dot{\Phi}_\sigma$ 90°相角。把 $\dot{E}_0$、$\dot{E}_a$ 和 $\dot{E}_\sigma$ 相加，即得 $\dot{U}$ 加上 $\dot{I}R_a$，相量图为图 6.21(a)（对应的等效电路为图 6.21(b)）。图中画出了与 $\dot{I}$ 同相的 F_a，表明这也是一个时-空矢量图。忽略磁滞效应，$\dot{\Phi}_a$ 与 F_a 同相位，则 $\dot{E}_a$ 滞后 $\dot{I}$ 的相角为 90°。由于不考虑饱和时有 $E_a \propto \Phi_a \propto F_a \propto I$，因此可将 $\dot{E}_a$ 写成负电抗压降的形式，即

$$\dot{E}_a = -j\dot{I}X_a \qquad (6.24)$$

式中，X_a 称为电枢反应电抗，它在数值上等于单位电流所感应的电枢反应电动势，在物理意义上表示对称三相电流所产生的电枢反应磁场在定子相绕组中感应电动势的能力。

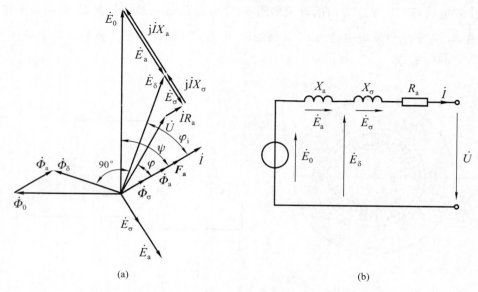

图 6.21　不计饱和时隐极同步发电机的时-空矢量图和等效电路

此外，因为漏磁路总是线性的，即恒成立 $E_\sigma \propto \Phi_\sigma \propto I$，故同理有

$$\dot{E}_\sigma = -j\dot{I}X_\sigma \qquad (6.25)$$

综上所述，式(6.23)可改写为

$$\dot{E}_0 = \dot{U} + \dot{I}R_a + j\dot{I}X_\sigma + j\dot{I}X_a = \dot{U} + \dot{I}R_a + j\dot{I}X_t \qquad (6.26)$$

其中

$$X_t = X_\sigma + X_a \qquad (6.27)$$

式中，X_t 为隐极同步电机的同步电抗，它是表征对称稳态运行时电枢反应基波磁场和漏磁场综合效应的电磁参数。

与式(6.26)对应的相量图和等效电路如图 6.22 所示。此电路图简单明确，在工程中有广泛应用。

2. 考虑饱和

在大多数情况下，同步电机都在饱和区，即磁化曲线的膝部附近运行。这时叠加原理不

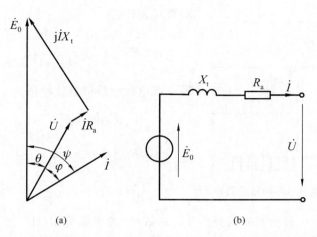

(a)　　　　　　　　　　　　(b)

图 6.22　用励磁电动势和同步电抗表示的隐极同步发电机的相量图和等效电路

再适用，即 F_δ 作用的结果并非 F_{f1} 和 F_a 分别作用效果之和，$\dot\Phi_\delta \neq \dot\Phi_0 + \dot\Phi_a$，$\dot E_\delta \neq \dot E_0 + \dot E_a$，更何况 $\dot E_a$ 与 $\dot I$ 之间已没有固定关系，E_0 也不可能有解析求解方法。可行的办法只有先求出合成气隙磁动势，再利用磁化曲线（空载特性）确定合成磁通和合成电动势。相应的电磁关系可表述为

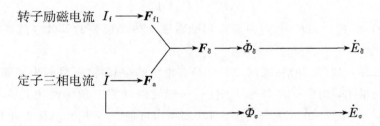

磁动势平衡方程为

$$F_\delta = F_{f1} + F_a \tag{6.28}$$

电动势平衡方程是

$$\sum \dot E = \dot E_\delta + \dot E_\sigma = \dot U + \dot I R_a \tag{6.29}$$

或改写为

$$\dot E_\delta = \dot U + \dot I R_a + \mathrm{j}\dot I X_\sigma \tag{6.30}$$

现在的问题是要由 F_δ 求得 $\dot E_\delta$，而可以利用的是电机的空载特性 $E_0 = f(F_f)$。但由于 F_δ 是正弦波，而 F_f 是实际励磁磁动势波形，因此，仿双反应理论中已采用过的做法，还必须对 F_δ 进行折算。

忽略定、转子开槽影响，隐极同步电机的气隙均匀，转子励磁绕组所产生的励磁磁动势为一阶梯波，幅值 $F_f = I_f N_f$，如图 6.23 所示。若进一步忽略阶梯效应，则励磁磁动势可用一梯形波代替，如图中虚线所示。

设半周期内齿槽区张角为 $\nu\pi$，即大齿张角为 $(1-\nu)\pi$，取主极轴线为坐标原点，则励磁磁

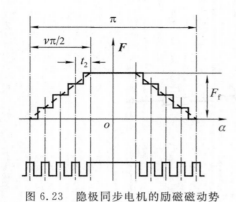

图 6.23　隐极同步电机的励磁磁动势

动势可表述为

$$F=\begin{cases} F_f & ,0\leqslant\alpha\leqslant(1-\nu)\pi/2 \\ \dfrac{\pi-2\alpha}{\nu\pi}F_f, & (1-\nu)\pi/2\leqslant\alpha\leqslant\pi/2 \end{cases} \quad (6.31)$$

展成傅里叶级数得基波幅值为

$$\begin{aligned} F_{f1} &= \frac{4}{\pi}\int_0^{\pi/2}F\cos\alpha\mathrm{d}\alpha \\ &= \frac{4}{\pi}F_f\left[\int_0^{(1-\nu)\pi/2}\cos\alpha\mathrm{d}\alpha+\int_{(1-\nu)\pi/2}^{\pi/2}\frac{\pi-2\alpha}{\nu\pi}\cos\alpha\mathrm{d}\alpha\right] \\ &= \frac{8F_f}{\pi^2\nu}\sin\frac{\nu\pi}{2}=k_fF_f=F_f/k_a \end{aligned} \quad (6.32)$$

式中，k_f 为隐极同步电机励磁磁动势的波形系数；k_a 为折算系数，且

$$k_a=\frac{1}{k_f}=\frac{\pi^2\nu}{8\sin\dfrac{\nu\pi}{2}} \quad (6.33)$$

用 k_a 乘式（6.28）两侧，有

$$k_a\boldsymbol{F}_\delta=k_a\boldsymbol{F}_{f1}+k_a\boldsymbol{F}_a \quad (6.34)$$

改记为

$$\boldsymbol{F}'_\delta=\boldsymbol{F}_f+\boldsymbol{F}'_a \quad (6.35)$$

式中，$\boldsymbol{F}'_\delta=k_a\boldsymbol{F}_\delta$ 和 $\boldsymbol{F}'_a=k_a\boldsymbol{F}_a$ 分别为折算到励磁磁动势梯形波的等效气隙磁动势和电枢磁动势。

综合式（6.28）、式（6.30）和式（6.35）并结合电机的空载特性，可画出饱和时隐极同步发电机的时-空矢量图，如图 6.24 所示。图中，梯形波磁动势三角形的边长为正弦波时的 k_a 倍（实际电机中，$\nu=0.7\sim0.8$，$k_a=0.97\sim1.035\approx1$，可视 $\boldsymbol{F}'_a=\boldsymbol{F}_a$），具体做法是先由 $\boldsymbol{F}_a$ 求出 $\boldsymbol{F}'_a$ 并与 $\boldsymbol{F}_f$ 合成得 $\boldsymbol{F}'_\delta$，求得 $\boldsymbol{F}'_\delta$ 后查空载特性曲线即得 E_δ。

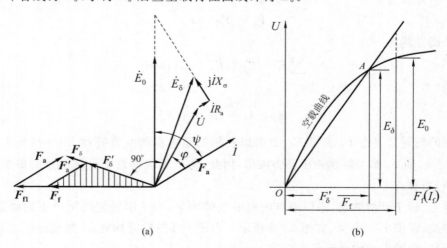

图 6.24　计及饱和时隐极同步发电机的时-空矢量图

图示结果表明，计及饱和后，漏抗压降的延长线将不和空载（励磁）电动势 $\dot{E}_0$ 闭合，即 $\dot{E}_0 \neq \dot{U} + \dot{I}R_a + j\dot{I}X_t$。其原因是：当 F_f 保持不变时，空载时的气隙磁通比负载时的多（因没有电枢反应的去磁作用），即空载时主磁路的饱和程度比负载时高，故同样大小的 F_f 在空载时产生的电动势 E_0 要比负载时按图 6.24(b) 中的 $\overline{OA}$ 线实施参数 X_a 的线性化后所求得的值小得多。

需要说明的是，由于饱和时电枢反应电抗 X_a 是一个随饱和程度变化而变化的参数，励磁电动势 E_0 亦然，因此，饱和时的等效电路的描述没有实际意义。

6.2.4 凸极同步发电机的负载运行

仿隐极同步发电机的分析步骤，先讨论不饱和运行，后讨论饱和运行，所不同的是要运用双反应理论。

1. 不考虑饱和

根据双反应理论，凸极同步发电机不饱和运行时的基本电磁关系为

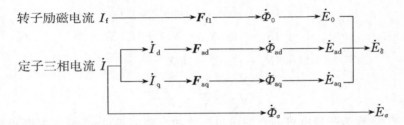

由此可得电动势平衡方程为

$$\sum \dot{E} = \dot{E}_\delta + \dot{E}_\sigma = \dot{E}_0 + \dot{E}_{ad} + \dot{E}_{aq} + \dot{E}_\sigma = \dot{U} + \dot{I}R_a \tag{6.36}$$

对应的相量图如图 6.25(a) 所示。

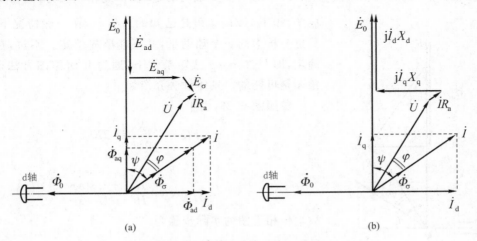

图 6.25　不计饱和时凸极同步发电机的相量图

与隐极电机类似，不计饱和时，应有

$$E_{ad} \propto \Phi_{ad} \propto F'_{ad} \propto F_{ad} \propto I_d \atop E_{aq} \propto \Phi_{aq} \propto F'_{aq} \propto F_{aq} \propto I_q \Bigg\} \tag{6.37}$$

则可仿式（6.24）处理，记

$$\left.\begin{array}{l}\dot{E}_{ad} = -\mathrm{j}\dot{I}_d X_{ad}\\[2mm] \dot{E}_{aq} = -\mathrm{j}\dot{I}_q X_{aq}\end{array}\right\} \tag{6.38}$$

式中，X_{ad} 和 X_{aq} 分别为直轴电枢反应电抗和交轴电枢反应电抗，其物理意义与隐极电机的 X_a 相同，是凸极电机运用双反应理论的必然结果。

由于将式（6.37）和式（6.38）整合后可以导出

$$\frac{X_{ad}}{X_{aq}} = \frac{k_{ad}}{k_{aq}} = \frac{k_d}{k_q} \tag{6.39}$$

且 $k_d > k_q$，故不饱和时有 $X_{ad} > X_{aq}$ 成立。

综上，最后可将式（6.36）改写为

$$\begin{aligned}\dot{E}_0 &= \dot{U} + \dot{I}R_a - \dot{E}_{ad} - \dot{E}_{aq} - \dot{E}_\sigma\\ &= \dot{U} + \dot{I}R_a + \mathrm{j}\dot{I}_d X_{ad} + \mathrm{j}\dot{I}_q X_{aq} + \mathrm{j}(\dot{I}_d + \dot{I}_q)X_\sigma\\ &= \dot{U} + \dot{I}R_a + \mathrm{j}\dot{I}_d(X_{ad} + X_\sigma) + \mathrm{j}\dot{I}_q(X_{aq} + X_\sigma)\\ &= \dot{U} + \dot{I}R_a + \mathrm{j}\dot{I}_d X_d + \mathrm{j}\dot{I}_q X_q\end{aligned} \tag{6.40}$$

其中

$$\left.\begin{array}{l}X_d = X_{ad} + X_\sigma\\[2mm] X_q = X_{aq} + X_\sigma\end{array}\right\} \tag{6.41}$$

式中，X_d 和 X_q 被称为凸极电机的直轴同步电抗和交轴同步电抗，意义与隐极电机的 X_t 相同。只是由于凸极电机气隙不均匀，由双反应理论导出了两个同步电抗。由于 $X_{ad} > X_{aq}$，故还有 $X_d > X_q$。

与式（6.40）对应的相量图为图 6.25（b）。需要说明的是，在作此相量图时，为将 $\dot{I}$ 分解成 $\dot{I}_d$ 和 $\dot{I}_q$，假设 ψ 角是已知的。然而，在一般情况下，ψ 角只是分析中的一个辅助量，并不能事先给定。不过，在负载确定，即 U、I、$\cos\varphi$ 已知条件下，通过几何作图方法确定 ψ 角还是可能的。具体做法介绍如下。

参照图 6.26，由于

$$\overline{RQ} = \frac{I_q X_q}{\cos\psi} = IX_q \tag{6.42}$$

即

$$\psi = \arctan\frac{IX_q + U\sin\varphi}{IR_a + U\cos\varphi} \tag{6.43}$$

故求作相量图的实际步骤为

（1）由已知条件画出 $\dot{U}$ 和 $\dot{I}$。

（2）画出相量 $\dot{E}_Q = \dot{U} + \dot{I}R_a + \mathrm{j}\dot{I}X_q$，则 $\overline{OQ}$ 与 $\dot{I}$ 的夹角即为 ψ 角。

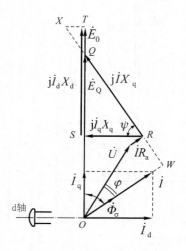

图 6.26 凸极同步发电机
不饱和矢量图

（3）将 $\dot{I}$ 分解为 $\dot{I}_d$ 和 $\dot{I}_q$。

（4）从 R 点依次作 $j\dot{I}_q X_q$ 和 $j\dot{I}_d X_d$ 至端点 T，连接 $\overline{OT}$ 即为 $\dot{E}_0$。

此外，由于作 $\overline{XT}$ 垂直于 $\overline{OT}$ 交 $\overline{RQ}$ 的延长线于 X，有

$$\overline{RX} = \frac{\overline{ST}}{\sin\psi} = \frac{I_d X_d}{\sin\psi} = IX_d \tag{6.44}$$

故 $\dot{E}_0$ 也可从 R 点作 $j\dot{I} X_q$ 和 $j\dot{I} X_d$ 确定 Q 和 X，过 X 作 $\overline{XT}$ 垂直并交 $\overline{OQ}$ 的延长线于 T 后求得。

2. 考虑饱和

计及饱和后，叠加原理不能应用，气隙合成磁场应由合成磁动势来决定，并且在严格意义上还应考虑交、直轴磁动势之间的交叉饱和影响。为简化计算，设交叉饱和影响忽略不计，即交、直轴各自的合成磁动势及感应电动势可分别根据实际饱和情况由空载特性求取，但气隙合成电动势仍为交、直轴感应电动势之和，即 $\dot{E}_\delta = \dot{E}_d + \dot{E}_{aq}$。总体电磁关系为

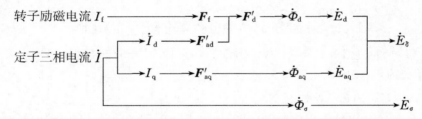

其中，F'_d、F'_{ad} 和 F'_{aq} 均为基波磁动势 F_d、F_{ad}、F_{aq} 折算到励磁绕组的等效励磁磁动势。用 F'_d 和 F'_{aq} 查图 6.27(b) 所示空载特性得 E_d 和 E_{aq}，则电枢任一相的电动势平衡方程为

$$\sum \dot{E} = \dot{E}_d + \dot{E}_{aq} + \dot{E}_\sigma = \dot{E}_\delta + \dot{E}_\sigma = \dot{U} + \dot{I}R_a \tag{6.45}$$

由于交轴气隙大，磁路仍可设想为线性，则式（6.45）可改写为

$$\dot{E}_d = \dot{U} + \dot{I}R_a + j\dot{I}X_\sigma + j\dot{I}_q X_{aq} \tag{6.46}$$

对应的时-空矢量图如图 6.27(a) 所示。

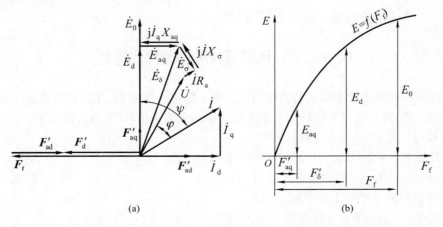

(a)   (b)

图 6.27 计及饱和时凸极同步发电机的时-空矢量图

例 6.1 一台凸极同步发电机的直轴和交轴同步电抗的标幺值分别是 $X_d^* = 1.0, X_q^* = 0.6$，电枢电阻 R_a 忽略不计，试计算额定电压、额定电流，且 $\cos\varphi = 0.8$（滞后）时的励磁电动势 E_0^*。

解 将发电机端电压 $\dot{U}$ 设为参考相量，全部用标幺值计算，则有

$$\dot{U}^* = 1.0\angle 0°$$

而 $\qquad\qquad \cos\varphi = 0.8(滞后) \Rightarrow \varphi = 36.9°$

即 $\qquad\qquad \dot{I}^* = 1.0\angle -36.9°$

忽略电阻后，有

$$\dot{E}_Q = \dot{U}^* + j\dot{I}^* X_q^* = 1.0\angle 0° + 1.0 \times 0.6\angle 90° - 36.9° = 1.442\angle 19.4°$$

从而有

$$\psi = 19.4° + 36.9° = 56.3°$$

于是可得

$$\dot{I}_d^* = (\dot{I}^* \sin\psi)\angle -(90° - 19.4°)$$
$$= (1.0 \times \sin 56.3°)\angle -70.6° = 0.832\angle -70.6°$$

$$\dot{I}_q^* = (\dot{I}^* \cos\psi)\angle 19.4° = (1.0 \times \cos 56.3°)\angle 19.4° = 0.555\angle 19.4°$$

故励磁电动势为

$$\dot{E}_0^* = \dot{U}^* + j\dot{I}_d^* X_d^* + j\dot{I}_q^* X_q^*$$
$$= 1.0\angle 0° + 1.0 \times 0.832\angle 90° - 70.6° + 0.6 \times 0.555\angle 90° + 19.4°$$
$$= 1.775\angle 19.4°$$

以上是用复数运算直接求取相量 $\dot{E}_0^*$，比较复杂。实用中也有采用投影法先求取 E_0^* 数值的做法，求解过程更直观：参照图 6.26，忽略电枢电阻后，有

$$E_0^* = U^* \cos(\psi - \varphi) + I_d^* X_d^*$$
$$= 1.0 \times \cos 19.4° + 0.832 \times 1.0 = 1.775$$

再记为相量，即

$$\dot{E}_0^* = E_0^* \angle \psi - \varphi = 1.775\angle 19.4°$$

6.3 同步发电机的运行特性

同步发电机对称负载下的运行特性曲线是确定电机主要参数、评价电机性能的基本依据。和其他电机一样，同步电机在分析中习惯上也采用标幺值系统，其基值选定如下。

容量基值 $\quad S_b = m U_{\phi N} I_{\phi N}$，单位为 VA。

相电压基值 $\quad U_b = U_{\phi N}$，单位为 V。

相电流基值 $\quad I_b = I_{\phi N}$，单位为 A。

阻抗基值 $\quad Z_b = U_{\phi N}/I_{\phi N}$，单位为 Ω。

转速基值 $\quad \Omega_b = 2\pi n_N/60$，单位为 rad/s。

励磁电流 $\quad I_{fb} = I_{f0}(E_0 = U_N)$，单位为 A。

以上,下标"b"代表基值,"φ"表示是一相的量,"N"代表额定,"0"表示空载。

由实验方法测定的同步发电机运行特性包括空载特性($I=0$)、短路特性($U=0$)、负载特性、外特性和调节特性等。下面先简单介绍这些特性,稍后再介绍它们在电机分析,主要是在确定电机参数中的应用,最后介绍电机稳态参数的测定方法。

6.3.1 同步发电机的运行特性

1. 空载特性

用实验测定空载特性时,由于磁滞现象,上升和下降的磁化曲线不会重合,因此,一般约定采用自 $U_0 \approx 1.3 U_N$ 开始至 $I_f=0$ 的下降曲线,结果如图 6.28 中上部的曲线所示。图中 $I_f=0$ 时有剩磁电动势,将曲线由此延长与横轴相交(虚线所示),取交点与原点距离 Δi_{f0} 为校正值,再将原实测曲线整体右移才能得到工程中实用的校正曲线,即如图 6.28 中过原点的曲线所示。

2. 短路特性

短路特性即电机定子三相稳态短路、保持 $n=n_N$ 时,电枢(短路)电流 I_k 与励磁电流 I_f 的关系 $I_k = f(I_f)$,如图 6.29(a)所示。

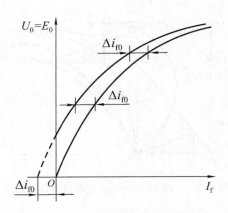

图 6.28 空载特性的实验测定及校正

图 6.29(b)为短路时发电机的时-空矢量图。因为 $U=0$,限制短路电流的只有发电机的同步阻抗,而由于电枢电阻远小于同步电抗,因此,短路电流可视为纯感性,即 $\psi \approx 90°$。电枢磁动势基本上就是一个纯去磁作用的直轴磁动势,亦即 $F_a = F_{ad}$。这样,就可以由 $F'_\delta = F_f - F'_{ad}$ 求出合成磁动势后再利用空载特性得到气隙合成电动势 E_δ,见图 6.29(a)。此时,电机的电动势平衡方程为

$$\dot{E}_\delta = \dot{U} + \dot{I}R_a + j\dot{I}X_\sigma \approx j\dot{I}X_\sigma \tag{6.47}$$

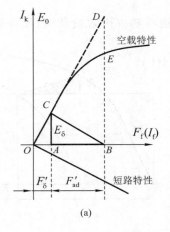

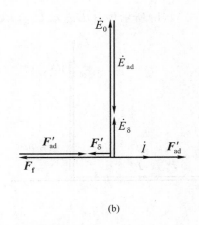

图 6.29 稳态短路特性及时-空矢量图

由于 E_δ 只与漏抗压降平衡，数值不大，对应的气隙合成磁通 Φ_δ 也就很小，电机磁路处于不饱和状态，相当于图 6.29(a)所示中的 C 点(图 6.29(b)所示中的 E_0 就是由此处作线性磁化曲线确定的 $\overline{BD}$，而非实际饱和磁化曲线上的 $\overline{BE}$)，因而应有 $F'_\delta \propto E_\delta \propto I$ 成立。而由于 $F'_{ad} = k_{ad}F_{ad} = k_{ad}F_a \propto I$，故最终有 $I_f \propto F_f = F'_\delta + F'_{ad} \propto I$，即短路特性是一条直线。

图 6.29(a)所示中的三角形 ABC 称为同步发电机的特性三角形，其底边 $\overline{AB}$ 为等效直轴电枢反应磁动势 F'_{ad}，而直角边 $\overline{AC}$ 则为所对应的漏抗压降 IX_σ。

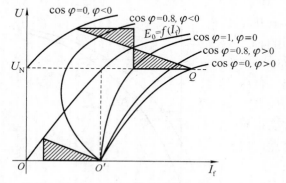

图 6.30　同步发电机的负载特性

3. 零功率因数负载特性

同步发电机的负载特性是在 $n = n_N$、$I =$ 常数、$\cos\varphi =$ 常数的条件下，端电压与励磁电流之间的关系曲线 $U = f(I_f)$ 如图 6.30 所示，其中以零功率负载特性最有实用价值。

零功率因数负载特性由可变纯电感负载条件确保 $\cos\varphi \approx 0$，通过试验测得(图 6.30 所示中最右侧的一条曲线)，测试中通常保持电枢电流 $I = I_N$。

当电机容量较大时，由曲线逐点测取所要求的负载条件的做法代价很高。实用的做

法是将电机并入电网作空载运行，调节励磁电流使电枢输出无功电流为 I_N，则得曲线上的额定点 Q。再做电机的短路试验，测得 $I_k = I_N$ 时的励磁电流为 I_{fk}，又得曲线上另一点，即短路点 O'。工程中有这两点就够用了。

图 6.31(a)为零功率因数负载时的时-空矢量图。由于 $\varphi = 90°$，且电枢电阻与回路电抗相比确实很小，即 $\dot{E}_0$ 与 $\dot{I}$ 的夹角 $\psi \approx 90°$，故零功率因数负载时的电枢磁动势也是纯起去磁作用的直轴磁动势。于是，有关电磁量之间的矢量关系可简化为代数关系，具体有

$$\left.\begin{array}{l} E_\delta \approx U + IX_\sigma \\ F'_\delta \approx F_f - F'_a \end{array}\right\} \tag{6.48}$$

在图 6.31(b)所示中，$\overline{OB}$ 表示 $U_{\phi N}$，$\overline{BC}$ 表示 I_{f0}。接零功率因数负载时，要保持端电压

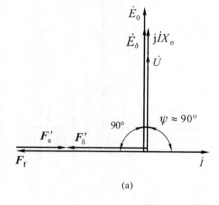

(a)

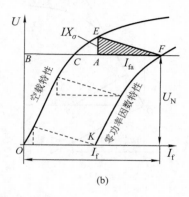

(b)

图 6.31　零功率因数负载特性的分析

$U_{\phi N}$不变，$I_f(\overline{BF})$必须大于$I_{f0}(\overline{BC})$以克服漏抗压降和电枢反应的去磁影响。延长$\overline{BC}$交零功率因数特性于F，从空载特性作$\overline{EA}$垂直于$\overline{BF}$，使$\overline{EA}=IX_\sigma$，则$\overline{CA}$为克服漏抗压降所增加的励磁电流，而$\overline{AF}$也就是克服电枢反应去磁作用所需要增加的励磁电流$I_{fa}=k_{ad}F_{ad}/N_f$。三角形EAF与图6.29(a)所示中的三角形ABC具有相同的物理意义，也是电机的特性三角形。

由此可知，空载特性与零功率因数特性之间存在一个特性三角形。由于在测定零功率因数特性时I保持不变，故此三角形的大小不变。这也就是说，若X_σ已知，而对应于电枢电流I(设为额定电流I_N)的去磁作用的等效励磁电流为I_{fa}(设可通过短路试验求取)，则该三角形可唯一确定。三角形左上角顶点沿空载曲线移动时，其右下角顶点的轨迹即为所求的零功率因数负载特性曲线。

4. 外特性

外特性是发电机在$n=n_N$、$I_f=$常数、$\cos\varphi=$常数条件下，端电压与负载电流之间的关系曲线$U=f(I)$。

图6.32所示为同步发电机不同功率因数时的外特性。在感性负载抑或纯电阻负载($\cos\varphi=1$)时，由于电枢反应去磁作用和定子漏抗压降影响，外特性是下降的。在容性负载且$\psi<0$时，电枢反应起助磁作用及容性电流的漏抗压降使端电压上升，所以外特性是上升的。

由此可知，为使在不同功率因数条件下电机工作于额定点$U=U_N$、$I=I_N$，则感性负载时所需要提供的励磁电流一定大于容性负载时的数值，因此，称前者处于过励状态，而后者为欠励状态。

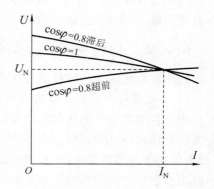

图6.32 同步发电机的外特性

当发电机投入空载长输电线时相当于接电容负载，称之为对输电线充电。发电机的充电电流I_c是运行部门希望知道的数据，它是$I_f=0$、$U=U_N$时的定子电流。由于是空载运行，且$E_0=0$，定子电流只能有直轴分量，忽略电枢电阻，则由式(6.40)可得$U_{\phi N}=I_cX_d$，从而$I_c=U_{\phi N}/X_d$，充电容量$P_c=3U_{\phi N}I_c$，标幺值$P_c^*=1/X_d^*$。对汽轮发电机，有$P_c^*=0.46\sim0.88$，而水轮发电机有$P_c^*=0.9$。

从外特性可以求出发电机的电压调整率。定义发电机在额定负载($I=I_N$、$\cos\varphi=\cos\varphi_N$、$U=U_N$)运行时的励磁电流为额定励磁电流，记为$I_{fN}$。若保持$n=n_N$、$I_f=I_{fN}$而卸去负载，读取空载电动势$E_0$，如图6.33所示，则得同步发电机的电压调整率为

$$\Delta U=\frac{E_0-U_N}{U_N}\times100\% \tag{6.49}$$

电压调整率是表征同步发电机运行性能的重要数据之一。过去发电机端电压是人工操作调整的，因此，电机设计时对ΔU要求很严。现代发电设备都配备有快速自动调压装置，ΔU的要求已大为放宽。不过，为防止故障切除时导致电压剧烈上升击穿绝缘，仍要求$\Delta U<50\%$。

5. 调整特性

当发电机负载电流变化时，为保持端电压不变，必须调节发电机的励磁电流。调整特性是当$n=n_N$、$U=$常数、$\cos\varphi=$常数时，发电机励磁电流与电枢电流的关系曲线$I_f=f(I)$，如

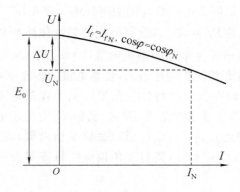

图 6.33　从外特性求电压调整率

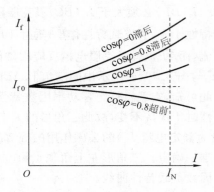

图 6.34　同步发电机的调整特性

图 6.34 所示。

与外特性相反，对于感性和电阻性负载，转子电流随负载增加而增加，特性是上升的；而对容性负载，因负载电流的助磁作用，特性会下降。

6.3.2　特性曲线在参数计算中的应用

同步发电机的上述特性曲线在确定电机主要参数方面有重要作用，分述如下。

1. 由空载特性和零功率因数特性确定定子漏电抗和电枢反应的等效励磁磁动势

由于在空载特性曲线与零功率因数特性曲线之间存在着一个不变的特性三角形，因此，前面已介绍过由已知特性三角形和一条特性曲线（设为空载特性曲线）求另一条特性曲线（设为零功率因数特性曲线）的方法。现在，如果已知条件为两条特性曲线，那么，可不可以由此求出它们之间的特性三角形呢？答案是肯定的，具体做法如下。

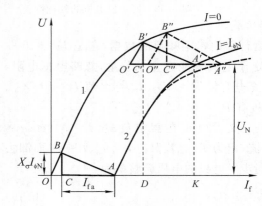

图 6.35　同步发电机的特性三角形及相关参数

设图 6.35 所示中的曲线 1 和 2 分别为已知空载特性曲线（$I=0$）和理想的零功率因数特性曲线（$I=I_{\phi N}$）。这里的所谓"理想"，指的是零功率因数特性与空载特性之间严格存在一个大小恒定的特性三角形。现在曲线 2 上取额定电压点 A'（也可任选），过 A' 作 $\overline{AO}$ 的平行线 $\overline{A'O'}$，且使 $\overline{A'O'}=\overline{AO}$，再过 O' 作平行于空载特性起始段的直线 $\overline{O'B'}$ 交曲线 1 于 B'，连 $\overline{B'A'}$ 并作 $\overline{B'C'}$ 垂直于 $\overline{A'O'}$ 并交 $\overline{A'O'}$ 于 C'，则三角形 $A'B'C'$ 即为所求。平移至短路点即为三角形 ABC，于是有 $\overline{AC}=I_{fa}$，$\overline{BC}=I_{\phi N}X_\sigma$ 或 $X_\sigma=\overline{BC}/I_{\phi N}$。

2. 保梯电抗

实践表明，由实验测得的零功率因数特性（图 6.35 中的虚线所示）与理想曲线 2 并不完全重合，特别是励磁电流比较大时。为什么会出现这种不一致呢？现解释如下。

首先考虑空载且 $I_f=\overline{OD}$ 的情况。此时励磁电流除了产生气隙磁通并在定子绕组感应

出空载气隙电动势 $E_\delta = E_0 = \overline{DB'}$ 外,还产生少量的主极漏磁通。

当电机在纯电感负载下运行且 $I_f = \overline{OK}$、$I_{fa} = k_{ad}F_a/N_f = \overline{DK}$ 时,虽然产生气隙合成磁通所对应的等效励磁电流 $I_{f\delta}$ 依然是 $\overline{OD}$,与空载时相同,但主极漏磁情况却发生了变化。空载时主极漏磁对应于 $\overline{OD}$,纯感性负载时对应于 $\overline{OK}$,而 $\overline{OK} > \overline{OD}$,说明主极漏磁增多,转子磁极和磁轭两段磁路的实际饱和程度增高,整个主磁路上的磁阻也就变大,尽管气隙合成磁动势相同,但气隙合成磁通会略有减少,致使实际的 $E_\delta < \overline{DB'}$,在扣除漏抗压降 $\overline{B'C'}$ 之后使端电压小于 $\overline{DC'}$。这说明同样励磁电流下实际零功率因数特性曲线会低于理想化曲线,并随主磁路饱和程度加深而更趋明显。

由此可见,当用实测零功率因数特性作图求得特性三角形 $A''B''C''$ 时,结果会是 $\overline{A''C''} < \overline{A'C'}$,即所得电枢反应等效励磁电流 $I'_{fa} < I_{fa}$,但 $\overline{B''C''} > \overline{B'C'}$,说明所求漏抗较 X_σ 大,为区别起见,用 X_p 表示,称为保梯电抗,且 $X_p = \overline{B''C''}/I_N$。

综上,考虑主磁路饱和对转子漏磁的影响,特性三角形不是恒定不变的。对应于短路点,称之为短路三角形(即图 6.35 中的三角形 ABC),而对应于额定点处称之为保梯三角形。保梯电抗大于漏电抗。对隐极机,$X_p = (1.05 \sim 1.10)X_\sigma$;对凸极机,有 $X_p = (1.1 \sim 1.3)X_\sigma$。

3. 利用空载特性和短路特性确定 X_d 的不饱和值

由于短路时的气隙合成磁动势 F'_δ 很小(见图 6.29),作用于空载特性曲线上的线性部分所产生的仅与漏抗压降 IX_σ 平衡的气隙电动势 E_δ 也很小。此时主磁路处于不饱和状态,因而应按线性原则让 I_f 和 I_{fa} 分别沿空载特性直线段的延长线(亦称气隙线)产生相应的 $E'_0 = \overline{BD}$ 和 $E_{ad} = I_k X'_{ad}$,所对应的 d 轴电枢反应电抗 X'_{ad} 为不饱和值,电动势平衡方程为

$$\dot{E}'_0 + \dot{E}_{ad} = \dot{E}'_0 - j\dot{I}_k X'_{ad} = \dot{E}_\delta = -j\dot{I}_k X_\sigma \tag{6.50}$$

或

$$\dot{E}'_0 = -j\dot{I}_k(X'_{ad} + X_\sigma) = -j\dot{I}_k X_{d(\text{不饱和})} \tag{6.51}$$

式中,$X_{d(\text{不饱和})}$ 为对应于 E'_0 的 d 轴同步电抗的不饱和值。

参照图 6.36,对应于任一励磁电流 I_{fk},在气隙线上和短路特性曲线上分别取 E'_0 和 I_k,就有

$$X_{d(\text{不饱和})} = \frac{E'_0}{I_k} \tag{6.52}$$

用标幺值表示就是

$$X^*_{d(\text{不饱和})} = \frac{X_{d(\text{不饱和})}}{Z_b} = \frac{E'_0}{I_k} \frac{I_{\phi N}}{U_{\phi N}} = \frac{E'^*_0}{I^*_k} \tag{6.53}$$

4. 短路比

短路比是指同步发电机在空载额定电压所对应的励磁电流 I_{f0} 下三相稳态短路时的短路电流 I_{k0} 与额定电流 I_N 之比,用 k_c 表示。由图 6.36 得

$$k_c = \frac{I_{k0}}{I_N} = \frac{I_{f0}(U_0 = U_N)}{I_{fk}(I_k = I_N)}$$

$$= \frac{I_{f0}}{I'_{f0}} \frac{I'_{f0}}{I_{fk}} = k_\mu \frac{U_N}{E'_0} = \frac{k_\mu}{X^*_{d(\text{不饱和})}} \tag{6.54}$$

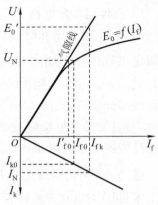

图 6.36 由空载特性和短路特性确定 X_d 和 k_c

式中，I_{f0} 为产生空载额定电压的励磁电流；I_{fk} 为产生额定短路电流的励磁电流；I'_{f0} 为产生气隙线上额定电压的励磁电流；k_μ 为电机主磁路的饱和系数。

由式(6.54)可将短路比的定义修改为：产生空载额定电压和额定短路电流所需的励磁电流之比。

短路比的数值对电机影响很大。短路比小，负载变化时发电机的电压变化较大，并联运行时发电机的稳定度较差，但电机造价较便宜。增大气隙可减小 X_d，使短路比增大，电机性能变好，但励磁电动势和转子用铜量增大，造价增高。随着单机容量的增长，为提高材料利用率，希望短路比有所降低。对汽轮发电机，$k_c = 0.4 \sim 1.0$；对水轮发电机，$k_c = 0.8 \sim 1.8$，因为水电站输电距离长，稳定问题较严重。

5. 利用空载特性和零功率因数特性确定 X_d 的饱和值

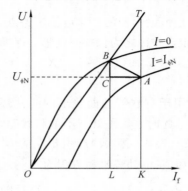

图 6.37　由空载特性和零功率因数特性确定 X_d 的饱和值

当电机在额定电压下运行时，磁路处于饱和状态，要求先由气隙合成磁动势 F'_δ 在空载特性上得出气隙电动势 E_δ 后，再根据电动势平衡方程 $\dot E_\delta = \dot U + I(R_a + jX_\sigma)$ 绘制相量图。由于同步发电机主要在额定电压下运行，且在不同负载电流和不同功率因数时 E_δ 的变化不大（因为 $R_a + jX_\sigma$ 上的压降远小于 $U_{\phi N}$），因此，为简化分析，可以近似地取零功率因数特性上额定点 A 对应的 $E_\delta = \overline{BL}$ 作为考虑饱和程度的依据（见图 6.37）。连 $\overline{OB}$ 并将之延长作为相应的线性化空载特性交 $\overline{KA}$ 的延长线于 T，则 $\overline{KT}$ 为励磁电动势 $E_0 \approx U_{\phi N} + I_{\phi N} X_{d(饱和)} = \overline{KA} + \overline{AT}$，$\overline{AT} = I_{\phi N} X_{d(饱和)}$，故有

$$X^*_{d(饱和)} = \frac{X_{d(饱和)}}{Z_b} = \frac{\overline{AT}}{I_{\phi N}} \frac{I_{\phi N}}{\overline{KA}} = \frac{\overline{AT}}{\overline{KA}} \quad (6.55)$$

对于隐极电机，可仿图 6.24 单由空载特性确定 X_t 和 X_a 的饱和值，但 E'_0 要在 E_δ 处的线性化磁化曲线（即 $\overline{OA}$ 延长线）上取值（亦可参见后面的图 6.40）。

6. 电压调整率和额定励磁磁势的求法

1）凸极同步发电机

图 6.38(a)为饱和时的凸极同步发电机相量图。设电机参数 R_a、X_σ、k_{ad}、k_{aq} 已知，对应于额定运行状态，可先作出气隙合成电动势 $\dot E_\delta = \dot U_N + \dot I_N(R_a + jX_\sigma)$。由于 $\overline{AB} = I_q X_{aq}$，$\overline{AM} = I_q X_{aq}/\cos\varphi = I X_{aq}$，则 $\overline{AM} = \overline{XT}$ 的长度可以由磁动势 $k_{aq} F_{aq}/\cos\varphi = k_{aq} F_a = \overline{OX}$ 查空载曲线的直线部分求得，见图 6.38(b)。这样单独处理交轴电枢反应磁动势的依据是交轴磁路不饱和，并且交轴电枢反应磁通对直轴磁路饱和的影响可忽略。连 $\overline{OM}$ 得 ψ 角，即可求得直轴电枢反应等效励磁磁动势 $F'_{ad} = k_{ad} F_{ad} = k_{ad} F_a \sin\psi$。

过 A 作 $\overline{OM}$ 的垂线交于 B，则 $\overline{OB}$ 为气隙电动势 $\dot E_\delta$ 的直轴分量 $\dot E_d$。用 $\overline{OB}$ 在空载特性曲线上求得 $\overline{OY}$，则 $\overline{OY}$ 为直轴合成磁动势 F'_d，再加上已求得的直轴等效磁动势 F'_{ad}，就得到励磁磁动势 $F_f = F'_d + F'_{ad} = \overline{OZ}$。最后由 $\overline{OZ}$ 在空载特性曲线上求得 $E_0 = \overline{ON}$，故可求得电压变化率和额定励磁电流分别为

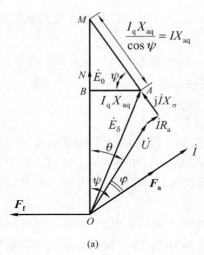

(a)

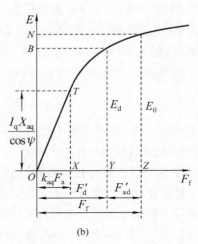

(b)

图 6.38 凸极同步发电机的电压变化率的图解求法

$$\Delta U = \frac{\overline{ON} - U_N}{U_N} \times 100\% \tag{6.56}$$

$$I_{fN} = \frac{\overline{OZ}}{N_f} \tag{6.57}$$

2) 隐极同步发电机

隐极同步发电机饱和时的电磁关系可用保梯图表示,如图 6.39 所示。具体做法是将 X_σ 用 X_p 代替,作 $\dot{E}_\delta = \dot{U} + \dot{I}(R_a + jX_p)$,由 E_δ 查空载特性得 F'_δ 或 $I_{f\delta}(F'_\delta = I_{f\delta}N_f)$,再在矢量图上作 F'_δ 超前于 $\dot{E}_\delta$ 电角度 90°,最后由矢量合成得出 $F_f = F'_\delta - F'_a$,再结合空载特性即可得到 I_{fN} 和 ΔU。

上述过程可综合如图 6.40 所示,即将保梯图与空载特性 $E_0 = f(I_f)$ 画在一起。

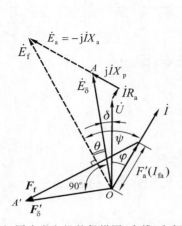

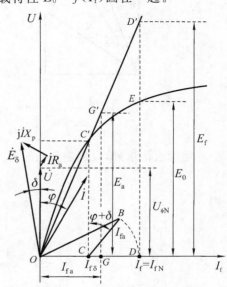

图 6.39 隐极同步发电机的保梯图(实线)和相量图(虚线)　　图 6.40 用空载特性和保梯图求 I_{fN} 和 ΔU

图 6.40 所示中 $\overline{CC'}=E_\delta$，由此得 $I_{f\delta}=\overline{OC}$，与 $\overline{CB}=I_{fa}=k_aF_a/N_f$ 矢量合成后就得到 $I_{fN}=\overline{OB}$，进而将 $\overline{OB}$ 旋转得 $\overline{OD}$，则 $\overline{DE}=E_0$，$\Delta U=(\overline{DE}-U_{\phi N})/U_{\phi N}\times100\%$。

此外，在图 6.40 所示中，延长 $\overline{OC'}$ 可得线性化空载特性 $OC'D'$，而取 $\overline{OG}=\overline{CB}=I_{fa}$，有 $\overline{GG'}=E_a$，故隐极同步电机电枢反应电抗的饱和值可确定为

$$X_{a(\text{饱和})}=\frac{E_a}{I}=\frac{\overline{GG'}}{I} \tag{6.58}$$

最后补充一点，那就是以上综合图 6.40 所介绍的确定隐极机额定励磁电流和电压调整率的保梯图方法同样也适用于凸极机，具体做法就是用 $k_{ad}F_a$ 代替 k_aF_a。当然，由于没有对直轴和交轴电枢反应进行区别处理，结果上肯定会有误差，但当 $\cos\varphi=0.8$ 时，所导致的误差 ΔI_{fN} 不会超过 10%，这在工程上是可以接受的。

例 6.2　有一台水轮发电机，$P_N=15$ MW，$U_N=13.8$ kV（Y 连接），$\cos\varphi_N=0.8$（滞后），$X_q^*=0.62$，$X_\sigma^*=0.24$，$R_a^*\approx0$，电枢反应磁动势基波幅值 F_a 按直轴折算后的等效励磁电流 $I_{fa}=k_{ad}F_a/N_f=135$ A，电机的空载特性为

$E_{0\phi}/V$	2 000	3 600	6 300	7 800	8 900	9 550	10 000
I_f/A	45	80	150	200	250	300	350

试求额定负载时的 ψ 角以及 I_{fN} 和 ΔU。

解　辅助求解用相量图和空载特性曲线如图 6.41 所示。

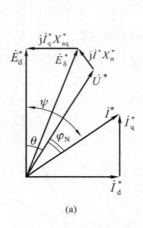

(a)

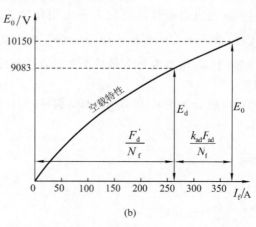

(b)

图 6.41　例 6.2 的相量图和空载特性

用标幺值求解，设额定负载时有

$$\dot{U}^*=1.0\angle0°$$

则

$$\cos\varphi_N=0.8\Rightarrow\varphi_N=36.9°$$

$$\dot{I}^*=1.0\angle-36.9°$$

从而

$$\psi=\arctan\frac{I^*X_q^*+U^*\sin\varphi_N}{I^*R_a^*+U^*\cos\varphi_N}=\arctan\frac{1.0\times0.62+1.0\times0.6}{0+1.0\times0.8}=56.7°$$

$$\theta=\psi-\varphi_N=56.7°-36.9°=19.8°$$

$$\dot{I}_q^* = (1.0 \times \cos\psi)\angle\theta = (1.0 \times \cos 56.7°)\angle 19.8° = 0.55\angle 19.8°$$

$$X_{aq}^* = X_q^* - X_\sigma^* = 0.62 - 0.24 = 0.38$$

$$\begin{aligned}\dot{E}_d^* &= \dot{U}^* + j\dot{I}^* X_\sigma^* + j\dot{I}_q^* X_{aq} \\ &= 1.0\angle 0° + 1.0 \times 0.24\angle(90° - 36.9°) + 0.55 \times 0.38\angle(90° + 19.8°) \\ &= 1.14\angle 19.8°\end{aligned}$$

或直接用投影法求取(这是应用较多的简易方法,结合相量图使用)

$$E_d^* = U^* \cos\theta + I^* X_\sigma \sin\psi = 1.0 \times \cos 19.8° + 1.0 \times 0.24 \times \sin 56.7° = 1.14$$

即 $$E_d = E_d^* U_b = 1.14 \times 13\,800/\sqrt{3}\ \text{V} = 9\,083\ \text{V}$$

查空载特性得对应的励磁电流为

$$I_{fd} = \frac{F_d'}{N_f} = 265\ \text{A}$$

而 d 轴电枢反应等效励磁电流为

$$I_{fad} = \frac{k_{ad} F_{ad}}{N_f} = \frac{k_{ad} F_a \sin\psi}{N_f} = I_{fa}\sin\psi = 135\sin 56.7°\text{A} = 113\ \text{A}$$

故额定负载时的励磁电流为

$$I_{fN} = I_{fd} + I_{fad} = (265 + 113)\ \text{A} = 378\ \text{A}$$

由此查空载特性得励磁电动势

$$E_0 = 10150\ \text{V}$$

则 $$E_0^* = \frac{E_0}{U_b} = 10\,150 \times \sqrt{3}/13\,800 = 1.273\,9$$

$$\Delta U = (1.273\,9 - 1.0)/1.0 \times 100\% = 27.39\%$$

以上求解过程比较严密,但计算却比较复杂,若改用保梯图法,那就会简便得多。介绍如下。

首先求 $\dot{E}_\delta^*$,认为 $X_\sigma^* \approx X_p^*$,则有

$$\dot{E}_\delta^* = \dot{U}^* + j\dot{I}^* X_\sigma^* = 1.0\angle 0° + 1.0 \times 0.24\angle(90° - 36.9°) = 1.16\angle 9.5° = E_\delta^*\angle\delta$$

即 $$E_\delta = E_\delta^* U_b = 1.16 \times 13\,800/\sqrt{3}\ \text{V} = 9\,242\ \text{V}$$

且 $$\varphi' = \varphi_N + \delta = 36.9° + 9.5° = 46.4°$$

由 E_δ 查空载特性得等效励磁电流

$$I_{f\delta} = 275\ \text{A}$$

再结合已知条件 $I_{fa} = 135$A 绘制励磁电流三角形,如图 6.42 所示。

由图 6.42 可得

$$\dot{I}_{fN} = \dot{I}_{f\delta} + \dot{I}_{fa} = [275\angle 0° + 135\angle(90° - 46.4°)]\ \text{A}$$

$$= 384\angle 14°\ \text{A}$$

或用余弦定理求得

$$I_{fN} = \sqrt{I_{f\delta}^2 + I_{fa}^2 - 2 I_{f\delta} I_{fa}\cos(90° + \varphi')}$$

$$= \sqrt{275^2 + 135^2 - 2 \times 275 \times 135 \times \cos 136.4°}\ \text{A}$$

$$= 384\ \text{A}$$

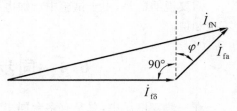

图 6.42　例 6.2 的保梯图法求解用图

由此查空载特性得 $E_0 = 10\ 180 \Rightarrow E_0^* = 1.277\ 7 \Rightarrow \Delta U = 27.77\%$，可见与严格计算所得的结果相差很小。

6.3.3 同步发电机稳态参数的测定

同步发电机的稳态参数有 X_d、X_q、X_p、X_σ 和 R_a 等。前面结合空载特性、短路特性和零功率因数特性已讨论了 X_σ，X_p，$X_{d(不饱和)}$，$X_{d(饱和)}$，$X_{a(饱和)}$ 等参数的确定方法，但对 X_q 的测定方法还未作介绍（电阻 R_a 用常规方法测定，故从略）。下面就介绍一种能测出 X_q，同时也能测出 X_d 的方法——转差法。

将被试同步电机用原动机拖动到接近同步转速（转差率<0.01），令其励磁绕组开路，然后在定子侧加额定频率的相序与转子转向一致的三相对称低电压$(0.02\sim0.15)U_N$，以保证

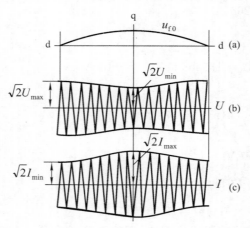

图 6.43 转差法试验时转子开路电压及定子电压和电流波形

被试电机不被牵入同步，同时又不使剩磁电压引起太大误差为度。用示波器拍摄定子电压、电流和转子励磁绕组端电压波形，如图 6.43 所示。

由于没有励磁电流，即 $E_0 = 0$，忽略 R_a，有

$$\dot{U} = -j(\dot{I}_d X_d + \dot{I}_q X_q) \tag{6.59}$$

这是转速为同步速时的电动势平衡方程。现在转速稍低于同步速，即电枢磁场轴线会依次交替地与转子直轴和交轴重合。与直轴重合时，有 $\dot{I} = \dot{I}_d$，$\dot{I}_q = 0$，电枢电抗达到最大值 X_d，故定子电流为最小值 I_{min}，致使供电线路压降减小，定子端电压为最大值 U_{max}，亦即有

$$X_d = \frac{U_{max}}{I_{min}} \tag{6.60}$$

成立。此时，励磁绕组交链的磁通达最大值，其变化率为零，故绕组端电压 U_{f0} 的瞬时值为零。

同理，可推知电枢磁场轴线与交轴重合时 $\dot{I} = \dot{I}_q$，$\dot{I}_d = 0$，电枢电抗达最小值 X_q，定子电流为 I_{max}，端电压为 U_{min}，从而有

$$X_q = \frac{U_{min}}{I_{max}} \tag{6.61}$$

相应地，此时励磁绕组所交链的磁通为零，端电压 U_{f0} 的瞬时值最大。

需要说明的是，由于试验中所加电压很低，磁路不饱和，故转差法测得的 X_d 和 X_q 都是不饱和值。

6.4 同步发电机的并联运行

在一般发电厂中，总是有多台同步发电机并联运行，而更大的电力系统亦必然由多个发电厂并联而成。因此，研究同步发电机投入并联的方法以及并联运行的规律，对于动力资源

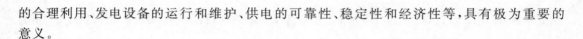

的合理利用、发电设备的运行和维护、供电的可靠性、稳定性和经济性等,具有极为重要的意义。

6.4.1　投入并联的条件和方法

1. 投入并联的条件

同步发电机并联投入电网时,为避免发生电磁冲击和机械冲击,总体要求就是发电机端各相电动势的瞬时值要与电网端对应相电压的瞬时值完全一致。具体分解开来包含以下 5 点:① 波形相同;② 频率相同;③ 幅值相同;④ 相位相同;⑤ 相序相同。

前 4 点是交流电磁量恒等的基本条件,最后一点是多相系统相容的基本要求。

设电网端和发电机端分别用下标 1 和 2 区别。可以想像,若两者波形不同,如 u_1 为正弦波,而 e_{02} 为非正弦,则并联后在电机与电网间势必要产生一系列高次谐波环流(见图 6.44),从而损耗增大、温升增高、效率降低。

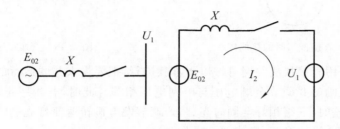

图 6.44　波形不同时的并联运行情况

波形相同了,若频率不等,即 $f_1 \neq f_2$,则相量 $\dot{U}_1$ 和 $\dot{E}_{02}$ 之间存在相对运动,且周而复始,从而产生差频环流,在电机内引起功率振荡。

频率和波形都一致了,但若是幅值或相位不相等,即 $\dot{U}_1 \neq \dot{E}_{02}$,也会在电机与电网间产生环流。特别地,若在极性相反,即相位相差 180° 时合闸,则冲击电流可达 $(20 \sim 30)I_N$,从而产生巨大的电磁力,损坏定子绕组的端部,甚至于损坏转轴。

以上条件都满足了,若相序不同,合闸也是绝不允许的。因为仅一相符合条件,但是另两相之间巨大的电位差产生的巨大环流和机械冲击,将严重危害电机安全,毁坏电机。

由于条件(1)和(5)分别由电机的设计制造和安装接线予以保证,因此,在实际并联操作中,主要是注意条件(2)~(4)的满足。

2. 投入并联的方法

1) 准确同步法

将发电机调整到完全符合并联条件后的合闸并网操作过程称为准确同步法。调整过程中,常用同步指示器来判断条件的满足情况。最简单的同步指示器由三组相灯组成,并有直接接法(见图 6.45)和交叉接法(见图 6.48)两种。

设采用直接接法,即电机各相端与电网同相端对应,则每组灯上的电压 ΔU 相同,且 $\Delta \dot{U} = \dot{U}_2 - \dot{U}_1$。现假定发电机与电网的电压幅值相同,但频率不等,即 $U_2 = U_1, f_2 \neq f_1$,将之用三相形式绘于同一相量图上,如图 6.46 所示。由于发电机侧相量角频率 $\omega_2 = 2\pi f_2$,电网侧

相量角频率 $\omega_1 = 2\pi f_1$，设 $f_2 > f_1$，则 $\dot{U}_2$ 相对于 $\dot{U}_1$ 以角速度 $\omega_2 - \omega_1$ 旋转。当 $\dot{U}_2$ 与 $\dot{U}_1$ 重合时，$\Delta U = 0$；而 $\dot{U}_2$ 与 $\dot{U}_1$ 反相时，$\Delta U = 2U_1$，表明 $\Delta \dot{U}$ 以频率 $f_2 - f_1$ 在 $(0 \sim 2)U_1$ 之间交变，即三组相灯以频率 $f_2 - f_1$ 闪烁，同亮同暗。

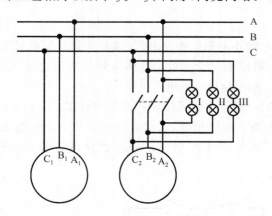

图 6.45　直接接法时的接线图

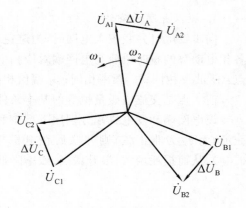

图 6.46　直接接法的相量图

综上可知，采用直接接法并网可按以下步骤进行：把要投入并联运行的发电机带动到接近同步转速，加上励磁并调节至端电压与电网电压相等。此时，若相序正确，则在发电机频率与电网频率相差时，三组相灯会同时亮、暗。调节发电机转速使灯光亮、暗的频率很低，并在三组灯全暗时刻，迅速合闸，完成并网操作。

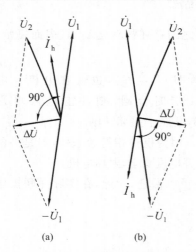

图 6.47　电机投入并联后的
自整步作用

上述操作保证了合闸时刻 $\Delta u \approx 0$，所以没有明显的电流冲击。但是，合闸前灯光毕竟仍在极缓慢地亮、暗变化，说明 f_2 和 f_1 还不是严格相等，也就是说，合闸后 Δu 依然存在。然而，分析表明，正是由于 Δu 的存在所产生的自整步作用，才使得电机最终能同步运行，并使 $f_2 = f_1$ 的并联运行条件最终得以满足。具体说明如下。

设 $f_2 > f_1$，则合闸后 $\dot{U}_2$ 将超前 $\dot{U}_1$，如图6.47(a)所示。显然，$\Delta \dot{U}$ 将在发电机和电网之间产生环流。由于同步电抗远大于电阻，故环流 $\dot{I}_h$ 滞后 $\Delta \dot{U}$ 大约90°，亦滞后 $\dot{U}_2$（用角度 φ 表示）。对发电机来说，这就等于是输出电功率，因此电机转轴上要承受制动性质的电磁转矩，使速度降低，直至严格同步运转，$f_2 = f_1$，$\Delta \dot{U} = 0$，$\dot{I}_h = 0$，并最终实现电机的并网空载运行。同理，可分析 $f_2 < f_1$ 的情况，见图6.47(b)。此时，环流对发电机产生电动机作用（吸收电功率），拖动性质的电磁转矩使转子加速至 $f_2 = f_1$，最终实现同步运行。

如采用图6.48(a)所示的交叉接法，即一组灯同相端连接，另两组灯交叉相端连接，则加于各组相灯的电压不等，如图6.48(b)所示，从而各组灯的亮度也不一样。

仍设 $\omega_2 > \omega_1$，即发电机侧电压相量相对于电网侧电压相量的旋转角速度为 $\omega_2 - \omega_1$，则结

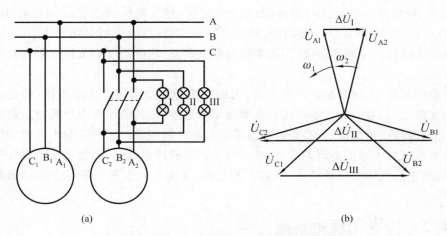

(a)   (b)

图 6.48   交叉接法的接线图和各组同步指示灯的电压

合图 6.49 可知结果是三组灯的亮度会依次变化。首先是第Ⅰ组最亮,接下来是第Ⅱ组,再接下来是第Ⅲ组,周而复始,循环变化,好像灯光是逆时针旋转,速度当然也就是 $\omega_2-\omega_1$。反之,若 $\omega_2<\omega_1$,则情况完全类似,只是灯光的旋转方向变为顺时针。正因为如此,交叉接法又称之为旋转灯光法,其优点是显示直观。根据灯光旋转方向,调节发电机转速,使灯光旋转速度逐渐变慢,最后在第Ⅰ组灯光熄灭、另两组灯光等亮时迅速合闸,完成并网操作,并最终由自整步作用牵入同步运行。

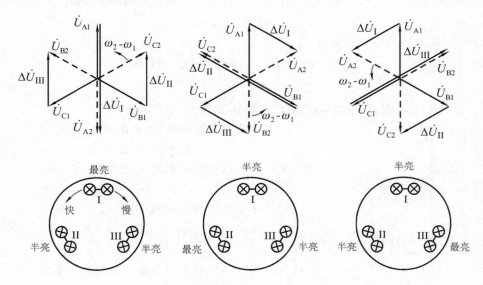

图 6.49   旋转灯光法并网过程分析

2)自同步法

用准确同步法投入并联的优点是合闸时没有明显的电流冲击,但缺点是操作复杂,而且也比较费时间。因此,当电网出现故障而要求迅速将备用发电机投入时,由于电网电压和频率出现不稳定,准确同步法很难操作,往往要求采用自同步法实现并联运行。自同步法的步骤是：先将发电机励磁绕组经限流电阻短路，当发电机转速接近同步转速（差值小于 5%）时，合上并网开关，并立即加入励磁，最后利用自整步作用实现同步。

自同步法的优点是操作简便，不需要添加复杂设备，缺点是合闸及投入励磁时均有较大的电流冲击。

需要说明的是，上面介绍的并网方法，无论是准确同步法还是自同步法，都是指手工操作过程。实际上，随着检测技术和控制技术的不断进步，尤其是计算机检测与控制技术的应用，手工并网操作已很少使用了，而是广泛采用自动并网装置。这些装置不但使并网合闸瞬间的各项要求能最大限度地得到满足、电磁冲击和机械冲击最小、杜绝了手工操作的种种不足，而且可对电网故障作出最快速、最恰当的反应，提高了电力系统的综合自动化能力和运行可靠性。

6.4.2 功率和转矩平衡方程

同步发电机由原动机拖动、在对称负载下稳态运行时，由原动机输入的机械功率 P_1 在扣除了机械损耗 p_{mec}、铁耗 p_{Fe} 和附加损耗 p_{ad} 后，转化为电磁功率 P_{em}，即功率平衡方程为

$$P_1 - (p_{mec} + p_{Fe} + p_{ad}) = P_{em} \tag{6.62}$$

式（6.62）中没有考虑励磁损耗，即认为励磁功率与原动机输入功率无关。若励磁机与发电机同轴运转，则 P_1 还应在扣除励磁机吸收的机械功率后才能得到 P_{em}。

电磁功率 P_{em} 是通过电磁感应作用由气隙合成磁场传递到发电机定子的电功率总和，在扣除电枢绕组铜耗 $p_{Cu1} = 3I^2 R_a$ 之后，才是发电机端口输出的电功率 P_2，即

$$P_2 = P_{em} - p_{Cu1} \tag{6.63}$$

或改写为 m 相电机的一般化形式

$$\begin{aligned} P_{em} &= P_2 + p_{Cu1} = mUI\cos\varphi + mI^2 R_a \\ &= mE_\delta I\cos\varphi_i \end{aligned} \tag{6.64}$$

式中，φ_i 为气隙电动势 $\dot{E}_\delta$ 与电枢电流 $\dot{I}$ 的夹角，如图 6.50 所示。

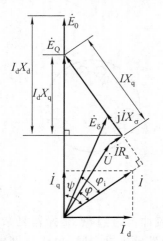

对于不饱和的隐极电机，由图 6.21 可得

$$E_\delta \cos\varphi_i = E_0 \cos\psi \tag{6.65}$$

代入式（6.64）后有隐极电机电磁功率公式

$$P_{em} = mE_0 I\cos\psi \tag{6.66}$$

对于不饱和的凸极电机，由图 6.50 可知

$$E_\delta \cos\varphi_i = E_Q \cos\psi = [E_0 - I_d(X_d - X_q)]\cos\psi \tag{6.67}$$

故代入式（6.64）后整理得凸极电机电磁功率为

$$P_{em} = mE_0 I\cos\psi - mI_d I_q(X_d - X_q) \tag{6.68}$$

同步发电机的转矩平衡方程可直接由式（6.62）两侧同除发电机转子机械角速度 $\Omega = 2\pi n/60$ 得出，即

$$T_1 - (T_{mec} + T_{Fe} + T_{ad}) = T_{em} \tag{6.69}$$

图 6.50　凸极同步发电机电磁功率推导用图

式中，T_1 为原动机作用于转子的驱动转矩，而 T_{mec}、T_{Fe}、T_{ad} 和 T_{em} 都是起制动作用的转矩，与功率平衡方程中的各部

分损耗和电磁功率一一对应。

6.4.3 功角特性

以上隐极电机和凸极电机的电磁功率已分别由式(6.66)和式(6.68)表示,但它们都是以电动势、电枢电流及它们之间的夹角来描述的,这在应用中并不方便。首先,ψ 角的物理意义不直观;其次,电枢电流和 ψ 角都是随负载变化的,它们之间关系复杂,难以单独处理。因此,有必要推导更便于计算、调节,也更能显示电机内部电磁关系的实用的电磁功率表达式,这就是同步电机的功角特性。

图 6.51(a)为凸极同步发电机的时-空矢量图,图中,$\dot{E}_0$ 与 $\dot{U}$ 的夹角 θ 被称为功率角。由于 $R_a \ll X_q < X_d$,故忽略电枢绕组铜耗,式(6.64)可改写为

$$P_{em} \approx P_2 = mUI\cos\varphi = mUI\cos(\psi - \theta)$$
$$= mUI(\cos\psi\cos\theta + \sin\psi\sin\theta) = mUI_q\cos\theta + mUI_d\sin\theta \qquad (6.70)$$

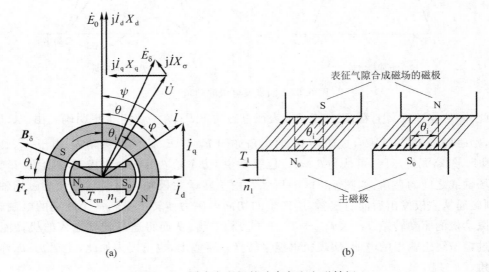

(a)   (b)

图 6.51 同步发电机的功率角和电磁转矩

又由于从图 6.51(a)可知

$$\left.\begin{array}{l} I_q = \dfrac{U\sin\theta}{X_q} \\[3mm] I_d = \dfrac{E_0 - U\cos\theta}{X_d} \end{array}\right\} \qquad (6.71)$$

则据此可将式(6.70)进一步改写为

$$P_{em} = m\frac{E_0 U}{X_d}\sin\theta + m\frac{U^2}{2}\left(\frac{1}{X_q} - \frac{1}{X_d}\right)\sin2\theta \qquad (6.72)$$

这就是凸极同步电机功角特性的一般化表达式。式中,第一项 $m\dfrac{E_0 U}{X_d}\sin\theta$ 称为基本电磁功率;第二项 $m\dfrac{U^2}{2}\left(\dfrac{1}{X_q} - \dfrac{1}{X_d}\right)\sin2\theta$ 称为附加电磁功率(也称为磁阻电磁功率),是 d、q 轴磁路不

对称产生的。

视隐极机为凸极机在 $X_d = X_q = X_t$ 时的特例，则附加电磁功率恒等于零，故功角特性可简化为

$$P_{em} = m \frac{E_0 U}{X_t} \sin\theta \qquad (6.73)$$

保持 E_0 不变（故 I_f 不变），而电网电压 U 和频率 f 可视为恒定（即电抗为常数），故式 (6.72) 和式 (6.73) 可绘制成曲线，如图 6.52 所示。这就是说，同步电机的电磁功率可单一由功率角 θ 作为基本变量来表示，这在数学上显然是简化了的。

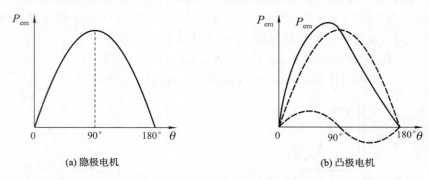

(a) 隐极电机   (b) 凸极电机

图 6.52 同步发电机的功角特性

此外，从物理意义上看，用功率角 θ 表征电磁功率 P_{em} 在意义上也更明确。由图 6.51(a) 可知，励磁磁场 $\boldsymbol{F}_f$ 与气隙合成磁场 $\boldsymbol{B}_\delta$ 的夹角亦即 $\dot{E}_0$ 与 $\dot{E}_\delta$ 之间的夹角 θ_i，由于 $X_\sigma \ll X_q < X_d$，因此，忽略漏抗压降，可认为 $\theta_i \approx \theta$。也就是说，功率角 θ 可视为主极磁场轴线与气隙合成磁场轴线之间的夹角，如图 6.51(b) 所示。由于转子主极轴线超前气隙合成磁场轴线 θ_i 角，则磁通从主极发出后向后扭斜，所产生的切向电磁力使转子受到一个制动的电磁转矩，它与原动机的驱动转矩 $T_1 - (T_{mec} + T_{Fe} + T_{ad})$ 相平衡，从而将通过转轴输入的机械能转换为通过定子绕组输出的电能，实现机电能量转换。事实上，也正因为如此，才把 $\theta = \theta_i$ 称之为功率角。

考察式 (6.72) 会发现，对于凸极同步电机，即便不加励磁电流，即 $E_0 = 0$、基本电磁功率为零，但由于 $X_d \neq X_q$，即直轴和交轴磁路不一致、磁阻不相等，电机中仍会有附加电磁功率产生，或者说电机仍能实现机电能量转换。直观上讲，附加电磁功率是由磁阻原因引起的，因此，也简称为磁阻功率。在没有励磁电流，甚至于在没有励磁绕组情况下，能通过磁阻功率实施机电能量转换，这是凸极同步电机独有的运行特点，其原理简述如下。

电枢反应磁动势 $\boldsymbol{F}_a$ 分解成 $\boldsymbol{F}_{ad}$ 和 $\boldsymbol{F}_{aq}$ 分别作用在电机的 d、q 轴上，在折算成 $F'_{ad} = k_{ad} F_{ad}$ 和 $F'_{aq} = k_{aq} F_{aq}$ 后，由于折算系数不同（$k_{ad} \neq k_{aq}$），因此，由这两个折算后的磁动势所产生的 d、q 轴磁场 B_{ad} 和 B_{aq} 合成后所得到的电枢反应磁场 B_a 必然不会与电枢反应磁动势 $\boldsymbol{F}_a$ 重合。这就类似于主极轴线与气隙磁场轴线偏离的情况，因此，必然产生附加电磁转矩，输出附加电磁功率。

比较图 6.52(a) 和 (b) 会发现，由于附加电磁功率的存在，在相同条件下，凸极电机的最大电磁功率会略大于隐极电机，并且对应的 θ 角的位置也略有前移（小于 90°）。特别地，无

励磁电流时,凸极机仍可输出附加电磁功率,但最大值发生在 $\theta=45°$ 处。

结合图 6.51 还可以看出,只有当交轴分量 $\dot{I}_q \neq 0$ 时,才会有 $\theta \neq 0$,从而 $P_{em} \neq 0$,电机有电磁功率产生。因此,从电机实施机电能量转换的基本条件看,交轴电枢反应具有特殊的重要意义。

6.4.4 有功功率调节与静态稳定

为分析简便,以下都以隐极电机为例,不计饱和影响,并且忽略掉电枢电阻。特别地,视发电机所并入的电网为"无穷大电网",即电网电压 U 和频率 f 始终保持恒定。

1. 有功功率调节

当发电机并入电网但不输出有功功率时,由原动机输入的功率恰好补偿各种损耗,没有多余的部分转化为电磁功率,因此 $\theta=0$,$P_{em}=0$,如图 6.53(a)所示。此时,虽然可能 $E_0 > U$ 而有电流输出,但它是无功电流,即只有直轴分量 $\dot{I}_d$,而没有交轴分量 $\dot{I}_q$。因此,若增加原动机输入功率 P_1,即增大输入转矩 T_1,使 $T_1 > T_{mec} + T_{Fe} + T_{ad}$,则转轴上就会出现剩余转矩 $T_1 - (T_{mec} + T_{Fe} + T_{ad})$。该转矩使转子瞬时加速,并使发电机的励磁磁动势 F_f(即 d 轴)开始超前于气隙合成磁场 B_δ(该磁场受端口频率恒定约束,旋转速度保持不变)。相应地,励磁电动势 $\dot{E}_0$ 就会超前于电机端电压亦即电网电压 $\dot{U}$ 一个 θ 角,如图 6.53(b)所示。$P_{em} > 0$,发电机开始向电网输出有功电流,即出现交轴分量 $\dot{I}_q$,从而转子会受到相应的电磁转矩 T_{em} 的制动作用;当 θ 增大到某一数值 θ_a 使电磁转矩 T_{em} 正好与剩余转矩 $T_1 - (T_{mec} + T_{Fe} + T_{ad})$ 相等时,转子便不再加速,而平衡在功率角 θ_a 处,如图 6.53(b)、(c)所示。此时,原动机输入的有效机械功率与电机输出的电磁功率平衡,即功率平衡关系为

$$P_T = P_1 - (p_{mec} + p_{Fe} + p_{ad}) = P_{em} = m \frac{E_0 U}{X_t} \sin\theta_a \tag{6.74}$$

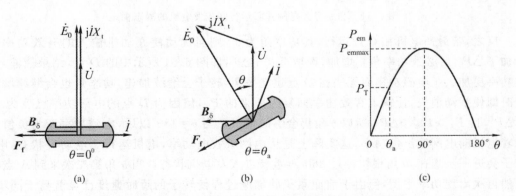

图 6.53 与无穷大电网并联时同步发电机的有功功率调节

上述分析结果表明,要增加发电机输出功率(有功功率),就必须增加原动机输入功率,使电机的功率角 θ 增大。这从能量守恒角度是很容易理解的。

继续增加原动机输入功率,θ 角随之会进一步增大,输出电磁功率也会进一步增加。但当 θ 角增至 $90°$ 使输出电磁功率达最大值 P_{emmax} 时,若继续增加输入功率,则输入和输出之间的平衡关系被破坏,电机亦无力自行维持平衡,致使电机转子不断加速并最终失步,对电网

的稳定运行构成冲击。显然，这种情况是不希望出现的。

正因为如此，我们把 P_{emmax} 称为同步电机的极限功率，并由此对同步电机的静态稳定性问题进行讨论。

2. 静态稳定

当电网或原动机偶然发生微小扰动时，若在扰动消失后发电机能自行回复到原运行状态稳定运行，则称发电机是静态稳定的；反之，就是不稳定的。

以图 6.54 为例，设最初由原动机输入的有效功率为 P_T，它与功角特性有 A、C 两个交点，但实际上只有 A 点是稳定的。因为如果在 A 点运行，当某种微小扰动使原动机的有限功率增加了 ΔP_T 时，则功率角将增大至 $\theta + \Delta \theta$ 而平衡于 B 点，相应地，电磁功率的增量也就是 $\Delta P = \Delta P_T$。这样，当扰动消失后，由于电磁功率 $P_{em} + \Delta P$ 大于输入有效功率 P_T，则起制动作用的电磁转矩大于输入转矩而使转子减速，最终电机回到原功率平衡点——A 点稳定运行。

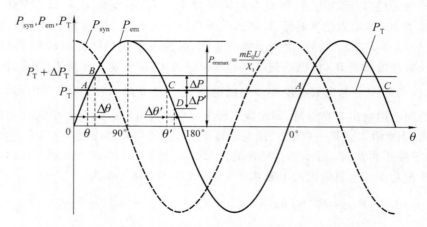

图 6.54　和无穷大电网并联运行同步发电机的静态稳定

反之，若最初电机在 C 点运行，其功率角为 θ'，则当扰动使原动机输入的有效功率 P_T 增加了 ΔP_T 后必致功率角 θ' 增加，设增至 $\theta' + \Delta \theta'$，即图 6.54 所示中的 D 点，结果使输入有效功率更加大于电磁功率而无法在 D 点建立平衡，转子会继续加速，功率角也会继续增加。此时即便扰动消失，让输入有效功率回复为原来的 P_T，但因为 D 点的电磁功率已变为 $P_{em} - \Delta P'$，且 $P_T > P_{em} - \Delta P'$，所以 θ 角仍会继续增大。当 $\theta = 180°$ 以后，电磁功率变为负值，意味着电机向电网输出负功率，这实际上是从电网吸收电功率，电机运行于电动机状态，电机转子会进一步加速，θ 角很快冲过 $360°$ 再重新进入发电机状态。当 θ 角第二次来到 A 点时，虽然再次出现功率平衡，但由于前面累积的加速过程使转子的瞬时速度已显著高于同步转速，因此功率角 θ 仍将继续增大，又冲过 C 点。虽然由 A 到 C 的过程是减速过程，但由于加速过程中转子吸收的能量大于减速过程中释放的能量（可结合图 6.54 用面积法证明），因而完全不具备使 A 点的转速下降到同步速的能力，所以 θ 角在惯性作用下还要继续增大，并在越过 C 点后获得新的加速。如此正反馈发展，电机的转速会愈来愈高而导致严重失步，最后不得不通过超速保护动作将原动机切除。由此可见，C 点的确是不稳定的。

综上可知，发电机功角特性上的稳定运行域为 $0° \leqslant \theta < 90°$。在这段区域内，电磁功率

P_{em} 是功率角 θ 的单调增函数。因此,同步发电机的静态稳定判据为

$$\frac{\mathrm{d}P_{em}}{\mathrm{d}\theta} > 0 \tag{6.75}$$

反之,若 $\dfrac{\mathrm{d}P_{em}}{\mathrm{d}\theta} < 0$,即 $90° < \theta \leqslant 180°$,则运行就是不稳定的。特别地,在 $\theta = 90°$ 处,因 $\dfrac{\mathrm{d}P_{em}}{\mathrm{d}\theta} = 0$,发电机保持同步的能力为零,处于稳定和不稳定的交界点,故称之为静态稳定极限。

显然,导数 $\dfrac{\mathrm{d}P_{em}}{\mathrm{d}\theta}$ 是同步发电机保持稳定运行能力的一个客观衡量,故称之为整步功率系数或比整步功率,用 P_{syn} 表示。其值愈大,表明保持同步的能力愈强,发电机的稳定性愈好。对于隐极电机,对式(6.73)求导得

$$P_{syn} = \frac{\mathrm{d}P_{em}}{\mathrm{d}\theta} = m\frac{E_0 U}{X_t}\cos\theta \tag{6.76}$$

其曲线描绘如图 6.54 中虚线所示。结果表明,在稳定区域内,θ 愈小,P_{syn} 愈大。

对于凸极电机,其比整步功率由式(6.72)导出为

$$P_{syn} = m\frac{E_0 U}{X_d}\cos\theta + mU^2\left(\frac{1}{X_q} - \frac{1}{X_d}\right)\cos 2\theta \tag{6.77}$$

相应地,可定义整步转矩系数或比整步转矩 T_{syn},由 P_{syn}/Ω 求得。对隐极电机,有

$$T_{syn} = m\frac{E_0 U}{\Omega X_t}\cos\theta \tag{6.78}$$

对凸极电机,就是

$$T_{syn} = m\frac{E_0 U}{\Omega X_d}\cos\theta + m\frac{U^2}{\Omega}\left(\frac{1}{X_q} - \frac{1}{X_d}\right)\cos 2\theta \tag{6.79}$$

在实际应用中,为确保电机稳定运行,以提高供电可靠性,应使电机的额定运行点距其稳定极限一定距离,即发电机额定功率与极限功率应保持一个恰当的比例。为此,定义最大电磁功率与额定功率之比为静态过载倍数或过载能力,用 k_M 表示,借以衡量同步发电机稳定运行的功率裕度,即

$$k_M = \frac{P_{emmax}}{P_N} \tag{6.80}$$

由于忽略电枢电阻后有 $P_N \approx P_{emN}$,故对于隐极电机有 $k_M = 1/\sin\theta_N$,θ_N 为电机额定运行时的功率角。

对实际电机,要求 $k_M > 1.7$,即额定负载时最大允许的功率角 $\theta_N \approx 35°$,但在一般设计中取值域为 $25° < \theta_N < 35°$。

广义而言,增大励磁电流(即增大 E_0)和减小同步电抗(即增大短路比)对提高同步电机的极限功率,从而提高过载能力和静态稳定性是有利的,因而可作为电机设计和运行的基本准则之一。

例 6.3 一台 $X_d^* = 0.8$、$X_q^* = 0.5$ 的凸极同步发电机,接在 $U^* = 1$ 的电网上,运行工况为 $I^* = 1$,$\cos\varphi = 0.8$(滞后)。忽略定子电阻,试求

(1) E_0 和 ψ;

(2) P_{em} 和 P_{emmax};

(3) k_M。

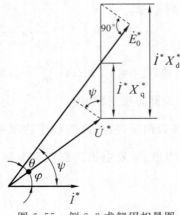

图 6.55　例 6.3 求解用相量图

解　作辅助相量图，如图 6.55 所示。

（1）由图 6.55 有

$$\psi = \arctan \frac{I^* X_q^* + U^* \sin\varphi}{U^* \cos\varphi}$$

$$= \arctan \frac{1.0 \times 0.5 + 1.0 \times 0.6}{1.0 \times 0.8}$$

$$= 54° \quad (\varphi = \arccos 0.8 = 36.9°)$$

从而由投影法得

$$E_0^* = U^* \cos\theta + I^* X_d^* \sin\psi$$

$$= 1.0 \times \cos(54° - 36.9°) + 1.0 \times 0.8 \times \sin 54°$$

$$= 1.603 \quad (\theta = \psi - \varphi = 54° - 36.9° = 17.1°)$$

（2）用标幺值计算，有

$$P_{em}^* = \frac{E_0^* U^*}{X_d^*} \sin\theta + \frac{U^{*2}}{2}\left(\frac{1}{X_q^*} - \frac{1}{X_d^*}\right)\sin 2\theta$$

$$= \frac{1.603 \times 1}{0.8}\sin 17.1° + \frac{1 \times 1}{2}\left(\frac{1}{0.5} - \frac{1}{0.8}\right)\sin 34.2°$$

$$= 0.8$$

为求 P_{emmax}，由

$$\frac{dP_{em}^*}{d\theta} = \frac{E_0^* U^*}{X_d^*}\cos\theta + U^{*2}\left(\frac{1}{X_q^*} - \frac{1}{X_d^*}\right)\cos 2\theta = A\cos\theta + B\cos 2\theta$$

$$= 0 \quad \left(A = \frac{E_0^* U^*}{X_d^*} = 2.004; B = U^{*2}\left(\frac{1}{X_q^*} - \frac{1}{X_d^*}\right) = 0.75\right)$$

解得　　$\theta = 72.2°$

从而

$$P_{emmax}^* = A\sin 72.2° + 0.5 B\sin 144.4° = 2.126$$

（3）　　$k_M = \dfrac{P_{emmax}^*}{P_{emN}^*} = \dfrac{P_{emmax}^*}{U^* I^* \cos\varphi} = \dfrac{2.126}{1 \times 1 \times 0.8} = 2.66$

6.4.5　无功功率调节和 V 形曲线

当发电机带感性负载时，电枢反应具有去磁作用，这时为了维持发电机端电压恒定，就必须增大励磁电流，以补偿电枢反应的影响。由此可见，无功功率的调节依赖于励磁电流的变化。

下面仍以隐极电机为例展开讨论。假设不计饱和影响，电机电磁功率 P_{em} 和输出功率 P_2 均为恒定，端电压 U 保持不变，于是有

$$P_{em} = \frac{mE_0 U}{X_t}\sin\theta = 常数 \quad 或 \quad E_0 \sin\theta = 常数 \tag{6.81}$$

$$P_2 = mUI\cos\varphi = 常数 \quad 或 \quad I\cos\varphi = 常数 \tag{6.82}$$

而忽略电枢电阻后亦有 $P_{em} = P_2$，即

$$\frac{E_0 \sin\theta}{X_t} = I\cos\varphi = 常数 \tag{6.83}$$

则由此可分析励磁电流 I_f 变化（即 E_0 变化）对电枢电流 I 的影响。

由图 6.56(a)可知,当调节励磁电流使 E_0 变化时,由于 $I\cos\varphi =$ 常数,定子电流相量 $\dot{I}$ 的末端轨迹是一条与 $\dot{U}$ 垂直的水平线 $\overline{AB}$;又由于 $E_0\sin\theta =$ 常数,故相量 $\dot{E}_0$ 的末端轨迹为一条与 $\dot{U}$ 平行的直线 $\overline{CD}$。据此在图 6.56(b)中画出了四种不同励磁电流时的相量图。

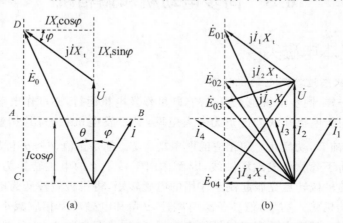

图 6.56 端电压和电磁功率恒定时的同步发电机相量图

当励磁电流较大时,E_{01} 较高,定子电流 $\dot{I}_1$ 滞后于端电压,输出滞后无功功率,这时称发电机运行于"过励"状态;逐步减小励磁电流,E_0 随之减小,定子电流相应减小,至 $\dot{E}_{02}$ 时,$\dot{I}_2$ 与 $\dot{U}$ 同相,$\cos\varphi = 1$,定子电流最小,这时称之为"正常励磁";再减小励磁电流,定子电流又开始变大,并超前电压 $\dot{U}$,如 $\dot{E}_{03}$、$\dot{I}_3$ 所示,发电机开始向电网输出超前的无功功率(或者说吸收滞后的无功功率),这时称发电机处于"欠励"状态;如果继续减小励磁电流,电动势 $\dot{E}_0$ 将更小,功率角 θ 和超前的功率因数角 φ 继续增大,定子电流亦更大,当 $\dot{E}_0 = \dot{E}_{04}$ 时,$\theta = 90°$,发电机达到稳定运行极限,若再进一步减小励磁电流,电机将失去同步。

由上分析可知,在原动机输入功率不变,即发电机输出功率 P_2 恒定时,改变励磁电流将引起同步电机定子电流大小和相位的变化。励磁电流为"正常励磁"值时,定子电流 I 最小;偏离此点,无论是增大还是减小励磁电流,定子电流都会增加。定子电流 I 与励磁电流 I_f 的这种内在联系可通过实验方法确定,所得关系曲线 $I = f(I_f)$ 如图 6.57 所示。因该曲线形似字母"V",故称之为同步发电机的 V 形曲线。对应于每一个恒定的有功功率值 P_2,都可以测定一条 V 形曲线,功率值越大,曲线位置越往上移。每条曲线的最低点对应于 $\cos\varphi = 1$,电枢电流最小,全为有功分量,励磁电流为"正常"值。将各曲线的最低点连接起来就得到一条 $\cos\varphi = 1$ 的曲线(见图 6.57 最当中的一条虚线),在这条曲线的右方,发电机处于"过励"状态,功率因数是滞后的,发电机向电网输出滞后无功功率;而在这条曲线的左侧,发电机处于"欠励"状态,功率因数是

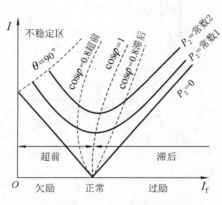

图 6.57 同步发电机的 V 形曲线

超前的,发电机从电网吸收滞后无功功率。V形曲线左侧还存在着一个不稳定区(对应于 $\theta >$ 90°),且与欠励状态相连,因此,同步发电机不宜于在欠励状态下运行。

6.5 同步电动机和调相机

6.5.1 基本电磁关系

1. 从发电机状态过渡到电动机状态

与其他电机一样,同步电机也是可逆的,既可作发电机运行,亦可作电动机运行。

设一台隐极同步电机并联运行于无穷大电网,处于发电机状态,其相量图如图6.58(a)所示。此时 $\dot{E}_0$ 超前 $\dot{U}$,功率角 θ 和相应的电磁功率 P_{em} 都是正值,$\theta_i \approx \theta$ 也为正值,即转子主极轴线沿转向超前于气隙合成磁场轴线,因而作用于转子上的电磁转矩为制动性质。原动机输入驱动性质的机械转矩克服起制动作用的电磁转矩,将机械能转变为电能。

逐步减少原动机输入功率,使转子瞬时减速,θ 角和电磁功率相应减小。当 θ 角减至零时,发电机变为空载,其输入功率正好抵偿空载损耗,相量图如图 6.58(b)所示。

继续减少原动机输入功率,则 θ 和 P_{em} 变为负值,表明电机要从电网吸收一部分电功率,与原动机输入功率一起与空载损耗平衡,以维持转子的同步旋转。如果再拆去原动机,就变

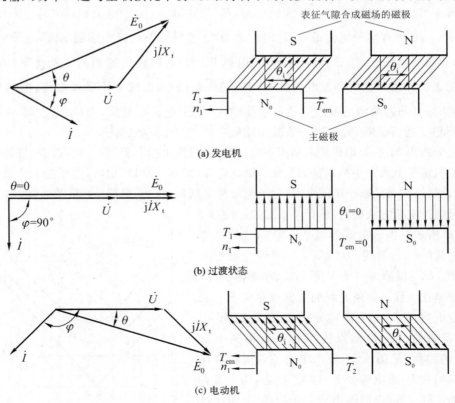

图 6.58 从发电机状态到电动机状态的过渡

成了空转的同步电动机,空载损耗必须全部由电网输入的电功率供给。如果在电机轴上再加上机械负载,则负值的 θ 角和 P_{em} 会更大,θ_i 亦为负值。主极磁场落后于气隙合成磁场,电磁转矩为驱动性质、拖动轴上机械负载一道旋转,电机进入电动机运行状态,将电网输入的电能转换成机械能。此时电机的相量图如图 6.58(c)所示。

从上分析可知,从发电机状态进入电动机状态的过程中,功率角 θ 和电磁功率 P_{em} 均由正值变为负值,电磁转矩由制动性质变为驱动性质,机电能量转换过程也发生了逆变。

2. 电动势平衡方程与相量图

以上分析都是以发电机惯例为基础的,因此,当电机运行于电动机状态时,就有了负值 θ 和 P_{em} 的结果,且 $\varphi > 90°$(见图 6.58(c))。这对于同步电动机的分析显然很不方便。为此,按常规处理方法,同步电动机分析时要改用电动机惯例,这只要将发电机惯例时的电流方向改变即可,并可由图 6.58(c)改画得图 6.59(a)所示的相量图,等效电路亦如图 6.59(b)所示。

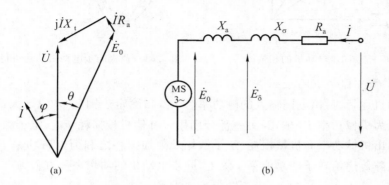

图 6.59 隐极同步电动机的相量图和等效电路

采用电动机惯例后,$\dot{I}$ 超前于 $\dot{U}$,规定相应的功率因数角 φ 和功率角 θ 为正值,则输入的电功率和所产生的电磁功率均为正值。

综上,结合图 6.59,可得隐极同步电动机的电动势平衡方程为

$$\dot{U} = \dot{E}_0 + \dot{I}R_a + j\dot{I}X_t \tag{6.84}$$

对于凸极电动机,就是

$$\dot{U} = \dot{E}_0 + \dot{I}R_a + j\dot{I}_d X_d + j\dot{I}_q X_q \tag{6.85}$$

相应的相量图如图 6.60 所示。

1)功角特性

同理,原适用于发电机惯例的功角特性也要改用为电动机惯例。经推导,结果在形式上与采用发电机惯例时完全一样,即对于凸极电动机,取 $\dot{U}$ 超前于 $\dot{E}_0$ 的功率角为正值,其功角特性为

$$P_{em} = m\frac{E_0 U}{X_d}\sin\theta + m\frac{U^2}{2}\left(\frac{1}{X_q} - \frac{1}{X_d}\right)\sin 2\theta \tag{6.86}$$

电磁转矩为

$$T_{em} = \frac{mE_0 U}{\Omega X_d}\sin\theta + \frac{mU^2}{2\Omega}\left(\frac{1}{X_q} - \frac{1}{X_d}\right)\sin 2\theta \tag{6.87}$$

令 $X_d = X_q = X_t$，即可得到隐极电动机的结果，推导及列写从略。

为直观描述，将凸极电动机功角特性绘于图 6.61，以示采用不同惯例时的具体区别。

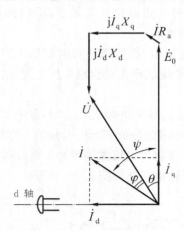

图 6.60 凸极同步电动机的相量图

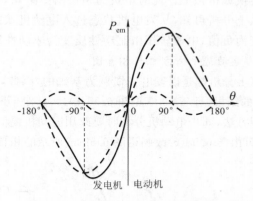

图 6.61 凸极同步电动机的功角特性

2）功率平衡方程

同步电动机运行时，由电网输入的电功率为 P_1，扣除定子铜耗 p_{Cu1} 后，大部分通过电磁感应作用转换为机械功率 P_2 输出；另一部分则用于补偿机械损耗 p_{mec}、定子铁耗 p_{Fe} 和附加损耗 p_{ad}，而输出机械功率和机械损耗、定子铁耗及附加损耗之和为电磁功率 P_{em}，它是电机经定子通过气隙传递给转子的总能量。综上，同步电动机的功率平衡方程为

$$P_1 = p_{Cu1} + P_{em} \tag{6.88}$$

和

$$P_{em} = p_{mec} + p_{Fe} + p_{ad} + P_2 \tag{6.89}$$

6.5.2 无功功率调节

同步电动机运行时，从电网吸取的有功功率 P_1 的大小基本上由负载制动转矩 T_2 来决定。与发电机类似，当励磁电流不变时，有功功率的改变将引起功率角的改变。由相量图可知，此时，势必也会引起无功功率的变化。图 6.62 所示的功率因数特性 $\cos\varphi = f(P_2)$ 可反映其变化规律，但这是负载变化的间接结果，不是主动调节。

与同步发电机相似，当同步电动机输出有功功率 P_2 恒定而改变其励磁电流时，其无功功率也是可以调节的。为简便起见，仍以隐极机为例，且不计磁路饱和影响，忽略电枢电阻，有 $P_1 \approx P_{em}$。而 P_2 恒定，I_f 变化时，若视 I_f 与 p_{Fe} 和 p_{ad} 无关，则 P_{em} 为常数，即

$$P_{em} = \frac{mE_0 U}{X_t}\sin\theta = P_1 = mUI\cos\varphi = 常数 \tag{6.90}$$

即 $\qquad\qquad E_0\sin\theta = 常数，\quad I\cos\varphi = 常数 \tag{6.91}$

由此作出电机的相量图，如图 6.63 所示。由图可见，当励磁电流变化，从而 E_0 变化时，$\dot{E}_0$ 的端点轨迹就落在与 $\dot{U}$ 平行的铅垂线 $\overline{AB}$ 上，相应地，$\dot{I}$ 的端点轨迹也就在与 $\dot{U}$ 垂直的水平线 $\overline{CD}$ 上。此外，"正常"励磁时，电动机功率因数 $\cos\varphi = 1$，电枢电流全部为有功电流，故数值

最小。当励磁电流小于正常励磁值(欠励)时,$E_0'' < E_0$,为保持气隙合成磁场近似不变,电枢电流还必须出现起助磁作用的滞后无功分量(从发电机惯例看是超前无功分量)。反之,若励磁电流大于正常励磁值(过励),致使 $E_0' > E_0$,电枢电流中将出现一个超前的无功分量,起去磁作用。

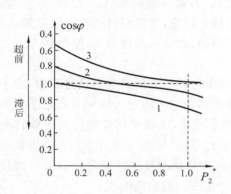

图 6.62　同步电动机不同励磁电流时的
功率因数特性

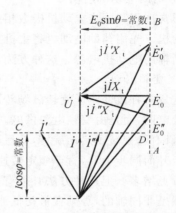

图 6.63　同步电动机不同励磁
电流时的相量图

上述分析表明,同步电动机在有功功率恒定、励磁电流变化时,调节曲线 $I = f(I_f)$ 的形状,使之仍为"V"字,称为同步电动机的 V 形曲线,如图 6.64 所示。由于减小励磁电流时,E_0 下降,P_{emmax} 减小,过载能力降低,对应的功率角 θ 增大,故在欠励区,当励磁电流减小到一定数值时,电动机将失步,不能稳定运行。图 6.64 中的虚线表示电动机不稳定区域的界限。

改变励磁可以调节电动机的功率因数,这是同步电动机最可贵的特性。因为普通电网上的负载主要是吸收感性无功的异步电动机和变

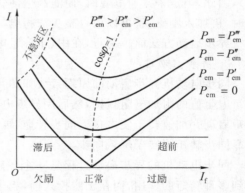

图 6.64　同步电动机的 V 形曲线

压器,因此,利用同步电动机功率因数可调的特点,让其工作于过励状态,从电网吸收容性无功,就可以改善电网的无功平衡状况,从而提高电网的功率因数和运行性能及效益。也正因为如此,同步电动机,尤其是大型同步电动机得到了较多的应用,如美国航空航天局在弗吉尼亚的汉普顿风洞实验中心就配备了世界上最大的同步电动机变速传动系统(101 MW,1998 年)。为改善电网功率因数,并提高电机的过载能力,现代同步电动机的额定功率因数一般都设计为 $1 \sim 0.8$(超前)。

6.5.3　启动与调速

1. 启动方法

同步电动机只有在定子旋转磁场与转子励磁磁场相对静止时,才能得到平均电磁转矩,稳定地实现机电能量转换。如将静止的同步电动机通入励磁电流后直接投入电网,则定子

旋转磁将以同步转速相对于转子磁场运动,转子上承受的是交变的脉振转矩,平均值为零。因此,同步电动机不能自启动,而必须借助其他启动方法。

同步电动机的常用启动方法有下列三种。

1)辅助电动机启动

通常选用与同步电动机极数相同的异步电动机(容量一般为主机的5%~15%)作为辅助电动机。先用辅助电动机将主机拖动至接近于同步转速,然后用自整步法将其投入电网,并切断辅助电动机电源。这种方法只适合于空载启动,而且所需设备多,操作复杂。

2)变频启动

这是一种改变定子旋转磁场转速、利用同步转矩启动的方法。在启动过程中,定子不是直接接电网,而是由变频电源供电。在开始启动时,转子绕组即通入励磁且把定子电源的频率尽量调低,使转子启动旋转,然后逐步上调至额定频率,则转子转速将随定子旋转磁场的转速上升而同步上升,直至额定转速。变频启动过程平稳,性能优越,在中、大型容量电机中应用日见增多。但这种方法必须有变频电源(容量与启动的具体性能要求有关),而且励磁机必须是非同轴的,否则在最初低速运转时无法产生所需的励磁电压。

3)异步启动

同步电动机多数在转子上装有类似于异步电机笼型绕组的启动绕组(通常称为阻尼绕组),因此,当定子接通电源时,便能产生使转子转动的异步转矩,并不断加速至接近同步速,此时,再加入励磁,就可以用自整步法将电机牵入同步。

异步启动方法简单易行,在中、小容量电动机中有较多应用。下面进行专门介绍。

2. 异步启动过程

同步电动机异步启动的原理接线如图6.65所示。启动前先把励磁绕组经10倍于励磁绕组电阻值的附加电阻短接,然后用异步电动机直接启动的方法将定子投入电网,依靠异步转矩启动并加速转子使之接近同步转速,再加入励磁电流(将转子绕组开关掷向励磁电源),依靠同步转矩将转子牵入同步。

同步电动机的异步启动过程是一个比较复杂的物理过程。在整个启动过程中,转子会受到多种转矩的作用,而在励磁投入前,起主要作用的就是由启动绕组所产生的异步转矩和由励磁绕组引起的单轴转矩。前者的T-s曲线与普通笼型异步电动机相同,如图6.66中的虚线所示。至于单轴转矩,则是一个新概念,重点介绍如下。

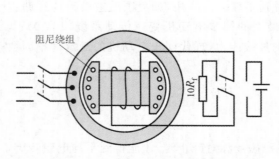

图6.65　异步启动的原理接线图

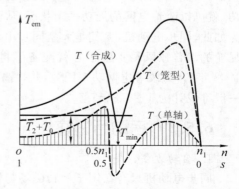

图6.66　单轴转矩对同步电动机启动的影响

不计转子上的启动绕组,只考虑励磁绕组,则异步启动过程中的同步电动机可视为一台定子三相而转子单相的异步电动机。转子单相绕组所产生的频率为 sf_1 的脉振磁场可分解为正、反转两个旋转磁场。其中,正转磁场与定子旋转磁场相对静止,产生普通异步电动机的异步转矩;但反转磁场对定子的转速为 $(1-2s)n_1$,在定子绕组中感应出频率为 $(1-2s)f_1$ 的电流并建立相应的旋转磁场 $\mathbf{F}_0$。转子反转磁场与 $\mathbf{F}_0$ 相对静止、相互作用产生另一个异步转矩,该转矩在 $s=0.5$ 时为零,在 $s<0.5$ 时为负,在 $s>0.5$ 时为正。将转子单相绕组所产生的上述两个异步转矩加起来就是所谓“单轴转矩”,如图 6.66 中的阴影部分所示。

将启动绕组所产生的异步转矩与励磁绕组所产生的单轴转矩相加,即得异步启动过程中的合成电磁转矩,其 T-s 曲线也画在图 6.66 中。从曲线可知,由于单轴转矩的存在,电动机合成转矩在 $0.5n_1$ 附近发生明显的下凹,形成一个最小转矩 $T_{\min}$,从而有可能将电动机转速“卡住”在半同步转速附近而不能继续升高。因此,为了限制单轴转矩对启动的不利影响,必须尽量减小励磁绕组中的感应电流。之所以在异步启动过程中的励磁回路中经验性地接入 10 倍于励磁绕组电阻值的附加电阻,也就是出于这种考虑。当然,也有将励磁绕组开路,从而使单轴转矩为零的极端做法。但这种做法绝不允许,因为励磁绕组匝数多,启动时的高电压可能破坏励磁绕组的绝缘,或造成人身安全事故。

同步电动机启动性能的优劣可用最初启动转矩 T_{st} 和名义牵入转矩 T_{pi} 两个特征量来表征。所谓名义牵入转矩是指转速达到 $95\%n_1$ 时的异步转矩(见图 6.67)。分析表明,最初启动转矩 T_{st} 和名义牵入转矩 T_{pi} 的大小与启动绕组的电阻值有关。阻值大,则 T_{pi} 变小,但 T_{st} 变大;反之亦然。因此,对要求 T_{pi} 大,但 T_{st} 小的鼓风机电动机,可选用电阻系数小的紫铜做启动绕组;反之,对要求 T_{pi} 小,但 T_{st} 大的轧钢机电动机,启动绕组就要选用电阻系数较高的黄铜或青铜来制作。

当异步启动过程使转子转速达到同步转速的 95% 左右时,最终依靠磁阻转矩(凸极机)及转子加励磁后的同步转矩即可将电动机牵入同步运行。这可以结合图 6.68 进行介绍。

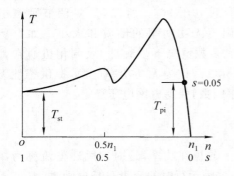

图 6.67 同步电动机启动过程中的异步转矩

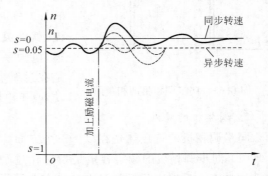

图 6.68 由同步转矩引起的转速振荡情况

由于 $n \approx 0.95n_1$ 时转差率已很低,所以磁阻转矩已经在起作用。设此时转子尚未加励磁,即转子磁极无固定极性,因此,随 θ 角的连续变化,磁阻转矩亦脉振交变,致使转子转速也就发生振荡,如图 6.68 所示。加上励磁后,转子有了确定的极性,这时的振荡周期由未加励磁时的 π/ω 增加为 $2\pi/\omega$,而由于同步转矩比磁阻转矩大得多,故转速变化量相应增大,使转速瞬时值超过同步转速,并在减速回到同步转速时使振荡在整步转矩作用下逐渐衰减,最后自行牵入同步。

2. 调速

同步电动机通常都应用于不需要调速的场合,少数情况下(如风机、水泵的节能运行),需要两至三种转速,也都用变极方式实现。其原理在异步电机调速中已阐述过,不重复。

然而随着电力电子技术和计算机控制技术的发展,用同步电动机、特别是特种同步电动机(如永磁式同步电动机、磁阻式同步电动机、开关磁阻式同步电动机等等)构成高品质交流变速传动系统已成为调速研究领域的主要发展趋势。其主要特点是系统简单、调速精度高、效率高。这方面的具体内容可通过后续课程的学习或相关参考文献的阅读深入了解,此处从略。

6.5.4 调相机

电网上的主要负载是异步电动机和变压器,它们都是感性负载,需要从电网吸收感性无功功率,从而使电网的功率因数降低,线路压降和损耗增大,发电设备的利用率和效率降低。如能在适当地点装上调相机,就地补偿负载所需的感性无功功率,即吸收容性无功、发出感性无功,就能显著地提高电力系统的经济性与供电质量。

1. 调相机的原理和用途

同步调相机实为不带机械负载的同步电动机,它利用同步电动机改变励磁可以调节功率因数的原理并联运行于电网上。因为同步调相机吸收的有功功率仅供给电机本身的损耗,因此它总是在接近于零电磁功率和零功率因数的情况下运行。

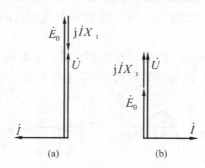

忽略调相机的全部损耗,则电枢电流只有无功分量($\dot{I} = \dot{I}_d$,$\dot{I}_q = 0$),电动势平衡方程可简化为 $\dot{U} = \dot{E}_0 + j\dot{I}X_t$,由此可画出过励和欠励时的相量图,如图 6.69 所示。从图上可见,过励时,电流超前电压 90°;欠励时,则滞后电压 90°。所以,只要调节励磁电流,就能灵活地调节无功功率的性质和大小。如上所述,电力系统在大多数情况下呈感性,故调相机通常都是在过励状态下运行,作为无功功率电源,提供感性无功,改善电网功率因数,保持电网电压稳定。

图 6.69 同步调相机的相量图

2. 调相机的特点

同步调相机的特点体现在以下三个方面。

(1) 同步调相机的额定容量是指它在过励状态下的视在功率,这时的励磁电流称为额定励磁电流。根据实际运行要求和稳定性需要,它在欠励运行时的容量只是过励时的 0.5～0.65 倍。

(2) 由于不拖动机械负载,调相机的转轴可以细一些,静态过载倍数也可以小一些,从而可以适当减小气隙长度和励磁绕组用铜量(减少匝数),使 X_d 增大,其标幺值可达 2 以上。

(3) 为提高材料利用率,减小体积,调相机的极数较少,大型调相机亦多采用氢冷或双水内冷方式。

6.6 同步发电机的不对称运行

当同步发电机相负荷不平衡（如单相负载）或发生不对称故障（如单相或两相短路）时，电机即处于不对称运行状态。由对称分量法可知，此时电机中除正序系统外，还存在负序和零序分量，从而使电机的损耗增加、效率减低、温升升高，并且对网络中运行的电动机与变压器产生不良影响。因此，要对同步发电机的负载不对称度给予一定的限制。国家标准《旋转电机　定额和性能》(GB755—2008)规定，对普通同步电机（采用导体内部冷却方式者除外），若各相电流均不超过额定值，则其负序分量不超过额定电流的 8%（凸极发电机）或 10%（隐极机和凸极电动机）时，可允许长期运行。

同步发电机不对称运行时的电磁关系仍采用基于线性叠加原理的对称分量法进行分析。实践表明，就基波而言，在不饱和情况下，所得结果基本上是正确的。具体介绍如下。

6.6.1 相序阻抗和等效电路

如上所述，同步发电机的不对称运行主要是负载和故障原因导致阻抗不相等而引起的。因此，不计饱和，应用双称分量法，可将负载端的不对称电压和不对称电流分解成三组对称分量（正序、负序和零序），且不对称电压或电流作用的结果等于各对称分量分别作用结果之和。

以三相不对称电流 $\dot{I}_A$、$\dot{I}_B$、$\dot{I}_C$ 为例，取 A 相为参考，其分解为

$$\left.\begin{array}{l} \dot{I}_A = \dot{I}_{A+} + \dot{I}_{A-} + \dot{I}_{A0} = \dot{I}_+ + \dot{I}_- + \dot{I}_0 \\ \dot{I}_B = \dot{I}_{B+} + \dot{I}_{B-} + \dot{I}_{B0} = a^2\dot{I}_+ + a\dot{I}_- + \dot{I}_0 \\ \dot{I}_C = \dot{I}_{C+} + \dot{I}_{C-} + \dot{I}_{C0} = a\dot{I}_+ + a^2\dot{I}_- + \dot{I}_0 \end{array}\right\} \tag{6.92}$$

式中，$a = \mathrm{e}^{\mathrm{j}120°} = -\dfrac{1}{2} + \mathrm{j}\dfrac{\sqrt{3}}{2}$ 为复数运算符，也叫做旋转算子。同理，可对三相不对称电压作类似分解。

显然，每个相序的对称电流分量都将建立自己的气隙磁场和漏磁场。但由于各相序电流所建立的磁场与转子绕组的交链情况不同，因而所对应的阻抗也就不相等。仍设各相序阻抗分别为 I_+、I_- 和 I_0，考虑到三相对称绕组中感应的励磁电动势只可能有对称的正序分量，故以 A 相为例，各相序等效电路如图 6.70 所示，相应的各相序电动势平衡方程为

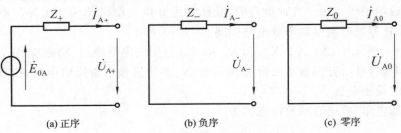

图 6.70 各相序的等效电路（A 相）

$$\left.\begin{array}{l} \dot{E}_{0A} = \dot{U}_{A+} + \dot{I}_{A+} Z_+ = \dot{U}_+ + \dot{I}_+ Z_+ \\ 0 = \dot{U}_{A-} + \dot{I}_{A-} Z_- = \dot{U}_- + \dot{I}_- Z_- \\ 0 = \dot{U}_{A0} + \dot{I}_{A0} Z_0 = \dot{U}_0 + \dot{I}_0 Z_0 \end{array}\right\} \tag{6.93}$$

式(6.93)中仅含三个方程,但有 $\dot{U}_+$、$\dot{U}_-$、$\dot{U}_0$ 和 $\dot{I}_+$、$\dot{I}_-$、$\dot{I}_0$ 六个变量,若要求解,尚需再列出另外三个方程。这可以根据不对称负载的实际情况,即端口约束条件得出,稍后将结合典型不对称运行工况详细讨论。

在这之前,先介绍相序阻抗 Z_+、Z_- 和 Z_0 的物理意义及其对应的等效电路,因为这三个参数的确定也是求解式(6.93)所必需的。

1. 正序阻抗

所谓正序阻抗是指转子通入励磁电流正向同步旋转时,电枢绕组中所产生的正序三相对称电流所遇到的阻抗。显然,此时所对应的运行状况也就是电机的正常运行工况,只是附加了磁路不饱和的约束条件而已。因此,正序阻抗也就是电机同步电抗的不饱和值,对于隐极电机,即

$$Z_+ = R_+ + \mathrm{j}X_+ = R_a + \mathrm{j}X_t \tag{6.94}$$

对于凸极电机,具体数值与正序电枢磁动势和转子的相对位置有关,可由双反应理论确定。特别地,在三相对称稳态短路时,忽略电阻有

$$\left.\begin{array}{l} I_+ = I_{d+} \\ I_{q+} = 0 \end{array}\right\} \Rightarrow X_+ \approx X_d \tag{6.95}$$

一般情况下,则有

$$X_q < X_+ < X_d \tag{6.96}$$

成立。

2. 负序阻抗

负序阻抗是指转子正向同步旋转,但励磁绕组短路(因不存在负序励磁电动势)时,电枢绕组中流过的负序三相对称电流所遇到的阻抗。这里,负序电流可设想为是由外施负序电压产生的。

电枢绕组中通入负序三相对称电流后,将产生反向旋转磁场,其与转子的相对转速为 $2n_1$,此时电机视同为一台转差率 $s=2$ 的异步电机。由于负序磁场的轴线与转子的直轴和交轴交替重合,因此,负序阻抗的阻值是变化的,但工程上为简便计,将其取之为交、直轴两个典型位置的数值的平均值。

当负序磁场轴线与转子直轴重合时,励磁绕组和阻尼绕组都相当于异步电机的转子绕组,故忽略铁耗等效电阻后的等效电路如图 6.71(a)所示。

图 6.71(a)所示中,X_σ、$X_{f\sigma}$、$X_{Dd\sigma}$ 和 R_a、R_f、R_{Dd} 分别为电枢绕组、励磁绕组、直轴阻尼绕组的漏电抗和电阻,且所有参数都已折算到定子;X_{ad} 亦为直轴电枢反应电抗,物理意义上等同于异步电机的励磁电抗 X_m。

忽略全部电阻,可得直轴负序电抗为

$$X_{d-} = X_\sigma + \cfrac{1}{\cfrac{1}{X_{ad}} + \cfrac{1}{X_{f\sigma}} + \cfrac{1}{X_{Dd\sigma}}} \tag{6.97}$$

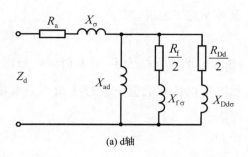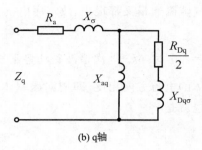

(a) d轴   (b) q轴

图 6.71 同步电机负序阻抗等效电路

如直轴上没有阻尼绕组,就是

$$X_{d-} = X_\sigma + \cfrac{1}{\cfrac{1}{X_{ad}} + \cfrac{1}{X_{f\sigma}}} \tag{6.98}$$

当负序磁场轴线移到转子交轴时,由于交轴上可能有阻尼绕组但无励磁绕组,故等效电路如图 6.71(b)所示。图中 $X_{Dq\sigma}$、R_{Dq} 为交轴阻尼绕组的漏电抗和电阻,X_{aq} 亦为交轴电枢反应电抗。

同样忽略全部电阻,有交轴负序电抗

$$X_{q-} = X_\sigma + \cfrac{1}{\cfrac{1}{X_{aq}} + \cfrac{1}{X_{Dq\sigma}}} \tag{6.99}$$

无阻尼绕组时,则为

$$X_{q-} = X_\sigma + X_{aq} = X_q \tag{6.100}$$

由于直轴和交轴的负序电抗都是定子漏抗加上一个小于电枢反应电抗的等效电抗,所以数值上总是小于同步电抗,表明单位负序电流所产生的气隙磁场较正序弱,在电枢绕组中感应的电动势较正序小。之所以如此,是由于负序磁场在励磁绕组和阻尼绕组中感应的电流起去磁作用。

求出典型位置的负序阻抗值之后,给出等效负序阻抗为

$$X_- = \frac{1}{2}(X_{d-} + X_{q-}) \tag{6.101}$$

需要说明的是,由于正、负序电流产生漏磁通的情况基本类似,在不饱和情况下几乎无区别,因此,以上计算正、负序电抗时的定子漏电抗值 X_σ 都是相同的。

3. 零序阻抗

零序阻抗是指转子正向同步旋转、励磁绕组短路时,电枢绕组中通入零序电流所遇到的阻抗。

由于三相零序电流同大小、同相位,所以它们所建立的合成磁动势的基波和 $6k\pm1$ 次谐波的幅值均为零,只可能存在 $6k-3$ 次脉振谐波磁动势,所产生的只是谐波磁场,归属于谐波漏磁通。

分析表明,零序电抗的大小与绕组节距有关。对整距绕组,同一槽内的上、下层导体属于同一相,槽内导体电流方向相同,槽漏磁场和槽漏抗与正序、负序情况时相近,而 $6k-3$ 次

谐波气隙磁通量又都很小,故零序电抗基本上就等于定子漏抗,即

$$X_0 \approx X_\sigma \quad (y_1 = \tau) \tag{6.102}$$

当 $y_1 = \dfrac{2}{3}\tau$ 时,$6k-3$ 次谐波磁动势不复存在,相应的谐波漏抗为零,而此时同一槽内上、下层导体的电流方向相反,即槽漏磁基本为零,故零序电抗在数值上接近于微小的端接漏抗 $X_{E\sigma}$,也就是

$$X_0 \approx X_{E\sigma} \quad \left(y_1 = \frac{2}{3}\tau\right) \tag{6.103}$$

综上,由于零序电流基本上不产生有实用意义的气隙磁场,故零序电抗与主磁路饱和程度及转子结构无关。

零序电阻近似等于电枢电阻,即

$$R_0 \approx R_a \tag{6.104}$$

6.6.2 不对称稳态短路

短路是同步电机不对称运行的极限工况,而所有短路故障中,又以单相对中点短路和两相短路较常见。下面就讨论这两种短路情况。

短路全过程的分析一般需要求解由微分方程构成的状态方程组,比较复杂,类似问题将在第七章中专门讨论。本节为使问题简化,突出基本概念,也为了能够比较不同短路情况下短路电流的数量关系,只讨论稳态短路过程,即认为短路已进入稳定状态,并且假设短路发生在电机出线端,而非短路相均为空载。

1. 单相对中点短路

这种短路一般发生在发电机中点接地、而一相外对地短路的情况之下。假定短路发生在 A 相,B、C 两相空载,如图 6.72 所示。

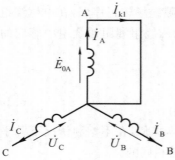

图 6.72 单相对中点短路

1) 短路电流的基波

根据假定,可得端口约束条件为

$$\left.\begin{array}{c} \dot{U}_A = 0 \\ \dot{I}_B = \dot{I}_C = 0 \end{array}\right\} \tag{6.105}$$

若改用对称分量表述,就是

$$\left.\begin{array}{c} \dot{U}_+ + \dot{U}_- + \dot{U}_0 = 0 \\ a^2\dot{I}_+ + a\dot{I}_- + \dot{I}_0 = 0 \\ a\dot{I}_+ + a^2\dot{I}_- + \dot{I}_0 = 0 \end{array}\right\} \tag{6.106}$$

这就是我们前面说到的利用约束条件另外列写出的三个方程。而将式(6.106)与式(6.93)联立求解,也就可以得到我们所需的解答。

以上是一般性方法,可程序化求解,但不够简捷。事实上,利用对称分量法中的序分量(如 $\dot{I}_+$、$\dot{I}_-$、$\dot{I}_0$)与相分量(如 $\dot{I}_A$、$\dot{I}_B$、$\dot{I}_C$)之间的基本关系,即有

$$\dot{I}_+ = \dot{I}_- = \dot{I}_0 = \frac{1}{3}\dot{I}_A \tag{6.107}$$

则记 $\dot{E}_{0A}$ 为 $\dot{E}_0$，综合式(6.93)、式(6.106)和式(6.107)有

$$\dot{E}_0 = \dot{U}_+ + \dot{U}_- + \dot{U}_0 + \dot{I}_+ Z_+ + \dot{I}_- Z_- + \dot{I}_0 Z_0 = \frac{1}{3}\dot{I}_A(Z_+ + Z_- + Z_0) \tag{6.108}$$

从而短路电流为

$$\dot{I}_{k1} = \dot{I}_A = \frac{3\dot{E}_0}{Z_+ + Z_- + Z_0} \tag{6.109}$$

与以上求解过程对应的等效电路如图 6.73 所示。

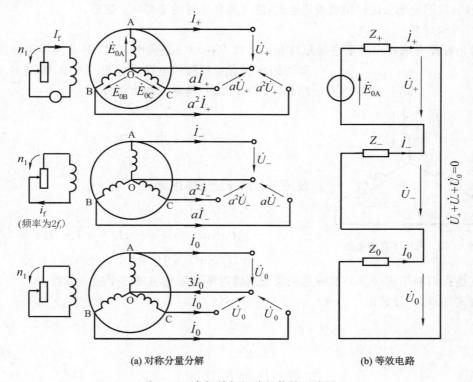

(a) 对称分量分解　　　　　　　(b) 等效电路

图 6.73　求解单相短路的等效电路图

如忽略全部电阻，并改用数值表示，则式(6.109)就是

$$I_{k1} = I_A = \frac{3E_0}{X_+ + X_- + X_0} \tag{6.110}$$

此外，利用上述有关结果，还可求得两开路相 B、C 之间的线电压为

$$\dot{U}_{BC} = \dot{U}_B - \dot{U}_C = -j\dot{I}_{k1}\frac{2Z_- + Z_0}{\sqrt{3}} \tag{6.111}$$

2) 短路电流的谐波

单相短路时，定子电流所产生的磁场是脉振磁场，可以分解成为两个大小相等、转向相反的旋转磁场。反向旋转磁场以 $2n_1$ 的相对速度切割转子，在转子绕组内感应出频率为 $2f_1$ 的电动势和电流。该电流又产生一个频率为 $2f_1$ 的脉振磁场，同样可分解为两个大小相等、转向相反的旋转磁场。考虑到转子本身的转速，这两个磁场在空间的转速分别为 $-n_1$ 和

$3n_1$。转速为$-n_1$的磁场与定子反向旋转磁场同步,并建立磁动势平衡关系;而$3n_1$速度的旋转磁场将在定子绕组内再感应出一个$3f_1$的电动势和电流。依此类推,定子电流中除了基波外还将包含一系列奇数次谐波,而转子电流中除直流励磁电流外还包含一系列偶数次谐波。

单相同步发电机的负载运行情况与上述单相短路情况相类似,即定子电压和电流含基波和奇数次谐波,转子电流除直流外尚含一系列偶数次谐波。因此,为了改善负载时的电动势波形,减少谐波电流所产生的杂散附加损耗,通常在单相发电机转子上安装低漏抗、低电阻值的阻尼绕组,以感应起去磁作用的阻尼电流,使气隙合成磁场基本为正弦形。

2. 两相短路

两相短路有两相出线端直接短路和经中性点接地短路两种,但以前者为多见。图 6.74即为两相间直接短路的电路示意图。图中,假定 B、C 为短路相,A 为开路相,其端口约束条件为

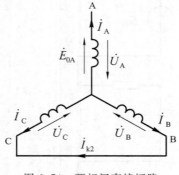

图 6.74　两相间直接短路

$$\left.\begin{array}{l}\dot{I}_A = 0 \\ \dot{I}_B = -\dot{I}_C \\ \dot{U}_B = \dot{U}_C\end{array}\right\} \tag{6.112}$$

改用为对称分量法描述就是

$$\left.\begin{array}{l}\dot{I}_+ + \dot{I}_- + \dot{I}_0 = 0 \\ a^2\dot{I}_+ + a\dot{I}_- + \dot{I}_0 = -a\dot{I}_+ - a^2\dot{I}_- + \dot{I}_0 \\ a^2\dot{U}_+ + a\dot{U}_- + \dot{U}_0 = a\dot{U}_+ + a^2\dot{U}_- + \dot{U}_0\end{array}\right\} \tag{6.113}$$

这也就是我们利用式(6.93)求解两相稳态短路时所需要的另外三个独立方程。

由式(6.113)可解出

$$\left.\begin{array}{l}\dot{I}_0 = 0 \\ \dot{I}_+ = -\dot{I}_- \\ \dot{U}_+ = \dot{U}_-\end{array}\right\} \tag{6.114}$$

将式(6.114)与式(6.93)联立后最终有

$$\left.\begin{array}{l}\dot{U}_0 = 0 \\ \dot{I}_+ = -\dot{I}_- = \dfrac{\dot{E}_0}{Z_+ + Z_-}\end{array}\right\} \tag{6.115}$$

即两相短路电流为

$$\dot{I}_{k2} = \dot{I}_B = (a^2 - a)\dot{I}_+ = -j\sqrt{3}I_+ = -j\frac{\sqrt{3}\dot{E}_0}{Z_+ + Z_-} \tag{6.116}$$

同理,若忽略全部电阻,改写为数值形式就是

$$I_{k2} = I_B = \frac{\sqrt{3}E_0}{X_+ + X_-} \tag{6.117}$$

由于两相短路时,定子电流产生的磁场也是脉振的,因此,短路电流中同样还会包含一系列奇数次谐波成分。

此外,利用联立求解的结果还可以得到开路相(A 相)基波端电压

$$\dot{U}_{\mathrm{A}} = \dot{U}_{+} + \dot{U}_{-} = 2\dot{U}_{-} = -\dot{I}_{-}Z_{-} = \frac{2\dot{E}_{0}Z_{-}}{Z_{+} + Z_{-}} \tag{6.118}$$

和短路相(B、C 相)基波相电压

$$\dot{U}_{\mathrm{B}} = \dot{U}_{\mathrm{C}} = a^{2}\dot{U}_{+} + a\dot{U}_{-} + U_{0} = -U_{-} = -\frac{\dot{E}_{0}Z_{-}}{Z_{+} + Z_{-}} \tag{6.119}$$

比较式(6.118)和式(6.119)有

$$\dot{U}_{\mathrm{A}} = -2\dot{U}_{\mathrm{B}} = -2\dot{U}_{\mathrm{C}} \tag{6.120}$$

因此,开路相出线端到两相短路点的线电压为

$$\dot{U}_{\mathrm{AB}} = \dot{U}_{\mathrm{AC}} = \dot{U}_{\mathrm{A}} - \dot{U}_{\mathrm{B}} = 3\dot{U}_{-} = \frac{3\dot{E}_{0}Z_{-}}{Z_{+} + Z_{-}} = \mathrm{j}\sqrt{3}\dot{I}_{\mathrm{k2}}Z_{-} \tag{6.121}$$

以上对称分量法的求解过程也可用相序等效电路予以直观描述,各相序等效电路及其连接关系如图 6.75 所示。

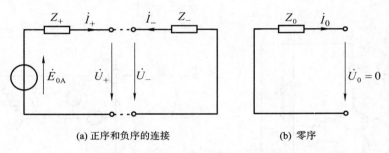

(a) 正序和负序的连接　　　　　　　**(b) 零序**

图 6.75　两相短路时的序等效电路及其连接

3. 不同稳定短路情况短路电流的比较

由 6.3 节可知,不计饱和、忽略定子电阻时,三相稳态短路电流可记作为(注:$X_{\mathrm{d(不饱和)}} = X_{+}$)

$$I_{\mathrm{k3}} = \frac{E_{0}}{X_{+}} \tag{6.122}$$

由于同步电抗,即同步电机的正序电抗 X_{+} 一般要比负序电阻 X_{-} 和零序电抗 X_{0} 大很多,故忽略 X_{-} 和 X_{0},综合式(6.110)、式(6.117)和式(6.122),可得相同励磁电动势时不同稳定短路情况下短路电流的近似比例关系为

$$I_{\mathrm{k1}} : I_{\mathrm{k2}} : I_{\mathrm{k3}} = 3 : \sqrt{3} : 1 \tag{6.123}$$

这也就是说,对同样的 E_{0},单相稳定短路电流最大,两相次之,三相时最小。不过,由于运行需要,大型同步发电机的中点往往通过接地电阻或电抗线圈接地,这使得单相稳定短路电流实际上有可能并不是最大的。

6.6.3　负序和零序参数测定

1. 两相稳定短路法测负序阻抗

试验线路如图 6.76 所示。先将电枢绕组两相短路,被试电机拖动到额定转速,调节励

磁电流使电枢电流值为 $0.15I_N$ 左右，量取两相短路电流 I_{k2}、短路相与开路相之间的电压 U 和相应的功率 P。为避免转子过热，上述试验过程应尽可能迅速，并注意观察电机的振动情况。

由两相稳定短路分析结果及式（6.121）可知

$$Z_- = \frac{\dot{U}_{AB}}{j\sqrt{3}\dot{I}_{k2}} = \frac{U_{AB}}{\sqrt{3}I_{k2}}\angle(\beta - 90°) \tag{6.124}$$

式中，β 为 $\dot{U}_{AB}$ 超前 $\dot{I}_{k2}$ 的角度，这是一个钝角，其数值可由下式计算

$$\beta = 180° - \arccos\frac{P}{U_{AB}I_{k2}} \tag{6.125}$$

于是有负序参数

$$\left.\begin{aligned}|Z_-| &= \frac{U_{AB}}{\sqrt{3}I_{k2}}\\X_- &= -|Z_-|\cos\beta\\R_- &= \sqrt{|Z_-|^2 - X_-^2}\end{aligned}\right\} \tag{6.126}$$

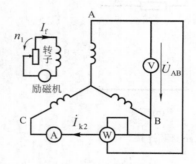

图 6.76　两相短路法测负序阻抗

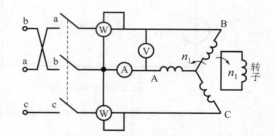

图 6.77　逆同步旋转法测负序阻抗

2. 逆同步旋转法测负序阻抗

试验线路如图 6.77 所示。将同步电机的励磁绕组短路，转子拖动到同步转速，定子绕组外施额定频率的三相对称的负序电压（即相序与正常励磁电动势的相序相反），幅值以电枢电流不超过 $0.15I_N$ 为限，量取线电压 U、线电流 I 和功率 P（图中为两功率表读数之和），则负序参数为

$$\left.\begin{aligned}|Z_-| &= \frac{U}{\sqrt{3}I}\\R_- &= \frac{P}{3I^2}\\X_- &= \sqrt{|Z_-|^2 - R_-^2}\end{aligned}\right\} \tag{6.127}$$

3. 串联法或并联法测零序阻抗

试验线路如图 6.78 所示。当定子绕组有六个出线端时，用串联法测定，接线如图 6.78（a）所示。先将励磁绕组短路，将定子绕组首尾串接成开口三角形，再将被试电机拖动到同步转速，并在定子端加额定频率的单相电压，幅值以电枢电流在 $0.05I_N \sim 0.25I_N$ 之间为限，

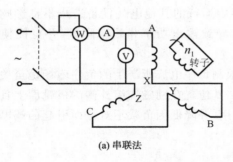
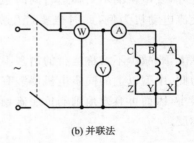

(a) 串联法   (b) 并联法

图 6.78 串联法和并联法测零序电抗

测定电压 U、电流 I 和功率 P，则零序参数为

$$\left.\begin{array}{l} |Z_0| = \dfrac{U}{3I} \\[2mm] R_0 = \dfrac{P}{3I^2} \\[2mm] X_0 = \sqrt{|Z_0|^2 - R_0^2} \end{array}\right\} \quad (6.128)$$

如定子只有四个出线端，用并联法测定，接线如图 6.78(b) 所示。试验步骤与串联法相同，零序参数计算公式为

$$\left.\begin{array}{l} |Z_0| = \dfrac{3U}{I} \\[2mm] R_0 = \dfrac{3P}{I_0^2} \\[2mm] X_0 = \sqrt{|Z_0|^2 - R_0^2} \end{array}\right\} \quad (6.129)$$

6.6.4 不对称运行的影响

同步发电机的不对称运行会对电机带来一系列不良影响，主要表现在两个方面。

1. 转子的附加损耗和发热

由于不对称运行时出现的负序电流产生的反转磁场会以转速 $2n_1$ 切割转子，在转子铁芯和励磁绕组、阻尼绕组中感应电流，引起附加铁耗和附加铜耗，结果就有可能使转子过热。汽轮发电机转子本体的散热条件本来就比较差，负序磁场在整块转子本体表面的感应电流经两端护环形成回路，而护环与本体的接触电阻又比较大，因而发热就更严重，由此亦可能引起转子绕组接地事故，或危及护环与转子本体连接及配合的机械可靠性。凸极电机没有护环引起的上述问题，转子通风条件也比较好，故水轮发电机允许承受比汽轮发电机略大的不对称度。

2. 附加转矩和振动

不对称运行时，负序磁场与励磁磁场相对运动的转速为 $2n_1$，其相互作用的结果是产生两倍额定频率（简称倍频）的交变电磁转矩，同时作用于转轴并反作用于定子，引起倍频机械振动，严重时甚至损坏电机。

此外,发电机的不对称运行同时也会对电网中运行的其他电气设备造成不良影响。以普通交流电动机为例,此时也要产生负序磁场,导致输出功率和效率降低,并可能使电机过热。

综上,要减少不对称运行的诸多不良影响,限制负序电流所产生的负序磁场是至关重要的。为此,中型以上的同步电机都装有阻尼绕组,其位置在励磁绕组外侧的极靴面上且漏阻抗又很小,因而可有效地削弱负序磁场的危害作用,并降低因负载不对称而引起的端电压的不对称度。

6.7 同步电机的突然短路

前面各节讨论的都是同步电机的对称或不对称稳定运行或短路状态,用的是正弦稳态分析方法,由此得出的是一般性运行指导规律。然而,真正从电机设计制造的角度考虑,我们还希望知道电机故障情况下的非稳定状态,即动态行为。这种行为的过程可能很短暂,但对电机的危害却可能非常巨大。以电机出线端突然短路为例,分析表明,实际短路电流的峰值有可能达到额定电流的 20 倍左右,所产生的巨大电磁力和电磁转矩也就可能损坏定子绕组的端部绝缘,并使转轴和机座发生有害变形。试想,如果在电机设计和制造中没有考虑到这些问题,所产生的后果肯定是不堪设想的。

电机突然短路之所以有这么严重的危害,主要是因为在突然短路过程中发生于电机内部的物理现象与稳态短路有很大区别。如三相对称稳定短路时,电枢磁场是一个以同步转速旋转的幅值恒定的磁场,不会在转子绕组中感应电动势和电流。但三相突然短路时,电枢电流和相应的电枢磁场的幅值会发生突然变化,使转子绕组和定子绕组之间出现变压器作用,从而在转子绕组中感应出电动势和电流,而此电流反过来又会影响到定子绕组中的电流变化。这种定、转子绕组之间的相互影响,使突然短路后的过渡过程变得非常复杂,也使得分析更为困难。

突然短路过程的严格分析,原则上需要用数值方法求解一组机、电、磁耦合的非线性微分方程。这需要进行专题讨论,第七章将介绍有关的基础理论知识和计算方法。然而,为突出突然短路过程的物理本质,作为传统电机学中的经典内容,我们将在本节中先介绍突然短路过程的解析求解方法,并重点讨论三相突然短路问题。

要用解析方法求解同步电机三相突然短路时机、电、磁耦合的非线性微分方程组,不经特殊处理是无法实现的。为此,我们在分析过程中假设:

(1) 电机转速不变;

(2) 磁路不饱和;

(3) 短路发生在出线端,短路前电机空载。

假设(1)意在解除机械耦合,在突然短路过程中将转子速度作常数处理。其合理性来自于机械时间常数大于电磁时间常数,亦即在考虑电磁过渡过程时,可以不考虑机械过渡过程。假设(2)剔除了磁场的非线性因素,隐含着分析中可应用叠加原理,并可把电磁耦合问题简化为纯电路问题。最后假设(3)亦将问题定格为一个三相对称 $L\text{-}R$ 串并联电路的零状态响应。这样,只要能确定任一相等效电路中状态变量(即短路电流)的初值、终值及其衰减时间常数,就有可能由电路分析中的三要素法和对称原理得出三相短路电流的表达式。

的确,上述假设对问题作了最大程度的简化,但物理概念是清楚的,因此,结果的合理性毋庸置疑。而更有意义的,是为下一章将要介绍的具有高度灵活性和通用性的数值方法作好了铺垫,使人们可以直观地将传统分析处理方法与现代计算机数值仿真方法进行比较。

下面具体介绍三相突然短路的传统电路解析方法,核心是确定各相电流的初值、终值及其衰减时间常数,重点则是初值的确定。为此,首先借助超导回路磁链守恒原理进行分析。

6.7.1 超导回路磁链守恒原理

图 6.79 上部所示为一条无源的超导体闭合回路,其下部所示为一磁极。在初始位置时,回路中交链的磁链为 ψ_0,见图 6.79(a)。设磁极相对于回路发生移动,导致 ψ_0 变化,即在回路中感应电动势,以 e_0 表示,则

$$e_0 = -\frac{\mathrm{d}\psi_0}{\mathrm{d}t} \tag{6.130}$$

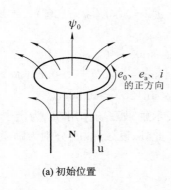
(a) 初始位置

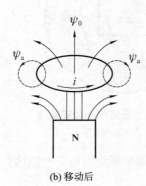
(b) 移动后

图 6.79 超导体闭合回路磁链守恒

由于回路是闭合的,e_0 便在该回路中产生电流 i_a,而 i_a 又产生一自感磁链 ψ_a 和自感电动势 e_a,其值分别为

$$\psi_a = L_a i_a \tag{6.131}$$

和

$$e_a = -\frac{\mathrm{d}\psi_a}{\mathrm{d}t} \tag{6.132}$$

式中,L_a 为回路自感。

由于回路为超导体,即电阻为零,故电动势平衡方程为

$$\sum e = e_0 + e_a = -\frac{\mathrm{d}\psi_0}{\mathrm{d}t} - \frac{\mathrm{d}\psi_a}{\mathrm{d}t} = i_a r = 0 \tag{6.133}$$

即

$$\frac{\mathrm{d}}{\mathrm{d}t}(\psi_0 + \psi_a) = 0 \tag{6.134}$$

也就是

$$\psi_0 + \psi_a = 常数 \tag{6.135}$$

这表明,无论外磁场交链超导体闭合回路的磁链如何变化,回路感应电流所产生的磁链总会抑制这种变化,使回路中的总磁链保持不变。这就是超导回路的磁链守恒原理。

然而,实际电机中,定、转子绕组都不是超导回路,都存在一定的电阻。而由于电阻总要

消耗一定的能量，因此，突然短路后绕组回路中的磁链实际上是不能守恒的。不过，由于有限运动速度或有限交变频率情况下，闭合回路内的磁链都不会突变，故认为突然短路瞬间绕组回路中的磁链遵从守恒原理还是合理的，由此就可能确定短路电流的初值。

6.7.2　三相突然短路过程中的基本电磁关系

1. 定子各相绕组的磁链

图 6.80 是一台无阻尼绕组的同步发电机励磁磁场分布示意图（只对称画一半，下同）。设突然短路正好发生在 A 相轴线与转子磁场轴线垂直时刻，以此为时间起点 $t=0$，即 $\psi_A(0)$

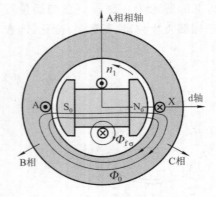

图 6.80　短路时刻的励磁磁场分布示意图

$=0$，则转子磁场 $\Phi_0=f(I_{f0})$ 产生的定子三相绕组磁链的时序波形如图 6.81(a)所示，矢量图如图 6.81(b)所示，数学表达式为

$$\left.\begin{aligned}\psi_{A0} &= \psi_0\sin\omega t\\\psi_{B0} &= \psi_0\sin(\omega t-120°)\\\psi_{C0} &= \psi_0\sin(\omega t+120°)\end{aligned}\right\} \tag{6.136}$$

而初值分别为

$$\left.\begin{aligned}\psi_A(0) &= \psi_0\sin0° = 0\\\psi_B(0) &= \psi_0\sin(-120°) = -0.866\psi_0\\\psi_C(0) &= \psi_0\sin120° = 0.866\psi_0\end{aligned}\right\} \tag{6.137}$$

式中，下标"0"表示励磁磁场作用；ψ_0 为定子绕组交链的励磁磁链幅值。此外，设 ψ_{f0} 和 $\psi_{f\sigma}$ 分别为励磁磁场的主磁链和漏磁链，则励磁绕组磁链初始值为

$$\psi_f(0) = \psi_{f0} + \psi_{f\sigma} \tag{6.138}$$

突然短路后，因假设转子仍以同步速旋转，故定子各相绕相所交链的励磁磁链 ψ_{A0}、ψ_{B0}、ψ_{C0} 仍按图 6.81(a)所示的正弦规律变化，而若假定定子绕组为超导回路，则由磁链守恒原理应有

$$\left.\begin{aligned}\psi_{A0} + \psi_{Ai} &= 0\\\psi_{B0} + \psi_{Bi} &= -0.866\psi_0\\\psi_{C0} + \psi_{Ci} &= 0.866\psi_0\end{aligned}\right\} \tag{6.139}$$

式中，下标"i"表示短路电流作用，ψ_{Ai}、ψ_{Bi}、ψ_{Ci} 分别为定子三相短路电流产生的与定子绕组交

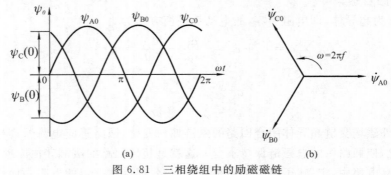

图 6.81　三相绕组中的励磁磁链

链的磁链,可推导出其数学表达式为

$$\left.\begin{aligned}
\psi_{Ai} &= 0 - \psi_{A0} = -\psi_0 \sin\omega t \\
\psi_{Bi} &= -0.866\psi_0 - \psi_{B0} = -0.866\psi_0 - \psi_0 \sin(\omega t - 120°) \\
\psi_{Ci} &= 0.866\psi_0 - \psi_{C0} = 0.866\psi_0 - \psi_0 \sin(\omega t + 120°)
\end{aligned}\right\} \tag{6.140}$$

时序波形如图 6.82 所示。

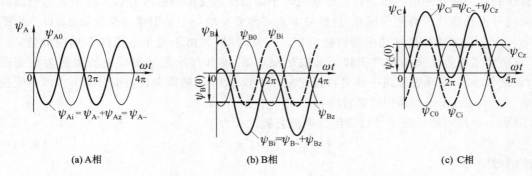

|(a) A相|(b) B相|(c) C相|

图 6.82   磁链守恒条件下定子绕组中各磁链分量的变化规律

2. 定子各相绕组的电流

由于在有限电压源激励的情况下,电感回路中的电流不会突变,因此,发生于空载情况下的三相出线端突然短路,各相电流的初始值均应为零。这是我们分析定子各相电流变化规律时所必须遵循的约束条件。据此约束条件,下面具体讨论产生式(6.140)那样的三相磁链所要求的定子电流。

图 6.82 所示中,将式(6.140)中的磁链分解成了两个分量,与此相对应,定子电流也必须包含两个分量。一个是产生旋转磁场,与三相绕组产生正弦交变磁链 $\psi_{A\sim}$、$\psi_{B\sim}$、$\psi_{C\sim}$,以平衡励磁磁链 ψ_{A0}、ψ_{B0}、ψ_{C0} 作用(大小相等,方向相反)的分量。该分量必然是一组三相对称的频率为 f_1 的交流电流,称为交流分量或周期性分量,用 $i_{A\sim}$、$i_{B\sim}$、$i_{C\sim}$ 表示。另一个是建立静止磁场,与三相绕组产生恒定磁链 ψ_{Az}、ψ_{Bz}、ψ_{Cz},以满足 $\psi_A(0)$、$\psi_B(0)$、$\psi_C(0)$ 磁链守恒条件的分量。该分量必须是一组直流电流,称为直流分量或非周期性分量,用 i_{Az}、i_{Bz}、i_{Cz} 表示。

由于不计饱和时,电流与所对应的磁链成正比,因此,设相电流周期分量的幅值为 I'_m。据式(6.140),可将三相电流及其周期性分量和非周期性分量分别表示为

$$\left.\begin{aligned}
i_A &= i_{A\sim} + i_{Az} \\
i_B &= i_{B\sim} + i_{Bz} \\
i_C &= i_{C\sim} + i_{Cz}
\end{aligned}\right\} \tag{6.141}$$

和

$$\left.\begin{aligned}
i_{A\sim} &= -I'_m \sin\omega t \\
i_{B\sim} &= -I'_m \sin(\omega t - 120°) \\
i_{C\sim} &= -I'_m \sin(\omega t + 120°)
\end{aligned}\right\} \tag{6.142}$$

及

$$i_{Az} = 0$$
$$i_{Bz} = -0.866I'_m$$
$$i_{Cz} = 0.866I'_m$$
(6.143)

3. 转子绕组的电流和磁链

如上所述,突然短路时定子电流的周期性分量 $i_{A\sim}$、$i_{B\sim}$、$i_{C\sim}$ 将会突然产生一个与转子同步旋转的起去磁作用的磁场。设该磁场与转子励磁绕组交链的磁链为 ψ_{fad},由于突然短路瞬间同理可视励磁绕组为超导回路,故励磁电流必然要突增一个非周期电流分量 Δi_{fz} 以产生磁链 $\psi_{fz} = -\psi_{fad}$,才能维持回路中的磁链恒定。与此同时,又由于定子电流的非周期分量 i_{Az}、i_{Bz}、i_{Cz} 所产生的静止磁场相对于转子来说是旋转的,即其与励磁绕组交链的磁链为交变磁链,设之为 $\psi_{fa\sim}$,则励磁绕组中还要再感应出一个频率为 f_1 的周期性电流分量 $i_{f\sim}$,以产生磁链 $\psi_{f\sim} = -\psi_{fa\sim}$,保证回路中的磁链守恒。

综上,突然短路后转子励磁绕组总电流的表达式为

$$i_f = I_{f0} + \Delta i_{fz} + i_{f\sim}$$
(6.144)

对应的磁链是

$$\psi_f = \psi_f(0) + \psi_{fz} + \psi_{f\sim} = \psi_f(0) - \psi_{fad} - \psi_{fa\sim} = \psi_f(0) + \psi_{fi}$$
(6.145)

时序波形如图 6.83 所示。

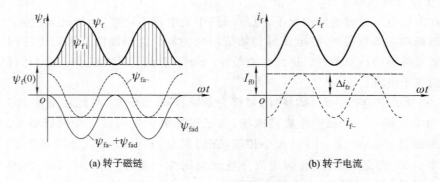

(a) 转子磁链   (b) 转子电流

图 6.83   磁链守恒条件下转子磁链和电流的变化规律

4. 电机磁场分布示意图

图 6.84(a)所示为突然短路后,转子从图 6.80 所示的位置转过 90°电角度后的总磁场分布,此时定子 A 相绕组中已有电流通过。为使图形清晰,励磁绕组中的周期性电流分量 $i_{f\sim}$ 和定子绕组中的非周期性电流分量 i_{Az}、i_{Bz}、i_{Cz} 所产生的静止气隙磁场和相应的漏磁场未在图中画出。

图 6.84(a)所示中,$\Phi_{A\sigma}$ 表示定子电流周期性分量产生的与 A 相绕组交链的漏磁通,Φ'_{ad} 为 $i_{A\sim}$、$i_{B\sim}$、$i_{C\sim}$ 和 Δi_{fz} 联合产生的去磁磁通,转子总漏磁通用 $\Phi'_{f\sigma}$ 表示,其中含 I_{f0} 产生的漏磁通 $\Phi_{f\sigma}$ 和 Δi_{fz} 产生的漏磁通 $\Phi_{fz\sigma}$,即 $\Phi'_{f\sigma} = \Phi_{f\sigma} + \Phi_{fz\sigma}$。此时,用磁力线根数形象表示磁通大小,则 A 相绕组交链的总磁通为 $\Phi_A = \Phi_0 + \Phi'_{ad} + \Phi_{A\sigma} = 2-1-1=0$,而励磁绕组交链的总磁通是 $\Phi_f = \Phi_0 + \Phi'_{ad} + \Phi'_{f\sigma} = 2-1+2=3$,对照图 6.80 可知,定、转子绕组中的磁链都符合磁链守恒要求。

把图 6.84(a)所示中的直轴去磁磁通 Φ'_{ad} 和励磁绕组漏磁通 $\Phi_{fz\sigma}$ 合并,可得图 6.84(b)所示的等效磁场分布图。此时,Φ'_{ad} 的等效路径绕道到励磁绕组外侧,表明 Δi_{fz} 产生的磁通抵制

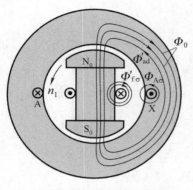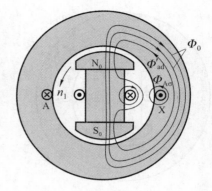

(a) 励磁磁场、电枢磁场及漏磁场   (b) 等效磁场

图 6.84　突然短路后的磁场分布示意图

Φ'_{ad}进入,使Φ'_{ad}实际上被挤入了漏磁路。该路径磁阻远大于原主磁路,故产生磁通Φ'_{ad}的周期性电流的幅值I'_m也就很大。这也就是三相突然短路时定子电流显著增大的根本原因或物理本质。

5. 阻尼绕组对突然短路过程的影响

以上分析中,为突出基本物理概念,假设转子上没有阻尼绕组,相关量用右上角加一撇表示(Φ'_{ad},$\Phi'_{fσ}$,I'_m)。现在来考虑转子上装有阻尼绕组的情况,相关量改用右上角加两撇表示。此时,直轴去磁磁通记为Φ''_{ad},它由定子电流周期性分量 $i_{A\sim}$、$i_{B\sim}$、$i_{C\sim}$ 和励磁绕组及阻尼绕组中的非周期性电流分量 Δi_{fz} 和 i_{Dz} 联合产生,如图 6.85(a)所示。仿图 6.84(b),将 Φ''_{ad} 与漏磁通 $\Phi_{Dzσ}$ 和 $\Phi_{fzσ}$ 合并,则 Φ''_{ad} 被排挤到阻尼绕组和励磁绕组之外的漏磁路中,如图 6.85(b)所示。显然,Φ''_{ad} 行经的路径比前述 Φ'_{ad} 所经路径的磁阻还要大,因此,有阻尼绕组时定子电流周期性分量的幅值 I''_m 也就比 I'_m 更大。不过,由于 Φ''_{ad} 由 Δi_{fz} 和 i_{Dz} 共同抵制,此时 Δi_{fz} 的值会比无阻尼绕组时稍小。至于定子电流的非周期性分量,则除仍有励磁绕组中感应出的频率为 f_1 的周期性分量 $i_{f\sim}$ 与之对应外,还有阻尼绕组中感应出的相同性质的电流 $i_{D\sim}$,它们所产生的磁场分布情况均未在图 6.85 中画出。

需要说明的是,以上分析都是以超导回路磁链守恒为前提的,结果只适合于电流初值的确定,而并不反映实际变化规律。由于所有回路都会有电阻,磁链不可能守恒,因此各回路的电流都将以不同的时间常数衰减,并最后达到各自的稳态值。

6.7.3　同步电机的瞬态参数

1. 瞬变和超瞬变电抗的物理意义

在 6.7.2 节,我们从物理概念上说明了突然短路时定子短路电流增大的原因。然而,从电路观点看,忽略定子电阻,短路后的励磁电动势 E_0 是完全由电抗压降来平衡的。因此,在假定 E_0 恒定条件下,突然短路时定子电流的增大必然是由于电抗的减小所引起。

在讨论图 6.85(b)给出的等效磁场分布时,我们知道,Φ''_{ad} 被挤到阻尼绕组和励磁绕组之外的漏磁路径后,所遇磁阻会比主磁路大很多。这实际上已表明相应的直轴电抗会比同步电抗 X_d 小得多,另用X''_d表示,习惯上称之为直轴超瞬变电抗。

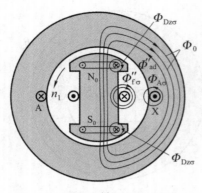
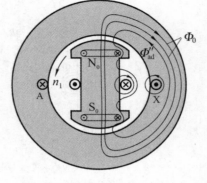

(a) 励磁磁场、电枢磁场及漏磁场   (b) 等效磁场

图 6.85 有阻尼绕组同步发电机突然短路后的磁场分布示意图

由于阻尼绕组的时间常数很小，因此，短路后其中出现的电流衰减速度很快。当该电流基本衰减完毕后，Φ''_{ad}就变为Φ'_{ad}，不受抵制地进入阻尼绕组，但仍被挤到励磁绕组之外的漏磁路中，如图 6.84(b)所示。这时相应的直轴电抗称为瞬变电抗，用X'_d表示。显然，X'_d的数值也要小于X_d。

最后，励磁绕组电流中的瞬变分量也衰减完毕，励磁电流值回到I_{f0}，电枢反应磁通变为Φ_{ad}，行经路径就是主磁路，电机进入稳定短路状态，直轴电抗就是同步电抗X_d。

综上，以阻尼绕组电流以及励磁绕组电流增量是否衰减完毕为标志，可将突然短路到稳定短路之间的变化过程分为超瞬变、瞬变、稳态三个阶段，对应的直轴电抗分别为X''_d、X'_d、X_d，相应的定子短路电流的周期性分量的初始幅值为

$$\left.\begin{aligned} I''_m &= \frac{\sqrt{2}E_0}{X''_d} \\[2mm] I'_m &= \frac{\sqrt{2}E_0}{X'_d} \\[2mm] I_m &= \frac{\sqrt{2}E_0}{X_d} \end{aligned}\right\} \tag{6.146}$$

显然，因$X''_d < X'_d < X_d$，故$I''_m > I'_m > I_m$。

下面，进一步讨论所有瞬变参数（如X''_d、X'_d等）的基本定义及其等效电路。

首先以X''_d为例。设共同产生Φ''_{ad}的定子直轴磁动势为F_{ad}，阻尼绕组的反磁动势为F_{Dz}，励磁绕组的反磁动势为F_{fz}，磁路的磁阻为R_{ad}，则由磁路基本定律有

$$F_{ad} - F_{Dz} - F_{fz} = \Phi''_{ad}R_{ad} \tag{6.147}$$

为了维持磁链守恒，F_{Dz}和F_{fz}将分别产生与Φ''_{ad}同样大小的漏磁通，即

$$\Phi_{Dz\sigma} = \Phi_{fz\sigma} = \Phi''_{ad} \tag{6.148}$$

设阻尼绕组和励磁绕组漏磁路的磁阻分别为$R_{Dd\sigma}$和$R_{f\sigma}$，则结合式(6.148)有

$$\left.\begin{aligned} F_{Dz} &= \Phi_{Dz\sigma}R_{Dd\sigma} = \Phi''_{ad}R_{Dd\sigma} \\ F_{fz} &= \Phi_{fz\sigma}R_{f\sigma} = \Phi''_{ad}R_{f\sigma} \end{aligned}\right\} \tag{6.149}$$

从而式(6.147)可改写为

$$F_{ad} = \Phi''_{ad}(R_{ad} + R_{Dd\sigma} + R_{f\sigma}) = \Phi''_{ad}R''_{ad} \tag{6.150}$$

式中，R''_{ad} 为 Φ''_{ad} 所经路径上的磁阻，即

$$R''_{ad} = R_{ad} + R_{Dd\sigma} + R_{f\sigma}$$

写成磁导形式就是

$$\Lambda''_{ad} = \frac{1}{R_{ad} + R_{Dd\sigma} + R_{f\sigma}} = \frac{1}{\dfrac{1}{\Lambda_{ad}} + \dfrac{1}{\Lambda_{Dd\sigma}} + \dfrac{1}{\Lambda_{f\sigma}}} \tag{6.151}$$

再加上漏磁导，定子直轴超瞬变总磁导为

$$\Lambda''_d = \Lambda_\sigma + \Lambda''_{ad} = \Lambda_\sigma + \frac{1}{\dfrac{1}{\Lambda_{ad}} + \dfrac{1}{\Lambda_{Dd\sigma}} + \dfrac{1}{\Lambda_{f\sigma}}} \tag{6.152}$$

即直轴超瞬变电抗为

$$X''_d = X_\sigma + \frac{1}{\dfrac{1}{X_{ad}} + \dfrac{1}{X_{Dd\sigma}} + \dfrac{1}{X_{f\sigma}}} \tag{6.153}$$

这与有阻尼绕组但忽略全部电阻时的直轴负序电抗的定义是一致的，见式(6.97)，等效电路为图 6.86(a)所示。

如果转子上没有阻尼绕组，或阻尼绕组中的电流已衰减完毕，则断开图 6.86(a)中的 $X_{Dd\sigma}$ 并联支路，得直轴瞬变电抗 X'_d 的等效电路如图 6.86(b)所示，相应的数学表述为

$$X'_d = X_\sigma + \frac{1}{\dfrac{1}{X_{ad}} + \dfrac{1}{X_{f\sigma}}} \tag{6.154}$$

这与式(6.98)给出的无阻尼绕组，且忽略全部电阻时的直轴负序电抗的定义也是相同的。

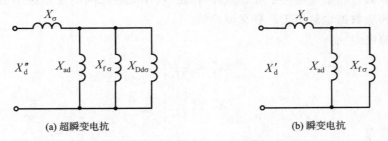

(a) 超瞬变电抗　　　　　　　　　　(b) 瞬变电抗

图 6.86　直轴超瞬变电抗和瞬变电抗等效电路

在励磁绕组中的非周期分量 $\Delta i_{f\sigma}$ 衰减完毕后，图 6.86(b)所示中的 $X_{f\sigma}$ 并联支路也要断开。这时，定、转子之间的等效电抗即同步电抗 $X_d = X_\sigma + X_{ad}$。

如果突然短路不是发生在电机出线端，而是在电网上某处，则由于线路阻抗使电机定子电流中不仅含有直轴分量，而且还有交轴分量，因而，还要分析交轴的瞬变参数。

交轴瞬变参数亦有超瞬变电抗和瞬变电抗之分，用 X''_q 和 X'_q 表示，分析方法及过程与直轴相似。由于交轴上没有励磁绕组，故超瞬变电抗为

$$X''_q = X_\sigma + \frac{1}{\dfrac{1}{X_{aq}} + \dfrac{1}{X_{Dq\sigma}}} \tag{6.155}$$

通常情况下，$X_q'' > X_d''$。

如果交轴上没有阻尼绕组，或交轴阻尼绕组中的电流衰减完毕，则瞬变电抗是

$$X_q' = X_\sigma + X_{aq} = X_q \tag{6.156}$$

综上，可将交轴超瞬变电抗和瞬变电抗的等效电路如图 6.87 所示，其结果与忽略全部电阻后的交轴负序电抗相同，见式(6.99)和式(6.100)。

2. 瞬变和超瞬变电抗的测定方法

同步电机的瞬变和超瞬变电抗可用静测法得出。测试线路图如图 6.88 所示，励磁绕组经交流电流表直接短路，在定子任两相间加一额定频率的低电压。缓缓移动转子位置，直到励磁绕组中感应电流最大为止，量取电枢电流 I_1、外施电压 U_1 和输入功率 P_1。再移动转子到励磁绕组感应电流最小，记录相应的电枢电流 I_2、外施电压 U_2 和输入功率 P_2。

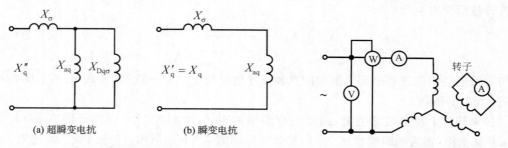

图 6.87　交轴超瞬变电抗和瞬变电抗等效电路　　图 6.88　用静测法测瞬变和超瞬变电抗

由于两相通电时产生的是脉振磁场，当脉振磁场轴线与转子 d 轴重合时，定、转子绕组之间的变压器作用最强，转子绕组中的感应电流最大，故相应的测试数据用于计算直轴参数。反之，当脉振磁场轴线与转子 q 轴重合时，定、转子绕组之间的变压器作用最弱，转子感应电流最小，相应数据也就用于计算交轴参数。

综上，忽略电阻，有

$$\left.\begin{aligned} X_d'' &= \frac{U_1}{2I_1} \\ X_q'' &= \frac{U_2}{2I_2} \end{aligned}\right\} \tag{6.157}$$

计及电阻时，应有

$$\left.\begin{aligned} X_d'' &= \sqrt{Z_d''^2 - R_d''^2} = \sqrt{\left(\frac{U_1}{2I_1}\right)^2 - \left(\frac{P_1}{2I_1^2}\right)^2} \\ X_q'' &= \sqrt{Z_q''^2 - R_q''^2} = \sqrt{\left(\frac{U_2}{2I_2}\right)^2 - \left(\frac{P_2}{2I_2^2}\right)^2} \end{aligned}\right\} \tag{6.158}$$

如果转子上没有阻尼绕组，则以上测试结果为瞬变电抗 X_d' 和 X_q'。

6.7.4　突然短路电流及其衰减时间常数

1. 各个分量的最大值

综合前面已讨论过的相关分析结果，对于有阻尼绕组、在 $\Phi_A(0) = 0$ 时刻于出线端发生三相突然短路的同步发电机，忽略定子电阻后，定子短路电流周期性分量的表达式为

$$
\left. \begin{aligned}
i''_{A\sim} &= -I''_m \sin\omega t \\
i''_{B\sim} &= -I''_m \sin(\omega t - 120°) \\
i''_{C\sim} &= -I''_m \sin(\omega t + 120°)
\end{aligned} \right\} \tag{6.159}
$$

也将这组电流称之为定子绕组的超瞬变短路电流。

相应地,各相短路电流中非周期性分量的初始值应等于周期性分量初始值的负值,即

$$
\left. \begin{aligned}
i_{Az} &= I''_m \sin 0° = 0 \\
i_{Bz} &= I''_m \sin(-120°) = -0.866 I''_m \\
i_{Cz} &= I''_m \sin 120° = 0.866 I''_m
\end{aligned} \right\} \tag{6.160}
$$

在转子侧,与定子短路电流的周期性分量相对应,阻尼绕组和励磁绕组中感应出的非周期性电流分量的数值分别为 i_{Dz} 和 Δi_{fz}。

此外,与定子短路电流的非周期性分量相对应,阻尼绕组和励磁绕组中还将感应出周期性分量 $i_{D\sim}$ 和 $i_{f\sim}$,其初值应分别为非周期性分量 i_{Dz} 和 Δi_{fz} 的负值,故有

$$
\left. \begin{aligned}
i_{D\sim} &= -i_{Dz}\cos\omega t \\
i_{f\sim} &= -i_{fz}\cos\omega t
\end{aligned} \right\} \tag{6.161}
$$

由于各绕组都有电阻,并以阻尼绕组的电阻 R_D 为最大,故上述电流分量都要衰减,且首先是阻尼绕组中的非周期性分量 i_{Dz} 很快衰减完毕。从而,电枢反应磁通穿过阻尼绕组,定子短路电流周期性分量的幅值变为 I'_m,三相电流的表达式同式(6.142),称为定子绕组的瞬变短路电流,具体表达式不另行列写。

实际上,如转子上没有阻尼绕组,则式(6.142)也就是定子短路电流周期性分量不考虑衰减时的表达式。

考虑衰减,定子短路电流的周期性分量最后会达到稳态值,即

$$
\left. \begin{aligned}
i_{A\sim} &= -I_m \sin\omega t \\
i_{B\sim} &= -I_m \sin(\omega t - 120°) \\
i_{C\sim} &= -I_m \sin(\omega t + 120°)
\end{aligned} \right\} \tag{6.162}
$$

2. 突然短路电流的衰减变化规律

1) 定子三相绕组的突然短路电流

至此,我们已经确定了定子短路电流的各个分量及其最大值或稳态值,若再确定出实际衰减时间常数,我们最终就可以给出定子短路电流的变化规律。在此之前,为有利于对实际衰减变化过程的理解,不妨先将式(6.159)和式(6.160)合并起来得到不衰减的三相短路电流,并作技术性处理为

$$
\left. \begin{aligned}
i_A &= i''_{A\sim} + i_{Az} = -[(I''_m - I'_m) + (I'_m - I_m) + I_m]\sin\omega t \\
i_B &= i''_{B\sim} + i_{Bz} = -[(I''_m - I'_m) + (I'_m - I_m) + I_m]\sin(\omega t - 120°) \\
&\quad - 0.866 I''_m \\
i_C &= i''_{C\sim} + i_{Cz} = -[(I''_m - I'_m) + (I'_m - I_m) + I_m]\sin(\omega t + 120°) \\
&\quad + 0.866 I''_m
\end{aligned} \right\} \tag{6.163}
$$

式(6.163)中,将 I''_m 分解成 $I''_m - I'_m$、$I'_m - I_m$ 和 I_m 三个分量,再加上非周期性分量,一共为四个分量。

各部分的物理意义为:

（1）$I''_m - I'_m$，超瞬变分量，与阻尼绕组中的非周期性电流 i_{Dz} 对应；

（2）$I'_m - I_m$，瞬变分量，与励磁绕组中的非周期性分量 Δi_{fz} 对应；

（3）I_m，稳态分量，与恒定励磁电流 I_{f0} 对应；

（4）非周期分量，与阻尼绕组和励磁绕组中的周期性分量 $i_{D\sim}$ 和 $i_{f\sim}$ 对应。

上述四个分量中，除稳态分量外，其他三个均按各自的衰减速率衰减。其中，与 i_{Dz} 对应的超瞬变分量衰减最快，衰减时间常数设为 T''_d；与 Δi_{fz} 对应的瞬变分量次之，衰减时间常数设为 T'_d；而与 $i_{D\sim}$ 和 $i_{f\sim}$ 对应的非周期分量将统一按定子绕组时间常数 T_a 衰减。

至此，考虑上述各分量衰减因素，式（6.163）可改写为

$$
\left.
\begin{aligned}
i_A &= -\left[(I''_m - I'_m)e^{-\frac{t}{T''_d}} + (I'_m - I_m)e^{-\frac{t}{T'_d}} + I_m\right]\sin\omega t \\
i_B &= -\left[(I''_m - I'_m)e^{-\frac{t}{T''_d}} + (I'_m - I_m)e^{-\frac{t}{T'_d}} + I_m\right]\sin(\omega t - 120°) \\
&\quad -0.866 I''_m e^{-\frac{t}{T_a}} \\
i_C &= -\left[(I''_m - I'_m)e^{-\frac{t}{T''_d}} + (I'_m - I_m)e^{-\frac{t}{T'_d}} + I_m\right]\sin(\omega t + 120°) \\
&\quad +0.866 I''_m e^{-\frac{t}{T_a}}
\end{aligned}
\right\}
\tag{6.164}
$$

这就是转速和励磁电动势恒定、磁路不饱和、出线端空载突然短路、$\varPhi_A(0)=0$ 条件下，三相短路电流的解析表达式，亦即我们希望求得的最后结果。

以 A 相为例，其短路电流的时序波形如图 6.89 所示。图中，阴影部分的高度为超瞬变分量，反映装设阻尼绕组后短路电流值会更大（暂撇开有利于稳定运行和削弱负序磁场不论）。若无阻尼绕组，则电流包络线的起始值为较小的 I'_m，而不是 I''_m。阴影部分以下，稳态分量（水平虚线）以上的部分为瞬变分量，是励磁绕组作用的反应。

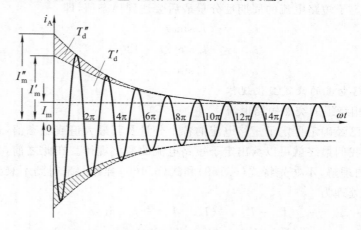

图 6.89　三相突然短路的 A 相电流波形

式（6.164）是不计瞬变过程中交、直轴参数差别而得到的近似公式。由于 $X''_d \neq X''_q$，定子非周期性电流只是在最初短路瞬间产生与 d 轴重合的静止气隙磁场，其后将随转子转动交替与交、直轴重合，故即使不考虑衰减，则定子非周期性分量也要以 $2f_1$ 的频率在 $\sqrt{2}E_0/X''_d$ 和 $\sqrt{2}E_0/X''_q$ 之间脉动，这就是说，实际中除了衰减的直流分量之外，短路电流还要包含一个衰减的倍频谐波分量。

此外,式(6.164)还表明,各相非周期性电流的初值与短路时刻有关。如在与某相交链的磁链达正最大值时短路,则该相周期性电流的初始值为 $-I_{m}''$,非周期性电流为 I_{m}''。结果在半个周期后,最大冲击电流值可达 $2I_{m}''$(若不衰减),即便考虑衰减,也可达(1.8~1.9)I_{m}''。

国家标准规定,同步发电机必须能承受 105% 额定电压下的三相空载突然短路,最大冲击电流值估算为

$$i_{mmax}'' = \frac{1.8 \times 1.05\sqrt{2}U_{\phi N}}{X_d''} \tag{6.165}$$

通常,$i_{mmax}'' \leqslant 15\sqrt{2}I_N$。

2)短路电流的衰减时间常数

式(6.164)中引入了三个衰减时间常数,其基本定义分别介绍如下。

(1)定子非周期电流衰减时间常数 T_a。

T_a 由定子绕组电阻和非周期性电流所建立的静止磁场对应的等效电感确定。由于此磁场交替地与交、直轴重合,故其对应的电抗可取为 X_d'' 和 X_q'' 的算术平均值,即实为负序电抗 X_-,从而有

$$T_a = \frac{L_a}{R_a} = \frac{X_-}{\omega R_a} \tag{6.166}$$

相应地,阻尼绕组和励磁绕组中的周期性电流 $i_{D\sim}$ 和 $i_{f\sim}$ 也都按时间常数 T_a 衰减。

(2)阻尼绕组非周期性电流的衰减时间常数 T_d''。

设直轴阻尼绕组的电阻为 R_{Dd},而阻尼绕组磁场的等效电感为 $L_{Dd} = X_{Dd}''$,则非周期性电流 i_{Dz} 的衰减时间常数为

$$T_d'' = \frac{L_{Dd}}{R_{Dd}} = \frac{X_{Dd}''}{\omega R_{Dd}} \tag{6.167}$$

突然短路时,视定子绕组、励磁绕组为超导回路,则 i_{Dz} 建立的气隙磁场 Φ_{Dd}'' 被挤到定子绕组和励磁绕组外的漏磁路中,如图6.90(a)所示,对应的等效电路如图6.90(b)所示,故有

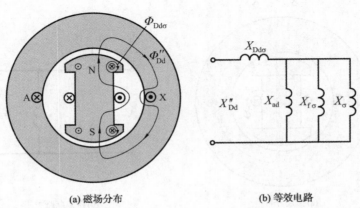

(a) 磁场分布   (b) 等效电路

图 6.90 阻尼绕组中非周期性电流的磁场和等效电路

$$X''_{\text{Dd}} = X_{\text{Dd}\sigma} + \cfrac{1}{\cfrac{1}{X_{\text{ad}}} + \cfrac{1}{X_{\text{f}\sigma}} + \cfrac{1}{X_{\sigma}}} \tag{6.168}$$

阻尼绕组在短路过程中的电流波形如图 6.91 所示。图中虚线 1 为非周期性电流 i_{Dz}，曲线 2 为总电流 i_{D}，虚线 3 为包络线。

（3）励磁绕组非周期性电流的衰减时间常数 T'_{d}。

励磁绕组在短路过程中的电流波形如图 6.92 中实线 3 所示。图中虚线 2 所示是没有阻尼绕组时扣除了 $i_{\text{f}\sim}$ 后的波形，实线 1 是有阻尼绕组但扣除了 $i_{\text{f}\sim}$ 后的波形。

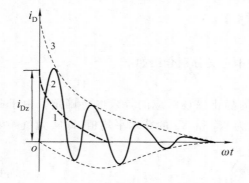

图 6.91　阻尼绕组电流的衰减情况

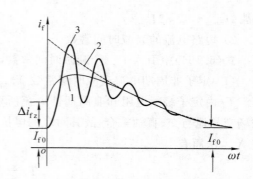

图 6.92　励磁绕组电流的衰减情况
（有阻尼绕组）

由于 T''_{d} 很小，电机很快从超瞬态进入瞬态，此时 Δi_{fz} 基本上还未衰减。因此，为使问题简化，计算 T'_{d} 时，可不考虑阻尼绕组的影响（即忽略阻尼绕组）。此时，Δi_{fz} 建立的 Φ'_{fd} 被挤到定子绕组外的漏磁路中，如图 6.93（a）所示，所对应的等效电路如图 6.92（b）所示。由此可得

$$X'_{\text{f}} = X_{\text{f}\sigma} + \cfrac{1}{\cfrac{1}{X_{\text{ad}}} + \cfrac{1}{X_{\sigma}}} = (X_{\text{f}\sigma} + X_{\text{ad}}) \cfrac{\left[X_{\sigma} + \cfrac{1}{\cfrac{1}{X_{\text{ad}}} + \cfrac{1}{X_{\text{f}\sigma}}} \right]}{X_{\sigma} + X_{\text{ad}}} = X_{\text{f}} \frac{X'_{\text{d}}}{X_{\text{d}}} \tag{6.169}$$

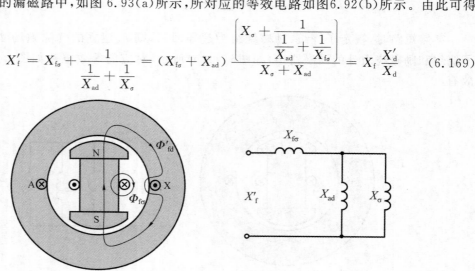

(a) 磁场分布　　　　　　　　　　(b) 等效电路

图 6.93　励磁绕组中非周期性电流的磁场和等效电路

从而
$$T'_\mathrm{d} = \frac{L'_\mathrm{f}}{R_\mathrm{f}} = \frac{X'_\mathrm{f}}{\omega R_\mathrm{f}} = \frac{X_\mathrm{f}}{\omega R_\mathrm{f}} \frac{X'_\mathrm{d}}{X_\mathrm{d}} = T_\mathrm{f} \frac{X'_\mathrm{d}}{X_\mathrm{d}} \tag{6.170}$$

式中, R_f 为励磁绕组电阻, T_f 为励磁绕组自感 $L_\mathrm{f} = X_\mathrm{f}/\omega$ 所对应的衰减时间常数。

6.7.5 突然短路对电机的影响

1. 冲击电流的电磁力

突然短路时冲击电流的峰值可达 $20I_\mathrm{N}$,这意味着将要产生巨大的电磁力,并有可能会损坏绕组端部。这方面的专题内容超出了本课程教学大纲的要求,故仅简要介绍如下。

突然短路时定、转子绕组端部之间作用力的情况如图 6.94 所示。此时,定、转子绕组端部会受到以下几种力的作用。

(1)定、转子绕组端部之间的电磁力 $\boldsymbol{F}_1$ 。由于短路时定子电流产生的磁场起去磁作用,故定、转子导体中的电流方向相反,产生的电磁力 F_1 使定子绕组端部外胀,转子绕组端部内压。

(2)定子绕组端部与定子铁芯之间的引力 $\boldsymbol{F}_2$ 。它是定子绕组端部电流产生的漏磁场沿铁芯端面闭合而造成的。

(3)定子绕组各相邻端部导体之间的作用力 $\boldsymbol{F}_3$ 。相邻导体中电流方向相反,则产生斥力,如图 6.94 所示;反之,产生吸力。

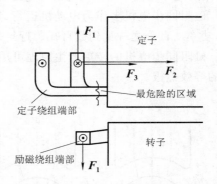

图 6.94 定、转子绕组端部之间的作用力

以上这些力的作用均使定子绕组端部弯曲,严重时会造成永久性损坏。

2. 短路过程中的电磁转矩

突然短路时,气隙磁场变化不大,但定子电流却增大很多,因此,所产生的电磁转矩也就很大,并且被分为单轴制动转矩和交变转矩两大类。

单轴制动电磁转矩是由于定、转子绕组都有电阻,都需要传递、消耗电功率所产生的。以转子非周期性电流和定子周期性电流的相互作用为例,虽然两者各自产生的磁场在空间同步,但由于定子电阻铜耗功率需转子提供,则两个磁场的轴线就不会重合,两者之间将产生一个方向不变的制动转矩,以实现能量的传递和转换。同理,由于转子有电阻,定子非周期性电流与转子周期性电流之间也会产生单向制动转矩。

交变电磁转矩是由定子非周期性电流与转子非周期性电流之间相互作用产生的。其方向每半个周期改变一次,轮换起制动和驱动作用,其数值比单轴制动转矩更大。

最严重情况发生在线对线不对称突然短路的初期,所产生的电磁转矩可达 $10T_\mathrm{N}$ 。因此,设计转轴、机座等结构件时,必须特别加以考虑。

3. 短路引起的绕组发热

巨大的短路电流使铜耗剧增,所产生的热量使绕组温升增加。不过,由于电流衰减快,电机热容量大,加之过流保护装置会产生保护动作,因此温升还不足以对电机构成实质危害。

6.8 特殊用途的同步电机

6.8.1 磁阻同步电动机

普通的同步电动机都装有励磁绕组,但对于小容量应用的场合,若选用凸极转子结构,则可不必在转子上安装励磁机构(绕组或磁体)。

由式(6.72)可知,只要是 $X_d \neq X_q$ 的凸极转子,毋须励磁磁场作用,总会出现磁阻电磁功率并产生相应的电磁转矩。这种由交、直轴磁阻差异产生电磁转矩的电机统称为磁阻式同步电机,又因此时电机中只存在电枢反应磁场,故也称之为反应式同步电机。

磁阻同步电机多作为电动机运行,用于驱动各种自动和遥控装置、仪表、电钟和放映机等,功率从百分之一瓦到数百瓦。近年来用于交流变速传动系统,功率等级已达数十千瓦。

磁阻同步电机的转矩产生原理可用图 6.95 进行简单说明。图中,N、S 表示电枢反应磁场的等效磁极。

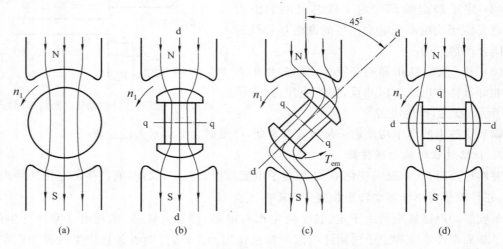

图 6.95 磁阻同步电动机的运行原理图

图 6.95(a)所示是一个隐极转子,因此,当转子没有励磁时,由于磁路各向同性,无论转子直轴与电枢旋转磁场轴线相差多大角度,磁力线都不会产生非对称性扭曲变化,因而也就不会产生电磁力和电磁转矩。图 6.95(b)改为凸极转子磁阻电动机模型,电机处于空转状况,忽略机械损耗,$T_{em}=0$,于是电枢旋转磁场轴线与转子磁极轴线重合,磁力线也不发生扭曲。设想给磁阻电动机加上机械负载,则由于转矩瞬时不平衡而致使转子发生瞬时减速,转子直轴落后于电枢旋转磁场轴线一个角度 θ,如图 6.95(c)所示。图中 θ 角度标为 45°,是电机稳定运行允许的最大值。从图中可见,由于直轴磁路的磁阻远小于交轴,故磁力线将绕道直轴所处的极靴进入转子,产生明显扭曲,并由此产生与电枢旋转磁场相同转向的磁拉力,随即产生磁阻电磁转矩 T_{em} 与负载转矩平衡。如 θ 角继续增大,设增大至 90°,如图 6.95(d)所示,此时,气隙磁场又回归对称分布,转子不承受切向电磁力和电磁转矩作用,T_{em} 又变

成零。

综上,对磁阻同步电机,在式(6.72)中令 $E_0=0$,可得电磁功率和电磁转矩表达式,即

$$
\left.
\begin{aligned}
P_{\mathrm{em}} &= \frac{mU^2}{2}\left(\frac{1}{X_\mathrm{q}}-\frac{1}{X_\mathrm{d}}\right)\sin2\theta \\
T_{\mathrm{em}} &= \frac{mU^2}{2\Omega}\left(\frac{1}{X_\mathrm{q}}-\frac{1}{X_\mathrm{d}}\right)\sin2\theta
\end{aligned}
\right\}
\tag{6.171}
$$

且各自的最大值分别为

$$
\left.
\begin{aligned}
P_{\mathrm{emmax}} &= \frac{mU^2}{2X_\mathrm{d}}\left(\frac{X_\mathrm{d}}{X_\mathrm{q}}-1\right) \\
T_{\mathrm{emmax}} &= \frac{mU^2}{2\Omega X_\mathrm{d}}\left(\frac{X_\mathrm{d}}{X_\mathrm{q}}-1\right)
\end{aligned}
\right\}
\tag{6.172}
$$

在式(6.172)中,因改写式(6.171)中的幅值而引入了一个新参数 $X_\mathrm{d}/X_\mathrm{q}$,称之为凸极比,是磁阻同步电动机分析和特性评估中的一个重要参量。

显然,凸极比愈大,电机的力能指标愈高。因此,采取特殊措施增大凸极比,是磁阻同步电机的重要研究内容。这些措施主要是沿轴向采用导磁材料(钢板或硅钢片)与非导磁材料(铝、铜片等)交替镶嵌的结构,截面如图 6.96 所示,使凸极比值可超过 10 甚至更大(有文献报道已达 20)。正因为如此,在现代高品质(高效率、高转矩密度、高精度、快速响应、宽调速等)交流变速传动系统中,磁阻同步电动机受到了特别的重视。

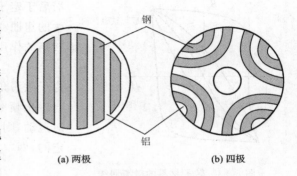

(a) 两极　　**(b) 四极**

图 6.96　磁阻同步电动机转子示意图

需要说明的是,式(6.171)是在忽略定子电阻情况下导出的,应用于小容量磁阻同步电机会带来较大的误差。分析表明,计及定子电阻作用,电磁功率和电磁转矩的幅值都会下降,所对应的功角 θ 亦减小。

磁阻同步电机一般靠实心转子中感应的涡流或镶嵌于导磁材料之间的导电材料(铝、铜片)起笼条作用来启动,单相形式时还会采用罩极绕组。当转速接近于同步速时,磁阻转矩开始起作用,并最终自动将转子牵入同步。在现代交流变速传动系统中,磁阻同步电动机由变频方式启动,故转子设计已较少考虑启动方面的问题,主要是尽可能提高凸极比。

6.8.2　磁滞同步电动机

磁滞同步电动机是依靠磁滞转矩来启动和工作的一种电机。这种电机的定子与普通同步电机无异,但转子要由硬磁材料制成。

首先介绍磁滞同步电动机的工作原理。以三相磁滞电动机为例,当三相绕组通入电流后,定子就会产生一个以同步速旋转的磁场。在启动或转子速度未达到同步速时,定子磁场与转子之间有相对运动,故转子处于旋转磁场的交变磁化之下,交变频率为转差频率 sf_1。此时,如果转子由理想的软磁材料制成,即转子上没有磁滞损耗,则被磁化了的转子中的磁场将与定子磁场同相位,转子上没有转矩作用,如图 6.97(a)所示。若转子采用硬磁材料制

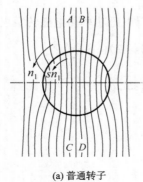

(a) 普通转子

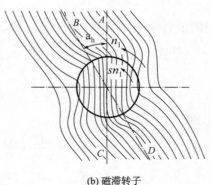

(b) 磁滞转子

图 6.97　磁场分布示意图

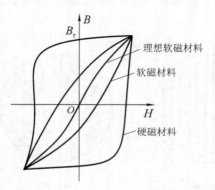

图 6.98　转子材料的磁滞回线

造,设材料的磁滞回线如图 6.98 所示,则转子磁场将滞后于定子磁场一个 α_h 角(称之为磁滞角),磁力线发生的扭曲亦如图6.97(b)所示,转子因而就会受到电磁转矩的作用,称之为磁滞转矩,其大小为

$$T_h = T_{hmax}\sin\alpha_h \tag{6.173}$$

由于磁滞角 α_h 仅与材料性能相关(如 $\alpha_{h硬磁} > \alpha_{h软磁}$),而与磁化频率无关,因此,只要转子和旋转磁场之间有相对运动,则不论转子速度如何,磁滞转矩的大小总是恒定的,即

$$T_h = 常数 \quad (0 < n < n_1) \tag{6.174}$$

事实上,由于交变磁场作用,转子上还存在着涡流转矩,故当合成转矩大于负载转矩时,转子会不断加速并最终进入同步。同步运行后,涡流等于零,电机仅靠磁滞效应保留的剩磁和定子磁场相互作用产生的转矩来工作。在此运行状态下,磁滞同步电动机实际上就相当于一台永磁同步电动机。

磁滞同步电动机的转矩还可以从转子铁芯内的涡流损耗和磁滞损耗角度来推导。异步运行时,涡流损耗 p_w 和磁滞损耗 p_h 分别为

$$\left.\begin{aligned} p_w &= C_w f_2^2 B_m^2 G = C_w (sf_1)^2 B_m^2 G \\ p_h &= C_h f_2 B_m^2 G = C_h sf_1 B_m^2 G \end{aligned}\right\} \tag{6.175}$$

式中,C_w、C_h 为与磁滞材料有关的系数,G 为铁芯质量。

相应地,涡流转矩和磁滞转矩为

$$\left.\begin{aligned} T_w &= \frac{p_w}{s\Omega_1} = \frac{C_w}{\Omega_1} sf_1^2 B_m^2 G \\ T_h &= \frac{p_h}{s\Omega_1} = \frac{C_h}{\Omega_1} f_1 B_m^2 G \end{aligned}\right\} \tag{6.176}$$

式中,涡流转矩正比于转差率(启动时,$s=1$,T_w 最大;同步后,$s=0$,$T_w=0$),磁滞转矩与转速无关,结论与磁场分析所得是一致的。

综合涡流转矩和磁滞转矩,可得合成电磁转矩为

$$T_{\text{em}} = T_{\text{w}} + T_{\text{h}} = T_{\text{h}}\left(1 + \frac{C_{\text{w}}}{C_{\text{h}}}sf_1\right) \tag{6.177}$$

曲线描述如图 6.99 所示。

以上损耗分析的结果表明,转子的磁滞损耗愈大,磁滞转矩也就愈大,从磁场角度看,也就是磁滞角愈大。因此,磁滞同步电动机转子的外圆一般采用环形的硬磁材料做成,内圈套筒采用磁性或非磁性材料,如图 6.100 所示。由于磁滞同步电动机本身具有启动转矩,所以转子上不再装设绕组。此外,为简化结构,定子一般也做成单相,采用罩极或电容启动方式。

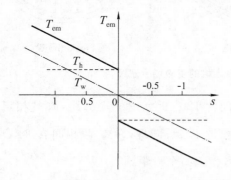

图 6.99　磁滞同步电动机的 $T_{\text{em}} = f(s)$ 曲线

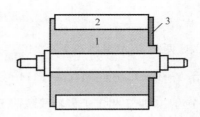

图 6.100　磁滞同步电动机的转子结构
1—硬磁材料;2—套筒;3—挡环

磁滞同步电动机在计时装置、电唱机、自动控制设备及仪表中有广泛应用,而其良好启动性能及在大惯量负载情况下的自同步能力,更使之被陀螺装置所采用。

6.8.3　反应式步进电动机

步进电动机是一种把电脉冲信号转换成角位移的控制电机,是现代数字程序控制系统中的主要执行元件,应用极为广泛。由于其输入信号为脉冲电压,输出角位移是跃迁式的,即每输入一个电脉冲信号,转子就偏转一步,故因此而得名。步进电动机的种类很多,目前应用最多的为同步反应式,或称磁阻式。下面以三相反应式步进电动机为例说明其工作原理。

图 6.101 所示为一台三相反应式步进电动机的结构。定子为三相绕组,Y 连接,每相有两个磁极,转子铁芯和定子极靴上都有小齿,且定、转子齿距相等。图中,转子齿数为 40,即每一齿距对应的空间角度为 $360°/40 = 9°$。

图 6.101 所示为 A 相绕组通电时的转子位置。此时电机内的磁场以 AA′ 为轴线,如图 6.102(a)所示,转子在磁拉力作用下以最小磁阻、最小内能法则取向,故转子齿轴线与磁极齿轴线 AA′ 重合,1 号齿对准 A 相极轴。

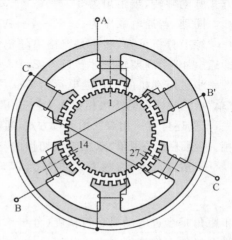

图 6.101　三相反应式步进电动机的结构(A 相通电)

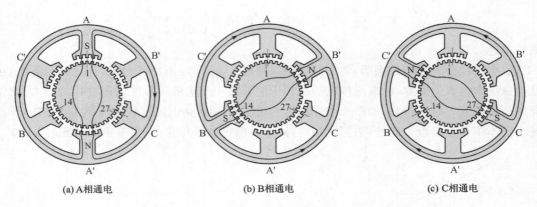

(a) A相通电　　　　　　　(b) B相通电　　　　　　　(c) C相通电

图 6.102　三相反应式步进电动机的主磁场示意图

B、C 两相与 A 相差 120°及 240°。A、B 两相间含 120°/9°＝$13\frac{1}{3}$ 个齿距,故 B 相定子齿轴线沿 A→B→C 方向超前转子 14 号齿轴线 1/3 个齿距;同理,A、C 两相间含 240°/9°＝$26\frac{2}{3}$ 个齿距,即 C 相定子齿轴线超前于转子 27 号齿 2/2 个齿距。

A 相断电后,B 相通电,则建立以 BB′为轴线的磁场,如图 6.102(b)所示。此时,磁场轴线沿 A→B→C 方向在空间转过 120°,并以同样的法则使 B 相定子齿轴线与最靠近的转子齿轴线对齐,即转子沿 A→B→C 方向转过 $\frac{1}{3}$ 齿距(9°/3＝3°),使 14 号齿对准 B 相极轴。

同理,B 相断电后,给 C 相通电,将建立如图 6.102(c)所示的以 CC′为轴线的磁场,在此磁场作用下,转子继续沿 A→B→C 方向转过 1/3 齿距,使 27 号齿对准 C 相极轴。

接下来再给 A 相通电,则转子再转过 1/3 个齿距,与 A 相极轴对准的是 40 号齿,表明已完成一个通电周期,转子转过了一个齿。依次切换通电,转子将沿 A→B→C 方向以步进方式脉动旋转,步距角为 3°。

同理,若通电顺序为 A→C→B→A,则转子反向脉动旋转,步距不变。

综上分析可知,转子是严格追随定子磁场转动的,本例中,两者之间的速度比为 1∶40,即通电 40 个周期转子才转过一圈。

步进电动机的上述通电运行方式称为"三相单三拍"方式。"三相"指绕组总相数为 3,"单"指同时通电的绕组相数为 1,"三拍"指一个工作循环内通电方式的切换次数为 3。类推下去,本例还可有三相双三拍运行方式,通电顺序为 AB→BC→CA 或 AC→CB→BA,每次导通两相,甚至还常采用单、双相轮流切换的三相六拍运行方式,讨论均从略。

一般情况下,齿数为 Z,拍数为 N 时,步进电动机的步距角为

$$\alpha_b = \frac{360°}{NZ} \tag{6.178}$$

步距角是步进电动机运行精度(分辨率)的衡量,或者说,增加齿数和工作拍数有利于提高步进电机的工作精度。由于几何尺寸一定的电动机,增加齿数是受到客观限制的,而工作拍数是绕组相数的整数倍,因此,为适应不同步距角的要求,现代步进电动机还有做成二相、四相、五相、六相,甚至八相的。

步进电动机的步距角和转速不受电压波动和负载变化的影响,也不受环境条件如温度、气压、冲击和振动等因素的约束,仅与驱动电源的脉冲频率有关,且步距和一周内的步数固定,精度高、误差不积累,尤其适合于数字控制的开环系统。但是,步进电动机及其驱动电源是一个相互联系的整体,或者说,步进电动机的优良性能是两者配合的综合效果,因此,必须强调高频脉冲功率电源在步进电动机驱动系统中的关键作用。没有这种专门的驱动电源,步进电动机就不能运行,更谈不上优良性能。至于步进电动机驱动电源方面的专业知识可参阅有关书籍。

除反应式外,步进电动机还有永磁式和永磁-反应混合式等结构,本课程不作更深入介绍。

习　题

6.1　同步电机和异步电机在结构上有哪些区别?

6.2　什么叫同步电机? 怎样由其极数决定它的转速? 试问 75 r/min、50 Hz 的电机是几极的?

6.3　为什么现代的大容量同步电机都做成旋转磁极式?

6.4　汽轮发电机和水轮发电机的主要结构特点是什么? 为什么有这样的特点?

6.5　伞式和悬式水轮发电机的特点和优缺点如何? 试比较之。

6.6　为什么水轮发电机要用阻尼绕组,而汽轮发电机却可以不用?

6.7　一台转枢式三相同步发电机,电枢以转速 n 逆时针方向旋转,对称负载运行时,电枢反应磁动势对电枢的转速和转向如何? 对定子的转速又是多少?

6.8　试分析在下列情况下电枢反应的性质:

(1) 三相对称电阻负载;

(2) 纯电容性负载 $X_C^* = 0.8$,发电机同步电抗 $X_t^* = 1.0$;

(3) 纯电感性负载 $X_L^* = 0.7$;

(4) 纯电容性负载 $X_C^* = 1.2$,同步电抗 $X_t^* = 1.0$。

6.9　三相同步发电机对称稳定运行时,在电枢电流滞后和超前于励磁电动势 E_0 的相位差大于 $90°$ 的两种情况下(即 $90° < \psi < 180°$ 和 $-90° > \psi > -180°$),电枢磁动势两个分量 F_{ad} 和 F_{aq} 各起什么作用?

6.10　在凸极同步电机中,如果 ψ 为一任意锐角,用双反应理论分析电枢反应磁通 $\dot{\Phi}_a$ 和电枢反应磁动势 F_a 两个矢量是否还同相? $\dot{\Phi}_a$ 与它所感应的电动势 $\dot{E}_a$ 是否还差 $90°$?

6.11　试述交轴和直轴同步电抗的意义。为什么同步电抗的数值一般较大,不可能做得很小? 请分析下面几种情况对同步电抗有何影响?

(1) 电枢绕组匝数增加;

(2) 铁芯饱和程度提高;

(3) 气隙加大;

(4) 励磁绕组匝数增加。

6.12 试根据不饱和时的电动势相量图证明下列关系式。

(1) 隐极同步发电机

$$\tan\psi = \frac{IX_t + U\sin\varphi}{IR_a + U\cos\varphi}$$

$$E_0 = U\cos\theta + IR_a\cos\psi + IX_t\sin\psi$$

(2) 凸极同步发电机

$$\tan\psi = \frac{IX_q + U\sin\varphi}{IR_a + U\cos\varphi}$$

$$E_0 = U\cos\theta + IR_a\cos\psi + IX_d\sin\psi$$

其中,φ 为 $\dot{I}$ 滞后于 $\dot{U}$ 的夹角,即功率因数角;ψ 为 $\dot{I}$ 滞后于 $\dot{E}_0$ 的夹角;θ 为 $\dot{U}$ 滞后于 $\dot{E}_0$ 的夹角,且有 $\theta = \psi - \varphi$。

6.13 试证明不考虑饱和时 X_{ad} 和 X_{aq} 的公式为

$$X_{ad} = 4mf\frac{\mu_0 \tau l}{\pi k_\delta \delta}\frac{N^2 k_{N1}^2}{p}k_d$$

$$X_{aq} = 4mf\frac{\mu_0 \tau l}{\pi k_\delta \delta}\frac{N^2 k_{N1}^2}{p}k_q$$

6.14 试画出对称容性负载下不计饱和时隐极同步发电机和凸极同步发电机的相量图。

6.15 为什么 X_d 在正常运行时应采用饱和值,而在短路时却采用不饱和值?为什么 X_q 一般总只采用不饱和值?

6.16 测定同步发电机空载特性和短路特性时,如果转速降为 $0.95n_N$,对实验结果将有什么影响?如果转速降为 $0.5n_N$,则实验结果又将如何?

6.17 为什么同步发电机三相对称稳态短路特性为一条直线?

6.18 什么叫短路比?它的大小与电机性能及成本的关系怎样?为什么允许汽轮发电机的短路比水轮发电机的小一些?

6.19 一台同步发电机的气隙比正常气隙的长度偏大,X_d 和 ΔU 将如何变化?

6.20 同步发电机发生三相稳态短路时,它的短路电流为何不大?

6.21 同步发电机供给一对称电阻负载,当负载电流上升时,怎样才能保持端电压不变?

6.22 为什么从开路特性和短路特性不能测定交轴同步电抗?

6.23 低转差法测量 X_d 和 X_q 的原理是什么?如果在实验时转差太大,对测量结果会造成什么影响?

6.24 三相同步发电机投入并联运行的条件是什么?如果不满足条件会产生什么后果?

6.25 有一台 50 Hz、4 极发电机与电网整步时,同步指示灯每 5 秒亮一次,问该机此时的速度为多少?同步指示灯为什么每相用两只?如果采用了直接接法整步却看到"灯光旋转"现象,试问是何原因?这时应如何处理?如果用交叉接法但看到三组相灯同时亮、暗,是何原因?应如何处理?

6.26 当一台直流电动机拖动一台同步发电机与无穷大电网并联后,减少直流电动机

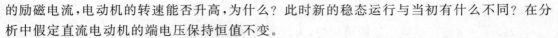

的励磁电流,电动机的转速能否升高,为什么?此时新的稳态运行与当初有什么不同?在分析中假定直流电动机的端电压保持恒值不变。

6.27 并联于无穷大电网的隐极同步发电机,当调节有功功率输出时欲保持无功功率输出不变,问此时 θ 角及励磁电流 I_f 是否改变,此时 I 和 E_0 各按什么轨迹变化?

6.28 一台同步发电机单独供给一个对称负载(R 及 L 一定)且转速保持不变时,定子电流的功率因数 $\cos\varphi$ 由什么决定?当此发电机并联于无穷大电网时,定子电流的 $\cos\varphi$ 又由什么决定?还与负载性质有关吗?为什么?此时电网对发电机而言相当于怎样性质的电源?

6.29 画出凸极同步发电机失去励磁($E_0 = 0$)时的电动势相量图,并推导其功角特性,此时 θ 角代表什么意义?

6.30 为何在隐极电机中定子电流和定子磁场不能相互作用产生转矩,但是在凸极电机中却可以产生?

6.31 比较在下列情况下同步电机的稳定性:

(1)当有较大的短路比或较小的短路比时;

(2)在过励状态下运行或在欠励状态下运行时;

(3)在轻载下运行或在满载状态下运行时;

(4)在直接接至电网或通过长的输电线路接到电网时。

6.32 试证明隐极发电机在计及定子电阻时,电磁功率可写成

$$P_{em} = \frac{mE_0 E_\delta}{X_a} \sin\theta_i$$

式中,θ_i 为 $\dot{E}_0$ 与 $\dot{E}_\delta$ 的夹角。

6.33 试证明在计及定子电阻时,隐极发电机的输出功率 P_2、电磁功率 P_{em} 和功率角 θ 的关系式各为

$$P_2 = \frac{mE_0 U}{Z_t} \sin(\theta + \rho) - m\frac{U^2}{Z_t}\sin\rho$$

$$P_{em} = \frac{mE_0 U}{Z_t} \sin(\theta - \rho) + m\frac{E_0^2}{Z_t}\sin\rho$$

式中,$\rho = \arctan\dfrac{R_a}{X_t}$;$Z_t$ 为同步阻抗的模,即 $Z_t = \sqrt{R_a^2 + X_t^2}$。

6.34 试证明隐极发电机输出无功功率的功角特性公式为

$$Q_2 = \frac{mE_0 U}{X_t}\cos\theta - \frac{mU^2}{X_t}$$

6.35 为什么同步发电机 $P_2 = 0$ 的 V 形曲线是直线?

6.36 决定同步电机运行于发电机还是电动机状态的主要根据是什么?

6.37 同步电动机带额定负载时,如 $\cos\varphi = 1$,若在此励磁电流下空载运行,$\cos\varphi$ 如何变?

6.38 从同步发电机过渡到电动机时,功率角 θ、电流 I、电磁转矩 T_{em} 的大小和方向有何变化?

6.39 为什么当 $\cos\varphi$ 滞后时电枢反应在发电机的运行里为去磁作用,而在电动机中却

为助磁作用？

6.40 一水电厂供应一远距离用户，为改善功率因数添置一台调相机，此机应装在水电厂内还是在用户附近？为什么？

6.41 有一台同步电动机在额定状态下运行时，功率角 θ 为 $30°$。设在励磁保持不变的情况下，运行情况发生了下述变化，问功率角有何变化（定子电阻和凸极效应忽略不计）：

(1) 电网频率下降 5%，负载转矩不变；

(2) 电网频率下降 5%，负载功率不变；

(3) 电网电压和频率各下降 5%，负载转矩不变；

(4) 电网电压和频率各下降 5%，负载功率不变。

6.42 同步电动机为什么没有启动转矩？其启动方法有哪些？

6.43 为什么变压器的正、负序阻抗相同而同步电机的却不同？同步电机的负序阻抗与异步电机相比有何特点？

6.44 负序电抗 X_- 的物理意义如何？它和装与不装阻尼绕组有何关系？

6.45 有两台同步发电机，定子完全一样，但一个转子的磁极用钢板叠成，另一个为实心磁极（整块锻钢），问哪台电机的负序阻抗要小些？

6.46 为何单相同步发电机通常都在转子上装阻尼作用较强的阻尼绕组？

6.47 同步发电机不对称运行时，定子负序磁场引起转子中 $2f_1$ 的感应电流会在定、转子中分别引起奇、偶次谐波，产生高频干扰，今如在定子对称运行时转子由外加电源通入 $2f$ 的电流时，会不会引起比 $3f$ 更高的高频干扰问题？

6.48 为什么零序电抗 $X_0 < X_\sigma$？

6.49 同步发电机三相突然短路时，各绕组的周期性电流和非周期性电流如何出现？在定、转子绕组中，它们的对应关系是怎样的？在什么情况下定子某相绕组中非周期性电流最大？

6.50 同步电机的电抗大小取决于什么？参数 X_d''、X_d'、X_d 哪一个大，哪一个小？为什么？

6.51 突然短路发生后的电流衰减过程中，电机中交链定子绕组的气隙磁通值有何变化？

6.52 当电机装有阻尼绕组和不装时，突然短路后定子突然短路电流倍数和励磁电流非周期性分量的增长倍数哪个大？为什么？

6.53 为什么静测法测得的是 X_d'' 与 X_q''，而转差法测得的是 X_d 与 X_q？这两个试验在物理现象上有何区别？如转子绕组开路，对测定结果有何影响？试从磁动势与磁链关系分析为什么 $X_d'' \approx \dfrac{U_1}{2I}$ 的式子中分母有 2？为什么 X_d（不饱和值）$> X_q$ 而 $X_d'' < X_q''$？

6.54 磁阻同步电动机的转矩是怎样产生的？为什么隐极转子不产生这种转矩？

6.55 步进电动机的原理是怎样的？

6.56 有一 $P_N = 25\,000$ kW、$U_N = 10.5$ kV、Y 连接、$\cos\varphi_N = 0.8$（滞后）的汽轮发电机，$X_t^* = 2.13$，电枢电阻略去不计，试求额定负载下发电机的励磁电动势 E_0 及 $\dot{E}_0$ 与 $\dot{I}$ 的夹角 ψ。

6.57 有一 $P_N = 72\,500$ kW、$U_N = 10.5$ kV、Y 连接、$\cos\varphi_N = 0.8$（滞后）的水轮发电机，

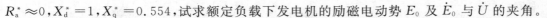

$R_a^* \approx 0$，$X_d^* = 1$，$X_q^* = 0.554$，试求额定负载下发电机的励磁电动势 E_0 及 $\dot{E}_0$ 与 $\dot{U}$ 的夹角。

6.58 有一台三相 1 500 kW 水轮发电机，额定电压为 6 300 V，Y 连接，额定功率因数 $\cos\varphi_N = 0.8$（滞后），已知它的参数 $X_d = 21.2\ \Omega$，$X_q = 13.7\ \Omega$，电枢电阻可略去不计，试绘相量图并计算发电机在额定运行状态时的励磁电动势 E_0。

6.59 三相汽轮发电机，2 500 kVA，6.3 kV，Y 连接，$X_t = 10.4\ \Omega$，$R_a = 0.071\ \Omega$。试求下列情况下的励磁电动势 E_0、$\dot{E}_0$ 与 $\dot{I}$ 的夹角 ψ、$\dot{E}_0$ 与 $\dot{U}$ 的夹角 θ 及电压调整率 ΔU。

(1) $U = U_N$，$I = I_N$，$\cos\varphi = 0.8$（滞后）；

(2) $U = U_N$，$I = I_N$，$\cos\varphi = 0.8$（超前）。

6.60 某三相 72 500 kW 水轮发电机，$U_N = 10.5$ kV，Y 连接，$\cos\varphi_N = 0.8$（滞后），$X_q^* = 0.554$。电机的空载、短路和零功率因数特性如下表：

空载特性

U_0^*	0.55	1.0	1.21	1.27	1.33
I_f^*	0.52	1.0	1.51	1.76	2.09

短路特性

I_k^*	0	1
I_f^*	0	0.965

零功率因数特性（$I = I_N$ 时）

U^*	1.0
I_f^*	2.115

设 $X_\sigma = 0.9 X_p$，试求 X_d^*（不饱和值），X_d^*（饱和值），X_{aq}^* 和短路比。

6.61 一台 12 000 kW 的 2 极汽轮发电机，$U_N = 6$ 300 V，Y 连接，$\cos\varphi_N = 0.8$（滞后）。已知空载特性如下表：

U_0（线）/V	0	4 500	5 500	6 000	6 300	6 500	7 000	7 500	8 000	8 400
I_f/A	0	60	80	92	102	111	130	160	200	240

短路特性为一过原点的直线，在 $I_k = I_N$ 时，$I_f = 127$A，试求同步电抗 X_t（不饱和值）。

6.62 一台汽轮发电机，$\cos\varphi = 0.8$（滞后），$X_t^* = 1.0$，电枢电阻可以忽略不计。该发电机并联在额定电压的无穷大电网上。不考虑磁路饱和程度的影响，试求：

(1) 保持额定运行时的励磁电流不变，当输出有功功率减半时，定子电流标幺值 I^* 和功率因数 $\cos\varphi$ 各等于多少？

(2) 若输出有功功率仍为额定功率的一半，逐渐减小励磁到额定励磁电流的一半，问发电机能否静态稳定运行？为什么？此时 I^* 和 $\cos\varphi$ 又各为多少？

6.63 一台汽轮发电机并联于无穷大电网，额定负载时功率角 $\theta = 20°$，现因外线发生故障，电网电压降为 $60\% U_N$，问：为使 θ 角保持在 $25°$，应加大励磁使 E_0 上升为原来的多少倍？

6.64 一台汽轮发电机数据如下：$S_N = 31$ 250 kVA，$U_N = 10.5$ kV（Y 连接），$\cos\varphi_N = 0.8$（滞后），定子每相同步电抗 $X_t = 7.0\ \Omega$ 而定子电阻忽略不计，此发电机并联运行于无穷

大电网,试求:

(1) 当发电机在额定状态下运行时,功率角 θ_N、电磁功率 P_{em}、比整步功率 P_{syn} 及静态过载倍数 k_M 各为多少?

(2) 若维持上述励磁电流不变,但输出有功功率减半时,θ、P_{em}、P_{syn} 及 $\cos\varphi$ 将变为多少?

(3) 发电机原来在额定状态下运行,现在仅将其励磁电流加大 10%,θ、P_{em}、$\cos\varphi$ 和 I 将变为多少?

6.65　一台 50 000 kW、13 800 V(Y 连接)、$\cos\varphi_N = 0.8$(滞后)的水轮发电机并联于一无穷大电网上,其参数为 $R_a \approx 0$,$X_d^* = 1.15$,$X_q^* = 0.7$,并假定其空载特性为一直线,试求:

(1) 当输出功率为 10 000 kW、$\cos\varphi = 1.0$ 时发电机的励磁电流 I_f^* 及功率角 θ;

(2) 若保持此输入有功功率不变,当发电机失去励磁时 θ 等于多少? 发电机还能稳定运行吗? 此时定子电流 I、$\cos\varphi$ 各为多少?

6.66　一台汽轮发电机,$P_N = 25\ 000$ kW,$U_N = 10.5$ kV,定子 Y 连接,$\cos\varphi_N = 0.8$(滞后),定子每相同步电抗标幺值 $X_t^* = 1$,$R_a \approx 0$,磁路不饱和。当发电机与大电网并联运行时,试求:

(1) 发电机输出有功功率为 $P_N/2$,功率因数 $\cos\varphi = 0.8$(滞后)时励磁电动势 E_0^*、功率角 θ 及无功功率 Q_2 各为多少?

(2) 保持此励磁电流不变,将输出有功功率提高为额定值 P_N,这时无功功率 Q_2 为多少?

6.67　三相隐极式同步发电机额定容量 $S_N = 60$ kVA,Y 连接,$U_N = 380$ V,$X_t = 1.55$ Ω,$R_a \approx 0$。当电机过励,$\cos\varphi = 0.8$(滞后),$S = 37.5$ kVA 时,

(1) 作相量图,求 E_0,θ;

(2) 移去原动机,不计损耗,作相量图,求 I;

(3) 作同步电动机运行,P_{em} 和 I_f 同第(1)项,作相量图;

(4) 机械负载不变,P_{em} 同第(1)项,使 $\cos\varphi = 1$,作相量图,求此时的 E_0。

6.68　某工厂变电所变压器的容量为 2 000 kVA,该厂电力设备总功率为 1 200 kW,$\cos\varphi = 0.65$(滞后),今欲新添一台 500 kW、$\cos\varphi = 0.8$(超前)、$\eta = 95\%$ 的同步电动机,问当此电动机满载时全厂的功率因数是多少? 变压器过载否?

6.69　某工厂电网电压 $U_N = 380$ V,消耗总有功功率 200 kW,总功率因数 $\cos\varphi = 0.8$(滞后),其中一台三相星形连接同步电动机耗电 40 kW,此时其定子电流为额定值,$\cos\varphi = 0.8$(滞后),$X_t^* = 1$,$R_a^* \approx 0$,试求:

(1) 该同步电动机 E_0^* 及功率角 θ,并画出相量图;

(2) 为提高全厂功率因数,将该电动机改作调相机运行(不计空载损耗),在该厂其他用电设备所消耗的有功和无功功率不变情况下,当此调相机定子电流为额定值时,全厂功率因数变为多少?

6.70　某工厂一车间所消耗的总功率为 200 kW,$\cos\varphi = 0.7$(滞后);其中有两台感应电动机,其平均输入功率为

$$P_A = 40 \text{ kW},\cos\varphi_A = 0.625\text{(滞后)}$$
$$P_B = 20 \text{ kW},\cos\varphi_B = 0.75\text{(滞后)}$$

今欲以一台同步电动机代替此两台感应电动机,并把车间的功率因数提高到 0.9,试求该同步电动机的容量。

6.71 有一台凸极同步电动机接到无穷大电网,电动机的端电压为额定电压, $X_d^* = 0.8$, $X_q^* = 0.5$, 额定负载时电动机的功率角 $\theta_N = 25°$, 试求:

(1) 额定负载时的励磁电动势(标幺值);

(2) 在额定励磁电动势下电动机的过载能力;

(3) 若负载转矩一直保持为额定转矩,求电动机能保持同步运行的最低励磁电动势(标幺值);

(4) 转子失去励磁时,电动机的最大输出功率(标幺值),计算时定子电阻和所有损耗忽略不计。

6.72 一台三相同步发电机,在空载电压为额定值的励磁下作短路试验,结果如下: $I_{k3}^* = 0.9$, $I_{k2}^* = 1.2$, $I_{k1}^* = 1.9$。试求: X_+^*、X_-^* 和 X_0^* 的值(在计算中电阻值均略去不计)。

6.73 一台同步发电机定子加以 $U_N/5$ 的对称三相电压,转子励磁绕组短路。当转子向一个方向以同步转速旋转时测得定子电流为 I_N;当转子向相反方向以同步转速旋转时,测得定子电流为 $I_N/5$。如忽略零序阻抗及电阻影响,试求该发电机发生机端持续三相、二相、单相短路时的稳定短路电流标幺值。

6.74 有一台三相同步发电机,额定数据如下: $S_N = 500$ kVA, $U_N = 6\,300$ V(Y 连接), $\cos\varphi_N = 0.80$(滞后), $n_N = 750$ r/min, $f = 50$ Hz。参数为: $X_d^* = 1.31$, $X_q^* = 0.77$, $X_\sigma^* = 0.103$, $X_d'^* = 0.30$, $X_-^* = 0.48$。在空载且 $E_0 = 1.1U_N$ 时发生两线间短路,试求线与线间的稳态短路电流及各相、线电压。

6.75 一台汽轮发电机, $P_N = 12\,000$ kW, $U_N = 6\,300$ V, Y 连接, $\cos\varphi_N = 0.80$(滞后),在空载额定电压下,发生机端三相突然短路。已知 $X_d''^* = 0.117$, $X_d'^* = 0.192$, $X_d^* = 1.86$, $T_d'' = 0.105$s, $T_d' = 0.84$s, $T_a = 0.162$s,设短路初瞬时 B 相交链的主极磁链为最大值,试求:

(1) 试写出三相电流表达式;

(2) 哪一相的短路电流最大? 其值为多少?

6.76 一台汽轮发电机有下列数据: $X_d^* = 1.62$, $X_d'^* = 0.208$, $X_d''^* = 0.126$, $T_d' = 0.74$s, $T_d'' = 0.093$s, $T_a = 0.132$s。设该机在空载额定电压下发生三相机端短路,试用标幺值求:

(1) 在最不利情况下的定子突然短路电流的表达式;

(2) 最大瞬时冲击电流;

(3) 在短路后经过 0.5s 时的短路电流瞬时值;

(4) 在短路后经过 3s 时的短路电流瞬时值。

6.77 一台汽轮发电机, $S_N = 31\,250$ kVA, $U_N = 6\,300$ V, Y 连接, $\cos\varphi_N = 0.80$(滞后),三相突然短路时 A 相电流周期性分量包线方程为

$$i = (14\,200e^{-\frac{t}{0.145}} + 15\,350e^{-\frac{t}{1.16}} + 2\,025)\text{A}$$

A 相电流非周期分量为

$$i_{Az} = 27\,300e^{-\frac{t}{0.210}}\text{A}$$

试求 X_d''、X_d' 及 X_d。

第7章 电机瞬态过程

在前面几章中,我们系统学习了各类电机的工作原理和分析方法。但讨论的主要问题是稳态问题,采用的主要方法是等效电路方法,即将电机电磁行为的稳态分析简化为集总参数电路的解析求解。在这种方法体系中,即便是面对启动、制动、调速、负载突然变化及运行时发生故障等非稳态行为(通称为瞬态过程),依然是尽可能简化,以尽量采用电路的方法进行解释和计算。在 6.7 节讨论同步电机三相突然短路时采用的做法就是一个很典型的例子。

随着科学技术的不断进步,电机运行的自动化程度和可靠性要求越来越高,只考察稳态过程或仅以传统方法分析求解瞬态过程是不够的。以变频电源供电的交流电机为例,电源经 AC→DC→AC 转换后,频率和幅值都可以灵活调节,波形亦非正弦波(120°或 180°方波抑或 PWM 波形),采用传统稳态分析方法显然不合适。又如短路和在各类故障情况下运行时,电机的瞬态行为应该包括电流和转矩的冲击和波动及速度的变化等过程,而这些显然也都不可能用解析方法准确求解,自然就更谈不上根据理论分析结果来确立经济可靠的运行防范措施了。

稳态和瞬态过程的区别在于前者由代数方程描述,过程恒定,求解简单;而后者必须由微分方程描述,需要考虑运动和变化,求解复杂。特别地,电机是一个非线性、多变量、强耦合系统,其瞬态过程还必须由一组非线性微分方程来描述,求解就更为困难了。正因为如此,在传统电机学中,一般都不涉及瞬态问题,或只作简化处理和定性介绍,并另设课程专门讲解。不过,随着计算数学的进步和计算机的广泛应用,采用这些分析手段的困难已经不复存在,内容上的分隔也就没有必要了。而用数值方法求解非线性微分方程组,对包含各类运行过程和运行条件的复杂的电机瞬态过程进行数值计算和性能仿真,实际上已成为现代电机研究的基本方法,并且已经融入到电机学教学的新体系之中。本教材正是效仿这种做法。

本章简要介绍电机瞬变过程的计算机数值仿真理论和方法。为突出重点,研究对象选定为交流电机,并着重研究电磁和机械运动方面的瞬变过程。

7.1 交流电机在相坐标系中的瞬态分析模型

7.1.1 正方向规定及基本回路方程

从电路角度看,电机是由一个个具有电磁耦合关系的绕组回路构成的。分析计算时,每个回路都要由基尔霍夫定律列写对应的电压方程。因此,首先要规定回路中电流、电压、磁链和电动势的正方向。

设图 7.1(a)为电机中第 k 个绕组回路。习惯上,总是约定绕组轴线的正方向与磁场即磁链 ψ_k 的正方向保持一致。在此基础上,因产生正向 ψ_k 的电流与 ψ_k 之间呈右手螺旋关系

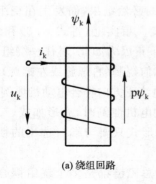

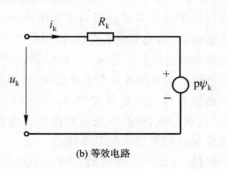

(a) 绕组回路　　　　　　　　(b) 等效电路

图 7.1　绕组回路及其等效电路(电动机惯例)

(如图中 i_k 所示),即 i_k 方向的电流会导致 ψ_k 的增加,而感应电动势 $e_k = -\dfrac{\mathrm{d}\psi_k}{\mathrm{d}t} = -\mathrm{p}\psi_k$($\mathrm{p} = \dfrac{\mathrm{d}}{\mathrm{d}t}$,称为微分算子)的作用就是要阻止这种增加,故 $\mathrm{p}\psi_k$ 的正方向必然在 i_k 的反方向上。由电磁感应定律和楞次定律可知,当 ψ_k 的正方向确定之后,$\mathrm{p}\psi_k$ 的正方向是唯一确定的。

　　进一步,若设端口电压 u_k 和电流 i_k 之间的正方向由电动机惯例规定,则对应的等效电路如图 7.1(b)所示,对应的电压方程为

$$u_k = i_k R_k + \mathrm{p}\psi_k \tag{7.1}$$

并有磁链方程

$$\psi_k = L_k i_k \tag{7.2}$$

式中,R_k 和 L_k 分别为绕组回路中的电阻和电感系数。

　　如果绕组回路端口电压 u_k 和电流 i_k 之间的正方向改由发电机惯例规定,但 ψ_k 的正方向不变,即 $\mathrm{p}\psi_k$ 的正方向不变,如图 7.2(a)所示,则等效电路给出为图 7.2(b)所示,对应的电压方程和磁链方程分别为

$$u_k = -i_k R_k + \mathrm{p}\psi_k \tag{7.3}$$

$$\psi_k = -L_k i_k \tag{7.4}$$

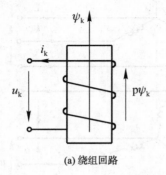

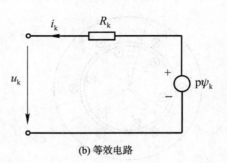

(a) 绕组回路　　　　　　　　(b) 等效电路

图 7.2　绕组回路及其等效电路(发电机惯例)

　　比较式(7.1)和式(7.3)及式(7.2)和式(7.4)后可以发现,同一绕组回路采用不同的端口电流、电压正方向惯例所列写的电压方程和磁链方程在形式上是有区别的,然而,这种仅

以电流正、负号表现出来的区别只是假定电流方向变化后的必然结果，而发生在绕组回路内部的物理过程不会也不可能因为所选用惯例的不同而改变。事实上，将式(7.3)和式(7.4)中的电流反向，自然就回到了式(7.1)和式(7.2)，反之亦然。正因为如此，对任一绕组回路，其分析惯例的选用通常是任意的。可以证明，不管绕组回路如何绕制（右螺旋或左螺旋），只要电流正方向与磁场正方向遵从右手螺旋关系，则端口电压与电流正方向符合电动机惯例时，其电压方程和磁链方程一定形如式(7.1)和式(7.2)；而符合发电机惯例时，亦形如式(7.3)和式(7.4)。这也就是说，对实际绕组回路列写方程时，其方程形式只要与端口选用的惯例一致即可。这就是我们所要求的基本结论。

更一般地，考虑到实际电机中每一个绕组回路交链的总磁链都是多个绕组耦合作用的结果，则在磁线性假设条件下，第 k 个绕组回路的一般化电压方程和磁链方程为

$$\left.\begin{array}{l} u_k = \pm\, i_k R_k + \mathrm{p}\psi_k \\[2mm] \psi_k = \pm\, L_k i_k + \displaystyle\sum_{j\neq k}^{m}(\pm M_{kj} i_j) \end{array}\quad (k=1,2,\cdots,m)\right\} \tag{7.5}$$

式中，m 为电机中绕组回路的个数，M_{kj} 为第 k 个绕组与第 j 个绕组之间的互感系数。当某个绕组回路的端口电流、电压的正方向采用电动机惯例时，其对应的电流项前取"＋"号，反之，若为发电机惯例，则取"－"号。

以上介绍的是应用最广泛的基于电流-磁场右手螺旋定则的正方向体系，本书亦采用这一惯用体系。但鼓励有兴趣的读者自行推导基于电流-磁场左手螺旋定则的正方向体系，本书不另加讨论。

7.1.2　电压方程和磁链方程

1. 异步电机

不失一般性，设定、转子均为三相对称绕组，如图 7.3(a) 所示，对应的相电流、相电压和磁链分别用大写下标 A、B、C 和小写下标 a、b、c 区别，六个绕组回路端口电流、电压的正方

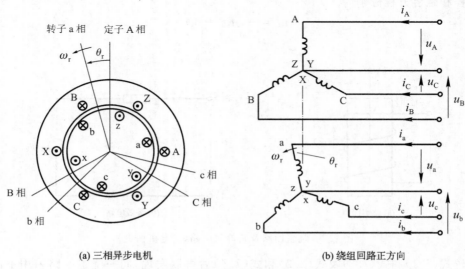

(a) 三相异步电机　　　　　　(b) 绕组回路正方向

图 7.3　三相异步电机及其正方向假定

向均选用电动机惯例，如图 7.3(b)所示。

由式(7.5)，可直接写出以上一般化异步电机的电压方程为

$$
\left.
\begin{aligned}
u_{\mathrm{A}} &= i_{\mathrm{A}} R_1 + \mathrm{p}\psi_{\mathrm{A}} \\
u_{\mathrm{B}} &= i_{\mathrm{B}} R_1 + \mathrm{p}\psi_{\mathrm{B}} \\
u_{\mathrm{C}} &= i_{\mathrm{C}} R_1 + \mathrm{p}\psi_{\mathrm{C}} \\
u_{\mathrm{a}} &= i_{\mathrm{a}} R_2 + \mathrm{p}\psi_{\mathrm{a}} \\
u_{\mathrm{b}} &= i_{\mathrm{b}} R_2 + \mathrm{p}\psi_{\mathrm{b}} \\
u_{\mathrm{c}} &= i_{\mathrm{c}} R_2 + \mathrm{p}\psi_{\mathrm{c}}
\end{aligned}
\right\}
\tag{7.6}
$$

式中，R_1 和 R_2 分别为定、转子绕组的相电阻。注意对笼型转子有 $u_{\mathrm{a}} = u_{\mathrm{b}} = u_{\mathrm{c}} = 0$。

相应的磁链方程为

$$
\left.
\begin{aligned}
\psi_{\mathrm{A}} &= L_{\mathrm{A}} i_{\mathrm{A}} + M_{\mathrm{AB}} i_{\mathrm{B}} + M_{\mathrm{AC}} i_{\mathrm{C}} + M_{\mathrm{Aa}} i_{\mathrm{a}} + M_{\mathrm{Ab}} i_{\mathrm{b}} + M_{\mathrm{Ac}} i_{\mathrm{c}} \\
\psi_{\mathrm{B}} &= M_{\mathrm{BA}} i_{\mathrm{A}} + L_{\mathrm{B}} i_{\mathrm{B}} + M_{\mathrm{BC}} i_{\mathrm{C}} + M_{\mathrm{Ba}} i_{\mathrm{a}} + M_{\mathrm{Bb}} i_{\mathrm{b}} + M_{\mathrm{Bc}} i_{\mathrm{c}} \\
\psi_{\mathrm{C}} &= M_{\mathrm{CA}} i_{\mathrm{A}} + M_{\mathrm{CB}} i_{\mathrm{B}} + L_{\mathrm{C}} i_{\mathrm{C}} + M_{\mathrm{Ca}} i_{\mathrm{a}} + M_{\mathrm{Cb}} i_{\mathrm{b}} + M_{\mathrm{Cc}} i_{\mathrm{c}} \\
\psi_{\mathrm{a}} &= M_{\mathrm{aA}} i_{\mathrm{A}} + M_{\mathrm{aB}} i_{\mathrm{B}} + M_{\mathrm{aC}} i_{\mathrm{C}} + L_{\mathrm{a}} i_{\mathrm{a}} + M_{\mathrm{ab}} i_{\mathrm{b}} + M_{\mathrm{ac}} i_{\mathrm{c}} \\
\psi_{\mathrm{b}} &= M_{\mathrm{bA}} i_{\mathrm{A}} + M_{\mathrm{bB}} i_{\mathrm{B}} + M_{\mathrm{bC}} i_{\mathrm{C}} + M_{\mathrm{ba}} i_{\mathrm{a}} + L_{\mathrm{b}} i_{\mathrm{b}} + M_{\mathrm{bc}} i_{\mathrm{c}} \\
\psi_{\mathrm{c}} &= M_{\mathrm{cA}} i_{\mathrm{A}} + M_{\mathrm{cB}} i_{\mathrm{B}} + M_{\mathrm{cC}} i_{\mathrm{C}} + M_{\mathrm{ca}} i_{\mathrm{a}} + M_{\mathrm{cb}} i_{\mathrm{b}} + L_{\mathrm{c}} i_{\mathrm{c}}
\end{aligned}
\right\}
\tag{7.7}
$$

式中，L 为自感系数，M 为互感系数。

因为异步电机气隙均匀，故不计饱和时，电感系数满足

$$
\left.
\begin{aligned}
L_{\mathrm{A}} &= L_{\mathrm{B}} = L_{\mathrm{C}} = L_1 \\
L_{\mathrm{a}} &= L_{\mathrm{b}} = L_{\mathrm{c}} = L_2 \\
M_{kj} &= M_{jk} (j, k = \mathrm{A, B, C, a, b, c}; j \neq k)
\end{aligned}
\right\}
\tag{7.8}
$$

式中，L_1 和 L_2 亦分别为定、转子相绕组的全自感(含漏感)。

在电机瞬态分析中，式(7.6)和式(7.7)常用矩阵表示，即

$$
\left.
\begin{aligned}
\boldsymbol{U} &= \boldsymbol{R}\boldsymbol{I} + \mathrm{p}\boldsymbol{\Psi} \\
\boldsymbol{\Psi} &= \boldsymbol{L}\boldsymbol{I}
\end{aligned}
\right\}
\tag{7.9}
$$

其中

$$
\begin{aligned}
\boldsymbol{U} &= \begin{bmatrix} u_{\mathrm{A}} & u_{\mathrm{B}} & u_{\mathrm{C}} & u_{\mathrm{a}} & u_{\mathrm{b}} & u_{\mathrm{c}} \end{bmatrix}^{\mathrm{T}} \\
\boldsymbol{I} &= \begin{bmatrix} i_{\mathrm{A}} & i_{\mathrm{B}} & i_{\mathrm{C}} & i_{\mathrm{a}} & i_{\mathrm{b}} & i_{\mathrm{c}} \end{bmatrix}^{\mathrm{T}} \\
\boldsymbol{\Psi} &= \begin{bmatrix} \psi_{\mathrm{A}} & \psi_{\mathrm{B}} & \psi_{\mathrm{C}} & \psi_{\mathrm{a}} & \psi_{\mathrm{b}} & \psi_{\mathrm{c}} \end{bmatrix}^{\mathrm{T}} \\
\boldsymbol{R} &= \mathrm{diag}\begin{bmatrix} R_1 & R_1 & R_1 & R_2 & R_2 & R_2 \end{bmatrix}
\end{aligned}
$$

$$
\boldsymbol{L} = \begin{bmatrix}
L_1 & M_{\mathrm{AB}} & M_{\mathrm{AC}} & M_{\mathrm{Aa}} & M_{\mathrm{Ab}} & M_{\mathrm{Ac}} \\
M_{\mathrm{BA}} & L_1 & M_{\mathrm{BC}} & M_{\mathrm{Ba}} & M_{\mathrm{Bb}} & M_{\mathrm{Bc}} \\
M_{\mathrm{CA}} & M_{\mathrm{CB}} & L_1 & M_{\mathrm{Ca}} & M_{\mathrm{Cb}} & M_{\mathrm{Cc}} \\
M_{\mathrm{aA}} & M_{\mathrm{aB}} & M_{\mathrm{aC}} & L_2 & M_{\mathrm{ab}} & M_{\mathrm{ac}} \\
M_{\mathrm{bA}} & M_{\mathrm{bB}} & M_{\mathrm{bC}} & M_{\mathrm{ba}} & L_2 & M_{\mathrm{bc}} \\
M_{\mathrm{cA}} & M_{\mathrm{cB}} & M_{\mathrm{cC}} & M_{\mathrm{ca}} & M_{\mathrm{cb}} & L_2
\end{bmatrix}
$$

故当选择磁链 $\boldsymbol{\Psi}$ 或电流 $\boldsymbol{I}$ 作状态变量时，异步电机瞬态过程分析的状态方程为(暂未含转子

运动方程）

$$p\boldsymbol{\Psi} = -\boldsymbol{RL}^{-1}\boldsymbol{\Psi} + \boldsymbol{U} \tag{7.10}$$

或

$$p\boldsymbol{I} = -\boldsymbol{L}^{-1}(\boldsymbol{R} + p\boldsymbol{L})\boldsymbol{I} + \boldsymbol{L}^{-1}\boldsymbol{U} \tag{7.11}$$

2. 同步电机

同步电机有隐极和凸极两种典型结构，但隐极结构可视为凸极结构的特例，故研究对象选为凸极同步电机更具一般性。设定子三相绕组对称，相关量用下标 a、b、c 表示；凸极转子 d 轴上的集中励磁绕组和 d、q 轴上的分布阻尼绕组分别为 f、D、Q（如图7.4(a)所示），且定子侧端口用发电机惯例，转子侧用电动机惯例（见图 7.4(b)），可仿异步电机方法导出凸极同步电机的电压、磁链方程为

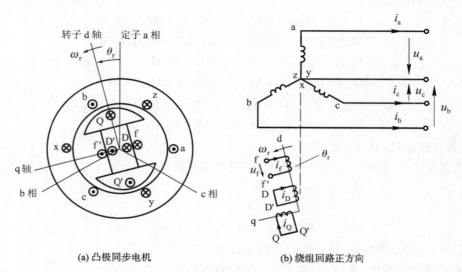

(a) 凸极同步电机   (b) 绕组回路正方向

图 7.4　凸极同步电机及其正方向假定

$$\begin{bmatrix} u_a \\ u_b \\ u_c \\ u_f \\ 0 \\ 0 \end{bmatrix} = \begin{bmatrix} R_a & 0 & 0 & 0 & 0 & 0 \\ 0 & R_a & 0 & 0 & 0 & 0 \\ 0 & 0 & R_a & 0 & 0 & 0 \\ 0 & 0 & 0 & R_f & 0 & 0 \\ 0 & 0 & 0 & 0 & R_D & 0 \\ 0 & 0 & 0 & 0 & 0 & R_Q \end{bmatrix} \begin{bmatrix} -i_a \\ -i_b \\ -i_c \\ i_f \\ i_D \\ i_Q \end{bmatrix} + p \begin{bmatrix} \psi_a \\ \psi_b \\ \psi_c \\ \psi_f \\ \psi_D \\ \psi_Q \end{bmatrix} \tag{7.12}$$

$$\begin{bmatrix} \psi_a \\ \psi_b \\ \psi_c \\ \psi_f \\ \psi_D \\ \psi_Q \end{bmatrix} = \begin{bmatrix} L_a & M_{ab} & M_{ac} & M_{af} & M_{aD} & M_{aQ} \\ M_{ba} & L_b & M_{bc} & M_{bf} & M_{bD} & M_{bQ} \\ M_{ca} & M_{cb} & L_c & M_{cf} & M_{cD} & M_{cQ} \\ M_{fa} & M_{fb} & M_{fc} & L_f & M_{fD} & 0 \\ M_{Da} & M_{Db} & M_{Dc} & M_{Df} & L_D & 0 \\ M_{Qa} & M_{Qb} & M_{Qc} & 0 & 0 & L_Q \end{bmatrix} \begin{bmatrix} -i_a \\ -i_b \\ -i_c \\ i_f \\ i_D \\ i_Q \end{bmatrix} \tag{7.13}$$

因为转子 d、q 轴上的绕组回路相互正交，故互感为零，这是凸极同步电机的参数特点。

在式(7.12)和式(7.13)中,令

$$\boldsymbol{U} = \begin{bmatrix} u_a & u_b & u_c & u_f & 0 & 0 \end{bmatrix}^T$$

$$\boldsymbol{I} = \begin{bmatrix} -i_a & -i_b & -i_c & i_f & i_D & i_Q \end{bmatrix}^T$$

$$\boldsymbol{\Psi} = \begin{bmatrix} \psi_a & \psi_b & \psi_c & \psi_f & \psi_D & \psi_Q \end{bmatrix}^T$$

$$\boldsymbol{R} = \mathrm{diag}\begin{bmatrix} R_a & R_a & R_a & R_f & R_D & R_Q \end{bmatrix}$$

$$\boldsymbol{L} = \begin{bmatrix}
L_a & M_{ab} & M_{ac} & M_{af} & M_{aD} & M_{aQ} \\
M_{ba} & L_b & M_{bc} & M_{bf} & M_{bD} & M_{bQ} \\
M_{ca} & M_{cb} & L_c & M_{cf} & M_{cD} & M_{cQ} \\
M_{fa} & M_{fb} & M_{fc} & L_f & M_{fD} & 0 \\
M_{Da} & M_{Db} & M_{Dc} & M_{Df} & L_D & 0 \\
M_{Qa} & M_{Qb} & M_{Qc} & 0 & 0 & L_Q
\end{bmatrix}$$

即可得到与式(7.9)至式(7.11)形式完全相同的电压、磁链方程和状态方程,不另重写。

7.1.3　自感参数与互感参数

1. 基本假设与基本关系式

电感参数通常由实验方法测定,有关章节中都有过专门介绍。下面,我们再介绍一种解析计算方法。为此,假设:

(1) 不计导磁材料饱和、剩磁、磁滞及涡流影响,磁路线性;

(2) 不计定、转子齿槽效应,定、转子表面光滑;

(3) 定、转子任一相绕组都只在气隙中产生理想正弦分布的 p 对极磁动势和磁场。

基于上述假设,实际上就要求每相绕组的导体都必须在定、转子表面按正弦规律分布,或者说,每相实际绕组都要求用一个整距正弦分布绕组来等效。

设等效正弦分布绕组的相串联总匝数为 N_e,则以 ϕ 为位置变量沿绕组轴线在一个周期内展开的导体分布函数为

$$N(\phi) = \frac{N_e}{2p}\sin\phi \quad (0 \leqslant \phi \leqslant 2\pi) \tag{7.14}$$

以电流方向表示分布函数的正负,导体的实际分布如图 7.5(a)所示。

由导体分布函数和相电流 i,可应用全电流定律得出每极磁动势分布函数为

$$F(\phi) = \frac{N_e i}{2p}\cos\phi \quad (0 \leqslant \phi \leqslant 2\pi) \tag{7.15}$$

如图 7.5(b)所示。

由交流电机绕组理论,我们知道,对于相串联匝数为 N 的实际绕组,其磁动势一般为阶梯波形,有一系列谐波成分,但基波是最主要的,其表达式可导出为

$$F_1(\phi) = \frac{2k_{N1}Ni}{\pi p}\cos\phi \quad (0 \leqslant \phi \leqslant 2\pi) \tag{7.16}$$

式中,k_{N1} 为基波绕组系数。

用等效绕组替代实际绕组,两者产生的基波磁动势或磁场必须相等。据此,比较式(7.15)和式(7.16),可知等效须满足的匝数条件为

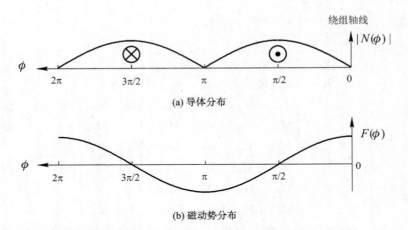

图 7.5　正弦分布绕组和正弦分布磁动势

$$N_e = \frac{4k_{N1}}{\pi}N \quad 或 \quad N = \frac{\pi}{4k_{N1}}N_e \tag{7.17}$$

在此匝数条件下，相串联匝数为 N 的实际绕组所产生的基波磁动势和磁场与匝数为 $N_e = 4k_{N1}N/\pi$ 的等效正弦分布绕组产生的磁动势和磁场相等。

2. 异步电机

1）电感系数计算的一般化公式

设 y 相绕组通入电流 i_y 后产生与 x 相绕组交链的磁链为 ψ_{xy}，则由均匀气隙条件和磁路线性假设条件，并结合式（7.14）和式（7.15），可得出电感系数 L_{xy} 的一般化计算公式为[9]

$$
\begin{aligned}
L_{xy} &= \frac{\psi_{xy}}{i_y} = \frac{1}{i_y}\int d\psi_{xy} = \frac{p}{i_y}\int_0^\pi N_x(\phi_x)\Phi_y(\phi_x - \alpha_{xy})d\phi_x \\
&= \frac{p}{i_y}\int_0^\pi N_x(\phi_x)\int_{\pi+\phi_x}^{2\pi+\phi_x}B_y(\xi - \alpha_{xy})\frac{\tau l}{\pi}d\xi d\phi_x \\
&= \frac{\mu_0 p\tau l}{\pi g i_y}\int_0^\pi N_x(\phi_x)\int_{\pi+\phi_x}^{2\pi+\phi_x}F_y(\xi - \alpha_{xy})d\xi \phi_x \\
&= \frac{\Lambda_g N_x N_y}{2\pi p}\int_0^\pi \sin\phi_x \sin(\phi_x - \alpha_{xy})d\phi_x \\
&= \frac{\Lambda_g N_x N_y}{4p}\cos\alpha_{xy}
\end{aligned}
\tag{7.18}
$$

式中，α_{xy} 为 y 相绕组轴线滞后 x 相绕组轴线的电角度；τ 为极矩（$\tau = \pi r_0/p$，r_0 为气隙平均半径）；l 为铁芯有效长度；g 为气隙有效长度；N_x 和 N_y 分别为 x 相和 y 相等效正弦绕组的串联匝数；Λ_g 为气隙磁导，其定义为

$$\Lambda_g = \frac{\mu_0 \tau l}{g} \tag{7.19}$$

由式（7.18）给出异步电机电感系数的一般化计算公式后，实际上只要知道等效绕组（或实际绕组）的匝数及两相绕组之间的夹角即可确定所有自感（x＝y）和互感系数，具体实施步骤如下。

2) 定子相绕组的自感和互感

定子三相对称绕组,相串联匝数为 N_1,基波绕组系数为 k_{1s},等效正弦绕组的串联匝数为 N_s,则有

$$N_s = \frac{4k_{1s}}{\pi} N_1 \tag{7.20}$$

而绕组夹角

$$\left.\begin{array}{l} \alpha_{AA} = \alpha_{BB} = \alpha_{CC} = 0 \\ \alpha_{AB} = \alpha_{BC} = \alpha_{CA} = 2\pi/3 \end{array}\right\} \tag{7.21}$$

代入式(7.18),则定子相绕组主自感

$$L_{AA} = L_{BB} = L_{CC} = \frac{\Lambda_g N_s^2}{4p} = L_{ms} \tag{7.22}$$

而全自感为

$$L_1 = L_{1\sigma} + L_{ms} \tag{7.23}$$

式中,$L_{1\sigma}$ 为定子相绕组漏电感;L_{ms} 为定子相绕组自电感。

同理,可得定子相绕组间的互感(忽略定子互漏感 $M_{1\sigma}$)为

$$M_{AB} = M_{BC} = M_{CA} = -\frac{\Lambda_g N_s^2}{8p} = -\frac{1}{2} L_{ms} \tag{7.24}$$

3) 转子相绕组的自感和互感

仿定子侧处理方法,用 N_2、k_{1r}、N_r 替代 N_1,k_{1s}、N_s,由

$$N_r = \frac{4k_{1r}}{\pi} N_2 \tag{7.25(a)}$$

和

$$\left.\begin{array}{l} \alpha_{aa} = \alpha_{bb} = \alpha_{cc} = 0 \\ \alpha_{ab} = \alpha_{bc} = \alpha_{ca} = 2\pi/3 \end{array}\right\} \tag{7.25(b)}$$

可得转子相绕组主自感

$$L_{aa} = L_{bb} = L_{cc} = \frac{\Lambda_g N_r^2}{4p} = L_{mr} \tag{7.26}$$

和全自感

$$L_2 = L_{2\sigma} + L_{mr} \tag{7.27}$$

及相绕组间互感(忽略转子互漏感 $M_{2\sigma}$)

$$M_{ab} = M_{bc} = M_{ca} = -\frac{\Lambda_g N_r^2}{8p} = -\frac{1}{2} L_{mr} \tag{7.28}$$

式(7.27)中,$L_{2\sigma}$ 和 L_{mr} 分别为转子漏感和自感。

4) 定、转子绕组间的互感

由于

$$\left.\begin{array}{l} \alpha_{Aa} = \alpha_{Bb} = \alpha_{Cc} = \theta_r \\ \alpha_{Ab} = \alpha_{Bc} = \alpha_{Ca} = \theta_r + 2\pi/3 \\ \alpha_{Ac} = \alpha_{Ba} = \alpha_{Cb} = \theta_r - 2\pi/3 \end{array}\right\} \tag{7.29}$$

故有

$$\left.\begin{array}{l} M_{Aa} = M_{Bb} = M_{Cc} = \dfrac{\Lambda_g N_s N_r}{4p}\cos\theta_r = L_{sr}\cos\theta_r \\[2mm] M_{Ab} = M_{Bc} = M_{Ca} = L_{sr}\cos(\theta_r + 2\pi/3) \\[2mm] M_{Ac} = M_{Ba} = M_{Cb} = L_{sr}\cos(\theta_r - 2\pi/3) \end{array}\right\} \tag{7.30}$$

式中，L_{sr} 为定转子绕组互感的幅值；θ_r 由图 7.3(a) 定义为转子 a 相绕组轴线与定子 A 相绕组轴线之间的夹角，且

$$\theta_r = \theta_r(0) + \int_0^t \omega_r(\xi)d\xi \tag{7.31}$$

表明定、转子绕组间的互感均为绕组轴线相对位置的函数，而位置亦为时间和转子旋转速度的函数。

3. 同步电机

1) 计算电感系数的一般公式

与异步电机不同，凸极同步电机的气隙不均匀（d 轴最小，q 轴最大），变化周期为 π，难以准确描述。但通常用下述气隙分布函数足以准确地表示，即

$$g(\theta_r) = \frac{1}{\lambda_0 + \lambda_2 \cos 2\theta_r} \tag{7.32}$$

式中，λ_0 和 λ_2 为待定常数；θ_r 由图 7.4(a) 定义，计算公式同式(7.31)。

由于 d 轴与 a 相相轴重合或 q 轴与 a 相相轴重合时，有

$$\left.\begin{array}{ll} g_{min} = \dfrac{1}{\lambda_0 + \lambda_2} & \theta_r = 0 \\[3mm] g_{max} = \dfrac{1}{\lambda_0 - \lambda_2} & \theta_r = \pi/2 \end{array}\right\} \tag{7.33}$$

则将式(7.33)代入式(7.32)后联立求解，得

$$\left.\begin{array}{l} \lambda_0 = \dfrac{1}{2}\left(\dfrac{1}{g_{min}} + \dfrac{1}{g_{max}}\right) \\[3mm] \lambda_2 = \dfrac{1}{2}\left(\dfrac{1}{g_{min}} - \dfrac{1}{g_{max}}\right) \end{array}\right\} \tag{7.34}$$

至此，仿式(7.18)可导出凸极同步电机电感系数的一般计算公式为

$$L_{xy} = \frac{\mu_0 \tau l N_x N_y}{4p}\left[\lambda_0 \cos(\alpha_x - \alpha_y) + \frac{\lambda_2}{2}\cos(2\theta_r - \alpha_x - \alpha_y)\right] \tag{7.35}$$

式中，α_x 和 α_y 分别为 x 相和 y 相绕组轴线与定子 a 相绕组轴线的夹角。

2) 定子相绕组的自感和互感

由于

$$\left.\begin{array}{l} \alpha_a = 0 \\ \alpha_b = 2\pi/3 \\ \alpha_c = -2\pi/3 \end{array}\right\} \tag{7.36}$$

故定子相绕组主自感可由式(7.35)导出为

$$\left.\begin{array}{l} L_{aa} = L_{0s} + L_{2s}\cos 2\theta_r \\ L_{bb} = L_{0s} + L_{2s}\cos(2\theta_r + 2\pi/3) \\ L_{cc} = L_{0s} + L_{2s}\cos(2\theta_r - 2\pi/3) \end{array}\right\} \tag{7.37}$$

式中，L_{0s}和L_{2s}分别为主自感的恒定分量与倍频分量，其定义为（设 N_s 为定子相绕组等效正弦分布绕组的串联匝数）

$$\left.\begin{aligned} L_{0s} &= \frac{\mu_0 \tau l \lambda_0 N_s^2}{4p} \\ L_{2s} &= \frac{\mu_0 \tau l \lambda_2 N_s^2}{8p} \end{aligned}\right\} \tag{7.38}$$

设 L_{0s} 为定子相绕组漏电感，则相绕组全自感为

$$\left.\begin{aligned} L_a &= L_\sigma + L_{aa} = L_{\sigma s} + L_{0s} + L_{2s}\cos 2\theta_r \\ L_b &= L_\sigma + L_{bb} = L_{\sigma s} + L_{0s} + L_{2s}\cos(2\theta_r + 2\pi/3) \\ L_c &= L_\sigma + L_{cc} = L_{\sigma s} + L_{0s} + L_{2s}\cos(2\theta_r - 2\pi/3) \end{aligned}\right\} \tag{7.39}$$

此外，由式(7.35)和式(7.36)及式(7.38)可得定子相绕组间的互感（忽略互漏感 M_σ）为

$$\left.\begin{aligned} M_{ab} &= M_{ba} = -L_{0s}/2 + L_{2s}\cos(2\theta_r - 2\pi/3) \\ M_{bc} &= M_{cb} = -L_{0s}/2 + L_{2s}\cos 2\theta_r \\ M_{ca} &= M_{ac} = -L_{0s}/2 + L_{2s}\cos(2\theta_r + 2\pi/3) \end{aligned}\right\} \tag{7.40}$$

3）转子绕组的自感和互感

励磁绕组是集中整距绕组（基波绕组系数为 1），d、q 轴阻尼绕组为分布绕组，故转子绕组的等效正弦分布绕组的串联匝数分别为

$$\left.\begin{aligned} N_{rf} &= \frac{4}{\pi}N_f \\ N_{rD} &= \frac{4k_{1D}}{\pi}N_D \\ N_{rQ} &= \frac{4k_{1Q}}{\pi}N_Q \end{aligned}\right\} \tag{7.41}$$

而

$$\left.\begin{aligned} \alpha_f &= \alpha_D = Q_r \\ \alpha_Q &= Q_r + \pi/2 \end{aligned}\right\} \tag{7.42}$$

故有转子绕组主自感

$$\left.\begin{aligned} L_{ff} &= \left(\frac{N_{rf}}{N_s}\right)^2 (L_{0s} + L_{2s}) \\ L_{DD} &= \left(\frac{N_{rD}}{N_s}\right)^2 (L_{0s} + L_{2s}) \\ L_{QQ} &= \left(\frac{N_{rQ}}{N_s}\right)^2 (L_{0s} - L_{2s}) \end{aligned}\right\} \tag{7.43}$$

和转子绕组全自感

$$\left.\begin{aligned} L_f &= L_{\sigma f} + L_{ff} \\ L_D &= L_{\sigma D} + L_{DD} \\ L_Q &= L_{\sigma Q} + L_{QQ} \end{aligned}\right\} \tag{7.44}$$

及励磁绕组与 d 轴阻尼绕组间的互感（忽略互漏感 $M_{\sigma fD}$）

$$M_{fD} = M_{Df} = \frac{N_{rf}N_{rD}}{N_s^2}(L_{0s} + L_{2s}) \tag{7.45}$$

式(7.44)中，$L_{\sigma f}$和$L_{\sigma D}$、$L_{\sigma Q}$分别为励磁绕组和转子 d、q 轴阻尼绕组的漏感。

4）定、转子绕组间的互感

结合式（7.36）、式（7.42）和式（7.35）可得定子绕组与励磁绕组间的互感为

$$
\left.\begin{aligned}
M_{\mathrm{af}} &= M_{\mathrm{fa}} = L_{\mathrm{sf}}\cos\theta_{\mathrm{r}} \\
M_{\mathrm{bf}} &= M_{\mathrm{fb}} = L_{\mathrm{sf}}\cos(\theta_{\mathrm{r}} - 2\pi/3) \\
M_{\mathrm{cf}} &= M_{\mathrm{fc}} = L_{\mathrm{sf}}\cos(\theta_{\mathrm{r}} + 2\pi/3)
\end{aligned}\right\} \tag{7.46}
$$

定子绕组与 d 轴阻尼绕组间的互感为

$$
\left.\begin{aligned}
M_{\mathrm{aD}} &= M_{\mathrm{Da}} = L_{\mathrm{sD}}\cos\theta_{\mathrm{r}} \\
M_{\mathrm{bD}} &= M_{\mathrm{Db}} = L_{\mathrm{sD}}\cos(\theta_{\mathrm{r}} - 2\pi/3) \\
M_{\mathrm{cD}} &= M_{\mathrm{Dc}} = L_{\mathrm{sD}}\cos(\theta_{\mathrm{r}} + 2\pi/3)
\end{aligned}\right\} \tag{7.47}
$$

定子绕组与 q 轴阻尼绕组间的互感为

$$
\left.\begin{aligned}
M_{\mathrm{aQ}} &= M_{\mathrm{Qa}} = -L_{\mathrm{sQ}}\sin\theta_{\mathrm{r}} \\
M_{\mathrm{bQ}} &= M_{\mathrm{Qb}} = -L_{\mathrm{sQ}}\sin(\theta_{\mathrm{r}} - 2\pi/3) \\
M_{\mathrm{cQ}} &= M_{\mathrm{Qc}} = -L_{\mathrm{sQ}}\sin(\theta_{\mathrm{r}} + 2\pi/3)
\end{aligned}\right\} \tag{7.48}
$$

式（7.46）～式（7.48）中

$$
\left.\begin{aligned}
L_{\mathrm{sf}} &= \frac{N_{\mathrm{rf}}}{N_{\mathrm{s}}}(L_{0\mathrm{s}} + L_{2\mathrm{s}}) \\
L_{\mathrm{sD}} &= \frac{N_{\mathrm{rD}}}{N_{\mathrm{s}}}(L_{0\mathrm{s}} + L_{2\mathrm{s}}) \\
L_{\mathrm{sQ}} &= \frac{N_{\mathrm{rQ}}}{N_{\mathrm{s}}}(L_{0\mathrm{s}} - L_{2\mathrm{s}})
\end{aligned}\right\} \tag{7.49}
$$

7.1.4 电磁转矩和转子运动方程

电磁转矩是旋转电机实现机电能量转换的重要物理量，而转子运动方程则是根据牛顿定律写出的作用在电机转子上的所有转矩的平衡方程。电机稳态运行时，转矩平衡，转速恒定，毋须求解运动方程。但瞬态情况下，转矩平衡被破坏，转子转速发生变化，电机的实际行为必须由电压、磁链方程和转矩方程及转子运动方程联立求解，这也是机、电、磁耦合系统动态行为研究的基本特点。

1. 电磁转矩

首先讨论交流电机的电磁转矩。设电机定子侧 s 有 m 个绕组回路，转子侧 r 有 n 个绕组回路，则在磁路线性假设条件下，电机内的磁场总能量为

$$
W_{\mathrm{m}} = \frac{1}{2}\sum_{j=1}^{m}\psi_{\mathrm{s}j}i_{\mathrm{s}j} + \frac{1}{2}\sum_{k=1}^{n}\psi_{\mathrm{r}k}i_{\mathrm{r}k} \tag{7.50}
$$

因各回路磁链为

$$
\left.\begin{aligned}
\psi_{\mathrm{s}1} &= L_{\mathrm{s}1}i_{\mathrm{s}1} + \cdots + M_{\mathrm{s}1sm}i_{sm} + M_{\mathrm{s}1r1}i_{r1} + \cdots + M_{\mathrm{s}1rn}i_{rn} \\
&\quad\cdots \\
\psi_{\mathrm{s}m} &= M_{sms1}i_{\mathrm{s}1} + \cdots + L_{\mathrm{s}m}i_{sm} + M_{smr1}i_{r1} + \cdots + M_{smrn}i_{rn} \\
\psi_{\mathrm{r}1} &= M_{\mathrm{r}1s1}i_{\mathrm{s}1} + \cdots + M_{\mathrm{r}1sm}i_{sm} + L_{\mathrm{r}1}i_{r1} + \cdots + M_{\mathrm{r}1rn}i_{rn} \\
&\quad\cdots \\
\psi_{\mathrm{r}n} &= M_{rns1}i_{\mathrm{s}1} + \cdots + M_{rnsm}i_{sm} + M_{rnr1}i_{r1} + \cdots + L_{\mathrm{r}n}i_{rn}
\end{aligned}\right\} \tag{7.51}
$$

则式(7.50)可用矩阵表示为

$$W_{\mathrm{m}} = \frac{1}{2} \boldsymbol{I}^{\mathrm{T}} \boldsymbol{L} \boldsymbol{I} \tag{7.52}$$

其中

$$\boldsymbol{I}^{\mathrm{T}} = \begin{bmatrix} i_{\mathrm{s}1} & \cdots & i_{\mathrm{s}m} & i_{\mathrm{r}1} & \cdots & i_{\mathrm{r}n} \end{bmatrix}$$

$$\boldsymbol{L} = \begin{bmatrix} L_{\mathrm{s}1} & \cdots & M_{\mathrm{s}1\mathrm{s}m} & M_{\mathrm{s}1\mathrm{r}1} & \cdots & M_{\mathrm{s}1\mathrm{r}n} \\ \vdots & & \vdots & \vdots & & \vdots \\ M_{\mathrm{s}m\mathrm{s}1} & \cdots & L_{\mathrm{s}m} & M_{\mathrm{s}m\mathrm{r}1} & \cdots & M_{\mathrm{s}m\mathrm{r}n} \\ M_{\mathrm{r}1\mathrm{s}1} & \cdots & M_{\mathrm{r}1\mathrm{s}m} & L_{\mathrm{r}1} & \cdots & M_{\mathrm{r}1\mathrm{r}n} \\ \vdots & & \vdots & \vdots & & \vdots \\ M_{\mathrm{r}n\mathrm{s}1} & \cdots & M_{\mathrm{r}n\mathrm{s}m} & M_{\mathrm{r}n\mathrm{r}1} & \cdots & L_{\mathrm{r}n} \end{bmatrix}$$

根据虚位移原理,电磁转矩 T_{em}(视为广义力)为磁场总能量 W_{m} 对转子机械角位移 ν(视为广义位移)的偏导数,即

$$T_{\mathrm{em}} = \frac{\partial W_{\mathrm{m}}}{\partial \nu} \tag{7.53}$$

通常认为绕组电流与转子角位移无关,故电磁转矩的实用表达式由式(7.52)导出为

$$T_{\mathrm{em}} = \frac{1}{2} \boldsymbol{I}^{\mathrm{T}} \frac{\partial \boldsymbol{L}}{\partial \nu} \boldsymbol{I} \tag{7.54}$$

更一般地,对 p 对极电机,用电角度 θ_{r} 表示为

$$T_{\mathrm{em}} = \frac{p}{2} \boldsymbol{I}^{\mathrm{T}} \frac{\partial \boldsymbol{L}}{\partial \theta_{\mathrm{r}}} \boldsymbol{I} \tag{7.55}$$

式中,电角度与机械角度的关系为 $\theta_{\mathrm{r}} = p\nu$。

将式(7.55)应用于异步电机,可得相坐标系中的电磁转矩方程为

$$T_{\mathrm{em}} = -pL_{\mathrm{ms}}\left[i_{\mathrm{A}}\left(i_{\mathrm{a}} - \frac{i_{\mathrm{b}}}{2} - \frac{i_{\mathrm{c}}}{2}\right) + i_{\mathrm{B}}\left(i_{\mathrm{b}} - \frac{i_{\mathrm{c}}}{2} - \frac{i_{\mathrm{a}}}{2}\right) + i_{\mathrm{C}}\left(i_{\mathrm{c}} - \frac{i_{\mathrm{a}}}{2} - \frac{i_{\mathrm{b}}}{2}\right) \right]\sin\theta_{\mathrm{r}}$$
$$- \frac{\sqrt{3}}{2}pL_{\mathrm{ms}}\left[i_{\mathrm{A}}(i_{\mathrm{b}} - i_{\mathrm{c}}) + i_{\mathrm{B}}(i_{\mathrm{c}} - i_{\mathrm{a}}) + i_{\mathrm{C}}(i_{\mathrm{a}} - i_{\mathrm{b}}) \right]\cos\theta_{\mathrm{r}} \tag{7.56}$$

类似地,可导出相坐标系中同步电机的电磁转矩方程为[9]

$$T_{\mathrm{em}} = -\frac{3}{2}p\left[(L_{0\mathrm{s}} + L_{2\mathrm{s}})(i_{\mathrm{f}} + i_{\mathrm{D}})\left(i_{\mathrm{a}} - \frac{i_{\mathrm{b}}}{2} - \frac{i_{\mathrm{c}}}{2}\right) + \frac{\sqrt{3}}{2}(L_{0\mathrm{s}} - L_{2\mathrm{s}})i_{\mathrm{Q}}(i_{\mathrm{b}} - i_{\mathrm{c}}) \right]\sin\theta_{\mathrm{r}}$$
$$- \frac{3}{2}p\left[(L_{0\mathrm{s}} - L_{2\mathrm{s}})i_{\mathrm{Q}}\left(i_{\mathrm{a}} - \frac{i_{\mathrm{b}}}{2} - \frac{i_{\mathrm{c}}}{2}\right) - \frac{\sqrt{3}}{2}(L_{0\mathrm{s}} + L_{2\mathrm{s}})(i_{\mathrm{f}} + i_{\mathrm{D}})(i_{\mathrm{b}} - i_{\mathrm{c}}) \right]\cos\theta_{\mathrm{r}}$$
$$+ pL_{2\mathrm{s}}\left(i_{\mathrm{a}}^{2} - \frac{i_{\mathrm{b}}^{2}}{2} - \frac{i_{\mathrm{c}}^{2}}{2} - i_{\mathrm{a}}i_{\mathrm{b}} - i_{\mathrm{a}}i_{\mathrm{c}} + 2i_{\mathrm{b}}i_{\mathrm{c}}\right)\sin2\theta_{\mathrm{r}}$$
$$+ \frac{\sqrt{3}}{2}pL_{2\mathrm{s}}(i_{\mathrm{b}}^{2} - i_{\mathrm{c}}^{2} - 2i_{\mathrm{a}}i_{\mathrm{b}} + 2i_{\mathrm{a}}i_{\mathrm{c}})\cos2\theta_{\mathrm{r}} \tag{7.57}$$

需要说明的是,式(7.56)和式(7.57)中转子侧的电流都是折算值,虽按现行惯例未在右上角加"′"号以示区别,但使用时应注意。

2. 转子运动方程

依据牛顿定律,设轴系转动惯量为 J,转子机械角速度为 Ω,轴上剩余转矩为 ΔT,则转

子运动方程为

$$J \frac{\mathrm{d}\Omega}{\mathrm{d}t} = \Delta T \tag{7.58}$$

对 p 对极电机,写成用电角速度 $\omega_r(\omega_r = p\Omega)$ 表示的形式,就是

$$\frac{J}{p} \frac{\mathrm{d}\omega_r}{\mathrm{d}t} = \Delta T \tag{7.59}$$

或进一步用电角位移 $\theta_r(\frac{\mathrm{d}\theta_r}{\mathrm{d}t} = \omega_r)$ 表示为

$$\frac{J}{p} \frac{\mathrm{d}^2\theta_r}{\mathrm{d}t^2} = \Delta T \tag{7.60}$$

剩余转矩 ΔT 是电磁转矩 T_{em}、机械(负载或拖动)转矩 T_m、摩擦转矩 T_Ω 和空载制动转矩 T_0 的代数和,具体形式由假定正方向确定。

对于电动机,电磁转矩为驱动转矩,取为正值,其他转矩皆为负值。

对于发电机,机械转矩为驱动转矩,取为正值,其他转矩均为负值。

综上,有

$$\Delta T = \begin{cases} T_{em} - T_m - T_\Omega - T_0 & \text{电动机} \\ T_m - T_{em} - T_\Omega - T_0 & \text{发电机} \end{cases} \tag{7.61}$$

一般情况下,假定摩擦转矩与旋转速度成正比,空载制动转矩为恒定值(由试验测定),与速度无关,则转子运动方程可改写为

$$J \frac{\mathrm{d}\Omega}{\mathrm{d}t} + R_\Omega \Omega + T_0 = \pm(T_{em} - T_m) \tag{7.62}$$

或

$$\frac{J}{p} \frac{\mathrm{d}\omega_r}{\mathrm{d}t} + \frac{R_\Omega}{p} \omega_r + T_0 = \pm(T_{em} - T_m) \tag{7.63}$$

或

$$\frac{J}{p} \frac{\mathrm{d}^2\theta_r}{\mathrm{d}t^2} + \frac{R_\Omega}{p} \frac{\mathrm{d}\theta_r}{\mathrm{d}t} + T_0 = \pm(T_{em} - T_m) \tag{7.64}$$

式(7.62)至式(7.64)中,R_Ω 为摩擦因数,电动机时等式右侧取"+"号,发电机时取"－"号。

对于大、中型容量的电机,由于摩擦转矩和空载制动转矩相对较小,忽略其影响后造成的误差不大,故转子运动方程一般可简化为

$$J \frac{\mathrm{d}\Omega}{\mathrm{d}t} = \frac{J}{p} \frac{\mathrm{d}\omega_r}{\mathrm{d}t} = \frac{J}{p} \frac{\mathrm{d}^2\theta_r}{\mathrm{d}t^2} = \pm(T_{em} - T_m) \tag{7.65}$$

7.1.5　交流电机在相坐标系中的瞬态分析模型示例

综上分析,取相电流和转子电角速度为状态变量,交流电机的一般化瞬态分析模型为

$$\left.\begin{aligned} \mathrm{p}\boldsymbol{I} &= -\boldsymbol{L}^{-1}(\boldsymbol{R} + \mathrm{p}\boldsymbol{L})\boldsymbol{I} + \boldsymbol{L}^{-1}\boldsymbol{U} \\ T_{em} &= \frac{p}{2} \boldsymbol{I}^{\mathrm{T}} \frac{\partial \boldsymbol{L}}{\partial \theta_r} \boldsymbol{I} \bigg|_{\theta_r = \theta_r(t)} \\ \mathrm{p}\omega_r &= \pm \frac{J}{p}(T_{em} - T_m) \\ \theta_r(t) &= \theta_r(0) + \int_0^t \omega_r(\xi)\mathrm{d}\xi \end{aligned}\right\} \tag{7.66}$$

7.2 交流电机在正交坐标系中的瞬态分析模型

7.2.1 坐标变换理论

1. 引言

上一节中,我们已经导出了交流电机在相坐标系(或称自然坐标系)中的瞬态分析模型。毋庸置疑,应用已建立的模型,尤其是借助于计算机辅助分析和计算手段,我们完全可以对电机的各种电磁和机械动态行为进行研究。但考察分析模型时我们会发现,由于电感矩阵 L 是转子位置角 θ_r 的函数,而 θ_r 是随时间变化的,因而直接应用相坐标模型就不可避免地要在每个求解步长 Δt 内,完成 L 中时变元素及 L 矩阵求逆和求导等等大量复杂的运算。其计算量在求解区间内(通常细分为数千步甚至于更多)是相当庞大的,很不经济。因此,有必要寻求更为简捷的分析模型。

相坐标系是一个静止坐标系,而且是一个多相轴线非正交系统。在静止坐标系中观察运动的事物,时变因素不可避免;而对于非正交系统,轴间耦合也是必然的;若结构上不对称(如凸极同步电机),还会进一步增加 L 矩阵中的时变元素个数。由此可见,要建立简化分析模型,选定一个轴系正交的(消除轴间耦合作用)旋转运动坐标系(消除时变因素)是必要的。从理论上讲,只要合理选择坐标轴的具体位置及轴系的旋转速度,就有可能变相坐标系中的时变电感矩阵为常系数矩阵,使分析大为简化。

上述设想是 20 世纪初期提出的,但直到 1929 年才由帕克(R. H. Park)首次成功实施。基于凸极同步电机的双反应理论,他发表了题为《Two-Reaction Theory of Synchronous Machines——Generalized Method of Analysis——Part I》(AIEE, vol. 48, July 1929, pp. 716-727)的著名论文,将静止的相坐标系中的所有原始变量(电压、电流、磁链)都变换到与转子同步旋转的 d-q-0 正交坐标系,完全消除了电感系数的时变因素和变磁阻因素,建立了著名的帕克方程。

之后,斯坦利(H·C·Stanley, 1938)、克拉克(E·Clarke, 1943)、克朗(G·Kron, 1951)、布里尔顿(D·S·Brereton, 1957)、克劳斯(P·C·Krause, 1965)等人亦相继证明了采用静止的 α-β-0 正交坐标系,与气隙磁场同步旋转的 d_c-q_c-0 正交坐标系,甚至于以任意速度旋转的 d-q-n 正交坐标系,都可能有效消除静止的相坐标系中电感矩阵的时变因素,并已得到广泛应用。

2. 数学基础

综上分析,电机分析中实施坐标变换的任务就是要寻求一种适当的变量代换,以使与原变量相关的时变系数矩阵在新变量中有可能成为常系数矩阵;或者说,选定一个新的坐标系,以使转子位置变化和结构不对称因素对电机参数的影响在该坐标系中有可能被消除。从线性代数中可知,这种变换实质上是一组线性无关向量的正交化过程,即将相坐标系中的 n 维独立向量 X 通过满秩变换矩阵 K 变换为 n 维正交向量 Y,即

$$Y = KX \tag{7.67}$$

或

$$\begin{bmatrix} y_1 \\ y_2 \\ \vdots \\ y_n \end{bmatrix} = \begin{bmatrix} k_{11} & k_{12} & \cdots & k_{1n} \\ k_{21} & k_{22} & \cdots & k_{2n} \\ \vdots & \vdots & & \vdots \\ k_{n1} & k_{n2} & \cdots & k_{nn} \end{bmatrix} \begin{bmatrix} x_1 \\ x_2 \\ \vdots \\ x_n \end{bmatrix}$$

并且存在逆矩阵 $\boldsymbol{K}^{-1}$，使逆变换

$$\boldsymbol{X} = \boldsymbol{K}^{-1}\boldsymbol{Y} \tag{7.68}$$

成立。

可以证明，满足上述变换的满秩矩阵 $\boldsymbol{K}$ 不是唯一的，即 $\boldsymbol{K}$ 中元素的选取方法很多，可以是常数（实数或复数），也可以是时间的函数。这也是多种正交坐标系、甚至于任意速旋转正交坐标系并存的理论基础。

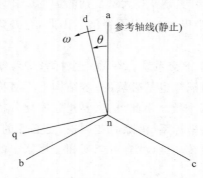

图 7.6　a-b-c 坐标系与 d-q-n 坐标系

3. 电机分析中常用的几个正交坐标系

所选定的正交坐标系不同，其对应的变换矩阵也就不同。下面具体介绍电机分析中常用的几个正交坐标系所对应的变换矩阵及其变换关系。从一般到特殊，先介绍任意速正交坐标系。

1）d-q-n 任意速度正交坐标系

记相坐标系为 a-b-c 坐标系，任意速度正交坐标系为 d-q-n 坐标系（n 轴垂直于 d-q 平面），两者关系如图 7.6 所示。

设通用变量 $\boldsymbol{F}$ 或 f 为 a-b-c 坐标系（下标 abc）和 d-q-n 坐标系中的三阶列向量（定、转子侧电压、电流或磁链）或向量分量，则变换关系可给出为

$$\boldsymbol{F}_{dqn} = \boldsymbol{K}(\theta)\boldsymbol{F}_{abc} \tag{7.69}$$

或常规定义为

$$\begin{bmatrix} f_d \\ f_q \\ f_n \end{bmatrix} = \frac{2}{3} \begin{bmatrix} \cos\theta & \cos(\theta-2\pi/3) & \cos(\theta+2\pi/3) \\ -\sin\theta & -\sin(\theta-2\pi/3) & -\sin(\theta+2\pi/3) \\ 1/2 & 1/2 & 1/2 \end{bmatrix} \begin{bmatrix} f_a \\ f_b \\ f_c \end{bmatrix} \tag{7.70}$$

而反变换为

$$\boldsymbol{F}_{abc} = \boldsymbol{K}^{-1}(\theta)\boldsymbol{F}_{dqn} \tag{7.71}$$

或表示为

$$\begin{bmatrix} f_a \\ f_b \\ f_c \end{bmatrix} = \begin{bmatrix} \cos\theta & -\sin\theta & 1 \\ \cos(\theta-2\pi/3) & -\sin(\theta-2\pi/3) & 1 \\ \cos(\theta+2\pi/3) & -\sin(\theta+2\pi/3) & 1 \end{bmatrix} \begin{bmatrix} f_d \\ f_q \\ f_n \end{bmatrix} \tag{7.72}$$

式（7.69）至式（7.72）中，θ 为 d 轴与 a 轴（参考轴线）之间的夹角，且

$$\theta(t) = \theta(0) + \int_0^t \omega(\xi)\,d\xi \tag{7.73}$$

式中，ω 为 d-q-n 坐标系的旋转角速度。

可以证明,对于三相对称分量或三相无中线系统,n 轴分量 f_n 恒为零。

2) d-q-0 转子同步速正交坐标系

设 d-q-n 坐标系以转子电角速度 ω_r 旋转(与转子同步),并且 d 轴与转子磁极轴线重合,即

$$\theta(t) = \theta_r(t) = \theta_r(0) + \int_0^t \omega_r(\xi) \mathrm{d}\xi \tag{7.74}$$

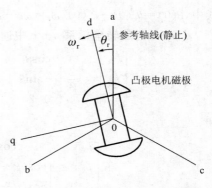

图 7.7 a-b-c 坐标系与 d-q-0 坐标系

则构成著名的 d-q-0 坐标系,如图 7.7 所示。它最早由帕克提出,并被广泛应用于同步电机,特别是凸极同步电机的分析之中。

在 d-q-0 坐标系中,通用变量间的正、逆变换关系分别为

$$\begin{bmatrix} f_d \\ f_q \\ f_0 \end{bmatrix} = \frac{2}{3} \begin{bmatrix} \cos\theta_r & \cos(\theta_r - 2\pi/3) & \cos(\theta_r + 2\pi/3) \\ -\sin\theta_r & -\sin(\theta_r - 2\pi/3) & -\sin(\theta_r + 2\pi/3) \\ 1/2 & 1/2 & 1/2 \end{bmatrix} \begin{bmatrix} f_a \\ f_b \\ f_c \end{bmatrix} \tag{7.75}$$

和

$$\begin{bmatrix} f_a \\ f_b \\ f_c \end{bmatrix} = \begin{bmatrix} \cos\theta_r & -\sin\theta_r & 1 \\ \cos(\theta_r - 2\pi/3) & -\sin(\theta_r - 2\pi/3) & 1 \\ \cos(\theta_r + 2\pi/3) & -\sin(\theta_r + 2\pi/3) & 1 \end{bmatrix} \begin{bmatrix} f_d \\ f_q \\ f_0 \end{bmatrix} \tag{7.76}$$

3) d_c-q_c-0 磁场同步速正交坐标系

设 d-q-n 坐标系恒以旋转磁场的电角速度 ω_1 旋转(与气隙磁场同步),而旋转参考轴与静止参考轴之间的夹角定义为 θ_c,即

$$\theta(t) = \theta_c(t) = \theta_c(0) + \int_0^t \omega_1(\xi) \mathrm{d}\xi \tag{7.77}$$

则构成异步电机及均匀气隙电机分析中常用的 d_c-q_c-0 坐标系,如图 7.8 所示。此时,d_c-q_c-0 与定子静止坐标系 A-B-C 中通用变量间的正、逆变换关系为

$$\begin{bmatrix} f_{d_c} \\ f_{q_c} \\ f_0 \end{bmatrix} = \frac{2}{3} \begin{bmatrix} \cos\theta_c & \cos(\theta_c - 2\pi/3) & \cos(\theta_c + 2\pi/3) \\ -\sin\theta_c & -\sin(\theta_c - 2\pi/3) & -\sin(\theta_c + 2\pi/3) \\ 1/2 & 1/2 & 1/2 \end{bmatrix} \begin{bmatrix} f_A \\ f_B \\ f_C \end{bmatrix} \tag{7.78}$$

和

$$\begin{bmatrix} f_A \\ f_B \\ f_C \end{bmatrix} = \begin{bmatrix} \cos\theta_c & -\sin\theta_c & 1 \\ \cos(\theta_c - 2\pi/3) & -\sin(\theta_c - 2\pi/3) & 1 \\ \cos(\theta_c + 2\pi/3) & -\sin(\theta_c + 2\pi/3) & 1 \end{bmatrix} \begin{bmatrix} f_{d_c} \\ f_{q_c} \\ f_0 \end{bmatrix} \tag{7.79}$$

参照图 7.8,可知 d_c-q_c-0 坐标系与转子旋转坐标系 a-b-c 之间的关系略微复杂。此时,参考轴 d_c 与转子 a 轴之间的夹角定义为 β,则

$$\beta(t) = \theta_c(t) - \theta_r(t) = \theta_c(0) - \theta_r(0) + \int_0^t [\omega_1(\xi) - \omega_r(\xi)] \mathrm{d}\xi$$

$$= \beta(0) + \int_0^t \omega_2(\xi) \mathrm{d}\xi = \beta(0) + \int_0^t s(\xi)\omega_1(\xi) \mathrm{d}\xi \tag{7.80}$$

式中，$\beta(0)=\theta_c(0)-\theta_r(0)$，$\omega_2=\omega_1-\omega_r=s\omega_1$（$s$ 为转差率）。

d_c-q_c-0 与旋转坐标系 a-b-c 中通用变量间的正、逆变换关系为

$$\begin{bmatrix} f_{d_c} \\ f_{q_c} \\ f_0 \end{bmatrix} = \frac{2}{3} \begin{bmatrix} \cos\beta & \cos(\beta-2\pi/3) & \cos(\beta+2\pi/3) \\ -\sin\beta & -\sin(\beta-2\pi/3) & -\sin(\beta+2\pi/3) \\ 1/2 & 1/2 & 1/2 \end{bmatrix} \begin{bmatrix} f_a \\ f_b \\ f_c \end{bmatrix} \tag{7.81}$$

和

$$\begin{bmatrix} f_a \\ f_b \\ f_c \end{bmatrix} = \begin{bmatrix} \cos\beta & -\sin\beta & 1 \\ \cos(\beta-2\pi/3) & -\sin(\beta-2\pi/3) & 1 \\ \cos(\beta+2\pi/3) & -\sin(\beta+2\pi/3) & 1 \end{bmatrix} \begin{bmatrix} f_{d_c} \\ f_{q_c} \\ f_0 \end{bmatrix} \tag{7.82}$$

4）α-β-0 静止正交坐标系

设 d-q-n 正交坐标系以零速旋转，即保持静止，且正交坐标系中的参考轴线 α 与相坐标系中的参考轴线 a 重合，即

$$\theta(t) \equiv 0 \tag{7.83}$$

则就构成普通交流电机分析，尤其是驱动控制系统分析中较多应用的 α-β-0 静止正交坐标系，如图 7.9 所示。此时，两坐标系之间通用变量的正、逆变换关系为

$$\begin{bmatrix} f_\alpha \\ f_\beta \\ f_0 \end{bmatrix} = \frac{2}{3} \begin{bmatrix} 1 & -1/2 & -1/2 \\ 0 & \sqrt{3}/2 & -\sqrt{3}/2 \\ 1/2 & 1/2 & 1/2 \end{bmatrix} \begin{bmatrix} f_a \\ f_b \\ f_c \end{bmatrix} \tag{7.84}$$

和

$$\begin{bmatrix} f_a \\ f_b \\ f_c \end{bmatrix} = \begin{bmatrix} 1 & 0 & 1 \\ -1/2 & \sqrt{3}/2 & 1 \\ -1/2 & -\sqrt{3}/2 & 1 \end{bmatrix} \begin{bmatrix} f_\alpha \\ f_\beta \\ f_0 \end{bmatrix} \tag{7.85}$$

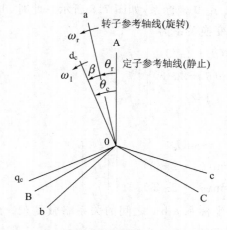

图 7.8　A-B-C 定子坐标系和 a-b-c 转子坐标系与 d_c-q_c-0 坐标系

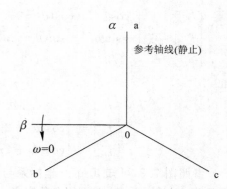

图 7.9　a-b-c 坐标系与 α-β-0 坐标系

4．不同正交坐标系间的关系

所谓不同正交坐标系，也就是取不同旋转速度的 d-q-n 坐标系。它们之间的关系，从数

学上讲,也就是旋转正交变换关系。设两个以不同速度 ω_x 和 ω_y 旋转的 d_x-q_x-n 和 d_y-q_y-n 坐标系,如图 7.10 所示,则有

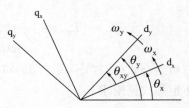

图 7.10 以不同速度旋转的 d-q-n 坐标系

$$\left.\begin{aligned}
\theta_x(t) &= \theta_x(0) + \int_0^t \omega_x(\xi)\,\mathrm{d}\xi \\
\theta_y(t) &= \theta_y(0) + \int_0^t \omega_y(\xi)\,\mathrm{d}\xi \\
\theta_{yx}(t) &= \theta_y(t) - \theta_x(t) \\
&= \theta_y(0) - \theta_x(0) + \int_0^t [\omega_y(\xi) - \omega_x(\xi)]\mathrm{d}\xi \\
&= \theta_{yx}(0) + \int_0^t \omega_{yx}(\xi)\,\mathrm{d}\xi
\end{aligned}\right\} \qquad (7.86)$$

和

$$\begin{bmatrix} f_{d_y} \\ f_{q_y} \\ f_n \end{bmatrix} = \begin{bmatrix} \cos\theta_{yx} & \sin\theta_{yx} & 0 \\ -\sin\theta_{yx} & \cos\theta_{yx} & 0 \\ 0 & 0 & 1 \end{bmatrix} \begin{bmatrix} f_{d_x} \\ f_{q_x} \\ f_n \end{bmatrix} \qquad (7.87)$$

及

$$\begin{bmatrix} f_{d_x} \\ f_{q_x} \\ f_n \end{bmatrix} = \begin{bmatrix} \cos\theta_{yx} & -\sin\theta_{yx} & 0 \\ \sin\theta_{yx} & \cos\theta_{yx} & 0 \\ 0 & 0 & 1 \end{bmatrix} \begin{bmatrix} f_{d_y} \\ f_{q_y} \\ f_n \end{bmatrix} \qquad (7.88)$$

7.2.2 异步电机在 d_c-q_c-0 坐标系中的分析模型

1. 有名值分析模型

首先,将 7.1.3 节中所得异步电机的电感参数代入式(7.9)并经折算处理后(省略右上角的"′"号)得相坐标系中的电压、磁链方程为

$$\left.\begin{aligned}
\begin{bmatrix} \boldsymbol{U}_{ABC} \\ \boldsymbol{U}_{abc} \end{bmatrix} &= \begin{bmatrix} \boldsymbol{R}_1 & 0 \\ 0 & \boldsymbol{R}_1 \end{bmatrix} \begin{bmatrix} \boldsymbol{I}_{ABC} \\ \boldsymbol{I}_{abc} \end{bmatrix} + \mathrm{p} \begin{bmatrix} \boldsymbol{\varPsi}_{ABC} \\ \boldsymbol{\varPsi}_{abc} \end{bmatrix} \\
\begin{bmatrix} \boldsymbol{\varPsi}_{ABC} \\ \boldsymbol{\varPsi}_{abc} \end{bmatrix} &= \begin{bmatrix} \boldsymbol{L}_s & \boldsymbol{L}_{sr} \\ \boldsymbol{L}_{sr}^t & \boldsymbol{L}_r \end{bmatrix} \begin{bmatrix} \boldsymbol{I}_{ABC} \\ \boldsymbol{I}_{abc} \end{bmatrix}
\end{aligned}\right\} \qquad (7.89)$$

其中

$$\begin{aligned}
\boldsymbol{F}_{ABC} &= \begin{bmatrix} f_A & f_B & f_C \end{bmatrix}^{\mathrm{T}} \\
\boldsymbol{F}_{abc} &= \begin{bmatrix} f_a & f_b & f_c \end{bmatrix}^{\mathrm{T}}
\end{aligned} \quad (\boldsymbol{F} = \boldsymbol{U},\boldsymbol{I},\boldsymbol{\varPsi}; f = u,i,\psi) \Bigg\}$$

$$\boldsymbol{R}_1 = \mathrm{diag}\begin{bmatrix} R_1 & R_1 & R_1 \end{bmatrix}$$

$$\boldsymbol{R}_2 = \mathrm{diag}\begin{bmatrix} R_2 & R_2 & R_2 \end{bmatrix}$$

$$\boldsymbol{L}_s = \begin{bmatrix} L_{1\sigma} + L_{ms} & -L_{ms}/2 & -L_{ms}/2 \\ -L_{ms}/2 & L_{1\sigma} + L_{ms} & -L_{ms}/2 \\ -L_{ms}/2 & -L_{ms}/2 & L_{1\sigma} + L_{ms} \end{bmatrix}$$

$$\boldsymbol{L}_r = \begin{bmatrix} L_{2\sigma} + L_{ms} & -L_{ms}/2 & -L_{ms}/2 \\ -L_{ms}/2 & L_{2\sigma} + L_{ms} & -L_{ms}/2 \\ -L_{ms}/2 & -L_{ms}/2 & L_{2\sigma} + L_{ms} \end{bmatrix}$$

$$\boldsymbol{L}_{sr} = L_{ms} = \begin{bmatrix} \cos\theta_r & \cos(\theta_r + 2\pi/3) & \cos(\theta_r - 2\pi/3) \\ \cos(\theta_r - 2\pi/3) & \cos\theta_r & \cos(\theta_r + 2\pi/3) \\ \cos(\theta_r + 2\pi/3) & \cos(\theta_r - 2\pi/3) & \cos\theta_r \end{bmatrix}$$

进而结合式(7.77)～式(7.82)可得 d_c-q_c-0 坐标系中的电压和磁链方程为（推导中用到的三角恒等式见附录 A）

$$\left.\begin{array}{l} \begin{bmatrix} \boldsymbol{U}_s \\ \boldsymbol{U}_r \end{bmatrix} = \begin{bmatrix} \boldsymbol{R}_{11} & \boldsymbol{R}_{12} \\ \boldsymbol{R}_{21} & \boldsymbol{R}_{22} \end{bmatrix} \begin{bmatrix} \boldsymbol{I}_s \\ \boldsymbol{I}_r \end{bmatrix} + p \begin{bmatrix} \boldsymbol{\Psi}_s \\ \boldsymbol{\Psi}_r \end{bmatrix} \\ \\ \begin{bmatrix} \boldsymbol{\Psi}_s \\ \boldsymbol{\Psi}_r \end{bmatrix} = \begin{bmatrix} \boldsymbol{L}_{11} & \boldsymbol{L}_{12} \\ \boldsymbol{L}_{21} & \boldsymbol{L}_{22} \end{bmatrix} \begin{bmatrix} \boldsymbol{I}_s \\ \boldsymbol{I}_r \end{bmatrix} \end{array}\right\} \tag{7.90}$$

其中

$$\left.\begin{array}{l} \boldsymbol{F}_s = \begin{bmatrix} f_{ds} & f_{qs} & f_{0s} \end{bmatrix}^T \\ \boldsymbol{F}_r = \begin{bmatrix} f_{dr} & f_{qr} & f_{0r} \end{bmatrix}^T \end{array}\right\} (\boldsymbol{F} = \boldsymbol{U}, \boldsymbol{I}, \boldsymbol{\Psi}; f = u, i, \psi)$$

$$\boldsymbol{R}_{11} = \boldsymbol{R}_1 + \omega_1 L_s \boldsymbol{\Gamma}$$

$$\boldsymbol{R}_{12} = \omega_1 L_m \boldsymbol{\Gamma}$$

$$\boldsymbol{R}_{21} = s\omega_1 L_m \boldsymbol{\Gamma} = (\omega_1 - \omega_r) L_m \boldsymbol{\Gamma}$$

$$\boldsymbol{R}_{22} = \boldsymbol{R}_2 + s\omega_1 L_r \boldsymbol{\Gamma} = \boldsymbol{R}_2 + (\omega_1 - \omega_r) L_r \boldsymbol{\Gamma}$$

$$\boldsymbol{L}_{11} = \boldsymbol{K}(\theta_c) \boldsymbol{L}_s \boldsymbol{K}^{-1}(\theta_c) = \text{diag}\begin{bmatrix} L_s & L_s & L_{1\sigma} \end{bmatrix}$$

$$\boldsymbol{L}_{22} = \boldsymbol{K}(\beta) \boldsymbol{L}_r \boldsymbol{K}^{-1}(\beta) = \text{diag}\begin{bmatrix} L_r & L_r & L_{2\sigma} \end{bmatrix}$$

$$\boldsymbol{L}_{12} = \boldsymbol{K}(\theta_c) \boldsymbol{L}_{sr} \boldsymbol{K}(\beta) = \text{diag}\begin{bmatrix} L_m & L_m & 0 \end{bmatrix} = \boldsymbol{K}(\beta) \boldsymbol{L}_{sr}^T \boldsymbol{K}^{-1}(\theta_c) = \boldsymbol{L}_{21}$$

而

$$\boldsymbol{\Gamma} = \begin{bmatrix} 0 & -1 & 0 \\ 1 & 0 & 0 \\ 0 & 0 & 0 \end{bmatrix}$$

$$L_m = \frac{3}{2} L_{ms}$$

$$L_s = L_{1\sigma} + L_m$$

$$L_r = L_{2\sigma} + L_m$$

此时，电感系数中的时变因素全部消除了，坐标变换的重要性和必要性由此可见一斑。

接下来，由式(7.55)，可导出 d_c-q_c-0 坐标系中异步电机电磁转矩的计算公式，即

$$\begin{aligned} T_{em} &= p \boldsymbol{I}_{ABC}^T \frac{\partial \boldsymbol{L}_{sr}}{\partial \theta_r} \boldsymbol{I}_{abc} \\ &= p \boldsymbol{I}_s^T [\boldsymbol{K}^{-1}(\theta_c)]^T \frac{\partial \boldsymbol{L}_{sr}}{\partial \theta_r} \boldsymbol{K}^{-1}(\beta) \boldsymbol{I}_r \\ &= \frac{3}{2} p L_m (i_{qs} i_{dr} - i_{ds} i_{qr}) \end{aligned} \tag{7.91}$$

与式(7.56)相比，形式也大为简化。

转子运动方程仍如式(7.65)，并不因坐标系变换而变化。这在物理上意义是很明确的，不另作讨论，亦不重新列写。

2. 标幺值分析模型

有名值采用实际单位,如功率用 W、电压用 V、电流用 A 等,其物理概念清楚,但不同容量电机的参数和特性不便于比较,故工程计算中推广采用标幺值系统。标幺值的一般化定义为

$$标幺值 = \frac{有名值}{基值} \tag{7.92}$$

显然,标幺值是相对值,是无量纲的。

采用标幺值系统,基值的选取是关键。在电机瞬变过程分析中,基值选取的基本原则是标幺处理后的电压、磁链方程与采用有名值时的形式相同,转子运动方程亦如此。

1) 基值选取

规定下标 b 表示基值,N 表示额定值,m 表示幅值,且分为基本量和导出量两大类。

（1）基本量。

电压基值 $U_b = U_m = \sqrt{2} U_N$（相电压幅值，V）

电流基值 $I_b = I_m = \sqrt{2} I_N$（相电流幅值，A）

时间基值 $t_b = \dfrac{1}{2\pi f_N}$（s；$f_N$ 为电源额定频率，Hz）

（2）导出量。

功率基值 $P_b = 3 U_N I_N = \dfrac{3}{2} U_b I_b$（三相视在功率，VA）

阻抗基值 $Z_b = \dfrac{U_b}{I_b}$（Ω）

速度基值 $\omega_b = \dfrac{1}{t_b}$（rad/s）

电感基值 $L_b = \dfrac{Z_b}{\omega_b}$（H）

磁链基值 $\boldsymbol{\Psi}_b = L_b I_b$（Wb）

转矩基值 $T_b = \dfrac{p P_b}{\omega_b}$（N·m；$p$ 为极对数）

惯性常数 $H = \dfrac{J \omega_b^2}{p T_b}$（$J$ 为转动惯量，kg·m^2）

2) 标幺值模型

以右上角加"＊"号表示标幺值和标幺值矩阵,则异步电机在 d_c-q_c-0 坐标系中经标幺化处理后的电压、磁链方程为

$$\left. \begin{aligned} \begin{bmatrix} \boldsymbol{U}_s^* \\ \boldsymbol{U}_r^* \end{bmatrix} &= \begin{bmatrix} \boldsymbol{R}_{11}^* & \boldsymbol{R}_{12}^* \\ \boldsymbol{R}_{21}^* & \boldsymbol{R}_{22}^* \end{bmatrix} \begin{bmatrix} \boldsymbol{I}_s^* \\ \boldsymbol{I}_r^* \end{bmatrix} + \frac{\mathrm{d}}{\mathrm{d}t^*} \begin{bmatrix} \boldsymbol{\Psi}_s^* \\ \boldsymbol{\Psi}_r^* \end{bmatrix} \\ \begin{bmatrix} \boldsymbol{\Psi}_s^* \\ \boldsymbol{\Psi}_r^* \end{bmatrix} &= \begin{bmatrix} \boldsymbol{L}_{11}^* & \boldsymbol{L}_{12}^* \\ \boldsymbol{L}_{21}^* & \boldsymbol{L}_{22}^* \end{bmatrix} \begin{bmatrix} \boldsymbol{I}_s^* \\ \boldsymbol{I}_r^* \end{bmatrix} \end{aligned} \right\} \tag{7.93}$$

与式(7.90)一致。同理,可得标幺化处理后的电磁转矩和转子运动方程为(注意这两个方程与原有名值方程的区别)

$$T_{em}^* = L_m^* (i_{qs}^* i_{dr}^* - i_{ds}^* i_{qr}) \tag{7.94}$$

$$H \frac{d\omega_r^*}{dt^*} = T_{em}^* - T_m^* \tag{7.95}$$

通常,选电流和转子电角速度为状态变量,将标幺值分析模型改写为如下形式(改记 $p = d/dt^*$)

$$\left.\begin{array}{l}
p\begin{bmatrix} \boldsymbol{I}_s^* \\ \boldsymbol{I}_r^* \end{bmatrix} = -\begin{bmatrix} \boldsymbol{L}_{11}^* & \boldsymbol{L}_{12}^* \\ \boldsymbol{L}_{21}^* & \boldsymbol{L}_{22}^* \end{bmatrix}^{-1} \begin{bmatrix} \boldsymbol{R}_{11}^* & \boldsymbol{R}_{12}^* \\ \boldsymbol{R}_{21}^* & \boldsymbol{R}_{22}^* \end{bmatrix} \begin{bmatrix} \boldsymbol{I}_s^* \\ \boldsymbol{I}_r^* \end{bmatrix} + \begin{bmatrix} \boldsymbol{L}_{11}^* & \boldsymbol{L}_{12}^* \\ \boldsymbol{L}_{21}^* & \boldsymbol{L}_{22}^* \end{bmatrix}^{-1} \begin{bmatrix} \boldsymbol{U}_s^* \\ \boldsymbol{U}_r^* \end{bmatrix} \\
p\omega_r^* = \frac{L_m^*}{H}(i_{qs}^* i_{dr}^* - i_{ds}^* i_{qr}^*) - \frac{T_m^*}{H}
\end{array}\right\} \tag{7.96}$$

而由于电感系数已变换为常系数矩阵,因此,与式(7.66)给出的相坐标系中的一般化分析模型相比,计算量大为减少,计算速度大为提高,实用性大为增强。

3)简化模型

普通异步电机大多为三相对称结构,并且是三相无中线系统(△连接或 Y 连接),因此,在正常情况下不存在中轴(d-q-n 坐标系中的 n 轴或其他固定速度坐标系中的 0 轴)分量,即电压、磁链方程可以从六阶降为四阶,从而可将式(7.96)中的电流状态方程转化为更为简化的实用形式。由于标幺值形式与有名值形式一致,故不加区分地形式上统一记为

$$p\boldsymbol{I} = -\boldsymbol{L}^{-1}\boldsymbol{R}\boldsymbol{I} + \boldsymbol{L}^{-1}\boldsymbol{U} \tag{7.97}$$

其中
$$\boldsymbol{I} = \begin{bmatrix} i_{ds} & i_{qs} & i_{dr} & i_{qr} \end{bmatrix}^T$$

$$\boldsymbol{U} = \begin{bmatrix} u_{ds} & u_{qs} & u_{dr} & u_{qr} \end{bmatrix}^T$$

$$\boldsymbol{L}^{-1} = \frac{1}{L_s L_r - L_m^2} \begin{bmatrix} L_r & 0 & -L_m & 0 \\ 0 & L_r & 0 & -L_m \\ -L_m & 0 & L_s & 0 \\ 0 & -L_m & 0 & L_s \end{bmatrix}$$

$$\boldsymbol{R} = \begin{bmatrix} R_1 & -\omega_1 L_s & 0 & -\omega_1 L_m \\ \omega_1 L_s & R_1 & \omega_1 L_m & 0 \\ 0 & -s\omega_1 L_m & R_2 & -s\omega_1 L_r \\ s\omega_1 L_m & 0 & s\omega_1 L_r & R_2 \end{bmatrix} \quad (\text{取标幺值时}, \omega_1 = 1.0)$$

再加上转子运动方程,则普通三相无中线系统异步电机瞬态分析模型为五阶状态方程。

需要说明的是,以上只是在较常采用的 d_c-q_c-0 坐标系中讨论了异步电机的瞬态分析模型,但所采用的步骤和方法,同样适合于建立异步电机在 α-β-0 及 d-q-0 坐标系中的分析模型,感兴趣的读者可自行推导或参阅有关文献或书籍,此处从略。

7.2.3 同步电机在 d-q-0 坐标系中的分析模型

1. 有名值分析模型

与异步电机分析步骤相同,将 7.1.3 节中所得同步电机的电感参数代入式(7.13),并对式(7.12)和式(7.13)中所有转子侧的基本物理量和参数按下述原则进行折算处理(折算量先用右上角加"′"区别)后

基本物理量
$$\begin{bmatrix} i'_f \\ i'_D \\ i'_Q \end{bmatrix} = \frac{2}{3}\begin{bmatrix} i_f/k_f \\ i_D/k_D \\ i_Q/k_Q \end{bmatrix} \quad \begin{bmatrix} \psi'_f \\ \psi'_D \\ \psi'_Q \end{bmatrix} = \begin{bmatrix} k_f\psi_f \\ k_D\psi_D \\ k_Q\psi_Q \end{bmatrix} \quad \begin{bmatrix} u'_f \\ u'_D \\ u'_Q \end{bmatrix} = \begin{bmatrix} k_f u_f \\ 0 \\ 0 \end{bmatrix}$$

相关参数
$$\begin{bmatrix} R'_f \\ R'_D \\ R'_Q \end{bmatrix} = \frac{3}{2}\begin{bmatrix} k_f^2 R_f \\ k_D^2 R_D \\ k_Q^2 R_Q \end{bmatrix} \quad \begin{bmatrix} L'_f \\ L'_D \\ L'_Q \end{bmatrix} = \frac{3}{2}\begin{bmatrix} k_f^2 L_f \\ k_D^2 L_D \\ k_Q^2 L_Q \end{bmatrix}$$

$$\begin{bmatrix} L'_{sf} \\ L'_{sD} \\ L'_{sQ} \end{bmatrix} = \frac{3}{2}\begin{bmatrix} k_f L_{sf} \\ k_D L_{sD} \\ k_Q L_{sQ} \end{bmatrix} \quad M'_{fD} = \frac{3}{2}k_f k_D M_{fD}$$

$$\left(k_f = \frac{N_s}{N_{rf}}; k_D = \frac{N_s}{N_{rD}}; k_Q = \frac{N_s}{N_{rQ}} \right)$$

可得相坐标系中的电压、磁链方程为（注：折算值矩阵右上角不用"'"号区别，但默认一律为折算值）

$$\left.\begin{aligned}
\begin{bmatrix} \boldsymbol{U}_{abc} \\ \boldsymbol{U}_{fDQ} \end{bmatrix} &= \begin{bmatrix} \boldsymbol{R}_s & 0 \\ 0 & \boldsymbol{R}_r \end{bmatrix}\begin{bmatrix} -\boldsymbol{I}_{abc} \\ \boldsymbol{I}_{fDQ} \end{bmatrix} + \mathrm{p}\begin{bmatrix} \boldsymbol{\Psi}_{abc} \\ \boldsymbol{\Psi}_{fDQ} \end{bmatrix} \\
\begin{bmatrix} \boldsymbol{\Psi}_{abc} \\ \boldsymbol{\Psi}_{fDQ} \end{bmatrix} &= \begin{bmatrix} \boldsymbol{L}_s & \boldsymbol{L}_{sr} \\ \frac{2}{3}\boldsymbol{L}_{sr}^t & \boldsymbol{L}_r \end{bmatrix}\begin{bmatrix} -\boldsymbol{I}_{abc} \\ \boldsymbol{I}_{fDQ} \end{bmatrix}
\end{aligned}\right\} \tag{7.98}$$

其中
$$\begin{aligned}
\boldsymbol{F}_{abc} &= \begin{bmatrix} f_a & f_b & f_c \end{bmatrix}^T \\
\boldsymbol{F}_{fDQ} &= \begin{bmatrix} f'_f & f'_D & f'_Q \end{bmatrix}^T
\end{aligned} \left. \begin{aligned} & \\ & (\boldsymbol{F} = \boldsymbol{U}, \boldsymbol{I}, \boldsymbol{\Psi}; f = u, i, \psi) \end{aligned}\right\}$$

$$\boldsymbol{R}_s = \mathrm{diag}\begin{bmatrix} R_s & R_s & R_s \end{bmatrix}$$
$$\boldsymbol{R}_r = \mathrm{diag}\begin{bmatrix} R'_f & R'_D & R'_Q \end{bmatrix}$$

$$\boldsymbol{L}_s = \begin{bmatrix} L_{\sigma s} + L_{0s} & -L_{0s}/2 & -L_{0s}/2 \\ -L_{0s}/2 & L_{\sigma s} + L_{0s} & -L_{0s}/2 \\ -L_{0s}/2 & -L_{0s}/2 & L_{\sigma s} + L_{0s} \end{bmatrix}$$
$$+ L_{2s}\begin{bmatrix} \cos 2\theta_r & \cos(2\theta_r - \frac{2\pi}{3}) & \cos(2\theta_r + \frac{2\pi}{3}) \\ \cos(2\theta_r - \frac{2\pi}{3}) & \cos(2\theta_r + \frac{2\pi}{3}) & \cos 2\theta_r \\ \cos(2\theta_r + \frac{2\pi}{3}) & \cos 2\theta_r & \cos(2\theta_r - \frac{2\pi}{3}) \end{bmatrix}$$

$$\boldsymbol{L}_r = \begin{bmatrix} L'_f & M'_{fD} & 0 \\ M'_{Df} & L'_D & 0 \\ 0 & 0 & L'_Q \end{bmatrix}$$
$$= \begin{bmatrix} L'_{\sigma f} + \frac{3}{2}(L_{0s} + L_{2s}) & \frac{3}{2}(L_{0s} + L_{2s}) & 0 \\ \frac{3}{2}(L_{0s} + L_{2s}) & L'_{\sigma D} + \frac{3}{2}(L_{0s} + L_{2s}) & 0 \\ 0 & 0 & L'_{\sigma Q} + \frac{3}{2}(L_{0s} - L_{2s}) \end{bmatrix}$$

$$L_{sr} = \begin{bmatrix} L'_{sf}\cos\theta_r & L'_{sD}\cos\theta_r & -L'_{sQ}\sin\theta_r \\ L'_{sf}\cos(\theta_r - \dfrac{2\pi}{3}) & L'_{sD}\cos(\theta_r - \dfrac{2\pi}{3}) & -L'_{sQ}\sin(\theta_r - \dfrac{2\pi}{3}) \\ L'_{sf}\cos(\theta_r + \dfrac{2\pi}{3}) & L'_{sD}\cos(\theta_r + \dfrac{2\pi}{3}) & -L'_{sQ}\sin(\theta_r + \dfrac{2\pi}{3}) \end{bmatrix}$$

$$\left. \begin{aligned} L'_{sf} = L'_{sD} = \frac{3}{2}(L_{0s} + L_{2s}) \\ L'_{sQ} = \frac{3}{2}(L_{0s} - L_{2s}) \end{aligned} \right\}$$

注意，以上折算过程中，出现了系数 $\dfrac{2}{3}$（电流折算）和 $\dfrac{3}{2}$（参数折算），这是与一般折算处理不尽相同的，其目的是为了保证坐标变换后定、转子之间的互感参数可逆。这其中的物理背景在有关参考书籍中会有更完整的介绍，本书仅应用基本结论，不作深入讨论。

对式（7.98）中定子侧变量运用式（7.74）至式（7.76）给出的坐标变换关系，可得同步电机在 d-q-0 坐标系中的电压磁链方程为（相关三角恒等式变换关系见附录 A）

$$\left. \begin{aligned} \begin{bmatrix} U_{dq0} \\ U_{fDQ} \end{bmatrix} + \begin{bmatrix} R_{11} & R_{12} \\ 0 & R_r \end{bmatrix}\begin{bmatrix} -I_{dq0} \\ I_{fDQ} \end{bmatrix} + p\begin{bmatrix} \Psi_{dq0} \\ \Psi_{fDQ} \end{bmatrix} \\ \begin{bmatrix} \Psi_{dq0} \\ \Psi_{fDQ} \end{bmatrix} = \begin{bmatrix} L_{11} & L_{12} \\ L_{21} & L_{22} \end{bmatrix}\begin{bmatrix} -I_{dq0} \\ I_{fDQ} \end{bmatrix} \end{aligned} \right\} \tag{7.99}$$

其中

$$F_{dq0} = \begin{bmatrix} f_d & f_q & f_0 \end{bmatrix}^T \quad (F = U, I, \Psi; f = u, i, \psi)$$

$$R_{11} = R_s + \omega_r \Gamma L_{11}$$

$$R_{12} = \omega_r \Gamma L_{12}$$

$$L_{11} = K(\theta_r) L_s K^{-1}(\theta_r) = \text{diag}\begin{bmatrix} L_d & L_q & L_{\sigma s} \end{bmatrix}$$

$$L_{12} = K(\theta_r) L_{sr} = \begin{bmatrix} L_{md} & L_{md} & 0 \\ 0 & 0 & L_{mq} \\ 0 & 0 & 0 \end{bmatrix} = \frac{2}{3}\begin{bmatrix} L_{sr}^T K^{-1}(\theta_r) \end{bmatrix}^T = L_{21}^T$$

$$L_{22} = L_r = \begin{bmatrix} L'_{\sigma f} + L_{md} & L_{md} & 0 \\ L_{md} & L'_{\sigma D} + L_{md} & 0 \\ 0 & 0 & L'_{\sigma Q} + L_{mq} \end{bmatrix} = \begin{bmatrix} L'_f & L_{md} & 0 \\ L_{md} & L'_D & 0 \\ 0 & 0 & L'_Q \end{bmatrix}$$

且

$$\Gamma = \begin{bmatrix} 0 & -1 & 0 \\ 1 & 0 & 0 \\ 0 & 0 & 0 \end{bmatrix}$$

$$L_d = L_{\sigma s} + L_{md}$$

$$L_q = L_{\sigma s} + L_{mq}$$

而

$$L_{md} = \frac{3}{2}(L_{0s} + L_{2s})$$

$$L_{mq} = \frac{3}{2}(L_{0s} - L_{2s})$$

此时,所有电感系数因转子旋转和结构不对称的影响导致的时变因素都得以消除,而且适当选取的折算原则还保证了互感系数的可逆(即 $\boldsymbol{L}_{12} = \boldsymbol{L}_{21}^{\mathrm{T}}$),由此可见数学处理对模型简化的重要作用。也正因为如此,经 d-q-0 变换(通称帕克变换)得到的电压磁链方程式(7.99)(通称帕克方程)在同步电机的分析与研究中得以广泛应用。

另外,将 d-q-0 变换应用于式(7.55),可得同步电机电磁转矩的一般表达式为

$$T_{em} = 1.5p[L_{md}(i_f + i_D - i_d)i_q - L_{mq}(i_Q - i_q)i_d]$$
$$= 1.5p(\psi_d i_q - \psi_q i_d) \tag{7.100}$$

与式(7.57)相比,简化更为显著。

同步电机转子的一般化运动方程亦如同式(7.65),但为了研究运行稳定性的需要,通常还要用功角表示转子速度的变化规律。由于功角定义为电压矢量与 q 轴(励磁电动势矢量)之间的夹角(见图 7.11,改用 δ 表示),在 d-q-0 坐标系中,亦即

$$\delta(t) = \delta(0) + \int_0^t [\omega_r(\xi) - \omega_1(\xi)]\mathrm{d}\xi$$

$$= \arctan\frac{u_d}{u_q} \tag{7.101}$$

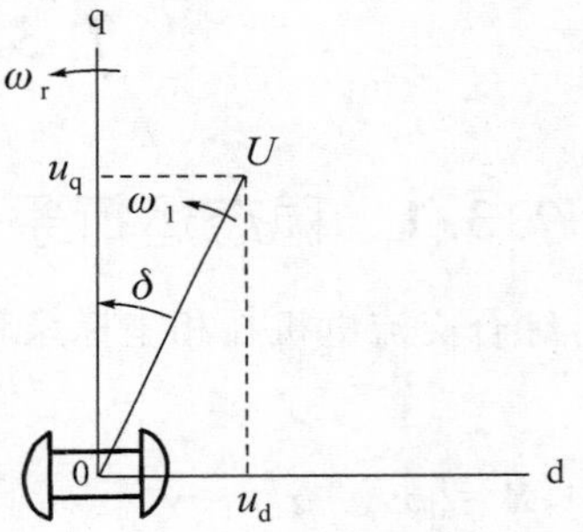

图 7.11 d-q-0 坐标系中的功角定义

故有同步电机转子运动方程组

$$\left.\begin{array}{l} \mathrm{p}\delta = \omega_r - \omega_1 \\ \mathrm{p}^2\delta = \mathrm{p}\omega_r = \dfrac{p}{J}(T_m - T_{em}) \end{array}\right\} \tag{7.102}$$

2. 标幺值分析模型

在同步电机的分析中更推崇采用标幺值,其基值选择体系及方法与异步电机完全相同,前面已有详细讨论,不赘述。

同步电机用标幺值表示的瞬态分析状态方程有电流变量和磁链变量两种表述形式。取电流、转子角速度和功角为状态变量,则电流变量形式的瞬态分析模型为

$$\mathrm{p}\begin{bmatrix} -\boldsymbol{I}_{dq0}^* \\ \boldsymbol{I}_{fDQ}^* \end{bmatrix} = -\begin{bmatrix} \boldsymbol{L}_{11}^* & \boldsymbol{L}_{12}^* \\ \boldsymbol{L}_{21}^* & \boldsymbol{L}_{22}^* \end{bmatrix}^{-1} \begin{bmatrix} \boldsymbol{R}_{11}^* & \boldsymbol{R}_{12}^* \\ 0 & \boldsymbol{R}_r^* \end{bmatrix} \begin{bmatrix} -\boldsymbol{I}_{dq0}^* \\ \boldsymbol{I}_{fDQ}^* \end{bmatrix}$$
$$+ \begin{bmatrix} \boldsymbol{L}_{11}^* & \boldsymbol{L}_{12}^* \\ \boldsymbol{L}_{21}^* & \boldsymbol{L}_{22}^* \end{bmatrix}^{-1} \begin{bmatrix} \boldsymbol{U}_{dq0}^* \\ \boldsymbol{U}_{fDQ}^* \end{bmatrix}$$

$$\mathrm{p}\omega_r^* = \frac{T_m^*}{H} - \frac{L_{md}^*}{H}(i_f^* + i_D^* - i_d^*)i_q^* + \frac{L_{mq}^*}{H}(i_Q^* - i_q^*)i_d^*$$

$$\mathrm{p}\delta = \omega_r^* - 1.0 \tag{7.103}$$

而取磁链、转子角速度和功角为状态变量时的瞬态分析模型为

$$
\left.
\begin{aligned}
&\mathrm{p}\begin{bmatrix} \boldsymbol{\Psi}_{\mathrm{dq0}}^{*} \\ \boldsymbol{\Psi}_{\mathrm{fDQ}}^{*} \end{bmatrix} = -\begin{bmatrix} \boldsymbol{R}_{11}^{*} & \boldsymbol{R}_{12}^{*} \\ 0 & \boldsymbol{R}_{\mathrm{r}}^{*} \end{bmatrix}\begin{bmatrix} \boldsymbol{L}_{11}^{*} & \boldsymbol{L}_{12}^{*} \\ \boldsymbol{L}_{21}^{*} & \boldsymbol{L}_{22}^{*} \end{bmatrix}^{-1}\begin{bmatrix} \boldsymbol{\Psi}_{\mathrm{dq0}}^{*} \\ \boldsymbol{\Psi}_{\mathrm{fDQ}}^{*} \end{bmatrix} + \begin{bmatrix} \boldsymbol{U}_{\mathrm{dq0}}^{*} \\ \boldsymbol{U}_{\mathrm{fDQ}}^{*} \end{bmatrix} \\
&\mathrm{p}\omega_{\mathrm{r}}^{*} = \frac{T_{\mathrm{m}}^{*}}{H} - \frac{1}{H}(\psi_{\mathrm{d}}^{*}\,i_{\mathrm{q}}^{*} - \psi_{\mathrm{q}}^{*}\,i_{\mathrm{d}}^{*}) \\
&\mathrm{p}\delta = \omega_{\mathrm{r}}^{*} - 1.0
\end{aligned}
\right\}
\tag{7.104}
$$

式中,电流标幺值与磁链标幺值之间关系的表述形式与式(7.99)中的磁链方程相同,不另行列出。

在电机分析中,参数折算是必须的,标幺值系统亦推荐选用。因此,无特别原因,一般首选基于折算的标幺值系统。本章后续内容默认这一原则,并且一般不再用右上角加"′"号和"*"号作特别说明。

7.3　状态方程的数值求解

7.3.1　稳态运行条件

综合交流电机在相坐标系和正交坐标系中的所有分析模型,可统一用状态方程描述为

$$
\dot{\boldsymbol{X}} = \boldsymbol{A}\boldsymbol{X} + \boldsymbol{B}\boldsymbol{U}
\tag{7.105}
$$

式中,$\boldsymbol{X} = \begin{bmatrix} x_1 & x_2 & \cdots & x_N \end{bmatrix}^{\mathrm{T}}$ 为 $N \times 1$ 阶状态变量,可为电流、磁链、角速度或转角;$\boldsymbol{U} = \begin{bmatrix} u_1 & u_2 & \cdots & u_N \end{bmatrix}^{\mathrm{T}}$ 为 $N \times 1$ 阶外加约束(输入函数),如电压、转矩、力等;$\boldsymbol{A}$ 为系统矩阵($N \times N$ 阶方阵);$\boldsymbol{B}$ 为控制矩阵($N \times N$ 阶方阵)。

所谓电机的稳态运行,也就是部分状态变量的变化规律恒定或部分状态变量的变化率为零的运行工况,亦即

$$
\dot{\boldsymbol{X}} = \boldsymbol{C}
\tag{7.106}
$$

式中,$\boldsymbol{C}$ 为已知 N 阶列向量,由电机稳态运行工况限定。这样,电机的稳态运行条件,即状态变量的稳态值可由代数方程

$$
\boldsymbol{A}\boldsymbol{X} + \boldsymbol{B}\boldsymbol{U} = \boldsymbol{C}
\tag{7.107}
$$

求得。

式(7.107)可视为传统电机学中各类电机稳态分析模型的抽象化概括,或者说,电机学主要就是用代数方程式(7.107)来分析研究电机的。

7.3.2　瞬态分析条件

区别于传统电机学,电机的动态过程分析必须由状态方程式(7.105)进行,即求解一阶常微分方程组。因此,首先要解决的问题就是给出相应的初值和边值条件,构成定解问题。对于状态方程,初值条件也就是各状态变量的初始值。

因动态过程只是稳态运行条件突遭破坏后产生的短暂过渡过程,其初始条件依然是稳态。因此,假设该过程在 t_0 时刻发生,则由式(7.107)解得的状态变量在 t_0 时刻的取值

$\boldsymbol{X}(t_0)$ 即为所要求的初值条件。

状态方程求解所要求的边值条件指的是端口约束条件,即输入函数 $\boldsymbol{U}$。电机有电端口和机械端口,电端口的约束条件通常为电压(含波形、幅值及频率、相位等条件),机械端口的约束条件通常为机械转矩或力。

1. 端口约束条件

主要讨论电端口的电压表达式。

设端口电压是角频率为 ω_1 的三相对称交流正弦波电源,并选定时轴与 a 相相轴重合,即 $t=0$ 时刻,a 相电压为正向幅值 u_m,则相坐标系中三相电压的表达式为

$$\left.\begin{array}{l} u_a = u_m\cos\omega_1 t \\[2mm] u_b = u_m\cos\left(\omega_1 t - \dfrac{2\pi}{3}\right) \\[2mm] u_c = u_m\cos\left(\omega_1 t + \dfrac{2\pi}{3}\right) \end{array}\right\} \tag{7.108}$$

变换到 d-q-n 任意速度正交坐标系,就是

$$\left.\begin{array}{l} u_d = u_m\cos[(\omega - \omega_1)t + \theta(0)] \\[2mm] u_q = -u_m\sin[(\omega - \omega_1)t + \theta(0)] \\[2mm] u_n = 0 \end{array}\right\} \tag{7.109}$$

即 n 轴分量为零,且有一般关系式

$$\sqrt{u_d^2 + u_q^2} = u_m \tag{7.110}$$

特别地,若 $t=0$ 时刻,d 轴与 a 相相轴重合,即令 $\theta(0)=0$,则式(7.109)可简记为

$$\left.\begin{array}{l} u_d = u_m\cos(\omega - \omega_1)t \\[2mm] u_q = -u_m\sin(\omega - \omega_1)t \\[2mm] u_n = 0 \end{array}\right\} \tag{7.111}$$

这是异步电机定子侧电压通常采用的表达式。

对于不同旋转速度的正交坐标系,式(7.109)可分别表示为

$$\left.\begin{array}{l} u_a = u_m\cos[\omega_1 t - \theta(0)] \\[2mm] u_\beta = u_m\sin[\omega_1 t - \theta(0)] \quad \alpha\text{-}\beta\text{-}0 \text{ 坐标系}, \omega = 0 \\[2mm] u_0 = 0 \end{array}\right\} \tag{7.112}$$

$$\left.\begin{array}{l} u_d = u_m\cos[(\omega_r - \omega_1)t + \theta(0)] \\[2mm] u_q = -u_m\sin[(\omega_r - \omega_1)t + \theta(0)] \quad \text{d-q-0 坐标系}, \omega = \omega_r \\[2mm] u_0 = 0 \end{array}\right\} \tag{7.113}$$

$$\left.\begin{array}{l} u_{d_c} = u_m\cos\theta(0) \\[2mm] u_{q_c} = -u_m\sin\theta(0) \quad d_c\text{-}q_c\text{-}0 \text{ 坐标系}, \omega = \omega_1 \\[2mm] u_0 = 0 \end{array}\right\} \tag{7.114}$$

在 d_c-q_c-0 同步坐标系中,三相对称交流量变换为恒定直流量,这是坐标变换的直接结果,亦进一步显现了坐标变换的重要意义。由此推论,对于 d-q-0 坐标系,当电机稳态运行时,因

$\omega_r = \omega_1$，故有式（7.114）相同的结论，而这一结论对于初始条件的简化确定是非常有用的。

若三相对称交流电源非正弦（现今由逆变器供电的电机均如此，如为矩形波、阶梯波或 PWM 调制波等），则无论是相坐标系还是其他正交坐标系，其电压表达式都要比上述复杂很多，若干结论亦仅对其中的基波分量成立。这些内容在后续专业课程中会有深入讨论，本课程暂不涉及。

对于笼型异步电机转子和同步电机转子上的阻尼绕组，其端电压均为零，而同步电机励磁绕组外施电压为直流电压源，这都是大家比较熟悉的结果，讨论亦从略。

至于机械端口的约束条件，因发电机轴上的机械输入转矩和电动机轴上的负载转矩要么已知，要么可给定，要么能根据稳态运行条件得到，故不进行具体讨论，而仅结合稍后给出的算例另行介绍。

2. 初始条件

1）异步电机

为简化分析，讨论结合异步电机的简化分析模型进行。分三种初始情况。

（1）电机静止。t_0^- 时刻，电机处于无任何外部激励的静止状态，故初始条件为

$$i_{ds}(t_0) = i_{qs}(t_0) = i_{dr}(t_0) = i_{qr}(t_0) = \omega_r(t_0) = 0 \tag{7.115}$$

（2）理想空载运行。t_0^- 时刻，电机处于理想空载运行状态。而"理想"意味着此时转差率 $s=0$，$\omega_r = \omega_1$；又由于在 d_c-q_c-0 坐标系中，电流分量均应为恒定直流，其变化率为零，即式（7.106）和式（7.107）中的列向量 C 取零值，故结合式（7.97），有

$$\begin{bmatrix} R_1 & -L_s & 0 & -L_m \\ L_s & R_1 & L_m & 0 \\ 0 & 0 & R_2 & 0 \\ 0 & 0 & 0 & R_2 \end{bmatrix} \begin{bmatrix} i_{ds}(t_0) \\ i_{qs}(t_0) \\ i_{dr}(t_0) \\ i_{qr}(t_0) \end{bmatrix} = \begin{bmatrix} u_m \\ 0 \\ 0 \\ 0 \end{bmatrix} \tag{7.116}$$

并且最后可得出初始条件为

$$\left. \begin{aligned} i_{ds}(t_0) &= \frac{u_m R_1}{L_s^2 + R_1^2} \\ i_{dr}(t_0) &= -\frac{u_m L_s}{L_s^2 + R_1^2} \\ i_{qs}(t_0) &= i_{qr}(t_0) = 0 \\ \omega_r &= 1.0 \end{aligned} \right\} \tag{7.117}$$

式（7.116）和式（7.117）中使用的都是标幺值，并且设定 $t=0$ 时刻，d_c 轴与定子 A 相相轴重合，即 $\theta(0)=0$。这一假定条件通常是默认的，在后面的讨论中也会经常用到。

（3）负载运行。t_0^- 时刻，电机带负载稳态运行。设负载转矩为 T_L，则由稳态运行条件 $T_{em}=T_L$，可用电机学中的异步电机电磁转矩或功率转矩关系式求得转差率。设已知转差率为 s_0，仿式（7.116）有

$$\begin{bmatrix} R_1 & -L_s & 0 & -L_m \\ L_s & R_1 & L_m & 0 \\ 0 & -s_0 L_m & R_2 & -s_0 L_r \\ s_0 L_m & 0 & s_0 L_r & R_2 \end{bmatrix} \begin{bmatrix} i_{ds}(t_0) \\ i_{qs}(t_0) \\ i_{dr}(t_0) \\ i_{qr}(t_0) \end{bmatrix} = \begin{bmatrix} u_m \\ 0 \\ 0 \\ 0 \end{bmatrix} \tag{7.118}$$

由此解得初始条件为

$$i_{ds}(t_0) = \frac{acu_m}{a^2 + b^2}$$

$$i_{qs}(t_0) = \frac{bcu_m}{a^2 + b^2}$$

$$i_{dr}(t_0) = -\frac{s_0 L_m}{c}[s_0 L_r i_{ds}(t_0) - R_2 i_{qs}(t_0)] \qquad (7.119)$$

$$i_{qr}(t_0) = -\frac{s_0 L_m}{c}[R_2 i_{ds}(t_0) + s_0 L_r i_{qs}(t_0)]$$

$$\omega_r(t_0) = 1.0 - s_0$$

其中

$$a = cR_1 + s_0 L_m^2 R_2$$

$$b = s_0^2 L_r L_m^2 - cL_s \qquad (7.120)$$

$$c = s_0^2 L_r^2 + R_2^2$$

2)同步电机

重点讨论作发电机运行的同步电机。设 t_0^- 时刻,电机以转速 $\omega_r = \omega_1 = 1.0$ 稳态运行,输出功率为 P_0,功角为 δ_0,三相对称正弦波电压和电流的幅值分别为 u_m 和 i_m,功率因数角为 φ_0,则有关系式

$$i_m = \frac{2P_0}{3u_m \cos\varphi_0} \qquad (7.121)$$

和

$$\left. \begin{array}{l} u_d = u_m \sin\delta_0 \\ u_q = u_m \cos\delta_0 \end{array} \right\} (参见图 7.11) \qquad (7.122)$$

进而仿 d_c-q_c-0 坐标系中的做法,令所有状态变量的导数为零(因 $\omega_r = 1.0$,d-q-0 坐标系亦为同步速旋转),可由式(7.99)或式(7.103)解得所需的初始条件为(标幺值形式)

$$i_d(t_0) = i_m \sin(\delta_0 + \varphi_0)$$

$$i_q(t_0) = i_m \cos(\delta_0 + \varphi_0)$$

$$i_0(t_0) = 0$$

$$i_f(t_0) = \frac{1}{L_{md}}[u_m \cos\delta_0 + R_s i_m \cos(\delta_0 + \varphi_0) + L_d i_m \sin(\delta_0 + \varphi_0)]$$

$$i_D(t_0) = 0 \qquad (7.123)$$

$$i_Q(t_0) = 0$$

$$\omega_r(t_0) = 1.0$$

$$\delta(t_0) = \delta_0 = -\varphi_0 + \arctan\frac{L_q i_m + u_m \sin\varphi_0}{R_s i_m + u_m \cos\varphi_0}$$

7.3.3 数值解法

综上,电机动态过程分析定解问题的一般公式为

$$\left. \begin{array}{l} \dot{X} = AX + BU \\ X(t_0) = X_0 \end{array} \right\} \qquad (7.124)$$

因系统矩阵 $\boldsymbol{A}$ 和控制矩阵 $\boldsymbol{B}$ 可能是时间 t 和状态变量 $\boldsymbol{X}$ 的函数，故这是一个非线性微分方程组，没有通用的解析求解方法，只能数值求解。

非线性常微分方程的数值积分解法主要有欧拉法和尤格-库塔法两种。欧拉法精度较低，应用日渐见少；尤格-库塔法的低阶格式亦由于同样原因也较少应用。相形之下，四阶尤格-库塔方法计算精度较高，稳定性较好，计算量适中，在工程中有广泛应用。因此，下面只结合式(7.124)介绍四阶尤格-库塔算法。

为表述方便，定义矩阵函数

$$\boldsymbol{F}(t,\boldsymbol{X}) = \boldsymbol{A}(t,\boldsymbol{X})\boldsymbol{X}(t) + \boldsymbol{B}(t,\boldsymbol{X})\boldsymbol{U}(t) \tag{7.125}$$

则式(7.124)应用四阶尤格-库塔算法求解的过程为（h 为时间步长）

状态变量赋初值 $\boldsymbol{X}(t_0) = \boldsymbol{X}_0$

对时间序列 $t_i = t_0 + ih(i = 0,1,2,\cdots)$ 循环做

$$\left.\begin{aligned}
\boldsymbol{K}_1 &= \boldsymbol{F}(t_i, \boldsymbol{X}(t_i)) \\
\boldsymbol{K}_2 &= \boldsymbol{F}\left(t_i + \frac{h}{2}, \boldsymbol{X}(t_i) + \frac{h}{2}\boldsymbol{K}_1\right) \\
\boldsymbol{K}_3 &= \boldsymbol{F}\left(t_i + \frac{h}{2}, \boldsymbol{X}(t_i) + \frac{h}{2}\boldsymbol{K}_2\right) \\
\boldsymbol{K}_4 &= \boldsymbol{F}(t_i + h, \boldsymbol{X}(t_i) + h\boldsymbol{K}_3) \\
\boldsymbol{X}(t_{i+1}) &= \boldsymbol{X}(t_i) + \frac{h}{6}(\boldsymbol{K}_1 + 2\boldsymbol{K}_2 + 2\boldsymbol{K}_3 + \boldsymbol{K}_4)
\end{aligned}\right\} \tag{7.126}$$

直至 t_i 大于或等于给定时刻 t_T 或满足其他预定中止条件为止。

上述数值算法实质上是由初值起动的递推过程，其收敛性与时间步长 h 的选择紧密相关。一般情况下，h 取为电源周期的 $1/40 \sim 1/20$ 就可以保证收敛。

实际上，四阶尤格-库塔算法的数值实现已经有不少可以利用的专用软件，电机动态行为的仿真分析也有功能齐全的软件包，著名的有 PSpice 和 MATLAB 中的仿真工具箱 Simulink 等等，毋须用户编程，只要输入瞬态分析的仿真模型即可。正因为如此，本章注重于建模方面的讨论，算法只作一般性介绍。具体编程更不作具体要求，请有此需要的读者参阅相关书籍。

7.4　异步电机动态行为数值仿真

不失一般性，本节将讨论的异步电机的动态行为包括额定电压情况下的理想空载启动过程（或称为自由加速过程）、负载突加和突减过程以及电机端口三相突然短路并延时自行恢复正常运行的过程。分析对象选定为正弦电压源供电的三相笼型异步电动机，数值仿真计算结合实例进行。

7.4.1　理想空载启动过程

1. 仿真模型

电机启动前为静止状态，理想空载即 $T_L = 0$。设 $t_0 = 0$，并且设 d_c 轴的初始位置与 A 相相轴重合，则由正弦电压源供电的三相笼型异步电动机在 d_c-q_c-0 坐标系中的仿真模型（标

幺值形式,三相无中线系统)为

$$\begin{cases} i_{ds}(0) = i_{qs}(0) = i_{dr}(0) = i_{qr}(0) = \omega_r(0) = 0 \\ s(0) = 1.0 \\ p\begin{bmatrix} i_{ds} \\ i_{qs} \\ i_{dr} \\ i_{qr} \end{bmatrix} = \frac{1}{L_s L_r - L_m^2} \begin{bmatrix} L_r R_1 & sL_m^2 - L_s L_r & -L_m R_2 & -\omega_r L_r L_m \\ L_s L_r - sL_m^2 & L_r R_1 & \omega_r L_r L_m & -L_m R_2 \\ -L_m R_1 & \omega_r L_s L_m & L_s R_2 & L_m^2 - sL_s L_r \\ -\omega_r L_s L_m & -L_m R_1 & sL_s L_r - L_m^2 & L_s R_2 \end{bmatrix} \begin{bmatrix} i_{ds} \\ i_{qs} \\ i_{dr} \\ i_{qr} \end{bmatrix} \\ \qquad + \frac{1}{L_m^2 - L_s L_r} \begin{bmatrix} L_r & 0 & -L_m & 0 \\ 0 & L_r & 0 & -L_m \\ -L_m & 0 & L_s & 0 \\ 0 & -L_m & 0 & L_s \end{bmatrix} \begin{bmatrix} u_m \\ 0 \\ 0 \\ 0 \end{bmatrix} \\ p\omega_r = \frac{L_m}{H}(i_{qs} i_{dr} - i_{ds} i_{qr}) \\ s = 1.0 - \omega_r \end{cases}$$

2. 仿真对象及参数

例 7.1 一台四极、2.2 kW、380 V、50 Hz、$\eta\cos\varphi=0.88$ 的三相笼型异步电动机,定子 Y 连接,$R_1=2.68\ \Omega$,$R_2=2.85\ \Omega$,$L_s=L_r=0.265\ \text{H}$,$L_m=0.253\ \text{H}$,$J=0.02\ \text{kg}\cdot\text{m}^2$,计算额定电压下的理想启动过程,并

(1) 探讨转动惯量 J 的取值大小对启动性能的影响;

(2) 比较启动过程在不同坐标系中的观测结果。

解 首先完成参数的标幺化处理,标幺基值分别为

功率 $P_b = 2\,200\ \text{W}/0.88 = 2\,500\ \text{VA}$

电压 $U_b = \sqrt{2} \times 380\ \text{V}/\sqrt{3} = 310.268\,7\ \text{V}$

电流 $I_b = 2P_b/3U_b = 5.371\,7\ \text{A}$

速度 $\omega_b = 2\pi \times 50\ \text{Hz} = 314.159\,3\ \text{rad/s}$

阻抗 $Z_b = U_b/I_b = 57.76\ \Omega$

电感 $L_b = Z_b/\omega_b = 0.183\,9\ \text{H}$

转矩 $T_b = pP_b/\omega_b = 15.915\,5\ \text{N}\cdot\text{m}$

时间 $t_b = 1/\omega_b = 0.003\,183\ \text{s}$

电机在额定电压下启动,故标幺化后有

$$u_m = 1.0,\ R_1 = 0.046\,4,\ R_2 = 0.049\,34,\ L_s = L_r = 1.441,\ L_m = 1.375\,7$$

而惯性常数为

$H = J\omega_b \times \omega_b/(pT_b) = 31.006\,3$ （当 $J=0.01\text{kg}\cdot\text{m}^2$ 时）

$H = J\omega_b \times \omega_b/(pT_b) = 62.012\,6$ （当 $J=0.02\text{kg}\cdot\text{m}^2$ 时）

$H = J\omega_b \times \omega_b/(pT_b) = 124.025\,1$ （当 $J=0.04\text{kg}\cdot\text{m}^2$ 时）

$H = J\omega_b \times \omega_b/(pT_b) = 248.050\,2$ （当 $J=0.08\text{kg}\cdot\text{m}^2$ 时）

仿真中采用固定时间步长,h 的标幺值给定为 $\pi/100$。

3. 仿真结果

计算结果由图 7.12 至图 7.16 和图 7.17 至图 7.20 两组图形给出。前者反映转动惯量 J 对启动性能的影响,后者展示并比较在不同坐标系中所观测到的主要变量波形。

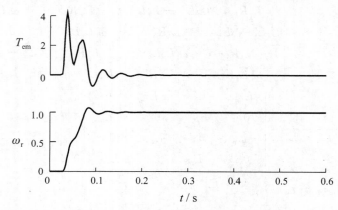

图 7.12　理想空载启动的转矩和转速波形($J=0.01\ \mathrm{kg \cdot m^2}$)

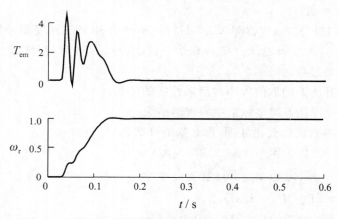

图 7.13　理想空载启动的转矩和转速波形($J=0.02\ \mathrm{kg \cdot m^2}$)

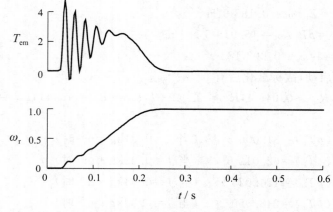

图 7.14　理想空载启动的转矩和转速波形($J=0.04\ \mathrm{kg \cdot m^2}$)

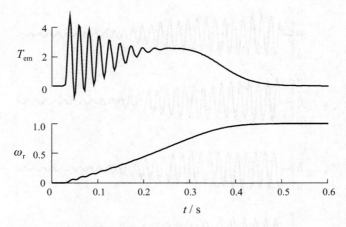

图 7.15　理想空载启动的转矩和转速波形($J = 0.08$ kg · m^2)

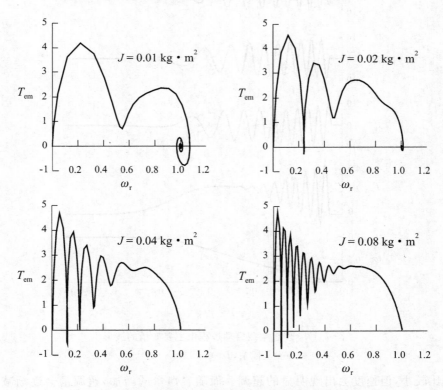

图 7.16　不同转动惯量时理想空载启动转矩-转速曲线的比较

1) 转动惯量 J 对启动性能的影响

从物理上讲,对电机启动速率产生直接影响的是电机的机械时间常数,更确切地说,就是电机的转动惯量。为了定量研究转动惯量与启动特性的关系,设电机的转动惯量可以在较大范围内变化(从实际值的 0.5 倍到 4 倍)。

图 7.12 至图 7.15 所示的仿真结果(图中 T_{em} 和 ω_r 为标幺值)表明,电机的启动时间基本上与转动惯量成正比,小惯量(本例取为实际值的 0.5 倍)电机在启动速率上有优势,启动转

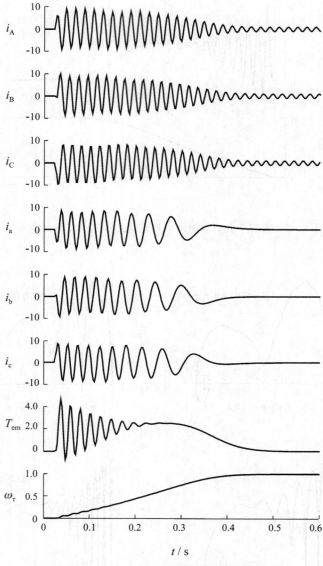

图 7.17　理想空载启动过程中主要变量的波形

（a-b-c 坐标系，$J = 0.08 \text{ kg} \cdot \text{m}^2$）

矩倍数也比较小，但速度会出现明显的超调。而随着惯量的增加，超调量会逐渐减少，至惯量的取值大于或等于实际值 2 倍之后，则超调量几乎为零，但启动转矩倍数却稍有增大。

　　为提供更直观的比较，仿传统电机学教科书中的做法，在图 7.16 中将不同转动惯量时的电磁转矩和转速波形综合画成参数曲线形式。曲线在同步转速附近出现回线，说明速度有超调发生，而从起点到同步速点之间的波动次数多少，亦直接表明启动时间的长短。所有曲线与传统电机学中从稳态电路得出的转矩-转速曲线截然不同，说明电机学中的分析方法过于近似，不再适合于电机动态行为的分析。从曲线外形看，当速度标幺值大于 0.5 后，大惯量（4 倍于实际值）电机的计算结果与传统电机学教科书中的稳态分析结果比较接近，而

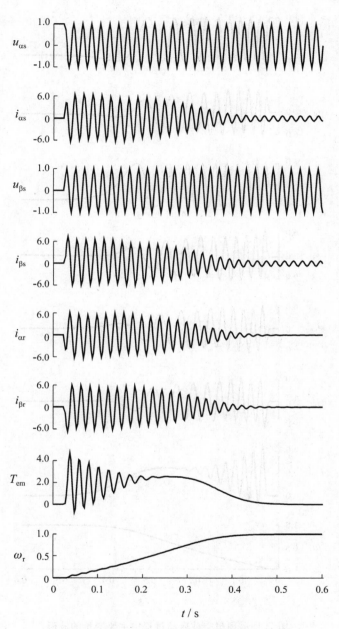

图 7.18　理想空载启动过程中主要变量的波形

（α-β-0 坐标系，$J = 0.08 \, \text{kg} \cdot \text{m}^2$）

图 7.15 给出的转矩和转速波形也的确显示出更为平缓的变化趋势。因此，在稍后观测不同坐标系中的变量波形时，为提高曲线的光滑程度，仿真计算中系统转动惯量的取值统一为实际值的 4 倍。

　　2）在不同坐标系中观测启动过程的结果

　　仿真计算只需在 d_c-q_c-0 坐标系中进行，而相关变量在不同坐标系中的变换关系可分别根

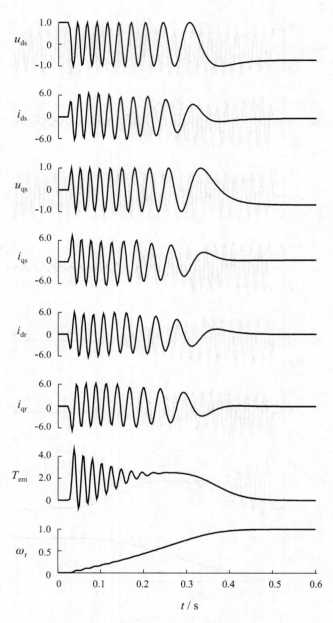

图 7.19　理想空载启动过程中主要变量的波形
（d-q-0 坐标系，$J=0.08\ \mathrm{kg\cdot m^2}$）

据 7.2.1 节中的定义确定。比较图 7.17 至图 7.20 所示的数值结果，可进一步证实：

（1）电磁转矩和转速曲线在不同坐标系中是相同的；

（2）转子电流以转差频率交变的物理特征只有在 a-b-c 坐标系中明显可见；

（3）坐标系旋转速度愈接近同步速，波形变化愈缓慢；

（4）同步速坐标系中观测到的变量波形变化最平缓，在动态情况下亦如此。

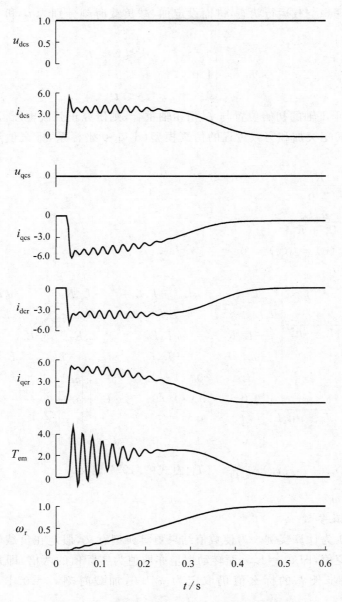

图 7.20 理想空载启动过程中主要变量的波形

(d_c-q_c-0 坐标系，$J = 0.08 \ \mathrm{kg \cdot m^2}$)

无疑，上述结果及其特点可使我们对坐标变换的意义和作用有更为直观的了解。

7.4.2 负载转矩的突加和突减过程

1. 仿真模型

设负载突变前电机运行于理想空载状态，即 $T_L = 0, s = 0, \omega_r = 1.0$，则初始条件可由式 (7.117)确定。假定负载转矩突加和突减的幅度相同（标幺值为 1），即突加和突减过程结束

后电机依然回到理想空载运行状态，进而设定加、减负载时刻分别为 t_1 和 t_2，则负载转矩函数定义为

$$T_L = \begin{cases} 0 & t_0 \leqslant t < t_1 \\ 1.0 & t_1 \leqslant t < t_2 \\ 0 & t_2 \leqslant t \end{cases} \tag{7.127}$$

仍设 $t_0=0$，且 d_c 轴的初始位置与 A 相相轴重合，则研究正弦波电压源供电的三相笼型异步电动机负载转矩突加和突减过程的仿真模型（d_c-q_c-0 坐标系，标幺值形式，三相无中线系统）为

$$\begin{cases}
i_{ds}(0) = \dfrac{u_m R_1}{L_s^2 + R_1^2} \\[2mm]
i_{qs}(0) = -\dfrac{u_m L_s}{L_s^2 + R_1^2} \\[2mm]
i_{dr}(0) = i_{qr}(0) = s(0) = 0 \\[1mm]
\omega_r(0) = 1.0 \\[1mm]
p\begin{bmatrix} i_{ds} \\ i_{qs} \\ i_{dr} \\ i_{qr} \end{bmatrix} = \dfrac{1}{L_s L_r - L_m^2}
\begin{bmatrix}
L_r R_1 & sL_m^2 - L_s L_r & -L_m R_2 & -\omega_r L_r L_m \\
L_s L_r - sL_m^2 & L_r R_1 & \omega_r L_r L_m & -L_m R_2 \\
-L_m R_1 & \omega_r L_s L_m & L_s R_2 & L_m^2 - sL_s L_r \\
-\omega_r L_s L_m & -L_m R_1 & sL_s L_r - L_m^2 & L_s R_2
\end{bmatrix}
\begin{bmatrix} i_{ds} \\ i_{qs} \\ i_{dr} \\ i_{qr} \end{bmatrix} \\[5mm]
\qquad + \dfrac{1}{L_m^2 - L_s L_r}
\begin{bmatrix}
L_r & 0 & -L_m & 0 \\
0 & L_r & 0 & -L_m \\
-L_m & 0 & L_s & 0 \\
0 & -L_m & 0 & L_s
\end{bmatrix}
\begin{bmatrix} u_m \\ 0 \\ 0 \\ 0 \end{bmatrix} \\[5mm]
p\omega_r = \dfrac{L_m}{H}(i_{qs} i_{dr} - i_{ds} i_{qr}) - \dfrac{T_L}{H} \quad (T_L \text{ 由式(7.127) 定义}) \\[2mm]
s = 1.0 - \omega_r
\end{cases}$$

2. 仿真对象及参数

依然以例 7.1 为计算实例。为使数值结果更具典型意义，假定在负载转矩变化过程中，端电压保持为额定值，即 $u_m=1.0$，而转动惯量亦取值为实际值的两倍，即 $J=0.04\ \mathrm{kg \cdot m^2}$。仿真计算中，时间步长 h 的标幺值仍取定为 $\pi/100$，加载时刻 $t_1=0.175\ \mathrm{s}$，卸载时刻 $t_2=0.325\ \mathrm{s}$。

3. 仿真结果

为节约篇幅，只给出物理意义最直观的 a-b-c 坐标系中的一组计算结果，如图 7.21 所示。数值结果表明，虽然突加和突减负载转矩的幅度并不小（标幺值为 1，实际数值应略大于额定转矩），但产生的电流冲击并不大（幅值的标幺值在 2.0 附近，有效值大约为 1.5 倍），远小于空载启动时的电流冲击值（幅值的标幺值接近 10.0，见图 7.17），转矩的跟踪能力也比较好（尽管转动惯量被加大了 1 倍），并且转速能很快达到稳定值，下降幅度极小（5％左右），无往复波动。

之所以如此，主要是因为负载转矩突变前，电机已处于稳定运行状态，其电磁储能和机

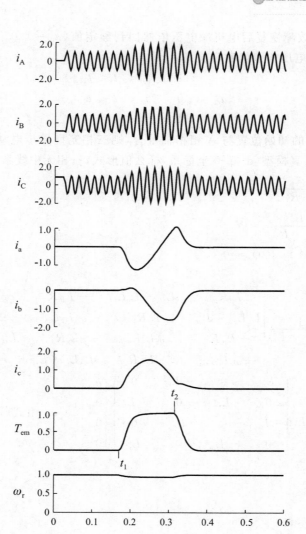

图 7.21　负载转矩突变过程中主要变量的波形
（a-b-c 坐标系，$J=0.04 \text{ kg} \cdot \text{m}^2$）

械储能使之足以承受一定的负载波动而不至于发生显著的电磁变化，若不然，电流的冲击值肯定就会比空载起动时的数值还要大。其次，异步电机硬挺的机械特性也对冲击幅值起到了有效的缓适作用。由此，亦可对异步电机稳定性好、抗扰动能力强的特点有更直观的认识。

7.4.3　端部三相突然短路及其恢复过程

1. 仿真模型

设短路前、后电机一直运行于理想空载状态（$T_L=0$），而短路前端电压保持为额定值（$u_m=1.0$），因此，初始条件仍由式（7.117）确定。又假定三相突然短路故障（$u_m=0$）经适当

延时后自行清除，且故障恢复后电机端电压依然回到额定值（$u_m = 1.0$），设短路故障发生和清除时刻为 t_1、t_2，则电压幅值函数定义为

$$u_m = \begin{cases} 1.0 & t_0 \leqslant t < t_1 \\ 0 & t_1 \leqslant t < t_2 \\ 1.0 & t_2 \leqslant t \end{cases} \tag{7.128}$$

仍设 $t_0 = 0$，d_c 轴的初始位置与 A 相相轴重合，则三相笼型异步电动机端部三相突然短路及其恢复过程的仿真模型（d_c-q_c-0 坐标系，标幺值形式，三相无中线系统）为

$$\begin{cases} i_{ds}(0) = \dfrac{R_1}{L_s^2 + R_1^2} \\[2mm] i_{qs}(0) = -\dfrac{L_s}{L_s^2 + R_1^2} \\[2mm] i_{dr}(0) = i_{qr}(0) = s(0) = 0 \\[2mm] \omega_r(0) = 1.0 \\[2mm] p\begin{bmatrix} i_{ds} \\ i_{qs} \\ i_{dr} \\ i_{qr} \end{bmatrix} = \dfrac{1}{L_s L_r - L_m^2} \begin{bmatrix} L_r R_1 & sL_m^2 - L_s L_r & -L_m R_2 & -\omega_r L_r L_m \\ L_s L_r - sL_m^2 & L_r R_1 & \omega_r L_r L_m & -L_m R_2 \\ -L_m R_1 & \omega_r L_s L_m & L_s R_2 & L_m^2 - sL_s L_r \\ -\omega_r L_s L_m & -L_m R_1 & sL_s L_r - L_m^2 & L_s R_2 \end{bmatrix} \begin{bmatrix} i_{ds} \\ i_{qs} \\ i_{dr} \\ i_{qr} \end{bmatrix} \\[6mm] \qquad + \dfrac{1}{L_m^2 - L_s L_r} \begin{bmatrix} L_r & 0 & -L_m & 0 \\ 0 & L_r & 0 & -L_m \\ -L_m & 0 & L_s & 0 \\ 0 & -L_m & 0 & L_s \end{bmatrix} \begin{bmatrix} u_m \\ 0 \\ 0 \\ 0 \end{bmatrix} \quad [u_m \text{ 由式}(7.128) \text{ 定义}] \\[6mm] p\omega_r = \dfrac{L_m}{H}(i_{qs} i_{dr} - i_{ds} i_{qr}) \\[2mm] s = 1.0 - \omega_r \end{cases}$$

2. 仿真对象及参数

依然以例 7.1 为例。仿负载突变分析过程，在仿真计算中，转动惯量仍取值 $J = 0.04\text{kg} \cdot \text{m}^2$，时间步长 h 的标幺值固定为 $\pi/100$，短路时刻 $t_1 = 0.175\text{s}$，恢复时刻 $t_2 = 0.325\text{s}$。

3. 仿真结果

变量波形依然只给出 a-b-c 坐标系中的典型结果，如图 7.22 所示。仿真结果表明，空载三相突然短路和重投入过程中的电磁冲击是非常显著的，其电流冲击幅度与启动过程相近。

对实际电机，端部短路后速度会很快降至为零，但图 7.22 中的速度波形竟然在短路后还稳定在一个非零速度上！这是因为在列写异步电机转子运动方程时忽略了摩擦阻尼转矩，视摩擦阻尼系数 R_Ω 为零之故，系统因而变成了无损保守系统。于是，只要在电磁转矩非零期间转子速度未降至零，则电磁转矩回零后，转子就会在惯性作用下，保持该非零速度长期运行。由此可见，忽略摩擦阻尼系数是有条件的。对本算例，若仿真目的是为了认识实际系统的真实特性，就不宜忽略了。

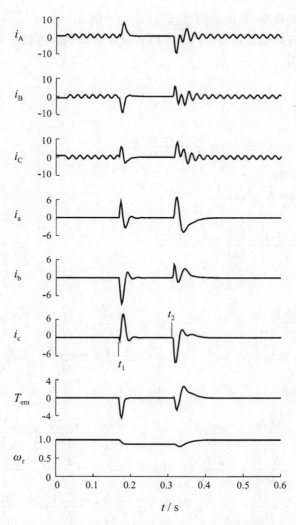

图 7.22　端部三相突然短路过程中主要变量的波形
（a-b-c 坐标系，$J = 0.04\ \text{kg} \cdot \text{m}^2$）

7.5　同步电机动态行为数值仿真

　　同步电机大多挂网作发电机运行。因此，本节主要研究同步发电机的动态行为。仿真内容包括轴上输入转矩变化（分励磁电压恒定和自动调整两种情况）、输出功率调节及三相、两相、单相突然短路及其自行恢复等过程，研究对象亦包括凸极和隐极机组，仿真计算结合实例进行。

7.5.1　仿真模型

　　设同步发电机的所有动态过程都是在 $t_0 = 0$ 时刻发生的。在这之前，发电机一直与额定电压和额定频率的电网相联，并保持稳态运行（即标幺值 $u_{\mathrm{m}}=\omega_1=\omega_{\mathrm{r}}=1.0$），输出功率的标幺值为 P_0（亦即输入转矩标幺值 $T_{\mathrm{m}}=P_0$），功率因数为 $\cos\varphi_0$，由此可得数值仿真分析模型的实用格式（标幺值）为

$$i_{\mathrm{m}0} = \frac{2P_0}{3\cos\varphi_0}$$

$$\omega_{\mathrm{r}}(0) = 1.0$$

$$\delta(0) = \delta_0 = -\varphi_0 + \arctan\frac{L_{\mathrm{q}}i_{\mathrm{m}0} + \sin\varphi_0}{R_{\mathrm{s}}i_{\mathrm{m}0} + \cos\varphi_0}$$

$$i_{\mathrm{d}}(0) = i_{\mathrm{m}0}\sin(\delta_0 + \varphi_0)$$

$$i_{\mathrm{q}}(0) = i_{\mathrm{m}0}\cos(\delta_0 + \varphi_0)$$

$$i_0(0) = 0$$

$$i_{\mathrm{f}}(0) = \frac{\cos\delta_0 + R_{\mathrm{s}}i_{\mathrm{q}}(0) + L_{\mathrm{d}}i_{\mathrm{d}}(0)]}{L_{\mathrm{md}}}$$

$$i_{\mathrm{D}}(0) = 0$$

$$i_{\mathrm{Q}}(0) = 0$$

$$
\mathrm{p}\begin{bmatrix} i_{\mathrm{d}} \\ i_{\mathrm{q}} \\ i_0 \\ i_{\mathrm{f}} \\ i_{\mathrm{D}} \\ i_{\mathrm{Q}} \end{bmatrix} =
\begin{bmatrix}
-\dfrac{R_{\mathrm{s}}G_1}{G_{\mathrm{d}}} & \dfrac{\omega_{\mathrm{r}}L_{\mathrm{q}}G_1}{G_{\mathrm{d}}} & 0 & -\dfrac{R_{\mathrm{f}}G_4}{G_{\mathrm{d}}} & -\dfrac{R_{\mathrm{D}}G_5}{G_{\mathrm{d}}} & -\dfrac{\omega_{\mathrm{r}}L_{\mathrm{mq}}G_1}{G_{\mathrm{d}}} \\[2mm]
-\dfrac{\omega_{\mathrm{r}}L_{\mathrm{d}}L_{\mathrm{Q}}}{G_{\mathrm{q}}} & -\dfrac{R_{\mathrm{s}}L_{\mathrm{Q}}}{G_{\mathrm{q}}} & 0 & \dfrac{\omega_{\mathrm{r}}L_{\mathrm{md}}L_{\mathrm{Q}}}{G_{\mathrm{q}}} & \dfrac{\omega_{\mathrm{r}}L_{\mathrm{md}}L_{\mathrm{Q}}}{G_{\mathrm{q}}} & -\dfrac{R_{\mathrm{Q}}L_{\mathrm{mq}}}{G_{\mathrm{q}}} \\[2mm]
0 & 0 & -\dfrac{R_{\mathrm{s}}}{L_{\sigma\mathrm{s}}} & 0 & 0 & 0 \\[2mm]
-\dfrac{R_{\mathrm{s}}G_4}{G_{\mathrm{d}}} & \dfrac{\omega_{\mathrm{r}}L_{\mathrm{q}}G_4}{G_{\mathrm{d}}} & 0 & -\dfrac{R_{\mathrm{f}}G_2}{G_{\mathrm{d}}} & \dfrac{R_{\mathrm{D}}G_6}{G_{\mathrm{d}}} & -\dfrac{\omega_{\mathrm{r}}L_{\mathrm{mq}}G_4}{G_{\mathrm{d}}} \\[2mm]
-\dfrac{R_{\mathrm{s}}G_5}{G_{\mathrm{d}}} & \dfrac{\omega_{\mathrm{r}}L_{\mathrm{q}}G_5}{G_{\mathrm{d}}} & 0 & \dfrac{R_{\mathrm{f}}G_6}{G_{\mathrm{d}}} & -\dfrac{R_{\mathrm{D}}G_3}{G_{\mathrm{d}}} & -\dfrac{\omega_{\mathrm{r}}L_{\mathrm{mq}}G_5}{G_{\mathrm{d}}} \\[2mm]
-\dfrac{\omega_{\mathrm{r}}L_{\mathrm{d}}L_{\mathrm{mq}}}{G_{\mathrm{q}}} & -\dfrac{R_{\mathrm{s}}L_{\mathrm{mq}}}{G_{\mathrm{q}}} & 0 & \dfrac{\omega_{\mathrm{r}}L_{\mathrm{md}}L_{\mathrm{mq}}}{G_{\mathrm{q}}} & \dfrac{\omega_{\mathrm{r}}L_{\mathrm{md}}L_{\mathrm{mq}}}{G_{\mathrm{q}}} & -\dfrac{R_{\mathrm{Q}}L_{\mathrm{q}}}{G_{\mathrm{q}}}
\end{bmatrix}
\begin{bmatrix} i_{\mathrm{d}} \\ i_{\mathrm{q}} \\ i_0 \\ i_{\mathrm{f}} \\ i_{\mathrm{D}} \\ i_{\mathrm{Q}} \end{bmatrix}
$$

$$
+\begin{bmatrix}
-\dfrac{G_1}{G_{\mathrm{d}}} & 0 & 0 & \dfrac{G_4}{G_{\mathrm{d}}} & \dfrac{G_5}{G_{\mathrm{d}}} & 0 \\[2mm]
0 & -\dfrac{L_{\mathrm{Q}}}{G_{\mathrm{q}}} & 0 & 0 & 0 & \dfrac{L_{\mathrm{mq}}}{G_{\mathrm{q}}} \\[2mm]
0 & 0 & -\dfrac{1}{L_{\sigma\mathrm{s}}} & 0 & 0 & 0 \\[2mm]
-\dfrac{G_4}{G_{\mathrm{d}}} & 0 & 0 & \dfrac{G_2}{G_{\mathrm{d}}} & -\dfrac{G_6}{G_{\mathrm{d}}} & 0 \\[2mm]
-\dfrac{G_5}{G_{\mathrm{d}}} & 0 & 0 & -\dfrac{G_6}{G_{\mathrm{d}}} & \dfrac{G_3}{G_{\mathrm{d}}} & 0 \\[2mm]
0 & -\dfrac{L_{\mathrm{mq}}}{G_{\mathrm{q}}} & 0 & 0 & 0 & \dfrac{L_{\mathrm{q}}}{G_{\mathrm{q}}}
\end{bmatrix}
\begin{bmatrix} u_{\mathrm{d}} \\ u_{\mathrm{q}} \\ u_0 \\ u_{\mathrm{f}} \\ 0 \\ 0 \end{bmatrix}
$$

$$\mathrm{p}\omega_{\mathrm{r}} = \frac{T_{\mathrm{m}}}{H} - \frac{L_{\mathrm{md}}}{H}(i_{\mathrm{f}} + i_{\mathrm{D}} - i_{\mathrm{d}})i_{\mathrm{q}} + \frac{L_{\mathrm{mq}}}{H}(i_{\mathrm{Q}} - i_{\mathrm{q}})i_{\mathrm{d}}$$

$$p\delta = \omega_r - 1.0$$

以上模型中

$$G_1 = L_f L_D - L_{md}^2, \quad G_2 = L_d L_D - L_{md}^2$$

$$G_3 = L_d L_f - L_{md}^2, \quad G_4 = L_{md} L_{\sigma D}$$

$$G_5 = L_{md} L_{\sigma f}, \quad G_6 = L_{md} L_{\sigma s}$$

$$G_d = L_d L_f L_D - L_{md}^2 (L_d + L_{\sigma f} + L_{\sigma D})$$

$$G_q = L_q L_Q - L_{mq}^2$$

应用上述仿真模型实施数值计算时，需要做的工作就只是根据实际运行工况给定端口约束条件$(u_d, u_q, u_0, u_f, T_m)$。下面作详细介绍。

7.5.2 端口约束条件

1. 定子端口电压

1）三相对称运行

电机运行过程中，电网电压保持恒定，并为额定值$(u_m = 1.0)$，则根据图 7.11 并仿式(7.122)可写出定子三相对称电压在 d-q-0 坐标系中的表达式为

$$\left. \begin{aligned} u_d &= \sin\delta \\ u_q &= \cos\delta \\ u_0 &= 0 \end{aligned} \right\} \tag{7.129}$$

将此代入式(7.76)，可经反变换得定子电压在相坐标系中的相应表达式为

$$\left. \begin{aligned} u_a &= \cos\left(\omega_1 t + \frac{\pi}{2} - \delta_0\right) = -\sin(\omega_1 t - \delta_0) \\ u_b &= \cos\left(\omega_1 t + \frac{\pi}{2} - \delta_0 - \frac{2\pi}{3}\right) = -\sin\left(\omega_1 t - \delta_0 - \frac{2\pi}{3}\right) \\ u_c &= \cos\left(\omega_1 t + \frac{\pi}{2} - \delta_0 + \frac{2\pi}{3}\right) = -\sin\left(\omega_1 t - \delta_0 + \frac{2\pi}{3}\right) \end{aligned} \right\} \tag{7.130}$$

依据交流电路理论基础，不难理解式(7.130)与式(7.108)之间的联系及区别。此时由式(7.130)描述的电压参考相量超前由式(7.108)描述的原电压参考相量 $\pi/2 - \delta_0$ 电角度，但依然假定 d 轴初始位置与 a 相相轴重合，即 $\theta_r(0) = 0$。

因为功角 δ 为状态变量，式(7.129)作为三相对称运行时定子电压的端口约束条件，形式最简单，因此，以下亦将式(7.130)作为同步发电机定子电压在相坐标系中的一般化表达式。

2）端部三相对称短路

此时，由

$$u_a = u_b = u_c = 0 \tag{7.131}$$

代入式(7.75)，立即有

$$u_d = u_q = u_0 = 0 \tag{7.132}$$

3）两相对中点短路

设电机中点与电网中点相连，a、b 相为短路相，则据式(7.130)有

$$\left. \begin{aligned} u_a &= u_b = 0 \\ u_c &= -\sin\left(\omega_1 t - \delta_0 + \frac{2\pi}{3}\right) \end{aligned} \right\} \tag{7.133}$$

代入式(7.75)变换后得

$$
\left.\begin{aligned}
u_d &= -\frac{2}{3}\left[\sin\left(\omega_1 t - \delta_0 + \frac{2\pi}{3}\right)\cos\left(\theta_r + \frac{2\pi}{3}\right)\right] \\
u_q &= \frac{2}{3}\left[\sin\left(\omega_1 t - \delta_0 + \frac{2\pi}{3}\right)\sin\left(\theta_r + \frac{2\pi}{3}\right)\right] \\
u_0 &= -\frac{1}{3}\left[\sin\left(\omega_1 t - \delta_0 + \frac{2\pi}{3}\right)\right]
\end{aligned}\right\}
\tag{7.134}
$$

其中

$$
\theta_r(t) = \int_0^t \omega_r(\xi)\,\mathrm{d}\xi
\tag{7.135}
$$

4) 单相对中点短路

设 a 相为短路相,代入式(7.130),有

$$
\left.\begin{aligned}
u_a &= 0 \\
u_b &= -\sin\left(\omega_1 t - \delta_0 - \frac{2\pi}{3}\right) \\
u_c &= -\sin\left(\omega_1 t - \delta_0 + \frac{2\pi}{3}\right)
\end{aligned}\right\}
\tag{7.136}
$$

则

$$
\left.\begin{aligned}
u_d &= \frac{1}{3}\left[2\sin(\omega_1 t - \delta_0)\cos\theta_r - 3\sin(\omega_1 t - \delta_0 - \theta_r)\right] \\
u_q &= \frac{1}{3}\left[3\cos(\omega_1 t - \delta_0 - \theta_r) - 2\sin(\omega_1 t - \delta_0)\sin\theta_r\right] \\
u_0 &= \frac{1}{3}\left[\sin(\omega_1 t - \delta_0)\right]
\end{aligned}\right\}
\tag{7.137}
$$

式中,$\theta_r(0)$ 的定义同式(7.135)。

2. 励磁绕组电压

1) 电压恒定

设电机动态变化过程中励磁绕组电压恒定,并且一直保持为动态变化发生前的数值,则有

$$
u_f = R_f i_f(0) \quad (\text{对所有时刻 } t \text{ 成立})
\tag{7.138}
$$

2) 自动调整

反之,设电机经历动态过程并重新进入稳态运行后的输出功率标幺值为 P,功率因数为 $\cos\varphi$,功角为 δ_∞,相应地,励磁电流标幺值最终恒定为 $i_{f\infty}$,且由

$$
\left.\begin{aligned}
i_m &= \frac{2P}{3\cos\varphi} \\
\delta_\infty &= -\varphi + \arctan\frac{i_m L_q + \sin\varphi}{i_m R_s + \cos\varphi}
\end{aligned}\right\}
\tag{7.139}
$$

可求得励磁电流

$$
i_{f\infty} = \frac{\cos\delta_\infty + i_m R_s \cos(\delta_\infty + \varphi) + i_m L_d \sin(\delta_\infty + \varphi)}{L_{md}}
\tag{7.140}
$$

则励磁电压函数的自动调整规律为

$$u_f = \begin{cases} R_f i_f(0) & (t < t_0) \\ R_f i_{f\infty} & (t \geqslant t_0) \end{cases} \qquad (7.141)$$

3. 输入机械转矩

根据标幺值的基本定义,同步发电机输入机械转矩和输出电磁功率的标幺值是相等的。因此,设动态变化过程前后电机输出功率的标幺值分别为 P_0 和 P,则输入机械转矩函数可定义为

$$T_m = \begin{cases} P_0 & (t < t_0) \\ P & (t \geqslant t_0) \end{cases} \qquad (7.142)$$

7.5.3 仿真算例

研究对象取凸极和隐极同步发电机各一台,机组参数一并由表 7.1 给出。

表 7.1 被考察发电机组的参数

参数 (折算、标幺值)	凸极,325 MVA,20 kV ($\cos\varphi = 0.85, p = 32$)	隐极,37.5 MVA,11.8 kV ($\cos\varphi = 0.8, p = 1$)
H/rad	3 270.4	3 330.1
R_s	0.001 9	0.002
R_f	0.000 41	0.001
R_D	0.014 1	0.012 5
R_Q	0.013 6	0.012 5
L_{md}	0.73	1.86
L_{mq}	0.48	1.86
$L_{\sigma s}$	0.12	0.14
$L_{\sigma f}$	0.204 9	0.14
$L_{\sigma D}$	0.16	0.04
$L_{\sigma Q}$	0.102 9	0.04

7.5.4 仿真结果

为较全面地反映同步发电机的动态行为特点,仿真内容包括两台机组输入转矩突变、励磁电压恒定及自动调节、输出功率变化以及三相、两相和单相突然短路及其自行恢复等过程。

1. 输入机械转矩突变

设转矩突变前发电机接电网作理想空载运行,考察励磁电压恒定及自动调节两种控制方式。将端口约束条件式(7.129)、式(7.142)和式(7.141)代入仿真模型即可开始计算。取固定时间步长标幺值 $h = \pi/10$,计算内容包括

凸极机:T_m 从 0→1.0(励磁恒定);T_m 从 0→1.0(励磁调节)。

隐极机：T_m 从 $0 \rightarrow 0.2$（励磁恒定）；T_m 从 $0 \rightarrow 1.0$（励磁调节）。

计算结果如图 7.23 至图 7.26 所示。

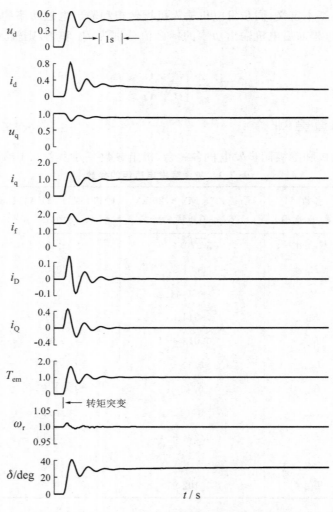

图 7.23　凸极同步发电机输入转矩突变的动态特性

（励磁电压不变，T_m 从 $0 \rightarrow 1.0$）

图示计算结果表明，凸极同步电机承受输入转矩变化的能力比隐极同步电机强。虽然转矩突变的幅度接近额定转矩的 1.2 倍（$1.0/0.85 \approx 1.18$），但电压、电流、转矩、转速、功角等均能在 2s 左右的时间内趋近稳定（见图 7.23），与隐极电机转矩跃变幅度仅 25%（$0.2/0.8 = 0.25$）但功角及相关量在 10 s 之后仍在缓缓变化的仿真结果（见图 7.24）相比形成鲜明对照。这一结论与电机学中的定性分析结果是一致的，即凸极同步电机的比整步转矩比隐极同步电机的稍大，从而，抗机械扰动能力增强，同步稳定性亦提高。

输入转矩突变时，若励磁电压由式（7.141）中的计算公式实行自动调整，则电机将工作

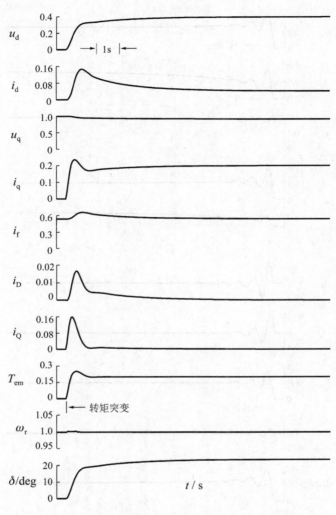

图 7.24 隐极同步发电机输入转矩突变的动态特性
（励磁电压不变，T_m 从 0→0.2）

于强励状态，这对于增强电机的抗扰动能力是有效的。将结果图 7.26 与图 7.24 相比，这一效果尤为明显，尽管跃变幅度达到 1.0，但电磁量和机械量都很快趋于稳定。

2. 输出功率调节

同步发电机输出功率的调节也是通过输入转矩的变化来实现的，本质上依然是转矩突变过程。设调节过程中，励磁电压保持恒定，调节范围 S_1（额定视在功率）从 1.0→0.5，对凸极机（$\cos\varphi=0.85$）来说，就是输入转矩 T_m 从 0.85→0.425，而对隐极机（$\cos\varphi=0.8$）则是输入转矩 T_m 从 0.8→0.4。设定子电压约束由式（7.129）表述，仿真计算中，仍取 $h=\pi/10$，所得数值结果如图 7.27 和图 7.28 所示。图示结果表明，功率调节过程中相关变量的变化规律确与输入转矩突变时的基本一致。

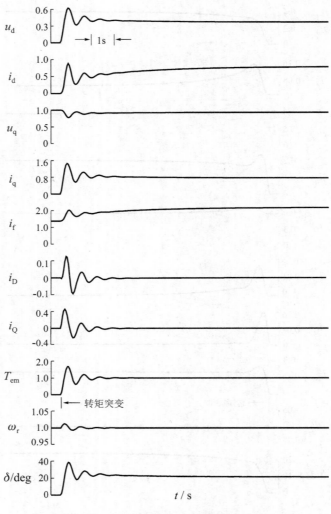

图 7.25　凸极同步发电机输入转矩突变的动态特性
（励磁电压自动调整，T_m 从 0→1.0）

3. 定子端部三相对称突然短路

　　设电机运行于额定工况，当 a 相电压由负向正变化经过零点［即 $\omega_1 t - \delta_0 = (2k+1)\pi, k$ ＝0，1，2，…］时，定子端部发生三相对称突然短路，0.2 s 后故障自行切除，并恢复额定运行。仿真计算过程中，励磁回路电压保持恒定，定子电压约束先由式(7.129)表达，短路发生后改为式(7.132)，短路切除恢复额定运行再回到式(7.129)。考虑到短路期间相关变量的变化会比较显著，减小步长至 $h = \pi/100$。数值仿真结果如图 7.29 和图7.30所示，其中包含的信息量要比第六章中空载突然短路假设条件下由简化解析求解方法所得到的结果丰富得多，如隐极机短路电流幅值略大于凸极机的值、但凸极机功角变化比稳极机显著

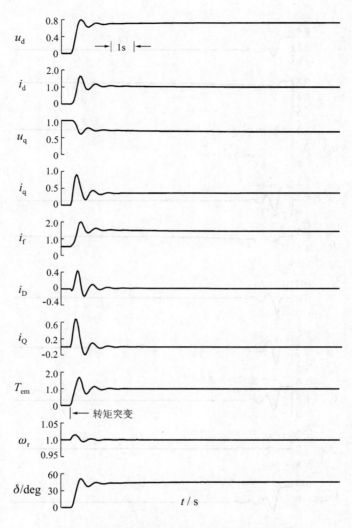

图 7.26　隐极同步发电机输入转矩突变的动态特性

（励磁电压自动调整，T_m 从 0→1.0）

等现象。诸如此类，有兴趣的读者可自行发掘，以加深理解。图下附注中，下标"N"表示额定值。

4. 定子两相对中点突然短路

设电机中点与电网中点相连，短路前电机运行于额定工况，a 相电压由负向正变化，经过零点[即 $\omega_1 t - \delta_0 = (2k+1)\pi, k = 0, 1, 2, \cdots$]时，a、b 两相对中点短路，0.2 s 后故障自行切除并恢复额定运行。仿真计算过程中，励磁回路电压依然保持恒定，定子电压约束先由式（7.129）表述，短路发生后改为式（7.134），短路切除恢复额定运行再回到式（7.129）。与三相突然短路同理，仍取步长 $h = \pi/100$。数值仿真结果如图 7.31 和图 7.32 所示，总体而言，

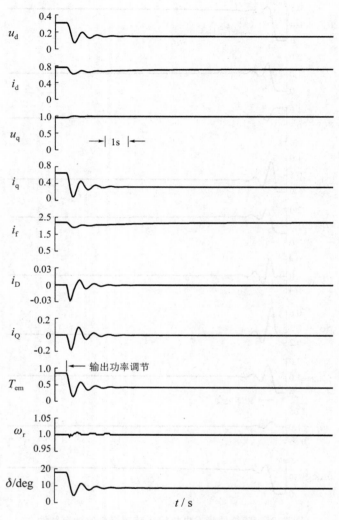

图 7.27　凸极同步发电机输出功率调节的动态特性

（励磁电压不变，$\cos\varphi=0.85$，S_1 从 $1.0\rightarrow0.5$，即 T_m 从 $0.85\rightarrow0.425$）

两相短路电流幅值小于三相时的值。

　　5. 定子单相对中点突然短路

　　仍设电机中点与电网中点相连，短路前为额定工况，a 相电压由负向正变化，经过零点 [即 $\omega_1 t-\delta_0=(2k+1)\pi，k=0,1,2,\cdots$]时 a 相对中点短路，0.2 s 后故障自行切除并恢复额定运行。仿真计算过程中，励磁回路电压仍恒定，定子电压约束先由式(7.129)表述，短路发生后改为式(7.137)，短路切除恢复额定运行再回到式(7.129)，取步长 $h=\pi/100$。数值仿真结果如图 7.33 和图 7.34 所示。与两相短路情况相似，非短路相的电流冲击幅值比短路相小得多，其他电磁量和机械量的变化剧烈程度也比两相、更比三相短路时平缓。

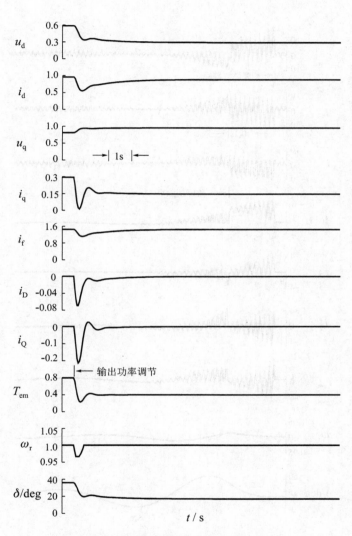

图 7.28 隐极同步发电机输出功率调节的动态特性

（励磁电压不变，$\cos\varphi = 0.8$，S_1 从 $1.0 \rightarrow 0.5$，即 T_m 从 $0.8 \rightarrow 0.4$）

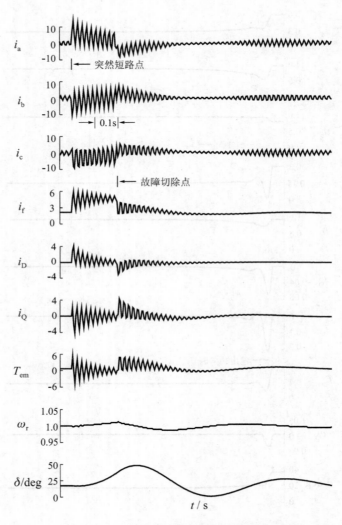

图 7.29　凸极同步发电机三相对称突然短路的动态特性
（励磁电压不变，$\cos\varphi=0.85$，$S_{1N}=1.0$，即 $P_{1N}=T_m=0.85$）

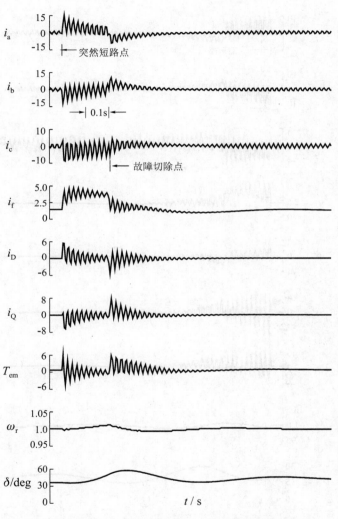

图 7.30 隐极同步发电机三相对称突然短路的动态特性
(励磁电压不变,$\cos\varphi = 0.8$,$S_{1N} = 1.0$,即 $P_{1N} = T_m = 0.8$)

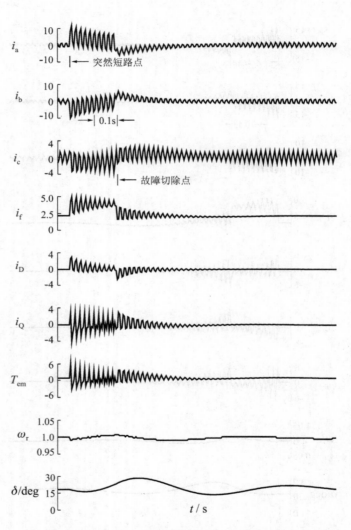

图 7.31 凸极同步发电机两相对中点突然短路的动态特性
（励磁电压不变，$\cos\varphi=0.85$，$S_{1N}=1.0$，即 $P_{1N}=T_m=0.85$）

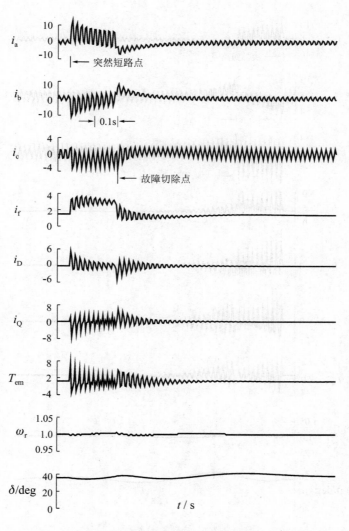

图 7.32 隐极同步发电机两相对中点突然短路的动态特性

（励磁电压不变,$\cos\varphi=0.8, S_{1N}=1.0$,即 $P_{1N}=T_m=0.8$）

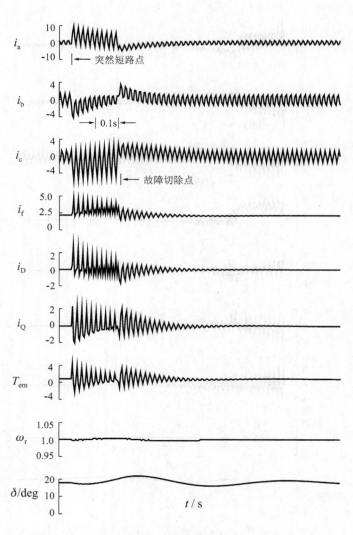

图 7.33 凸极同步发电机单相对中点突然短路的动态特性
（励磁电压不变，$\cos\varphi=0.85$，$S_{1N}=1.0$，即 $P_{1N}=T_m=0.85$）

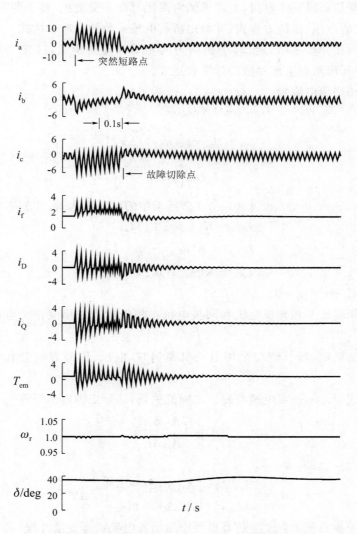

图 7.34 隐极同步发电机单相对中点突然短路的动态特性

（励磁电压不变，$\cos\varphi=0.8$，$S_{1N}=1.0$，即 $P_{1N}=T_m=0.8$）

习　　题

7.1 凸极同步电机的哪些电感系数随转子位置变化？为什么？

7.2 一台两相凸极同步电机，其定子侧为两相对称正交绕组，转子侧只有励磁绕组，试写出相坐标系中的电压、磁链方程式，并给出所有电感系数的计算表达式。

7.3 一台两相异步电机，定、转子侧均为两相对称正交绕组，试建立相坐标系中的电压、磁链方程，并写出所有电感参数的计算表达式。

7.4 设三相交流电流为

$$i_a = I_m \cos\omega_1 t$$
$$i_b = I_m \cos\left(\omega_1 t - \frac{2}{3}\pi\right)$$
$$i_c = I_m \cos\left(\omega_1 t + \frac{2}{3}\pi\right)$$

试分别建立 d-q-n、d-q-0、d_c-q_c-0、α-β-0 坐标系中的电流表达式，并验证

$$\boldsymbol{I}_{dq0} = \boldsymbol{K}(\theta_{dq0} - \theta_{\alpha\beta0})\boldsymbol{I}_{\alpha\beta0}$$
$$\boldsymbol{I}_{d_c q_c 0} = \boldsymbol{K}(\theta_{d_c q_c 0} - \theta_{dq0})\boldsymbol{I}_{dq0}$$
$$\boldsymbol{I}_{\alpha\beta0} = \boldsymbol{K}(\theta_{\alpha\beta0} - \theta_{d_c q_c 0})\boldsymbol{I}_{d_c q_c 0}$$

且 $i_d^2 + i_q^2 = i_{d_c}^2 + i_{q_c}^2 = i_\alpha^2 + i_\beta^2 = I_m^2$。

7.5 试分别验证三相异步电机和同步电机在相坐标系和相应正交坐标系中的电磁转矩表达式。

7.6 同步电机定、转子侧均采用电动机惯例时，电压、磁链方程会有什么不同？试讨论之。

7.7 试由式(7.99)确定电流与磁链之间的关系，即导出倒电感矩阵

$$\boldsymbol{\Lambda} = \begin{bmatrix} \boldsymbol{\Lambda}_{11} \boldsymbol{\Lambda}_{12} \\ \boldsymbol{\Lambda}_{21} \boldsymbol{\Lambda}_{22} \end{bmatrix}$$

使关系式

$$\boldsymbol{I} = \begin{bmatrix} \boldsymbol{I}_{dq0} \\ \boldsymbol{I}_{fDQ} \end{bmatrix} = \begin{bmatrix} \boldsymbol{\Lambda}_{11} \boldsymbol{\Lambda}_{12} \\ \boldsymbol{\Lambda}_{21} \boldsymbol{\Lambda}_{22} \end{bmatrix} \begin{bmatrix} \boldsymbol{\Psi}_{dq0} \\ \boldsymbol{\Psi}_{fDQ} \end{bmatrix} = \boldsymbol{\Lambda}\boldsymbol{\Psi}$$

成立。由此，进一步验证 7.5.1 节仿真模型中给出的电流状态变量方程。

7.8 一台四极三相异步电机，$P_N = 2.2$ kW，$U_N = 380$ V，$I_N = 5.2$ A，$n_N = 1\,430$ r/min，定子 Y 接，$L_{1\sigma} = 0.012\,3$ H，$L_{2\sigma} = 0.017\,2$ H，$L_m = 0.284\,8$ H，$R_1 = 2.774$ Ω，$R_2 = 2.57$ Ω，$J = 0.025$ kg·m²，试仿例 7.1 研究电机的半压和全压理想空载启动过程，以及理想空载运行时突加（减）额定负载和端部三相、两相短路及其自恢复过程。

7.9 一台两极三相汽轮发电机，额定容量 835 MVA，$U_N = 26$ kV，$\cos\varphi_N = 0.85$，$f_1 = 50$ Hz，定子 Y 接，标幺值参数 $R_s = 0.003$，$L_{\sigma s} = 0.19$，$L_{\sigma f} = 0.141\,4$，$L_{\sigma D} = 0.081\,25$，$L_{\sigma Q} = 0.093\,9$，$L_d = 1.8$，$L_q = 1.8$，$R_f = 0.000\,929$，$R_D = 0.013\,34$，$R_Q = 0.008\,41$，$H = 2\,443$，试仿

7.5.3 节和 7.5.4 节中给出的算例,计算

（1）输入转矩 $T_m = 0.5$ 的阶跃响应（励磁电压恒定和自动调整）；

（2）端部三相对称、两相对中性点、单相对中性点突然短路及其自恢复过程（励磁电压恒定,短路前电机作额定运行）。

部分习题参考答案

第 1 章

1.8 $E_2 = \dfrac{1}{\sqrt{2}}\omega N_2 \Phi_m$，$\dot{E}_2 = -\mathrm{j}\dfrac{1}{\sqrt{2}}\omega N_2 \dot{\Phi}_m$。

1.9   (1) $e = \dfrac{\mu_0 bI}{2\pi}\dfrac{vc}{(a+c+vt)(a+vt)}$；

       (2) $e = -\left[\dfrac{\mu_0 bI_m\omega}{2\pi}\ln\dfrac{a+c}{a}\right]\cos\omega t$；

       (3) $e = \dfrac{\mu_0 bI_m}{2\pi}\dfrac{vc}{(a+c+vt)(a+vt)}\sin\omega t - \left(\dfrac{\mu_0 bI_m\omega}{2\pi}\ln\dfrac{a+c+vt}{a+vt}\right)\cos\omega t$。

1.10   (1) $F = N_1 I_1 - N_2 I_2$；

       (2) $F = N_1 I_1 + N_2 I_2$；

       (3) $F = N_1 I_1 - N_2 I_2$，空气隙磁压降大；

       (4) $B_{Fe} = B_\delta$，$H_{Fe} < H_\delta$；

       (5) $B_{(1)} > B_{(3)}$，$H_{(1)} > H_{(3)}$。

1.17 $p_{Fe} = 77.5$ W。

1.18   励磁磁动势 $F = 473.6$ A，励磁电流 $I = 0.79$ A。

1.19 $\Phi = 12.25 \times 10^{-4}$ Wb。

1.20 $\Phi_m = 8.26 \times 10^{-4}$ Wb。

1.21 $\Phi_1 = 1.83 \times 10^{-3}$ Wb，$\Phi_2 = 2.77 \times 10^{-3}$ Wb，$N_1 I_1 = 10\ 310$ A。

第 2 章

2.2   (1) 交流；(2) 直流。

2.11   (1) $E = 207$ V；(2) 207 V $< E < 230$ V；

       (3) $E = 276$ V；(4) $E = 248$ V。

2.12   (1) 端电压不变，能供给 $1/3\ P_N$；

       (2) 端电压不变，能供给 $3/4\ P_N$；

       (3) 不能运行；

       (4) 电枢绕组内部产生环流，电机不能运行。

2.21   并励发电机 ΔU 大。

2.22   并励发电机空载电压升得较多。

2.23   反转时不能自励。

2.27 I_a 不变，n 下降，P_1 不变，p_{Cuf} 不变，p_{Cua} 增加，p_{Fe} 下降，η 下降。

2.40 $I_N = 385.2$ A。

2.41 $I_N = 521.7$ A。

2.42   (1) 611.5 V；(2) 458.6 V；(3) 508.9 V。

2.43 807.2 N·m。

2.45 115 V。

2.46 (1)5 750 根;(2)1 438 根。

2.47 单叠绕组 $U=300$ V,$R_a=1.5$ Ω;

单波绕组 $U=600$ V,$R_a=6$ Ω。

2.48 (1)$F_{aq}=1\ 633.2$ A/极,$F_{ad}=466.6$ A/极;

(2)2 533.4 A/极,0.253 3 Wb。

2.49 $A=20\ 159.6$ A/m,$F_{aq}=1\ 282.5$ A/极。

2.50 $T_{em}=284.3$ N·m,$P_{em}=28.58$ kW。

2.51 (1)22 Ω;(2)20%;(3)246.4 A/极。

2.52 $P_1=7\ 301$ W;$P_{em}=6\ 811$ W,$T_{em}=44.85$ N·m,$\eta=82.2\%$。

2.53 (1)1 753.6 r/min;(2)积复励 1 663.3 r/min,差复励 1 876 r/min。

2.54 (1)电机甲为发电机,电机乙为电动机;(2)1.69 kW;(3)可以;(4)可以同时从电网吸收功率,不能同时向电网发送功率。

2.55 电动机,$T_{em}=115.2$ N·m,$\eta=87.1\%$。

2.56 1.71 Ω,13.82 倍。

2.57 (1)101.4 V;(2)13.2 A;(3)8.7 N·m;(4)1 055.6 r/min。

2.58 (1)1 833.5 N·m;(2)2 007.7 N·m;(3)521.2 r/min;(4)470.3 r/min。

2.59 0.693 Ω,3.6 kW,42.5%。

2.60 40 A,646.5 r/min。

2.61 1.02 Ω。

2.62 (1)3.17 Ω;(2)0.08 Ω。

2.63 (1)16 597 W,-86.2 N·m;

(2)196.2 W,-9.4 N·m;

(3)6 644 W,-175.6 N·m。

2.64 (1)0.707 V;(2)18 匝/极。

2.65 (1)换向极每极绕组增加 18 匝;

(2)气隙减小 0.8 mm。

第3章

3.10 $X_{1\sigma}$、$X_{2\sigma}$ 变化 $+21\%$ 或 -19%,X_m 变化大于 $+21\%$ 或小于 -19%;$X_{1\sigma}$、$X_{2\sigma}$ 不变,X_m 增加或减小;$X_{1\sigma}$、$X_{2\sigma}$ 变化 $\pm10\%$,X_m 变化大于 $+10\%$ 或小于 -10%。

3.12 励磁电流减小,铁耗减小,漏抗增大,电压变化率增大。

3.13 空载电流相同,励磁电抗增加 20%,漏抗增加 20%,铁耗增大。

3.14 一样;励磁阻抗之比等于变比的平方。

3.18 组式变压器的大,芯式变压器的小。

3.19 (1)无;(2)相电流中有,线电流中无;(3)有,数值很小;(4)相电压中有,线电压中无;(5)相电压和线电压中均无三次谐波。

3.26 稳态空载电流的两倍。

3.35　$I_{1N}=25$ A，$I_{2N}=625$ A。

3.36　（1）$I_{1N}=288.7$ A，$I_{2N}=458.2$ A；（2）$U_{1\phi N}=5.774$ kV，$U_{2\phi N}=6.3$ kV，$I_{1\phi N}=288.7$ A，$I_{2\phi N}=264.5$ A。

3.37　（1）$I_{1N}=5.77$ A，$I_{2N}=144.3$ A；（2）$U_{1\phi N}=5.774$ kV，$U_{2\phi N}=0.231$ kV，$I_{1\phi N}=5.77$ A，$I_{2\phi N}=144.3$ A。

3.38　不相等，变压器Ⅱ的空载电压高。

3.39　$\frac{2}{3}I_0$，Φ；$2I_0$，Φ。

3.40　$N_1=971$ 匝，$N_2=183$ 匝，$k=5.306$。

3.41　四种。

3.42　（1）$R_k=8.607$ Ω，$X_k=17.747$ Ω，$Z_k=19.724$ Ω；（2）$R_k'=0.01265$ Ω，$X_k'=0.02608$ Ω，$Z_k'=0.029$ Ω；（3）$R_1^*=0.012$，$R_2^*=0.01191$，$X_{1\sigma}^*=0.0247$，$X_{2\sigma}^*=0.02458$，$R_k^*=0.02391$，$X_k^*=0.04928$，$Z_k^*=0.0548$；（4）$u_k=5.48\%$，$u_{kr}=2.391\%$，$u_{kx}=4.928\%$；（5）2.39%，4.87%，-1.046%。

3.43　（1）Γ型等效电路：$U_1=21\ 250$ V，$I_1=54.62$ A。

3.44　（1）1.16 Ω，3.83 Ω，4 Ω；（2）389.4 V。

3.45　（1）$R_m^*=28.05$，$X_m^*=151.27$，$R_k^*=0.0052$，$X_k^*=0.1049$；（2）956.2A，10 kV，91.3 A。

3.46　（1）$R_m^*=4.69$，$X_m^*=62.3$，$R_k^*=0.0032$，$X_k^*=0.0549$；（2）容性，0.998（超前）；（3）0.0583（滞后），0.055；（4）99.6\%。

3.47　（1）高后侧励磁参数和短路参数分别为，$Z_m=1\ 239$ Ω，$R_m=104.3$ Ω，$X_m=1\ 234$ Ω，$Z_k=0.9823$ Ω，$R_k=0.0574$ Ω，$X_k=0.9805$ Ω，$Z_m^*=69.35$，$R_m^*=5.838$，$X_m^*=69.10$，$Z_k^*=0.055$，$R_k^*=0.003\ 214$，$X_k^*=0.0549$；（2）$U_2=6.076$ kV，$\Delta U=3.55\%$，$\eta=99.45\%$；（3）$\eta_{max}=99.51\%$。

3.48　（1）42.43 A，1 060.9 A，389.4 V；（2）683 kW，675.4 kW，98.99\%。

3.49　a）Yy10；b）Yd3；c）Dy1；d）Dd6。

3.51　$I_c=67.63$ A，$I_{cⅠ}^*=0.11$，$I_{cⅡ}^*=0.19$。

3.52　（1）$S_Ⅰ=3\ 065$ kVA，$S_Ⅱ=4\ 935$ kVA；（2）8 352 kVA。

3.53　（1）应选择变压器Ⅰ；（2）最大负载容量1 098.2kVA，原变压器、变压器Ⅰ和变压器Ⅱ的负载系数分别为1 和0.909。

3.54　（1）$\dot{U}_{A+}=211.6\angle 3.5°$V，$\dot{U}_{A-}=28.6\angle -166.9°$V，$\dot{U}_{A0}=37.2\angle -10°$V；（2）$\dot{I}_{A+}=97\angle -9.9°$A，$\dot{I}_{A-}=17.3\angle 15°$A，$\dot{I}_{A0}=17.3\angle 135°$A。

3.56　（1）$I_A=3.108$A，$I_B=I_C=1.554$A；（2）$\dot{U}_a=0$，$\dot{U}_b=395.4\angle 30.69°$V，$\dot{U}_c=394.1\angle -30.3°$V。（3）$\dot{E}_0=226.9\angle 180.26°$V。

3.57　$\dot{I}_A=2.62\angle -56.54°$A，$\dot{I}_B=\dot{I}_C=1.31\angle 123.46°$A；$\dot{U}_a=94.7\angle 123.94°$V，$\dot{U}_b=400.2\angle 43.88°$V，$\dot{U}_c=313.4\angle -23.03°$V；$\dot{E}_0=191.24\angle 24°$V。

3.58　（1）$I_k^*=13.8$，$I_k=2\ 173.6$ A；（2）5 242.1 A；（3）6 147.9 A。

3.59　$R_1 = 10.74\ \Omega, R_2' = 7.26\ \Omega, R_3' = 2.71\Omega, X_1 = 126.55\ \Omega, X_2' = -5.65$ $\Omega, X_3' = 78.05\ \Omega$。

3.60　(1)8 400 kVA；(2)6 998 A,1.5 倍。

3.61　(1)119.9 V,0.045°；(2)1.7%,1.0°；(3)0.5%,0.22°。

3.62　(1)4.98 A,0.031°；(2)0.31%,0.346°；(3)1.0%,0.031°。

第 4 章

4.5　取 $y_1 = \dfrac{4}{5}\tau$ 可消除 5 次谐波；取 $y_1 = \dfrac{6}{7}\tau$ 可消除 7 次谐波；取 $y_1 = \dfrac{5}{6}\tau$ 可同时削弱 5 次和 7 次谐波。

4.9　0;0;3 及 3 的倍数次谐波。

4.10　椭圆形旋转磁动势。

4.11　会改变。

4.12　各高次谐波磁动势所建立的磁场在定子绕组内感应的电动势频率等于绕组电流的频率。

4.14　幅值不变,转速为原来的 1.2 倍;转向不变。

4.17　(1)4 极；(2)36 槽；(3)$k_{N1} = 0.945\ 2, k_{N3} = -0.577\ 4, k_{N5} = 0.139\ 8, k_{N7} = 0.060\ 7$；(4)$E_1 = 230.17$ V,$E_3 = 274.28$ V,$E_5 = 40.25$ V,$E_7 = 9.17$ V,$E_\phi = 360.43$ V,$E_l = 405.03$ V。

4.18　$\Phi_1 = 0.993\ 8$ Wb。

4.19　(1)$e_c = (17.73\sin\omega t + 17.38\sin3\omega t + 17.73\sin5\omega t)$ V；(2)$e_y = (102.77\sin\omega t - 67.74\sin3\omega t + 27.53\sin5\omega t)$ V；(3)$E_\phi = 4\ 568$ V,$E_l = 7\ 233.7$ V。

4.20　(1)5 406 V；(2)5 465 V,9 363 V。

4.21　(1)$F_{\phi1} = 1\ 586.1$ A/极,$F_{\phi3} = -264.0$ A/极,$F_{\phi5} = 18.2$ A/极,$F_{\phi7} = -10.0$ A/极；$f_{A1} = 1\ 586.1\cos\theta\sin\omega t$ A/极,$f_{B1} = 1\ 586.1\cos(\theta - 120°)\sin(\omega t - 120°)$ A/极,$f_{C1} = 1\ 586.1\cos(\theta + 120°)\sin(\omega t + 120°)$ A/极。(2)$f_{A1} = -793.1\cos\theta$ A/极,$f_{B1} = 1\ 586.1\cos(\theta - 120°)$ A/极,$f_{C1} = -793.1\cos(\theta + 120°)$ A/极。(3)基波:2 379.3 A/极,正转,2 对极,1 500 r/min;

5 次谐波:27.3 A/极,反转,10 对极,300 r/min;

7 次谐波:-15 A/极,正转,14 对极,214.3 r/min;

11 次谐波:-28.5 A/极,反转,22 对极,136.4 r/min。

(4)$f_1 = 2\ 379.3\sin(\omega t - \theta)$ A/极;

　　$f_5 = 27.3\sin(\omega t + 5\theta)$ A/极;

　　$f_7 = -15\sin(\omega t - 7\theta)$ A/极;

　　$f_{11} = -28.5\sin(\omega t + 11\theta)$ A/极。

(5)$|k_{N1}| : |k_{N5}| : |k_{N7}| : |k_{N11}| = 1 : 0.057\ 4 : 0.044\ 1 : 0.131\ 7$。

4.22　基波:47 000 A/极,3 000 r/min,正转;

　　　3 次谐波:0;

　　　5 次谐波:351 A/极,600 r/min,反转;

7 次谐波：801 A/极，429 r/min，正转。

4.23 （1）会产生；正序电流时：(a)图逆时针，(b)图顺时针；负序电流时：(a)图顺时针，(b)图逆时针。（2）会产生；(a)图为逆时针，(b)图为顺时针。（3）不会产生。

4.25 （1）$f_{A1}=F_{\phi1}\cos\theta\sin\omega t$，$f_{B1}=F_{\phi1}\cos(\theta-120°)\sin\omega t$，$f_{C1}=0$；

（2）$f_1=\sqrt{3}F_{\phi1}\cos(\theta+30°)\sin\omega t$；脉振磁动势。

4.26 （1）$f_{A1}=F_{\phi1}\cos\theta$，$f_{B1}=-\dfrac{1}{2}F_{\phi1}\cos(\theta-120°)$，$f_{C1}=-\dfrac{1}{2}F_{\phi1}\cos(\theta-240°)$，$f_1=\dfrac{3}{2}F_{\phi1}\cos\theta$；（2）1/12 个圆周。

第 5 章

5.3 逆时针。

5.8 主磁通略有下降。

5.10 T_{max}、T_{st}、Φ_m 均下降，I_2 和 s 上升。

5.12 （1）T_{max} 不变，T_{st} 增加；（2）、（3）T_{max} 和 T_{st} 均减少。

5.13 （1）n 下降；（2）I_2 不变；（3）I_1 不变；（4）$\cos\varphi_1$ 不变；（5）P_1 不变；（6）P_2 下降；（7）η 下降；（8）T_{st} 上升；（9）T_{max} 不变。

5.14 没有。

5.19 转速上升。

5.20 反向旋转。

5.21 保持过载能力和主磁通近似不变；励磁电流增加，功率因数下降，效率下降，电机温升升高。

5.22 不能；由于负序电流的存在使电机电流增加，损耗上升，温升升高。

5.23 1.6 倍以上；否；会使电机发生严重过热的危险。

5.24 轻载下电机可继续运行；不能再启动。

5.25 将启动绕组或工作绕组出线端对调；不能。

5.26 102.6 A。

5.27 6 极；0.03。

5.28 （1）2 Hz；（2）2.68 A；（3）1.66 V；（4）311 W。

5.29 （1）4 极；（2）1 500 r/min；（3）0.049 3，2.47 Hz；（4）11.05 A，6 168 W，0.848，5.82 A。

5.30 0.48 Ω，1.9 Ω，1.9 Ω，3.44 Ω，38.44 Ω。

5.31 10 050 W，291 W，9 759 W。

5.32 （1）0.04；（2）2 Hz；（3）316 W；（4）87.2%；（5）15.86 A。

5.33 （1）1 479 r/min，1 317 N·m，92.7%；（2）2.35，2.06。

5.34 （1）0.15；（2）1 480 N·m。

5.35 107.4 A。

5.36 0.135 Ω，3 059 N·m。

5.37 0.38 Ω。

5.38　(1)9 999.7 W,10 716.4 W,11 157.6 W;(2)68.2 N・m,66.3 N・m。

5.39　(1)686.2 N・m;(2)0.213 Ω;(3)不变。

第6章

6.2　40 极。

6.7　对电枢转速为 n,顺时针;对定子转速为 0。

6.8　(1)直轴去磁兼交磁;(2)直轴去磁兼交磁;(3)近似纯直轴去磁;(4)直轴助磁兼交磁。

6.9　$90°<\psi<180°$ 时,F_{ad} 起去磁作用,F_{aq} 起交磁作用。$-90°>\psi>-180°$ 时,F_{ad} 起助磁作用,F_{aq} 起交磁作用。

6.10　不同相位;是。

6.11　(1)增加;(2)减少;(3)减少;(4)不变。

6.12　提示:注意 ψ、φ、θ 角的正负。

6.13　提示:

$$X_{ad}=\frac{E_{ad}}{I_{ad}};$$

$$E_{ad}=\sqrt{2}\pi f N k_{N1}\Phi_{ad};$$

$$\Phi_{ad}=\frac{2}{\pi}B_{ad1}\tau l;$$

$$B_{ad1}=k_d B_{ad};$$

$$B_{ad}=\frac{\mu_0}{k_\delta\delta}F_{ad};$$

$$F_{ad}=\frac{\sqrt{2}}{\pi}m\frac{I_{ad}N k_{N1}}{p}。$$

6.16　提示:$E_0\propto n$,$X_d\propto n$。当转速降低太多时,不能忽略 R_a 的作用。

6.19　X_d 下降,ΔU 下降。

6.26　不能升高;机组功率增大了。

6.27　都改变。

6.28　由负载阻抗角决定;由励磁电流决定;与负载无关;相当于内阻抗为零的恒压源。

6.29　$P_{em}=\dfrac{mU^2}{2}\left(\dfrac{1}{x_q}-\dfrac{1}{x_d}\right)\sin2\theta$;此时 θ 角指出 $\dot{E}_0$ 的相位。

6.31　(1)短路比大时稳定性好;(2)过励状态下稳定性好;(3)轻载下稳定性好;(4)直接接电网稳定性好。

6.37　$\cos\varphi$ 降低,性质为超前。

6.38　θ 和 T_{em} 不断减小至零,然后反向增大;I 逐渐减小至零后改变方向,然后逐渐增大。

6.40　应装在用户附近。

6.41　(1)θ 变为 $28.36°$;(2)θ 不变;(3)θ 不变;(4)θ 变为 $31.76°$。

6.44　装上阻尼绕组后负序阻抗数值减小。

6.45　实心磁极负序阻抗要小些。

6.47 不会。

6.49 某相轴线在突然短路瞬间对准转子主极轴线时,该相非周期电流最大。

6.50 $X_d > X_d' > X_d''$。

6.56 17.36 kV,73.6°。

6.57 10 730 V,18.4°。

6.58 6 474 V。

6.59 (1)5 422 V,57.34°,20.47°,49.1%;(2)2 933 V,3.92°,40.79°,−19.4%。

6.60 1.02,0.86,0.428,1.036。

6.61 4 Ω。

6.62 (1)0.844,0.474(滞后);(2)能稳定运行,0.447,0.895(超前)。

6.63 1.349 倍。

6.64 (1)35.9°,25 000 kW,34 500 kW/rad,1.705;(2)17.06°,12 500 kW,40 720 kW/rad,0.447;(3)32.24°,25 000 kW,0.723,1 900 A。

6.65 (1)1.014,6.39°;(2)能稳定运行,2 442.2 A,0.17(超前)。

6.66 (1)1.36,17.1°,9 375 kvar;(2)3 118 kvar。

6.67 (1)282 V,14.5°;(2)40 A;(4)231 V。

6.68 0.864,正好满载。

6.69 (1)1.789,26.57°;(2)0.894。

6.70 71.9 kVA,60 kW。

6.71 (1)1.334;(2)1.822;(3)0.616;(4)0.375。

6.72 1.11,0.33,0.134。

6.73 1,1.44,2.5。

6.74 48.8 A;设 B、C 相短路,则 $U_A = 2146$ V,$U_B = U_C = 1\ 073$ V,$U_{AB} = U_{BC} = 3\ 219$ V。

6.75 (1)$i_a^* = A\cos\left(314t + \dfrac{2}{3}\pi\right) - 6.045e^{-\frac{t}{0.162}}$,

$i_b^* = A\cos 314t + 12.09e^{-\frac{t}{0.162}}$,

$i_c^* = A\cos\left(314t - \dfrac{2}{3}\pi\right) - 6.045e^{-\frac{t}{0.162}}$,

其中 $A = -(4.72e^{-\frac{t}{0.105}} + 6.61e^{-\frac{t}{0.84}} + 0.76)$;

(2)B 相,22.95。

6.76 (1)$i^* = -\sqrt{2}(3.129e^{-\frac{t}{0.093}} + 4.19e^{-\frac{t}{0.74}} + 0.617)\cos 314t + 11.2e^{-\frac{t}{0.132}}$;(2)21.06;(3)−3.65;(4)−0.975。

6.77 0.162 9 Ω,0.296 Ω,2.54 Ω。

附录　实用三角恒等式

$$\cos x + \cos\left(x - \frac{2\pi}{3}\right) + \cos\left(x + \frac{2\pi}{3}\right) = 0$$

$$\sin x + \sin\left(x - \frac{2\pi}{3}\right) + \sin\left(x + \frac{2\pi}{3}\right) = 0$$

$$\cos^2 x + \cos^2\left(x - \frac{2\pi}{3}\right) + \cos^2\left(x + \frac{2\pi}{3}\right) = \frac{3}{2}$$

$$\cos x \cos\left(x - \frac{2\pi}{3}\right) + \cos\left(x - \frac{2\pi}{3}\right)\cos\left(x + \frac{2\pi}{3}\right) + \cos\left(x + \frac{2\pi}{3}\right)\cos x = -\frac{3}{4}$$

$$\cos x \sin x + \cos\left(x - \frac{2\pi}{3}\right)\sin\left(x - \frac{2\pi}{3}\right) + \cos\left(x + \frac{2\pi}{3}\right)\sin\left(x + \frac{2\pi}{3}\right) = 0$$

$$\cos x \sin\left(x - \frac{2\pi}{3}\right) + \cos\left(x - \frac{2\pi}{3}\right)\sin\left(x + \frac{2\pi}{3}\right) + \cos\left(x + \frac{2\pi}{3}\right)\sin x = -\frac{3\sqrt{3}}{4}$$

$$\cos x \sin\left(x + \frac{2\pi}{3}\right) + \cos\left(x - \frac{2\pi}{3}\right)\sin x + \cos\left(x + \frac{2\pi}{3}\right)\sin\left(x - \frac{2\pi}{3}\right) = \frac{3\sqrt{3}}{4}$$

$$\sin^2 x + \sin^2\left(x - \frac{2\pi}{3}\right) + \sin^2\left(x + \frac{2\pi}{3}\right) = \frac{3}{2}$$

$$\sin x \sin\left(x - \frac{2\pi}{3}\right) + \sin\left(x - \frac{2\pi}{3}\right)\sin\left(x + \frac{2\pi}{3}\right) + \sin\left(x + \frac{2\pi}{3}\right)\sin x = -\frac{3}{4}$$

$$\cos x \cos y + \cos\left(x - \frac{2\pi}{3}\right)\cos\left(y - \frac{2\pi}{3}\right) + \cos\left(x + \frac{2\pi}{3}\right)\cos\left(y + \frac{2\pi}{3}\right) = \frac{3}{2}\cos(x - y)$$

$$\cos x \sin y + \cos\left(x - \frac{2\pi}{3}\right)\sin\left(y - \frac{2\pi}{3}\right) + \cos\left(x + \frac{2\pi}{3}\right)\sin\left(y + \frac{2\pi}{3}\right) = -\frac{3}{2}\sin(x - y)$$

$$\sin x \sin y + \sin\left(x - \frac{2\pi}{3}\right)\sin\left(y - \frac{2\pi}{3}\right) + \sin\left(x + \frac{2\pi}{3}\right)\sin\left(y + \frac{2\pi}{3}\right) = \frac{3}{2}\cos(x - y)$$

$$\cos x \cos y + \cos\left(x + \frac{2\pi}{3}\right)\cos\left(y - \frac{2\pi}{3}\right) + \cos\left(x - \frac{2\pi}{3}\right)\cos\left(y + \frac{2\pi}{3}\right) = \frac{3}{2}\cos(x + y)$$

$$\cos x \sin y + \cos\left(x + \frac{2\pi}{3}\right)\sin\left(y - \frac{2\pi}{3}\right) + \cos\left(x - \frac{2\pi}{3}\right)\sin\left(y + \frac{2\pi}{3}\right) = \frac{3}{2}\sin(x + y)$$

$$\sin x \sin y + \sin\left(x + \frac{2\pi}{3}\right)\sin\left(y - \frac{2\pi}{3}\right) + \sin\left(x - \frac{2\pi}{3}\right)\sin\left(y + \frac{2\pi}{3}\right) = -\frac{3}{2}\cos(x + y)$$

参 考 文 献

[1]　许实章.电机学[M].第 1 版.北京:机械工业出版社,1981.

[2]　吴大榕.电机学[M].北京:水利电力出版社,1979.

[3]　汤蕴璆,史乃,沈文豹.电机理论与运行[M].北京:水利电力出版社,1983.

[4]　杨长能.电机学[M].重庆:重庆大学出版社,1994.

[5]　汪国梁.电机学[M].北京:机械工业出版社,1987.

[6]　汤蕴璆.电机学——机电能量转换[M].第 2 版.北京:机械工业出版社,1986.

[7]　冯畹芝.电机与电力拖动[M].北京:轻工业出版社,1991.

[8]　陈文纯.电机瞬变过程[M].北京:机械工业出版社,1982.

[9]　辜承林.机电动力系统分析[M].武汉:华中理工大学出版社,1998.

[10]　马志云.电机瞬变分析[M].北京:中国电力出版社,1998.

[11]　许实章.电机学[M].第 2 版.北京:机械工业出版社,1988.

[12]　许实章.电机学[M].第 3 版.北京:机械工业出版社,1995.